Xie Bixia Anthology
谢碧霞文集

《谢碧霞文集》编委会 编

中国林业出版社
China Forestry Publishing House

图书在版编目(CIP)数据

谢碧霞文集/《谢碧霞文集》编委会编. —北京：中国林业出版社，2018.10

ISBN 978-7-5038-9753-5

Ⅰ. ①谢…　Ⅱ. ①谢…　Ⅲ. ①林业-文集　Ⅳ. ①S7-53

中国版本图书馆 CIP 数据核字(2018)第 218445 号

中国林业出版社 · 生态保护出版中心

策划、责任编辑：李敏

出版　中国林业出版社（100009　北京市西城区德胜门内大街刘海胡同 7 号）

　　　http：//lycb. forestry. gov. cn　电话：(010) 83143575

发行　中国林业出版社

印刷　固安县京平诚乾印刷有限公司

版次　2018 年 10 月第 1 版

印次　2018 年 10 月第 1 次

开本　787mm×1092mm　1/16

印张　30

字数　675 千字

定价　299. 00 元

《谢碧霞文集》
编委会成员

谢碧霞先生是我国著名的林业科学家和经济林教育家，也是我多年的朋友，和胡芳名教授、何方教授并称为我国经济林科学和经济林专业的三大创始人之一。在先生八十华诞之际，拜读凝结先生一生心智的论文集，能为序，是以贺，甚为幸。

初遇谢碧霞教授，先生科学思维致密，学术报告谨慎，私下交往又未谈先笑，快人快语，印象极为深刻。深入了解后，又知谢碧霞教授 20 世纪 60 年代从中南林学院毕业后，留校至经济林教研室，一直奋斗在经济林教育和科研战线上，跨世纪，满甲子，吾心充满敬重。

谢碧霞教授长期从事经济林教学和科研工作，在"六五"至"八五"期间，都是柿、栗、枣等我国南方木本粮食丰产培育的组织者和牵头人。为我国经济林科技进步与人才培育做了大量奠基性工作。谢碧霞教授一生对学生言传身教，重视实践，具有良好的科学道德与修养，求真务实，学风严谨，为祖国培养了大批知名的林业科学家和学者，赢得了社会的认可与尊重。她荣获林业部教书育人奖、湖南省优秀教师、湖南省高校科技先进工作者、株洲市优秀共产党员、"飘扬在湖南省普通高校的一面红旗"和"湖南省芙蓉百岗明星"等光荣称号，享受国务院政府特殊津贴，赢得了社会的广泛认可和赞誉。曾任中国林学会经济林学会副理事长、中国经济林协会理事兼专家组成员、中国枣学会副理事长、中国枣网专家委员会副主任。

谢碧霞教授更把发展我国经济林事业视为已任，勇于以学科发展中的重点和难点问题为目标，开拓新的研究领域，提出新的研究课题。先后主持国家自然科学基金、国家科技攻关、国家林业公益性行业科研专项等国家各级科研项目 23 项，在经济植物资源评价、良种选育、高效栽培、深度加工与利用等方面的研究获部、省科技进步奖 14 项，成绩显著。

谢碧霞教授根据专业发展的需要，先后编写了《木本粮食栽培学》《栗树栽培学》《柿树栽培学》《栗》《野生植物资源开发利用学》《枣树丰产栽培与加工利用》《现代林业科技》《银杏栽培》等 8 部教材。其中《野生植物资源开发利用学》为全国林业高等院校统编教材，并评为校优秀教材；编著出版了《中国木本淀粉植物》《膳食纤维》《绿色食品开发利用》等 8 部专著，参与编写《中国枣树志》和《中国栗树志》2 部专著；发表学术论文 200 余篇。《谢碧霞论文集》精选了 80 余篇谢碧霞教授不同时期发表的学术论文。打开文集，墨香扑面而来，思维澎涌而湃。入选的论文，涵盖了经济林育种、栽培、加工等各个领域，每篇论文都是谢碧霞老师心血与智慧的结晶，是她教学与科研探索精神的展现。

《谢碧霞文集》全面系统反映了谢碧霞教授与其团队的学术成就，反映了她在经济林事业上所做出的卓越贡献。此书的出版，对推动我国经济林学科和经济林产业可持续健康发展具有十分重要的意义。

中国工程院院士 曹福亮

2018 年 9 月 10 日

　　谢碧霞教授是我国经济林专业及学科的创始人之一，是我国知名的经济林科学家。谢碧霞教授作为核心成员创办了我国第一个经济林专业，并一直辛勤耕耘在这一学科领域，为我国经济林学科建设和经济林科学研究做了大量的工作，并取得了巨大成就。

　　谢碧霞教授长期以来从事经济林专业教学和科研工作，并从事柿、栗、枣等木本粮食为主的经济林树种科学研究工作。在"六五"至"八五"期间，谢碧霞教授是我国南方木本粮食丰产培育的组织者和牵头人，为我国经济林科技进步与人才培育做出奠基性贡献。

　　谢碧霞教授先后主持和完成国家自然科学基金、国家科技攻关、国家公益性行业科研专项等国家各级科研项目 23 项，获部省科技进步奖 14 项。先后编写了《木本粮食栽培学》《栗树栽培学》《柿树栽培学》《栗》《野生植物资源开发利用学》《枣树丰产栽培与加工利用》《现代林业科技》《银杏栽培》等 8 部教材。其中《野生植物资源开发利用学》为全国林业高等院校统编教材，并被评为校优秀教材；主编出版了《中国木本淀粉植物》《膳食纤维》《绿色食品开发利用》等 8 部专著；发表学术论文达 200 多篇。在中南林业科技大学六十华诞之际，我们精选了谢碧霞教授有代表性的学术论文 80 余篇，编成《谢碧霞文集》。

　　《谢碧霞文集》分四大部分：第一部分为综述类论文，共收录学术论文 18 篇，反映了谢碧霞教授在我国主要经济林树种的资源、栽培、开发利用等综述和战略等方面的研究成果；第二部分收录经济林栽培类学术论文 27 篇，展示了谢碧霞教授在我国主要经济林树种遗传变异规律、繁育、高效栽培等方面的研究成果；第三部分收录了经济林产品加工类论文 39 篇，展现了谢碧霞教授在我国主要经济林产品加工、开发利用方面的研究成果；第四部分为附录，收录了没有全文收集的其他论文及专著目录，可供相关学者查阅。全书收录的前三部分论文基本保持文章主体部分原貌，仅对原文个别有错误的地方做了修改。

　　《谢碧霞文集》全面系统地反映了谢碧霞教授几十年来在经济林育种、高效栽培和综合利用方面的研究成果以及为经济林产业所做出的卓越贡献，为国内外从事经济林科学研究、教学、生产经营等相关工作的单位和个人提供了有价值的参考，为我国经济林产业发展提供了有力的科技支撑。

在本书的编辑和出版过程中，得到了中国林业出版社的鼎力支持，中南林业科技大学林学一级学科提供部分出版费，南京林业大学、北京林业大学、西北农林科技大学、西南林业大学、中国林业科学研究院等单位有关专家、教授均提出很好的建议与意见，在此一并表示感谢。在本书出版之际，我国著名经济林学家、中国工程院院士曹福亮教授欣然作序，这不仅是对谢碧霞教授及其弟子们的莫大鼓励和鞭策，更是对谢碧霞教授取得重要学术成就的高度评价。在此对曹福亮院士表示衷心的感谢。

本书论文和文献编辑收录时间跨越数十年，加之编辑成书时间短，错误和遗漏之处在所难免，恳请广大读者批评指正。

本书编委会

2018 年 9 月 10 日

目录

序
前言

3 加工类论文

附录　其他论文及著作目录

1 综述类论文

谢碧霞文集

人心果经济价值及在我国的开发前景[*]

谢碧霞[1]　王森[1,2]

(1. 中南林学院资源与环境学院，湖南株洲 412006；2. 河南科技学院园艺系，河南新乡 453003)

人心果 *Manilkara zapota* 为山榄科 Sapotaceae 人心果属适宜热带和亚热带地区栽植的浆果树种。副产品人心果胶是人心果树体分泌的乳状汁液，具有天然安全、易被生物降解、不污染环境等优良特性，是制造口香糖胶等高级软糖的一种重要胶基原料。人心果树是常绿多枝乔木，叶革质，光绿色，集生于枝梢，具有较高的观赏价值，是一个经济效益高、社会效益和生态效益明显的优良经济林树种。

1　人心果的经济价值

1.1　食用价值

人心果果实营养丰富，果实采收后经 7~10d 后熟，变软方可食用。完全成熟后果肉呈半透明状，柔软多汁，浓甜爽口，有特殊的风味，亦可制成果酱和饮料。据测定，人心果果肉含水 72.3%，含酸 0.96% 和 17 种氨基酸。据分析，每 100g 果肉含还原糖 8.95g、蛋白质 29mg、维生素 C18~42mg、氨基酸 2.62mg，其中天冬氨酸（Asp）0.19mg、苏氨酸（Thr）0.15mg、丝氨酸（Ser）0.17mg、谷氨酸（Slu）0.31mg、脯氨酸（Pro）0.23mg、甘氨酸（Gly）0.14mg、丙氨酸（Ala）0.16mg、半胱氨酸（Cys）0.06mg、缬氨酸（Val）0.02mg、蛋氨酸（Met）0.01mg、异亮氨酸（Ile）0.10mg、亮氨酸（Leu）0.19mg、酪氨酸（Tyr）0.09mg、苯丙氨酸（Phe）0.10mg、赖氨酸（Lys）0.29mg、组氨酸（His）0.15mg、精氨酸（Ars）0.28mg，以及 Na、Ca、K、Mg、Fe、Mn、Cu、Al、Si、Cr、P、B 等多种矿质元素。

1.2　药用价值

人心果生果、树皮、种子、叶片均有药用价值，可治食物中毒、烧烫伤、腹泻和痢疾。果实药用可润肺止咳，其中含有一定量的 SOD，SOD 可治疗自身免疫性疾病、心血管疾病、肿瘤等症状。果实中含有保健功能的牛磺酸明显高于其他水果。种子捣碎可排肾结石，也可作利尿剂、镇静、催眠药和解毒剂。另外，果实还具有增强免疫力、抗衰老等功能。

1.3　观赏及生态价值

人心果是常绿乔木，树冠圆形或塔形，叶革质，光绿色，集生于枝梢，周年常绿，花

---

[*] 本文来源：林业科技开发，2005，19（1）：10-12.

果并存，花清香，树姿优美，具有较高的观赏价值。而且根系深广，适应性强，是城市绿化、四旁植树、海滩盐碱地生态造林的优良树种。

1.4 其他价值

人心果富含 20%~40% 的白色乳状汁液，具有天然安全、易被生物降解等优良特性，是制造口香糖等高级软糖的一种重要胶基原料。在食品工业中它可以用作增稠剂、粘合剂、稳定剂、乳化剂。

人心果木质坚硬、耐用。在玛雅人庙宇的废墟中用人心果树做的屋梁还完好无缺。它被用来做铁轨枕木、木地板、车轮等，更是做弓、家具、栏杆和厨柜的好材料。

2 人心果的生物学性状

2.1 植物学性状

人心果为常绿乔木，树高 6~10m 或更高。树皮暗褐色，纵横龟裂。树体各部分均能分泌白色乳状汁液为其特点。小枝合轴生长，分营养枝和结果枝，前者长而粗壮，后者于上部叶腋着生 5~10 朵花，每年可抽生 3~4 次新梢。叶轮状互生，革质有光泽，具短柄；矩圆或长卵形，长 5~13cm，宽 2.5~5cm，先端短尖或钝，基部楔形；全缘，深绿色。花小，白色，单生，具柄，钟状；萼绿色，6 裂作 2 轮互生；雄蕊 6；雌蕊 1，子房上位，10~12 室；每年开花 3~4 次，雌雄蕊异熟，有些品种自花不实性强。果为浆果，卵形或近心脏形；果皮薄，成熟时锈褐色或灰褐色，皮与果肉不易分离；单果重 50~125g，也有 200g 以上的大果；果肉黄褐色透明状，成熟时柔软。种子黄褐色，2~8 粒，也有无核品种。自开花至果熟需 9~10 个月。果实分泌乳汁减少，是进入成熟期的标志，采收后经 5~7d 后熟，软化后可鲜食。

2.2 生长结果特性

人心果 3 季开花，4 季有果，其开花适温为 22~29℃，一般栽植 2~4a 后见果。进入盛果期后，每年 4~10 月都会陆续开花，在春末、秋末有 2~3 次盛花期。风媒花，从开花至果实成熟需 270~300d，内膛枝基本不结果，果实着生于树冠外围。实生树 5a、嫁接树 3a 便能开花结果。

2.3 适应性

人心果要求喜光和高湿，在年平均温 21~23℃ 以上，年降水量 1500mm 以上的地区生长旺盛。有些适应性较强的单株，当气温降到-2℃ 时，未发现老熟枝叶受冻的现象，但霜冻会使嫩枝干枯，幼果脱落，果面凹陷损伤。高温地区果实风味较佳，但干旱高温易大量落花。在我国的引种试验也表明，人心果对土壤适应性较强，红壤、沙壤、黏质沙壤以至海边沙土都可种植。以土壤肥沃、排水良好、土层深厚的沙质壤土生长最好。由于根浅，枝条紧密，树冠大，在海边生长易受风害。

3 人心果的关键栽培技术

3.1 科学授粉

人心果在生产上，存在坐果率低的问题，平均坐果率只有 34.9%。一些学者对此问题进行研究，1951 年 Singh M. P. 对大果型品种 M. Pomdorum 进行了开花习性和受粉习性的观察。1953 年 Gonzales L. G. 指出人心果的花两蕊异熟，是其产量低的主要原因。1955 年 Samhamycty K . L 对传粉媒介作了观察。1961 年 Madlow Rao 等对 7 个品种的开花习性进行观察，也指出人心果有两蕊异熟现象，并进一步指出人心果雌蕊柱头只有在花开时才具有容受性。1974 年 Patil V. K. 对 Kali potti 品种的自然受粉率、幼果坐果率和成熟果坐果率进行了观察和研究。1994 年麦鹤云、王惠琼对人心果硬枝型品种的大、小孢子，胚及胚乳的发育和结构进行研究，为分析人心果坐果率低的原因和寻求解决办法提供新的参考。这一系列研究也都指出了对人心果进行人工授粉是丰产的必要手段。

3.2 繁殖技术

人心果的繁殖用实生、嫁接和高枝压条等法。实生繁殖法种子萌发迟，苗期生长慢，栽植后 8~10a 才结果，变异大，已少用；嫁接法主要用本砧切接或带木质芽接，4~10 月进行，接穗宜提前 1~2 个月环剥，以减少乳汁，提高成活率；高枝压条法要注意运用吲哚丁酸羊毛脂涂生根部位。

3.3 病虫害防治

病虫害主要有人心果藻斑病、褐斑病、叶斑病、煤烟病、斑螟、蛀心虫、介壳虫等。1994 年张传飞、戚佩坤对广东省人心果真菌病害进行了系统调查研究，报道了人心果病原真菌 8 种，包括 2 个新种。人心果生长期以枝叶病害为主，其中炭疽病对人心果的危害最大，严重时会引起枝叶枯死。果实病害主要发生于贮藏期，其中人心果酸腐病的危害较大，病部表面形成白霉，有汁液流出并散发出浓烈的酸臭味。1986—1988 年杨业隆在海南岛对人心果斑螟生物学特性和室内自然变温条件下人工饲养研究表明，全世代平均 11.68℃，完成 1 世代的有效积温为 404.8d·℃。通过室内化学毒力测定，建议每年春天发现第 1 代成虫时，喷 80%DDV 乳剂 800mg/kg 或 50%甲胺磷乳剂 800mg/kg，每隔 7d 喷 1 次，连喷 3 次，会收到良好的效果。

4 人心果在我国的引种栽培现状

我国的人心果最早于 1900—1920 年分别从泰国、新加坡、马来西亚、印度尼西亚、菲律宾、夏威夷引种至福建、广东、广西、海南和台湾，约有 100a 的历史。云南热带作物研究所于 1961 年从缅甸引种试种至今亦有 30a 的历史，但目前仍然停留在零星种植阶段。自 2002 年起，由中南林学院谢碧霞教授主持的国家 "948" 项目 "人心果新品种和栽培技术的引进"，陆续从美国、墨西哥等国引进 Larsen，Russell，Jamaica4，Jamaica5，SCH-01，SCH-02，SCH-03，SCH-07，Addley 等 20 个优良品种和先进的配套技术，开创了我国人心果引种栽培的新局面。

我国一般根据果实形状，将现有人心果大致分为 4 个品种类型。①椭圆形果。果实椭圆或卵圆形，纵径 5~7cm，横径 4~6cm，重 50~100g。广东分布最广。其中又分为硬枝型和软枝型，前者枝条较粗硬，树体较高大直立，结果较少，产量低；后者枝条柔软，树势较开张，结果多，产量高。②圆形果。果圆形，径 5~6cm，产量高。海南文昌、琼海及广东普宁等县有分布。③扁形果。果实圆形较小，四季开花早果性强。海南文昌、琼海等县有零星分布。④凹形果。果实椭圆形，果顶凹入为其特点，果大，重 125g。海南省文昌县有分布。台湾省则根据人心果的果形，分为卵形和球形两种。卵形种包括：马尼拉、巴达维、吉隆、马查卡拉特等品种；球形种包括：巴拉马西、大果、马穆巨等，其中马尼拉和巴达维的品质较佳。海南省根据人心果的果形、成熟期和果色也选出晚熟果、早熟果、圆果、长圆、浮皮果、扁果、黑果、序号 8、序号 9、序号 10 等 10 个品种。有较高的观赏价值，所以人心果在我国热带地区开发前景十分广阔。

5　人心果的开发前景与研究方向

（1）人心果栽培品种具有果实营养丰富、医疗保健价值高、口感佳、加工稳定性好、用途广泛、经济价值高和病虫害少、适应能力强等一系列优良特性，是发展有机农业的优质经济林树种，可开发人心果系列"有机食品"、"保健食品"，经济效益显著。另外人心果树胶是糖果工业绿色胶基原料。现阶段我国大力发展生态农业和无公害农业，而人心果不但具有果、胶、药兼用的特性，还具有较高的观赏价值，所以人心果在我国热带地区开发前景十分广阔。

（2）对人心果种质资源的研究，在我国开展得还不够深入，除继续收集、保存国内外种质资源外，应把一般性状观测研究转移到与生产、育种目标密切相关的各种性状评价鉴定及遗传特性、生理特性机理的研究，以及丰产优质栽培等技术方面的研究上。

（3）在引种栽培试验的同时，要高度重视育种工作，培育出高产、优质、高抗新品种。人心果育种工作除仍要坚持无性系选育方向，以选为主，选育结合外，特别要加强分子生物技术方面的研究，加快人心果引种、育种的步伐。

（4）应加强人心果果实贮藏保鲜加工技术的研究，弄清人心果含胶细胞在各器官的分布形态，探索出人心果胶的群体与个体的变异规律，为人心果的果实、树胶综合利用提供理论依据。

我国人心果的品种资源、生产现状及发展对策 [*]

谢碧霞[1]   文亚峰[2]   何钢[1]   梁文斌[3]

(1. 中南林学院资源与环境学院，湖南株洲 412006；2. 中南林学院科技处，湖南株洲 412006；3. 中南林学院生命科学与技术学院，湖南长沙 410004)

人心果 *Manilkara zapota* van Royen 为山榄科人心果属热带常绿果树，是一种具有广泛用途的热带果树，有十分重要的开发利用价值。其果实味道甜美、芳香爽口、营养丰富。除鲜食外还可加工制作果酱、果汁及果珍等食品，具有清心润肺的功效。人心果树富含胶状乳液，称为"奇可胶"，是制造口香糖的高档环保胶基。人心果树四季常绿，树形优美，常用作行道树和绿化、观赏树种。

人心果在我国属稀有水果，其商业价值及发展潜力尚未得到人们的认识。积极发展人心果及其加工产业，对于增加我国热带水果种类，满足日益增长的市场需求具有重要意义。

从 2001 年开始，我们采取了解信息、现场踏查、复查的方法，对我国人心果资源进行了比较全面系统的调查。目前已基本掌握人心果的分布、品种类型、生物学特性、栽培利用现状等一手资料，为人心果的优良品种选育与引种、资源开发与利用等奠定了良好的基础。

1   人心果资源的分布

人心果原产墨西哥犹卡坦州（至今那里仍有世界上最大的种群）和中美洲地区。后陆续被引种到美国佛罗里达州、加勒比海地区及印度、菲律宾、马来西亚、越南等国。我国所栽培的人心果是 20 世纪初从新加坡、印度尼西亚等国家引入，主要分布于云南、广东、广西、福建、海南、台湾等省（区）的南部和中部。

人心果属热带果树，在年平均温度 21~23℃、年降水量 1500mm、年平均相对湿度 70%~80% 以上的地区生长旺盛，高温地区果实风味尤佳。但人心果并非严格意义上的热带树种，在亚热带地区也能正常生长，成年树能抵抗 -3.33~-2.2℃ 的低温几小时，幼树在 -1.11℃ 容易被冻死。人心果对土壤适应性较强，红壤、沙壤、黏质沙壤、海边沙土都可种植。根据美国佛罗里达州栽培经验，肥力较高的松软沙质土最适合人心果生长，在碱性的石灰质土壤上人心果亦生长良好。

1.1   云南南部-广西中南部-湛江区

该区属北热带与南亚热带过渡气候类型，终年温暖，阳光充足，热量丰富，湿润多雨。

---

*本文来源：经济林研究，2005，23（1）：1-3.

年平均气温在 20℃ 以上，降水量超过 1600mm。特别是广西中南部地区，因受地形影响，年平均气温高于 23℃，10℃ 的年积温在 8000℃ 以上，属北热带气候类型，与人心果原产地极为相似，是人心果生长的理想地区。该区域的人心果主要分布于云南西双版纳，广西南宁市郊、梧州市及广东湛江等地。

1.2 广东南部-福建南部区

该区属南亚热带气候类型，年平均气温 19.7~23.4℃，年平均降水量 1400~1800mm。夏长冬暖，雨量充沛，适合人心果生长。该区域的人心果主要分布于广州市郊、珠江三角洲、汕头地区以及福建厦门、漳州等地。

1.3 海南-台湾区

海南岛属热带季风海洋性气候，夏无酷热，冬无严寒，年平均气温高，湿度大，光、热、水资源丰富。年平均气温 22.5~25.6℃，年日照时数 1780~2600h，年降水量 1500~2500mm（西部沿海约 1000mm）。台湾北部属亚热带气候，南部属热带气候类型，年平均气温为 23.6℃，年平均降水量约 2000mm，年相对湿度为 80% 左右。海南、台湾是人心果最适合的生长区域，栽植面积相对较大。人心果在海南省主要分布于琼中、屯昌、儋州等中西部县（市），在台湾省的嘉义、台南、云林等县均有人心果栽培。

2 人心果品种类型

人心果的命名无统一标准，许多国家多以其外形来命名，如圆形果或椭圆形果。因此，同物异名、同名异物的现象普遍存在。目前，从世界范围而言，已命名的人心果优良栽培品种约有 40 个，其中美国佛罗里达州有 13 个，墨西哥有 5 个，印度有 20 余个。国内所栽培的人心果品种没有具体的名称，按果实形状可划分为 3 种类型，即椭圆形果、圆形果和圆锥形果。

2.1 椭圆形果

果实呈椭圆形或长卵形，平均单果质量 80~150g，果皮粗糙，呈棕褐色。该品种树冠圆形或椭圆形，树高 5~9m，叶簇生于枝端，革质、墨绿色，有光泽，长椭圆形，长 5~11cm，宽 2.5~5.5cm，叶柄长 1.5cm 左右。花着生于新生枝的叶腋，花小，呈钟状，直径约 0.9cm，萼片 6 枚，内外各 3 枚互生，雄蕊 6 枚包被于内生萼片中，全年有花，果实成熟期主要集中于 4~5 月及 9~10 月。该品种分布最为广泛，在国内 3 大分布区都有栽植，以海南、广东较多。

2.2 圆形果

果实呈圆形，平均单果质量 100~150g，果皮棕色，较平滑。树体形状、叶、花等与椭圆形果品种类似，但叶片颜色较淡，呈绿色，质地较软。全年有花，果实成熟期为 4~5 月及 9~10 月。该品种主要分布于海南、台湾等地，广东省普宁县也有分布。

2.3 圆锥形果

果实呈锥状，果较小，平均单果质量 50~100g，果皮棕褐色、粗糙。该品种树体相对较小，高 4~6m，叶片较前两种类型小，但宽度相对较大，叶片长 4~9cm，宽 2~5cm。全年有花，果实成熟期主要集中在 4~5 月及 9~10 月。该品种主要分布于海南中部地区，广西有零星栽培。

调查还发现，个别树体同时存在椭圆形果及圆形果，这可能与授粉有关，即在授粉期，圆形果、椭圆形果花粉在一株树上同时授粉成功。

3 人心果栽培与利用现状

3.1 资源稀少，呈散生状态

调查表明，国内人心果资源稀少，在其适生区基本呈散生状态，零星分布于房前屋后，村头田边，大面积成片区分布较少。如广西、广东大部分调查区为 3~5 株分布在一起；广西大学校园内有 17 株人心果树集中分布，枝叶繁茂，从每年 3 月至 10 月都有花，浓郁芳香，已成为校园一景。海南省文昌、屯昌、琼中县等地有商业性人心果园分布，但规模不大，多为 1~2hm²，总面积约 30hm²，产量不等，以出售鲜果为主。该区是国内人心果最大的集中分布地，部分果园因管理不善，已处于荒芜状态。

3.2 良种缺乏，果实品质较差，产量低

国内人心果是 20 世纪初从东南亚国家引入，品种不明。引种后多采取种子或高压苗繁殖，品种变异、退化较大。就目前栽培的品种而言，其果实大小、口感及产量都不如国外优良品种。如美国佛罗里达州引进或选育的优良品种就有 13 个，果实最大的品种平均果质量达 400~500g，含糖量高（19%），酸甜度适宜，口感好。国内人心果果实较小，平均果质量 100~150g，最大的 300g 左右，产量较低。

3.3 栽培管理技术落后

人心果树富含胶液，嫁接不易成活。苗木繁育多采取种子实生播种或高空压条的方式，不仅速度慢，而且品种变异性较大。国外目前已有成熟的嫁接繁殖方法，已成功培育出人心果组培苗。国内人心果因栽培面积过小且商业化程度较低，栽培管理未引起高度重视，人心果园及树体管理比较粗放，部分处于自生自灭状态。

3.4 人心果利用现状

国内人心果主要用于鲜食，但因产量少，难以满足市场需求。因此，人心果产品加工和综合利用在国内尚未起步。人心果树四季常绿，树形优美，长年有花，是理想的园林绿化树种，南宁、广州部分地区用人心果树做行道树或绿化树种。

4 人心果发展对策

人心果在我国属稀有水果，市场前景十分广阔。我国广东、广西、福建以南大部分地区气温高、雨量充沛，适合人心果生长，且不少地方有栽培人心果的历史和经验。积极发展人心果，对于丰富我国热带水果种类，满足市场需求等都具有十分重要的意义。

4.1 大力引进人心果优良品种，加快良种繁育和推广，扩大栽培面积

良种缺乏、果实品质差是我国人心果品种的特点。而美国、墨西哥等国家已成功选育了多个优良品种，并已推广。应根据我国人心果分布区的气候特征和地形特点，从国外引进适合我国栽培的优良品种，调整国内人心果品种结构，加快良种苗木繁育和推广，扩大人心果栽培面积，从根本上提高我国人心果产量和品质。

4.2 建立高水平的人心果科技示范园

在我国应建立高水平的人心果科技示范园，科技示范园的作用主要体现在两个方面：一是推广和普及，大力推广新品种、新技术，尽快将先进实用的生产技术送到群众手中，实现苗木良种化，管理集约化、园艺化；二是示范作用，充分吸取国内外经验，采取集约经营管理的方式，加强人心果土、肥、水及树体、病虫害管理工作，实现优质丰产高效，辐射带动当地人心果产业的迅速发展。

4.3 开展人心果品种分类研究，培育优良品种

在充分收集人心果国内外品种资源的基础上，积极开展人心果品种分类研究，重点开展优良品种选育工作，以筛选出具有较好潜力的优良品种。同时，可采取远缘杂交或其他高新技术育种方法，培育适应当地生长的人心果优良品种。

4.4 开展人心果胶提取与加工技术研究

人心果除鲜食外，其最大用途是加工制胶，其胶液是制造生态口香糖的天然胶基，具有自动降解、不污染环境的特点，开发利用价值极大。1995 年，墨西哥利用人心果胶生产出生态口香糖，1996 年投入市场试销，当年创汇达 600 万美元，1997—1998 年度生产季节创汇 800 万美元，发展前景十分广阔。开展人心果胶提取与加工利用研究，提高人心果产品附加值，对于国内人心果产业发展将起到积极的推动作用。

人心果研究现状与进展[*]

文亚峰　谢碧霞　何钢

(中南林学院科技处，湖南长沙 410004)

人心果 *Manilkara zapota* 为山榄科人心果属热带常绿乔木，是一种具有广泛用途的热带果树，有十分重要的开发利用价值。其果实味道甜美、芳香爽口、营养丰富，除鲜食外还可加工制作果酱、果汁及果晶等，具有清心润肺的功效。人心果树富含胶状乳液，称为"奇可胶"，是制造口香糖的高档环保胶基，具有天然安全、易被生物降解、不污染环境等优良特性。人心果树四季常绿，树形优美，是很好的园林绿化树种。

人心果在所有热带、亚热带地区都有种植，美国佛罗里达州、墨西哥和印度是人心果的适生区与主产区，人心果的分布与栽培面积较大，品种优良，苗木及果品产业发展迅速，经济效益十分显著。由于其较好的经济价值和生态效益，美国、印度、墨西哥等国家的科学家对人心果进行了大量而深入的研究，在种质资源保存、优良品种选育、栽培管理技术及加工利用等方面取得了较大成果。人心果在我国属稀有果树，市场前景十分广阔，积极开展人心果引种及相关研究工作，对于丰富我国热带水果种类，促进人心果产业的发展具有重要意义。

1　人心果种质资源的保存与分类研究

美国科学家在人心果种质资源的收集、保存方面做了大量工作。佛罗里达大学热带作物研究与教育中心，(TREC) 和 Fairchild 热带植物园都建立了人心果种质资源圃，用来收集、保存源于世界各地的人心果种质资源。目前，TREC 种质资源圃内保存的人心果品种有 13 个，曼妹人心果品种 15 个，而 Fairchild 热带植物园内收集的人心果品种达到了 21 个。这些品种主要来源于墨西哥、印度、菲律宾、泰国及其他中美洲国家，部分属自主培育，如 Tikal、Prolific、Russell、Alano、Modello 等。

有关人心果的分类研究工作开展较少。Campbell 等利用园艺学特征对佛罗里达州的曼妹人心果进行分类，用于区分不同的品种与类型。Pennington 将曼妹人心果栽培品种分为5 大类，其中有 3 类非常相似，仅叶脉数量和花芽形态有微小差异，可做区分依据。Heaton H J 等运用 RAPD 技术对生长在不同地理环境条件下的 4 种人心果群体进行分子标记，表明不同群体在基因型上并无显著差异，环境因素是引起个体差异的主要原因，但不同群体间基因渐渗现象较为普遍。Susan Carrara 等的研究也表明人心果不同品种个体植物

---

　　* 本文来源：经济林研究，2005，23（4）：84-88.

学特征受环境影响较大，作为分类依据缺乏科学性。在此基础上，她们于 2003 年用 AFLP 分子标记技术对曼妹人心果主栽品种进行分类研究，取得了较好的效果。

2 人心果优良品种选育

从世界范围而言，目前已命名的人心果优良栽培品种约有 50 余个，其中美国佛罗里达州 13 个，墨西哥 5 个，印度 20 余个，菲律宾、马来西亚等国家 10 余个。原产美洲地区的品种果大、品质优、高产，树形高大；而原产泰国的品种果小、果形长、品质优，树形矮小，易于管理。

美国科学家在对人心果品种资源收集的同时，还对源于世界各地的人心果品种的经济价值进行评估研究，以筛选出具有较好潜力的优良品种。美国佛罗里达州商品化栽培的 13 个优良品种中，就有 6 个属自主选育，其中最有名的为 Tikal，该品种是 Carl W Campbell 从墨西哥引进的实生苗中选育成功，具有早熟、品质好、产量高等优良特性，是佛罗里达州主栽品种之一。墨西哥科学家从 20 个人心果选择系中，根据果实形态、化学成分和品质特性不同，筛选出了 9 个人心果优良品种，在全国推广种植。Fairchild 热带植物园的 Campbell 博士等正在进行人心果矮化品种选育工作，他们在全球范围内挑选、鉴定了人心果矮化品种，原产于热带亚洲的品种具有树形矮小、抗性强、易管理等优点，可用做矮化品种砧木。

人心果果皮粗糙，色泽难看，直接影响其市场销售，能否培育出具有较美观果皮的人心果品种，是目前研究工作的难点和热点。

3 人心果生理特性研究

人心果是浅根树种，超过 80% 的根系生长在 75cm 的土层，根系所占面积约为树冠冠幅的一半，大约 66% 的水分来源于 75cm 的土层。根系的形态特征表明在降水量较少的地区必须实行经济、可行的灌溉方式。人心果喜光，不同的光照条件会对树体高度、茎长和茎粗产生较大影响，但叶片数量主要受遗传因素控制。人心果对低温反应敏感，成年树能忍受 $-3.33 \sim -2.70℃$ 的低温几个小时，幼树容易在 $-1.0℃$ 被冻死，$-4℃$ 被认为是人心果生长的超低临界温度，$41℃$ 以上的高温会影响开花和果实发育，造成授粉不好或果实灼伤。最高温度和最低温度与产量呈负相关，而相对湿度、降水量和日照时数与产量呈正相关。人心果树对土壤条件适应性强，在深厚、松软的有机土或黏土、沙土、贫瘠土中都能生长且较繁盛。TREC 学者研究表明，人心果对盐碱地忍耐力强，在海滨石灰质沙地上生长良好，是少有的抗盐碱热带树种。

人心果自花不孕，国内外学者对人心果开花、结实做了大量研究。Robert J 等对花粉活力、自交及杂交结实特性和机理进行研究，表明人心果自交不亲和，落花落果严重，栽培时应注意不同品种混栽，并加强人工授粉。Relekar、Mulla 等的研究也得出相同的结论，人工杂交可使坐果率提高到 34%，不存在单性结实或自花受孕现象。国内学者麦云鹤等通过研究人心果大、小孢子、胚和胚乳的发育与结构，分析坐果率低的原因并寻求解决办法。他提出坐果率低的主要原因是大量花粉败育，且雌雄花异熟，人工辅助授粉是提高坐果率的最好办法。Thomas 博士等对曼妹人心果的 5 个品种开花、果实发育机理进行研究，对人心果授粉植株的选配，果实品质的提高具有重要意义。

4　人心果苗木繁育技术研究

人心果因树体富含乳状胶液，无性繁殖相对较难，过去主要靠种子实生繁殖。近年来，人心果无性繁殖技术在国内外逐步开展，这些研究包括嫁接技术和组织培养等。

4.1　嫁接繁殖技术

当前，美国已有成熟的嫁接繁殖技术并已产业化，佛罗里达州的人心果苗全部为嫁接苗。根据他们的经验，嫁接前接穗处理非常重要，接穗宜先环剥 1～2 个月，积累养分，减少乳液。嫁接方法有插皮接、劈接、侧接、芽接、舌接等，以插皮接成活率最高，可达 80%，舌接虽然对植株根系生长有利，但成活率最低。一种改进的侧接方法被广泛应用，接穗为 1 年生幼树的枝条约 6mm 粗，以树体中间健壮枝条为最佳，提前 6 星期或 2 个月剪除叶片，嫁接前在侧接点划一道凹槽，让胶液流数分钟，然后将接穗嵌入，用蜡质或沥青保护物将枝条绑紧，嫁接枝条在 30d 后开始生长，随后可砍去砧木树冠。Wasielewski 和 Campbell 利用种芽倒贴皮嫁接技术繁殖绿人心果，此方法可使树形变小，且早熟，但成功率不稳定。嫁接繁殖中，野生人心果（dilly）和亚洲品种常用作砧木苗，可使树体矮小，抗性增强。

4.2　组织培养技术

人心果是难以组织培养的一种木本植物，只有印度和我国学者做过有关研究工作。印度学者 Purohit S D 以人心果成熟种子培养获得的无菌苗子叶为外植体，接种前先将外植体在 200mg/L 的 IBA 浸泡 0.5～2h，然后接种在 SH 培养基上，不定芽的诱导率达到了 66%～77%，成功培育出人心果植株。国内学者何钢、文亚峰等利用人心果种胚获得的无菌苗进行组织培养，不定芽诱导率达到了 90%，同时，他们还利用人心果茎段、叶片、子房等外植体进行研究，其中茎段和子房均成功培养出了愈伤组织，但褐化比较严重，这主要与人心果胶液含量过高有关，因此，能否有效抑制褐变是人心果组织培养成功的关键。

5　人心果栽培技术研究

5.1　人心果的栽植技术研究

根据 Jonathan 博士研究结果，人心果宜采取大穴定植，留取较大的株行距，多品种混栽的方式较好。印度科学家 Patel C B 研究了栽植密度对人心果生长、发育和结实的影响，表明不同栽植密度对果实产量影响显著，最小间距的单位面积总产量最高，但单株结果数量和产量较低，栽植密度对果树的胸径生长没有影响。印度学者还研究了人心果、芒果等果树与其他林木混栽效果。人心果与合欢树混种生长量增加了 17%，与木麻黄混种对生长量无影响；芒果与这两种树种混栽时，生长量减少了 12%。而桉树与人心果和芒果不能混栽，桉树会抑制其生长。他们的调查结果得出了经济价值较高的两种林木栽培组合，即人心果与银合欢和人心果与木麻黄。

5.2　人心果的整形修剪技术

Fairchild 热带植物园的 Jeff. Wasielewski 等研究了整形修剪技术对人心果 3 个不同种小果人心果、曼妹人心果和鸡蛋果的生长发育及产量影响，结果表明：不同种，不同品种对整形修剪的反应也各不相同。一般情况下，不同修剪方式对鸡蛋果的所有品种均有影响，可起到促进果树营养及生殖生长的作用；整形修剪可促进曼妹人心果的营养生长和枝条发育，但对其果实生长不利；修剪对小果人心果的作用因品种、原产地不同而有较大差异，源于泰国和美国佛罗里达州的品种（如 Tikal 等）对修剪反应积极，能有效控制树势及促进果实生长，提高产量。相反，修剪对源于中美洲地区（墨西哥）的品种作用不明显，甚至会影响果实产量。Jonathan 博士在栽培中对幼树修剪较多，但对成年树很少修剪，只控制树高和冠幅。

5.3　人心果水肥管理技术研究

灌溉对人心果产量和树冠体积有积极作用。幼树需经常灌溉，特别是在长的干旱季节，4 年生以上的树通常能忍受较长时期的干旱，有必要进行定期高质量的灌溉。施肥对人心果产量效果显著，可提高果实可溶性固形物含量和果肉种子比。人心果吸收钾元素能力强，钾的吸收量是几种营养元素中最大的。钾肥对人心果坐果率和果实生长有重要作用，特别是与磷肥混合施用效果更为明显，Avilan 等研究发现人心果果实产量与 K 元素的吸收之间存在线性相关性。人心果病虫害较少，有时有叶缩病、茎干蛀孔危害。高温高湿的条件下，低冠幅处的果实易被疫病真菌所危害，造成果实腐烂。叶斑病在印度有危害的记录。

6　人心果采收及贮藏保鲜技术研究

人心果树常年有花、有果，不同生长期的果实在树上同时存在的现象非常普遍，成熟果的判断相对较难。一般情况下，果实分泌乳汁减少是成熟的标志，可选择饱满的大果先采。有些品种的果实在成熟时带有沙质，果皮呈淡黄色或桃红色，果实与茎部很容易分开且很少分泌乳胶液，但有些树种的成熟果判断较难，须凭经验采摘。Araujo 等通过果实 pH 值、可滴定酸、可溶性固形物及单宁含量判断采收期，研究结果表明坐果后 202~209d 是最佳采收时间。

人心果采收后在室温条件下 8~9d 后会成熟变软，若不及时食用，果肉会迅速变质，因此贮藏保鲜十分重要。Singh 和 Mathur 发现最佳冷藏条件为 1.5~3.5℃、相对湿度为 85%~90%。在此条件下，人心果的贮藏时间可达到 8 个星期。果实在 4℃环境中放置一段时间后再贮藏可延长保鲜时间，但在 4℃条件下超过 10d 会导致冻害。高浓度 CO_2（CO_2少于 20% 体积比）和低的乙烯浓度条件都可以延长果实贮藏期。TREC 研究表明，人心果对低温较为敏感，6~10℃的低温会对果实后熟造成不可逆转的影响，导致果实中纤维增多，影响口感。一般情况下，贮藏条件以温度 10~13℃、相对湿度 85%~90% 为宜，在此环境下，人心果可保存 20d 而不影响其品质。

人心果的呼吸作用能加速果实后熟，植物生长调节剂赤霉素（GA）、激动素、2，4-D 及硝酸银等可以降低果实呼吸作用和乙烯的产生，从而达到延长贮藏期的目的。Gautam 和 Chundawat 利用赤霉素、激动素和硝酸银处理可使果实贮藏期延长 2d，以 300μl/L 赤霉素溶液处理果实，其贮藏效果最好。MadhaviM 研究表明，低温条件下生长剂处理对果实保鲜效果更好，可使人心果贮藏期达到 30~32d，而对照只有 20d。

目前，佛罗里达州农业研究所（USDA）等机构正尝试利用生物技术对人心果进行保鲜研究，这可能是解决人心果贮藏难题的最终办法。

7　人心果胶研究

人心果除鲜食外，最大用途是加工制胶。胶的生产、开发与研究主要集中在墨西哥、伯利兹、危地马拉 3 个国家，已形成具有较大优势的人心果胶提取、加工与出口产业。

人心果胶产量与多种因素相关，如树体大小、过去采胶次数、采胶程度、天气等。在墨西哥，人心果胶产量平均为 1.5 磅/株，而在危地马拉北部 Peten 地区，胶产量平均可达到 2.4~4.0 磅/株。人心果胶的采收一般在 7 月至第二年 2 月底。树干直径达到 20cm 时即可采胶，采胶后，树体需经 3~8a 愈合才可重新采胶，最高采胶记录为 5 次（15~40a）。采胶方法是利用"人"字形采胶器刻划树干，在中间插入导管使胶液流出，交叉划痕间距离应大于 40cm。出胶切口不要太深，以免损伤树干韧皮部，给果树造成潜在伤害。果胶加工一般按煮胶-凉胶-成型-包装的工序进行，天然人心果胶的组成成分主要为树脂、水分、阿拉伯树胶素、钙、糖及各种可溶性盐。

杂质含量直接影响胶和口香糖的质量，一般采取过滤、蒸煮的方法去除杂质。美国 Adams 公司的口香糖生产工序为先将人心果胶去除杂质、清洗、纯化、碾成干的粉末，加热后添加果糖、香精等原料，搅拌混匀，灌胶成形，即可做成食用口香糖。

8　结语与展望

人心果在我国属稀有水果，其经济和生态价值未得到充分认识，科学研究起步较晚。当前，国内学者虽然在人心果引种及栽培方面开展了一定的工作，但与国外仍有较大差距，今后可在以下几方面重点开展研究工作。

（1）重视基础研究　当前，有关人心果细胞学、分子生物学等方面的研究尚属空白，积极开展此项研究工作，对人心果分类及优育品种选育有重要意义。可利用染色体核型分析技术或分子标记技术对人心果品种进行分类研究，在此基础上运用远缘杂交或其他高技术育种方法培育适应我国气候特征的优良品种。

（2）加强人心果苗木快繁技术研究　人心果产业在我国市场前景广阔，但目前最大的阻碍是优良品种苗木太少，难以满足市场需求。应积极开展人心果嫁接技术和组织培养技术研究工作，建立有效的优良品种苗木快繁体系，促进我国人心果产业的发展。

（3）积极开展人心果贮藏保鲜和深加工技术研究 人心果贮藏保鲜问题至今尚未得到有效解决，冷藏保鲜时间最长仅为1个月，直接影响其经济价值。我国应积极组织专家攻关，延长贮藏保鲜时间，做到均衡上市，满足不同季节人们对人心果消费的需求；开展人心果胶的深度开发利用研究，包括胶液的提取、加工技术与工艺研究，开发生产生态口香糖，提高人心果的经济效益和产品附加值。

美国佛罗里达州人心果考察报告[*]

文亚峰[1]　何钢[2]　谢碧霞[1]

（1. 中南林学院资源与环境学院，湖南株洲 412006；2. 中南林学院生命科学与技术学院，湖南株洲 412006）

人心果 *Manilkara zapota* 为山榄科 Sapotaceae 热带常绿果树。原产墨西哥犹卡坦州和中美洲地区。后陆续被引种到美国佛罗里达州、加勒比海地区及印度、菲律宾、马来西亚、越南等国。现世界上栽培面积最大的国家是墨西哥和印度，至今墨西哥仍有世界上最大的人心果种群。

人心果用途广泛，其果实味道甜美、芳香爽口、营养丰富，除鲜食外还可加工制作果酱、果汁及果珍等，具有清心润肺的功效；树体富含胶状乳液，称为"奇可胶"，是制造口香糖的高档环保胶基；人心果树四季常绿，树形优美，常用作行道树和绿化、观赏树种。

人心果在美国主要分布于加利福尼亚南部和佛罗里达州的 Miami、Homestead 及 Keywest 等地区，佛罗里达州是最大的分布区。人心果在佛罗里达州的商品化栽培面积约 128hm²，全部分布于迈阿密戴德县（Miami-Dade）境内，以鲜食为主，也有零星分布于农场、果园和花园，用做绿化或装饰植物。

应佛罗里达大学热带作物研究与教育中心（TREC）之邀，2004 年 4 月至 5 月，我们对美国佛罗里达州进行了为期 20d 的人心果考察，与佛罗里达大学热带作物研究与教育中心、迈阿密农业推广中心、Fairchild 热带植物园等进行了广泛的交流，实地考察了相关的果园、农场、苗圃、果品贮藏保鲜厂等，这将对国内人心果产业的发展具有重要的借鉴意义。

1　佛罗里达州人心果主产区生态环境条件

人心果属热带果树，在年均温度 21~23℃、年降水量 1500mm、年均相对湿度 70%~80% 以上的地区生长旺盛，高温地区果实风味尤佳。但人心果并非严格意义上的热带树种，在亚热带地区也能正常生长，成年树能抵抗 -3.33~-2.2℃ 的低温几小时，幼树在 -1.11℃ 容易被冻死。人心果对土壤适应性较强，红壤、沙壤、黏质沙壤、海边沙土都可种植。根据美国佛罗里达州栽培经验，较高肥力的松、软沙质土最适合人心果生长，在碱性的石灰质土壤上人心果生长良好。成年人心果树对干旱条件有较强适应性，对渍水适应性中等，抗风性强。

---

*本文来源：经济林研究，2004，22（3）：92-95.

1.1　人心果主产区气候条件

佛罗里达州人心果90%以上分布在迈阿密戴德县（Miami-Dade）境内，该地区年均温度24.3℃，年降水量1420mm。全年可分2个不同的气候阶段，5月至10月为雨季，平均气温30℃，月降水172mm，平均湿度84%。11月至第2年4月为旱季，月降水量64mm，空气湿度80%。全年降雨天数为65d，其中有52d集中在雨季。就植物生长而言，全年均需灌溉，即使在降水量较大的雨季也不例外。旱季是南佛罗里达较为凉爽季节，有一定的低温条件，平均低温13.2℃，有利于人心果的休眠与花芽分化。3月至4月间平均温度26℃，气温变化较为稳定，有利于人心果花、果实的形成。5月温度上升，雨量增加，果实能够迅速充分发育。7~9月处于高温与多雨季节，利于果实采后枝梢的生长。

1.2　人心果主产区土壤条件

南佛罗里达整个地区为平原，海拔0~15m，属碱性石灰质土壤。栽培人心果土壤主要由石灰石分化物及泥灰石构成，pH值为7.4~8.4，富含沙粒、黏土及碎石，土层厚度从几厘米到几米变化不等，总体土壤肥力较差，但人心果在此土壤上生长良好。

2　佛罗里达州人心果生产情况

2.1　人心果产业概况

20世纪90年代以来，人心果在佛罗里达州的栽培面积一直比较稳定，商品化栽培面积约128hm²，1995年至1996年间佛罗里达州人心果的总产量为675t，年总收入约360万美元（5.3美元/kg），2000年总产量达到925t，年收入约490万美元。

人心果苗木在南佛罗里达州具有很好的市场，其主要生产地是迈阿密戴德县，该县是佛州花卉、园艺苗木生产量最大的县。截至2002年，在佛罗里达州农业部注册的苗木生产企业就有950家之多，40%的苗圃基地有人心果苗木供应，价格因苗木规格不同而有差异，为10~25美元/株。

2.2　栽培品种

人心果在美国不属原产地，而是自20世纪20年代开始，陆续从墨西哥等国引进和选育的一些优良品种。目前在佛罗里达州栽培的人心果主要有铁线子属的人心果（Sapodilla）和桃榄属的曼妹人心果（Mamey）两个种，其次是桃榄属克里斯特人心果（Canistel）、金叶树属的星萍果（star apple）和蛋黄果属的绿果人心果（Green sapote）。各农场栽培的人心果（Sapodilla）主要品种有Hasya、Tikal、Prolific等，而且引进和选育了一大批极有发展前途的新品种（见表1），这些品种正在育苗并向社会推广。栽培的曼妹人心果主要品种有Pantin、Floride、Magana等。但克里斯特人心果、星苹果和绿果人心果只有零星分布，没有形成经济栽培。

2.3　栽培管理

2.3.1　苗木繁殖

繁殖方法有种子繁殖、嫁接繁殖。砧木和行道树采用种子繁殖，而果用人心果均采用嫁接繁殖。由于曼妹人心果种子难于贮藏，种子繁殖均采用新鲜成熟的种子，洗净，晾干，播入育苗钵内，一年后即可出圃或嫁接，嫁接繁殖时芽接、枝接均可，枝接大都是采用劈接，枝接的最佳时期是夏季和秋季。

2.3.2 定植

采用高 0.6~1.0m 的苗木，要求用大小基本一致的苗木，栽植前用挖穴机挖一大的定植穴，也可挖一小的定植穴，回填时用挖出来的土壤，不加任何覆盖物、有机质及其他肥料，并轻轻夯实土壤，并在离树干 0.6m 处建一个围水圈，栽后及时灌水。在干旱的情况下，每星期灌水 2~3 次。栽植密度一般株行距采用（4.6~9.1）m×（6.1~9.1）m，每公顷栽培 90~356 株。人心果自花不育，因此栽植时是多品种混栽。

表 1　佛罗里达州人心果主要栽培品种特性及评价

品种名	产地	果实形状与皮色	果实大小	果肉颜色和质地	品质	产量
Hasya	墨西哥	椭圆至圆锥形，亮褐色、有适度果点	中到大，150~365g	褐红	极好	高
Tikal	美国	椭圆至细圆锥形，亮褐色，有细果点	小到中大，80~323g	亮褐，光滑	很好	很高
Prolific	美国	圆至圆锥形，亮褐色，有细果点	中，170~225g	亮棕褐至红棕褐，光滑	很好	很高
Alano	美国	圆锥至圆形，亮褐且光滑	小到中，115~250g	光滑至细粒状	很好至极好	高
Betawi	印度尼西亚	圆锥	中到大，140~315g	亮黄至黄，细颗粒	很好多汁	高
Brown Sugar	美国	圆至卵形，亮褐，适度的果点	小到中，133~170g	棕褐，细颗粒	很好	很高
Gonzalez	菲律宾	圆至椭圆，亮褐色，有细果点	中，90~260g	亮棕褐至棕褐，光滑	很好至极好	很高
Makok	泰国	圆锥，亮褐色，有细果点	小，30~140g	亮棕褐至深绿红，光滑	很好	很高
Modello	美国	椭圆至圆锥，亮褐，适度的果点	中到大，227~340g	白色至棕褐，光滑	好	一般
Molix	墨西哥	椭圆	中到大，150~360g	棕红，光滑	很好至极好	很高
Oxkutzcab（Ox）	墨西哥	圆	大到极大，最大800g	红棕	很好	很高
Morena	墨西哥	椭圆	中到大，170~345g	棕红	很好至极好	高
Russell	美国	圆至圆锥至卵形，带浅棕色斑点，果屑	大，284~454g	粉棕褐，细颗粒	好，有香味	低

2.3.3 树体管理

幼年树注意整形与修剪，以培养较好的树形，幼树修剪方法有摘顶、控梢、拉枝等。

成年树修剪较少，主要是控制树势，剪除枯死枝条。树高一般以行间距离的 1/2 为宜，最高不超过 4.5~4.8m。

2.3.4 肥水管理

人心果施肥是结合灌水进行的，幼年期每株施入 113g 平衡混合肥，N、P、K、Mg 比例为 6∶6∶6∶3，每 8 个星期施 1 次，随着树龄的增加，肥料逐次增加至 227~2200g，由于佛罗里达州土壤为石灰岩土壤，土壤容易缺乏铁等微量元素，所以每年叶面喷施螯合铁溶液 2~3 次。佛州人心果全部采用喷灌或滴灌，幼年树一般每星期灌水 2~3 次，成年树耐干旱能力较强，在花期至采收期要求灌水，有利于人心果的增产。

2.3.5 病虫害管理

在佛罗里达危害人心果的病虫害很少，少量的病害有叶斑病、叶锈病、疮痂病和炭疽病，都不足以造成危害。在盛花期偶有花蛾 *Barnisia myrsusalis* 和花草虫攻击，有些品种可能对加勒比海果蝇敏感，可采用生物、化学、物理控制相结合的防治方法。

2.4 人心果利用情况

人心果美味可口，口感香甜，浆质果肉软而略沙，糖度含量高，是很好的甜味水果。在佛罗里达州主要用于鲜食，果肉可被舀出放在果杯或牛奶中，制作饮料、奶昔、色拉或冰淇淋。成熟的人心果肉用 60% 糖液处理，使之渗透脱水 5h，干燥后可制作果脯。人心果的另一主要用途是提取"奇可胶"，该胶液是制作生态口香糖的良好胶基，在美国尚未开发利用（墨西哥利用较多）；人心果树四季常绿，树形优美，在南佛罗里达州常被用作行道树或绿化、观赏树种，栽植于街道、农场，果园四周及花园。

3 佛罗里达州人心果科研情况

20 世纪 50 年代以来，以美国佛罗里达大学热带作物研究与教育中心（TREC）、Fairchild 热带植物园、佛罗里达州农业研究所（USDA）等机构对人心果进行过大量而深入的研究工作，在人心果种质资源保存、优良品种选育及栽培技术等方面取得了较大成果，值得我们学习和借鉴。

3.1 人心果种质资源的收集、保存与分类研究

目前，在美国佛罗里达大学热带作物研究与教育中心（TREC）品种资源收集圃内有人心果品种 11 个、曼妹人心果品种 15 个、绿果人心果品种 3 个，而在 Fairchild 热带植物园内收集的人心果品种有 21 个，主要来源于墨西哥、印度、马来西亚、菲律宾、泰国及中美洲国家。这些机构都建立了种质资源圃，来源于世界各地的人心果资源得到了很好的保存。在此基础上，他们还对来源于世界各地的人心果品种的经济价值进行评估，研究内容包括不同品种的生理特性、对当地气候、土壤等生态因子的适应性、果实成熟期、果实品质等，已筛选出具有较好潜力的优良品种。佛罗里达州农业研究所（USDA）Susan Carrara 等从形态上对曼妹人心果（Mamey）进行分类研究，并利用分子标记技术（AFLP）对其主栽品种进行分类，研究结果尚未公布。

3.2 人心果优良品种的选育

佛罗里达州在引进国外人心果品种的同时还积极开展人心果优良品种的选育工作。目前在商品化栽培的 13 个优良品种中，就有 6 个是自己选育的，如 Tikal、Alano、Browsugar、Modello、Prolific 和 Russell，其中最有名的为 Tikal，该品种是 Campbell CarlW. 从墨西哥引进的实生苗中选育出的芽变品种，具有早熟、品质好、产量高等优良特性，是佛罗里达州人心果主栽品种。目前，Fairchild 热带植物园的 Campbell 博士等正在进行人心果矮化品种选育工作。

3.3 人心果苗木繁育及栽培技术研究

佛罗里达州在人心果嫁接繁殖方面技术成熟，主要采用劈接、腹接接及芽接的方法繁育苗木，目前，果用苗全部为嫁接苗。栽培技术方面，佛罗里达大学热带作物研究与教育中心的 Jonathan 博士等做过大量研究工作，根据他们的栽培管理经验，人心果一般采取大穴定植，留取较大的株行距，多品种混栽；幼树修剪较多，成年树一般很少修剪，只控制树高和冠幅；配方施肥结合滴灌、喷灌；采取化学、生物等综合防治方法控制病虫害。Fairchild 热带植物园的 asielewski Jeff W. 等研究了整形修剪技术对 3 个不同种即人心果、曼妹人心果及克里斯特人心果生长、产量的影响，结果表明，不同种、不同品种对整形修剪的反应也各不相同。一般情况下，克里斯特人心果的所有品种对不同修剪反应积极，可起到促进果树营养及生殖生长的作用；整形修剪可促进曼妹人心果的营养生长和枝条发育，但对其果实生长有抑制作用；人心果对整形修剪的反应因品种、原产地不同而有较大差异，源于泰国的品种对修剪反应积极，有利于控制树势及果实生长，但修剪对源于中美洲地区的品种作用不明显。

3.4 人心果花期生理特性研究

Robert. J 等曾对人心果花粉活力、自交及杂交结实机理进行研究，结果表明人心果属高度自花不育果树，栽培时应注意选配不同品种混栽，并加强人工授粉。Thomas 博士等对曼妹人心果的 5 个品种开花、果实发育机理进行研究，对人心果授粉植株的选配，果实品质的提高具有重要意义。

3.5 人心果采收及贮藏保鲜技术研究

人心果树常年有花有果，不同生长期的果在树上同时存在的现象非常普遍，成熟果的判断相对较难。一般情况下，果实分泌的乳汁减少是成熟的标志，可选择饱满的大果先采。有些品种果实在成熟时带有沙质，果皮呈淡黄色或桃红色，果实与茎部很容易分开且很少分泌乳胶液。但有些树种的成熟果很难判断，须凭经验采摘。

成熟期的人心果采收后在室温条件下 8~9d 后会成熟变软，若不及时食用，果肉会迅速变质，因此贮藏保鲜十分重要。佛罗里达大学热带作物研究与教育中心研究结果表明，人心果对低温较为敏感，6~10℃的低温会对果实后熟机制造成不可逆转的影响，果实中纤维增多，影响口感。一般情况下，贮藏条件以温度 10~13℃、相对湿度 85%~90% 为宜，在此环境下，人心果可保存 20d 左右。

3.6　人心果胶研究

对人心果胶的研究不多，佛罗里达大学的 Alcorn Peter W. 对"奇可胶"的资源分布、种类及人心果胶的特性进行研究。有关人心果胶的提取、加工技术等研究尚未开展。墨西哥对人心果胶有较为深入的研究，目前已形成具有较大优势的人心果胶加工产业。

我国扁桃产业的发展趋势[*]

王森[1,2]　谢碧霞[1]　杜红岩[3]　杨绍彬[1,3]

(1. 中南林业科技大学资源与环境学院，湖南长沙 410004；2. 河南科技学院园林学院，河南新乡 453003；3. 中国林业科学研究院经济林研究与开发中心，河南郑州 450003)

扁桃 *Amygdalus communi* L. 又名巴旦杏，系蔷薇科 Rosaceae 桃属 *Amygdalus* L. 乔木，是世界上著名的干果和木本油料树种。其核仁不但具有较高的含油量、不饱和脂肪酸含量，还含有大量蛋白质、人体必需氨基酸、糖、无机盐、维生素及钙、镁、钠、铁、硒、锌、钡、铝、锰、铜、铭、钦、铬等元素，营养价值极高，是不可多得的滋补佳品及防治高血压等心血管疾病的重要药材，在国际市场供不应求。随着科学技术的飞速发展，经济林学科将会得到稳步的发展，关于扁桃的研究也会不断深入。笔者从扁桃的生产和科研两方面预测了下一阶段我国扁桃产业发展的趋势。

1　扁桃生产的发展趋势

1.1　扁桃生产的良种化

是扁桃生产的核心，是扁桃生产实现高产、优质、高效的物质基础。我国扁桃良种的来源一个是国外优良品种的引种与消化，另一个是国内优良品种的挖掘与培育。

1.1.1　国外优良扁桃品种的引进与消化

在 20 世纪 50—70 年代，中国科学院植物研究所北京植物园从苏联、意大利、法国引入扁桃品种 10 余个。中国林业科学研究院经济林研究开发中心和中国农科院郑州果树研究所在国家 "948" 项目基金的资助下，于 2000 年、2002 年分别从美国、意大利、以色列、澳大利亚等国家引进优良品种 40 余种。新疆维吾尔自治区林业厅也相继引进 26 个品种。这些优良品种引进后，各部门、科研单位都进行了大面积的区域试验，试验范围为东经75°50′~122°36′，北纬 33°45′~43°40′，试验点也遍布我国的河南、河北、山东、山西、陕西、甘肃、宁夏、新疆、内蒙古等省（自治区）。各引进品种在引入后表现出了极丰富的多样性，有比在原引进地区表现好的，也有比在原引进地区表现差的。所以，在下一研究阶段，各扁桃引种单位势必会把研究重点放在对引进优良品种的筛选和消化上，具体的重点工作是利用引进品种的优良种质资源进行实生选种和杂交育种。

1.1.2　国内优良扁桃品种的挖掘

对国内优良品种的挖掘，主要是对新疆现有扁桃优良品种的进一步筛选。但目前所挖

＊本文来源：经济林研究，2006，24（3）：75–79。

掘品种的局限性比较大，主要表现为地域的局限上。我国扁桃优良品种的挖掘工作始于1972 年新疆维吾尔自治区对喀什地区农家品种的初选，此次挖掘工作一直持续到 1994 年，有关单位和科技人员选育出的'双软''麻壳''克西''晚丰'等 10 个国内品种通过成果鉴定。在 20 余年的研究中，新疆林业科技人员基本上把新疆的扁桃变异类型摸了个遍，研究工作卓有成效。但是由于新疆气候特点的独特性，新疆原产的部分品种在向内地推广的过程中出现了不正常的枯枝、枯叶现象，且产量不高，推广受到局限。国内优良品种挖掘的另一方面为对我国野生扁桃种质资源的利用，如利用蒙古扁桃获得矮化砧木，但这不属于挖掘工作的主流。因此，国内扁桃优良品种的挖掘工作，还是以新疆扁桃的进一步选优为重点的，新疆林科院、新疆农业大学以及自治区、市、县各级林业研究人员是扁桃优良品种挖掘任务的承担者，优良品种的进一步筛选工作将会异常艰苦。目前新疆已把扁桃作为经济林发展的重点树种，莎车和英吉沙二县计划到 2010 年将扁桃栽培面积发展到19200hm^2，扁桃很快将会成为该区的重要创汇产品。

1.1.3 扁桃优良品种的纯化

引种单位多，引种途径复杂，导致了现有扁桃优良品种混杂。如，河南省洛阳林业科学研究所引进的不同批次的扁桃良种中，出现同样都叫'浓泊尔'的扁桃品种，具体的植物学特征和生物学特性则不完全相同。各单位在引种的过程中，随便定名、改名是导致扁桃品种混杂的根本原因。扁桃和其他经济林相比具有独特的授粉要求，授粉树的配置选择面狭窄，品种一旦混杂，不是产量高低问题，而是有无产量的问题，所以，应把扁桃品种的混杂问题提升到影响扁桃产业发展的战略高度来对待。在下一阶段，对国内不同层次扁桃品种的鉴定工作，将会全面开展。

为保证扁桃优良品种的纯化，各单位将会建立和健全相应的采穗圃、苗木繁育基地。国家也会对种苗的繁殖工作，进一步加大监管力度，如建立良种登记、审定、鉴别的管理机构，确定鉴别扁桃品种的方法和技术体系。

1.2 扁桃品种的区域化

从理论上讲，温度与热量、降水及其季节性分配是决定扁桃引种栽培表现的主要气候因素。兰州大学干旱农业生态国家重点实验室的研究成果——扁桃在我国的适宜气候生态引种区研究，将全球 46 个样点（国内西北和华北 26 个样点，国外 20 个扁桃产地）的气候区划为 6 种类型。河北、甘肃、陕西、山西等地也进行了细致区划研究。但是研究重点只放在能种或不能种上，而未进行具体的品种区划。

1.3 扁桃栽培技术的现代化

1.3.1 扁桃管理措施集约化

集约化管理是一个系统工程，从苗木定植到扁桃仁销售，环节多，管理复杂。我国各省、市、自治区的扁桃研究人员，分别从授粉树选择配置、花期传粉、浇水次数、整形修剪、病虫害防治等方面，进行了不同深度的研究，积累了一些经验，取得了一些成果。但是对各栽培区主栽品种的明确、坐果率低的原因、施肥种类与次数、干果的贮藏环境、国内市场的需求还缺少研究，下一阶段的研究应侧重这些方面。如种植密度这个问题，中亚诸国适宜的种植密度为每公顷 300~600 株、法国 150~400 株、西班牙 100 株、美国 120~200 株，那么在我国新疆应该是多少？河南、河北、山东、山西、甘肃又应该是多少？种植密度多大最合理？再如氮肥的施用量问题，在美国每株扁桃年施纯氮 0.9~1.8kg，我国大都达不到 0.5kg，如果氮肥的施用量达到此标准，树体会不会旺长，是否需要磷、钾肥以及微肥的配合等等一系列问题都应得到深入研究，并且具体量化起来。

1.3.2 扁桃产品品质绿色化

绿色食品是经有关部门颁发认可的无污染安全食品，但在生产过程中可限量使用化肥、低毒农药和添加剂。绿色扁桃生产技术主要包括：产地土壤、空气、水污染控制技术、无污染栽培经营技术、无污染贮藏加工技术。前一阶段，我国扁桃仁在国际市场的销路较好，除存在市场缺口的原因外，在很大程度上与扁桃品质绿色化分不开。这种绿色是建立在栽培者主观上认为扁桃具有耐瘠薄特性而进行粗放管理的基础上的，所以多数栽植区造林后不施肥，也不防治病虫，果实品质是绿色了，但是产量极低，一些扁桃园 6a 生树，扁桃仁平均株产不到 0.25kg。在下一阶段，应在高产的基础上，严格按照绿色食品生产规程或出口对象地区的果品生产标准进行生产。

2 扁桃科研的发展趋势

2.1 扁桃种质资源收集评价任重而道远

扁桃亚属约有 40 个种。在我国有普通扁桃 *Amygdalus communis* L.、唐古特扁桃 *A. tanguticakorsh*（西康扁桃、四川扁桃）、蒙古扁桃 *A. mongolica* Maxim.、长柄扁桃 *Apedunculta* Pall、矮扁桃 *A. ledebouriana* Schlecht（野扁桃）、榆叶梅 *A. trilobal*（lind1）Ricker 等 6 个种。扁桃品种极其丰富，据报道，全世界有扁桃品种 4000 余个，我国自行培育和引进的品种有 200 多个，其中新疆约有 90 多个。这些种和品种是进行扁桃遗传改良的材料，这些经过长期自然选择和人工选择的宝贵基因资源如不加以保存，就可能从自然界中消失。另外，扁桃优良品种的全世界融合与交流，会使扁桃产量得到较大提高，但是也会造成基因资源的流失。因此，扁桃种质资源的收集、保存、研究、评价工作任重而道远。

基因资源的保存方法有就地保存、异地保存、离体保存，在今后很长一段时间内，扁桃基因资源的保存还离不开植株保存，但是离体保存将是基因资源保存的发展方向，分子水平上的遗传多样性研究，也将会广泛应用于扁桃种质资源的研究和评价上。

2.2 扁桃分子遗传学研究的不断深入将会打开扁桃学科向纵深发展的关键通道

对扁桃各主栽品种自交不亲和基因型进行系统测定和明确，可以有目的地指导扁桃生产上授粉树的合理配置。谭晓风等指出目前国内外对经济林树种的遗传学研究基础非常缺乏。扁桃也是如此，这对扁桃今后的目的改良极为不利。为使我国扁桃的遗传改良工作朝着有计划、有目的的定向改良方向发展，近期的研究重点应放在扁桃的分子遗传图谱、物理图谱、DNA 测序等方面的研究上，其中最关键的是分子遗传图谱的构建工作，它可为扁桃的系统基因组研究和系统遗传改良奠定坚实的科学基础。建立分子遗传图谱需要合适的作图群体和分子标记，分子标记技术现已被经济林育种学家所掌握，下一阶段的研究重点将会集中在合适的作图群体的选择与建立上。

2.3 关键栽培技术的突破将会为扁桃产业高效发展提供实践指导

目前在各推广区域，影响扁桃产量的关键因素有：

（1）各地区各品种授粉树的合理配置；

（2）优良抗性砧木的寻找和合理运用；

（3）抗流胶高产品种的选择；

（4）我国各地抗寒、晚花品种的选择；

（5）扁桃保果剂的研发。

目前有些关键技术已被突破，有些还在继续试验、研究，还有些有待于今后重点研究和协调攻关。另外，在高产、优质的基础上，应着重考虑扁桃的可持续经营，主要包括地力的维持与提高、无公害扁桃生产规程的建立、病虫害综合防治技术、联合固氮技术等。在施肥方面，重点为在土壤营养分析和植物营养诊断的基础上进行配方施肥。

3 扁桃产业的发展趋势

3.1 由仁用为主向油用为主过渡

塔里木农垦大学的高疆生等人，采用超临界 CO_2 萃取及索氏抽提的方法获得扁桃油和菜籽、花生、葵花籽、大豆、芝麻等其他植物油的油样，并用气相色谱法测得其脂肪酸的含量及组分，指出扁桃仁油不饱和脂肪酸含量高达 93.67%，饱和脂肪酸含量较低，只占 6.33%，并且低于美国及加拿大的标准 7.1%，不含能引起心血管疾病的豆蔻酸及对人体无益的芥酸，且棕榈酸含量为 5.99%。从营养角度看，扁桃仁油不失为一种可供开发利用的新型植物油。扁桃油还被广泛用作工业防锈油和化妆品生产的原料。如日本生产的按摩油就是扁桃油，扁桃油是利用含有甜味的扁桃种子压榨取得，为植物油中最适合润肤的油种，日本向全世界销售后，从中获益极大。随着近年来国家对油茶等一些木本油料树种科研投入力度加大，笔者预计扁桃油的开发力度及科研深度也将会加强。

3.2 扁桃高效活性物质的提取与分离受到关注

在药用方面，扁桃仁具有明目、健脑、健胃和助消化的功能，能治疗多种疾病，尤其是在治疗肺炎、支气管炎等呼吸道疾患上疗效显著，苦扁桃仁还可制成镇静剂和止痛剂等。在美国，扁桃仁在医疗方面的应用比较广泛，医院常用扁桃仁粉做病餐，配合治疗糖尿病、儿童癫痫、胃病等；还发明了苦扁桃仁球蛋白氢氯化物新药，专治流行性病毒感冒；美国芝加哥洛约大学生物系主任哈罗德·曼纳提取出苦杏仁式，用来治疗癌症。在新疆，据喀什地区民族医院介绍，60% 的民族药配方需要用到扁桃仁。但是这些发挥疗效的活性成分是什么物质，其分子式是什么，结构是什么样的等问题都需要搞清楚，只有搞清楚了，下一步的分子转构、人工改性、人工合成才有可能得以进行。

3.3　扁桃次生物质的高效利用高速发展

扁桃次生物质主要是指扁桃胶。扁桃胶的利用现状不容乐观：首先，一些地区只是简单地认为扁桃树体产生胶是一种病态，没有认识到胶的价值，弃之不用；第二，在我国，扁桃胶被收购后，大多作阿拉伯胶用，比如用作印染材料、制药添加剂，但是对扁桃胶自身独特的药理作用研究不够深入。我国古代一直把扁桃胶看作是治疗糖尿病、石淋和便秘等疾病的良药，如《抱朴子·仙药》中记载："桃胶以桑灰汁渍服之，百病愈。"而现在用之较少，其他功能更未开发出来。扁桃胶内活性物质的提取、分离以及动物评价等一系列的研究将会在今后很长一段时间内高速发展。

4　小结

扁桃产业的发展趋势，将会以良种化为中心，区域化为方向，集约化和绿色化为保障健康发展；扁桃科研的发展趋势，将会以种质资源的收集保存为基础，分子遗传学研究为学科纵深发展的关键通道，生产上出现的关键问题为科研突破进行深入研究；扁桃产业的发展趋势将会以由仁用为主到油用为主，目标活性物质的提取分离、次生物质的全面利用为热点高速发展。总之，在未来的 10~20a 内，随着以上提出的扁桃产业出现的重要课题的攻克，扁桃产业的发展将会稳步前进。

扁桃生殖生物学特性的研究进展[*]

王森[1,2]　杜红岩[3]　杨绍彬[1,3]　谢碧霞[1]

（1. 中南林学院资源与环境学院，湖南株洲 412006；2. 河南科技学院园艺系，河南新乡 453003；

3. 中国林业科学研究院经济林研究开发中心，河南郑州 450003）

扁桃 *Amygdalus communi* L. 又名巴旦杏，系蔷薇科李亚科桃属植物，是世界上著名的干果和木本油料树种。种仁营养价值极高，是不可多得的滋补佳品及防治高血压等心血管疾病的重要药材，在国际市场供不应求。世界 32 个扁桃产区中，我国只有新疆 1 个产区，且产量低（平均株产仅 0.2~0.5kg）。受精的不亲和性和栽培区域的狭窄极大地制约了我国扁桃产业的发展。本文对近年来扁桃生殖生物学特性等方面的研究进展进行了论述和总结，对今后进一步研究提出了建议。

1　扁桃花芽分化研究

1.1　扁桃花芽形态解剖

扁桃的花芽可以形成于茎的顶端，也可以在叶片的腋部发生。在前一种情况下，茎的顶端分生组织经过一系列生理和形态上的变化，其中央区的细胞分裂频率增高，细胞的体积变小，细胞质变浓，染色变深，与周围区的细胞没有什么差别，并与周围区的细胞共同形成一个包被，即套层；其肋状区细胞停止了分裂，细胞的体积变大，液泡化程度增高，染色变浅，被套层包被着形成一个心体。由于套层的细胞分裂多数是垂周分裂，而心体又失去了分裂能力，使得顶端分生组织变得宽大、扁平，从而利于花的各组成器官发生，此时茎的顶端分生组织区消失。扁桃茎的分生组织经过上述一系列的变化后，顶端由营养生长转变为生殖生长，这时茎的顶端分生组织不再产生叶，而改变为产生花原基的各部分。

花芽原基先后生出轮状排列的小型突起，这些小型突起就是花的各组成部分的原始体，扁桃花的各组成部分稍后于叶的发生，所不同的是，叶发生的叶芽原基的顶端分生组织并不消失，它仍然不断地产生叶的原始体，同时在叶原基的腋部有叶芽原基形成，而花的各组成部分发生时，花原基的顶端分生组织最后转变成为心皮群。因此扁桃花芽的顶端并没有顶端分生组织的存留，同时在花的各组成部分腋部也没有叶芽原基的形成。扁桃花柱实心，湿型柱头，胎座从子房基部向上延伸，至子房室中部向内生成珠孔朝向花柱道的两个横生胚珠，双珠被，厚珠心。有珠孔塞，珠孔受精，胚胎发生属紫菀型。扁桃叶芽的发生是某一种形态发生样式的重复过程，而花芽的各组成部分发生则是从某一种形态发生

＊本文来源：经济林研究，2005，23（4）：79-83.

样式改变为另外一种形态发生样式的过程，即从萼片的形态发生样式改变为花瓣的形态发生样式，又从花瓣的形态发生样式改变为雄蕊的形态发生样式，进而改变为心皮的形态发生样式。

成健红、李疆指出新疆扁桃在冬季休眠期，花芽内部仍在进行小孢子及雄配子的分化，其绒毡层为腺质绒毡层类型，小孢子减数分裂时，胞质分裂类型为同时型。雌性孢原在次年花芽萌动时进行分发，开花时胚囊尚未发育成熟。雌配子体发育类型为蓼型。

1.2　扁桃花芽生理分化

扁桃花芽的生理分化是扁桃研究的薄弱环节。生物学因素是果树产量构成的主要因素之一，在生物学因素中花芽的数量和质量尤为重要。李疆、朱京琳、张崎、成建红、吴翠云、陆婷等专家学者对扁桃花芽生理分化、花芽形态分化、早期胚胎发育、开花前性细胞分化进行了研究，其试验材料大多以新疆扁桃为主，但未见有扁桃生殖发育过程中各种酶、内源激素等物质变化规律的报道。陆婷以新疆扁桃为试材，研究表明在花芽分化前期GA_3能抑制花芽形成。

1.3　扁桃花芽形态分化

扁桃花芽的形态分化研究得比较清楚。李疆对新疆扁桃花芽分化的过程进行了细致的观察试验，表明新疆扁桃花芽的形态分化可分为分化前期、分化初期、花萼分化期、花瓣分化期、雄蕊分化期和雌蕊分化期等 6 个时期。各品种完成形态分化所需时间为 110～125d。形态分化的速度在果实发育期较慢，果实成熟后分化速度加快。进一步确定在我国新疆扁桃花芽的生理分化期在 5 月底完成，此为扁桃花芽分化的"临界期"。

陆婷，李疆对新疆喀什地区 4 个扁桃主栽品种双果、纸皮、鹰咀和麻壳在花芽形态分化前采用摘除叶片和喷布赤霉素处理均能不同程度抑制花芽形成。对花芽形成进行调控的措施应在花芽形态分化之前即生理分化期进行。生产上可采取疏除部分花芽以提高保留花芽的分化质量。

2　扁桃花形态、发育特性及授粉受精研究

2.1　花性状

2.1.1　形态结构

不同扁桃品种花形有一定差异，差异主要表现在花柄长短，雌雄蕊数量等性状上。扁桃为两性花，花单生，白色或粉红色。花柄短，3～5mm，花瓣宽楔形，顶裂，长 1.5～2.0cm。萼筒钟状，萼片长椭圆形。花瓣、萼片多为 5 枚，轮状排列，多体雄蕊，单雌蕊，少数品种如"双果"的雌蕊为 2 个，双雌蕊同时受精坐果时形成共柄连生的两个果，翅状对生。雄蕊 30～60 个，花丝上部粉红色，花药黄色。花柱细长，与雄蕊等长或略高，柱头淡黄绿色。据解剖观察，扁桃子房上位，淡绿色，密生白色绒毛。1 心皮，内含 2 个并列或上下排列的胚珠。扁桃有畸形花现象。成健红观察表明新疆扁桃双软、晚丰、麻壳畸形率分别为 13%、22%和 56%。

2.1.2 花期

不同扁桃品种、不同地区、不同年份、不同栽培措施花期不一。麦克丹尼尔斯、郭春会、李林光分别在其专著和文章中指出，Nonpareil 花期中等偏早，在冬季偏暖的年份和地区容易遭受霜害，但花蕾早期阶段有一定的抗寒力；Carmel 花期与 Nonpareil 相同；Butte、Pader 花期比 Nonpareil 晚 5d；Mission、Monterey 花期比 Nonpareil 晚 2d。张文越、张顺妮、王慎喜等研究表明，在山东泰安、河南郑州扁桃花期多数在 3 月中下旬到 4 月上旬，基本与杏花期一致或稍早；在甘肃天水则稍晚一些，扁桃花期为 4 月上旬到中下旬。王森、杨绍彬在河南鹤壁对 All-in-one genetic semi-dwarlf、陕 86-1、陕 86-3、陕 86-4 等 4 个 4 年生扁桃品种进行观察，始花最早 3 月 9 日，最晚 3 月 20 日。自花结实品种 All-in-one genetic semi-dwarlf 在河南南阳、洛阳、鹤壁 3 地连续 3 年观察试验，结果表明南阳花期比鹤壁早 9~14d。在新疆扁桃主产区，扁桃的花期大多年份主要集中在 3 月下旬到 4 月上旬，单花开放时间为 5~7d，单株开花可持续 10~15d。

不同扁桃品种花期观赏价值不同。一般扁桃品种花芽膨大和开放速度快于叶芽，因其展叶时间在盛花中后期，给人的感觉是先花后叶，花期长，持续 22~30d，观赏价值极高。晚花品种放叶后开花，花期短，持续 13~16d，观赏价值不高。但晚花品种可以躲避华北地区晚霜、倒春寒的影响，生产上利用价值高。温度对扁桃的花期影响较大。扁桃较抗寒，休眠期能耐 -27℃ 的低温，但花芽分化迟，休眠期短，开花早，因此开花期极易受低温晚霜危害。花芽休眠后的温度严重影响花期。Nieddu 等将不同品种带有花的枝条置于不同温度下，不同品种表现一致，温度高则开花早。

2.2 花粉特性

2.2.1 花粉形态

扁桃花粉具有其固有的特征，但不同品种间形态大小有一定差异。张文越等通过对 4 个意大利扁桃品种花粉的形态观察发现花粉多呈圆形，少量呈三角形，大小在 24.7~25.9μm 之间。李疆等通过扫描电镜观察结果表明，新疆扁桃的花粉大多为长椭球形，具 3 个萌发孔沟，花粉外壁纹饰为条纹状有穿孔，花粉特征为 $N_3P_4C_5$ 型。产区主栽品种中，纸皮的花粉粒最大，双果和麻壳次之，鹰咀的花粉粒最小。花粉形态与各种抗性生理相关性的研究较少。

2.2.2 花粉生活力

扁桃不同品种间花粉生活力差异显著，同一品种不同砧木、不同树龄、不同栽培条件也有明显差异。李胜用 Nonpareil、Price、Butte、Ruby、Padre、Fritz 等 12 个品种进行花粉萌发试验和花粉生活力测定，结果表明，不同品种间花粉萌发率和花粉生活力差异较大，但不同品种间花粉萌发率和花粉活力的变化趋势较为一致，即花粉活力高的品种，其萌发率也高。并进一步指出，花粉败育有可能是扁桃开花结实率低或不结实的原因之一。用扁桃品种 Butte 嫁接于 3 种不同砧木 Nemaguard、Hansen 和 Lovell 上，试验得出，不同砧木花粉生活力表现出明显差异，这种现象的产生可能与物质的运输、砧木与接穗亲和力的大小有关。

2.3 授粉特点及提高结实率的措施

绝大多数扁桃品种为异花授粉，自花结实率极低，需配置花期相同且亲和性强的授粉品种。扁桃是虫媒花植物，在花期果园需引入蜜蜂帮助授粉。另外，扁桃的授粉还要求有较高的温度（12℃以上）。针对扁桃的授粉特点，有关学者进行了试验研究。

2.3.1 主栽品种及其适宜授粉品种的筛选

李疆对新疆扁桃的一系列品种进行授粉试验指出，双果、纸皮、麻壳、鹰咀、双软花期相遇，可互为授粉树。双果、纸皮花粉量大，败育率低，萌发率高，是优良的授粉树。这一点杨绍彬（内部通信）在河南宜阳也做了同样试验，结果相同。郭春会以 Nonpareil、Neplusultra、Mission、Dulcispioneer 等 4 个美国扁桃品种为试材进行授粉试验，结果表明 4 个品种结实率都很低，分别为 6.7%～11.5%，而经过品种间授粉，结实率可达 20%～50%，这说明 4 个品种可互为授粉品种。美国在生产中建立授粉组合，效果较好，目前有两种方式，一种是 3 品种组合，即 1 个主栽品种搭配 1 个比其早开花的品种和一个晚开花品种，如 Neplus 或 Peerless+主栽品种 Nonpareil+Mission 或 Butte；一种是 2 品种组合，即 1 个主栽品种搭配 1 个与其花期一致的授粉品种，如 Nonpareil+Carmel 或 Nonpareil+Merced。在栽植时注意栽植比例。

2.3.2 花期放蜂并辅助人工授粉

扁桃自花结实率较低甚至自花不结实，自然授粉率也低。扁桃是虫媒花，花期放蜂并辅助人工授粉，可显著提高扁桃的坐果率，也是扁桃大面积丰产的保证。通过人工辅助授粉，也可以有效地提高其坐果率。李胜等通过人工授粉，坐果率高达 36.8%。但目前尚未见对传粉昆虫深入系统研究的报道。

2.4 自交结实

世界上能够自交结实的扁桃品种极少。目前国内仅有 2 个自交结实的扁桃品种。杜红岩，杨绍彬从美国引进自交结实品种 All-in-onegeneticsemi-dwarlf 在河南南阳、鹤壁、洛阳自交结实率均较高（内部通讯）。李疆指出我国新疆扁桃品种鹰咀具有较好的自花授粉结实率，自交结实率达 11%。这 2 个品种在扁桃栽培和育种上有一定的利用价值。

2.5 单花授粉受精特性

扁桃柱头授粉的有效时间为 4d，授粉越早，坐果率越高。扁桃的花粉到达柱头 2h 左右便可萌发，花粉管于授粉 7d 前后穿过花柱到达子房室，8d 前后进入子房室到达胚珠，9d 前后进入珠孔随后到达珠心，10～11d 进入胚囊并完成双受精，胚乳在开花 11d 后出现。适宜授粉温度是 15～18℃。在果园气温降至 -1.1℃时扁桃的子房即受冻害，花瓣和花蕾则无冻害现象；温度达到 -2.7℃时花瓣受冻，至 -3.3℃时花蕾受害。李疆分析了新疆扁桃不同授粉组合蛋白质代谢的差异，指出新疆扁桃的自交不亲和性是由于花粉管在花柱中停止生长，故其属于配子体不亲和性。

3　提高坐果率的研究

3.1　坐果率低的原因

花败育、授粉树配置不合理、树体营养不良是扁桃坐果率低的主要原因。李文胜、陈建红以新疆扁桃为试材，研究结果表明，雌蕊退化现象、授粉树配置不合理、管理粗放是影响扁桃坐果率的主要因素。张文越、刘福权、李胜以意大利扁桃、美国扁桃作为试材，研究结果也表明，授粉组合搭配不当是扁桃坐果率低的重要原因之一，配置花期相近的异花亲和品种是提高坐果率和产量的保证。

3.2　提高坐果率的研究

3.2.1　配备适宜的授粉组合，是提高扁桃坐果率的保证

李胜对甘肃的几个主栽品种进行授粉组合试验指出，Nonpareil 的最佳授粉品种为 Butte、Padre 和 Fritz，坐果率分别达 35.3%、29.5% 和 33.5%；Price 的最佳授粉品种为 Padre，坐果率达 36.8%；Butte 的最佳授粉品种为 Nonpareil、Padre 与 Fritz，坐果率分别达 34.3%、36.5% 和 34.3%；Ruby 的最佳授粉品种为 Price、Montery 与 Padre，坐果率分别达 33.1%、30.3% 和 32.1%；Padre 的最佳授粉品种为 Plateau，坐果率 33.4%；Fritz 的最佳授粉品种为 Nonpareil、Butte 和 Plateau，坐果率分别达 30.5%、32.1% 和 29.8%。

3.2.2　生长调节剂的应用

张文越以意大利扁桃作为试材，指出适量使用多效唑对提高扁桃幼旺树坐果率效果显著，对 4 年生扁桃树使用 15% 多效唑 5g 粉剂优于 6.7g。并进一步指出其原因是由于过量使用多效唑，导致树势偏弱，树体营养水平下降，致使坐果率降低。Joolka 等报道 8 月喷施 100mg/L GA_3 坐果率达 27.9%，增加 1 倍 GA_3 的用量坐果率可提高到 42.1%。李胜，李唯等用 40mg/L NAA 处理，能显著地提高扁桃的坐果率，可达 26.95%。

3.2.3　栽培技术措施对坐果率的影响

康天兰、李国梁对扁桃进行地膜覆盖，可促进扁桃根系发育，使其开花得到充分的养分供应，坐果率比对照提高 8.0%～15.3%。加强田间管理，增强扁桃树体的营养条件是丰产的前提条件。杜红岩、杨绍彬、王森在河南进行贫瘠胁迫、水渍胁迫、干旱胁迫，对扁桃坐果率及产量影响研究结果表明，负面影响水渍胁迫>干旱胁迫>贫瘠胁迫。适期、适量、适类施肥和灌水均能提高扁桃的坐果率和产量。

扁桃具有较强的抗旱力，年降水量或土壤含水率较高都会引起扁桃开花结果不良。李培环等研究表明：早期灌水会导致单位果枝上花量减少，坐果率降低。但在干旱地区，果实发育的中后期灌水能提高产量和品质。中期灌溉产量和品质的各项指标，均优于全年不灌和早期灌水的处理。

3.2.4　砧木对坐果及产量的影响

GodiniA 等认为不同的砧木对扁桃的嫁接成活率、坐果率、产量有较大的影响。据杜

红岩、王森、杨绍彬用毛桃作砧木试验观察，亲和性好，能正常开花结果。用杏砧会出现大小脚现象。从美国直接引进的带砧苗木，在河南南阳表现较好。这和朱京琳得出的直接从地中海沿岸引进的种苗在新疆基本不适应的结果有异。造成观察结果不同的原因可能是由于种源地和引种地气候条件差异造成的。

4 对进一步研究的建议

4.1 针对开花坐果特性，加快现有优良品种的区域化研究

在考虑产量的基础上，霜冻比较严重的地区应选择晚花品种；秋季降雨量较大的地区，应选择果实发育期短的品种；土壤平整肥沃可以考虑选择矮化品种。对现有的引进品种应进行区试筛选，筛选成功的应加强推广指导，不可超区域推广。潘晓云、顾斌、贾定生均认为，应认真做好品种区域化工作。

4.2 加快不同品种生殖特性遗传分析研究，为新品种的培育提供理论依据

对各品种群的品种进行 RAPD 标记、同功酶分析，确定遗传距离，为杂交育种亲本选择提供参考。对各田间性状（花柄长、花蕾大小、花量、单果重、坐果率）进行遗传分析，为杂种后代的选择提供依据。18 世纪中叶，扁桃就被法国传教士带到了美国加利福尼亚，但由于严寒气候的影响，引种失败。一个世纪以后，美国又试图在加利福尼亚种植扁桃，1853 年旧金山的农业博览会上才第 1 次有当地扁桃产品的展出，但是引进品种坐果率和产量低下，为此美国一度几乎要放弃扁桃的栽培。直到 1879 年加州的 A. T. Hatch 成功培育 Nonpareil、IXL、Neplusultra、Laprima 等适宜加利福尼亚气候的优良品种，才使美国扁桃业出现转机，发展到今天扁桃已成为全美的第 7 大出口食品。因此，选育出适生当地气候和土壤特点的扁桃新品种是发展扁桃产业的前提。中国林业科学研究院经济林研究中心研究员李芳东博士也一再强调这一观点。

4.3 深入研究扁桃花芽分化过程中酶代谢规律及其外源激素、药物对其花芽分化的影响

现阶段对扁桃花芽的形态分化研究比较清楚，对扁桃花芽的生理分化及外源激素、药物对花芽分化影响的研究也在逐渐深入，但是对扁桃花芽分化各阶段酶代谢规律缺乏系统研究。这些研究可以为有目的地引导分化进程及数量打下理论基础。

4.4 系统研究不同品种花粉性状及其授粉结实特性，筛选各地适宜的授粉昆虫

对不同扁桃花粉生活力、各品种间酶种类差异、花粉管生长情况进行观察研究，为我国不同气候区域最适授粉树的配置提供依据。扩大授粉昆虫范围的研究，为早花品种早期低温条件下选择适宜授粉昆虫提供帮助。由于蜜蜂开始活动温度较高（约 12℃），而早花品种往往花期气温较低，且北方花期常出现倒春寒天气，这给蜜蜂授粉造成了较大困难；人工授粉仅是扁桃授粉的一项辅助措施，大面积应用受到限制。因此，应扩大授粉试验范围，授粉试验不应局限在品种群内部，应在品种群之间广泛的进行，进一步确定每个适生区域的最佳授粉组合。筛选各地适宜的授粉昆虫，直接为扁桃生产提供帮助。

4.5　开展受精生理学研究，　揭示扁桃自花不亲和性的生理机制

扁桃产量低的根本原因是受精不亲和性导致结实率低下。研究观察扁桃亲和受精及不亲和受精过程中花粉管与子房内部激素和酶的不同表现，开展花粉管细胞生理学研究，特别关注雌配子体在受精过程的作用，努力发现生殖信息的识别与转导本质，以揭示扁桃自花不亲和性的生理机制。深入开展果实发育过程中一系列生理研究，弄清扁桃生理落果和僵果现象的奥秘。细致探索扁桃授粉受精、坐果过程中各器官内源激素的变化和营养消长规律，为揭示扁桃自交不实、不同授粉组合异交结实差异以及生理落果的内在规律提供理论指导。

五味子属药用植物木脂素的研究现状与展望*

梁文斌　谢碧霞　邓白罗

(中南林业科技大学生命科学与技术学院，湖南长沙 410004)

　　五味子属 *Schisandra* 隶属于五味子科 Schisandraceae，约 27 种，在我国除新疆、青海、海南外，各省区都有分布，其中约 19 种可供药用，药用价值最大的是五味子 *Schisandra chinensis*（Tarcz.）Baill.（习称"北五味子"），其次是华中五味子 *Schisandra sphenanthera* Rehd. et Wils.（习称"南五味子"）。五味子属药用植物的有效成分主要是木脂素，生物活性广泛，除了保肝降酶作用外，还具有抑制中枢神经系统的作用和抗 HIV、抗炎、抗癌及 PAF 拮抗等多种活性。从 20 世纪 50 年代起，国内外对五味子属药用植物资源状况、化学成分及药理作用进行了大量研究，特别是在 70 年代初，我国临床研究中发现五味子能明显降低肝炎患者血清谷丙转氨酶水平，并由此开发出治疗肝炎药物联苯双酯，从此掀起了对五味子木脂素的研究热潮。笔者主要根据 20 世纪 90 年代以来的文献报道，对五味子属药用植物木脂素的成分、含量、提取及测定方面的研究进行分析探讨，为五味子属药用植物木脂素进一步开发利用及质量标准的制定提供参考。

1　木脂素及其动态变化

1.1　五味子属植物木脂素

　　五味子属植物木脂素大多具有联苯环辛二烯母核，是一类低极性小分子化合物。国内外学者已经从五味子科植物中分离鉴定出近 200 种木脂素成分，从五味子属中分离得到的木脂素类单体化合物也有近 40 种，其中具有明显生物活性的有：五味子甲素 schisandrin A、五味子乙素 schisandrin B、五味子丙素 schisandrin C、五味子醇甲 schisandrol A、五味子醇乙 schisandrol B、五味子酯甲 wuweiziester A、五味子酯乙 wuweiziester B、五味子酯丙 wuweiziester C、五味子酯丁 wuweiziester D、安五酸 an-wuweizicacid、dl-安五脂素 dl-an-wulignan、d-表加巴辛 d-epigalbacin、襄五脂素 chicanine。

1.2　木脂素的动态变化

1.2.1　不同器官及部位对木脂素成分与含量的影响

　　五味子属植物根、茎、叶、果实及种子中均含有木脂素成分，但成分和含量有一定的差异。于俊林等用薄层扫描方法测定了五味子不同器官木脂素类成分的含量，结果表明总

＊本文来源：经济林研究，2006，24（4）：77-82.

木脂素含量排列次序为茎（1.614%）>果（1.415%）>根（1.193%）>叶（0.161%），茎中五味子甲素含量高达 0.22%，远高于果（0.08%）、根（0.08%）、叶（0.03%）。另外，于俊林等采用 HPLC 法测定五味子茎藤中木脂素的含量，发现茎中的木脂素成分主要存在于韧皮部，占整个茎中木脂素含量的 90% 以上。郝书文等对北五味子果梗进行薄层层析及主要有效成分的含量测定，结果表明果梗与果实有相同的化学成分，其中五味子乙素在果梗中的含量为 0.4%，在果实中为 1.18%。慕芳英等采用 TLC 法及 RP-HPLC 法对五味子果实、藤茎及果柄中的五味子醇甲、五味子酯甲、五味子甲素及五味子乙素进行鉴别及含量测定，发现五味子藤茎中的五味子醇甲含量与五味子果实中的相近，五味子乙素的含量约为五味子果实的 50%，而五味子果柄中上述 2 种成分均较少。王彦涵等采用 HPLC 测定了红花五味子 Schisandra rubriflora 果实和茎的五味子酯甲、五味子甲素、五味子乙素、五味子丙素的含量，结果发现果实中不仅所含木脂素成分比茎中多，而且含量比茎高，说明形成果实后，活性成分主要集中在果实中；王彦涵等还用 HPLC 测定了对五味子属 14个种（变种）的 18 个样品（果实、茎藤和根）中木脂素含量，结果表明五味子属植物果实的木脂素含量高于根和茎。此外，五味子属植物的种子中也报道含有较多的木脂素成分及含量。

1.2.2 不同产地、不同季节对木脂素成分和含量的影响

五味子属植物由于不同产地的生态环境所含木脂素成分及含量产生差异。宋小妹等采用高效液相色谱法和紫外分光光度法测定了陕西省不同产区的南五味子种子样品的总木脂素及五味子酯甲的含量，结果表明不同产区南五味子种子样品中总木脂素的含量存在较大差异（1.78%~4.09%），五味子酯甲含量也存在明显差异（0.01%~0.66%）。高晔珣等采用高效液相色谱法和紫外分光光度法对陕西省不同产区的南五味子果实样品的木脂素成分进行了分析，结果显示不同产地南五味子果实总木脂素含量存在较大差异，而且色谱指纹谱亦存在一定差别。高建平等采用高效液相色谱法测定了不同地理分布的华中五味子果实中木脂素含量，发现其木脂素成分的结构类型及其含量随着地理分布的不同有显著差异，产于秦岭南侧、东侧、中条山及太行山南端的华中五味子果实含有主要的活性木脂素成分五味子酯甲、五味子甲素、安五脂素等，且总木脂素含量也较高，质量较优。除产地外，季节的变化对五味子属植物木脂素含量也产生影响。据报道，辽宁省野生五味子果实中的木脂素含量在 7 月底停止增加，此后，主要是果肉重量的增加，认为果实的采集最佳时期为 9 月中旬。

2 木脂素的提取

目前报道的五味子属植物木脂素提取方法主要有以下几种。

2.1 冷浸法

本法比较简单易行，但浸出率较低。韩学君等采用己烷冷浸过夜提取北五味子种子中木脂素类成分。王彦涵等采用环己烷冷浸方法提取五味子属植物根、茎和果实的木脂素类成分，浸提时间为 12h。郭洁等采用乙醇冷浸法提取球蕊五味子藤茎中木脂素，浸提 4 次，

每次 4d。

2.2 回流提取法

回流提取法主要包括乙醇回流提取法和甲醇回流提取法，提取效率较冷浸法高，是五味子木脂素的传统提取方法。芦金清等、芦翠凤等用正交试验法对五味子果实中五味子乙素的提取工艺进行优选，以乙醇浓度、乙醇用量、提取时间、提取次数为因子进行试验，前者最佳工艺条件为 8 倍量 80% 乙醇，提取 2 次，每次 2h，后者则为 4 倍量 85% 乙醇，提取 2 次，每次 3h。王茹等采用正交设计实验法考察了溶剂用量、提取时间及提取次数对五味子果实的五味子乙素、五味子醇甲的含量和出膏率的影响，其最佳提取工艺为：以生药重量 10 倍的乙醇回流提取 2 次，每次提取 4h。宋小妹等通过正交试验法确定南五味子种子中木脂素最佳提取工艺为 4 倍量 80% 乙醇回流提取 3 次，每次 1.5h。曲波等采用回归正交试验设计方法考察了乙醇浓度、乙醇倍量和提取时间对五味子果实中五味子乙素提取率的影响，结果表明 5 倍量的 90% 乙醇，提取 3h 为最佳提取工艺，并认为优于正交实验设计。袁海龙等采用均匀设计法考察了乙醇浓度、回流时间和溶媒用量对五味子果实中五味子甲素提取率的影响，结果表明乙醇浓度 90%、回流时间 1h 及溶媒用量 5 倍为最佳提取工艺。另外，史红波等比较了甲醇回流提取法、氯仿回流提取法和甲醇-氯仿回流提取法对五味子果实中五味子甲素的提取效果，结果表明甲醇回流提取法提取最完全。龚大春等通过正交试验考察了甲醇浓度、回流时间、回流次数及甲醇与样品的比例对兴山五味子 *Schisandra incarnata* 果实中五味子甲素提取的影响，确定最佳工艺为甲醇浓度 80%、回流时间 120min、回流 2 次、甲醇与样品比例为 3：1。

2.3 超声波提取法

超声波具有波动与能量的双重性，其振动产生并传递很大的能量，利用超声振动能量可改变物质组织结构、状态、功能或加速这些改变的过程。大量研究表明，利用超声波产生的强烈振动和空化效应作用能够提高萃取效率、改善萃取物的品质并提高得率、节约原料资源，并免除了高温提取工艺带来的对部分热敏成分的不利影响，这对于中药萃取具有十分重要的意义。白淑芳等采用环己烷超声处理 10min 提取南五味子果实中五味子甲素，得到较高的提取率。高晔珩采用甲醇超声处理 20min 提取南五味子果实中木脂素。宋小妹等采用甲醇超声处理 20min 提取南五味子种子中木脂素。段放宙等、裴毅等采用甲醇超声法提取五味子果实中乙素，前者处理时间为 20min、后者为 30min。

2.4 超临界 CO_2 流体萃取法

超临界 CO_2 流体萃取（SFE-CO_2）是一种新的提取分离技术，与传统的提取方法相比，由于具有提取效率高、省时、有效成分不被破坏、产品质量稳定、选择性好，无环境污染等优点，因而此技术在药物提取等方面得到较多的应用。田明等、范卓文等比较了水提、醇提、氯仿提取和 SEF-CO2 提取方法五味子果实木脂素成分的提取效率，认为 SFE-CO_2 提取方法对五味子木脂素成分的提取率较高。程康华等运用 SFE-CO_2 法对五味子果实进行萃取，并研究了提取条件对提取率的影响，结果表明 SFE-CO_2 的提取物中五味子醇甲的含量明显高于化学提取法，温度对提取五味子的影响最为显著，时间次之，而压力影响最小，最佳提取工艺条件为温度 45℃，压力 12.5MPa，时间 180min。周庆华采用正交试验探讨了 CO_2 流量、压力和温度对五味子果实提取物收率的影响，并确定最佳提取工艺条件为萃取压力 30Mpa、温度 40℃、流量 15L/h、堆积密度 200g/L。张怡采用正交设计实验法，以北五味子果实中提取的五味子醇甲总量为评价指标，对萃取温度、萃取压力和分离温度 3 个因素进行考察，最佳工艺为：五味子粉碎成 24 目，水分为 4.7 左右，萃取压力 25MPa，萃取温度 50℃，分离压力 7MPa，分离温度 60℃，萃取 2.5h，流量 15kg/h。聂江力等通过正交设计的试验方法，探讨了超临界 CO_2 法萃取五味子果实中木脂素的工艺条件，确定了最佳工艺条件为萃取压力 30MPa，萃取温度 50℃，萃取时间 120min。刘本等考察了不同温度和压力下超临界 CO_2 对提取五味子果实中五味子甲素提取效率的影响，发现 60℃，25.3MPa 下，提取速率最快。

3 木脂素的分析检测方法

五味子属植物木脂素常用的分析检测方法有分光光度法、薄层色谱法（TLC）和高效液相色谱法（HPLC）。

3.1 分光光度法

五味子木脂素都含有共轭双键，在紫外区有特征吸收，可采用紫外分光光度法分析，也可以加入显色剂显色后用可见分光光度法测定。分光光度法的优点是分析速度快、成本低，适用于木脂素提取工艺研究，但专属性不强，准确度不够高。郝书文等对北五味子果实、果梗的提取液加入 10% 变色酸显色后用紫外分光光度法于 570nm 处测定光密度，通过五味子乙素标准曲线求出五味子乙素含量。芦金清等以五味子乙素为对照品，95% 乙醇作空白，采用紫外分光光度法于 280nm 波长处测定吸收值，按回归方程计算出五味子果实提取物中五味子乙素的含量。王卫峰等以五味子酯甲为对照品、甲醇作空白，加入 10% 变色酸显色后采用紫外分光光度法于 570nm 处测定吸收度，计算南五味子果实提取物总木脂素含量。

3.2 薄层色谱法

由于薄层色谱的快速、简便与实效性，广泛应用于中草药品种鉴别和成分分析、中成药鉴别和质量标准研究等；应用薄层扫描即薄层色谱与紫外分光光度或荧光光度分析联用，可进行各种药物的定量分析。于俊林等在自制的硅胶 GF254-CMC-Na 薄层板上鉴别五味子果实、藤茎中的五味子甲素、五味子乙素。慕芳英等应用 GF254 色谱板，对五味子果实、藤茎及果柄中的五味子醇甲、五味子酯甲、五味子甲素及五味子乙素进行鉴别。韩正洲等应用 GF254 色谱板，对南、北五味子中的五味子甲素、五味子乙素进行鉴别，并用薄层扫描法测定它们的含量。

3.3 高效液相色谱法

HPLC 具有分离效能高、分析速度快、选择性高和检测灵敏度高等优点，是目前五味子属植物木脂素最重要的一种分析方法。由于五味子木脂素大多挥发性差，反相高效液相色谱法（RP-HPLC）将成为五味子木脂素定量分析的首选方法。有关五味子属木脂素的 HPLC 的分析方法报道较多，具有代表性的 HPLC 分析条件见表1；由表1可知，用高效液相色谱法测定五味子属植物木脂素常用的色谱柱为 C18 柱，UV 检测器检测波多用254nm，柱温从室温到35℃，流速多为 1mL/min。测定成分为 2 种以下（如五味子甲素和乙素，五味子醇甲，五味子酯甲，五味子甲素，五味子乙素），流动相较简单，一般选择甲醇-水；测定成分为 3 种以上时（如五味子酯甲、甲素、乙素、丙素、醇甲、醇乙等），流动相较复杂，大多选用甲醇-水进行梯度洗脱，实现多个木脂素的分离。

表 1　HPLC 在五味子属药用植物木脂素分析中所需要的条件

植物样品	木脂素类化合物	色谱柱	检测波长（nm）	流动相	流速（mL/min）	柱温（℃）
五味子果实、藤茎	五味子甲素、乙素	YWGC$_{18}$H$_{35}$	254	甲醇-水（13：7）	1.8	室温
五味子果实、藤茎、果柄	五味子乙素	Kromasil C$_{18}$（200mm×4.6mm，5μm）	254	甲醇-水（73：27）	0.8	35
红花五味子果实、藤茎	五味子酯甲、甲素、乙素、丙素	Sphereclone ODS（4.6mm×250mm，5μm）	254	水（A）；甲醇（B），梯度洗脱，0～4min，70％ B；4～54min，70％～100％B	0.4	25
五味子属 14 个种（变种）果实、茎藤、根	五味子醇甲、醇乙、酯甲、甲素、乙素、丙素等	SPHERECLONE ODS（4.6mm×25cm，5μm）	254	A.水；B.甲醇，梯度洗脱，0～25min，65％～75％B；25～30min，75％ B；30～65min，75％～100％B	0.35	35
南五味子种子	五味子酯甲	Hypersil ODS C$_{18}$（5μm，4.0mm×200mm）	254	甲醇-水（7：3）	1.0	室温
华中五味子果实	五味子醇甲、醇乙、酯甲、甲素、乙素、丙素等	Sphereclone Luna C$_{18}$（2）（250×4.6mm，5μm）	254	A.水；B.甲醇，梯度洗脱，0～25min，65％～75％B；25～30min，75％ B；30～70min，75％～100％B	1.0	35
五味子果实	五味子乙素	Shim-pack VP-ODS	254	甲醇-水（78：22）	1.0	室温
五味子果实	五味子乙素	Planetsil C$_{18}$（4.6mm×200mm，5μm）预柱 henomenex ODS-C$_{18}$（3.0mm×4mm）	254	甲醇-水（70：30）	1.0	30
五味子果实	五味子甲素	Hyperil ODS2（250mm×4.6mm）	254	甲醇-水（70：30）	1.0	室温
兴山五味子果实	五味子甲素	NovaPak C$_{18}$（3.9mm×150mm，4μm）	220	甲醇-水（85：15）	1.0	30

（续）

植物样品	木脂素类化合物	色谱柱	检测波长（nm）	流动相	流速（mL/min）	柱温（℃）
五味子果实	五味子乙素	Lichrospher5-C_{18}（4.6mm×250mm，5μm）	254	甲醇-水（80：20）	0.8	30
五味子果实	五味子乙素	HIQSil C_{18}（4.6mm×25cm，5μm）	254	甲醇-四氢呋喃-水（70：4：26）	1.0	
五味子果实	五味子乙素	Diamonsn TM C_{18}（250mm×4.6mm，5μm）	254	甲醇-水（72：28）	1.0	35
五味子果实	五味子醇甲	Nucleosil C_{18}（200mm×4.6mm，10μm）	250	甲醇-水（58：42）	1.0	30
五味子果实	五味子甲素	ODS2 C_{18}（250mm×4.6mm）	254	乙腈-水-醋酸（70：30：1）	1.0	35
华中五味子果实	五味子酯甲	Spherisorb C_{18}（5μm×4.6mm）	230	甲醇-水（70：30）	1.0	
五味子果实	五味子醇甲、酯甲、甲素、乙素	Inertsil ODS-3column（250mm×4.6mm，5μm）	254	A.甲醇；B.水，梯度洗脱，0~16min，V（A）：V（B）=70：30；16~40min，V（A）：V（B）=100：0	1.0	35
五味子藤茎、叶	五味子甲素、乙素、丙素、醇甲、醇乙等	Necleosil C_{18}	254	梯度洗脱，A乙腈-水，5min，50：50；30min，60：40；20min，70：30；15min，70：30，B甲醇-水，1min，70：30；34min，95：5；5min，95：5	0.75	室温

4 研究展望

（1）我国五味子属药用植物资源丰富，五味子木脂素有广阔的开发利用前景。人们对五味子木脂素成分、含量及药理等进行了大量的研究，并取得了显著的进展，在中医临床、药物和保健食品上的应用越来越广泛。但五味子木脂素成分复杂，研究深度还不够，特别是在药理及构效关系上还存在许多有待探明的作用机制和有待统一的认识。另外，五味子属药用植物作为药材的传统入药部位多为果实，众多研究集中在果实，藤茎往往被忽略。五味子属植物藤茎资源十分丰富，木脂素成分及含量也较多，具有很大的药用开发潜力。加强对五味子属植物藤茎的木脂素结构、药理、毒理等方面的研究，扩大五味子药源，缓解供需矛盾，同时也必然会对五味子木脂素的进一步推广应用开辟新的途径。

（2）五味子木脂素是五味子属植物次生的代谢产物，本身具有内在的不稳定性，其成分及含量的变异广泛，不同产地、不同种类的五味子木脂素成分及含量均有较大的差异。这种差异除了环境因子的影响外，还可能有遗传变异因素的影响。从理论上看，药材的优良品质是基因型与环境长期作用的结果。不同种间及种内居群的地区差异主要由植株基因型差异和居群遗传结构所决定。开展五味子木脂素变异的居群遗传学基础和数量遗传学基础研究，为筛选优良的五味子种质资源及探索五味子属植物的 GAP 规范提供理论依据，应是今后重点的研究方向之一。

（3）五味子木脂素的提取和测定方法较多，它们具有各自的特点和一定的适用范围，为木脂素的定性、定量及质量控制提供了非常有价值的参考。在五味子木脂素提取方法中超临界 CO_2 流体萃取法表现出明显的优越性，并取得了大量的研究成果。但是，由于对超临界 CO_2 流体萃取过程的热力学和动力学机理缺乏足够的认识，萃取工艺条件主要靠摸索，费时、费力。以后的研究工作要加强超临界 CO_2 流体技术的基础理论研究，预测和建立有关超临界萃取过程的热力学和动力学模型，为五味子木脂素的最佳提取工艺设计提供理论依据。五味子木脂素的分析和测定方法中目前应用最多的是高效液相色谱法。通过大量的研究，建立了比较完善的五味子木脂素成分和含量的高效液相色谱分析测定方法。随着药物分析技术的不断发展，高效液相色谱与质谱联用（HPLC-MS）技术作为一种理想的简单、快速的分析方法越来越受到重视。HPLC-MS 集液相色谱的高分辨效能和质谱的强鉴定能力于一体，具有很高的灵敏度和选择性，是完善五味子木脂素分析和测定的重要途径。此外，由于五味子木脂素类活性成分多，现有的分析测定方法主要是针对一种或几种木脂素成分和含量的分析和测定，因而难以准确评价五味子药材的质量。通过现有的分析测定方法，建立指纹图谱则能更好地解决此问题，同时提高质量控制水平。指纹图谱的研究尚处于起步阶段，还需要做大量的研究工作。

中国南五味子属植物的种质资源及开发利用[*]

邓白罗[1,2]　　谢碧霞[2]　　张程[3]

（中南林业科技大学 1. 期刊社；2. 资源与环境学院；3. 环境艺术设计学院；湖南长沙 410004）

南五味子属 Kadsura 植物为五味子科 Schisandraceae 常绿或半常绿攀援木质藤本，叶椭圆形，全缘或有锯齿，枝条缠绕多姿，花单性，单生叶腋，雄蕊多数，心皮离生，花红色稀黄色、红色聚合果球形，挂果时间较长，叶、花、果均可供观赏，是很好的垂直绿化材料；南五味子属植物还具有很高的药用价值，多以果实、根、根皮、藤茎或茎皮入药，在治疗失眠、风湿、骨痛、心肺气痛、呼吸道及泌尿系统疾病方面疗效显著，据 Hegnauer R。报道，黑老虎的藤茎含生物碱、酚类、三萜或甾醇、挥发油，南五味子的叶含杨梅精伽（Yricetin）、翠雀宁（DelPhinidin）、橡精、花青素（L-cy）、樟脑醇（Kaempferol）和咖啡酸，还含半乳糖和阿拉伯糖，茎叶中含有 Gevmacren 等；将南五味子属植物应用于药物开发、食品开发和园林造景等方面有十分广阔的前景，但目前关于南五味子属的推广应用研究十分匮乏。本研究可为南五味子属的资源保护和合理化开发利用提供理论依据。

1　研究简史

1.1　南五味子属植物的分类演化

1735 年 Linnaeus 在《Species Plantarum》中发表了 Uvariajaponica，为该属植物的分类的起始。Jussiru 首先有效发表南五味子属 Kadsura Kaemf. ex Juss. 的学名。1817 年 Dunal 以 Linnaeus 的植物为基本名，确定了南五味子属的模式种 Kadsura japonica。1830 年 Blume 发表 Schizandreae，下设五味子属和南五味子属，并指出它与木兰科 Magnoliaceae 近缘。1831 年，Don 将该名称扩改为 Schizandraceae. Smith 则将它改为 Schisandraceae。后经国际植物学会讨论，确定 Blume 为五味子科的创始人，科名为 Schisandraceae。但是一些学者对五味子科的系统位置处理不尽相同。

Bentham、Walpers、King、Matsuda、Gray、Nakai、Engler 等将五味子科作为族（Tribe，Schisandreae）置于木兰科中，Dippel、Kochne、Harms、Scheider 等人将它作为亚科（Sub-family，Schisandroideae）置于木兰科中，DeCandolle、Spach 等人将它作为族置于防己科 Menispermaceae 中，Koch、Lauche 等将它作为亚科置于防己科中，Engler、Hutchinson 将该科置于木兰目 Magnoliales 中。胡先骕建立八角目（Order，Illiciales），该目含八角科 Illiciaceae 和五味子科。此观点被 Takhtajan、Heywood、Dahlgren、Cronquist、张宏达等学者采用。

＊本文来源：中南林业科技大学学报，2008，28（6）：90-94.

1.2 南五味子属的种类确定

1947 年，A. C. Smith 首次对世界性南五味子属做了分类学修订，建立起含 3 组 22 种的分类系统。此后，蓝盛芳发表了 3 新种，刘玉壶将 Smith 的前 2 组提升为亚属，Saunders 发表了 1 新种。至此，该属共有 26 种。其后，Saunders 赞同刘玉壶关于 2 个亚属的划分，并在后 1 个亚属中保留了 Smith 的 2 个组，但归并了前人的 10 个种，在南五味子属中建立起含 2 亚属 2 组 16 种的分类系统。

2002 年，林祁等根据对 12 个国家 54 个标本馆所收藏的 5000 余份南五味子属植物标本的研究，结合野外调查和采集，对南五味子属的一些种类作了分类学订正：将仁昌南五味子归并入狭叶南五味子，菲律宾南五味子和盘柱南五味子归并入异型南五味子，长梗南五味子、城口南五味子、少齿南五味子、麦克氏南五味子和峨嵋南五味子归并入南五味子，苏拉威西南五味子归并入南洋南五味子，史氏南五味子归并入柄果南五味子。在南五味子属中，11 个种被确认。同年，毕海燕通过对南五味子属种皮微形态特征的研究，支持多子南五味子 *Kadsura polysperma* 和凤庆南五味子 *K. interior* 归并入异形南五味子以及将长梗南五味子 *K. longipedunculata* 归并入南五味子。

2005 年，林祁等指出南五味子属的黑老虎 *K. coccinea* 在印度尼西亚为分布新记录，毛南五味子 *K. induta* 在中国贵州为分布新记录，冷饭藤 *K. oblongifolia* 在中国福建和台湾以及越南的分布新记录，补充或纠正了前人对毛南五味子的形态描述，取消了 Saunders 对海南黑老虎 *K. hainanensis* 和冷饭藤所作的后选模式。2006 年 6 月，杨志荣对南五味子属进行了形态学、叶表皮形态解剖学和木材解剖学等的观察以及性状分支分析，结合多方面的性状对南五味子属进行了分类学修订。

2 中国南五味子属植物的种质资源

南五味子属为五味子科常绿攀援木质藤本植物。小枝圆柱形，干后具纵条纹；芽鳞很少宿存。叶纸质，很少革质，叶缘或具胼胝质的锯齿，叶缘膜质下延至叶柄。单性花，雌雄同株或有时异株，单生于叶腋，少 2~4 朵聚生于新枝叶腋，很少数朵聚生于短侧枝上；花梗常具 1~10 枚分散小苞片；花被片 7~24，覆瓦状排列成数轮，通常中轮最大，具明显脉纹。雄花：雄蕊 12~80 枚，花丝细长，花丝与药隔连接成棍棒状，两药室包围着药隔顶端，雄蕊群长圆柱形或椭圆形；或花丝宽扁，花丝与药隔连接成宽扁四方形或倒梯形，药隔顶端横长圆形；雌花：雌蕊 20~300 枚，螺旋排列于花托上；花柱钻形或侧向平扁为盾形的柱头冠，或形状不规则，雌蕊的子房壁厚薄不均匀，顶端宽厚，子房室被挤向基部，胚珠 2~5（11），叠生于腹缝线或从子房顶端悬垂；果时花托不伸长，雌蕊群的花托发育时不伸长，聚合果球状或椭圆形，小浆果肉质，基部插入果轴。种子 2~5 枚，两侧压扁，椭圆形、肾形或卵圆形，种脐凹入；种皮通常褐色、光滑、脆壳质、易碎。

据《中国植物志》记载，南五味子属植物根据雄花的构造，胚珠与子房的位置分为 2 个亚属，雄花的花丝与药隔连成细棍棒状，雄蕊的药隔顶端圆顿，胚珠自子房顶端下垂，为离瓣南五味子亚属；属下植物有 2 种，1 变种，即中泰南五味子 *K. ananosma*、黑老虎，

变种为四川黑老虎 *K. coccinea var. sichuanaensis*。雄蕊的花丝与药隔连成倒梯形，雄蕊的药隔顶端横长圆形，胚珠叠生于腹缝线上，为南五味子亚属，属下植物分别为中泰南五味子、毛南五味子 *K. induta*、凤庆南五味子 *K. interior*、异形南五味子 *K. heteroclita*、南五味子 *K. longipedunc*、多子南五味子 *K. polysperma*、仁昌南五味子 *K. renchangiana*、冷饭藤 *K. oblongifolia*、日本南五味子 *K. japonica* 等（表1）。

表1 南五味子属植物种间形态特征比较

序号	种名	拉丁学名	形态特征
1	中泰南五味子	*Kadsura ananosma*	叶坚纸质，雄花的花托顶端伸张，具分枝的附属体
2a	黑老虎	*K. coccinea*	叶革质，雄花的花托顶端具1~20条分枝的钻状附属体附属体
2b	四川黑老虎	*K. coccinea var. sichuanaensis*	叶革质，雄花的花托顶端无附属体
3	毛南五味子	*K. induta*	雄花的花托顶端伸张，突出于雄蕊群之外，雄蕊群具雄蕊70~80枚
4	凤庆南五味子	*K. interio*	雄蕊群具雄蕊不超过70枚，雄蕊的花丝与药隔连成倒梯形，具明显花丝
5	异形南五味子	*K. heteroclita*	雄蕊群具雄蕊不超过70枚，雄蕊的花丝与药隔连成近宽扁四方形，具极短的花丝
6	南五味子	*K. longipedunc*	雄花的花托椭圆形，顶端伸张，但不突出于雄蕊群之外
7	多子南五味子	*K. polysperma*	雄花的花托椭圆形，顶端不伸张，不突出于雄蕊群之外。小浆果顶端增厚，具种子5~11枚
8	仁昌南五味子	*K. renchangiana*	雄花的花托椭圆形，顶端不伸张，不突出于雄蕊群之外。小浆果顶端不增厚，具种子1~3枚
9	冷饭藤	*K. oblongifolia*	雄花的花托椭圆形，顶端不伸张，不突出于雄蕊群之外。雄蕊群球形，25枚
10	日本南五味子	*K. japonica*	雄花的花托椭圆形，顶端不伸张，不突出于雄蕊群之外。雄蕊群球形或卵球形，34~35枚

3 南五味子属植物在中国的地理分布

南五味子属植物分布于我国西南和东南的部分地区，主要产于云南、广西、四川、贵州、广东、海南、福建、江西、湖南、湖北、江苏等省区。南五味子属植物在我国的自然分布区如表2所示，最北界分布到江苏地区，西以四川峨眉山为界，东至福建、浙江省，南至海南岛，常见于海拔较高的天然林中，广西植物研究所从1998年起对该属植物黑老虎进行了系统研究，并选育出3个优良株系，现已在桂林市龙胜县平等乡建立了 $6.67hm^2$ 示范基地，目前挂果良好。

表 2　南五味子属植物在中国的地理分布

植物名称	云南	广西	四川	贵州	广东	海南	福建	湖南	江西	湖北	安徽	浙江	江苏	台湾
中泰南五味子 *K. ananosma*	+													
黑老虎 *K. coccinea*	+	+	+	+	+	+		+	+					
四川黑老虎 *K. coccinea var. sichuanaensis*			+											
毛南五味子 *K. induta*	+													
凤庆南五味子 *K. interio*	+													
异形南五味子 *K. heteroclita*	+	+		+	+	+	+			+				
南五味子 *K. longipedunc*	+	+	+		+		+	+	+	+	+	+	+	
多子南五味子 *K. polysperma*			+					+						
仁昌南五味子 *K. renchangiana*		+		+										
冷饭藤 *K. oblongifolia*						+		+						
日本南五味子 *K. japonica*								+						+
合计	6	4	4	3	3	3	2	5	2	2	1	1	1	1

由表 2 可知，该属植物在云南、湖南和广西的种类分布较多，多集中在中国西南和华南地区，其中黑老虎和南五味子的分布范围最广；泰南五味子、凤庆五味子仅分布于云南西南部、毛南五味子分布于云南东南部、多子五味子分布于四川峨眉山、冷饭藤分布于海南岛，这些种的分布范围较为集中。

4　南五味子属植物的开发利用

4.1　药用价值

南五味子属植物是药用经济植物，为常用草药。1982 年宋万志、肖培根研究了国产南五味子属药用植物，指出它们的功效大致相似，有行气活血、祛风活络、消肿止痛和通经利尿之效，常用于治疗风湿骨痛、跌打损伤、无名肿毒、胃肠炎、溃肠痛、中暑腹痛、月经痛等症。医药部分和民间广为利用的有黑老虎、南五味子等，它们的药源丰富，使用普遍，往往混合应用，多以果实、根或根皮、藤茎或茎皮入药。南五味子的根皮在华东、华北和东北地区作为"紫荆皮"广为使用；异形南五味子的茎皮在云南作为"鸡血藤"应用，是当地提制"鸡血藤膏"的原料；在广东、内蒙古（巴盟）等地使用的中药"海风藤"即异形南五味子的藤茎，常用于治疗风湿性关节炎、腰肌劳损、产后风瘫等症。产于云南的狭叶南五味子，其根、茎藤及叶均药用，可治疗跌打损伤、风湿骨痛等症，外敷治外伤出血。1966 年 Burkin 研究了南洋南五味子的药用价值，指出南洋南五味子的根和茎能祛风除湿、化痰生津，可治风湿病、呼吸道及泌尿系统疾病、腹痛、腹泻等症，还对治疗皮肤病有一定疗效；树皮可治感冒。除药用外，本属植物的种子均可食用；南五味子的茎叶和果可提取芳香油；我国南方，黑老虎的藤茎常代绳索捆扎木筏等，或作编织用；在日本，南五味子供观赏，其茎皮浸出液民间用以梳头。据 1973 年 HegnauerR 的报道，黑老虎的藤茎含生物碱、酚类、三萜或甾醇、挥发油，南五味子的叶含杨梅精伽

（Yricetin）、翠雀宁（DelPhinidin）、橡精、花青素（L-cy）、樟脑醇（Kaempferol）和咖啡酸，还含半乳糖和阿拉伯糖，果实和种子中尚有极不稳定的成分，叶和茎中含有Gevmacren 等。南五味子的茎叶和果均含挥发油，干果含油量达 0.5%～1.0%；茎及果实尚含黏液质（为半乳聚糖和阿拉伯糖组成），果实并含果胶质、葡萄糖、有机酸、蛋白质、脂肪，且本属 2 种植物含有多种有价值的化学成分，值得进一步研究利用。

4.2 食品开发价值

南五味子属植物中可作为野生水果食用的有黑老虎、毛南五味子、南五味子 3 种。这些果实含有丰富的 Vc、Ve 及多种微量元素，营养丰富，多汁，清甜可口，能解渴，是山区野果之珍品。黑老虎营养成分分析表明，其 Vc 含量 0.266～0.556mg/g，总糖含量0.053～0.089g/g，含酸量 0.053%～0.131%。目前，黑老虎最有可能发展成为第 3 代新兴水果。其果大而独特，外观似足球，表纹像菠萝，幼果青绿色，成熟为深红；果味像葡萄，浆多味甜；果肉如荔枝，乳白细腻，蜜甜芳香。近年来广西、贵州和江西有关部门已开展黑老虎引种驯化研究并取得成功。

4.3 园林观赏价值

南五味子属植物均为常绿藤本植物，叶片椭圆形，终年翠绿，枝条缠绕多姿，有红花或黄花、红果、聚合果，挂果期较长，叶、花、果均可供观赏，是很好的垂直绿化或地被材料，或与岩石配植，可作绿廊、篱墙、屋顶、园门、居室、移动凉亭、园林配置等，也可作为家庭盆栽或凉台供架。既可赏叶又可观果，叶果并美，繁中见秀，别具一格，是观光农业的首选物种之一。

5 南五味子属植物的开发利用建议

5.1 采取有效措施，加大资源保护力度

南五味子属植物作为果药兼用资源，开发前景极为广阔。因其经济价值高，需求量大，所以出现了对野生南五味子属植物掠青、杀藤取果的采集现象，严重影响了产品产量和质量，南五味子属植物资源日趋减少。如在广西，黑老虎因其药用价值高而遭大量采挖，目前已很难看到结果的植株。坚决制止"掠夺式"的乱采乱挖乱伐的行为，在经济植物开发利用过程中，还应充分考虑生态平衡，保持原有的自然景观。杀藤取果行为不仅严重的破坏了水土保持和生态系统的稳定性，更糟糕的是会造成南五味子属植物优良基因和基因型的永远丢失。给将来南五味子属植物的改良工作造成不可挽回的损失。因此有关部门应建立植物资源开发管理机构，因地制宜，合理规划，有组织、有指导地进行采收，使该属植物的开发利用形成一个完整的体系。

5.2 加强引种驯化工作

南五味子属植物资源十分珍贵，需要仔细的保护，并进行积极引种，加强对种质资源研究和良种选育工作。野生品种无选择性栽培，变异较大，单产极低，开展植物资源考察与调查，摸清家底，掌握第一手资料；在此基础上，积极开展野生种变家种的驯化工作，

从引种驯化技术、繁殖技术、优良株系选择等方面加强研究；同时进行迁地保护，建立种质资源圃和良种示范园等。建立必要的基因库，研究不同种类生态学、生物学特性，进行引种驯化，逐步大量地进行人工繁殖，选育园林植物优良新品种。有关部门应着重对该属植物中品质好、营养价值高、发展前景好的种类进行选育和高产栽培技术研究，提高其产量和品质，为早日实现规模化栽培打下基础。

5.3 开展综合利用研究

中国南五味子属植物资源储量丰富，应加强对该属植物化学成分和生物活性的研究，为进一步开发利用奠定基础。对于如毛南五味子、黑老虎、日本南五味子等药果兼用种类，应积极开展相关加工工艺和综合利用研究；而对于以药用为主的种类如异型南五味子等，应深入开展其药理及化学成分研究，探讨其有效成分及作用机理，并加强其临床应用和产品开发。此外，在研究的基础上，应规范南五味子的采收季节及加工方法，以更好地稳定南五味子药材的质量。

淀粉的特性与应用研究现状及发展对策[*]

谢碧霞[1]　钟秋平[1 2]　谢涛[1]　李安平[1]

(1. 中南林学院资源与环境学院，湖南株洲 412006；2. 中国林业科学研究院亚热带林业实验中心，江西分宜 336600)

淀粉是绿色植物果实、种子、块茎、块根的主要成分，是植物利用二氧化碳与水进行光合作用合成的产物，是重要的可再生工业原料，近年来在淀粉特性及应用研究方面的成果不少。变性淀粉是天然淀粉在原有性质的基础上，经过特定处理，改良原有性能，增加新功能而得到，属于淀粉深加工产品之一，包括酸解、氧化、醚化、交联等多品种、多系列产品，广泛应用于造纸、纺织、食品、医药等行业。

1　淀粉特性

淀粉资源非常丰富，按不同分类依据，可分为不同淀粉类型。一般按来源来分类，淀粉可分为原淀粉（天然淀粉）和变性淀粉两大类，天然淀粉又分为以下 4 大类：①粮豆类：大米、小麦、玉米、绿豆、豌豆等；②薯类：马铃薯、甘薯、木薯等；③粮食加工副产物：米糠、淀粉渣等；④野生植物类：葛根、蕨根、橡实等。将原淀粉用物理或化学方法进行深加工，改变了某些葡萄糖单位的化学结构，就成为不同类型的变性淀粉。变性淀粉的品种、规格繁多，包括物理变性、化学变性、酶化变性（生物改性）和复合变性淀粉。不同淀粉的特性差别非常明显，这种差异除了与直链淀粉/支链淀粉比例不同外，还与非淀粉成分有关。淀粉特性主要包括淀粉颗粒特性、淀粉晶体模式、化学特性、溶解特性、淀粉糊化特性、淀粉的老化（回生）特性、玻璃态及玻璃化转变特性、淀粉的凝胶特性等，其中淀粉粒大小与淀粉的糊化特性尤其重要。

1.1　淀粉的颗粒特性

淀粉的颗粒特性主要是指淀粉颗粒的形态、大小、轮纹、偏光十字和晶体结构等。淀粉颗粒具有双折射性，在偏光显微镜下观察到将颗粒分成 4 个白色区域的黑色十字，称为偏光十字。不同品种淀粉颗粒的偏光十字的位置、形状和明显程度有差别。

不同来源的淀粉粒大小各不相同，最小的淀粉粒直径不到 $1\mu m$，如肥皂草的淀粉粒只有 $0.3 \sim 1.5\mu m$，最大的淀粉粒直径可达 $100\mu m$，如马铃薯和美人蕉淀粉粒的最大直径可达 $100\mu m$。有的植物淀粉具有大、小两种淀粉粒，如大麦、黑麦、小麦、普通小麦等麦类作物，分别称 A 型和 B 型淀粉粒。分离出小麦 A 型和 B 型淀粉粒后发现 A 型淀粉粒的直链淀粉含量和淀粉糊化时的熔变（$\triangle H$）比 B 型淀粉粒要大。A 型和 B 型淀粉粒的起始糊

*本文来源：经济林研究，2004，22（4）：61-64.

化温度相同，但 B 型淀粉粒的最高糊化温度和终了糊化温度都比 A 型要高。淀粉粒的形状差别也很大，大致可分为圆形、椭圆形（蛋形）和多角形等。

1.2 淀粉晶体特性

淀粉颗粒具有结晶结构，呈现一定的 X 射线衍射图。水稻、玉米、小麦等谷类淀粉是 A 型模式，薯类、果实和茎的淀粉是 B 型模式（如马铃薯、西米、香蕉等）。还有一种 C 型模式，处于 A、B 两种模式之间，很可能由团粒内 A、B 型微晶混合物或 A、B 型团粒混合物所构成。

1.3 淀粉的化学特性

淀粉在化学上由 2 种葡萄糖聚合物组成，即直链淀粉和支链淀粉。直链淀粉是由葡萄糖单元经 α-1，4-键连接而成的，并通过分子内的氢键使链卷曲成右手螺旋状，每个环含有 6 个葡萄糖残基；支链淀粉具有 A，B，C 三种链，均由葡萄糖单元以 α-1，4-键连接而成，A 链是外链，经由 α-1，6-键与 B 链连结，B 链再以 α-1，6-键与 C 链相连，各分支卷曲成螺旋状，C 链是主链，每个支链淀粉分子只有一个 C 链。淀粉分子通过氢键形成分子束，分子间又通过氢键形成紧密的结晶区，而游离直链淀粉以及部分 α-1，6-支链淀粉分支构成了淀粉颗粒结构的无定形区。直链淀粉具有一些独特的性质，能与碘、有机酸、醇等形成螺旋包合物，还能制成强度高、柔软性好的纤维和薄膜。

1.4 淀粉溶解特性

淀粉膨胀特性反应的是淀粉悬浮液在糊化过程中的吸水特性和在一定条件下离心后的持水能力。表示淀粉膨胀特性的参数有膨胀势和膨胀体积等。有关淀粉膨胀势和膨胀体积国外已有明确表述。即每克干淀粉悬浮在一定数量的水中，在特定的温度下糊化，经一定条件下离心后留下的沉淀物的质量称为净膨胀质量，净膨胀质量与干淀粉质量的比值称为膨胀势（g/g）；上述沉淀物的体积称为膨胀体积（mL）。

1.5 淀粉糊化特性

淀粉的糊化特性主要是指淀粉糊的黏度性质、流变学性质和热力学性质等几个方面，也包括淀粉糊的蒸煮稳定性、冻融稳定性、透光率、酶解率和凝沉性等。

1.5.1 黏度特性

淀粉在冷水中经过搅拌后成为乳状悬浮液，叫做淀粉乳。若把淀粉乳加热，淀粉颗粒便会吸水膨胀，最后生成黏度很大的淀粉糊，这就是淀粉的糊化。最高黏度是由于充分吸水膨胀后的淀粉粒（此时又称膨润粒）互相摩擦而使糊液黏度增加所致，它反映了淀粉的膨胀力；热浆黏度是由于淀粉粒膨胀至极限后破裂而不再相互摩擦，使糊液黏度急剧下降所致，它反映了淀粉在高温下耐剪切能力，是影响食品加工操作难易的因素之一；冷胶黏度是由于温度降低后直链淀粉和支链淀粉所包围的水分子运动变弱而使糊液黏度再度上升所致，它反映了已糊化淀粉的回生特性。

1.5.2 流变特性

液体的微观结构处于气体和晶体之间，围绕液体的单个分子，其周围分布着类似晶体结构的确定数目的相邻分子，但在其晶格中有所缺空，此缺空又会被相邻分子移来补充。因此、离单个分子越远，分子间的相对位置就显得越紊乱，至于在一定的距离之外就显得像气体分子似的。当相邻的分子移来补充缺空时，又可反过来看成是缺空在自由运动。液体的扩散过程可看成是分子进入缺空形成新的缺空的连续过程。当有外力作用时，缺空的转移即向某一定向发生，于是就形成流动。流动的难易程度就表现为黏性。

1.5.3　热学性质

淀粉的热学性质主要包括糊化温度和糊化过程的焓变。糊化温度是指淀粉粒在加热水中开始发生不可逆膨胀，丧失其双折射线和结晶性的临界温度。

1.5.4　透光率（度）

透明度是淀粉糊所表现出的重要外在特征之一，直接关系到淀粉类产品的外观和用途，进而影响到产品的可接受性。它受多种因素的影响，淀粉的来源是主要的影响因素，不同植物的淀粉，由于分子结构不同，直链淀粉和支链淀粉的含量也不同，因此所表现出的物理化学性质（如透明度）就有很大差异。在糊化作用过程中，添加的其他物质组分也是影响因素之一，其他物质通过与淀粉分子之间的相互作用，从而对淀粉糊的透明度产生影响。淀粉糊化后由于老化而产生的胶凝或凝沉作用也会严重影响淀粉糊的透明度。

1.6　淀粉的老化（回生）特性

淀粉糊的平衡溶液，在低温下静置一定时间后，溶液变混浊，溶解度降低，而使淀粉沉淀析出。如果淀粉溶液浓度比较大，则沉淀物可以形成硬块而不再溶解，也不易被酶作用，这种现象称为淀粉的老化。淀粉的老化作用在固态下也会发生，如冷却的陈馒头，陈面包或陈米饭，放置一段时间后，便失去原来的柔软性，也是由于其中的淀粉发生了老化作用所致。老化过程包括淀粉分子链间双螺旋结构的形成与有序堆积及其所导致的结晶区的出现。在宏观上，淀粉回生表现为体系的硬化、脆化、水分析出及透明度降低等，它是影响淀粉质构的主要因素。

1.7　玻璃态及玻璃化转变特性

近年来，由于淀粉的玻璃态和玻璃化转变影响到食品的贮藏，玻璃化转变温度（Tg）更是食品贮藏的一项关键指标。因此，深入研究淀粉玻璃化转变的动力学、热力学性质及其对食品品质的影响，同时不断发展和创新玻璃化转变温度的现代化测量技术，也成了国内外学者热切关注的重要课题之一。玻璃态、橡胶态（高弹态）和黏流态是无定形聚合物的 3 种力学状态；随着温度的升高，聚合物发生由玻璃态向橡胶态的转变，即玻璃化转变。淀粉是部分结晶的聚合物，由高度分支、部分结晶的支链淀粉分子和线形无定形的直链淀粉分子组成，含有无定形区、亚微晶区和微晶区。淀粉与水共热时，发生两种相转变，较低温度下发生无定形区的玻璃化转变，热力学上称为二级相转变；较高温度下发生结晶区的熔融转变（转变温度为 Tm），热力学上称为一级相转变。淀粉 Tg 的测定，主要采用 DSC 法、DTMA（动态热机械）法和 NMR 法 3 种。

1.8　淀粉的凝胶特性

淀粉在糊化后能够形成凝胶，形成的凝胶的黏弹性与淀粉品种有关。食品工业中常利用淀粉的胶凝来得到较好的产品质构。在淀粉凝胶特性的研究方面，目前多采用弹性模量法、DSC 法、核磁共振（NMR）法等研究其糊化、老化特性及热特性等，而采用针入法测量凝胶的刚度、强度和黏弹性。淀粉凝胶的质构分析通常采用 TA-XT2i 质构分析仪，该仪器配有结构处理软件，操作时将探棒以一定的力和速度插入淀粉凝胶中一定深度，测定的凝胶结构参数有硬度、胶黏度、脆性、弹性、黏合性、黏性和恢复力等。

2　淀粉的应用

2.1　原淀粉的应用

原淀粉作为一种填充原料和工艺助剂广泛应用于食品工业，这种天然高分子材料的应用是基于它的增稠、胶凝、黏合和成膜性及价廉、易得、质量容易控制等特点，已广泛地用于胶黏剂、农药、化妆品、洗涤剂、食品、医药、石油钻井、造纸、药剂、生物降解塑料的填充剂、精炼、纺织等行业。天然淀粉的可利用性主要取决于淀粉颗粒特性、淀粉糊的特性、生物降解能力、非碳水化合物组分的数量和特性以及淀粉糊黏度稳定性。

2.2　变性淀粉的应用

天然淀粉尚不能满足各种特殊需要。变性淀粉在一定程度上弥补了天然淀粉水溶性差、乳化能力和胶凝能力低、稳定性不足等缺点，从而使其更广泛地应用于各种工业生产中。随着变性淀粉新产品、新功能的不断涌现，在食品领域的应用越来越广泛，我国每年用于食品行业的变性淀粉有 3 万~4 万 t。主要用于微胶囊化技术、改善饮料口感、增加产品的稳定性等，如：用于胶姆糖、果子冻、软糖、面包、香肠、面条等食品。食品用变性淀粉主要有酸解淀粉、酶解淀粉、氧化淀粉、糊精、淀粉酶、淀粉醚、交联淀粉、复合变性淀粉、a-淀粉（即预糊化淀粉）等。

变性淀粉在医药工业中应用也相当广泛，用于医药工业的变性淀粉每年有 1.4 万 t，主要用作片剂的赋形剂、润滑剂、医用撒粉辅料、代血浆、保护剂、药物载体、稀释剂、吸收剂、崩解剂及胶黏剂等，如：交联淀粉可抵抗高压灭菌而不影响淀粉的组织和可被吸收的特性，也可用作外科手套的润滑剂及赋形剂，也可作吸收性的医用撒粉辅料。羟乙基淀粉和羟丙基淀粉能抵抗淀粉酶解而可用作代血浆。用于医药的变性淀粉主要有白糊精、α-淀粉、援甲基淀粉、羟乙基淀粉和交联淀粉等。

变性淀粉在造纸工业中的每年消耗量为 14 万 t，变性淀粉是最重要的造纸化学添加剂，目的是提高纸张物理强度、表面性能、印刷适性及助留、助滤等，并具有节能降耗、减轻三废污染等功效。主要用于湿部添加、层间喷雾、表面施胶和涂布黏合等方面。变性淀粉主要有氧化淀粉、磷酸酶淀粉、经烷基淀粉、阳离子淀粉。变性淀粉在纸制品（如纸箱、纸管、纸袋、瓶贴等）中主要用作胶黏剂，用于造纸的变性淀粉主要有糊精、氧化淀粉、接枝淀粉及复合变性淀粉等。变性淀粉在纺织工业中的每年消耗量为 5.5 万 t，变性淀粉在纺织上主要用于浆纱、印染、织物后整理及非织造布和复合制品上。提高轻纱的可织性，提高纱线的耐磨性，增加单丝的抱合力，增强集束作用，改善强度。纺织用的变性淀粉主要有酸解淀粉、氧化淀粉、羧甲（或乙）基淀粉、交联淀粉、磷酸酯淀粉、阳离子淀粉及接枝共聚淀粉等。另外，变性淀粉在农业、建筑业、塑料工业、铸造工业、石油钻井及动物饲料等行业中也存在广泛的应用。如农业中，变性淀粉可用于生产生物可降解型地膜、超吸水剂（提高沙土地的保水性，提高农作物成活率和产量）、农药和除草剂的缓释剂（提高农药的稳定性）、土壤的稳定剂和调节剂等。许多其他新功能都正在开发中。

3 研究方向及发展对策

3.1 大力开发森林植物淀粉资源

目前，淀粉研究多以农作物的淀粉为主，如大米、大麦、土豆等淀粉，而木本植物淀粉研究较少，特别是野生森林植物淀粉研究更少。森林植物淀粉资源非常丰富，种类繁多，全世界大约有几千种，我国至少有 1000 种。特别是壳斗植物（橡实植物），全世界有900 多种，我国有 300 多种，如栎子、苦槠、甜槠和茅栗等。它们的果实中富含淀粉和其他营养素，是制作豆腐、副食糕点、酿酒和作饲料的优质原料。还有开发价值的野生淀粉植物，如葛根、百合、蕨根等，这些淀粉植物不仅营养丰富，而且远在深山，不受污染，是重要的绿色植物淀粉。开发森林植物淀粉资源，不仅可以节约粮食，还可以促进山区经济建设。将资源优势转化为经济优势。

3.2 大力研发变性淀粉

变性淀粉的生产与应用已有 150 多年的历史，但以近二三十年的发展最迅速。目前，发达国家已不再使用原淀粉，在造纸、食品、纺织、医药卫生、塑料、水产饲料、油气开采、机械铸造、建筑材料和水处理等领域都使用变性淀粉。我国从 20 世纪 80 年代中期开始加快变性淀粉的生产，现在我国的变性淀粉从无到有，从小到大，从少到多已进入高速发展时期，目前有生产厂 150 多家，生产能力约 35 万 t/a，产量 20 多万 t/a。由于淀粉衍生物具有优异的性能，在化工生产中，变性淀粉用量越来越大，现在已成为一种重要的化工原料，有广阔的市场前景。

目前，全世界变性淀粉产量在 500 万 t 左右，而我国产量 20 多万 t，仅占世界变性淀粉产量 7%。据推测，我国目前变性淀粉市场潜力至少在 109 万 t 以上，具有很大的发展潜力。

3.3 采用高新技术，开发新产品

探索生产变性淀粉的高新技术，以获得更多不同特性的淀粉，开发各种专用变性淀粉，如化学用变性淀粉、建筑用变性淀粉、造纸用变性淀粉、纺织用变性淀粉、食品用变性淀粉、特种淀粉等，以满足社会的需要。

除充分利用自然界淀粉资源外，还应通过转基因和杂交等生物技术获得不同特性的淀粉类型，这样可以定向培育所需特性淀粉及专用淀粉。淀粉颗粒的大小决定淀粉是否可以

整合进入新型复合材料中，因此，可将纳米技术应用到淀粉加工中，开发纳米淀粉。引入新的加工技术，将表面活性剂微乳化技术、液膜技术、超细超微细等高新技术与淀粉衍生物制造技术相结合，扩大淀粉的用途，如生产L-多聚赖氨酸、L-谷胺甘肽、L-肉碱、衣康酸等。研究淀粉分离新工艺，提高出粉率和淀粉质量，降低生产成本。

淀粉品质特性研究进展[*]

何钢　谢碧霞　谢涛

（中南林学院生命科学与技术学院，湖南株洲 412006）

1　淀粉的种类

　　淀粉按来源分以下四类：①粮豆类：大米、玉米、绿豆、豌豆等；②薯类：马铃薯、甘薯等；③粮食加工副产物：米糠、麸皮等；④野生植物类：葛根、蕨根等。

　　依据淀粉消化的难易，将淀粉分为三类：①快速消化淀粉：新鲜煮熟的淀粉食品等；②缓慢消化淀粉：大多数未加工禾谷类等；③抗消化淀粉（RS）。其中抗消化淀粉又可分为：①物理性不消化淀粉（RS$_1$）：部分研磨的谷类、种子、豆类等；②抗消化淀粉颗粒（RS$_2$）：未加工马铃薯、香蕉、高直链淀粉等；③回生淀粉（RS$_3$）：煮熟冷却后马铃薯、面包、玉米片等；④化学改性淀粉（RS$_4$）：包括化学改性、商业用的变性淀粉。

　　按布拉班德粘度特性将淀粉分类为：A型，具有高溶胀性和高峰值粘度，如（甜）马铃薯淀粉、木薯淀粉、蜡质谷物类淀粉和离子型衍生物等；B型，具有适中的溶胀性和低峰值粘度，如玉米淀粉等普通谷物淀粉；C型，具有有限的溶胀性，如交联淀粉、豆类淀粉、湿热处理马铃薯淀粉等；D型，具有高度有限的溶胀性，如直链淀粉含量高于55%的淀粉类。

2　淀粉的颗粒特性

　　淀粉的颗粒特性主要是指淀粉颗粒的形态、大小、轮纹、偏光十字和晶体结构等。轮纹结构又称层状结构，各轮纹层围绕的一点叫"粒心"或"脐点"。不同种类的淀粉根据粒心和轮纹情况可分为单粒、复粒和半复粒三种。另外，淀粉颗粒具有双折射性，在偏光显微镜下可以观察到颗粒的偏光十字。淀粉颗粒的形态、大小、轮纹和偏光十字可用多功能光学显微镜、扫描电子显微镜和偏光显微镜等测定（表1）。

表1　常见淀粉的颗粒特性

种类	形状	长轴长度/平均长度（μm）	整齐度	轮纹	脐点	单复粒	偏光型
大米淀粉	多角形，棱角显著	2~10/5	整齐	不清楚	中央	复粒	颗粒小，难辨认
玉米淀粉	圆形或多角形	5~30/15	整齐	较清楚	中间	单粒	黑十字
小麦淀粉	圆形或卵形	5~40/20	不整齐	不清楚	中间	单粒多，复粒少	黑十字

＊本文来源：经济林研究，2003，21（4）：112-116.

（续）

种类	形状	长轴长度/平均长度（μm）	整齐度	轮纹	脐点	单复粒	偏光型
高粱淀粉	圆形或多角形	5~25/15	不整齐	较清楚	中间	单粒	黑十字
甘薯淀粉	多角形	10~25/15	不整齐	不清楚	偏心	单粒	黑十字
马铃薯淀粉	椭圆形	15~100/49	较整齐	明显	偏心	单粒多，复粒少	不规则黑十字
豌豆淀粉	大粒卵形，小粒球形	5~35/17	整齐	清楚	中间	单粒	不规则，若干呈"X"形
板栗淀粉	多种形状	1~20/15	不整齐	清楚	中央	单粒	呈"X"形
银杏淀粉	球形、椭球形、多面体形	3.5~46/15.5	整齐	不明显	中央	单粒	黑十字
芋头淀粉	圆形、多角形	3~4/1.5	不整齐	不清楚	中央	单粒	颗粒小，难辨认

淀粉是一种天然多晶聚合物，目前对淀粉及其衍生物颗粒的晶体结构的研究已成为各国淀粉科研究领域的一个前沿课题。根据 X-射线衍射特征谱线，可将淀粉的晶体结构分为 A、B、C、V 四种类型（表2）。并根据不同的 X-射线衍射特征进一步划分淀粉微晶结构：那些晶粒线度大、晶形完整及长程有序的区域在 X-衍射曲线上表现出明显的尖峰衍射特征，称为结晶区；而那些处于短程有序、长程无序状态的区域在 X-衍射曲线上表现出明显的弥散衍射特征，称为无定形区。大量研究表明，在淀粉的非晶与微晶结构之间存在着亚微晶结构，这种结晶结构由于晶粒线度小、晶形不完整不会表现出尖峰衍射特征，只表现出类似非晶结构的弥散衍射特征。任何淀粉颗粒的物态组成都可看成是由亚微晶、微晶和非晶态三者中的一种、两种或三种成分所组成。

另外，淀粉颗粒的非晶化现象也是淀粉研究的一个热点。所谓非晶化，是指通过物理或化学等方法处理后，原淀粉多晶颗粒态发生变化，从而使淀粉中只含无定形结构的非晶颗粒态。国内外文献已有许多报道，如马铃薯淀粉颗粒在用高碘酸氧化制备双醛淀粉的过程中，小麦、玉米及豆类淀粉颗粒在高压下，木薯淀粉在中等水分含量下加热，都会产生非晶化现象。张本山等研究发现，随反应取代度增加，三氯氧磷高交联木薯、马铃薯和玉米淀粉的颗粒逐渐非晶化，并且具有非糊化特性。

表2 淀粉的 X- 衍射晶型

晶型	特点	淀粉种类
A	易于糊化，未经加热处理在体外也能完全消化，但在小肠内仍有一部分未被消化	谷物类淀粉、绿豆淀粉和芋头淀粉等
B	这类淀粉难于糊化，即使加热也难以消化	马铃薯、百合、荸荠等块茎类淀粉及基因修饰玉米淀粉等
C	结晶介于上两者之间	主要为根类和豆类淀粉，如豌豆、菜豆、板栗、葛根和甘薯淀粉
V	直链淀粉与有机极性分子形成的复合物	直链淀粉

注：各种不同的晶型彼此之间可相互转化。

3 淀粉的糊化特性

糊化是应用淀粉的基本步骤，按热力学分析，淀粉糊化过程可当成是淀粉微晶的熔融过程，颗粒发生了从有序到无序的相转变，包括淀粉颗粒的吸水吸热、溶胀水化、结晶态消失及糊粘度急剧增加等复杂现象，对淀粉糊化特性的研究具有理论和实际意义。

淀粉的糊化温度可作为衡量其晶体完整性的一个参数，常用糊化开始温度和糊化完成温度这一温度范围来表示。测定淀粉糊化温度的方法很多，如粘度法、糊透光率法、电导法等，其中以淀粉颗粒的偏光十字消失来确定糊化温度，是较好和简单的方法，被普遍采用。

淀粉的糊化特性主要是反映淀粉糊的粘度性质、流变学性质和热力学性质等几个方面，也包括淀粉糊的蒸煮稳定性、冻融稳定性、凝沉稳定性、透光率和酶解率等。

淀粉糊粘度常用的测量仪器有 Brabender 粘度仪（BV）、Rapid Visco Aalyser（RVA）和乌氏粘度计（用于测定淀粉糊的特性粘度和表面粘度），其中 BV 已成为淀粉行业国际公认的测量仪器。在 BV 粘度曲线上有 6 个特征点：起始糊化温度、峰值粘度（PV）、升温到 95℃的粘度、95℃保温 1h 后的粘度、冷却到 50℃的粘度和 50℃保温 1h 后的粘度。根据曲线上的特征值，可计算出破损值（BD = 95℃终了粘度 - PV）、回值（SB = 50℃终了粘度 - PV）、粘度热稳定性（= 95℃终了粘度 - 95℃开始粘度）和粘度冷稳定性（= 50℃终了粘度 - 50℃开始粘度）。与 BV 不同的是，RVA 糊化曲线上的特征点有成糊温度、出峰时间、最大粘度（PV）、最小粘度（HPV）和最终粘度（CPR）。同样从 RVB 曲线上的特征值可求出破损值（BD = PV = HPV）和回值（SB = CPV - HPV）。差示扫描量热分析仪（DSC）非常适用于淀粉糊化的热力学分析。DSC 吸热曲线上有相变起始温度（To）、相变峰值温度（Tp）和相变终止温度（Tc）等三个特征参数，而且在特定条件下可能出现多个 Tp 值（如水分含量在 61%以下时，稻米、玉米、小麦、马铃薯等淀粉在 DSC 扫描时均出现 2 个 Tp 值）。从 DSC 曲线上的吸热峰可以计算出淀粉的吸热焓（△H：为吸峰下的面积）、糊化度（DG = 开始糊化时的热焓/完全糊化时的热焓）和表观比热等参数。Brockfield 粘度计和 NDJ 系列旋转式粘度计主要用于测定淀粉糊的流变学特性。

4 淀粉的凝胶特性

关于淀粉凝胶的结构及形成机理，Imberty 等认为，完全糊化后的淀粉在冷却的过程中，由于淀粉链的相互作用和相互缠绕，可溶性直链淀粉形成连续三维网状凝胶结构，溶胀淀粉颗粒和碎片填充在直链淀粉网络中。Su 等运用动态粘弹性测量法探索了淀粉凝胶形成的机理，并且根据储能模量（G′）、耗散模量（G″）和耗散正切角（tanδ）在淀粉糊化形成凝胶过种中的变化，将淀粉凝胶的形成过程分为四步：①淀粉乳变为溶胶。G′、tanδ 增加，直链绽粉分子从溶胀颗粒中溶解出来。②溶胶转化为凝胶。G′增加而 tanδ 减小，直链淀粉形成凝胶的三维网状结构，溶胀淀粉粒间的相互作用得到加强。③溶胶网状结构破坏。G′减小而 tanδ 增大，这是由于存在于溶胀颗粒中的结晶区域由于颗粒的变形和松散而溶解，或者溶胀淀粉颗粒中的支链淀粉分子因颗粒软化而解旋，或者淀粉颗粒与网状结构之间的相互作用消失。④网状结构再次强化。G′增大而 tanδ 通过变形点后变得更高，低分子量的支链淀粉浸出，它与直链淀粉的相互作用能加强网状结构的维持时间，但是由于支链淀粉持续溶解而导致淀粉颗粒的扩散作用变得越来越微弱。

在淀粉凝胶特性的研究方面，目前多采用弹性模量法、DSC 法、核磁共振（NMR）法等研究其糊化、老化特性及热特性等，采用针入法测量凝胶的刚度、强度和粘弹性。而淀粉凝胶的结构分析通常采用 TA-XT2i 结构分析仪，凝胶结构参数有硬度、胶粘度、脆性、弹性、粘合性、粘性和恢复力等。

5 淀粉的回生特性

在淀粉凝胶陈化过程中，其流变学性质、结晶度和持水能力发生显著变化，这一变化过程即淀粉回生（老化）。回生过程包括淀粉分子链间双螺旋结构的形成与有序堆积，及其所导致的结晶区的出现。在宏观上，淀粉回生表现为体系的硬化、脆化、水分析出及透明度降低等，它是影响淀粉质食品质构的主要因素。

淀粉的回生特性受淀粉种类、来源及其他食品成分和外界条件的影响。例如，直链淀粉容易回生，而支链淀粉难于回生。不同来源淀粉的回生特性也不同，一般直链淀粉含量高的种类易于回生。淀粉质食品中的一些小分子成分对淀粉的回生也有影响。如加入糖、油等能抑制淀粉回生和食品老化，蔗糖酯，$CaCl_2$ 等能有效提高米粉糊在贮存期间的抗老化性能。另外，淀粉含水量小于 10% 或在大量水中不易老化，在 30%～60% 时较易老化；老化作用最适宜的温度为 2～4℃，大于 60℃ 或小于 -20℃ 都不发生老化；在偏酸性（pH<4）或偏碱条件下也不易老化。

淀粉回生度的测定方法有：①定量 DSC 技术。根据 DSC 曲线中熔化吸热峰的大小，可以机算出回生淀粉结晶的含量，从而判断淀粉的回生程度（回生度为回生淀粉与生淀粉结晶溶融熔的比值）。②X-射线衍射法。主要用于判断淀粉中的结晶类型，并通过谱图上相关峰高或峰面积计算结晶度。③脉冲核磁共振法。可利用脉冲 NMR 的自由衰减（FIE）信号，将固相与液相中的质子相对量求算出来，并以此表征淀粉糊的糊化度或回生度。④淀粉酶法。因淀粉无定形与结晶部分对淀粉酶的降解敏感度有几个数量级的差异，因此可根据酶解率定义淀粉的回生度。⑤动态粘弹性测量法。通过测定 G′、G″和 tanδ，可表征淀粉粘弹体系在糊化与回生过程中的非破坏性力学特征，回生的重要表现是 G′升高。在实际研究中，一般以 G′值作为回生量度。⑥蠕变柔量测试法。在淀粉回生过程中，蠕变柔量逐渐降低，一般用蠕变柔量的绝对值及其降低的速率来间接表征回生度与回生速率。⑦浊度法。通过比浊法测定由于淀粉分子回生凝析所造成的样品透明度降低来表征回生度。⑧断裂性能测试法。

6 淀粉的玻璃态及玻璃化转变

由于淀粉的玻璃态和玻璃化转变影响到食品的贮藏质量控制，玻璃化转变温度（Tg）更是食品贮藏的一项关键指标。

玻璃态、橡胶态（高弹态）和粘流态是无定形聚合物的三种力学状态；随着温度的升高，聚合物发生由玻璃态向橡胶态的转变，即玻璃化转变，相应的温度为 Tg。淀粉是部分结晶的聚合物，由高度分支、部分结晶的支链淀粉分子和线形无定形的直链淀粉分子组成，含有无定形区、亚微晶区和微晶区。淀粉与水共热时，发生两种相转变，较低温度下发生无定形区的玻璃化转变，热力学上称为二级相转变；较高温度下发生结晶区的熔融转变（转变温度为 Tm），热力学上称为一级相转变。淀粉 Tg 的测定，主要采用 DSC 法、DTMA（动态热机械）法和 NMR 法三种。

淀粉的玻璃化转变主要受以下因素的影响：①水分含量。水的增塑作用增加了处于玻璃态的淀粉无定形区链段的活动性，从而降低了玻璃化温度。②结晶度。对淀粉而言，尽管结晶区并未参与玻璃化转变，但它却限制淀粉主链的活动，且结晶度越高限制链段活动的能力越强，相应的 Tg 也越高。③支链淀粉分子侧链。不同种类的淀粉，其支链淀粉分子侧链越短且数量越多，增塑效果越强，则 Tg 也相应越低。④重结晶。由于重结晶是淀粉分子通过氢键重新组合成微晶束而产生的，必然降低水的增塑作用，故 Tg 会增大。⑤平均分子量。淀粉的平均分子量越高，分子自由体积越小，体系粘度越高，Tg 也越大。⑥食品体系中的其他成分。在低湿含量下，淀粉与亲水胶体间的相互作用和热力学兼容性的存在可改变 Tg。一般地，如果热力学兼容的两种生物高聚物的 Tg 相差 20℃，混合物则表现出介于两种成分 Tg 间的一个 Tg；反之，不兼容的混合物则表现出与两个组分 Tg 相对应的 2 个 Tg 值。另外，糖、盐、油脂等小分子组分对食品体系的 Tg 有至关重要的影响。

控制淀粉的玻璃化转变，对淀粉质食品的质构和货架寿命都有显著的影响。当温度低于 Tg 时，淀粉不再结晶，所以将面包在玻璃态保藏，对防止老化十分有效；而要保持谷物类小吃食品的松脆性，则要控制水分含量，并且在较高 Tg 下保藏。

7 淀粉的加工特性

淀粉在食品中有极其广泛的应有，如作增稠剂、稳定剂、保湿剂、结构改良剂等，特别是在糖果和面包糕点工业中是不可缺少的材料。淀粉在不同加工条件下，其物理化学性质会发生变化。

淀粉在低含水量（18%～27%）和高温下进行热处理或高压处理显著改变淀粉的物理化学性质。据报道，高温处理可提高谷物淀粉和根状淀粉的酶解率、糊化稳定性和糊化温度，但淀粉的膨胀率和峰值粘度降低。Eerlingen 等研究对（甜）马铃薯、木薯、玉米、扁豆、橡实和山药等淀粉进行低湿高热（含水量 35% 以下，温度 80～120℃以上）处理，得到了同样的结果。刘惠君将直链淀粉扩增（ae）、蜡性（wx）及正常玉米淀粉在 104kPa、12℃条件下加热 1min 后，其物理性质和酶解率的变化见表 3。

表 3　热处理对直链淀粉扩增、蜡性及正常玉米淀粉物理性质和酶解率的影响

淀粉种类	峰值粘度	糊化温度	热熔	硬度	粘结力	弹性	溶解率	膨胀率	诱光率	酶解率
扩增玉米淀粉	降低	提高	增加	降低	降低	降低	降低	降低	降低	降低
蜡性玉米淀粉	增加	提高	降低	增加	增加	降低	提高	降低	降低	降低
正常玉米淀粉	降低	提高	无影响	增加	增加	降低	降低	降低	降低	降低

淀粉在微波炉中热处理后则发生膨化。研究表明，含支链淀粉较多的混合物料的微波膨化产品组织结构好，膨化率也高；淀粉的糊化度越大则膨化率越高，但糊化度大于 95%

后，产品的膨化率将下降；淀粉的老化不利于微波膨化，并随着老化程度的增加，产品的膨化率不断下降。

淀粉经高压处理后也会发生糊化，这是由于在高压下，提供给淀粉溶液的能量使无定形区高度润胀、水合，淀粉分子在切应力作用下产生的扭曲变形足以破坏高稳定性的结晶区内淀粉分子间的氢键而使淀粉达到完全糊化。叶怀义等对小麦、玉米、绿豆、藕、木薯、甘薯和马铃薯淀粉经 450MPa 以下的高压处理后，采用动态法测定了其糊化温度升高、糊化焓等糊化特性的变化，结果表明：7 种淀粉糊化温度变化趋势相似，在 150MPa 以下糊化温度升高，在 150~250MPa 之间糊化温度基本不再变化，250MPa 以上又降低，超过 400~450MPa 后低于原淀粉的糊化温度。糊化焓的变化较复杂，基本可分为三类：200MPa 以下无变化，200MPa 以上有明显降低；超过 200MPa 有降低，但较小；超过 300MPa 基本不变，在 400~450MPa 反而略有增加。450MPa 的高压只能使某些淀粉部分糊化。淀粉在机械力作用下，颗粒特征发生改变，多晶结构转变为非晶结构，同时还可能引起淀粉分子链排列、分子量分布和直链与支链淀粉比例的变化，从而导致淀粉改性，不仅能改变淀粉原有的理化特性，还可赋予淀粉一些特殊的性质，如分散性好、吸水性强、比表面积大、化学反应和生物反应活性高等，使其用途更为广泛。陈玲等研究了机械力化学效应对马铃薯淀粉消化性能的抗酶解性能的影响，结果表明，被机械球磨微细化的马铃薯淀粉颗粒的消化速度大大加快，抗酶解淀粉含量降低；机械力化学效应可提高淀粉颗粒对酶的敏感性，增加反应活性。挤压蒸煮也是利用剧烈机械力的作用，蜡质玉米淀粉在双螺杆挤压蒸煮机中经处理后发生变性，变性程度（DC）可以从 DSC 吸热曲线上计算出来。

我国橡实资源的开发利用[*]

谢碧霞　谢涛

（中南林学院资源与环境学院，湖南株洲 412006）

橡子是泛指除大量栽培种板栗以外的壳斗科（Fagaceae）植物种子的总称。我国壳斗科植物资源丰富，有7属300多种，大多为野生，分布区域极广。近几十年来，一些科研单位和生产管理部门对橡实种质资源、分布作了一些调查工作，各地农民自发采集橡实用于浆纱、土布印染，也用它来制作豆腐和其他食品。橡实是我国最大的野生木本粮食资源，开发利用这一宝贵的森林植物资源具有重要的现实意义。橡实营养丰富，据测定，每100g 橡仁可提供 2.51MJ 热量。橡仁富含淀粉，可提取淀粉，可酿酒、制作豆腐，也可做饲料等。工业上以橡实制作葡萄糖，糖化率达37%；每 100kg 橡仁可酿造酒精含量为50mL/100mL 白酒约 30kg。橡壳含有色素，可提取食用橡子棕色素，还可用于制作糠醛和活性炭等。水青冈、亮叶水青冈等的果仁富含油脂，可榨油供食用或工业用。作者分析了锥栗、栓皮栎、硬斗石栎、云山青冈和小红栲等 10 多个树种果仁的营养成分，确定了橡实淀粉和橡子壳棕色素的提取工艺，对我国橡实资源的开发现状，以及如何开展橡实资源的综合利用和深度加工进行了全面深入的研究。

1　我国橡实资源概况

全世界壳斗科植物共 8 属 900 多种，分布于温带、亚热带和热带。我国有 7 属（水青冈属、栗属、栲属、石栎属、三棱栎属、青冈属和栎属）300 多种，分布广泛。其中，栎属约有 60 种（南北各地均有，常绿类分布于秦岭及以南，主产于西南高山地区），水青冈属 6 种（秦岭淮河以南均有分布），栗属 3 种（除新疆、青海等地外，各地均有分布），栲属 70 余种（产于长江以南，主要分布于云南、广东、广西），石栎属约 90 种（分布于秦岭南坡以南各地，主产于云南、广东、广西），青冈属约 70 种（产于秦岭及淮河流域以南各地），三棱栎属 1 种（云南南部）。

据资料统计，我国有橡实林 $1.33×10^7 \sim 1.67×10^7 hm^2$，估计年产橡实 60 亿~70 亿 kg。云南省的蕴藏量约 5 亿 kg，可提取淀粉 10 万 t 之多，全国橡实可生产的淀粉就更为可观。

湖南省橡子资源丰富，计 6 属 77 种，如麻栎、栓皮栎、白栎、石栎、包果石栎、苦槠、甜槠、茅栗、锥栗等在全省广有分布，现有可利用的橡子总量在 3 万 t 以上，总蕴藏量难以估计。其中栎类最多，估计面积 7.07 万 hm^2，蕴藏量为 6.48 万~8.25 万 hm^2。据

---
* 本文来源：中南林学院学报，2002，22（3）：37-41.

统计，湖南省现有锥栗 80 万株，产果 8000t；茅栗 30 万株，产果 1500t；甜槠 70 万株，产果 7000t；栲树 30 万株，产果 500t；红色栲 10 万株，产果 800t；栓皮栎林 347hm²（主要分布在大庸，占 227hm²，常德、湘西各 60.53hm²）；石栎、白栎的蕴藏量均在 1000t 以上。另外，湘西野生板栗资源也相当丰富。

西南地区栗属资源在中国栗属中占据重要地位，栗属的 3 个特有种在西南地区均有分布。广西栗属资源丰富，其中资源县约有 5000hm² 茅栗林，而海拔 1400～1500m 处锥栗分布较多，约占野生资源的 1/5。贵州茅栗资源较为丰富，约占野生资源的 10%。另据调查，闽北地区现有锥栗品种 16 个，自然杂种类型 20 个以上，栽培面积约 8700hm²，年产量 2000t。

在东北地区，蒙古栎、辽东栎等橡实资源相当丰富，其分布广泛，面积大。黑龙江省仅蒙古栎就达 246 万 hm²，年产橡实 200 万 t 以上；吉林省东部山区达 10.03 亿株。

湖北、江西、浙江等省也是我国橡实资源的集中产区，种类较多，蕴藏量大。湖北省共有 5 属 48 种 1 亚种和 3 变种。江西省有 6 属 55 种，其中栗属 3 种、栲属 13 种、青冈属 14 种、水青冈 2 种、石栎属 12 种及栎属 11 种。

2 橡实种仁的化学组成

橡实种仁含有丰富的营养物质，特别是淀粉的含量很高，一般可达 50%～60%。作者对湖南省锥栗等 10 余个树种的种仁营养特性进行了分析，并参考文献数据，现将我国主要橡实树种营养成分的含量加以归总，见表 1。

表 1 橡仁主要营养成分的含量（质量分数）

属名	种名	水分 （%）	灰分 （%）	淀粉 （%）	单宁 （%）	总糖 （%）	可溶性糖 （%）	蛋白质 （%）	油脂 （%）	粗纤维 （%）	维生素 B_2 （μg/g）
栗属	锥栗*	8.21	2.58	63.62	0.26	15.07	5.39	8.48	2.75	3.44	
	茅栗*	8.18	2.83	60.04	0.31	4.21	5.27	8.27	2.14	3.10	
栎属	栓皮栎*	8.28	2.10	51.34	8.83	11.59	6.13	7.59	6.67	5.13	7.7
	麻栎*	8.75	2.20	51.66	11.88	7.81	2.53	3.16	14.79	3.50	
	波罗栎		2.89	50.43	16.42		2.25	5.13	6.11	4.90	
	锥连栎		3.40	57.26	2.21		2.17	1.71	1.87	5.89	54.2
	辽东栎	2.84	62.88	14.50		2.38	6.06	3.59	4.58		
	蒙古栎		2.60	55.76	11.09			6.50	2.40	17.00	
	槲栎		2.50	46.4	17.74		2.53	2.17	3.85	3.46	6.7
	锐齿槲栎		2.80	46.45	9.85		9.00	3.33	6.86	5.70	26.6
	尖齿波栎		2.19	51.77	11.42		5.28	2.08	3.50	2.40	47.2
	铁橡栎		2.46	42.65	9.72		5.77	4.00	5.90	2.77	
	矮高山栎		2.53	30.36	12.89		9.77	5.57	5.25	4.19	35.4
	灰白高山栎		2.42	52.25	5.78		7.37	3.58	5.80	3.44	

（续）

属名	种名	水分（%）	灰分（%）	淀粉（%）	单宁（%）	总糖（%）	可溶性糖（%）	蛋白质（%）	油脂（%）	粗纤维（%）	维生素 B_2（μg/g）
石栎属	硬斗石栎*	7.92	2.30	60.09	2.52	14.00	3.85	8.22	1.85	3.79	
	星毛石栎*	6.65	3.12	59.34	2.13	13.84	5.21	7.25	1.47	3.25	
	美叶石栎*	8.13	2.70	62.89	3.61	14.57	3.93	7.55	1.53	3.30	
	包果石栎*	6.96	2.40	71.66	2.23		5.88	2.23	1.51	2.95	26.1
	石栎*	11.37	4.20	62.01	0.63	13.15	4.78	2.67	2.28	2.23	
	白穗石栎		2.13	77.58	1.77		4.85	3.52	0.10		
	窄叶石栎		1.97	69.7	2.25		2.60	3.10	4.70	2.30	
	耳叶石栎			66.07	1.69		13.51	3.60	3.08	2.32	29.0
	白皮石栎		1.64	66.77			7.27	1.79	1.38	2.87	15.1
	多穗石栎		3.00	58.29	3.31		2.43	2.51	3.17	5.30	20.7
青冈属	云山青冈*	7.86	2.48	58.58	3.03	14.06	5.03	7.17	2.91	3.20	
	细叶青冈*	8.41	2.41	56.37	3.74	13.09	2.79	6.96	2.16	2.54	
	青冈*	8.31	2.51	55.51	12.75	8.73	1.97	4.50	3.30	1.13	63.3
	滇青冈		1.30	52.52	9.09			1.85	4.73	2.64	
	黄背青冈		3.40	57.26	2.21		2.17	1.17	1.87	5.89	54.2
	窄叶青冈		2.45	59.05	7.85		3.32	2.22	5.80	2.49	18.6
栲属	小红栲*	6.44	1.32	60.54	1.27	14.98	6.01	8.29	1.04	2.05	
	鳖蕨栲*	8.06	2.23	56.75	2.14	14.39	5.48	5.27	1.63	2.84	
	栲树			45.00							
	高山栲			86.86	0.26		4.63		0.22	1.99	29.1
	红锥栲			74.31	0.14		12.28	2.91	0.36	2.01	23.0
	蕨藜栲			86.80	0.26		3.88		3.58	3.02	21.0
	桂林栲			50.00					20.00		
	苦槠			25~30							
	甜槠			25~30							
水青冈属	水青冈			40~46							
	亮叶水青冈			49.00							

注：标*者系作者采样分析结果。

由表 1 可知，橡仁含淀粉大多为 50%～70%、可溶性糖 2%～8%、单宁 0.26%～17.74%、蛋白质 1.17%～8.72%、油脂 1.04%～6.86%、粗纤维 1.13%～5.89%、灰分1.30%～3.40%。其中石栎属和栗属淀粉含量较高，可达 60%～80%（如包果石栎为71.66%、白穗石栎为 77.58%），而单宁含量却很低，几乎无苦涩味，因此不失为一类重要的淀粉资源。单宁含量以栎属最高，多数种类达 10% 以上，在加工时易于褐变，往往影响食品的品质。另外，栲属果仁的单宁含量也很低，少数树种淀粉含量特高，如红锥栲、高山栲和蕨藜栲高达 74.31%、86.86% 和 86.80%。油脂以麻栎、烟斗石栎、桂林栲和青冈属中的水青冈、亮叶水青冈等含量颇丰，分别达 14.79%、17%、20%、40%～46% 和 49%，可分离提纯用作工业或食用油。有些品种维生素 B$_2$ 含量丰富，高于粮食 7～10 倍，如锥连栎、黄背青冈和青冈分别为 54.2、54.2 和 63.3μg/g。另外，橡仁还含有一定数量的五碳聚糖、维生素 B$_1$、维生素 C、苹酸、色素、矿物质、橡精及其碳水化合物等物质。

3 橡实资源开发利用的途径

橡实富含淀粉，一般为 50%～70%，是大宗和重要的野生淀粉和糖料资源，国外植物学家曾预言橡树将成为未来的"粮食作物"。橡仁所含的氨基酸类似牛奶、豆类和肉类味道，鲜美可口；橡仁油的各种性质均类似于橄榄油，是一种很好的食用油；橡仁还含有调节饮食营养的苹果酸等。因此橡实资源丰富的地区应充分利用天然橡实资源，积极开展橡实的综合利用（图1），同时也要进行适度深加工（图2），实现产品升值。

由图 1 可知，橡仁、橡壳分别提取出淀粉和色素以后所产生的残渣、废液都可以进一步利用，生产出一系列副产品，从而使橡实的利用率提高到将近 100%。在橡实的整个加工过程中，几乎不产生任何"三废"污染。由图 2 可知，橡实淀粉可以进一步加工成变性淀粉、糖浆、环状糊精、淀粉胶、糖醇和生物多糖等深层次的产品，这样可大大提高橡实产品的科技含量和经济价值。因此，通过积极努力地加大科技投入，开展橡实资源的综合

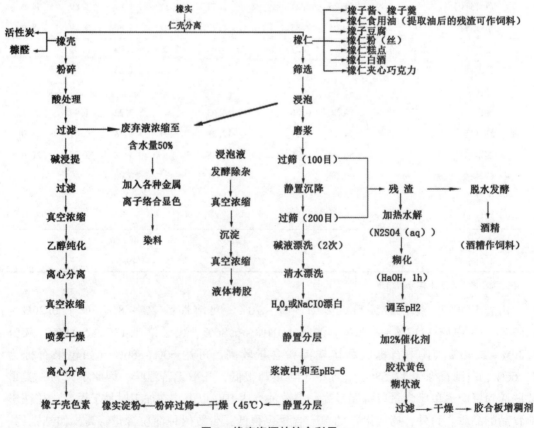

图 1　橡实资源的综合利用

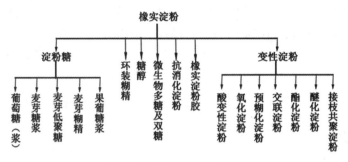

图 2　橡实淀粉深加工途径

利用和深度加工，对实现橡实加工多层次增值和清洁生产、保护生态环境具有十分重要的意义。

4　橡实资源开发利用的现状与对策

4.1　存在的问题

　　橡实是我国最大的野生木本粮食资源，也是一种重要的淀粉资源。在 20 世纪 70 年代，棉纺织业大量利用橡实淀粉代粮上浆，对缓解我国粮食资源紧缺造成的压力发挥了重要作用。据统计，在 1969—1980 年间，全国有 21 个省（市）向上海调拨橡子共 5600 万 kg，仅上海第十一棉纺厂在 1969—1973 年间就节约工业用粮达 45.5 万 kg。但是，随着我国粮食紧张局面的根本缓解和替代产品（如黑荆）的不断开发，加之橡子是分布于山林的野生经济植物资源，采收加工缺乏统一规划，无法形成规模，而且在市场经济条件下，经济效益的杠杆作用使生产厂家面临原料紧缺和效益低下的双重困难，最终被迫转产或停产，从而使我国丰富的橡子资源不能以产业的整体形象进行开发利用。究其原因，主要是由于存在以下一些问题。

　　（1）资源破坏严重，缺乏优良品种。我国橡实资源非常丰富，但是多数处于自生自灭的野生状态，表现为树体矮小、灌木化、树龄短，反映出资源遭受严重破坏，野生资源面临着越来越贫乏的局面。栽培品种的地方局限性和品质的良莠不齐制约了大规模产业化的发展。近些年来，一些地方仅注重引种，而从根本上忽略了当地品种的发展，以致大量的地方良种消失退化，如"阳朔 38"在阳朔已不存在。

　　（2）不注重资源的综合利用和深度加工。目前，对野生橡实资源的利用仅限于捡果、作薪材，果实主要用于鲜销或用作种源，产品加工零星分散、没有形成规模。另外，加工的产品也仅仅是橡实淀粉、橡子粉、橡子酱、橡子羹、橡子豆腐、粉丝、糕点、白酒等一些初级产品，而加工后所剩余的残渣废液及橡壳等未予综合利用，至于橡实淀粉的深度加工更是一片空白。

　　（3）生产上多头分管，制约了橡子资源的适度规模发展。作为多年生经济树种，橡子资源多划归侧重森林材用树种的林业部门主管，但作为以采集橡实为主要目的的坚果类果树，生产栽培上却需要丰富的园艺学知识加以指导。在对我国西南地区栗属资源的调查中也发现，板栗生产主管部门为林业、农业和当地特产局、水果办等。这样，不仅增加了资源调查的难度，而且阻碍了高产优质栽培管理技术推广的力度。

（4）栽培上粗放管理，采后缺乏贮藏保鲜技术。实践表明，橡子的最大难题是橡实不耐贮藏。栽培上的粗放管理造成的直接后果是产量低、品质差和易受病虫害危害，而有效的贮藏保鲜技术及设施的缺乏，也会令采收后的橡子大量腐烂变质，从而损失加剧。

4.2　开发利用橡实资源的对策

针对上述橡实资源开发利用中存在的主要问题，从橡子资源的特点和开发利用的价值出发，特提出如下开发利用的对策。

（1）充分挖掘我国橡实资源的地方优势，保护和挽救宝贵的橡子野生资源，建立野生种源基因库，开展多种选育方法的品种改良，特别是某些营养成分含量特高的品种，如高淀粉品种和富油品种等。目前，西南地区橡子生产上应用的优良品种均为实生选育而成，选种以高产、优质、耐贮、抗逆和抗病虫为目标。杂交育种更能创造合乎理想的品种。贵州毕节地区林科所已着手杂交育种的前期工作。

（2）适度发展市场前景广阔的加工食品，加强橡实资源综合利用的力度，开展橡实淀粉的深度加工。重点是提高产品的科技水平和经济效益，增强橡实产品的市场竞争力，促进橡实资源生产及其产品加工的良性发展。锥栗以其质优、味佳、形美、富营养和易加工等特点，日益受到人们青睐，加工成旅游食品和绿色食品的市场前景广阔。

（3）统一规划，使橡实可再生资源的开发利用实现良性循环。橡子是一种重要的森林植物资源，多分布于山区，因此容易造成橡实加工业产、供、销各个渠道的严重脱节，从而影响橡子资源的开发利用，阻碍山区经济的发展。为确保橡子生产效益显著、供求平衡，必须建立橡子基地培育—贮藏保鲜—加工利用—产品销售紧密相关的集约化经营体系，要积极探索"公司（集团）+基地+农户"等股份合作形式，树立橡子生产加工的产业形象，成为搞活山区农村经济的一个新的产业龙头。

（4）科学管理现有橡实资源，以良种选育为基础，加大良种规模化、集约化栽培的力度，加强现有简易贮藏技术的推广及贮藏设施建设，提高橡实及其加工产品的商品率及经济效益。

我国经济林产品加工利用现状和发展趋势

谢碧霞　钟海雁

（中南林学院，湖南株洲 412006）

随着我国山区综合开发的不断深入，经济林产品、加工利用得到了稳步发展。据 1993 年全国第四次森林资源清查，经济林面积已达 1600 万 hm²。目前有近 200 个经营栽培树种，产品包括干鲜果品、饮料、调料等近 100 种，涉及工农医的产品则在 1000 种 3000 万余 t，产值达 600 亿元；出口量达 100 万 t，年创汇 10 多亿美元。现就其资源概况、研究开发现状、今后的发展趋势分述如下。

1　木本粮食

我国木本粮食种类繁多，共有树种 500 余种，栽培面积已达 1000 万 hm² 以上，年产量约 170 亿 kg，其中被利用的约 40 亿 kg。全国现有柿林面积约 26 万 hm²，年产约 10 亿 kg，占世界总产量的 70%。枣面积 40 万 hm²，年产 5 亿~6 亿 kg，加工制品除传统的红枣干、蜜枣、乌枣之外，近年开发了枣茶、枣酒、阿胶枣汁、枣精等饮料产品。板栗面积 60 万 hm²，产量在 1.5 亿 kg 以上，加工制品中有糖水板栗、清水板栗、栗羊羹、栗子脯、栗子蜜饯、栗子冻块、板栗糯米保健酒等。我国栎类树种有 300 余种，估计纯林和各混交林面积 1333 万~1667 万 hm²，年蕴藏量在 60 亿 kg 以上，这一部分野生橡实制造的淀粉通过漂白脱涩作为食用之外，还可以广泛应用于食品、医药、纺织等工业生产。

对于木本粮食的加工总体来说，加工力度不够，市场竞争能力不强，因此建议：

（1）继续开展采后处理和贮藏保鲜研究，如板栗的贮藏保鲜、柿子脱涩技术等。

（2）加强木本淀粉的工业化生产应用的研究，如野生橡实淀粉在酿造及其他加工业中的应用。

（3）加强木本粮食新产品的开发，如采用固定化酶技术利用木本淀粉资源生产工业用糖浆和高纯度葡萄糖等；利用食品工程新技术，如膨化挤压技术，生产膨化营养保健粉等。

2　木本油料

我国食用木本油料中油茶有 400 万 hm²，常年产油 1.2 亿 kg；油橄榄 500 万株，常年产油 20 万 kg；文冠果 5 万 hm²，常年产油 30 万 kg；核桃 2.5 亿株，产油 1.2 亿~1.3 亿 kg；

＊本文来源：经济林研究，1997，15（3）：18–21。

山核桃 1000 万 kg。工业用油中以桐油、乌桕为著名。我国现有油桐 180 万 hm^2，常年产油量 1.0 亿~1.2 亿 kg；乌桕 20 万 hm^2，常年产油 1500 万 kg 左右。目前，我国对桐油的需求是：油漆 0.5 亿 kg 左右，油墨工业 0.2 亿~0.3 亿 kg，农业、渔业、电子行业等 0.6 亿 kg。乌桕每百公斤乌桕籽可榨桕脂 2426kg，梓油 16~17kg，总出油率 41% 以上；每公顷可产桕脂约 10t，梓油约 7t，产值 4 万~5 万元。若将桕脂进一步加工，则可大量增值，目前市价桕脂 0.35 万元/t，而制成类可可脂及人造奶油，则达 1.1 万元/t。

我国木本油料的加工利用和生产趋势：

（1）开展油脂新工艺、新技术的研究，提高出油率和油脂品质。如目前采用 SCFE—CO_2 萃取技术在黑加仑油的研究中表明：利用此法油品收率在 20% 以上，r-亚麻酸含量在 15 ‰ 以上。

（2）开展保健营养油的研究。按照营养学和食品烹饪学的原理，调整脂肪酸组成，提高油脂的加工性能。

（3）积极开展野生新油源的开发，如接骨木油、黑加仑油、白檀油等食用油及黑皂树油等燃料用油。

（4）开展油脂深度加工和综合利用，生产高附加值产品。如乌桕皮油的深度加工利用，山苍子核油我国目前加工潜力约为 4800t，通过酸化水解—冷冻结晶—压榨工艺分离出月桂酸、豆蔻酸等系列产品，可作为椰子油的代用品。

3 森林饮料

现今开发的森林饮料主要是利用林果资源、树叶、花粉、树汁树液等为原料加工而成的天然营养保健型制品，形成了树叶型、果汁型、花粉型和树汁型等四个类型。树叶型中如银杏、杜仲、柿叶等保健饮料。林果资源中除栽培水果外，还有处于野生和半野生状态的"第二代"和"第三代"水果，如猕猴桃、沙棘、余甘子、刺梨、红豆等。沙棘现有 92 万 hm^2，其中天然林 67.5 hm^2，人工林 24.5 万 hm^2。目前沙棘研究比较深入，全国沙棘饮料加工能力已超过 5 万 t，仅沙棘软饮料就有沙棘原汁、浓缩汁、含气饮料、运动员饮料和固体饮料等几十种，果酒有甜、半干、汽酒、香槟等多种规格。森林花粉饮料中的松花粉，我国有 2000 万 hm^2 马尾松林，每公顷可产 2.25t 花粉，目前在花粉采集、破壁等关键技术、营养学、毒理学、药理学等方面做了大量工作，如开发出"精制松花粉"、"松花散"、"松花粉健身酒" 等系列产品。树汁饮料中白桦汁、竹汁等饮料已上市。毛竹活体取汁技术已取得国家专利，利用竹类发酵或萃取生产竹汁饮料也取得成功。今后的发展趋势：

（1）继续开展森林饮料资源的基础研究。

（2）深入开展系列产品和综合利用的研究，研究符合营养保健的森林绿色饮料，开展加工剩余物的综合利用，减少环境污染。

（3）开展森林饮料资源中的功能因子研究，开发具有保健功能的天然饮品。

（4）开展林区野生果实的采收及加工设备的研究，提高机械化加工能力，提高产品品质。

4 森林蔬菜

森林中的木本、草本、藤本、真菌、地衣等植物蔬菜共有 700 多种，大多处于野生状态，分为茎、叶、花、果、块茎、根等六大类。目前我国年产森林蔬菜约 20 亿 kg，其中山野菜 1 亿 kg，竹笋干 1 亿 kg，菌类香菇 4 亿 kg，远销 20 多个国家和地区。近年来，我国山野菜生产发展很快，建立了具有一定规模的商品基地，如浙江湖州市已建成竹笋基地 4000 余 hm²；安徽太和县栽植香椿 23 万株，成片面积达 100hm²，年产香椿芽约 20 万 kg. 森林蔬菜加工方法由传统的晾晒、烘烤、盐渍制成菜干发展到罐藏、软包装、速冻；深加工也有一定发展，如魔芋还能制成食品增稠剂、品质改良剂和人造海蜇皮等。对于森林蔬菜的加工利用要加强保鲜技术和综合加工技术的研究工作。

5 林产芳香油

我国香料工业产值 13 亿元，1991 年林产芳香油实际产量在 7000t 左右，约占天然香料的 70%，其中 2/3 直接外销，其余被用于生产合成香料制品。全国生产林产芳香油的木本植物主要来自樟科、松科、柏科、木兰科和桃金娘科等，产油量约占 80% 以上。近年产量估计如下：山苍子油 2500t，柏木油 1100t，柠檬桉油 1000t，芳樟油 450t，黄樟油 500t，杂樟油 900t，蓝桉油 900t，大茴香油 450t，香桂油 30t，芳叶油 10t，桂油 100t，玳玳叶油 5t，玳玳花油 0.4t，桂花净油 1.3t。国内开展林产芳香油生产和加工的单位已达数百家，主要集中在长江流域及以南的 10 多个省市。林产芳香油作为香精香料的配料主要用在食品、化妆品、洗涤剂、香水、牙膏、卷烟等上。由于绝大多数的加香产品是属于天然和合成香料两者统一的和谐调合剂，所以在增加天然香料的同时，对合成香料的发展也应重视，如山苍子油已生产出柠檬醛、紫罗兰酮、环柠檬醛、柠檬腈、柠檬二缩醛、二氢紫罗兰酮、藏红花醛和 Va、Ve 等；芳樟油最主要的加工产品是芳樟醇和乙酸芳樟酯，年产量为 150t 和 50t，是配制花香型香精的常用香料；黄樟油曾用于制造香兰素、乙基香兰素等，近年最主要的用途是生产洋茉莉醛，年产量达 150t 左右；大茴香油开发了大茴香酸、大茴香醇和大茴香甲酯等。林产芳香油生产和加工的发展趋势：

（1）改进技术，提高产品质量。如玫瑰油的生产，采用①水蒸汽蒸馏；②水蒸气蒸馏—乙醚萃取；③石油醚萃取。用③工艺，低沸点成分明显减少，如烯烃及香茅醇，用①工艺组分得率低，经测定有 40% 的芳香油溶于水中，而用②工艺芳香油组分保存完整，得率也高。目前采用 SCFE-CO₂ 技术提取芳香油，能保留天然香料中特有的芳香，又无溶剂残留，得率也高。

（2）综合利用，开发新资源。如柑橘叶完全可提芳香油，据测定，每吨叶可生产 4kg 柑橘油；细毛樟芳香油中有 5 个化学型，其中金合欢醇型和香叶醇型含量极高，具重要开发价值；罗汉橙中，N-甲基邻氨基苯甲酸甲酯具有橙花、葡萄等花果香气。开发保健性香料。保健性、功能性香料的开发是香料工业的一大趋势。如野菊花具消炎解毒、疏风清热之效；松针制备维生素浓缩液中，芳香油含量高达 15%，内含单萜、倍半萜和萜烯醇，均具杀菌功能。山苍子油含柠檬醛 71%，其杀菌活性仅次于肉桂醛和紫苏醛。

6 森林药材

在常用 500 多味中药中，木本约占 60%。著名的有厚朴、银杏、桂皮、山茱萸、美登木、红豆杉、喜树等。如银杏内含成分银杏内脂（Ginkgolide）目前无法人工合成，全国有 30 多家厂家利用银杏叶提取药物、化妆品和饮料，需银杏风干叶总量在 1.5~2.0 万 t；杜仲到 1991 年，全国面积达 13.3 万 hm²，杜仲皮产量在 1500~2000t，近年研究表明：其具有良好的降压作用，对细胞免疫具双向调节作用，能增强机体的非特异性免疫功能，具有在微重力环境下抗人体肌肉和骨骼老化的作用。我国也相继开发了杜仲保健茶、杜仲酒、杜仲晶等杜仲饮料。对森林药材的开发利用，应继续开展药品化学、药理学和临床医学的研究，开展利用先进的工程技术和生物技术生产生物有效物质等。

7 林业饲料

利用树木嫩枝、嫩叶、树皮、木片、木芯、刨花、板条等采伐和加工剩余物，通过物理化学生物等加工方法加工而成的有：树叶粉、木质饲料、木材糖化饲料、饲料酵母、林业青贮饲料和林业配合饲料等。我国林业饲料的研究是从 70 年代开始的，1982 年在江苏连云港建立了我国第一家松针粉厂，到 80 年代末已有 200 多家。近年来，南京林化所已进行了阔叶营养成分分析和喂养试验。我国饲料酵母生产发展较慢，如在林业配合饲料中添加 1t 饲料酵母便可节约 5~7t 饲料粮，而当前林业饲料的生产仅是配合饲料的 3%。目前，应积极开展树叶粉、饲料酵母的生产，开展木质系资源粗饲料化技术的研究，开展薪炭林和饲料两用林的营造和研究，如紫穗槐，不仅能春季采叶，还能在秋季培育出粗细均匀的条材。

8 其他工业原料

其他工业原料如生漆、紫胶、白蜡、五倍子、栲胶、果胶和色素等等。生漆全国有 50 万 hm² 左右，常年产漆量在 300 万 kg；白蜡寄主树 1 亿株，年产约 10 万 kg；五倍子全国常年产量 400 万 kg。黑荆栲胶畅销，落叶松尚有一定市场，橡碗栲胶陷入困境。果胶全国年需要 1000 余 t，而年产仅几十吨。大力开发果胶资源，有一定前途。

根据"林业'九五'计划和 2010 年长期规划"，到 2000 年，全国经济林总面积达到 2667 万 hm²（4 亿亩），主要经济林产品达到 4000 万 t，经济林产值达到 870 亿元以上，经济林果品加工和贮存能力分别占同期产量的 1L 2% 和 15.3%。有关管理部门应积极开展宏观管理，组织力量进行经济林产品的评定工作；组织跨行业的大协作，开发技术含量高、迎合市场需要的产品；运用先进的技术提高现有经济林产品加工的水平。

经济林木离体培养研究进展*

何业华 胡芳名 谢碧霞

（中南林学院资源与环境学院，湖南株洲 412006）

植物离体培养（Plant in vitro culture）是指通过无菌操作，将分离植物体的一部分即外植体（Explant）接种于培养基上，在人工控制的环境条件下进行培养，使其产生完整植株或进行有益过程的一套技术与方法，通常又称之为植物组织培养（Plant tissue culture），或植物的细胞与组织培养。自 1934 年美国 White 等用番茄 *Lycopersicum escuientum* 根进行离体培养，首次建立了活跃生长的无性繁殖系以来，植物离体培养技术发展速度很快。由于植物离体培养技术及其理论基础研究的不断深入，其应用研究的范围在不断扩大。特别是近 20a 来，以植物离体培养技术为手段，对植物的快速繁殖与脱毒、种质保存、次生物质生产、细胞工程和基因工程等生物技术育种以及遗传学和生物学基础理论进行了广泛的研究。经济林木离体培养则是以经济林木为研究对象，运用植物离体培养的理论为指导，研究其组织培养技术，以现代新技术来提高经济林生产的技术和水平。经济林木属木本植物，由于其生长发育条件、器官部位等与草本植物相比存在较大差异，它们中较多的多酚类物质会阻碍细胞分裂，此外木本植物再生系统很难建立，因此，经济林木离体培养（特别是愈伤组织、细胞、原生质体等的培养）成功的种类还较少。

1 胚胎培养

一些经济林木和果树常有胚发育不良或中途败育的现象，导致种子不能萌发。如早熟桃（*Amygdalus persica*），果实发育期短，胚发育不完全，种子发芽率低或不发芽，阻碍早熟桃的杂交育种。另外，葡萄 *Vitis vinifera*、柿 *Diospyros kaki* 等一些无核品种的胚败育，以无核品种为母本得到杂交后代的机率很小。而胚培养技术则可越过这一障碍，Cain 等从花后大约 50d 采集的葡萄无核品种自交和杂交的胚珠在 White 培养基上培养 2 星期后，在黑暗条件下层积 4~5 个月，然后回到温室中培养 5 星期，得到了 20.90% 的正常胚和实生苗。胚乳是双受精产物之一，它是由一个精核和两个极核融合而成的，通常是三倍体组织。在很多木本植物中，胚生长之后，胚乳即被耗尽，变成无胚乳种子。由胚乳培养再生的植株通常是三倍体，有可能产生无籽果实，这对于果树和一些经济林木来说，是很有意义的。近年来，多种木本植物胚乳培养已获得再生植株，如柑橘 *Citrus reticulata*、柿、苹果 *Malus pumila*、桃、猕猴桃 *Actinidia chinensis*、梨 *Pyrus pyrifolia*、枸杞 *Lycium chinense* 等。

---

* 本文来源：中南林学院学报，2000，20（1）：31-39.

2 器官培养

在器官培养中，以茎尖、茎段作为外植体最为广泛，通常不经愈伤组织阶段而直接将其培育成苗，它多用于离体快速繁殖和苗木脱毒。

器官培养最具意义的是用雌蕊或幼果作外植体进行离体培养，使之成为再生果实状结构，这对探索器官分化的机理以及全能性的表达方面具有重要的意义。枣 Zizyphus jujuba，银杏 Ginkgo biloba，油茶 Camellia oleifera 等经济林落花落果率均在 97% 以上，遇到阴雨、大风、干旱等灾害时，其落果率甚至达 100%，因而在以果实作为产品的经济林中更具有巨大的应用价值。这方面的研究工作，已在人参 Panax ginseng、番茄、葡萄等植物上成功地诱导出了与天然果实相似的果实状结构，并在离体条件下将它们培养成熟。但对木本植物的果实培养尚未见报道。

3 愈伤组织培养

植物各种器官及其组织，经培养都可产生愈伤组织，并能不断地继代，用以研究植物的脱分化与再分化、遗传变异与育种。因此，愈伤组织是经济林木离体培养与生物技术研究的良好实验材料。

愈伤组织是一块未分化的组织，再分化成植株就比茎尖、茎段等器官培养再生成植株要困难得多，木本植物更是如此。因此，核桃 Juglans regia、板栗 Castanea henryi、枣、银杏、油桐 Vernicia fordii、毛竹 Phyllostachys heterocycla cv. Pubescens、油茶、梨等主要经济林树种都未见成功的报道。在主要经济林木和果树中，已成功由愈伤组织再生植株的仅有柿、苹果、葡萄、柑橘、枇杷 Eriobotrya japonica、香椿 Toona sinensis 等。远不及农作物、花卉和蔬菜等，这种情况严重阻碍了经济林木细胞育种及基因工程的应用。

木本植物愈伤组织再分化困难，有的植物可绕过不定器官分化这一关，而由愈伤组织直接产生体细胞胚，如油茶、酸枣 Zizyphus jujuba var. spinosa 等。

愈伤组织等培养物的再分化，可以通过两种不同途径来实现。一种是胚胎发生；另一种是直接分化器官，再形成植株。大多数培养物不是从胚胎发生，而是从器官发生的途径再生植株，即培养物先出现细胞分化和组织分化，进而分化器官，形成植株。

组织分化的结果会产生器官原基，而不同的器官原基，将分化成不同的器官，其中最主要的是茎和根，它们的分化常导致完整植株的形成。此外，还有叶、花、鳞茎以及多种变态的器官。

Ag^+ 能通过促进多胺的合成来提高体细胞胚和芽的发生频率。因此，$AgNO_3$ 对许多植物形态发生的促进作用已有共识，并被广泛用于芸苔属 Brassica 作物的组培中促进一些顽固品种芽的产生。在菜心 Brassica parachinensis 离体培养中，$AgNO_3$ 能强烈地促进芽的再生，提高再生频率和丛生芽数目。$AgNO_3$ 与 ABA（脱落酸，abscisin）相配合后能更大幅度地提高菜心植株的再生频率。

在愈伤组织中，可能出现液泡小、细胞质浓的小细胞。这种小细胞聚集为丛状，称为

"胚胎发生丛"（embryogenic clump，简称 EC）。EC 的表面是高度分生组织化的细胞团。一个 EC 表面可产生大量的胚状体。由愈伤组织发生体细胞胚的经济林树种有雷林 1 号桉 *Eucalyptus leickow* No. 1、油茶、酸枣、桃等。

4 细胞悬浮培养

细胞悬浮培养（Suspension culture）是从愈伤组织的液体培养基础上发展起来的。其主要优点是：能大量提供比较均匀的细胞，细胞增殖比愈伤组织快，适合大规模培养。

利用细胞悬浮培养主要有 3 个作用。首先是建立悬浮细胞系，为原生质体分离提供优质起始材料和为原生质体培养建立起培养体系，或进行细胞诱变；其次是用悬浮培养产生大量体细胞胚；再就是利用悬浮培养生产重要的次生代谢产物。

具有植株再生能力的、生长迅速的悬浮细胞，是原生质体游离、生长、植株分化以及外源基因导入和转化的重要条件。

悬浮培养细胞具有不受外界环境的影响，试验重复性好，原生质体的产量、活性及稳定性比较理想等优点。外植体来源的悬浮培养物是目前植物原生质体研究中最广泛使用的原始材料之一。经济林方面报道建立了悬浮细胞系的只有柑橘和枸杞，李佩芬等用葡萄进行悬浮培养建立了悬浮细胞系，并将悬浮细胞用秋水仙素诱变获得同源四倍体。

在悬浮培养液中，有各种类型的细胞，其中有一种细胞具有细胞质浓、液泡小、具有旺盛的分裂能力，经多次分裂产生的细胞之间仍保持着连接，形成聚集团块，此团块称为胚性的细胞团。它也可以像 EC 那样产生多个胚状体，并进一步在新培养基中发育成熟。如石防风 *Peucedanum terebinthaceum*，谷子 *Setaria italica*，石刁柏 *Asparagus officinalis*，红豆草 *Onobrychis viciaefolia* 等，其中谷子胚性细胞系建立 3a 后，仍能保持旺盛地形成体细胞胚，并进而发生植株的能力。金贤敏等用水稻 *Oryza sativa* 种子为材料，在愈伤组织培养时未见胚状体形成，而在悬浮培养时胚状体产生频率最高达 70% 以上，说明悬浮培养产生胚状体是一个非常重要的途径，通常比外植体直接分化胚状体和愈伤组织分化胚状体较容易得到更大量的胚状体。但木本植物还未见经此途径产生胚状体的报道。

5 原生质体培养

植物细胞有坚固的细胞壁，细胞壁具多种功能，对植物的生命活动有着重要作用。但细胞壁的存在也给植物细胞生物学、育种学、细胞工程和基因工程等的研究带来了一定困难与复杂性。早在 1892 年 Klercker 就用机械法除去细胞壁获得了少量原生质体，但因操作精细而繁琐，且易损伤原生质体，因而原生质体研究进展甚慢。直到 1960 年，Cocking 首次用酶法制备原生质体获得成功后，才促进了近代植物原生质体研究迅速发展，成为生物技术中重要的研究领域之一。

此后，经过近 40 年的艰苦努力，植物原生质体培养技术在栽培植物品种改良上已开始发挥重要作用，并呈现巨大的潜力。它可克服常规育种上的某些局限性，扩大植物变异范围和创造新种，增加新品种的选择效果。原生质体无细胞壁，可以直接摄取外源 DNA、细胞器，所以它又是遗传转化研究的一个理想的受体，从而可以有目的地引入特定的有用基因，提高农林植物的产量、品质和抗逆性等。kobayashi 等用 PEG 诱导将带有氨基糖苷磷酸转移酶基因［APH（3′）Ⅱ］的细菌质粒 DNA 直接导入 Trorita 甜橙原生质体中。Nyman 等采用电激法，将带有 β-葡萄苷酸酶（GUS）标记基因的质粒 DNA 导入草莓 *Fragaria vesca* 叶肉和叶柄原生质体，并再生出了原生质体植株。在原生质体培养过程中，不仅会产生体细胞无性系变异，原生质体还较容易通过理化因子诱变得到更多的变异体，从中可选择到新种质。蔡起贵等在已开花的美味猕猴桃 *Actinidia deliciosa* 原生质体再生植株中出现 2 个雌株和 1 个雄株，说明从同一个雌株叶片愈伤组织来源的原生质体再生植株中有性别分化。这对从遗传学角度进一步作性别分化的深入研究是很有意义的。此外，美味猕猴桃原生质体再生植株在叶片、染色体数目、矮生性等方面有很大的变异，为从这些变异株中选择出优良性状的植株奠定了基础。邓占鳌等利用原生质体进行诱变，获得了耐 0.6%NaCl 的桃叶橙 *Citrus sinensis* 植株。Gentile 等利用原生质体培养获得了抗黑星病（malsecco）的柠檬 *Citrus limon* 突变体。

植物原生质体再生成植株的技术是原生质体培养技术应用于栽培植物品种改良的基本前提和关键环节。自 1971 年 Takebe 等首次从烟草 *Nicotiana tabacum* 叶肉原生质体再生成植株以来，植物原生质体培养获得了巨大的发展。据统计，到 1993 年已增加到分属 49 个科 146 个属的 320 多种植物经原生质体培养得到了再生植株。其趋势仍以农作物和经济植物为主，但已从 1 年生向多年生、从草本向木本扩展。到 1998 年，经济林和果树原生质体培养已再生出植株的有柿、柑橘、苹果、猕猴桃、枇杷等。

5.1 原生质体分离

5.1.1 基因型的选择

原生质体培养能否获得成功，在很大程度上取决于所用材料的种类。由于木本植物愈伤组织再生系统很难建立，且不同种类植物再生难易差别很大，不同基因型分离的原生质体产量及活力也存在着极大的差异，因而基因型的选择直接关系到原生质体植株的再生。柑桔类、猕猴桃等原生质体培养比较容易，葡萄原生质体分离培养从 1974 年就开始了，但直到 1990 年才从欧洲葡萄 *Cabernet sauvignon* 悬浮细胞物来源的原生质体再生了植株。桃的原生质体培养至今还只得到愈伤组织。遗传基础上的这种差异，不仅表现在不同科、属、种的植物上，甚至同一种内的不同品种间也有差别，柿树中次郎比其他品种都易进行原生质体培养。

近几年，对不同基因型与植物原生质体分离的关系进行了比较深入的研究。Cheng 和 Veilleux 对芙薯 *Eisolanum phura* 原生质体的培养能力做过遗传分析，发现从原生质体培养到形成愈伤组织是受 2 个独立位点的显性基因所调控。Ddits 等用苜蓿不同的基因型做了较深入的研究，认为有某个基因型在离体培养时难以形成体细胞胚。但是，如果将对激素有调节作用的发根农杆菌 *Agrobacterium rhizogenes* 的 rolB 和 rolC 基因引入并表达，就可能促使其体细胞胚形成。虽然这些结果都是初步的，有关工作还刚刚开始，但已可以看出基因型对原生质体培养的研究已从组织和细胞水平的探索向分子水平深入。

由于目前还不能对某一基因型原生质体培养的难易程度预先作出准确的判断。因此，选择已确立了愈伤组织再生系统的基因型作材料，会大大增加原生质体培养的成功率。在愈伤组织再生系统尚未确立时，最好采用多个基因型的材料进行试验，以增加成功率。

5.1.2 材料的类型

起始材料及其生理状态对原生质体制备及其活力影响很大。早期的研究通常以叶肉细胞为材料。近年来，起始材料有如下趋势。

（1）由愈伤组织、悬浮培养细胞和体细胞胚制备原生质体。采用这类材料时，具有原生质体制备更加简便、产量高、不易破碎等优点，因而柿、柑橘、梨、枇杷、苹果等越来越多的植物原生质研究均以它们为材料。

（2）以幼苗为起始材料。为便于控制生长，取幼苗胚根、子叶和下胚轴作为起始材料。

（3）用性细胞制备原生质体。

5.1.3 酶液的影响

用于植物原生质体游离的酶主要是纤维素酶和果胶酶，有时再加入半纤维素酶。商品酶常常是以一种酶为主的复合酶，例如纤维素酶 onozuka 有 P1500，P5000 和 R-10 等型，均为日本生产，它们是从绿色木霉中提取出的酶制剂，主要含有纤维素酶 C1（作用于天然的和结晶的纤维素）、纤维素酶 Cx（作用于无定形的纤维素），还含有纤维素二糖酶、葡聚糖酶、果胶酶、脂肪酶、磷脂酶、核酸酶等。

酶制剂型号、纯度及处理时酶液的浓度、时间等对原生质体游离都有重要影响。酶的使用浓度因本身的型号和处理材料而异，纤维素酶使用浓度常为 0.5%~3.0%，果胶酶常用 0.1%~1.0% 等。浓度过低，去壁率低，影响原生质体分裂；浓度高则有毒性，造成破裂多、产率低、褐化严重、分裂频率低。为改进原生质体质量和提高原生质体产量，酶液中都加入 Ca^{2+}、甘露醇作渗透压稳定剂，加入 MES 作 pH 稳定剂。

原生质体分离时，材料与混合酶液按 1：10 的比例，酶解在 25~28℃、黑暗或弱光下进行，低速摇动（3540r/min）能够加速原生质体的释放。酶解时间因材料和酶液浓度而异，通常在 5~18h 之间。酶解完毕，通过过滤、离心、甘露醇-蔗糖界面离心等过程收集原生质体。

5.2 原生质体培养

5.2.1 培养方法

原生质体培养方法有多种。最常用的是固体平板法，1971 年 Nagata 和 Takebe 将该法首次用于烟草细胞叶肉原生质体培养，此法简易方便，又可定点观察。但因琼脂的熔点较高，操作中易对原生质体造成伤害，故现在都改用低熔点的琼脂糖进行包埋。琼脂糖对许多植物的原生质体生长有促进作用，但美味猕猴桃品种 Hayward 和中华猕猴桃的原生质体包埋在琼脂糖中不能持速分裂。液体浅层培养通气性好，便于添加新鲜培养基和转移培养物，还能缩短原生质体的成株时间，在经济林木和果树上广为采用。

5.2.2 培养基

培养基通常是参考细胞或组织培养基修改而来，主要差异是原生质体培养基需要加一定量的渗透压稳定剂。但有些植物，虽参考了其细胞或组织培养的培养基而设计出了原生质体培养基，但也没有获得成功。常用的 NT 培养基、Dudits 培养基等，大多是按照 MS 或 B5 培养基根据试验需要改良而来。

对于原生质体培养基，一方面应有肯定的组分，尽量简化，便于保持配制的重复性，但另一方面为了适应低密度培养和某些材料的特殊需要，也设计了复杂的加富培养基，例如 KM8p（Kao and Michayluk，1975）培养基。据统计，1989 年以前至少有 14 科 50 余种植物的原生质体在 KM8p 及其衍生的培养基上可以得到愈伤组织。这种培养基的特点是富含多种有机成分如氨基酸、有机酸、椰乳等。而在此基础上修改得到的 V-KM 培养基已成功地培养了 200 种以上的植物原生质体，它是目前适应范围较广的原生质体培养基。配制加富培养基需要药品种类较多、手续较繁，药品纯度也是影响因素之一。

5.2.3 原生质体密度

原生质体的接种密度对培养效果影响很大。密度过小，原生质体内含物外渗，原生质体易褐变或仅分裂一次后即死亡。随着密度的提高，原生质体恢复分裂的比例明显增加。但密度过高，再生细胞团很小，而且很快停止生长。一般认为，密度过高会造成营养不良，过低又由于细胞内含物的外渗而影响细胞生长。通常接种密度以 $10^4 \sim 10^5$ 个/mL 为宜。

5.3 植株的再生

迄今为止，所有已获得原生质体再生植株的经济林木都是通过诱导原生质体经愈伤组织器官分化的途径再生植株的。原生质体培养中获得愈伤组织后，其不定芽、不定根诱导可参照该植物的愈伤组织培养进行。

近年来，利用原生质体培养直接产生体细胞胚的研究工作已在小麦 *Triticum acstivum*、甜菜 *Beta vulgaris* 等草本植物上获得成功。由原生质体直接分裂形成体细胞胚在理论上和实践上都具有重大意义，因为它缩短了再生周期，减少了发生不定变异和嵌合体的机会，而且有利于从单细胞开始研究体细胞胚的发育。但原生质体直接成胚的实例还很少，其发生条件和机理还有待深入研究。另外，李学宝等在豇豆 *Vigna sinensis* 原生质体培养中获得愈伤组织后诱导出了大量体细胞胚，同样也缩短了再生周期。

6 原生质体融合

自 Carlson 等在 1972 年获得第一株烟草体细胞杂种植株以来，细胞融合技术在不断改善和发展，获得体细胞杂种植株的植物种类在不断增加。迄今已见报道的有茄科、十字花科、芸香科、禾本科、豆科和柿树科等植物。通过原生质体融合，不仅可克服远缘杂交的不亲和性，而且能创造新品种和从中选择到优良品种；还可转移植物杂交育种上有重要价值的细胞质雄性不育基因，迅速选育出期望的雄性不育系。

加拿大高国楠建立的 PEG 法经过不断改进，已逐步走向完善，并得到广泛的应用。其融合频率在 10%～15%，它无种属特异性，几乎可诱导任何原生质体间融合。在应用 PEG 进行融合时，主要影响因素有 PEG 的种类、纯度、浓度、处理时间、原生质体的生理状况和密度。PEG 的分子量一般选用 1540，4000 或 6000，用 PEG6000 的实例更多一些。商品 PEG 往往有杂质，对细胞有毒性。用离子交换树脂纯化 PEG，可消除其对细胞的毒性。近年来，一些研究者建议在 PEG 溶液中加入融合促进剂（如伴刀豆球蛋白，15%二甲基亚砜、链霉素蛋白酶等），可以有效地提高原生质体融合频率。但是，PEG 融合法是在原生质体群体的条件下进行的，因而在融合产物中除了所欲获得的杂种细胞外，还有未融合的原生质体、单方亲本原生质体之间的融合体以及多个原生质体的融合体，从而增加了融合后筛选的困难。1994 年孙蒙祥等用 PEG 诱导选定的成对烟草原生质体间融合，从而使 PEG 融合技术更精确化，并有可能免除杂种细胞筛选，起到与目前的电融合法异曲同工的作用。

1979 年 Senda 建立了电融合法，1981 年被 Zim Mermann 等进一步完善，是目前最通用的融合方法。其优点是避免了 PEG、高 Ca^{2+}、高 pH 强加于原生质体的生理非常条件，同时融合的条件更加数据化，便于控制和比较。电融合时，首先是原生质体悬浮液在两电极间施加高频交流电（一般为 0.4～1.5MHz，100～250V/cm），使原生质体偶极化而沿电场线方向泳动，并相互吸引形成与电场线平行的原生质体链；再用一次或多次瞬间高压直流电脉冲（一般为 3×10μsel，1～3kV/cm）来诱发质膜的可逆性破裂而形成融合体。

Schweiger 把电融合法与微培养法结合，建立了单对原生质体融合技术。它不仅改进了融合方法，而且是将原生质体一对一融合，有可能解决融合细胞的选择问题。其方法是将两个异源原生质体转移到微滴融合液中，用直径为 50μm 的白金电极在倒置显微镜下进行融合操作，待融合后将异核体移到微滴培养液中培养，再生成杂种植株。目前正在研究用电脑控制进行自动化操作，以提高操作工作效率。

在经济林木和果树上，柑橘原生质体融合是最早而且是成功事例最多的种类。自 1985 年 Ohgawara 首次获得柑橘体细胞杂种后，已有数十个组合再生出杂种植株，其中包括一些属间杂种，如黄皮 *Clausena lansium* 与柑橘、红橘 *Citrus reticulata* 与柠檬等。Ochatt 等将野梨原生质体与樱桃 *Cerasus vulgaris* 悬浮细胞原生质体融合，获得了亚科间体细胞杂种。田村等用柿树品种次郎与骏河原生质体融合获得体细胞杂种。谢航等用 PEG 法将枸杞与波缘烟草进行原生质体融合获得体细胞杂种植株，经 rDNA Southern 杂交分析，杂种中含有双亲特有的 DNA 片段且出现了双亲没有的新片段。Saito 等利用 PEG-DMSO 法进行了苹果原生质体融合研究，在低频率下形成异核体，经培养形成了愈伤组织，但未鉴定该愈伤组织是否为融合体。

7 人工种子

1978 年 Murashige 在 Reinert 和 Steward 等人体细胞胚（Somatic Embryogenesis）研究的基础上发现，利用植物组织培养中体细胞所形成的胚状体可以获得人工种子。接着 Kitto

和 Janick 制成了胡萝卜胚状体的人工种子。因此，早期的植物人工种子（Plant artificial seeds）是指将植物离体培养物中产生的胚状体，包裹在含有养分和保护功能的外皮中，在适宜的条件下能够发芽出苗的颗粒体。随着人工种子研制工作的发展，其概念也发生了变化。Kamada 认为：用含有营养成分的胶囊包裹着一个能发育成植株的培养物（包括胚状体、芽体、小鳞茎等），这一类都可以称为人工种子。1987 年，Bapat 等首次用桑树 *Morus alba* 腋芽制成人工种子，证实了 Kamada 的观点。随后，Muther 等用瓦氏缬草 *Valerana walliehii* 顶芽、沈大棱等用水稻不定芽，邓志龙等用安祖花 *Anthurium andraeanum* 愈伤组织块，何奕昆等用半夏 *Pinellia ternata* 组培得到小块茎，相继制成了人工种子。总之，完整的人工种子应包括能发育成植株的繁殖体、人造胚乳——包埋基质和胚乳介质（即有助于种子贮藏、发芽或生长的助剂）、人工种皮等三大部分。但目前的研究报道通常将人工胚乳也种皮化了。

人工种子是一项新兴的生物技术，由于营养体是由无性的体细胞或组织或器官发育而来的，因而既具有发育上的全能性，又具有遗传上的稳定性。同时还克服某些难以形成种子的不育性植物繁殖上的困难和避免有性植物近亲繁殖造成的后果。此外，应用人工种子培养技术可以迅速、大量、低成本地繁殖植物。例如，一只胡萝卜经培养可获得数以百万计的胚状体，10L 普通发酵罐每两个星期可生产 9 百万个体细胞胚。因此，人工种子研制具有重要的理论和实际应用价值。到 1990 年，用于人工种子试验的植物就已有 40 多种。但至今未见以经济林木为材料研究人工种子的报道。

7.1　人工种子对繁殖体的要求

繁殖体是人工种子最重要的部分，简便、快速地获得性状稳定和成苗率高的繁殖体是人工种子研究的关键。怎样从非均匀的悬浮培养物中分离出适合制作人工种子的成熟体细胞胚是一项重要工作，因为在培养物中，除成熟体细胞胚外，还有占总量绝大部分的游离细胞、细胞团及不同发育程度的体细胞胚。朱徽等曾使用植物胚性细胞团分选仪进行了从胡萝卜 *Daucus carota* 非均匀性的悬浮培养物中分级分选体细胞胚，按大小次序分级分离的三个等级体细胞胚所制作的人工种子，在无菌培养基上的萌发率分别为 87.3%，75.3% 和 55.5%。在悬浮培养中，虽然能从生物反应器中不断地提取成熟胚，但无疑有相当数量的次生胚起源于体细胞胚，而不是直接从脱分化后的单细胞起源的。这种次生胚随着培养时间的推移，所占的比例愈来愈大，必然会带来体细胞遗传上可能发生的变异。这对由人工种子长成的植株会带来什么影响，是值得注意和需要进一步研究的问题。

7.2　人工胚乳

人工胚乳由包埋基质和胚乳介质组成。包埋基质通常使用海藻酸钠，以 $CaCl_2$ 作络合剂进行固化。海藻酸钠具有生物活性、无毒、强度较高、成本低、工艺简单等优点，但也存在着保水性差、水溶性成分易渗漏、易失水、干燥到一定程度后不易吸水回涨等缺点。用某些纤维素衍生物与海藻酸钠复合改性的包埋基质（如海藻酸钠/聚氮基葡萄糖等），既保留了海藻酸钠基质的特点，又具有良好透气性、保水性和吸水回涨性能等优点。

胚乳介质的选择原则是应有利于人工种子的发芽、转株及贮藏。至少应包含繁殖体萌发时所需的养分和生长调节剂，此外，还应有防腐剂和防老剂等。在大多数的研究中，一般参考该植物组织培养时所使用的培养基和激素配制胚乳介质。

7.3　人工种皮

人工种子在无菌条件下的转株率很高。旱芹人工种子的转株率已达 90% 以上，三七人工种子达 89.7%。但在有菌条件下转株率还很低，有时甚至为 0，这也是人工种子转入生产实用化阶段必须解决的问题。这一问题有赖于人工种皮的解决。用至今所报道的包埋方法得到的人工种子，仍存在表面发黏、强度小、不利于运输及播种、营养渗漏快、保水能力差、易受土壤环境的影响等问题。因此，国内外都在试图寻找一种能接近天然种皮的高分子有机材料作人工种子外皮，并取得了一些进展。

8　结语

经济林木离体培养无论在技术上还是在方法上都取得了很大进展，但我国经济林木有 1000 多种，绝大多种类尚未成功进行这方面的研究。今后应对一些主要的经济林木开展研究，逐步建立起其离体培养技术体系，并把深入研究的重点放在优良体细胞杂种的育成、人工种子的生产实用化和利用原生质体进行遗传转化等方面的研究上。

茶油加工研究进展[*]

钟海雁　谢碧霞　王承南

（中南林学院，湖南株洲 412006）

油茶是我国重要的木本食用油料，目前全国有油茶林 400 万 hm^2，占全国木本食用油料面积的 80% 以上，常年产油 15 万 t，在我湖南、江西、广西有 60% 人口以食用茶油为主。我国油茶的主栽种为普通油茶（Camellia oleifera Abel.），约占油茶面积的 98%，次栽种有小果油茶、越南油茶、广宁油茶、腾冲红花油茶、宛田红花油茶、博白大果油茶等 10 余种。我国是油茶的原产地和分布中心，种质资源丰富，栽培历史悠久，长期以来，特别是 20 世纪 80 年代以来，广大科技工作者在油茶油脂加工和综合利用方面展开了较为广泛的研究，取得了一大批科研成果和发明专利，在江西、湖南和广西等地建立了不少以油茶加工利用为主的生产厂家或车间，有的经济效益十分看好，如江西宜春的海天实业公司和永丰的绿海油脂有限公司等。发展油茶生产，开展油茶的深度加工利用，对于发展我国木本食用油脂的生产，解决我国南方产区甚至全国人民的吃油问题都具有十分重要的意义。

1　茶油化学和营养学

1.1　茶油化学

普通油茶每颗果实直径 2~3cm，通常包含 2~3 粒种子，种子相对果实重量为 40%，种仁占籽重的 65%~70%，仁含油在 40%~60%。茶油的理化特征 I.V. = 80~90，S.V. = 188~196，$N_D^{20℃}$ = 1.4679~1.4719，$d_{4℃}^{20℃}$ = 0.9096-0.9205，凝固点 = -10~-5℃，不皂化物<1.5%。茶油的主要甘三酯为三油酸三甘酯，占 55%~60%，据徐学兵等人研究，茶油的甘三酯组成为 OOO 为 58.8%，POO 为 19.2%，StOO 为 3.6%，其他为 18.6%（StOP 为 0.4%，OOP 为 5.1%，OLO 为 8.8%，PLO 为 3.2%，POL 为 4.0%）。茶油的脂肪酸组成：O 为 80% 左右，L 为 7.0%~13.7%，P 为 8%~11%，St 为 1%~2%。山茶属植物的种子油脂肪酸组成极为相似，漆龙霖等人研究了湖南省山茶属 41 种植物种子油的脂肪酸组成，其结果也证实了这点，但少数种也有显著差异，据朱全芬等人研究 G. japonica 和 C. thease 的种子油油酸含量不到 60%。茶油的不皂物很少，一般在 0.9% 左右，其中甾醇含量为 0.6%，分别为豆甾醇，2, 2-二氢菠菜甾醇，燕麦甾醇和菠菜甾 N 醇。生育酚相对其他植物油很少，报道中仅为 8.7mg/100g 油（α 为 7.1，β 为 1.1，γ 为 0.5）。

---

　　*本文来源：经济林研究，1999，17（2）：44-47.

1.2 茶油营养学

茶油不饱和脂肪酸含量高，具有固有的清香味，是产区人民喜爱的植物油。邓建人等人以 120 名对象随机分三组，分别每天食用茶油、调和油（米糠油：花生油：玉米油 = 50：30：20）和市售油（棕榈油：花生油 = 6：4）50g/d，经 40 天实验后，发现食用市售油的对象血甘三酯（TG）升高，呈差异显著，而血胆固醇（TC）、血高密度脂蛋白胆固醇（HDL-C）和低密度脂蛋白胆固醇（LDL-C）与食用前无显著性差异。调和组 TC、HDL-C 和 LDL-C 均下降，差异极显著，TC 下降 7%，HDL-C 和 LDL-C 分别下降 7.9% 和 7.7%，茶油组 TG，TC 和 LDL-C 分别下降 15.9%，9.6% 和 13%，而 HDL-C 不下降，HDL-C/LDL-C 上升 15.3%。导致 HDL-C 同时下降是富含 PUFA 的调和油的缺陷之一，而茶油 HDL-C 不变，对预防冠心病（CHD）最有利，地中海沿岸七国流行病调查发现，这些国家脂肪供给量虽占总能量的 40%，且 CHD 及肿瘤死亡率很低，这与食用富含 MUFA 的橄榄油有关。陈艳芳等人对茶油延缓动脉粥样硬化形成及其机理的研究中表明，茶油具有明显延缓动脉粥样硬化（AS）形成的作用，其机理可能与茶油中 MUFA 纳入组织后，降低血脂、肝脂，升高 HDL-C/TC 的比值，抑制血栓素 B_2（TXB_2）的释放，减轻血小板聚集能力，防止血栓形成，增加机体抗氧化酶 SOD 和 GSH-PX 的活性，降低血浆，肝脏脂质过氧化物 LPO 的生成等环节而发生作用。

2 茶油制油工艺及茶油加工的研究

2.1 茶油制油工艺

我国茶油的制取一般用压榨法和浸出法。压榨法制油在 20 世纪 60 年代以后采用液压机，70 年代以后普遍采用 95 型和 200 型螺旋榨机，目前广大产区的乡村榨油厂（坊）液压机榨油仍占很大比重。在压榨工艺中，油料预处理对于茶籽而言，剥壳一般水分要求在 12%~15% 之间，采用 YBKL·250 型茶籽剥壳，处理为 12t/d，整仁率达到 90% 以上，剥壳率达到 90%~95%，蒸炒是油茶胚处理的关键，据柳州市油脂厂试验，蒸胚温度达 94℃，蒸胚水分 16.7%，入榨温度 132℃，入榨水分 1.5%，采用 95 型榨机压榨，枯饼残油在 4.6% 左右，出油率达 25% 左右。

浸出法制油是当前衡量一个国家和地区油脂制取工业发展水平的标准，通常发达国家所占比例均在 90% 以上，即实现了"浸出化"。我国 70 年代之后，大力发展和推广浸出新工艺，发展较快，生产水平、产品质量以及主要技术经济指标逐年提高，已接近国际先进水平。据 1991 年统计全国浸出车间达 1338 个，产量达 313.9 万 t，占 41.1%。70 年代以后，油茶也采用浸出技术，但绝大多数是用于枯饼提油。据曹志勇介绍湖南省利用枯饼提油的生产厂家约有 10 处，年产能力过万 t 的有桃源、永州、古丈油脂加工厂，其他还有苏仙（原郴县）、永兴、常宁、辰溪、攸县、耒阳、娄底、鼎城等，但生产出的茶油缺乏清香味、颜色深。据分析这主要与枯饼质量有关。

2.2 茶油加工的研究

2.2.1 茶油精炼

我国目前茶油内销质量均不高，乡村油坊液压机机榨茶油基本上是不精炼即上市流通，绝大多数浸出车间生产的茶油因采用枯饼作为原料，虽经初步精炼，但产品仅达到二级油水平（见 GB11765-89），若要达到一级油和高级烹饪油标准，精炼尚需更彻底。目前有关茶油脱色及其对茶油品质的影响，脱臭对茶油固有清香味的影响等精炼理论问题的研究，尚无报道。

2.2.2 茶油改性产品

Bayer 教授等人用 PVP-Ni 复合物做为茶油氢化的催化剂，反应得到 StOP 和 StOSt 较高的产品。日本学者利用脂肪酯或硬脂酸甲酯或硬脂酸进行酯交换，分提产品中 StOSt，SOO 占 16.3%，与棕榈油的中间分提物（POP 占 75.4%，POSt 占 12.7%，PLO 占 11.9%）调和可制成与天然可可脂在膨胀性能上十分相似的可可脂代用品，徐学兵等人利用 1.3 位定向脂肪酶在茶油，St，O 混合非水溶剂（己烷）体系中进一步酯交换反应，最终制出类似可可脂的产品。

GB11765-89 油茶籽油质量标准

项目	等级	
	1	2
色泽（罗维明比色计 25.4mm 槽）	黄 35，红≤2.0	黄 35，红≤5.0
气味，滋味	具有油茶籽油固有的气味，无异味	
酸价（mgkoH/g）	≤1.0	≤5.0
水分及挥发物（%）	≤0.10	≤0.20
杂质（%）	≤0.10	≤0.20
加热试验，280℃	油色不得变深，无析出物	油色允许变深，但不得变黑，有微量析出物
含皂量（%）	≤0.03	≤0.03

3 存在的问题与对策

3.1 关于油茶传统工艺的改进

鉴于用压榨法制油残油率高，而用溶剂浸出法由于枯饼的质量问题导致茶油品质下降，以致茶油香气成分损失严重的生产实际问题，所以一是要加强茶油化学的基础研究，特别是茶油风味成分的研究，以指导浸出工艺的改进，如采用混合溶剂浸出等，二是如何开展茶油的规模加工，以改进目前遍地开花，小而全的榨油局面，改进制油工艺，如采用预榨-浸出工艺，降低入榨温度，提高饼粕质量，缩短饼粕的贮存时间，提高出油率和茶油品质。

3.2 关于茶油油脂产品的精炼和加工问题

目前我国市售茶油质量差，绝大多数仅停留在二级油水平，是否要开展茶油精炼和油脂产品的加工，答案是肯定的。综合而论，我国油脂加工的实际情况是加工能力过剩，而精炼油产量不高。我国植物油脂的加工能力达到 2204.8 万 t，精炼规模达 574.6 万 t，但一级油的生产能力为 93.92 万 t，高级烹调油的生产能力为 36.75 万 t，仅占 16.35% 和 6.4%，而实际产量均没有达到生产能力的 40%，随着粮油市场的全面开放，人民生活水平的不断提高，高档油脂的生产将有大市场。

据笔者调查，茶油初级精炼产品在低温下保存，会出现雾状析出，时间一长有沉淀产生，我国的色拉油要求在 0℃下保存 5.5h 保持透明，长期在 5~8℃下保存不失流动性，所以茶油作为生产高级烹调油，色拉油和作为出口油，还需进一步冬化脱酯和分提。

为了进一步拓宽茶油作为食品专用油脂的优质原料的使用范围，提高其使用价值，开发茶油新产品也就迫在眉睫，如茶油粉末油脂等新产品的开发。

杜仲胶的研究进展与发展前景[*]

杜红岩[1]　谢碧霞[2]　邵松梅[3]

(1. 中国林业科学研究院经济林研究开发中心，河南郑州 450003；2. 中南林学院，湖南株洲 412006；3. 河南省中牟县委党校，河南中牟 451450)

杜仲 *Eucommia ulmoides* Oliv 是中国特有的名贵经济树种，也是世界上适应范围最广的重要胶原植物。中国是现存杜仲的唯一原产地。千百年来，杜仲以取皮入药而著称，为中药上品。近 20 年来，随着杜仲胶特殊性能的不断发现，杜仲资源在全国各产区迅速发展，栽培面积从 1970 年代末的 3 万 hm^2 迅速发展到现在的近 40 万 hm^2，占世界杜仲资源总量的 99% 以上。近年来，国内外有关专家、学者对杜仲胶进行了较全面系统的研究。其独有的"橡（胶）-塑（料）二重性"的发现，开拓了广泛的应用领域。本文以国内外最新杜仲研究文献为主，从以下几个方面论述杜仲胶研究的开发与进展。

1 杜仲含胶细胞的形态及其分布

20 世纪 80 年代以来，国内对杜仲根、茎、叶、花、果结构特征及其发育过程，含胶细胞在植物内的分布规律，显微、超显微结构以及胚胎学特征等有较多的报道。研究表明，杜仲的树叶、树皮和果皮中均富含一种白色胶丝——杜仲胶。其是一种十分细长、两端膨大、内部充满橡胶颗粒的丝状单细胞。这种分泌细胞是杜仲胶合成和贮藏的场所。在幼茎中，杜仲含胶细胞分散存在于皮层薄壁组织和初生韧皮部中，髓部极少；在老茎中，含胶细胞只存在于次生韧皮部中；在幼根和老根中，都只存在于韧皮部；在叶内，存在于叶片各级叶脉韧皮部及主脉上下薄壁组织中；在叶柄，存在于维管束韧皮部及薄壁组织中；在果实，只存在于果皮维管束韧皮部中；雄蕊花丝及药隔维管束韧皮部也有分布。在植物体内，含胶细胞的分布与维管系统密切相关。据田兰馨报道，杜仲含胶细胞都是沿器官纵轴排列，互不交叉，也未发现分枝，其长度和所在器官长度有一定相关性。而崔跃华和周莉英的研究则表明，杜仲含胶细胞具有分枝现象，而且呈二叉状的分枝细胞比较常见，三叉状的分枝细胞罕见；对二叉状的含胶细胞又可分为基部分叉、中间分叉和顶端分叉。杜仲含胶细胞内的硬性橡胶颗粒的积累过程是一个由少到多、由小到大、由不均匀分布到均匀分布的过程。

杜仲果皮中含有丰富的含胶细胞。含胶细胞主要在雌蕊发育期随维管束的分化而形成。在果实发育早期维管束组成分子增加时，含胶细胞数量略有增多；果皮生长停止后，

＊本文来源：中南林学院学报，2003，23（4）：95-99。

含胶细胞数量基本达到恒定状态；果皮成熟干燥时，所含杜仲胶不受其影响。在果皮内，含胶细胞沿果实的纵轴方向或与纵轴相垂直的方向排列，外果皮内的含胶细胞形成了一个完整的网状的保护罩子。

2 杜仲高产胶的培育技术

2.1 遗传改良

在我国，杜仲的栽培已有 2000 多年的历史，但对杜仲的栽培研究则从 20 世纪 50 年代后才逐步开展，主要侧重于营林技术。直到 20 世纪 80 年代初才有关于杜仲形态变异方面的报道。1986 年河南省率先将杜仲良种选育及丰产综合技术研究列入"七五"重点攻关课题，杜仲的遗传改良工作纳入了有计划的研究轨道。

由于长期以来取杜仲皮入药，加之杜仲叶逐步被利用，杜仲的培育技术研究主要集中在如何提高杜仲皮、叶的产量和质量等方面。杜红岩主持选育出的华仲 1~5 号杜仲优良无性系以杜仲皮为研究对象；张康健等在随后选育的秦仲 1~4 号杜仲优良无性系则以杜仲叶为研究对象。1993 年，杜红岩提出利用杜仲果实提取杜仲胶的新思路，并系统开展了高产胶优良无性系的选育工作。目前已初步选育出中林大果 1 号、中林果胶 1 号等适于建立良种果园的优良无性系。但是，杜仲的遗传改良在我国还是一个薄弱环节。

2.2 杜仲高产胶果园栽培模式

由于杜仲叶含胶量低（仅 1%~3%），提胶的原料成本高，因此杜仲胶的价格昂贵。而杜仲果皮含胶量高达 12%~17%，利用杜仲果皮提胶是降低杜仲胶生产成本最直接、最有效的手段之一，也是今后杜仲提胶的主要途径。目前杜仲的栽培主要是以产皮和产叶为目的，加之杜仲雌雄异株，现有杜仲林中的雌株只占 50% 左右，这些雌株结果晚，且全国 10 年生以上杜仲林每公顷产杜仲果实不足 75kg，因此利用现有杜仲林的果实来提胶，根本无法解决杜仲产胶量低、提胶成本高的问题。建立新的杜仲高产胶果园或将现有杜仲林改造成高产胶果园是提高杜仲产胶量最有效的途径之一，但这方面的报道较少。杜红岩提出利用杜仲果皮提胶的新思路后，又提出将杜仲的栽培管理向果园化、园艺化方向发展，并通过建立杜仲高产胶良种果园的形式开展有关研究工作。这些研究包括高接换雌技术，良种雌株造林技术，丰产树形调控技术，促花促果、高产稳产等综合培育技术。利用杜仲良种雌株建园，杜仲结果期可提前 3~5a，产果量提高 20 倍，产胶量比杜仲叶提高 3 倍以上，接近三叶橡胶的水平。

2.3 杜仲胶含量的动态变化规律

杜仲胶分布于含胶细胞内，其的形态和分布已有详细报道。对杜仲叶中杜仲胶生长积累动态和变化规律，田兰馨、张康健和马柏林等先后作过报道。陈之龙等报道了不同采叶期和采叶量对杜仲产叶量和产胶量影响较大，胶用杜仲叶适宜的采收期是 10~11 月中旬；田兰馨的研究则表明，在杜仲叶片完全成熟时含胶量最高；马柏林报道了杜仲春叶含胶量约为秋叶的 2 倍；张康健等报道，杜仲叶内杜仲胶年生长动态表明了杜仲叶内杜仲胶的年生长积累呈现一定的规律性，杜仲叶含胶量以 5～6 月最高，以后逐步降低。不同无性系间和不同地区间杜仲叶片含胶量存在差异。杜仲果、皮、叶等不同部位杜仲胶的含量也存在差异，含胶量从高到低依次为杜仲果、杜仲皮、杜仲叶。国内其他的分析测定都显示了这种差异。但是，目前的研究还缺乏完整性和系统性，对杜仲果皮和树皮内杜仲胶含量的动态变化规律尚未有报道。

2.4 提高产胶量化学控制与栽培技术研究

随着杜仲胶特殊用途的不断发现和杜仲胶产业化的逐步开展，提高杜仲叶含胶量的研究也引起研究者的关注。目前主要采用植物生长调节剂、合理施肥以及组织培养等措施来开展提高杜仲叶含胶量的研究。李群学等进行了配方施肥对杜仲叶含胶量和生长量影响的研究。施肥可以提高杜仲生长量和杜仲叶的含胶量，但最高含胶量仅 2.27%。崔灵华等采用植物生长调节剂喷施叶片。初步试验的结果表明：生长调节剂可使叶片含胶量提高到 5.0%～6.9%。HaymanEP 报道，利用 DCPTA 可促进杜仲生长并可提高含胶量，喷施 2000mg/kg 的 DCPTA 可使叶片含胶量提高 18%。其他相关研究也表明，外源激素可以提高杜仲叶的含胶量，但是所有研究的进一步试验的重复性都较差。目前尚未见提高杜仲果皮和树皮含胶量的报道。

据杨振堂等报道，杜仲组织培养中培养条件能够影响愈伤组织的含胶量。在杜仲愈伤组织的继代培养中，4～7 代含胶量较高；固定静止培养的杜仲胶含量和生产效率比液体振荡培养好。培养基能够影响杜仲愈伤组织的含胶量。在附加植物激素的 MS、B5 和 H 培养基中，培养基 B5 适宜于生产杜仲胶，附加激素 B 有利于提高含胶量。杜仲愈伤组织的含胶量普遍比原植物中低。

3 杜仲胶高分子材料基础研究及其分离、测定

3.1 杜仲胶高分子材料的基础研究与应用开发

国际上习惯称杜仲胶为古塔波胶或巴拉塔胶，其化学结构为反式－聚异戊二烯 $(C_5H_8)_n$，为普通天然橡胶（顺式－聚异戊二烯）的同分异构体，是一种特殊天然高分子材料。其开发史可追溯到 19 世纪 40 年代。因其具有在室温下质硬、熔点低、易于加工、电绝缘性好等特点，长期以来被用作塑料代用品。然而，由于杜仲胶与普通天然橡胶（三叶橡胶）的微观结构不同（后者是优良的高弹性体，在轮胎等橡胶工业中发挥着极其重要的作用）因此用途有限。由于在机理和加工技术上没有找到突破口，国内外对杜仲胶的研究长期停滞不前，改性研究的应用也只局限于海底电缆、高尔夫球、假发基等方面。20世纪 50 年代以来，随着合成塑料的高速发展，又给应用范围本来很窄的杜仲胶带来新的冲击，致使对其研究开发濒临停顿的境地。多年来，不少科学家一直试图将杜仲胶加工成高弹性体，均未取得实质性突破。

1984 年，我国"反式－聚异戊二烯硫化橡胶制法"的问世标志着杜仲胶的研究与开发进入了一个新纪元。在此后的研究中，严瑞芳等国内众多学者围绕杜仲胶这一高分子材料进行了一系列基础与应用开发研究，取得了较大的进展。在杜仲胶加工技术方面，无论在

学术思想上，还是在机理研究、加工工艺以及开发应用上，都体现出我国自己的独创性，开辟了一个全新的天然高分子新材料领域，并在这个领域占有自主知识产权，奠定了我国在这一材料领域的国际领先地位。杜仲胶材料的产业化开发，经过了由小试到中试，再到工业规模化提胶和制备多种产品的整套工业化生产流程，实现了"研究-开发-工业化"三步走的战略。利用杜仲果皮提胶，同时对加工工艺进行改进，加工成本能降低到原来的 $1/3 \sim 1/2$，再加上原料成本大幅度降低，杜仲胶产品综合成本可降低到原来的 $1/6 \sim 1/5$。成本的降低为杜仲胶应用领域迅速扩大奠定了良好基础，促进了杜仲胶向轮胎等工业材料方面发展。

随着对杜仲胶硫化过程规律认识的深入，发现了杜仲胶硫化过程临界转变及受交联度控制的三阶段，从而开发出三大类不同用途的材料：热塑性材料、热弹性材料和橡胶弹性材料。作为热塑性材料，杜仲胶具有低温可塑加工性，可开发具有医疗、保健、康复等多用途的人体医用功能材料；作为热弹性材料其具有形状记忆功能，并具有储能、吸能、换能特性等，可开发许多新功能材料；作为橡胶弹性材料其具有寿命长、防湿滑、滚动阻力小等优点，是开发高性能绿色轮胎的极好材料。这些发现赋予了杜仲胶独有的"橡-塑二重性"，谱写了高分子材料科学在橡胶、塑料领域的新篇章，并把对杜仲胶材料的认识提高到材料工程学的理论高度。

3.2 杜仲胶的提取与分离

由于杜仲胶是一种天然高分子化合物，杜仲胶含量的测定以及提取工艺的方法都比较特殊。主要方法有离心分离法、溶剂法、碱液浸提法和综合法等。目前有关杜仲胶提取及分离测定的文献多数为专利文献。严瑞芳的方法是：①采用碾磨法将树叶表面非杜仲胶组分磨碎，使树叶中含胶组织暴露出来（达到含胶富集的目的），然后筛去废渣，用有机溶剂甲苯、苯、二氯乙烷、石油醚提取粗胶，再用普通有机溶剂醇、酮、醚、醛、酯净化完成提取杜仲胶的全过程；②将杜仲树叶或皮用 0.5% 的 NaOH 进行熬煮、浓缩，经过发酵破坏纤维素、黏胶素等，胶线壁被部分浸解，再经清洗、滚压，部分杂质被冲走，胶线壁被完全破坏，胶体完全暴露在外，再用有机溶剂提取粗胶和净化粗胶。陈增波的发明是：将杜仲叶或皮清洗后送入发酵池中发酵，破坏其细胞壁，再用 2% NaOH 水溶液于 $80 \sim 120℃$ 蒸煮锅中蒸煮 $120 \sim 135min$，漂洗后再置于水力打碎机打碎 3min，以游离出杜仲胶丝，经过筛漂洗，从中除去杂质，得杜仲胶。杨振堂采用从杜仲愈伤组织中提取杜仲胶的方法。利用培养得到的愈伤组织，将其烘干后的粉末在苯或三氯甲烷中浸提 $24 \sim 48h$，用甲醇沉淀 2h，再用 $4 \sim 5$ 倍的乙醚溶解，回收乙醚得到精制杜仲胶，其纯度可达 98.2%。金春爱、杨振堂等利用间接法测定叶片和愈伤组织中杜仲胶的含量。其以铬酸氧化杜仲胶，使它生成醋酸，将生成的醋酸用水蒸气蒸出，用标准碱溶液滴定，间接测出杜仲胶的含量。李学锋的方法是：将原料预先打碎，游离出胶丝部分，加入酒精作沉淀剂，利用溶剂将杜仲胶沉淀出来，这样可得较纯杜仲胶。马柏林的杜仲胶实验室提取方法比较试验表明，以碱浸法用 10% NaOH 在 90℃ 温度下连续提取 2 次，每次 3h，浸提物在 40℃ 用浓盐酸处理 2h，分解去除粗胶中的非胶部分，效果较好。

4 杜仲胶产业化开发的现状与前景

4.1 开发现状

1991 年，在河南省洛阳完成杜仲胶加工新技术的中试并顺利通过原国家科委验收，之后又经过几年研究，现已在生产中应用。目前，在贵州省平坝县成功进行了杜仲胶间歇式提取技术和制品加工技术的中试生产，奠定了杜仲胶系列技术的工业化基础；与此同时，还进行了连续化提胶技术和加工技术的开发，为杜仲胶材料的规模化生产奠定了技术基础。但是，由于杜仲叶含胶量低（2%~3%），每吨杜仲胶的成本达 8 万~10 万元，而目前普通天然橡胶每吨销售价仅 1 万元左右，因此在与普通天然橡胶的价格竞争中，杜仲胶处于明显的劣势，其生产成本的过高严重限制了杜仲胶及高技术产品的开发。因此，要使杜仲胶及其高技术产品产业化走上持续稳定发展的道路，必须首先从杜仲胶原料和加工工艺上大幅度降低生产成本。

4.2 发展前景

杜仲胶的三大类不同用途的材料即热塑性材料、热弹性材料和橡胶弹性材料应用领域十分广阔。杜仲胶功能材料的开发可为社会提供各种各样的骨科外固定、支撑等制品，这对各类骨伤患者的康复有着重要的作用。热弹性形状记忆材料以其独有的用途，必将给人们提供其他材料无法比拟的独特制品。这些特殊用途材料的开发，不仅可以形象地增进人们对新型功能材料作用的理解，还将为交通、通讯、电力、国防、水利、建筑和人们的日常生活提供全新材料和功能制品，解决传统材料长期无法解决的诸多难题。特别是杜仲胶高弹性材料用于轮胎的开发，将顺应国际趋势以反式胶开发长寿、安全、节能的"绿色轮胎"。杜仲胶的开发不仅可改变我国天然橡胶长期进口的局面，还可为我国提供新的来源充足的后备胶种，并且还将改变国际天然橡胶资源分布的格局。

竹叶化学成分的分析与资源的开发利用*

陆志科[1]　谢碧霞[2]

(1. 广西大学林学院，广西南宁 530001；2. 中南林学院，湖南株洲 412006)

竹子在我国分布广泛、品种繁多，竹叶资源十分丰富。竹类资源的研究目前在国内外十分活跃。据报道，竹叶抽提物中含有黄酮类及其甙类、活性多糖类、特种氨基酸及其衍生物等与人体生命活动有关的化合物；含有锰、锌、硒、锗、硅等多种能活化人体细胞的元素，以及以醛、醇为主的芳香成分等。含有多种复合成分的竹叶抽提物，有着显著的抗氧化性能、防腐性能和抑菌性能。最近有报道，竹叶多糖对小移植瘤有显著的抑制作用。竹叶抽提物不仅具有良好的防腐性能和抗氧化性能，而且还具有医疗、生理保健功能，是一种十分理想的天然绿色食品及化妆品添加剂，若能对我国南方丰富的竹叶资源进行开发，无疑将会带来丰厚的社会效益和经济效益。目前的文献中，对竹叶抽提物的抗氧化、抑菌及药理作用报道较多，而对于确定提取条件、检测方法等涉及生产的问题报道较少。对竹叶的保健功能人们早已有所认识，特别是在研究得知竹叶中富含类黄酮化合物等多种有效成分以来，许多国家加大了对竹子资源的开发力度。

1 竹叶的化学成分及其药用价值

1.1 竹叶黄酮及其甙类

有关学者对 6 属 17 种竹子竹叶黄酮类成分进行过定量研究，竹叶以醇提取，平均得总固形物 16.08%，总黄酮 1.97%，总酚 4.2%。即竹叶中总黄酮平均含量在 2% 左右。对刚竹属的桂竹叶总黄酮进行单离，结果得黄酮类成分 21 种，经紫外光谱鉴定，其中 20 种为黄酮甙。这些黄酮可细分为 5 类：荭草甙和异荭草甙类（4 种）、木犀草素甙类（4 种）、牡荆甙（1 种）、洋芹甙（1 种）和其他 4'-OH 黄酮甙类（10 种）。荭草甙和异荭草甙类及牡荆甙为 C-甙，其他为 O-甙。最具代表性的有以下 7 种：荭草甙木糖甙、异荭草甙、4'-甲氧基牡荆甙、木犀草素-7-O-葡萄糖甙、木犀草素-7-O-半乳糖甙、4'，7-二羟基黄酮-7-O-葡萄糖甙、4'，7-二羟基黄酮-7-O-半乳糖甙。

黄酮及其甙类化合物广泛存于自然界，是许多中草药的有效成分。研究证明，黄酮类化合物有类 SOD（超氧化物歧化酶）和 GSH-Px（谷胱甘肽过氧化物酶）样作用，既有清除人体内活性氧自由基，防止生物膜脂质被超氧自由基（O_2-）和羟基自由基（-OH）氧化的功能，也有类似于维生素 E 样作用。因此，许多黄酮及其甙类化合物有抗癌、抗衰老、

＊本文来源：林业科技开发，2003，17（1）：6-9。

防止血管硬化、改善心血管系统功能、改善脑组织营养、改善脑神经系统功能，预防老年性痴呆症等重要功能和药理作用。

1.2 竹叶活性多糖

近年来国内外对赤竹和箬竹叶做了较详细的研究，发现它们的水提取物具有抗肿瘤作用，其主要有效成分是多糖体化合物。研究发现，竹叶含有活性多糖，其含量按干青叶计，一般在 100~200mg/100g 之间。竹叶活性多糖有确切的抗癌活性，如从箬竹热水提取物中分离得由木糖、阿拉伯糖和半乳糖组成的活性多糖，又如最近从毛竹叶中提取得一种中等分子量的酸性杂多糖，主要由鼠李糖、阿拉伯糖、木糖、甘露糖、葡萄糖和半乳糖等6 种单糖组成的多糖。经临床实验或动物实验均证明它们有抗癌活性。

1.3 竹叶特种氨基酸

从竹叶及其提取物中分离得到了一种有相当含量的羟化氨基酸，即 δ-羟基赖氨酸 NH_2CH_2CH（OH）CH_2CH_2CH（NH_2）COOH（δ-OH-Lys），主要以游离单体和小肽的形式存在，由桂竹和金毛竹竹叶样品分别测得其含量占干叶氨基酸总量的 1.33% 和 1.40%，约相当于其中赖氨酸（Lys）含量的 25%。而在醇-水提取过程中，对 δ-羟基赖氨酸有富集作用，提取物中此种氨基酸的量远远高于 Lys。毛竹叶中氨基酸总量占干基的 14.12%，为海岸松针叶的 2.65 倍，必需氨基酸大多高出松针 1.3 倍以上，是一优质的叶蛋白资源。在考察竹叶保健功能因子的过程中，发现氨基酸和短肽也是竹叶的有效成分之一。有人对竹叶氨基酸进行分析发现：共有 16 种氨基酸，在测得的 16 种氨基酸中苏氨酸、缬氨酸、蛋氨酸、异亮氨酸、亮氨酸、苯丙氨酸、赖氨酸这 7 种氨基酸为人体必需氨基酸，具有重要的生理意义。有的氨基酸已被应用于医药等各方面，如精氨酸用于治疗肝昏迷等症，组氨酸用于治疗胃和十二指肠溃疡病及肝炎。竹叶及其提取物中 δ-OH-Lys，有比 Lys 更高的清除（O_2-）的能力，可能具有特殊的生物学意义，此点有待深入研究。

1.4 竹叶芳香成分

用水蒸气蒸馏和 GC-MS 联用技术，对毛竹叶挥发性成分进行提取、分离、鉴定，共获得 67 个色谱峰，鉴定了其中 53 种成分，占挥发性成分总量的 94.13%，含量最高的为叶醇 20.33%，其次为 2-己烯醛 14.62%，在 53 种成分中醇类有 10 种，其含量占挥发性成分总量的 48.61%，醛类有 17 种，其含量占挥发性成分总量的 22.26%。

最近，对阔叶箬竹、毛金竹和四季竹的竹叶精油和头香，利用 GC-MS-DS 进行了研究，分别检出风味化合物 57 种、68 种和 82 种，其中 22 种为 3 种竹子所共有，约占总挥发物的 60%~70%。芳香成分以醛、醇、呋喃、酮类为主，C_6-C_8 中等长度碳链的含氧化合物占主导地位，是竹叶清香的物质基础。其中起关键作用的有 E-2-己烯醛、Z-3-己烯醛、2-乙基呋喃、己烯和己醛等 5 种 C_6 化合物，分别占 3 种竹子总挥发物的 66.04%、48.00% 和 69.09%（E-2-己烯醛是草莓的主要香气成分，Z-3-己烯醛是番茄的特征香气成分）。

1.5 竹叶矿质元素

通过对籀竹、刚竹、毛竹、雷竹和清竹竹叶进行过矿质元素测定，检出了 20 多种矿质元素。其中，富含人体必需的 Fe、Ca、Si 等常量元素和 Zn、Mn、Cu、Mo、Ni 等微量元素。它们对竹叶的药理功能有何贡献尚待研究。

2 叶提取物药理功能和其他用途

竹叶的药用价值，早在（本草纲目）已有记载。苦竹叶具有明目利九窍，治不睡、止渴、解酒毒等作用，淡竹叶具有镇静、解热、止咳和止血的功效。据日本研究报道，Sass 类竹叶的水提取物作抗肿瘤药物，取得了明显效果，有效成分为多糖体。有人用化学发光法和电子自旋共振法对 Lys 和 δ-OH-Lys 的抗活性氧自由基效能作了专项的比较研究，表明赖氨酸羟化以后其清除（O_2^-）活力显著增强。竹叶及其提取物中相当含量的特种氨基酸 δ-OH-Lys 的存在和检出，并且具有显著高于 Lys 的生物抗氧化活性。

2.1 竹叶提取物和竹叶黄酮有确凿的 SOD 样作用

有人对人体 12 种黄酮单体（其中包括 7 种竹叶黄酮甙和 1 种银杏黄酮-槲皮素）和 1 种由 7 种竹叶黄酮甙单体组成的混合物，用化学发光法测定了它们清除（O_2^-）的速率常数 K_3 和抑制-OH 的抑制率 I（%），并探讨了构-效关系。结果表明如下：

（1）12 种黄酮均有清除（O_2^-）的能力，有 SOD 样作用，它们的 K_3 值在 10^5 ~ 10^6［mol/（L·s）］，约比 SOD 的 K_3 值小于 3 个数量级。I（%）值多在 17~42 之间。与银杏黄酮中为首的一类黄酮的甙元槲皮素相比，7 种竹叶黄酮甙中，除 4′-甲氧基牡荆甙外，清除和抑制活性氧自由基的能力或超过或相当或接近于槲皮素。由此可见竹叶黄酮类的生理活性超过或相当于银杏叶黄酮。此外，实验还发现，7 种竹叶黄酮甙单体的混合物清除（O_2^-）的能力超其中最优者，说明竹叶黄酮甙对清除（O_2^-）有协同增强效应。

（2）研究结果认为：黄酮及其甙类的分子结构中，A 环的 $\Delta^{2(3)}$ 双键和 B 环的 4′-OH 是清除（O_2^-）的关键基因，3′-OH 和 7-OH 也有一定的作用；B 环的 3′，4′-di-OH 是 -OH 的关键基因。黄酮类物质的这种分子结构所形成的自由基，会因共轭效应或分子内氢键而稳定，有利于-H 的生成。生成的-H 可与（O_2^-）和-OH 结合，电子配对，使该活性氧自由基得以清除。

从桂竹叶中得到的 21 种黄酮及其甙类的分子结构看，除 4′-甲氧基牡荆甙 1 种只含活性不太高的 7-OH 外，其他均含很强的或较强的活性基因。也由此可见，竹叶黄酮甙类清除（O_2^-）和-OH 的能力绝不亚于银杏黄酮和葛根黄酮。

2.2 竹叶提取物有显著的抗衰老和抗疲劳作用

用小鼠作了竹叶提取物的抗衰老、抗缺氧、抗疲劳实验，结果：①实验组动物的 SOD 和 GSH-Px 含量显著高于对照组，全血中的过氧化脂质（LPO）含量低于对照组，说明竹叶提取物有延缓衰老的作用，还说明竹叶黄酮不仅有类 SOD 样作用，还有对 SOD 和 GSH-Px 的诱导增加作用；②实验组动物耐缺氧、抗疲劳的能力显著高于对照组，说明竹叶提取物能改善动物的营养状况和体能。用竹叶黄酮粉（含总黄酮 12%）和银杏黄酮提取物作了动物实验，结果除得到与上述相似的结论外，还证明竹叶提取物抑制脂质过氧化和升高 GSH-Px 的作用优于银杏提取物，而升 SOD 的作用则与银杏叶提取物相当。

2.3　竹叶提取物对亚硝化反应有阻断能力

经模拟人体胃液的体外实验表明，竹叶提取物有清除 NO_2^- 的能力，能有效地清除亚硝酸盐，并在一定程度上阻断强致癌物质 N-亚硝基胺的合成，并且在一定范围内随质量浓度的增加，呈现出明显梯度变化。当达到一定质量浓度后，清除率和阻断率提高细微，趋于稳定。显示了与维生素 C 及山楂、大蒜提取物相似的作用，即有防癌抗癌作用。

2.4　竹叶提取物有明显的降血脂和降血清胆固醇的作用

经动物实验证明，竹叶提取物有明显的降低实验动物的血甘油三酯和血液总胆固醇浓度的作用，有升高高密度脂蛋白胆固醇（HDL）和降低低密度脂蛋白胆固醇（LDL）浓度的作用。如竹叶提取物能降低 SD 大鼠血甘油三酯浓度、血胆固醇浓度、中剂量和高剂量组能增加血 HDH-胆固醇浓度和血 LDL-胆固醇浓度，竹叶提取物降血脂的作用与银杏叶提取物的作用相同。竹叶提取物具有明显降低脂质过氧化的作用、升高 SOD 活力的作用、升高 GSH-Px 活力的作用，竹叶提取物降低脂质过氧化、升高 GSH-Px 活力的作用明显优于银杏叶提取物，升高 SOD 活力的作用与银杏叶提取物的作用相似；竹叶提取物血脂与银杏提取物相当。

2.5　竹叶提取物的 δ-OH-Lys 有较好的清除（O_2^-）能力

经研究发现，赖氨酸（Lys）σ-位被羟化后形成的 δ-OH-Lys 比赖氨酸有较强的清除（O_2^-）的能力，竹叶提取物中富集有相当量的 δ-OH-Lys 及其肽类。Δ-OH-Lys 的其他特殊生物学意义有待深入研究。

2.6　竹叶提取物中的活性多糖有明显的抗癌活性

日本人从箬竹叶提取了 Bamfolin 粉末（有效成分是一种多糖），对肝腹水瘤 AH39 有 100% 的抑制作用。对鼻咽癌、腹腔癌、胃癌、卵巢癌、食道癌和肉瘤等均有不同程度的疗效，而且长期服用对肝脏、血液均无副作用。对箬竹提取物进行纯化分离得 1 种活性多糖，经实验证明对 S-180 有很好的抑制和消除效果。另从毛竹叶提取物种分离得 1 种活性多糖，能增强实验动物腹腔巨噬细胞的吞噬能力，对移植性 S180 肺癌有抑制作用。

2.7　竹叶提取物的其他用途

从竹叶中提取而得的挥发性成分，具有绿叶的清香，可作为食品添加剂或洗涤、化妆品的添香剂，如湖南的竹香米。竹叶提取物可为食品如肉类、豆腐等的保鲜剂、在日本竹叶提取物也可用作除臭剂及抗菌剂。在研究中还发现竹叶提取物中的酶有很高的活性，具有抗氧化、抗过敏、增进人体健康作用。竹叶还可提取制备叶绿素铜钠，是一种安全的天然的食品染色剂。竹叶的乙醇醋酸提取物对大肠杆菌、枯草芽孢杆菌、金黄色葡萄球菌、苏云金芽孢杆菌具有广泛的抑制作用，抑制效果随作用时间延长及使用提取物浓度的升高而增强。但是对根霉和黑曲霉的抑制作用较弱。竹叶提取液对饮料有较好的防腐保鲜作用，为竹叶防腐剂的开发提供了实验依据。以竹叶为材料进行抗菌物质的提取、抗菌活性及稳定性研究，对竹叶提取液用于肉、豆腐、苹果、果蔬汁、肉汁等防腐效果进行试验，发现其对猪肉汁、豆腐、苹果等均起防腐作用。但竹叶成分复杂，其抗菌成分及抗菌机制有待进一步研究。一般认为竹叶防腐成分可能是对苯二醌及其衍生物、多糖类、黄酮及其酚类。竹叶与石膏等配伍可治疗癌性发热、口腔溃疡及小儿肺炎、脑溢血及慢性食管炎、小儿盗汗及厌食、顽固性失眠等等。

3 竹叶的开发利用

目前对竹叶的研究主要有提取黄酮、酚类化合物，蛋白质和糖类，外源性抗氧化剂、氨基酸、微量元素等多方面的探索，竹叶无毒，无异味，具有清心降火之特殊功效，广泛用于制作保健凉茶，如"竹叶消暑茶"、"莲芯竹叶茶"、"广东凉茶"……，它们均以竹叶为主要原料制成。近代研究指出，竹叶含有多种保健成分及 20 多种微量元素，加之竹叶清香，无异味，口感好，是一种制作保健饮料的优质原料。据报道，江西省林科所与有关食品厂、酒厂最近共同研制出竹叶系列饮料——竹叶汁、竹叶碳酸饮料、竹叶酒和竹叶晶等系列产品。这些饮品不但风味独特，且具营养保健作用，有广阔的开发前景。竹叶的另一开发途径是制造天然绿色素。因此，竹叶资源进行开发利用应注重以下几个方面的开发。

3.1 天然色素

3.1.1 叶绿素

竹叶中含有叶绿素、天然防腐剂及人体所需的多种微量元素、叶蛋白等，开发利用竹叶有一定的价值，开发食用色素；同时人们对天然色素越来越感兴趣，研制开发天然色素是大势所趋。

3.1.2 叶绿素铜钠盐

以竹叶为原料制取叶绿素铜钠盐。叶绿素铜钠盐是叶绿素铜钠盐 A 和叶绿素铜钠盐 B 的混合物，这种叶绿素的盐类对光和热较为稳定，对醇、水和油有良好的溶解性，已被广泛地应用在食品、饮料和化妆品工业。叶绿素铜钠盐已被大多数国家认定为天然色素添加剂，应用在果味水、果味奶、果子露、汽水、糖果和罐头等生产上。

3.1.3 脱镁叶绿甲酯—酸

脱镁叶绿甲酯—酸可用盐酸除去叶绿素的植醇和镁而得。它具有促进组织愈合、抗微生物、保肝、抗诱变等作用，对癌细胞有较强的杀伤作用。

3.1.4 叶绿素铜和叶绿素铁钠

叶绿素铜和叶绿素铁钠用于着色剂和除臭剂，可与杀菌剂洁尔灭、卤卡班等并用作祛臭化妆品，并用于肥皂、矿物油、蜡和精油的着色。

3.2 蛋白质

竹叶中蛋白质是一种纯天然蛋白质资源，安全可靠。有人采用凯氏定氮法，对 9 种竹叶中蛋白质的含量进行了测定，结果表明，蛋白质含量在 10.63%~18.25% 之间（以绝干计算），含氮量在 1.70%~2.92%之间，最高为白哺鸡竹叶，最低为金竹叶。蛋白质平均含量为 13.16%，最高为白南富璃竹叶 18.25%。

3.3 黄酮类保健营养素

竹叶提取物是近年来新开发的一种生物黄酮类保健营养素，具有优良的抗自由基、抗氧化和抗衰老等功效，对人类的营养、健康和老年退行性疾病的防治有重要意义。其主要功能性成分为竹叶黄酮糖苷，具有良好的水溶性和热稳定性。大量的研究表明，黄酮类化合物是优良的自由基清除剂和抗氧化剂，且这种能力的强弱取决于黄酮的类型和结构，在许多情况下，也取决于它们的亲脂、亲水性能。

3.4 保鲜剂

这种竹叶保鲜剂能有效地防止细菌繁殖和水分蒸发，提高防腐保鲜效果，安全可靠，无毒副作用，并具有竹叶特有清香味。并发现竹叶提取物对多种致病菌有明显的抑菌活性；相同条件下，竹叶空白试剂无抑菌效果，而竹叶抑菌剂的抑菌效果则优于相同浓度的苯甲酸钠。

3.5 防腐剂

日本中山食品技术研究所从竹叶中提取出高效天然食品防腐剂，其防腐效果比现有天然防腐剂高 2~3 倍。以淡竹为材料，竹叶提取的混合物作为防腐剂，并测定了其对食品腐败菌的抑菌效果，竹叶防腐剂对细菌、霉菌和酵母曲均具有强烈的抑制作用，其中对细菌具有更强烈的抑制作用，因此竹叶防腐剂具有广谱抗菌性。

3.6 保健饮料

以苦竹叶为主要原料，研究出清热解渴之保健饮料，苦竹叶饮料中苦竹叶的护色和稳定性也是比较好的。经合理的调配可研制出色香味较为满意的保健饮品。有人利用竹提取物生产保健啤酒——竹啤。

竹叶资源还含有多种多样的生理活性成分，可以通过一系列技术加工制备成药品、保健品、化妆品、香料、食品防腐剂、天然抗氧化剂等高附加值产品。从竹叶中可提取生理活性成分，进行深层次的开发和综合利用，不仅能直接取得巨大的经济效益，而且也能大大促进整个竹产业的发展，实现高效林业。竹叶资源的开发利用可变废为宝，提高竹业生产的经济效益，具有广阔的应用前景。

近十年我国竹叶研究论文的调查与分析*

陆志科[1]   谢碧霞[2]

(1. 广西大学林学院，广西南宁 530001；2. 中南林学院，湖南株洲 412006)

1 前言

据报道，我国现有竹种 39 属 500 余种，竹林面积为 434 万 hm^2（不包括山地竹林和以树木为主的竹木混交林），占全国森林面积 2.6%，是我国重要的森林资源和南方优势林种之一。竹叶率随竹龄和叶龄的不同而变化，一般为 39%，可见竹叶资源之富。开发利用竹叶资源，提取其有效活性物质，成为人们研究的重点。竹类资源的研究目前在国内外十分活跃。国内外对竹叶资源进行了许多研究和开发应用，确认了竹叶含有黄酮及其甙类、活性多糖、特种氨基酸及其肽类、必要微量元素和芳香成分等 5 种有用成分。竹叶提取物具有改善心血管系统功能和抗衰老、抗氧化、抗癌、防腐作用，以及营养保健作用，目前是人们研究其开发利用的一个热点。竹叶抽提物不仅具有良好的防腐性能和抗氧化性能，而且还具有医疗、生理保健功能，是一种十分理想的天然绿色食品及化妆品添加剂，若能对我国南方丰富的竹叶资源进行开发，无疑将能带来丰厚的社会效益和经济效益。

我国对竹叶成分分析、加工、开发利用研究已取得了令人瞩目的成就，笔者检索 1993—2001 年《中国林业文摘》，1994—2001 年《中国期刊网题录数据库》与《中国期刊网专题全文数据库》，1993—2001 年《竹类文摘》及参阅了部分《全国报刊索引》（自然科学版），搜集了 1992—2001 年竹叶研究论文共 119 篇及 3 项专利（2 项提取方法，1 项饮料），并对这些论文进行了统计分析。

2 文献来源及其统计方法

文献以 1994—2001 年《中国期刊网题录数据库》与《中国期刊网专题全文数据库》作为研究竹叶文献统计的依据，参阅《全国报刊索引》（自然科学版）、《中国林业文摘》及《竹类文摘》尽可能做到论文收集齐全，文献统计采用文摘率法。统计方法：

（1）收集 1992—2001 年论文目录。

（2）统计整理竹叶文献数量、分布（时间、刊物第一作者）、分类、作者合作人数、文献来源。

（3）统计分析各项数据求出竹叶核心期刊作者合作度等。

＊本文来源：竹子学报，2003，22（2）：49-52.

3　结果与分析

3.1　论文计量

1992—2001 年近 10 年间，有关竹叶文献计量共 119 篇，年均 11.9 篇。论文呈波浪式增加趋势，1995 年、1997 年、2000 年较多，尤其是 2000 年为我国竹叶文献量最高年份，这与我国消费者对绿色食品、可持续发展的认识程度是分不开的。1995 年人们对绿色食品的认识热情较高，随后犹豫，再认识提高，使用后又产生怀疑是否会影响身体健康。1999 年后对绿色食品有了更深的认识，对绿色食品的研究也逐渐增多，文献量也逐步增多趋势，这种发展趋势是符合我国人民对绿色食品的认识、研究发展规律。详见表 1。

表 1　历年竹叶研究文献量

年份	文献量	累计量
1992	2	2
1993	2	4
1994	7	11
1995	13	24
1996	9	33
1997	17	50
1998	8	58
1999	16	74
2000	26	100
2001	17	117

3.2　文献与刊物分布

1992—2001 年，文献总量为 119 篇，其中学位论文 2 篇，尚余 117 篇，分布在 80 种期刊上，其中以《竹子研究汇刊》为最多，共有 8 篇为总文献量 6.84%，其次为《浙江林学院学报》、《食品科学》各 4 篇，各占总文献量 3.42%，再次为《中兽医医药杂志》、《新中医》、《食品工业科技》、《福建中医药》、《浙江中药杂志》、《无锡轻工业大学学报》各为 3 篇，《福建师范大学学报》、《国医论坛》、《眼视光学杂志》、《营养学报》、《食品研究与开发》、《现代健康》、《浙江林业科技》、《分析化学》、《四川中医》、《宁波高等专科学校学报》、《时珍国医国药》、《实用中医药杂志》各 2 篇，以上 21 种刊物共有 58 篇占总文献量 49.57%，为刊载竹叶研究的主要刊物。

3.3　文献类型

主要为期刊论文，共 117 篇，占 98.32%，其次为学位论文 2 篇，占 1.68%。

3.4　文献来源类别

文献分别刊载在 80 种期刊上，按其学科可划分为 6 类，其中以医学为最多，占 35.04%，其余依次为综合性学报、林业科学等，详见表 2。

表 2　文献来源类别

序号	期刊类别	文献量（篇）	占总文献量（%）
1	医学	41	35.04
2	综合性学报	28	23.93
3	林业科学	24	20.51
4	食品	9	7.69
5	化学工业	8	6.84
6	其他	7	5.98
	合计	117	100

3.5　文献内容

竹叶研究文献可分为提取方法、成分分析、成分性质或分离、开发利用、应用实验五大类，详见表 3。

表 3　竹子研究文献内容

内容	提取方法	成分分析	成分性质或分离	开发利用	应用实验	合计
篇数	5	16	4	19	75	119
占总文献量（%）	4.20	13.45	3.36	15.97	63.03	100

3.6　论文作者分布

3.6.1　论文作者在各省、市分布

在全国 20 个省、市，其中以浙江省对竹叶研究论文数量最多。说明该省对竹叶研究较成熟、全面，其次是福建、湖南、广东，四川居第三，其余依序为湖北、江西、江苏和山东等省。这与大多数都是竹产区，并与当地经济发展、人民文化素质水平、健康观念有关，详见表 4。

表 4　作者在各省、市分布

作者在各省、市分布	论文数（篇）	占总文献量（%）	作者在各省、市分布	论文数（篇）	占总文献量（%）
浙江	38	31.93	河南	3	2.52
福建	13	10.92	河北	3	2.52
广东	8	6.72	甘肃	2	1.68
湖南	8	6.72	贵州	2	1.68
四川	8	6.72	辽宁	1	0.84
江西	7	5.88	广西	1	0.84
湖北	7	5	安徽	1	0.84
江苏	6	5.04	北京	1	0.84
山东	4	3.36	上海	1	0.84
陕西	4	3.36	黑龙江	1	0.84
合计				119	100

3.6.2 著作分布

在研究竹叶论文 119 篇中，除了 3 篇未注明作者外，尚有 116 篇，按第一著者统计共有 96 名。其中以 1 篇论文著者为最多，有 88 名，而论文著作最多为 8 篇仅 1 名作者，详见表 5~表 7。

表 5　作者分布

论文数（篇）	作者人数（人）	占总作者人数（%）
1	88	78.86
2	5	8.62
3	1	2.59
7	1	6.03
8	1	6.90
合计	96	100

表 6　核心作者分布

序号	作者	论文数（篇）	占总作者人数（%）
1	许钢	8	6.90
2	张英	7	6.03
3	张健	3	2.59
4	张伟	2	1.72
5	毛燕	2	1.72
6	唐莉莉	2	1.72
7	江霞	2	1.72
8	陈家俊	2	1.72

表 7　作者单位分布

单位	大学	医院	研究所	其他	合计
论文数（篇）	61	32	7	10	110
占总论文（%）	55.45	29.09	6.36	9.09	100

4　讨论

（1）在近十年间竹叶研究论文中，1995 年、1997—2000 年出现 3 个高峰，形成拐点后都出现下跌，然后出现回升，最高峰出现在 2000 年。分析其原因，我国近 20 年来竹林面积增长迅速，竹的开发利用也取得了长足的发展，竹提取物的研究也日益得到许多科研工作者的重视。并发现竹叶提取物具有抗氧化、抗肿瘤、杀菌、抗艾滋病等作用，而且无毒无害。可作为绿色食品进行研究、开发利用，引起人们极大的关注。随着城乡居民生活水平的提高，人们对绿色食品的认识，从接触—应用—再认识—再应用到消费热，呈波浪式发展，2000 年我国开发绿色食品产品及年销售额达到最高水平，开发绿色食品还取得了良好生态效益。

（2）竹叶提取物在我国占据特有地位，十年内研究论文有 119 篇，平均年发表论文11.9 篇，说明对该领域研究已有一定程度，但不够全面、不够深入，尽管目前形成该领域多产作者，但论文数量远远不能适应我国丰富竹叶资源开发利用的需要，多产作者人数少，尚未形成活跃的著者群，研究内容从广度至深度尚未达到理想的要求。如竹叶提取物分离及其有用成分的作用机理及应用等等重要领域仅仅是开始，尚需作进一步深入的研究。目前的文献中，对竹叶抽提物的抗氧化、抑菌及药理作用报道较多，而对于确定提取条件、检测方法等涉及生产的问题报道较少，对竹叶的保健功能人们早已有所认识，特别是在研究得知竹叶中富含类黄酮化合物等多种有效成分以来，许多国家加大了对竹叶资源的开发力度。竹叶中天然保健成分的研究与开发具有很好的经济效益，前景非常广阔。

美国泡泡树的商业价值及繁殖栽培技术[*]

王新建[1]　朱延林[2]　谢碧霞[1]

（1. 中南林学院资源与环境学院，湖南株洲 410004；2. 河南省林业科学研究院，河南郑州 450008）

泡泡树 *Asimina triloba*（L.）Dunal 是美国本土生长的最大的乔木果树，是番荔枝科唯一的温带树种。它分布范围广，纬度从北纬 30°到北纬 45°，在美国南部的 25 个州都有分布，范围从美国佛罗里达州的北部西至内布拉斯加东部，北到加拿大的安大略湖。泡泡树成熟果实有浓郁的似香蕉、芒果、苹果的混合香味，既可鲜食，又可提取香料、制作果冻、冰淇淋等；树干、幼枝、树叶中含有一种可用于抗癌和防治病虫害的复合物。由于泡泡树是美国乡土树种，并且用途十分广泛，目前已引起了美国林业爱好者和种植者的极大兴趣。我国对美国巴旦杏、日本甜柿、美国黑核桃等树种的引种做了研究。泡泡树在我国没有自然分布，2002 年我国才开始引种，该树种的引进，将丰富我国经济林栽培树种及品种，增加果品种类，引进果品深加工技术及新的植物源杀虫剂。因此，介绍该树种的综合特性对我国引进泡泡树品种及其栽培、加工技术是十分必要的。

1　商业价值

泡泡树作为美国新兴的水果栽培树种，具有巨大的市场潜力。这主要是因为：①它对现有的气候和土壤条件适应，适合在纬度 30°~45°的广大范围内良好生长；②泡泡树树形优美，花色艳雅，深秋季节树叶金黄，是庭院绿化的优良树种；③它的果实含有丰富的营养并具有美容价值，可鲜食，也是制作冷饮、果冻及高级化妆品的上等原料；④它的枝、叶中能够提取有价值的天然化合物，这种天然化合物具有抗癌、杀菌、杀虫的作用，是一种良好的生物制剂。经过适当的处理，作为有利环保的商业水果产品其生产潜力巨大。现在，美国有超过 40 家商业苗圃在卖泡泡树，实生苗和嫁接苗在零售苗圃以 18.5 和 26.5 美元 1 棵热销，而 2 年生嫁接苹果树苗每株只有 3~4 美元。

1.1　生物学特性及观赏价值

泡泡树是一种小型的落叶阔叶树，生长高度一般为 5~10m，常分布在林分的下层。在光照充足的地段，树木呈现出典型的塔形树冠，干形笔直，树叶深绿色下垂生长，叶片在秋季变成金色或棕色，是很好的庭院绿化树种。叶互生，倒卵形或椭圆形，长 15~30cm，宽 10~15cm，叶面无毛，具楔形叶基，急尖，叶脉突出。花芽和叶芽出现在茎的不同节间，

＊本文来源：经济林研究，2005，23（3）：72-75。

间，叶芽窄而尖，花芽为圆形，二者都外被厚的深褐色短毛。花生于去年枝上，单生，于仲春先叶开放。花倒生，具花梗，花梗被软毛，长达4cm。成熟的花朵直径可达5cm，由3片栗色的3裂花瓣组成。花瓣较小且肉质，基部有蜜腺带。球状雄蕊，雌蕊1枚，由3~7片心皮组成。花为雌蕊先熟，大多自花不育，需异花授粉，少数可自花授粉。果实为椭圆形圆柱状浆果，一般纵径3~15cm，横径3~10cm，单果质量200~400g，果实单生或簇生。果实成熟时，果皮颜色从绿色转变为黑褐色，果肉从乳白色、亮黄色转变为浅橙色。果实内有两排较大的棕色豆形种子，长可达3cm。

1.2 营养价值

与香蕉、苹果、橘子的营养组分相比，泡泡树果中，能量、蛋白质、脂肪、碳水化合物、营养物质、维生素、矿物质、氨基酸等的含量大多高于香蕉、苹果、橘子，有很多指标甚至高得多（见表1）。因此，无论是鲜食，还是作为深加工果品，泡泡果是可替代香蕉、苹果、橘子的佳选。

表1　泡泡果与香蕉、苹果、橘子营养组分含量对比

组成	泡泡果	香蕉	苹果	橘子	组成	泡泡果	香蕉	苹果	橘子
能量(J)	336	386.4	247.8	197.4	锌(mg/100g)	0.90	0.16	0.04	0.07
蛋白质(g/100g)	1.20	1.03	0.19	0.94	铜(mg/100g)	0.500	0.104	0.041	0.045
脂肪(g/100g)	1.20	0.48	0.36	0.12	锰(mg/100g)	2.600	0.152	0.045	0.025
碳水化合物(g/100g)	18.80	23.40	15.25	11.75	组氨酸(mg/100g)	21	81	3	18
营养(g/100g)	2.6	2.4	2.7	2.4	异亮氨酸(mg/100g)	70	33	8	25
维生素A(mg/100g)	8.6	8	5	21	亮氨酸(mg/100g)	81	71	12	23
维生素B$_1$(mg/100g)	0.010	0.045	0.017	0.087	蛋氨酸(mg/100g)	15	11	2	20
维生素C(mg/100g)	18.3	9.1	5.7	53.2	胱氨酸(mg/100g)	4	17	3	10
核黄素(mg/100g)	0.090	0.100	0.014	0.040	苯基丙氨酸(mg/100g)	51	38	5	31
尼亚新(mg/100g)	1.100	0.540	0.077	0.282	络氨酸(mg/100g)	25	24	4	16
钾(mg/100g)	345	396	115	181	赖氨酸(mg/100g)	60	48	12	47
钙(mg/100g)	63	6	7	40	苏氨酸(mg/100g)	46	34	7	15
磷(mg/100g)	47	20	7	14	色氨酸(mg/100g)	9	12	2	9
镁(mg/100g)	113	29	5	10	缬氨酸(mg/100g)	58	47	9	40
铁(mg/100g)	7	0.31	0.18	0.1					

1.3 药用价值

泡泡树枝、叶中能够提取有价值的天然化合物，它是广泛存在于番荔枝科Annonaceae植物中的番荔枝内酯（Annonaceous acetogenins），是一种长链脂肪酸衍生物，结构中通常有一个末端α，β-不饱和γ-内酯环及1~2个4氢呋喃环。番荔枝内酯具有抗肿瘤、杀虫、抗菌和免疫抑制等多种显著的生物活性，且作用机理较为独特，系作用于线粒体，因此近年来引起了人们的广泛关注，目前已作为一种良好的植物源杀虫剂在实际生产中得以应用。

2 繁殖与栽培技术

2.1 具有商业价值的栽培品种

肯德基州立大学泡泡树研究基金会在 16 个不同地点建立了来自 18 个不同气候区的种源果园、家系果园以及 27 个嫁接无性系，进行地理变异研究及无性系对比试验，这 27 个无性系是美国目前泡泡树栽培品种中最具有商业价值的，现将它们的主要指标介绍如下（表 2）。

表 2　美国具有商业价值的泡泡树栽培品种

品种名称	种源来源	果实性状	育种者名称	选育年份
Davis	伊利诺斯州	果个中等，果皮绿色，果肉黄色，种子大，10 月初成熟，耐储藏	Crown Davis	1959
Ford Amend	未知	果个中等，果皮黄绿色，果肉金黄色	Ford Amend	1950
G-2	未知	未知	John W. Mckay	1942
Glaser	印地安那州	果个中等	P. Glaser	未知
Kirsten	宾夕法尼亚州	未知	TomMansell	未知
LittleRosie	印地安那州	果个小，为好的授粉树	P. Glaser	未知
M-1	未知	未知	John W. Mckay	1948
Mango	乔治亚洲	生长速度较快	Major C. Collins	1970
MaryFoos J	堪萨斯州	果个大，果皮果肉均黄色，种子少，10 月初成熟	Milo Gibson	未知
Mason /WLW	俄亥俄州	未知	Ernest J. Downing	1938
Middletow n	俄亥俄州	果个小，9 月中旬成熟	Ernest J. Downing	1915
Mitchell	伊利诺斯州	果个中等，果皮微黄，果肉金黄色，种子少	Joseph W. Hickman	1979
NC-1	安大略湖	果个大，果皮果肉均黄色，皮薄，种子少，9 月中旬成熟	R. Douglas Campbell	1976
Overleese	印地安那州	果个大，种子少，果实成簇状，10 月初成熟	W. B. Ward	1950
PA-Golden	未知	果个中等，果皮黄色，果肉金黄色，9 月初成熟	John Gordon	未知
Prolific	密歇根州	果个大，果肉黄色，10 月初成熟	Corwin Davis	1980
Rebecca´s Gold	未知	果个中等，果肉黄色	J. M. Riley	1974
SAA-Overleese	纽约	果个大，果皮果肉均黄色，种子少	John Gorden	1982
SAA-Zimmerman	纽约	果个大，果皮绿色，果肉黄色，种子少，10 月中旬成熟	John Gorden	1982
Silver Creek	伊利诺斯州	果个中等	K. Schubert	未知
Sunflow er	堪萨斯州	果个大，果皮果肉均黄色，皮薄，种子少，9 月中旬成熟	Milo Gibson	1970

（续）

品种名称	种源来源	果实性状	育种者名称	选育年份
Sweet Alice	西费吉尼亚州	未知	Homer Jacobs	1934
Taylor	密歇根州	果个小，果实成簇状，果皮绿色，果肉黄色，9月初成熟	Corwin Davis	1968
Taytwo	密歇根州	果个小，果皮绿色，果肉黄色，9月底成熟	Corwin Davis	1968
Wells	印地安那州	果个小，果皮绿色，果肉黄色，9月中旬成熟	David K. Wells	1990
Wilson	肯他基州	果个小，果皮黄色，果肉金黄色，9月中旬成熟	John V. Creech	1985
Zimmerman	未知	未知	George Slate	未知

2.2 繁殖技术

泡泡树实生苗生长较慢，主要靠无性系繁殖方法培养苗木，如劈接、皮接和芽接，其中芽接是最好的方法。其他无性繁殖技术（如根插、硬枝和嫩枝扦插、组织培养等）则很少获得成功。

当苗木地径至少有铅笔粗并活跃生长时即可进行嫁接。冬季采集的休眠幼芽必须已经过低温阶段，不能在砧木上嫁接花芽。如需贮存，将枝条接穗部封石蜡放于已标记的聚乙烯袋中，并热封，在这种情况下，接穗能在冰箱中保存达3个月，不能让接穗干枯，但也不能用湿毛巾或向塑料袋中加水，这会导致微生物过量生长。无性繁殖时大芽比小芽有更高的成活率，进行芽接时，尽量做到接穗的直径和砧木的直径相匹配，最好将芽接在砧木节间光滑的一边，因为植株芽在砧木上相对或交替出现且分枝在水平面上。

在2周内，芽将开始扩展膨胀并穿透薄膜或只在膜片下扩展，在后一种情况下，用锋利的刀片纵向划割，膜片很容易除去。一旦幼芽开始生长，建议将砧木截干到30~60cm高，留下4~6片生长健壮的叶片，以便进行光合制造营养物质。同时，抹去砧木根茎上所有的竞争芽，这一程序可减少顶芽优势，使芽快速生长，以维持光合作用，产生碳水化合物及其他营养物质，提供给正发育的接穗幼芽。

截短砧木刚到芽的部位会减少接穗芽的生长，当接穗芽（枝）长到30cm或更长时，除掉砧木接点上下部的叶子，并截至砧木嫁接部位上部20~25cm。

胚胎培养也是一种繁殖技术，种间或属间杂交种的保存即可利用此技术，否则，这些杂交种会因为不相容而夭折（失败），无法存活。

2.3 田间栽培技术

树木种植应选取树苗休眠期。春秋两季均可种植，但在秋季种植比春季更危险。为确保秋季成功种植，树木必须经过充分硬化和完全地适应性锻炼（例如自然落叶），在初霜冻前种植。

春季种植，因为树木已经历了低温需求阶段，比较容易成活。在湿的、黏的土壤钻孔，会导致孔壁碾光，阻止根系穿透进入土壤，土壤应该排水良好、深厚、肥沃并具微酸性（pH5.5~7.0），种植前最好进行土壤测定。栽后立即灌水以使根与土密切接触，移植生长这1年幼树必须得到足够的水分。在田间幼树生长的第1年给予庇荫会使定植与生长更好，这可通过在人工更新造林时利用树木庇荫来实现。树木庇荫有很多益处：①减少入射的光强度；②减低风速；③保持水分；④避免食草动物为害；⑤保护不受除草剂毒害。

Kist等在美国南部用泡泡树杂交种Tainung的2年生苗按2m×1.8m、2m×2.0m、2m×2.2m、2m×2.4m、2m×2.6m、2m×2.8m6种密度造林，研究早期丰产模式，造林后第3年较高产量的密度为：2m×2.0m、2m×2.2m、2m×2.4m，其单株产量分别为：14.74kg/株、17.02kg/株、17.29kg/株。北方一些地区也采用2m×5m的株行距造林，以利于通风透光和机械化作业。美国在泡泡树的良种苗木繁殖技术方面研究得较为透彻，如种子处理、遮阴、断根、施肥、苗木越冬、包装运输、栽植时间、栽植技术等。

2.4 加工技术

美国在泡泡树果实及材料加工方面有成熟的工艺，具体包括泡泡果酱、牛奶蛋羹、泡泡馅饼、泡泡黑核桃、泡泡蛋糕、泡泡面包、泡泡冰淇淋、泡泡布丁、泡泡果冻、泡泡药用有效成分提取工艺、泡泡香料提取工艺、泡泡酒类饮料加工工艺等。

3 结论

泡泡树适生范围广泛，具有商业价值的栽培品种众多，为我国引种和栽培泡泡树奠定了良好的基础。泡泡树营养丰富，又是良好的植物源杀虫剂和抗癌药物原料，商业潜力巨大。因此，成功引进泡泡树及其繁殖、栽培、加工技术对丰富我国经济林栽培树种及品种，增添新的果品种类，扩大果品市场容量，提高加工工艺，开发新型环保生物制剂都具有十分重要的意义。

2 栽培类论文

谢碧霞文集

不同变异类型杜仲果实含胶量变异研究[*]

谢碧霞[1]　　杜红岩[2]　　杜兰英[2]　　傅建敏[2]

(1. 中南林学院资源与环境学院，湖南株洲 412006；2. 中国林业科学研究院经济林研究开发中心，河南郑州 450003)

杜仲 *Eucommia ulmoides* 是亚热带和暖温带最具开发前景的重要胶源树种（杜红岩，1996；李芳东等，2001）。杜仲胶独具的橡（胶）塑（料）二重性，可以开发出具有热塑性、热弹性和橡胶弹性三大功能材料，应用前景十分广阔（陈士朝，1993；严瑞芳，1995；杜红岩等，2000）。杜仲果实、树皮和叶片均含有杜仲胶。目前杜仲胶的提取都是以杜仲叶为原料（李芳东等，2001）。由于杜仲叶含胶率一般为 1%~3%，提胶的原料和加工成本都较高（杜红岩等，2000）。杜仲的果实为翅果，杜仲果皮含胶率高达 12%~17%，是杜仲叶的 5~6 倍，利用杜仲果皮提胶可以显著降低杜仲胶生产成本，促进杜仲大产业的形成和快速发展（杜红岩等，2000；2003）。根据杜仲树皮容易识别的形态特点（即树皮开裂状况），杜仲存在 4 个变异类型：深纵裂型、浅纵裂型、龟裂型和光皮型（李芳东等，2001）。有关杜仲果实内杜仲胶形成积累规律的研究已有报道（杜红岩等，2004），对不同变异类型杜仲果实的形态特点及其杜仲含胶性状的变异规律的研究尚未见报道。本文通过系统研究不同变异类型杜仲果实的生长发育特点及其含胶性状的变异规律，为杜仲胶优良资源的选择和有效利用提供理论依据，为杜仲胶生产及产业化提供科学指导。

1　材料与方法

1.1　样品采集、取样方法与分析

不同类型杜仲果实材料来自河南省洛阳市嵩县杜仲综合试验示范基地。2001 年 10 月，每个变异类型选择 12 年生的杜仲雌株典型样株 6 株，在树冠中部外围阳面结果枝上随机采集 6×20 个果实，分别调查果长、果宽、果厚；随机抽取 6×100 个果实烘干后测定千粒质量。另外取同样部位的果实 6×100g，将 6 株果实样品混匀后及时带回室内处理，用于杜仲胶测定。用于含水率和千粒质量测定的样品，在 60℃恒温烘箱烘干至恒定质量后称取每个样品的质量。其余样品混匀后放室内通风处自然风干，分别用布袋包装保存，做好标记，进行杜仲胶测定。果长、果宽和果厚采用游标卡尺测定，利用果长与果宽的比计算果形指数；用 1/1000 天平称取每个样品烘干后质量，取其平均值计算果实千粒质量；用1/1000 天平称取每个果实样品质量，然后将每个样品的杜仲果皮和种仁剥离，再用同样方法称取

＊本文来源：林业科学，2005，41（6）：144-146.

果皮质量，以果皮质量与果实质量的比计算果皮占果实质量的百分比。采用 SAS8.2 软件进行统计分析。

1.2 杜仲胶分离与测定方法

进行杜仲含胶率测定的每个样品，在测定前均进行碎化处理。将杜仲样品剪成 2mm 左右的碎块，然后以十字对角取样法，每个样品取样 20g，待样品自然风干至恒重后，每个样品精确称取 10g 进行含胶率测定。含胶率的测定采用杜仲胶综合提取法。在非极性溶剂提取、极性溶剂纯化的基础上，加以适当改进。采用无机试剂与有机溶剂相结合、物理与化学相结合的方法，将杜仲胶浸提出来，通过冷冻法使胶沉淀而发生相分离。主要工艺流程为：备料→打碎→碱煮（250mL 2%NaOH 90~100℃ 浸提 3h）→筛洗→加碱、小量甲苯 70℃ 水浴 15min→水洗→干燥→溶剂抽提（200mL 石油醚 80℃ 浸提，提取 3 次，每次 2h）→热过滤→冷冻→过滤（加 300mL 丙酮洗）→精胶。分离后的杜仲精胶，自然风干至恒重后，用 1/1000 的天平称取每个样品杜仲胶的质量。根据每个样品所得杜仲胶的质量，计算每个样品的含胶率。

2 结果与讨论

2.1 不同变异类型杜仲果实形态特征比较

由图 1 和表 1 可知，不同变异类型在果实形态和大小上差异明显，表现出不同的特点。浅纵裂型果实最长，达 3.30cm，深纵裂型果实最短，为 3.15cm；龟裂型果实最宽，达 1.12cm，光皮型果实最窄，为 1.02cm；果形指数由大到小依次为光皮型>浅纵裂型>深纵裂型>龟裂型。F 检验结果（表 1）表明，4 个变异类型的果长、果宽和果形指数均存在极显著差异。

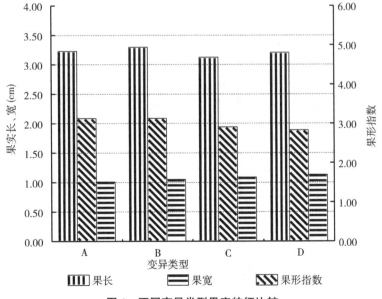

图 1 不同变异类型果实特征比较

A：光皮型；B：浅纵裂型；C：深纵裂型；D：龟裂型。下同

表 1 不同变异类型杜仲果实特征及含胶率比较

变异类型	果长 (cm)	果宽 (cm)	果形指数	千粒质量 (g)	果皮占果实质量百分比 (%)	果皮含胶率 (%)	果实含胶率 (%)
A	3.22	1.02	3.16	73.11	69.7	14.38	10.02
B	3.30	1.05	3.14	76.35	68.3	16.19	11.06
C	3.15	1.08	2.92	78.63	67.3	13.95	9.39
D	3.19	1.12	2.85	75.72	68.5	15.63	10.71
F 值	23.00 **	12.75 **	33.81 **	19.98 **	10.32 **	27.15 **	26.74 **

注：$F_{0.01}$（3，8）= 7.59。** 极显著水平。

2.2 不同变异类型果实千粒质量及其组成比较

由图 2 可知，4 个变异类型果实千粒质量均存在差异。由表 1 可知，深纵裂型果实千粒质量最大，达 78.63g；光皮型杜仲果实千粒质量最小，为 73.11g。果实千粒质量由大到小依次为深纵裂型>浅纵裂型>龟裂型>光皮型。F 检验结果，不同变异类型果实千粒质量的差异达到了极显著水平。不同变异类型果皮占果实质量百分比也不同。其中光皮型果皮所占比例最高，达到 69.7%；深纵裂型果皮所占比例最低，为 67.3%。F 检验结果（表 1），4 个变异类型果皮占果实质量百分比的差异达到了极显著水平。不同变异类型果皮占果实质量百分比的不同，表明不同类型生长发育特性的差异。由于杜仲胶在果实中只存在于果皮中，种仁内不含有杜仲胶。因此，就提取杜仲胶而言，果皮占果实质量百分比的高低，反映着果实的利用率。

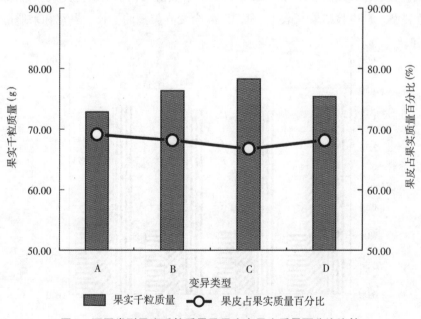

图 2 不同类型果实千粒质量及果皮占果实质量百分比比较

2.3　不同变异类型杜仲果实含胶率比较

由图3可以看出，不同变异类型果实和果皮含胶率也不同。表1中的 F 检验结果表明，不同变异类型果实含胶率和果皮含胶率均存在极显著差异。果实含胶率和果皮含胶率由高到低的顺序依次为浅纵裂型>龟裂型>光皮型>深纵裂型。浅纵裂型果皮含胶率和果实含胶率分别达到16.19%和11.06%，而深纵裂型果皮含胶率和果实含胶率最低，仅分别为13.95%和9.39%（图3、表1）。果皮含胶率反映的是杜仲果皮内杜仲胶形成积累的密度；而果实含胶率则代表杜仲果实整体的杜仲胶水平，杜仲果实含胶率的高低对杜仲胶的开发利用具有重要的意义。不同变异类型果实含胶率的不同，表明不同类型果实内杜仲胶形成积累存在一定的差异，也为杜仲高产胶优良单株的选择提供了理论参考。从利用杜仲胶的角度分析，浅纵裂型是一个优良的变异类型。

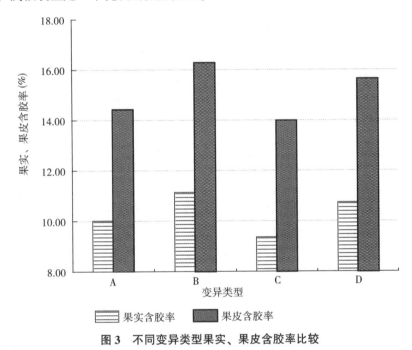

图3　不同变异类型果实、果皮含胶率比较

3　结论

不同变异类型杜仲果实的形态特点和含胶性状表现出不同的特点。4个变异类型的果实形态大小存在极显著差异。不同变异类型在果实形态大小上的不同，表明不同类型生长发育特性的差异；不同变异类型果实含胶率和果皮含胶率均存在极显著差异。果实含胶率和果皮含胶率以浅纵裂型最高，深纵裂型最低。不同变异类型果实含胶率不同，表明不同类型果实内杜仲含胶特性存在变异，也为杜仲高产胶优良单株的选择提供了理论参考。

不同产地杜仲果实形态特征及含胶量的差异性研究[*]

杜红岩¹　李芳东¹　杜兰英¹　谢碧霞²

（1. 中国林业科学研究院经济林研究开发中心，河南郑州 450003；2. 中南林业科技大学，湖南株洲 412006）

　　杜仲 *Eucommia ulmoides* 自然分布在我国的中亚热带到暖温带地区，是世界上适应范围最广的重要胶源树种（杜红岩，1996；李芳东等，2001）。杜仲果实、树皮和叶片均含有杜仲胶。目前杜仲胶的提取都是以杜仲叶为原料。杜仲叶含胶率一般为 1%～3%，提胶的原料和加工成本都较高。杜仲的果实为翅果，包括果皮和种仁 2 部分。杜仲果皮含胶率高达 12%～17%，是杜仲叶的 5～6 倍，利用杜仲果皮提胶可以大幅度提高杜仲产胶量，显著降低杜仲胶生产成本（杜红岩等，2000）。利用杜仲胶独具的橡（胶）塑（料）二重性，可以开发出具有热塑性、热弹性和橡胶弹性功能等三大功能材料，应用前景十分广阔（陈士朝，1993；杜红岩等，2000；2003；严瑞芳，1995；张乔，1996）。杜仲的自然分布位置约在黄河以南、南岭以北，北纬 25°～35°，东经 104°～119°，南北横跨 10°左右，东西横跨 15°（周政贤，1993；杜红岩，1996）。杜仲在自然分布区内垂直分布范围为海拔 300～2500m。杜仲中心产区大致在陕南、湘西北、重庆、川东北、滇东北、黔北、黔西、鄂西、鄂西北、豫西南等地区。根据早期文献记载和现在残存的次生天然混交林和半野生状态的散生树木判断，这些地区是我国杜仲的自然分布区（周政贤，1993；杜红岩，1996）。由于杜仲广泛的适应性，自 20 世纪 50 年代开始在我国北京、河北、山东等地区引种后，生长发育普遍良好（杜红岩，1996）。引起不同产地杜仲含胶特性差异的因素包括环境因子和群体分布的遗传差异，不同产地杜仲的含胶率都会由于气候生态和土壤条件等的变化而改变。本研究根据目前杜仲产业化发展的需要，采集我国杜仲要主要自然分布区和引种区共 16 个产地的杜仲果实样品，研究其含胶特性的地理变异规律，探索影响杜仲果实含胶特性的气候生态和土壤条件，为杜仲高产胶产业化基地的选择和指导科学栽培提供理论依据。

1　材料与方法

1.1　样品采集与处理

　　杜仲果实样品分别在我国杜仲主要产区和引种区的贵州遵义，河南洛阳、商丘、灵宝，陕西安康、略阳，北京，江西九连山、井冈山，四川旺苍，湖南慈利，安徽黄山，江苏南京，湖北郧西，山东青岛和河北安国等 16 个点（表 1）。于 2001 年 11 月采样，每个

＊本文来源：林业科学，2006，42（3）：35-39。

采样点选择代表本地区气候、土壤和地理特征的 10 年生杜仲林，选择雌株典型样株 6 株，在每株树冠中部外围阳面结果枝上随机采集果实鲜质量 100g，将 6 株样株果实采集后充分混匀，用布袋包装，随时翻动，防止堆积发热霉变。另外，每株随机抽取 20 个果实调查测定果长、果宽、果厚，每株随机抽取 100 个果实烘干后测定千粒质量。

表 1　不同杜仲产区地理位置及主要气候土壤特征

产地	北纬	东经	海拔（m）	年日照时数（h）	年均气温（℃）	年降水量（mm）	无霜期（d）	土壤pH 值
1	24°33′	114°28′	610	1070	16.4	2156	286	5.3
2	26°49′	113°49′	652	1511	14.2	1856	214	5.7
3	27°07′	115°36′	800	1300	14.6	1075	303	5.5
4	29°26′	111°08′	140	1587	16.7	1383	270	5.5
5	29°28′	117°53′	380	1730	16.4	1670	236	6.2
6	31°52′	118°52′	10	2200	15.7	1021	237	6.6
7	32°12′	106°26′	1380	1353	16.2	1142	266	5.8
8	32°25′	109°12′	700	1695	15.7	956	250	6.1
9	32°59′	109°59′	335	1856	15.4	770	237	6.5
10	33°25′	105°58′	750	1620	12.5	1050	226	5.9
11	33°27′	110°22′	650	2143	13.6	650	218	7.1
12	33°38′	112°50′	110	2253	13.9	712	220	7.8
13	34°34′	115°40′	60	2509	14.1	712	206	8.2
14	36°19′	120°10′	55	2551	12.2	776	205	7.4
15	38°22′	115°19′	36	2685	12.1	505	187	7.5
16	39°56′	116°20′	45	2778	13.0	508	189	7.5

注：1. 江西九连山；2. 江西井冈山；3. 贵州遵义；4. 湖南慈利；5. 安徽黄山；6. 江苏南京；7. 四川旺苍；8. 陕西安康；9. 湖北陨西；10. 陕西略阳；11. 河南灵宝；12. 河南洛阳；13. 河南商丘；14. 山东青岛；15. 河北安国；16. 北京市。下同。

果长、果宽和果厚采用游标卡尺测定，利用果长与果宽的比计算果形指数；用 1/1000 天平称取每个样品烘干后质量，取其平均值计算果实千粒质量；用 1/1000 天平称取每个果实样品质量，然后将每个样品的杜仲果皮和种仁剥离，再用同样方法称取果皮质量，以果皮质量与果实质量的比计算果皮占果实质量的百分比。采用 SAS8.2 软件进行统计分析。

1.2　杜仲胶分离与测定方法

含胶率的测定采用杜仲胶综合提取法（杜红岩等，2004a；2004b；2004c；2004d；2004e）。

2　结果与讨论

2.1　不同产地杜仲果实形态特征比较

由图 1 可以看出，不同产地杜仲果实形态表现出不同的特点。表 2 的方差分析结果表

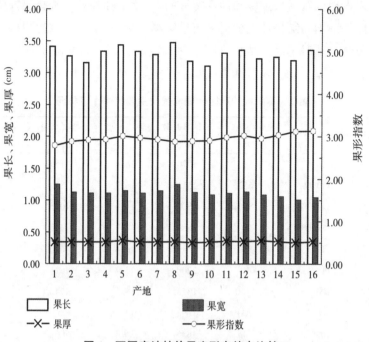

图 1　不同产地杜仲果实形态特点比较

明，不同产地果长、果宽和果形指数均存在极显著差异。果长由大到小的顺序依次是陕西安康、安徽黄山、江西九连山、北京、河南洛阳、江苏南京、湖南慈利、河南灵宝、四川旺苍、江西井冈山、山东青岛、河南商丘、河北安国、湖北郧西、贵州遵义、陕西略阳；而果宽则以江西九连山最大，其他由大到小依次为陕西安康、安徽黄山、江西井冈山、湖南慈利、四川旺苍、江苏南京、湖北郧西、河南灵宝、河南洛阳、贵州遵义、河南商丘、陕西略阳、山东青岛、北京、河北安国；从果形指数的大小则可以看出不同产地杜仲果实形态差异的多样性。果形指数由大到小的顺序则变为北京、河北安国、山东青岛、河南洛阳、安徽黄山、江苏南京、河南灵宝、河南商丘、湖南慈利、四川旺苍、陕西略阳、贵州遵义、江西井冈山、湖北郧西、陕西安康、江西九连山。从不同产地果长和果宽即果实大小的变化特点来看，没有明显的规律性，说明果实大小受地理因素的影响较小；而果形指数则表现出明显的地理变化规律，随着纬度的增加果形指数呈逐步增大的趋势。也就是说，低纬度地区的杜仲果实形态较宽短，而高纬度地区的果实则较窄长。

2.2　不同产地果实千粒质量和果皮占果实质量百分比差异比较

从图 2 可以看出，河南商丘的果实千粒质量最大，达 74.56g，贵州遵义的最小，为56.80g。方差分析结果（表 2）表明，不同产地果实千粒质量和果皮占果实的质量百分比均存在极显著差异。果实千粒质量由大到小的顺序依次为河南商丘、河南洛阳、河南灵宝、山东青岛、安徽黄山、湖北郧西、江苏南京、江西井冈山、北京、湖南慈利、陕西略阳、河北安国、四川旺苍、江西九连山、陕西安康、贵州遵义。由于杜仲种仁内不含杜仲胶，因此就提取杜仲胶而言，果皮占果实的质量百分比在一定程度上反映了果实的利用

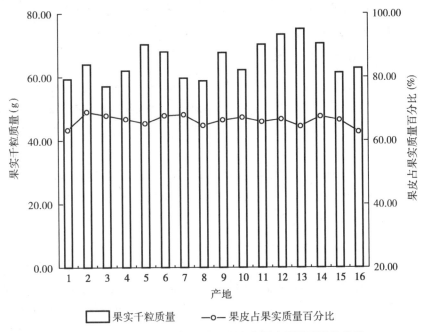

图2 不同产地果实千粒质量及果皮占果实质量百分比比较

表2 不同产地杜仲果实特点及含胶率比较

产地	果长（cm）	果宽（cm）	果形指数	果厚（cm）	千粒质量（g）	果皮含胶率（%）	果实含胶率（%）	单果含胶量（mg）
1	3.39	1.26	2.69	0.17	59.33	16.43	10.40	6.17
2	3.25	1.15	2.83	0.16	63.56	16.38	11.24	7.14
3	3.15	1.11	2.84	0.16	56.80	14.55	9.78	5.55
4	3.31	1.15	2.88	0.16	61.56	14.62	9.66	5.95
5	3.42	1.16	2.95	0.18	69.63	15.39	9.96	6.93
6	3.32	1.13	2.94	0.19	67.25	15.20	10.15	6.83
7	3.26	1.14	2.86	0.17	59.38	14.87	10.02	5.95
8	3.45	1.23	2.80	0.17	58.24	16.14	10.30	6.00
9	3.17	1.13	2.81	0.17	67.50	14.96	9.80	6.61
10	3.11	1.09	2.85	0.16	61.35	15.36	10.26	6.29
11	3.29	1.12	2.94	0.19	69.90	15.67	10.29	7.19
12	3.35	1.12	2.99	0.21	72.91	15.11	9.91	7.23
13	3.21	1.10	2.92	0.22	74.56	14.50	9.25	6.90
14	3.22	1.06	3.04	0.21	69.67	13.61	9.11	6.34
15	3.19	1.01	3.16	0.19	60.37	13.80	9.08	5.48
16	3.36	1.05	3.20	0.20	62.15	13.68	8.55	5.31
F 值	15.78 **	6.40 **	5.30 **	6.00 **	6.07 **	19.07 **	4.60 **	12.71 **

注：** $F_{0.01}$（15，32）=2.66，极显著水平，下同。

率。测定结果表明，不同产地果皮占果实的质量百分比也不同，其中江西井冈山最高，达68.6%，北京市最低，为62.5%。

2.3 不同产地杜仲果实含胶率比较

由图3可以看出，果皮含胶率以江西九连山的最高，达16.38%，山东青岛最低，为13.61%。表2的方差分析结果表明，不同产地果皮含胶率、果实含胶率和单果含胶量均存在极显著差异。果皮含胶率由高到低的顺序依次为江西九连山、江西井冈山、陕西安康、河南灵宝、安徽黄山、陕西略阳、江苏南京、河南洛阳、湖北郧西、四川旺苍、湖南慈利、贵州遵义、河南商丘、河北安国、北京、山东青岛；果实含胶率以江西井冈山的最高，为11.24%，北京的最低，仅8.55%。果实含胶率由高到低的顺序依次为江西井冈山、江西九连山、陕西安康、河南灵宝、陕西略阳、江苏南京、四川旺苍、安徽黄山、河南洛阳、湖北郧西、贵州遵义、湖南慈利、河南商丘、山东青岛、河北安国、北京；单果含胶量则以河南洛阳的最高，达7.23mg，北京最低，为5.31mg。单果含胶量由高到低的顺序依次为河南洛阳、河南灵宝、江西井冈山、安徽黄山、河南商丘、江苏南京、湖北郧西、山东青岛、陕西略阳、江西九连山、陕西安康、湖南慈利、四川旺苍、贵州遵义、河北安国、北京。果皮含胶率反映的是杜仲皮内杜仲胶形成积累的密度；而果实含胶率则代表杜仲果实整体的杜仲胶水平，杜仲果实含胶率的高低对杜仲胶的开发利用具有重要的意义；单果含胶量则是反映单个杜仲果实内杜仲胶的绝对含量，杜仲单果含胶量与果实含胶率和果实千粒质量有直接关系。

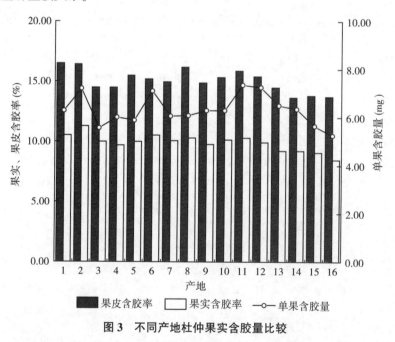

图3 不同产地杜仲果实含胶量比较

2.4 影响不同产地杜仲果皮含胶率形态因子的回归分析

各果实形态性状与杜仲果皮含胶率的相关性分析表明，果长、果宽、果形指数与杜仲果皮含胶率的相关性达到了极显著水平。通过 SAS 软件分析后建立杜仲果皮含胶率（y_1）与果长（x_1）、果宽（x_2）、果形指数（x_3）的回归方程为：

$$y_1 = 47.5808 + 227.2x_1 - 696.5x_2 - 244.8x_3$$

2.5 影响不同产地杜仲果实含胶率形态因子的回归分析

各果实形态性状与杜仲果实含胶率的相关性分析表明，果长、果宽、果形指数、果实厚度与杜仲果实含胶率的相关性达到了极显著水平。建立杜仲果实含胶率（y_2）与果长（x_1）、果宽（x_2）、果形指数（x_3）、果厚（x_4）的回归方程为：

$$y_2 = -1992.1 - 333.4x_1 + 853.8x_2 + 469.9x_3 + 74.813x_4$$

2.6 不同产地地理气候特征与果实含胶率的相关性分析

杜仲的生长状况与所处的环境密切相关，杜仲胶也会由于生长环境的变化而发生改变。由表 2 可以看出，果皮含胶率和果实含胶率与纬度和年日照呈极显著的负相关关系，与年均降水量呈极显著的正相关关系；与土壤 pH 的负相关关系达到了显著水平；而与经度、海拔、年均气温、无霜期则没有显著的相关关系。说明纬度越高，年日照时数越长和土壤 pH 值越高，越不利于杜仲胶的形成，果皮和果实含胶率越小；年均降水量越大，越有利于杜仲胶的形成，果皮和果实含胶率越高；经度、海拔和无霜期不是影响杜仲果皮和果实含胶率的主要因子。单果含胶量与各地理气候因子均没有显著的相关关系。从分析结果可以看出，出现单果含胶量、果实含胶率及果皮含胶率与各地理气候因子的相关性分析不一致的结果，这一方面说明单果含胶量除了与果实含胶率直接相关外，还与单果的质量紧密相关；而另一方面则说明，虽然不同产地果实含胶率都会由于地理气候因子的改变而变化，但就单个果实的绝对含胶量而言，并不随这些地理气候因子而呈规律性变化。

在另外的报道中，树皮含胶率也随着纬度的增加而呈逐步减小的趋势，这与本研究中果实含胶率随纬度变化的趋势基本一致；但是树皮含胶率与海拔、年均气温、无霜期呈极显著正相关关系（杜红岩等，2004e），而本研究中果皮含胶率和果实含胶率与海拔、年均气温、无霜期则没有显著的相关关系。这除了不同器官对地理气候因子反映的差异外，还与不同器官的生长特点有关。树皮含胶率是树皮内杜仲胶多年积累的结果，而果实和果皮含胶率则是一个生长季节的积累。分析结果一方面说明，不同器官及其含胶特性受地理气候因子影响的复杂性和多样性；而另一方面则说明不同器官及其含胶特性的生长变化既有相互联系，又具有相对的独立性。

表 3 不同产地地理气候特征与果实含胶率相关性分析

指标	纬度	经度	海拔	年日照	年均气温	年降水量	无霜期	土壤 pH 值
果皮含胶率	-0.712**	-0.367	0.484	-0.670**	0.488	0.657**	0.387	-0.530*
果实含胶率	-0.740**	-0.374	0.560*	-0.712**	0.399	0.652**	0.396	-0.603*
单果含胶量	-0.233	0.055	-0.091	-0.003	0.099	0.166	-0.193	0.217

注：* $F_{0.05}$ (15, 32) = 1.99；显著水平。

3 结论

不同产地杜仲果长、果宽、果形指数和果实千粒质量均存在极显著差异。从不同产地果长和果宽即果实大小的变化特点来看，没有明显的规律性；而果形指数则表现出明显的地理变化规律，随着纬度的增加果形指数基本呈逐步增大的趋势。也就是说，低纬度地区的杜仲果实形态较宽短，而高纬度地区的果实则较窄长；不同产地果实含胶率存在极显著差异。果皮含胶率以江西九连山的最高，山东青岛最低；果实含胶率以江西井冈山的最高，北京市最低；单果含胶量则以河南洛阳的最高，北京市最低。

杜仲的生长状况与所处的环境密切相关，杜仲胶含量也会由于生长环境的变化而发生改变。从 16 个杜仲产地的主要地理气候和土壤因子的分析结果可以看出，杜仲果实的含胶率大体上随着纬度的增加而呈逐步减小的趋势，南方产区果实含胶率一般比北方产区高。纬度越高，年日照时数越长和土壤 pH 值越高，越不利于杜仲果实内杜仲胶的形成，果皮和果实含胶率越低；年均降雨量越大，越有利于果实内杜仲胶的形成，果皮和果实含胶率越高；经度、海拔和无霜期不是影响杜仲果皮和果实含胶率的主要因子。

杜仲果实产胶量除与含胶率相关外，还与果实产量等密切相关。因此，在进行杜仲产业化基地选择时，在充分考虑含胶率的基础上，还应进行高产胶优良无性系的选择，并进行高产胶栽培技术研究，提高杜仲的产果量，进而提高果实产胶量。

不同产地杜仲树皮含胶特性的变异规律*

杜红岩[1]　杜兰英[1]　李福海　谢碧霞[2]

（1. 中国林业科学研究院经济林研究开发中心，河南郑州 450003；2. 中南林学院，湖南株洲 412006）

杜仲 *Eucommia ulmoides* 自然分布在我国的中亚热带到暖温带地区，是世界上适应范围最广的重要胶源树种（李芳东等，2001；杜红岩等，2000）。杜仲皮内含有丰富的杜仲胶（卢敏等，1990；黄晓华等，1989；田兰馨等，1983；1992）。利用杜仲胶独具的橡（胶）塑（料）二重性，可以开发出具有热塑性、热弹性和橡胶弹性等三大功能材料，应用前景十分广阔（杜红岩等，2001；严瑞芳，1995；陈士明，1993；张乔，1996；杜红岩等，2003）。杜仲中心产区大致在陕南、湘西北、重庆、川东北、滇东北、黔北、黔西、鄂西、鄂西北、豫西南地区。杜仲具有广泛的适应性，在我国温带地区引种后，生长发育普遍良好。目前杜仲树皮的研究和利用主要集中在活性成分等方面（赵玉英等，1995；尉芹等，1995；Deyama et al.，2001；杜红岩，2003），对不同产地杜仲皮含胶特性的研究尚未有报道。引起不同产地杜仲树皮含胶特性差异的因素包括环境因子和群体分布的遗传差异，不同产地杜仲叶皮的含胶率都会由于气候生态和土壤条件等的变化而改变。本研究采集我国主要杜仲产地和主要引种区共 16 个产地的杜仲皮样品，研究树皮含胶特性的地理变异规律，探索影响杜仲皮含胶特性的气候生态和土壤条件，为杜仲皮的综合利用提供理论依据。

1　材料与方法

1.1　样品采集与处理

杜仲皮样品分别取自贵州遵义、河南洛阳、河南商丘、陕西安康、河南灵宝、北京市、江西九连山、四川旺苍、湖南慈利、安徽黄山、江苏南京、湖北郧西、山东青岛、河北安国、江西井冈山和陕西略阳等 16 个点，于 2002 年 8 月采集，每个采样点选择代表本地区气候、土壤和地理特征的 10a 生杜仲林，选择典型样株 12 株，分别用游标卡尺测量样株的胸径，每株在主干 120~140cm 处环状剥取杜仲样皮。

各产地杜仲树皮样品采集后及时带回室内进行发汗处理。发汗时内皮两两相对，舒展树皮并用标本夹压实，周围用标本纸包裹，保证发汗效果。一周后，将经过发汗的树皮样品散开，放室内通风处自然风干，风干过程中保持皮张平整，防止卷曲。

---

*本文来源：林业科学，2004，40（5）：186-190。

表1   不同杜仲产区地理位置及主要气候土壤特征

产地	北纬	东经	海拔（m）	年日照时数（h）	年均气温（℃）	年降水量（mm）	无霜期（d）	土壤酸碱度（pH）
1	24°33′	114°28′	610	1070	16.4	2156	286	5.3
2	26°49′	113°49′	652	1511	14.2	1856	214	5.7
3	27°07′	115°36′	800	1300	14.6	1075	303	5.5
4	29°26′	111°08′	140	1587	16.7	1383	270	5.5
5	29°28′	117°53′	380	1730	16.4	1670	236	6.2
6	31°52′	118°52′	10	2200	15.7	1021	237	6.6
7	32°12′	106°26′	1380	1353	16.2	1142	266	5.8
8	32°25′	109°12′	700	1695	15.7	956	250	6.1
9	32°59′	109°59′	335	1856	15.4	770	237	6.5
10	33°25′	105°58′	750	1620	12.5	1050	226	5.9
11	33°27′	110°22′	650	2143	13.6	650	218	7.1
12	33°38′	112°50′	110	2253	13.9	712	220	7.8
13	34°34′	115°40′	60	2509	14.1	712	206	8.2
14	36°19′	120°10′	55	2551	12.2	776	205	7.4
15	38°22′	115°19′	36	2685	12.1	505	187	7.5
16	39°56′	116°20′	45	2778	13.0	508	189	7.5

注：1. 江西九连山；2. 江西井冈山；3. 贵州遵义；4. 湖南慈利；5. 安徽黄山；6. 江苏南京；7. 四川旺苍；8. 陕西安康；9. 湖北陨西；10. 陕西略阳；11. 河南灵宝；12. 河南洛阳；13. 河南商丘；14. 山东青岛；15. 河北安国；16. 北京市。下同。

1.2   取样方法及数量性状的分析

各产地树皮样品在同一室内干燥环境中风干至恒定质量后进行测定。将每个产地样品分别充分混合，然后随机取 6 个 4cm×4cm 的典型样块，测定样块树皮厚、木栓层厚、质量和密度的平均值，重复 3 次。树皮厚、木栓层厚用游标卡尺测量，样品质量用 1/1000 的天平称取，根据样块体积和质量计算每个样块的密度。样品在杜仲胶测定前均进行碎化处理。取每个产地 12 株杜仲皮混合样，将杜仲皮剪成 2mm 左右的碎块，然后以十字对角取样法，每个样品取样 20g，待样品自然风干至恒重后，每个样品用 1/1000 的天平精确称取 10g 进行含胶率测定，重复 3 次。采用 SAS 8.2 软件进行统计分析。

1.3   杜仲胶的分离与测定

含胶率的测定采用杜仲胶综合提取法。在非极性溶剂提取、极性溶剂纯化的基础上，加以适当改进。采用无机试剂与有机溶剂相结合、物理与化学相结合的方法，将杜仲胶浸提出来，通过冷冻法使胶沉淀而发生相分离。主要工艺流程为：备料→打碎→碱煮（2% NaOH 90～100℃浸提 3h）→筛洗→加碱、少量甲苯 70℃水浴 15min→水洗→干燥→溶剂抽提（石油醚 80℃浸提，提取 3 次，每次 2h）→热过滤→冷冻→过滤（加丙酮洗）→精胶。分离后的杜仲精胶，自然风干至恒重后用 1/1000 的天平称取每个样品杜仲胶的质量，计算每个样品含胶率，再根据树皮密度和含胶率的积计算出杜仲胶密度。

2 结果与讨论

2.1 不同产地杜仲胸径生长量比较

不同产地的杜仲由于受气候、土壤等因素的影响，其生长发育也会呈现不同的特点。表2的方差分析结果表明，不同产地胸径生长量的差异达到了极显著水平。从图1和表2可以看出，河南商丘杜仲胸径生长量最大，10 a 生胸径达到13.90cm，而四川旺苍的胸径生长量最小，10a 生胸径仅5.40cm。胸径生长量由大到小的顺序依次为河南商丘、河南洛阳、北京市、河南灵宝、江苏南京、河北安国、山东青岛、安徽黄山、湖北郧西、湖南慈利、江西九连山、江西井冈山、陕西安康、陕西略阳、贵州遵义、四川旺苍。杜仲胸径生长量具有一定的规律性，即北方产区的杜仲胸径生长量普遍高于南方产区；在纬度相似的地区，东部产区高于西部产区。河南商丘、山东青岛、河北安国、北京市等我国北方主要引种区杜仲的生长量显著高于南方杜仲中心产区的贵州遵义、四川旺苍、湖南慈利、陕西略阳等地，说明目前杜仲的中心产区并不是杜仲的最佳适生区。

表2 不同产地杜仲胸径生长及树皮含胶率比较

产地	胸径（cm）	树皮厚（cm）	木栓层厚（cm）	木栓层占皮厚比例（%）	树皮密度（g/cm³）	树皮含胶率（%）	杜仲胶密度（mg/cm³）
1	7.70	0.18	0.02	11.11	0.22	8.22	18.08
2	7.50	0.17	0.03	17.65	0.19	8.37	15.90
3	5.70	0.16	0.04	25.00	0.19	8.01	15.22
4	8.20	0.16	0.03	18.75	0.18	7.71	13.88
5	9.60	0.18	0.03	16.67	0.18	7.54	13.57
6	10.70	0.20	0.06	30.00	0.16	7.66	12.26
7	5.40	0.16	0.03	18.75	0.20	7.93	15.86
8	6.30	0.13	0.02	15.38	0.18	7.63	13.73
9	8.50	0.20	0.04	20.00	0.15	7.81	11.72
10	6.10	0.16	0.03	18.75	0.19	7.92	15.05
11	11.50	0.22	0.03	13.63	0.17	7.54	12.82
12	13.20	0.25	0.07	28.00	0.16	7.25	11.60
13	13.90	0.27	0.07	25.93	0.15	6.63	9.95
14	9.70	0.26	0.06	23.08	0.14	5.85	8.19
15	10.40	0.23	0.07	30.43	0.14	5.99	8.39
16	12.60	0.20	0.06	30.00	0.15	6.27	9.41
F 值	33.58**	49.00**	5.00**	13.54**	7.00**	10.24**	31.66**

注：$F_{0.05}$ (15, 32) = 1.99；$F_{0.01}$ (15, 32) = 2.66。** 极显著水平，* 显著水平；下同。

117

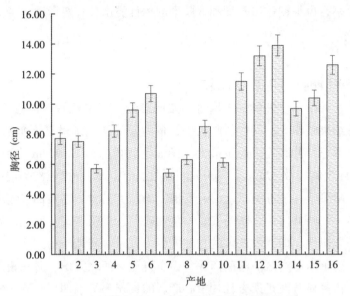

图 1　不同产地 10a 生杜仲胸径生长量比较

2.2　不同产地杜仲皮厚度比较

从图 2 和表 2 可以看出，河南商丘 10 a 生杜仲的树皮厚度最大，达 0.27cm，而陕西安康树皮生长量最小，10a 生树皮厚度仅 0.13cm。表 2 的方差分析结果表明，不同产地树皮厚度和木栓层厚均存在极显著差异。树皮厚度由大到小的顺序依次为河南商丘、山东青岛、河南洛阳、河北安国、河南灵宝、北京市、江苏南京、湖北郧西、安徽黄山、江西九连山、江西井冈山、湖南慈利、贵州遵义、陕西略阳、四川旺苍、陕西安康。杜仲树皮厚度生长量也具有一定的规律性，即北方产区的杜仲树皮厚度普遍高于南方产区。河南商丘、山东青岛、河北安国、河南灵宝等我国北方产区杜仲的树皮厚度也显著高于南方杜仲中心产区的贵州遵义、四川旺苍、湖南慈利、陕西安康、略阳等地。不同产地树皮的木栓

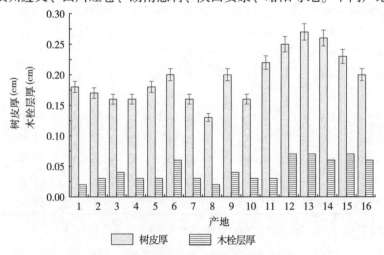

图 2　不同产地 10a 生杜仲树皮厚度比较

层厚度与树皮厚度有关，树皮厚度较大的地区，木栓层厚度一般也较大。

2.3 不同产地杜仲皮密度比较

从图3和表2可以看出，江西九连山杜仲树皮的密度最大，达到0.22g/cm³，而山东青岛和河北安国的树皮密度最小，仅0.14g/cm³。表2的方差分析结果表明，不同产地树皮密度存在极显著差异。树皮密度由大到小的顺序依次为江西九连山、四川旺苍、陕西略阳、江西井冈山、贵州遵义、湖南慈利、安徽黄山、陕西安康、河南灵宝、河南洛阳、江苏南京、湖北郧西、河南商丘、北京市、河北安国、山东青岛。树皮密度与树皮厚度呈负相关，树皮厚度越大，树皮的密度相对越小。

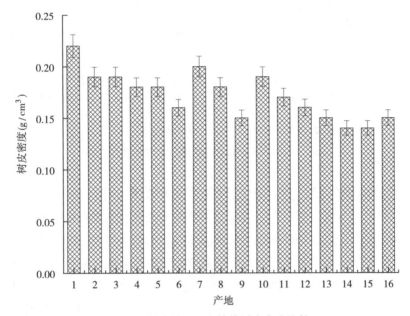

图3　不同产地10a生杜仲树皮密度比较

2.4 不同产地杜仲皮含胶率比较

由图4可以看出，杜仲树皮的含胶率大体上随着纬度的增加而呈逐步减小的趋势。南方产区树皮的含胶率一般比北方产区高。表2的方差分析结果表明，不同产地树皮含胶率存在极显著差异。树皮含胶率最高的产区是江西井冈山，达到8.37%，山东青岛最低，为5.85%。树皮含胶率由高到低的顺序依次为：江西井冈山、江西九连山、贵州遵义、四川旺苍、陕西略阳、湖北郧西、湖南慈利、江苏南京、陕西安康、安徽黄山、河南灵宝、河南洛阳、河南商丘、北京市、河北安国、山东青岛。树皮内杜仲胶密度也基本上随着纬度的增加而逐步减小。

2.5 影响不同产地杜仲皮含胶率形态因子的回归分析

不同产地树皮特征与杜仲树皮含胶率的相关性分析表明，树皮厚度、木栓层厚、树皮密度与杜仲树皮含胶率的相关性达到了显著水平。通过SAS软件分析后建立杜仲树皮含胶率（y_3）与树皮厚度（x_1）、木栓层厚（x_2）、树皮密度（x_3）的回归方程为：

$$y_3 = 55.0822 - 87.5518x_1 + 374.2x_2 - 176.3x_3。$$

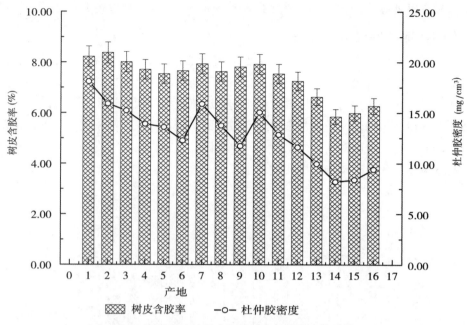

图4　不同产地杜仲皮含胶率和杜仲胶密度比较

2.6　不同产地地理气候特点与树皮含胶率的相关性分析

杜仲的生长状况与所处的环境密切相关，杜仲皮的含胶率也会由于生长环境的变化而发生改变。由表3看出，杜仲的胸径生长量与年日照时数和土壤 pH 值呈极显著正相关关系，与纬度呈显著的正相关关系；而与海拔高度和无霜期呈极显著负相关关系。说明日照时数的增加，以及在杜仲适生范围内，随着 pH 值的增大和纬度的增加，杜仲的胸径生长量呈逐步增大的趋势；而海拔越高、无霜期越长，越不利于杜仲胸径的生长。树皮厚度与年日照时数和土壤 pH 值呈极显著正相关关系，与纬度和经度呈显著的正相关关系；与海拔高度和无霜期极显著负相关，而与年降水量、年均气温呈显著负相关。说明日照时数的增加，以及在杜仲适生范围内，随着 pH 值的增大和纬度、经度的增加，杜仲的树皮厚度呈逐步增大的趋势；海拔越高、无霜期越长、年降水量越大、年均气温越高，越不利于杜仲树皮的生长。树皮木栓层厚度与纬度、年日照时数和土壤 pH 值呈极显著的正相关关系，与经度呈显著的正相关关系；与海拔高度和年降水量呈极显著负相关关系，而与无霜期、年均气温呈显著的负相关关系。说明纬度、日照时数、pH 值、海拔高度、年降水量是影响树皮木栓层形成的最主要因子，纬度增高、日照时数增加，树皮木栓层厚度呈逐步增大的趋势；而海拔越高、无霜期越长，越不利于杜仲树皮木栓层的形成。

树皮含胶率与纬度、年日照时数和土壤 pH 值呈极显著的负相关关系，与经度呈显著的负相关关系；与海拔高度、年降雨量、年均气温、无霜期呈极显著正相关关系。说明纬度越高、年日照时数越长、土壤 pH 值越高，越不利于杜仲皮内杜仲胶的形成，树皮含胶率越低；而海拔越高、年降水量越大、年均气温越高、无霜期越长，越有利于杜仲皮内杜仲胶的形成和积累，树皮含胶率越高。

表 3　不同产地地理气候特征与树体生长及树皮含胶率相关性分析

项目	纬度	经度	海拔	年日照时数	年均气温	年降水量	无霜期	土壤 pH 值
胸径	0.535 *	0.490	-0.761 **	0.805 **	-0.351	-0.490	-0.677 **	0.877 **
树皮厚	0.522 *	0.503 *	-0.647 **	0.759 **	-0.540 *	-0.510 *	-0.631 **	0.879 **
木栓层厚	0.660 **	0.542 *	-0.720 **	0.838 **	-0.562 *	-0.661 **	-0.620 *	0.839 **
树皮含胶率	-0.832 **	-0.499	0.652 **	-0.897 **	0.648 **	0.679 **	0.709 **	-0.800 **

3　结论

不同产地杜仲胸径和树皮厚度具有一定的规律性，即北方产区普遍高于南方产区；在纬度相似的地区，东部产区又高于西部产区。不同产地树皮的木栓层厚度与树皮厚度有关，树皮厚度较大的地区，木栓层厚度一般也较大。河南商丘、山东青岛、河北安国、北京市等我国北方主要引种区杜仲的胸径生长量和树皮厚度显著高于南方杜仲中心产区。从杜仲生长量的比较分析，目前杜仲的中心产区并不是杜仲的最佳适生区。

杜仲树皮的含胶率大体上随着纬度的增加而呈逐步减小的趋势。南方产区树皮的含胶率一般比北方产区高。树皮含胶率最高的产区是江西井冈山，山东青岛最低。树皮内杜仲胶密度也基本上随着纬度的增加而逐步减小。随着日照时数的增加、pH 值增大和纬度的增加，杜仲的胸径生长量、树皮厚度和木栓层厚度呈逐步增大的趋势；海拔越高、无霜期越长，越不利于杜仲胸径和树皮木栓层的生长，而海拔越高、无霜期越长、年降水量越大、年均气温越高，越不利于杜仲树皮的生长。年日照时数越长、土壤 pH 值越高，越不利于杜仲皮内杜仲胶的形成，树皮含胶率越低；而海拔越高、年降水量越大、年均气温越高、无霜期越长，越有利于杜仲皮内杜仲胶的形成和积累，树皮含胶率越高。

人心果品种资源亲缘关系的AFLP分析[*]

文亚峰¹　谢碧霞¹　何钢¹　潘晓芳²

(1. 中南林业科技大学资源与环境学院, 湖南长沙 410004; 2. 广西大学林学院, 广西南宁 530004)

人心果 *Manilkara zapota* 为山榄科 Sapotaceae 铁线子属常绿果树, 原产墨西哥南部与中美洲地区 (Morton, 2000), 现在大部分热带、亚热带国家都有种植。人心果是一种果胶两用树种, 其果实主要供鲜食, 味道甜美, 芳香爽口, 营养丰富。树体所分泌的胶液, 称为 "奇可胶" (chick), 是制造生态口香糖的胶基原料, 有很好的开发利用价值。我国人心果最早于 20 世纪初从东南亚国家引种, 主要分布于云南、广东、广西、福建、海南和台湾等省 (区) 的中南部。人心果在我国虽然已有上百年的引种历史, 但仍属珍稀果树, 资源稀少, 良种缺乏, 没有形成一定的生产规模 (谢碧霞等, 2005)。目前, 除海南、广东有少量栽培外, 人心果在其他地区零星分布, 呈散生状态。就品种而言, 我国目前尚无具体的品种名称, 且各地对人心果的称呼也存在很大差异, 同物异名、同名异物现象普遍存在, 这给人心果的资源收集、种质鉴定、分类和引种带来了很大困难。

AFLP 分子标记技术由荷兰科学家 Zabeau 等 (1995) 创立。该方法结合了 RFLP 和 RAPD 技术的特点, 既具有 PCR 的高效性、安全性和方便性的特点, 又具有 RFLP 可靠性好、重复性高的优点, 已被广泛应用于植物亲缘关系、种质鉴别及遗传多样性研究 (王利等, 2008; 王献等, 2005; Zhang et al., 2000; 宋红竹等, 2007)。本文在人心果品种资源表型性状研究的基础上 (文亚峰等, 2006), 利用 AFLP 分子标记技术分析人心果品种资源的 DNA 指纹图谱, 研究品种间的亲缘关系及其遗传多样性, 为人心果品种资源收集、引进、分类和遗传改良提供科学依据。

1　材料和方法

1.1　试验材料

31 个样品采自广西人心果种质资源圃、云南西双版纳热带植物园及广东湛江等地, 其中包括 4 个曼妹人心果 (Pouteria sapota) 品种 (C14、C15、C16、C17)。曼妹人心果与人心果同属山榄科, 2004 年首次从美国佛罗里达州引种到我国, 本试验中用作对照样本。所有样品均选取新鲜嫩叶 5~10 枚用冰盒带回实验室, 置于−80℃低温冰箱保存备用。材料编号、品种 (类型) 名称及来源见表 1。

---

　*本文来源: 林业科学, 2008, 44 (9): 59-64.

表 1 试验材料及来源

编号	品种名称	种名	来源地	编号	品种名称	种名	来源地
C1	OX	*Manilkara zapota*	美国	C17	Viejo	*Pouteria sapota*	美国
C2	Molix	*Manilkara zapota*	美国	C18	广西1	*Manilkara zapota*	广西南宁
C3	Mead	*Manilkara zapota*	美国	C19	广西2	*Manilkara zapota*	广西南宁
C4	O-3	*Manilkara zapota*	美国	C20	海南1	*Manilkara zapota*	海南
C5	Fruit spice	*Manilkara zapota*	美国	C21	海南3	*Manilkara zapota*	海南
C6	Tom ther	*Manilkara zapota*	美国	C22	海南2	*Manilkara zapota*	海南
C7	Pina	*Manilkara zapota*	美国	C23	海南4	*Manilkara zapota*	海南
C8	Morena	*Manilkara zapota*	美国	C24	广西3	*Manilkara zapota*	广西南宁
C9	Hasya	*Manilkara zapota*	美国	C25	广西4	*Manilkara zapota*	广西南宁
C10	Profic	*Manilkara zapota*	美国	C26	云南1	*Manilkara zapota*	云南西双版纳
C11	Modella	*Manilkara zapota*	美国	C27	云南2	*Manilkara zapota*	云南西双版纳
C12	Alana	*Manilkara zapota*	美国	C28	广东1	*Manilkara zapota*	广东湛江
C13	Tikal	*Manilkara zapota*	美国	C29	越南	*Manilkara zapota*	越南
C14	Magana	*Pouteria sapota*	美国	C30	广东2	*Manilkara zapota*	广东广州
C15	Florida	*Pouteria sapota*	美国	C31	广西5	*Manilkara zapota*	广西南宁
C16	Tazumal	*Pouteria sapota*	美国				

1.2 试验方法

采用荧光 AFLP（fluorescent-labeled AFLP）技术开展试验研究。该技术利用荧光染料标记引物进行选择性扩增，扩增产物在自动测序仪（ABI377）上扫描鉴定。所显示的AFLP 带的式样为不同分子质量、不同荧光强度扩增片段的 DNA 指纹图谱，利用 GeneScan和 Gentyper 软件分析多态性和基因型。

1.2.1 模板 DNA 的制备

利用 CTAB 法提取 DNA，并略加以改进。用 DU-640 核酸蛋白仪对抽提的 DNA 进行纯度和浓度检测。DNA 提取质量用 0.8% 琼脂糖凝胶电泳进行检测，根据检测结果，将符合试验要求的 DNA 样品稀释到约 100μg/ml，用于 AFLP 试验。

1.2.2 AFLP 试验方法

AFLP 试验包括模板 DNA 的酶切-连接、预扩增、选择性扩增及扩增产物的电泳检测等。具体步骤参照美国 Applied Biosystems 公司的植物荧光 AFLP 操作指南，采用梯度试验确定并建立了人心果 AFLP 反应体系（文亚峰，2006）。

1.2.3 数据处理与分析

电泳结果数据由 GeneScan3.7（Applied Biosystems）软件获得，所提供的数据为 50~500bp 区间的 DNA 片断分子质量。由于小片段 DNA 杂带较多，选取 75~500bp 区间的 DNA

片断，将分子质量数值转化为 1，0 标准数据，求多态性位点百分率 $P=(Kn)\times100\%$。式中：K 为多态性位点数目，n 为所测定的位点数目。

利用 NTSYS2.10e 软件求 Dice（Nei and Li's）相似性系数 $S_n=2a/(2a+b+c)$，式中：a 为两样品的共有条带数，b 为 A 样品有、B 样品无的条带数，c 为 B 样品有、A 样品无的条带数。根据求得的 Dice 遗传相似性矩阵，对各品种资源进行聚类分析（UPGMA 法），生成聚类图。

1.2.4 表型标记与分子标记的相关性分析

根据人心果生物学特性和树体外部特征，选取树姿、叶、花、果 4 大外部形态的 20 个外形指标作为标记特征，观察并测定性状数值（特性数据）。结合人心果表型分析数据（文亚峰等，2006），利用 NTSYS2.10e 软件中的 Mxcomp 程序对表型标记与分子标记结果的相关性进行 Mantel 检验。

2 结果与分析

2.1 扩增结果及多态性比例

所筛选的 9 个引物对共扩增得到 1131 条带（75～500bp，表 2），其中多态性带为 1096 条，多态性比率达到了 96.90%，平均每对引物产生 125 条带。引物 P-GTAM-CAG 扩增效率最高，共产生 140 条带。引物 P-GACM-CAA 多态性比率最高，为 99.17%。如果去除 4 个曼妹人心果品种（C14、C15、C16、C17），在种的水平上，人心果多态性比率达到了 89.04%。但在品种水平而言，遗传变异有大有小，多态性比例在 22.19%～45.89% 之间（表 3）。

表 2　9 对引物扩增结果

序号	引物组合	扩增条带数	多态性条带数	多态性条带百分率（%）	特征性条带数
1	P-GAA/M-CAG	115	105	91.34	9
2	P-GAA/M-CAT	127	117	92.13	7
3	P-GAA/M-CTA	127	125	98.43	15
4	P-GAA/M-CTG	123	121	98.37	15
5	P-GAC/M-CAA	120	119	99.17	9
6	P-GAC/M-CAG	118	115	97.46	27
7	P-GAC/M-CTA	129	127	98.45	22
8	P-GTA/M-CAG	140	138	98.57	4
9	P-GTG/M-CAG	132	129	97.73	16
	合计	1131	1096		124
	平均	125	121	96.90	13

表3　不同品种多态性条带及多态性条带百分率

编号	多态性条带数	多态性条带数（%）	特征性条带数	编号	多态性条带数	多态性条带数（%）	特征性条带数
C1	448	39.61	5	C17	460	40.67	6
C2	398	35.19	2	C18	353	31.21	1
C3	437	38.64	1	C19	493	43.59	11
C4	309	27.32	0	C20	512	45.27	4
C5	382	33.78	1	C21	400	35.37	1
C6	386	34.13	3	C22	458	40.50	3
C7	440	38.90	3	C23	417	36.87	3
C8	262	23.34	2	C24	454	40.14	3
C9	486	42.97	9	C25	428	37.84	0
C10	457	40.41	6	C26	376	33.24	7
C11	423	37.40	3	C27	289	25.55	1
C12	310	27.41	1	C28	340	30.06	1
C13	487	43.06	6	C29	251	22.19	2
C14	519	45.89	22	C30	392	34.66	2
C15	355	31.39	3	C31	311	27.50	0
C16	455	40.23	12	合计	12490		124
				平均	402	35.62	4

2.2 特征性条带

9对引物共扩增得到1131条带，其中特征带（某品种独有）就有124条（表2、3），占扩增总带数的10.96%，特征带大小一般在350~500bp之间。31个品种中有28个找到了特征性条带，其中曼妹人心果的4个品种C14、C15、C16、C17特征带最多，共有43条，占总带的34.68%。此外，C19（广西2）特征带也较多，有11条。而C4（O-3）、C25（广西4）、C31（广西5）3个品种未找到特征带，相信随着筛选引物的增多，这3个品种肯定也有特征带存在。这些特征性条带在人心果品种鉴别及特异性状基因克隆中具有重要作用。

2.3 聚类分析

供试材料间的遗传相似性系数在0.40~0.87之间，平均相似性系数为0.65。C21与C22（海南3与海南2）之间的相似性系数最大，为0.87，表明其亲缘关系最近，与表型性状分析结果一致，从分子角度分析来自海南的C21和C22可能为同一品种。根据遗传相似性系数矩阵按UPGMA法对31个品种资源进行聚类分析（图1）。在相似性系数0.52处，曼妹人心果4个品种首先被区分开，聚为MAM类群，27个人心果品种全部聚为SAP类群。曼妹人心果和人心果属于山榄科的2个不同属，聚类结果表明这2个属间存在较远的亲缘关系。在相似性系数0.54处，SAP类群又可分为SAP1和SAP2两个亚群。SAP1亚群由C26、C27、C28构成，为云南西双版纳和广东湛江的3个品种，其表型特征主要体现在嫩梢（嫩叶）为褐红色，上密被褐毛。在相似性系数0.69处，SAP2亚群的24个人

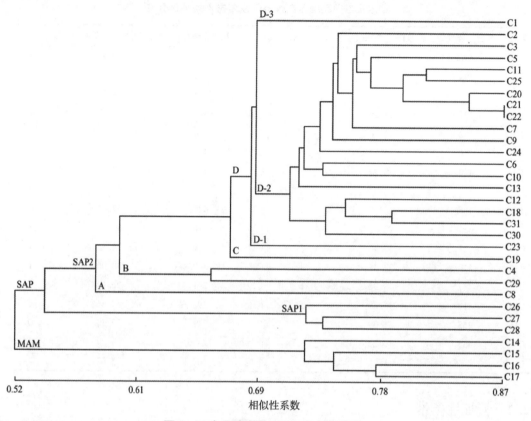

图1　31 个品种资源 AFLP 分子聚类图

心果品种被分为 4 组（A、B、C、D 组）。A 组只包括 C8 一个品种；B 组为 C4 和 C29 两个品种；C 组为 C19 一个品种；D 组的 20 个品种（类型）又可分为 3 个亚组（D-1、D-2 和 D-3）。D-1 亚组只有 C23 一个品种；D-2 亚组包括 18 个品种，大部分栽培品种聚在这一亚组；D-3 亚组只含 C1 一个品种，形态表现为大果。

从分子聚类分析结果可看出，11 个美洲品种和 10 个国内地方类型在相似性系数 0.66 处聚为一大组（C、D 组），表现出较近的亲缘关系，它们并没有按地理来源的不同聚类，而是互有穿插，有些国内品种与美洲品种间的亲缘关系甚至高于本地品种。大部分栽培品种聚于 D-2 亚组，与国内其他地方类型（野生种）有一定的遗传距离，说明栽培种的来源较为相近，可能来自亲缘关系较近的几个母本。

2.4　表型标记与分子标记结果的相关性比较

根据 NTSYS2.10e 软件的 Mantel 检验结果（1000 次置换），人心果表型标记（文亚峰等，2006）与分子标记之间的相关系数为 0.198（$P = 0.057 > 0.05$），二者相关性并不高。但其中有少数品种，如海南的 3 个品种、云南西双版纳和广东湛江品种（类型）相互之间的形态与分子标记聚类结果完全一致，说明亲缘关系很近或很远（海南的 3 个品种相互间亲缘关系较近；云南西双版纳和广东湛江 3 个品种与其他品种间遗传距离较远）的品种间相关程度高。

3 讨论

3.1 人心果遗传多样性水平评价

人心果起源于墨西哥和中美洲地区,早在 4000~5000 年以前,古代玛雅人就有利用人心果的历史。在长期的进化和人工选择过程中,人心果形成了多种不同的种类和品种。由于其较好的经济用途,目前已被引种至大部分热带和亚热带地区,分布范围逐步扩大。AFLP 研究结果表明,在种的水平(除曼妹人心果),人心果多态性比率达到了 89.04%。根据 Hamrick 等(1990)利用等位酶研究植物遗传变异的结果,长命多年生木本植物的多态性比率为 64.70%。可见在种的水平上,人心果体现了非常丰富的遗传多样性。

就品种(类型)水平而言,人心果的遗传变异有大有小,多态性比例在 22.19% ~ 45.89%之间,比荔枝 *Litchi chinensis*(易干军等,2003)、龙眼 *Dimocarpus longan*(谭卫萍,2002)等其他热带果树要低。这主要与各地的引种历史和栽培方式有关,虽然在长期的进化和选择过程中,人心果种群在其起源地形成了丰富的多样性,但各地引种历史并不是很长,引进品种数量有限,栽培地域狭小,不同地区间品种交换少,外源基因交流的机会也少,因此变异程度不大。同时,长期的实生繁殖方式也限制了遗传变异的发生。

3.2 人心果表型与分子聚类结果的比较

形态学性状是植物品种最直观、可以进行描述的外部特征,尽管形态标记易受发育时期和环境条件影响,且标记数量有限,但形态标记简便易行且快速,长期以来被广泛应用于物种种质资源鉴定、分类和多样性研究。随着现代分子生物学技术的发展,分子标记可以使人们直接对决定生物性状的基因进行分析,有着非常独特的优越性。但形态标记和分子标记结果的一致性一直是争论较多的话题。在观赏桃花 *Prunus persica*(Hu et al., 2005)、大花惠兰 *Cymbidium hyridus*(朱根发等,2007)、波罗蜜 *Artocarpus heterophyllus*(Schnell et al., 2001)等植物研究中发现分子和形态标记结果较为相近,可以用分子标记来指导传统的分类研究。但更多的报道如油橄榄 *Olea europaea*(Hagidimitriou et al., 2005)、葡萄 *Vitis vinifera*(Martínez et al., 2003)、黑麦草 *Lolium perenne*(Roladan-Ruiz et al., 2001)等是关于分子和形态标记结果间的不一致。Heaton 等(1999)也曾运用 RAPD 技术对生长在墨西哥尤卡坦州不同地理环境条件(森林和沼泽)下的人心果种群进行研究,发现分子与形态标记结果差异非常大,但不同外部形态的人心果种群在基因型上并无显著差异,因此认为环境因素是引起形态差异的主要原因。本研究结果表明,人心果形态标记和 AFLP 分子标记聚类结果间的相关性并不高,但其中亲缘关系很近或很远的品种形态标记与分子标记间具有较高的相关性,这与 Roladan-Ruiz 等(2001)研究黑麦草时得到的结论相同。

可以从以下几个方面理解形态和分子标记结果的不一致性:首先与自然选择和环境等因素的影响有关。在生物进化过程中,自然选择能导致形态的迅速分化,此外,自然选择也可引起在进化上不同祖先的种群承受着某些特征的趋同,造成形态上的相似性,而且形态学特征也会受到环境因子、生物因子以及人类活动等因素的影响。相对而言,在种质鉴别上，分子标记较形态特征有更大的优越性，如基因位点数量大，各位点之间相互独立，容易比较它们之间的差异以及可以完全排除环境因素的干扰等。就人心果而言，当它从中美洲地区被引种后，为适应不同地方的环境条件，虽然在形态上产生了一定的变异，但基因型并没有改变。

标记位点的选择和标记数量也是造成形态与分子标记结果不一致的主要原因。可能所选用的标记并没有较好地反映各样本之间实质性的差异。形态标记数量非常有限，一般选取能观察到的外部特征作为标记位点，而分子标记检测的基因位点数也只有几百至几千个。高等植物基因组包含有 4 万~10 万个编码蛋白质的基因，这些有限的分子标记位点不一定正好就是控制某一形态性状的结构基因，因此，产生形态与分子标记结果的不一致性是正常的，也是难以避免的。除此之外，样本数量、不同的分析方法、人为误差等也会在一定程度上造成形态与分子标记结果的不一致。目前，越来越多的研究表明，形态与分子标记的一致度既与物种的进化背景有关，也与物种生存环境、生态习性及标记方法本身有较大关系，可以根据研究目的不同而选用不同的方法。人们通常把多种标记方法结合起来使用，相互补充，相互完善，以求从不同层次、不同水平对生物系统进化过程做更完美的解释。

3.3　人心果品种及其分类

种是植物分类学上的基本单位，品种是在种以下划分出的生产资料。如果严格按照"品种"的概念，试验所选用的 27 人心果材料中，除美国的 13 个和我国海南 4 个栽培品种外，其他材料尚不能称为"品种"，最多只能算"地方类型"。根据笔者前期表型分析结果，可初步将人心果分为几个大的类型（文亚峰等，2006），但要对人心果品种进行系统分类，就必须在长期观察的基础上，寻找标记性状较为明显且能稳定遗传的质量或数量形态性状。结合形态标记与分子标记结果来看，嫩梢（叶）颜色可能为质量性状，适合作为分类依据。大部分栽培品种聚在 D-2 亚组，而地方类型（野生种）分布于其他不同的组内，这种差异可能与果实品质性状相关，分类研究时可重点考虑果实性状特征。就花器特征而言，虽然形态与分子聚类结果一致，但取样的海南 3 个品种亲缘关系过近，花器特征是否能作为分类依据，有待进一步观察。

人心果优质丰产栽培技术[*]

文亚峰[1]　谢碧霞[1]　潘晓芳[2]　王森[1]

（1. 中南林业科技大学林学院，湖南长沙 410004；2. 广西大学林学院，广西南宁 530004）

人心果 *Manilkara zapota* 为山榄科铁线子属常绿果树，原产墨西哥南部与中美洲地区。其果实味道甜美，芳香爽口，营养丰富，主要供鲜食。人心果树体所分泌的乳胶称为"奇可胶"（chick），是制造口香糖的植物性胶基原料。人心果最早于 20 世纪初引种至我国，但一直存在资源稀少、良种缺乏、栽培技术落后等问题。到目前为止，人心果在我国仍属珍稀水果，市场供不应求。2002 年以来，我们从越南、美国引进了人心果优良品种 16 个，在广东、广西等地建立人心果推广示范基地。参考国外人心果先进培育技术，并结合我国南方地区气候、地形特点，笔者总结出了人心果丰产栽培关键技术。利用该技术，人心果结果早，丰产性强，品质优良，3 年即可挂果，4 年每 667m² 产量达 1200kg 以上。

1　人心果产地环境条件

人心果属热带、南亚热带树种，在年均温 21~23℃、年降水量 1300mm、年均相对湿度 70%~80% 的地区生长良好。成年树可抵抗 -3.3~2.2℃ 的低温，对干旱条件有较强适应性。对土壤适应性较强，黄红壤、沙壤、黏质沙壤都可种植，较高肥力的松、软沙质土最适合人心果生长。栽培区域以我国海南、台湾、福建及广东、云南、广西中南部等地区为宜。

人心果产地环境条件包括空气、土壤和水三大因素，它们直接关系人心果的生长发育，影响着人心果产量与果实品质。应在栽培分布区内选择适宜人心果栽培的地段，要求相对连片、最小面积在 6670m² 以上、有可持续生产能力、生态环境条件良好的区域建园。土壤要求以沙壤、黄壤、黄红壤为主，土层厚度大于 50cm，符合《土壤环境质量标准》GB15618-1995，肥力较高，周围无金属、非金属矿山，无农药残留污染。产地空气、灌溉水应符合《无公害果品生产技术》的要求。

2　良种选择

人心果栽培品种应具有良好的园艺特征，要求果大，果形好，果皮光滑，果肉厚实，种子少，香甜可口，石细胞少，高产稳产，成熟期相对集中，耐贮藏等。推荐选择的优良品种有：Hasya、Tikal、Molix、OX、Prolific、SCH-2 和 Timothe 等。

---

[*] 本文来源：中国南方果树，2009，38（4）：45-46.

3 栽培技术

3.1 整地与栽植

为改善立地条件，保持水土，便于栽植施工，提高栽植成活率和促进人心果生长发育，在栽植前应根据坡度和土壤等条件整地。整地一般在定植前一年的秋、冬季进行。坡度大于10°时要求梯级整地。坡度10°~15°，梯面宽3~6m；坡度15°~20°，梯面宽2.0~2.5m。梯面宽度和梯间距离要根据地形和栽培密度而定，坡度超过20°不宜栽培人心果。初植密度833~1110株/hm²，以3m×3m、3m×4m株行距比较合适。栽植方法一般采用大穴定植，平地果园和缓坡地（坡度小于5°）按株行距挖长、宽、深各为80cm、80cm、60cm的种植穴。定植前20~30d在定植穴内施土杂肥20~30kg+磷肥0.5kg。定植时，先将表土回穴，苗干要竖直，根系要舒展，深浅要适当，填土一半后提苗踩实，再填土踩实，最后覆盖松土。

3.2 授粉树配置

人心果存在自交不亲和现象，栽植时必须配置授粉树或多品种混栽。授粉树要与主栽品种有良好的亲和力，花期大致相同，并具有良好的果实品质。授粉树常采用中心配置式或行列配置式。中心配置式是一株授粉树周围栽主栽品种，授粉树与主栽品种的比例为1∶8或1∶24；行列配置式是每隔一定行数的主栽品种中配置一定行数的授粉树。授粉树可以是一个或多个品种。

3.3 整形修剪技术

人心果幼树修剪的目的是整形，着重培养较好的树形和骨干枝。幼树常用的修剪方法有摘顶、疏删、短截和拉枝等。幼树修剪宜轻，尽量多保留枝梢，对扰乱树形的枝条及徒长枝要及时疏删。整形修剪应根据不同品种选定不同的树形，主要以自然开心形和圆锥形为主。

人心果成年树通过整形修剪控制树体大小，增加树冠通风透光能力。在美国佛罗里达州，人心果成年树很少修剪，树体较为高大，营养生长旺盛。在我国南方各地，我们参考荔枝、龙眼等修剪方式，主要控制人心果树体高度、冠幅和树势，使树体矮化（3.5m左右）。成年树植株主要在春夏季进行修剪，对树冠上部生长旺盛的直立枝进行疏删或短截，控制树高，剪除枯枝、损伤枝及病虫枝。高温多湿季节，应注意删除内膛部分繁茂枝条，增加通风透光，控制顶端优势和营养生长，促进开花结果。

初植密度较大的人心果园在进入结果期后，随着树体生长，树冠会较早郁闭，如不及时修剪，则易发生平面结果。因此，当临时植株对永久植株的生长和结果有影响时，应及时修剪或间伐，保证永久植株好的树形和较强的生长势。

3.4 肥水管理技术

人心果幼树每2~3个月追肥一次。冬季施一次基肥，以农家肥为主，施20kg/株；春、夏季以氮肥为主，配合磷、钾肥，建议氮、磷、钾比例为1∶1∶0.8，每次施300~

400g/株。5年后成林每年施肥3次，3月、9月下旬各施一次，施2~2.5kg/株；1月施冬肥一次，30kg/株。人心果是耐旱能力较强的树种之一，但在长期干旱时灌溉有利于生长和提高产量。幼树一般每周灌水2~3次，成年树要在新梢期、盛花期和果实生长发育期，特别是7~9月，应避免干旱，定期灌溉。人心果不耐涝，雨季要排水防涝。

3.5 人工授粉

人心果自花不育，在自然状态落花落果严重，坐果率只有1.5%~2.0%。生产中为提高产量，除了配置授粉树外，还应加强人工授粉。授粉时间可根据不同品种花期（一般为4月中下旬或9月中上旬），盛花时于上午采饱满、吐白期或开放期的花朵采集花粉，利用人工撒粉法、人工点授法或机械喷雾法进行授粉。最佳授粉时间应选择晴天的上午8：00~11：00时或下午15：00~16：00时。

3.6 保花保果

保花保果是人心果丰产措施之一。除加强人工授粉外，采用及时疏果、叶面喷施营养液和植物生长调节剂、加强肥水管理等措施保花保果，提高产量。在花蕾期、谢花期和幼果期可用1%尿素+0.5%磷酸二氢钾+0.2%硫酸锌+0.05%硼砂+赤霉素100mg/L或比久100mg/L进行叶面喷施。果实豌豆大小时，可用萘乙酸100mg/L溶液叶面喷施。

4 病虫害防治

人心果病害主要有炭疽病、煤烟病和叶斑病等，虫害为害严重的有介壳虫、人心果云翅斑螟和小蠹虫等。病虫害防治应贯彻"预防为主、综合防治"的方针，综合运用多种防治措施，优先采用营林措施、生物防治和物理防治等方法，配合使用高效、低毒、低残留的无公害农药。加强果园和树体管理，创造有利于人心果生长而不利于病虫害繁殖的生态系统，做到科学修剪，及时剪除枯枝、弱枝和病虫枝，集中烧毁，减少传染源。冬季清园一次，铲除果园内杂草，喷施波尔多液进行消毒。化学防治时，农药种类、剂量、时间和安全间隔期等方面都必须符合使用准则，推荐使用生物农药、生化制剂和昆虫生长调节剂进行防治。

5 果实采收与贮藏

人心果主要成熟期在每年4月和12月。由于人心果常年有花有果，不同生长期的果实在树上同时存在的现象非常普遍，成熟果的判断相对较难。可通过以下特征判断成熟果：果蒂乳汁减少或不流汁；用手轻擦果皮明显出现黄褐色；果柄易脱落。采收方法有直接手摘或采收篮采收，采收时要贴近果基部剪断果柄，注意不要使流出的乳汁污染果面。果实采收后经后熟5~7天即可食用，若要长时间保存，可采取低温贮藏、气调贮藏或涂膜保鲜等方法。

人心果品种资源表型遗传多样性研究[*]

文亚峰[1]　谢碧霞[1]　潘晓芳[2]　何钢[3]

（1. 中南林业科技大学资源与环境学院，湖南长沙 410004；2. 广西大学林学院，广西南宁 530004；3. 中南林业科技大学生命科学与技术学院，湖南长沙 410004）

　　人心果 Manilkara zapota 是适于热带和亚热带地区栽植的常绿果树，属山榄科 Sapotaceae 铁线子属 Manilkara。原产墨西哥南部与中美洲、西印度群岛一带，现在世界大部分热带、亚热带国家都有栽培。其果实味道甜美，芳香爽口，营养丰富。人心果的另一主要用途是其树体所分泌的乳胶，称为"奇可胶"（chick），是制造生态口香糖的胶基原料，具有天然安全、易被生物降解、不污染环境等优良特性。人心果 20 世纪初引种至我国，后又多次引进，在我国海南、广东、广西、福建、台湾、云南等省区均有分布和栽培。

　　国内外对人心果的研究主要集中在种质资源保存、优良品种选育和生殖生理学等方面，有关其品种亲缘关系和系统分类研究尚未开展。由于人心果属外来稀有水果，在长期的引种和栽培过程中，形成了不同的地方品种和类型，品种混杂，亲缘关系不清，给育种和分类工作带来了较大困难。本文根据 20 个外部形态特征对国内外 25 个人心果品种资源进行聚类分析和主成分分析，研究人心果表型遗传多样性和品种亲缘关系，初步对其进行分类研究，为人心果品种分类和优良品种选育奠定基础。

1　实验材料

　　从美国佛罗里达州及我国广西、海南、广东、云南等省区收集人心果品种资源（类型）25 个（能观察到全部外部形态特征）作为实验材料，其中美国 13 个，国内 12 个。材料编号、品种（类型）名称及来源见表1。

表 1　实验材料及来源

编号	品种名称	来源地	编号	品种名称	来源地
C1	OX	美国	C14	广西1	广西热作所
C2	Molix	美国	C15	广西2	广西植物园
C3	Mead	美国	C16	广西3	广西大学
C4	O-3	美国	C17	广西4	广西大学
C5	Fruitspice	美国	C18	海南1	海南
C6	Tomther	美国	C19	海南2	海南

＊本文来源：中南林学院学报，2006，26（6）：27-31.

（续）

编号	品种名称	来源地	编号	品种名称	来源地
C7	Pina	美国	C20	海南 3	海南
C8	Morena	美国	C21	海南 4	海南
C9	Hasya	美国	C22	云南 1	云南
C10	Profic	美国	C23	云南 2	云南
C11	Modella	美国	C24	广东 1	湛江
C12	Alana	美国	C25	广东 2	广州
C13	Tikal	美国			

2 研究方法

2.1 表型性状调查

根据人心果生物学特性和树体外部特征，选取树姿、叶、花、果 4 大外部形态的 20 个外形指标作为标记特征（表 2）。调查方法为每品种随机抽取 3~5 棵树，每棵树取叶、花、果 8~10 份，观察并测定性状数值（特性数据），取其平均值进行计算与分析。

表 2 人心果表型性状及其赋值情况

序号	性状	赋值
1	树姿	开张 = 1；半开张 = 2
2	嫩梢及嫩叶颜色	淡绿 = 1；淡绿，略红 = 2；淡绿，较红 = 3；略绿，红 = 4
3	嫩梢及嫩叶有无褐毛	少 = 1；较少 = 2；较多 = 3
4	叶长	实际测定值
5	叶宽	实际测定值
6	叶形指数	实际测定值
7	叶片形状	卵形 = 1；长卵形 = 2
8	叶片颜色	绿 = 1；深绿 = 2
9	叶柄长度	实际测定值
10	花径	实际测定值
11	花柄长度	实际测定值
12	花柱高度	实际测定值
13	果实纵径	实际测定值
14	果实横径	实际测定值
15	果形指数	实际测定值
16	果实形状	扁圆 = 1；圆 = 2；卵圆 = 3；圆锥 = 4；长卵圆 = 5
17	果实重量	实际测定值
18	果肉颜色	黄褐 = 1；淡红 = 2；棕红 = 3
19	果肉砂质含量	少 = 1；中 = 2；较多 = 3
20	果实口感	很甜 = 1；甜 = 2；甜，有涩味 = 3

2.2 特性数据的数量化

特性数据分为两种类型：一种为状态特性数据，如树姿的开张与否、嫩梢及嫩叶的颜色、叶片形状等，这类数据要进行转化，根据表型赋值，将其改变为特性数值，才能参与计算分析；第二种为数量特性数据，如叶长、叶宽、叶形指数、果实质量等，这些可按实际测定值参与数量化运算。

2.3 性状聚类分析

采用相异系数-欧氏距离（Euclid）来计算人心果品种间的遗传距离，利用聚类分析软件 NTSYSpc2.10e 计算数据并进行 UPGMA 聚类分析，MXCOMP 程序对聚类结果和相似性系数矩阵之间的相关性进行 Mantel 检验。

2.4 性状主成分分析

利用 NTSYSpc2.10e 软件对表型性状做主成分分析。用 STAND 程序对赋值后的数据进行标准化，计算各变量（性状）间的相关系数，然后用 EIGEN 程序求特征值（Eigenvalue）和特征向量（Eigenvactor），再用 PRO-JECTIONS 程序做二维和三维图。

3 结果与分析

3.1 表型性状分析

人心果性状统计分析结果见表 3。20 个性状均存在不同程度的变异，平均标准差为 1.8185，平均变异系数为 25.6%。其中果肉颜色的变异系数最大，为 54.6%，其次为果肉砂质含量、嫩梢（叶）有无褐毛及果实形状，变异系数最小的为花径，为 5.0%。

表 3 人心果品种资源表型性状统计数据

序号	性状	平均值	最大值	最小值	标准差	变异系数（%）
1	树姿	1.32	2.00	1.00	0.4761	36.1
2	嫩梢及嫩叶颜色	2.20	4.00	1.00	0.9129	41.5
3	嫩梢及嫩叶有无褐毛	1.52	3.00	1.00	0.7141	47.0
4	叶长	9.62	12.60	8.30	1.0034	10.4
5	叶宽	3.47	4.00	2.60	0.2954	8.5
6	叶形指数	2.79	3.71	2.38	0.3062	11.0
7	叶片形状	1.20	2.00	1.00	0.4082	34.0
8	叶片颜色	1.64	2.00	1.00	0.4899	29.9
9	叶柄长度	2.32	2.70	1.80	0.2047	8.8
10	花径	0.70	0.76	0.61	0.0352	5.0
11	花柄长度	1.76	1.84	1.41	0.1269	7.2
12	花柱高度	0.78	0.84	0.61	0.0663	8.5
13	果实纵径	6.53	8.70	4.80	1.1145	17.1
14	果实横径	5.98	9.80	4.90	0.9735	16.3

（续）

序号	性状	平均值	最大值	最小值	标准差	变异系数（%）
15	果形指数	1.10	1.67	0.87	0.1919	17.4
16	果实形状	2.64	5.00	1.00	1.2207	46.2
17	果实重量	124.28	210.00	81.00	25.509	20.5
18	果肉颜色	1.40	3.00	1.00	0.7638	54.6
19	果肉砂质含量	1.52	3.00	1.00	0.8226	54.1
20	果实口感	1.96	3.00	1.00	0.7348	37.5
	平均	8.74	14.18	5.90	1.8185	25.6

3.2 品种资源性状聚类分析

根据所构建的 25 个品种间的亲缘关系树状图（图 1）：当欧氏距离为 8.90 时，25 个品种资源被分为两组，第一组只有 OX1 个品种，其他 24 个品种聚成第二组。结合表型特征来看，第一组反映的是果实大小与果实质量的特征，在所有品种中，OX 果形和质量都比其他品种大，因此聚类中，OX 首先被区分出来。

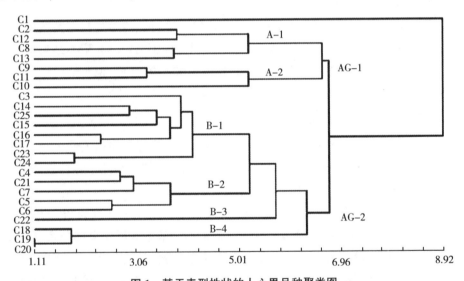

图 1　基于表型性状的人心果品种聚类图

在欧氏距离 6.80 处，第二组可分为两个亚群 AG-1 和 AG-2，实验材料个数分别为 7 个和 17 个。其中 AG-1 中含 7 个品种，可分为两个亚组 A-1 和 A-2. Molix、Alana、Morena 和 Tikal 聚为第一亚组（A-1），它们的叶片形状均为长卵形。第二亚组（A-2）包括 Hasya、Modella 和 Profic3 个品种，其果实形状为长卵圆形。AG-2 亚群包含 17 个品种，占试验材料的 68%，可分为 4 个亚组，分别用 B-1、B-2、B-3、B-4 表示。第一亚组中（B-1）中包括 Mead、广西 1、广东 2、广西 2、广西 3、广西 4、云南 2、广东 1 共 8 个品种；第二亚组（B-2）中包括 O-3、海南 4、Pina、Fruitspice 和 Tomther5 个品种；第三亚组（B-3）仅云南 1 号 1 个品种；第四亚组（B-4）是海南的 3 个品种，海南 2 和海南 3

首先在欧氏距离1.11处聚在一起（应为同一品种），再与海南1在欧氏距离1.80处聚拢，表现出很近的亲缘关系。

从表型性状来看，AG-2亚群的第一、二亚组（B-1和B-2）表型性状不明显，但第一组（B-1）主要以国内品种为主，第二组（B-2）以美国品种为主，第三亚组（B-3）云南1号果形为长卵圆形，且嫩梢（叶）显红色、多褐毛，与其他品种表现出较大差异，单独聚为一组；第四亚组（B-4）海南3个品种在花器特征上与其他品种存在较大差异。第一、二亚组（B-1和B-2）间显示出较近的亲缘关系，首先欧氏距离5.20处聚拢，再依次与第三、第四亚组（B-3、B-4）聚在一起，构成AG-2亚群。

从聚类图可以看出，人心果各品种的聚类结果与地理来源有较明显的联系。虽然同一地区品种间遗传距离有差异，但来自同一地区的不同品种总是首先聚在一起，不同地区的人心果品种在聚类图中有较为明显的界限。如来自美国的13个品种大致聚为三类，即AG-1亚群的A-1、A-2亚组和AG-2亚群中的B-2亚组，而来自国内的12个品种主要聚为两类，集中在AG-2亚群中的B-1和B-4亚组，特别是B-4亚组中海南的3个品种最先聚在一起，表现出极近的亲缘关系，有可能为同一品种。

3.3 聚类结果的 Mantel 检验

应用NTSYSPc-2.10e软件的Mantel统计学检验，进行遗传距离与聚类结果之间的相关性分析，并作显著检验（1000次置换）。结果表明遗传距离矩阵与聚类结果矩阵（协表征矩阵）之间极显著相关，相关系数为0.84（$P=0.002<0.01$）。说明聚类结果很好地反映了种质间的遗传关系。

3.4 人心果品种资源的主成分分析

人心果品种资源20个表型性状变异有大有小，且彼此间存在相关性，给表型分类带来了一定困难。利用主成分分析法，将原来20个性状指标转换为几个综合性的主要指标，从而达到简化品种资源分类的目的。

从表4的分析结果可看出，第一、第二、第三主成分贡献率分别为28.47%、22.12%和14.23%，前三个主成分累计贡献率达到了64.82%，基本能反映大部分表型性状信息。主成分负荷阵中特征向量的大小反映了某一变量对主成分的影响作用，特征向量绝对值越大，对主成分影响越大。第一主成分反映的是叶片形态与果实特征的信息，特征向量按绝对值大小依次是叶形指数（X6）、果实重量（X17）、叶片形状（X7）和果肉颜色（X18）；第二主成分按特征向量大小分别是花径（X10）、花柄长度（X11）、嫩梢（叶）有无褐毛（X3）和花柱长度（X12），主要反映的是花器特征信息；第三主成分中特征向

表4 人心果主成分分析

变量名	f1	f2	f3	f4	f5	f6
X1	−0.2312	0.5094	0.3821	0.3677	0.1266	0.1009
X2	−0.2907	0.6574	0.1522	0.2757	0.4867	−0.1382
X3	−0.2770	0.7165	0.2185	0.3520	0.2949	−0.2844

（续）

变量名	f1	f2	f3	f4	f5	f6
X4	0. 3539	0. 5630	0. 2234	−0. 6308	0. 1726	0. 0424
X5	−0. 6223	0. 4550	0. 2831	−0. 3680	−0. 1229	0. 1504
X6	0. 8475	0. 1973	−0. 0462	−0. 2812	0. 2741	−0. 0388
X7	0. 7959	0. 1558	−0. 0451	−0. 1442	0. 4073	0. 0238
X8	−0. 3478	−0. 1167	0. 5445	0. 5070	0. 2877	−0. 2490
X9	0. 0315	0. 6332	−0. 0866	−0. 5182	0. 3074	0. 2911
X10	0. 4073	0. 7904	−0. 0435	−0. 0082	−0. 3183	−0. 2171
X11	0. 4587	0. 7119	−0. 0368	0. 0880	−0. 4553	−0. 1828
X12	0. 5109	0. 6908	−0. 0447	0. 1116	−0. 4067	−0. 1409
X13	0. 7566	−0. 1789	0. 3264	0. 4160	−0. 0391	0. 1921
X14	0. 5796	−0. 0247	−0. 5986	0. 4911	0. 1511	0. 0422
X15	0. 2757	−0. 1679	0. 8724	0. 0208	−0. 1879	0. 2144
X16	0. 3620	−0. 0806	0. 8708	0. 0266	−0. 1730	0. 0557
X17	0. 8069	−0. 0572	−0. 2421	0. 4530	0. 0171	0. 0987
X18	0. 7401	−0. 0190	0. 2117	0. 1333	0. 1885	0. 2945
X19	−0. 3637	0. 6198	−0. 2723	0. 3200	−0. 1078	0. 4573
X20	−0. 6395	0. 3928	−0. 1544	0. 3972	−0. 0922	0. 3673
方差贡献	5. 6937	4. 4247	2. 8462	2. 4127	1. 4226	0. 9121
贡献率（%）	28. 47	22. 12	14. 23	12. 06	7. 11	4. 56
累计贡献率（%）	28. 47	50. 59	64. 82	76. 89	84. 00	88. 56

量大小依次为果形指数（X15）、果实形状（X16）、果实横径（X14）和叶片颜色（X8），主要反映的是果实形状和大小的信息。

以第一主成分为横坐标，第二主成分为纵坐标获得人心果主成分聚类图（图2）。从图2可知，25个品种大致被分为了4组，第一组有OX、Molix、Morena、Alana和Tikal5个品种，主要性状表现为叶形为长卵形、果形相对较大；第二组有O-3、Fruitspice、

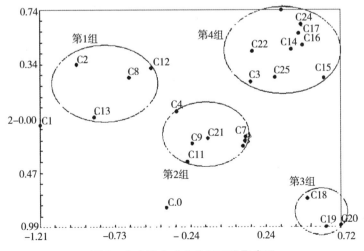

图2 人心果主成分分析二维聚类图

Tomther、Pina、Hasya、Midella 和海南 4 共 7 个品种，位于聚类图的中部，性状表现不明显，体现了第一、第二主成分的综合性状；第三组包括海南 1、海南 2 和海南 3 共 3 个品种，在聚类图中位于右下部，主要体现了第二主成分花器特征性状，表现为花径较小、花柄和花柱长度相对较短；第四组包括 Mead、广西 1、广西 2、广西 3、广西 4、云南 1、云南 2、广东 1 和广东 2 共 9 个品种，主要为国内品种，反映了果实颜色、果肉砂质含量和果实口感的综合信息。

在三个主成分构成的三维坐标图（图 3）中，第一组的 OX 和第五组的云南 1 号在第三个主成分分量上被分开了。比较欧氏距离聚类图和主成分分析聚类图可发现，两个聚类结果基本一致，共同反映了人心果 25 个品种资源的亲缘关系和地方品种间的性状差异，为人心果品种资源分类和优良品种选育奠定了基础。

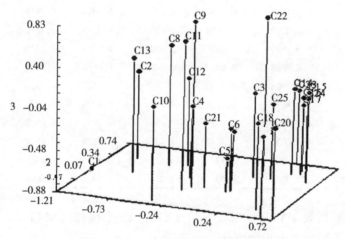

图 3　人心果主成分分析三维聚类图

4　结论

（1）人心果品种资源表型遗传变异丰富，平均变异系数达到了 25.6%。

（2）25 个品种间的欧氏遗传距离范围为 1.11~10.94，平均遗传距离为 6.10。美国、广东、云南地方品种间遗传距离有大有小，表现出较大的差异性，表明其品种来源比较复杂。不同品种间的亲缘关系与其地理来源有较密切的联系，来自美国的 13 个品种大致聚为 3 类，国内 12 个品种（类型）聚为 2 类，海南的 3 个品种间表现出很近的亲缘关系，有可能属同一品种。

（3）根据聚类及主成分分析结果，并结合不同品种性状特征，可将 13 个美国人心果品种分为四大类型：一是大果类人心果，以 OX 为代表；第二类是叶片形状为长卵形的人心果，如 Molix，Alana，Morena 等；第三类果实为长卵形，如 Hasya，Modella 等；第四类特征不明显，但以圆果、叶片卵形为主。国内 12 个品种（类型）根据嫩梢（叶）有无褐毛可分为两大类型，这可能与不同地区人心果引种有关，也有可能受环境影响较大。

（4）20 个表型性状中，叶片形状、果实形状与大小、花器特征和嫩梢（叶）有无褐毛等反映了人心果 64.82% 的表型信息，利用这些性状特征可基本对人心果进行初步分类。

人心果高压苗和嫁接苗繁育技术[*]

文亚峰[1]　　何钢[2]　　谢碧霞[1]

（1. 中南林学院资源与环境学院，湖南长沙 410004；2. 中南林学院生命科学与技术学院，湖南长沙 410004）

人心果 *Manilkara zapota* Van Royen 为山榄科常绿树种，是一种具有广泛用途的热带、亚热带果树，有着十分重要的开发利用价值。其果实味道甜美、芳香爽口、营养丰富，除可鲜食外还可加工制成果酱、果汁及果珍等，具有清心润肺的功效。树体富含胶状乳液，称为"奇可胶"，是制造口香糖的高档环保胶基。人心果树四季常绿，树形优美，常用作绿化、观赏树种。

近年来，随着人们生活质量的提高和对绿色、环保型食品的崇尚与追求，人心果的经济、生态价值逐渐被人们所重视，在我国海南、广东珠江三角洲等地人心果产业发展十分迅速。但由于人心果属外来稀有果树，国内对人心果品种资源及苗木繁育的研究仅见少量报道，生产上品种资源混杂，优良品种苗木稀缺，制约了我国人心果产业的发展。为了探索切实可行的人心果树繁育技术方案，我们深入开展了人心果高压苗、嫁接苗培育技术的研究工作，这将对有效开发利用这一稀有热带水果资源和促进我国人心果产业发展具有十分重要的意义。

1　人心果高压苗的培育

高压苗能保持母树的优良性状，技术简单，育苗期短，适应少量育苗自种。但高压苗存在根系不发达，生长弱，树势易早衰，对母树损伤大等缺点，这种繁殖方法不宜推广。但少量繁殖仍有一定意义，至今我国海南等地人心果苗木繁育仍以高压繁殖方法为主。

1.1　高压时期

高压苗常年都可进行。海南多数在清明至立夏期间即 3~5 月份为宜，此时天气暖和，树液已开始流动，皮层与木质部易分离，发根快。高压时无论阴天、晴天，上午、下午均可进行。各地气候环境条件不同，可根据当地具体情况而定。

1.2　枝条的选择

一般应选择品种纯正、生长健壮、产量高、无病虫害的植株作母树，高压枝最好选 2~3 年生，直径 2~3cm，长 50~60cm 的向阳、斜生或水平、充实健壮的枝条。老化枝、荫弱枝、徒长枝和病虫枝条不能选用。

＊本文来源：经济林研究，2005，23（3）：59~61.

1.3 压条方法

枝条选定之后，在分枝下约 20cm 平滑、无赘瘤处环状剥皮。方法是用利刀环剥 3 ~ 5cm 宽的皮层，深达木质部，并将形成层刮净，上方切口要整齐，剥皮的长度按枝条大小而定。如果切口留有形成层，养分会继续上下流通，影响生根成活。因此，剥皮处的形成层一定要刮干净，如刮不干净，可用棕绳来回地打磨，也可晒 2 ~ 3d，将形成层晒死，断绝养分流通，然后再上营养土包扎。为促进早发根，可用植物激素吲哚丁酸（IBA）、萘乙酸（NAA）涂抹切口，能有效地促进生根。用质量分数为 3000×10^{-6} ~ 5000×10^{-6} 的吲哚丁酸在环剥上方切口的周围涂上即可。

1.4 高压苗的假植与管理

人心果高压后如天气温暖，2 ~ 3 个月即可生根，120 ~ 150d 就可下树。当须根长出泥团外面，即高压苗到 9 ~ 10 月初长出 3 次根后，就可将枝条从母树上包扎泥团的下方锯断。锯口与泥团要平，不得留树枝突出于泥团之外。高压苗下树后要进行整形修剪，剪去部分叶片，以减少水分蒸发，然后解除塑料薄膜进行假植。由于高压苗的根较幼嫩，在下树假植过程中要注意保护泥团，以免断根，影响成活。假植地可按苗圃地的整地方法进行，假植后须搭架遮荫，以防日晒落叶，同时要加强肥水管理和病虫害防治。一般经过 150 ~ 180d 的假植培育后即可出圃。

2 人心果嫁接苗的培育

人心果树体富含胶液，直接影响嫁接成活率。国外科学家经过长期试验研究，在人心果嫁接繁殖技术方面取得了较大突破，目前，美国佛罗里达州人心果商品化苗木全部为嫁接苗。嫁接方法主要以腹接法、劈接法和切接法为主，其中腹接法成活率最高，可达到 80% 以上，其他几种嫁接方法成活率相对较低。2004 年，我们利用从美国引进的人心果嫁接繁殖技术繁育人心果苗木获得成功，腹接法成活率达到了 75%，目前在广西、广东已建立人心果优良品种示范基地 $20hm^2$，苗木长势良好。这里主要介绍人心果腹接法繁殖技术。

2.1 砧木苗的培育

人心果砧木品种应选择嫁接亲和力强、适应性广、结果早、丰产稳产的优良砧木种子培育砧木苗，种子应从生长旺盛、有较大果实的树体上采集。果实采收后取出种子，装入箩筐或布袋中，加入少量草木灰或纯碱轻轻揉擦，除去种皮上的残肉和胶质，用水洗干净。然后加入 0.1% 的高锰酸钾或 2% 的福尔马林溶液浸洗 10min，取出随即用清水冲净，放置通风处阴干后待用。虽然人心果种子在干燥环境下保存几个月仍可发芽，但为获得长势一致的砧木苗，建议种子采集后及时播种，时间以 4 月份为宜。

苗圃地应选择平坦、松软、有较高肥力的沙壤土，含腐殖土、泥炭土、蛭石等，以利于人心果苗木根系生长。播种后经常保持表土湿润，及时除草，出苗后少量多次施用提苗肥，以 N、P、K 比例为 8∶4∶8 的复合配方肥为好。当砧木苗长有 2 ~ 3 对叶片时便可分组移植，我国南方各省 5~6 月天气暖和，雨水多，此时移植人心果苗成活率高，生长快，如管理条件好，当年夏、秋季即可嫁接。为便于管理，苗木可移植到容器中，目前以塑料袋和塑料盒的使用较普遍。容器中装入营养土，营养土以等量的苔藓泥炭土、沙和干牛粪末为好。苗木移植后应充分照射阳光，保持容器湿润，少量多次施肥。

2.2 嫁接时间

砧木苗移植 1 个半月后即可用于嫁接，春、夏、秋三季均可进行，一般在 8 月下旬至 11 月上旬。理想的砧木苗应有 5~8 对叶片，苗粗 0.6~0.9cm，苗木生长健壮、旺盛。

2.3 接穗的采集与处理

接穗应来自无严重病虫害，且通过多年观察的品种纯正、品质优良、丰产稳产的人心果母树。接穗以春、秋梢为好，一般采树冠外围中上部生长充实、芽点饱满、粗细适中、发育充实的枝条，接穗大致与砧木苗等粗。春季嫁接时选择去年的秋梢最好，夏、秋季嫁接选择当年老熟的春梢。采接穗应在阴天或晴天上午、傍晚前进行。剪下的接穗应立即将叶片剪去，留下少量叶柄，以保护接芽，减少水分蒸发。采回的接穗要按 50~100 条扎成把，附上品种标签和日期。接穗随采随接，成活率较高。同时，在枝梢的芽开始萌动或露白时，采接穗嫁接，愈合快、成活率高、发芽整齐、生长快。

2.4 嫁接方法

左手拿接穗，右手拿嫁接刀，接穗基部向外，平整的一面向下，紧贴食指，一般基部不饱满的芽不要，从饱满的芽开始，在芽眼下 0.3~0.5cm 处向前斜削一刀，削面长 3.5~4.0cm，以削至形成层为宜。然后，将接穗反转，在芽点上方 3~5mm 处削断成通头芽。接穗削好后，应立即嫁接，以免影响成活。

在砧木侧面离地 5~10cm 处，用刀沿形成层向下削开平直光滑的接口，并将树皮切去一半，然后将削好的接穗放入接口，使两者的削面相对密接，再用塑料薄膜带把砧木与接穗接合部全部包扎，防止因蒸腾作用失水影响嫁接成活率。

嫁接 30d 后，无论幼芽成活与否，拆掉全部塑料带。如幼芽成活，切掉树干顶部，只留下两片叶子。幼芽死亡的砧木随时可再嫁接。当幼芽长至 15~20cm 时，在嫁接处切掉多余的树干，将新生枝条与整个枝干捆绑在一起，以利于嫁接苗生长。

2.5 嫁接注意事项

嫁接人心果苗木不理想的地方是切口表面总是流乳汁，这要求操作迅速，经常清洁嫁接刀。否则黏稠的乳汁使操作困难且迟缓，尤其工作量比较大的时候。过去在嫁接前，通常先切开乳汁主要存在的皮层，切口位于嫁接点的上面或下面，认为这可保证有较高的成功率。近来研究表明这是不必要的，不但浪费操作时间，且不利于提高嫁接成活率。

除了熟练的操作技术，嫁接中还应注意：砧木苗应规格统一，长势强健，不符合规格的砧木苗应弃之不用；嫁接后 2~3 个月是形成层结合的关键时期，直接影响嫁接苗的成活，这段时间苗木管理至关重要；人心果嫁接最佳时间应以夏秋两季为主，此时嫁接成活率较高；嫁接时，需用塑料膜将幼芽全部包裹，这有助于在愈合组织形成之前防止水分流失。

2.6　嫁接苗的管理

人心果从嫁接到苗木出圃需 1.5~2.0a，苗木嫁接成活后要认真抓好苗期的管理工作，保证苗木按时保质出圃。

2.6.1　整形

嫁接生长良好的人心果苗在出圃前一般有春、夏、秋多次梢生长，为培养矮干多分枝的优良树形，必须进行整形工作。①抹芽、摘心：春梢老熟后，将过高的枝梢剪短，春梢留 10~15cm，夏梢抽出后应留顶端直立粗壮的芽 1 个，其余摘掉，以减少养分消耗。②剪顶、整形：一般在立秋前 4~5d 剪顶，立秋后 7d 左右放秋梢最适合。剪顶的高度以夏梢高低和老熟程度而定，夏梢粗壮、充实的可在离地面 40~50cm 处剪断，用小砧木苗嫁接的则可在 30~40cm 处剪顶。放秋梢的时间要根据天气和大部分苗木发芽多少来决定，一般在雨后或灌水后进行。剪顶后有少量苗木先抽出芽，因此要抹芽 1~2 次，促使大部分苗木发芽后才放梢，当幼芽抽出 1cm 左右时，要留梢整形。剪顶附近 1~3 或 4 个节，每节留一大小一致的幼芽，其余及时摘除。选留的幼芽要分布均匀，使幼苗生长成多分枝的植株。

2.6.2　苗期肥水管理

人心果嫁接后的半个月内一般不浇水。春梢生长主要靠基肥，待春梢萌发后至老熟前，若苗木生长差，可施 1 次腐熟液肥或 N：P：K 的配方比例为 8：4：8 的复合肥，施肥时注意不要灼伤嫩芽。夏秋梢萌发前，要抓好促梢施肥，肥料以腐熟粪水或 N：P：K 的配方比例为 8：4：8 的复合肥为主。在整个夏梢、秋梢生长期，要充分保证肥水的供应，使苗木正常生长，按期出圃。

2.6.3　防治病虫害

苗圃期间病虫害容易发生，虫害主要有地老虎、蚜虫、黑网珠蜡蚧等；病害主要有炭疽病、叶斑病等。因此要认真做好防治工作，保证苗木健壮生长。

广西人心果开花习性研究[*]

潘晓芳[1,2]　文亚峰[1]　谢碧霞[1]　李威宁[3]　何钢[1]

(1. 中南林学院, 湖南株洲 412006; 2. 广西大学林学院, 广西南宁 530004; 3. 广西大学图书馆, 广西南宁 530004)

人心果 *Manilkara zapota*（L.）Van Royen 为山榄科 Sapotaceae 铁线子属 *Manilkara*（Adans.）植物, 属热带和亚热带常绿果树, 原产墨西哥犹卡坦州和中美洲地区。人心果引入我国已有近百年, 福建于 1900 年最早引种, 现已广泛分布于广东、广西、福建、海南、云南、台湾等省（区）的南部和中部。在生产上, 长期以来人心果存在开花多而坐果率低的问题, 因此, 了解人心果的生物学特性和研究人心果的开花结果习性已成为人心果研究中重要的内容之一。目前, 对人心果的研究逐渐深入, 已有资料详细描述人心果的生物学特性, 也有许多关于其开花结果的研究, 研究领域比较全面, 但一些研究结果之间也出现矛盾。为了了解人心果引种至广西后在广西特定气候条件下的开花习性, 笔者于 2003 年至 2005 年对广西大学校园内 40 多年生的人心果成年树和品种对比园 3 年生植株进行研究, 现将结果报道如下。

1 材料与方法

1.1 开花习性研究

选 5 株生长中等、无病虫害的植株, 在每株的东西南北中各选 4 枝具有代表性、无病虫害的枝条进行挂牌定点观察开花物候期; 在树冠东西南北中分树冠外围、树冠内膛各随机抽取 30 枝侧枝, 调查抽生结果枝的数量; 随机抽取 30 枝结果枝测量其长度和花的数量; 各选生长健壮、无病虫害的 5 枝结果枝群调查花总数、落花数、幼果数等。观察花的生长发育过程及特点, 并划分花的生长发育时期, 对各时期各取 15 朵花进行解剖观察, 测花总长度、花柄长度、花直径。随机抽取 6 粒花粉用生物显微图像分析系统（北京泰克仪器有限公司制造）观察花粉粒的大小。对不同时期柱头授粉后镜检花粉在柱头的萌发情况。

1.2 花粉萌发试验

1.2.1 培养基

采用固体培养基培养法, 培养基为 10% 白糖 + 0.01% 硼酸 + 0.5% 琼脂粉, 用蒸馏水配制。

＊本文来源: 经济林研究, 2005, 23（4）: 35-38.

1.2.2 花粉来源

花粉采自广西大学校园内成年树上的花，分 5 个花的生长发育时期采集花粉进行花粉萌发试验：①花朵达到最大，花柱未伸出花冠外，花瓣未展开；②瓣未展开，花柱伸出花冠外，柱头未分泌黏液；③瓣未展开，花柱伸出花冠外，柱头分泌黏液；④刚完全展开，柱头仍有丰富的黏液；⑤开放后期，花瓣开始变色，花药呈褐色。

1.2.3 培养方法

将上述培养基分别倒入小培养皿中，待培养基冷却后在其面上均匀撒上花粉，盖上培养皿盖后置于人工培养箱内培养，培养条件为全光照，温度为（28±1）℃。

1.2.4 观测方法

播粉后每隔 1h 进行观察萌发情况，观察记录花粉萌发率、花粉管长度、花粉管粗度。本试验观察花粉萌发时，以花粉管长度等于或大于花粉粒直径时即为萌发。等萌发至稳定状态（花粉粒瘪缩，花粉管未收缩、破裂）时进行花粉萌发率测定。用显微镜观测，每一重复观测 5 个视野以上，每个视野花粉数在 50~100 粒以上，统计每次的花粉萌发数量，计算其花粉萌发率。

1.3 传粉方式调查

在盛花期，全天观察传粉媒介，连续观察 7d。随机观测不同发育阶段的花朵各 30 朵花的访花昆虫种类和数量，并用生物显微图像分析系统（北京泰克仪器有限公司制造）镜检昆虫带粉情况。

2 结果与分析

2.1 开花时期

在广西，人心果 1 年开 2 次花。第 1 次开花期在 4 中旬至 6 月下旬，现蕾期为 4 月下旬，始花期为 5 月中旬，盛花期为 5 月底至 6 月中旬，谢花期为 6 月初至 6 月中下旬。第 2 次开花期是在 8 初至 10 月初，现蕾期为 8 月上中旬，始花期为 8 月底至 9 月初，盛花期为 9 月中下旬，谢花期为 10 月中旬。从现蕾至全株树谢花持续近 2 个月时间，花期长。开花期随着年份不同而有所变动，主要的原因是气候变化造成。

2.2 开花的园艺学特征

人心果的结果母枝为上次抽生的枝条，以节间短、生长健壮的枝条为良好的结果母枝。结果母枝的顶芽形成混合花芽抽生结果枝，在新梢的叶腋上着生花朵，单花，两性花。结果枝的平均长度为 1.9cm，最短为 1.3cm，最长为 3.0cm。每结果枝平均着花的数量为 8 朵，最多为 14 朵/结果枝，最少为 5 朵/结果枝。虽然人心果花量大，但落花率高，为 73.2%~100%，平均达 82.7%。落花是在谢花后开始，是授粉受精不良引起。

广西大学校园内的人心果成年树易形成结果枝，据统计，在调查的侧枝中，形成结果枝比例为 100%，树冠外围枝条及内膛枝均可形成花芽。内膛枝着花数量比外围枝条稍少，只有 4.7 朵/枝。压条苗当年可开花结果，生长中等的枝条均易形成花芽。幼树生长较旺盛，易形成徒长枝，徒长枝不易形成花芽。花多在上午开放。结果枝下部的花朵先开放，再由下到上逐渐开放。花朵从开放至花瓣枯谢约需 2d。观察到的花形态结构如麦鹤云等所报道的一样，人心果花簇生，钟状，小，呈白绿色或乳白色；花丝短，花药不伸出花外，而雌蕊伸出花瓣外。具 6 枚雄蕊和 6 枚退化的雄蕊，子房 8~12 室。花朝下斜生，花瓣合生，花开放时其冠口较小。花粉粒白色，近球形，平均纵径为 54.727μm，平均横径为 50.529μm。根据花的生长发育特点，人心果单花整个生长发育阶段可分为花芽分化期、现蕾期、幼蕾期、中蕾期、定型期、成熟期、开放期和谢花期等 8 个时期。

（1）花芽分化期 本次未对人心果花芽分化进行深入的研究，从第 1 次花期谢花至第 2 次花期现蕾的间隔约 2 个月左右，花芽分化期较短，可以初步认为花芽的形成不需要低温，容易形成花芽。

（2）现蕾期 从现蕾开始至花柄伸长但花蕾仍未明显膨大时止。结果母枝的顶芽萌动后，在其侧芽位置可见花蕾，呈淡红色。

（3）幼蕾期 此时期花柄已开始生长，但花蕾未明显膨大，球形。花蕾平均直径为 0.245cm，花柄平均长度为 0.751cm。花柱长，紧贴花蕾顶部。

（4）中蕾期 从花柄快速生长至花柄达到最长前止。花蕾和花柄均快速生长，花蕾平均直径为 0.668cm×0.521cm，花柄平均长度为 0.751cm。花柱长，紧贴花蕾顶部。

（5）定型期 花已达到最大，花瓣未展开，花柱快速生长伸出花冠外，但柱头仍未分泌黏液。此时期的花蕾大小为 1.215cm×0.620cm，花柄长为 1.761cm，花粉萌发率为 0.0%。

（6）成熟期 花瓣未展开，花柱伸出花冠外。当花柱伸长出花冠 0.14cm 时，柱头开始分泌出黏液，表现出柱头可容受的特征。经人工授粉于柱头后进行镜检，柱头上的花粉经 3h 后萌发。与此同时，花药位于花柱中部的周围，花药呈黄白色，也在花瓣未展开前、柱头分泌黏液时裂开，并散出花粉附于花柱上。此时期的花粉在培养基上培养，表现出有一定的萌发率，可达 5.2%。说明此时期雌蕊和雄蕊已同时成熟。成熟期花柄平均长 0.716cm，花朵平均纵径 1.25cm，平均横径为 0.667cm。

（7）开放期 花瓣展开，此时的花柱略高于或与花瓣齐平，柱头的新鲜度从成熟期一直持续到花开放，在花开放前期仍具有受粉能力。花蕾大小为 1.277cm×0.750cm，花柄长为 1.723cm。花刚开放时的花粉萌发率最高达 10.1%，在花开放后期，当花药呈黄褐色时，花粉萌发率为 0.0%。

（8）谢花期 花开放约 2d 后即谢花，由于花朵陆续开放，时间长，故谢花期也长。花瓣枯谢后宿存包裹幼果，花萼仍保持新鲜。谢花后，不受精或受精不良的花开始脱落。

2.3 传粉方式

据观察，人心果的传粉方式主要有 2 种：一是昆虫传粉；二是风的机械作用。

2.3.1 昆虫传粉

在盛花期，未发现有大型昆虫访花，只发现花蓟马 *Frankliniella* sp. 和举腹蚁 *Cremas-*

togaster sp. 访花。花蓟马成虫触角长 272.481μm，1.378mm，腹部宽 329.444μm。据观察，该虫具可转移性，可从这朵花转移至另一朵花。在花瓣未展开时，花冠内未发现该虫，但可见该虫爬行于花冠外。在花刚开放至花瓣开始变色前，花蓟马的虫口密度最大，平均每朵花有 8.6 头，最少有 3 头，最多为 18 头；在花瓣完全变色枯萎时平均每朵花有 0.8 头，多数花朵未发现有该虫活动，最多的有 5 头。有 4% 花朵的柱头上粘有 1 头花蓟马。经镜检，花蓟马带粉频率为 70.6%，最多的带有 6 粒花粉，花蓟马在花朵开放时爬进花内，停留 10~15s，转移性强。调查中未发现该虫对花或营养器官有危害。

访花的举腹蚁数量较少，平均每朵花有 0.7 头次。从花的结构和举腹蚁身体的大小来看，在其爬进爬出过程中，可能起到传粉的作用，但镜检时未发现该虫带粉。

2.3.2 机械传粉

人心果花的着生方式和花的形态构造有利于受粉，如花朝下斜生，花瓣合生，花开放时其冠口较小，成熟时花柱与花冠齐平或略高于花瓣，柱头分泌大量的黏液分布于其顶部及周围。在花药裂开后至花开放的前期，在振动花朵时花粉可散落。在花开放的后期，因花冠内分泌液状物质而使花粉有一定的黏液，振动花朵后呈块状落下或不易散落。因此，当枝条或花在受到风的机械作用下摇动，花粉被振落而使柱头受粉。

3 结论与讨论

人心果成年树 1 年开 2 次花。由顶芽形成混合花芽抽生结果枝，树冠外围和内膛枝均可抽生结果枝，结果枝短，花量大，每结果枝的平均花量达 8 朵。但落花严重，落花率为 73.2%~100%，平均达 82.7%，经观察和解剖，落花是由于授粉、受精不良引起，Robert J、Piatos P 等认为是人心果高度自花不育所致。因此，栽培时应注意选配不同品种混栽，并加强人工授粉。但有关人心果的授粉技术、自花不实性及他花不实性、授粉品种组合等，均有待于试验研究。

关于人心果开花习性和受粉习性的文献报道中，麦鹤云、Singh M P、Gonzales L G 等提出人心果有雌雄异熟现象，Singh M P、麦鹤云等指出柱头要在花开时才具有容受性。而本研究通过花的形态构造观察、花粉在培养基上萌发试验和柱头花粉萌发情况镜检，认为人心果雌雄同熟，柱头是在花瓣未展开前已成熟并具有容受性，容受性一直保持至花开放。但花粉萌发率低，在培养基上培养时，以花刚开放时萌发率最高，可达 10.1%。从研究的结果来看，花成熟期至开放期是最佳的人工授粉时间，由于人心果花期长，在整个花期应多次进行人工授粉。可选成熟期或刚开放的花朵的花粉进行人工授粉。人心果从第 1 次花期谢花至第 2 次花期现蕾的间隔约 2 个月，花芽分化期较短，从开花时期的温度来看，人心果花芽的形成不需要低温，容易形成花芽，花量大。本次研究未对人心果的花芽分化进行深入的研究，今后应对人心果形成一个花芽所需时间、条件，特别是对生理分化期和开始形态分化期进行深入的研究。对于人心果的传粉媒介有不同的报道。麦鹤云等从花的构造观察认为是典型的虫媒花，而张丽霞等则认为是风媒花。在美洲，蝙蝠被认为是主要的传粉媒介。在印度，多年来都认为风是主要的传粉媒介，主要的原因是在与人心果有关的昆虫上没有发现有花粉。直到 1989 年 Reddi 的研究发现牧草虫 *Thrips hawaiiensis* 是主要的传粉媒介才改变这种看法，同时牧草虫也是人心果的一个主要害虫。经观察，结果表明人心果是典型的虫媒花，传粉方式有 2 种，一是昆虫传粉，二是风的机械作用。主要的传粉媒介是花蓟马，未发现花蓟马对人心果花器和营养器官有危害；举腹蚁可能也是传粉昆虫，但这次镜检未发现其带粉。

枣树经济施肥与氮素营养诊断的研究[*]

胡芳名　谢碧霞　王晓明

（中南林学院，湖南株洲 412006）

　　果树经济施肥和营养诊断是果树集约化经营管理的一项重要措施，也是果树生产和科研现代化的重要标志。通过这项研究，有助于了解果树营养的盈亏状况，避免生产中盲目地施用化肥，提高肥料的使用效益。我们自 1987 年至 1989 年，在这方面进行了研究，旨在建立枣 *Zizyphus jujuba* 树施氮、磷、钾肥的效应模型，决策出氮、磷、钾肥的最佳经济施肥方案；探讨氮素营养状况对枣树生长、结果和果实品质的影响；确定枣树氮穿营养诊断临界值范围，为枣树合理施肥提供科学依据。

1　材料与方法

　　本试验分为氮、磷、钾肥试验和氮肥试验两个部分。

1.1　试验地基本情况

　　试验地设在湖南省衡山县萱川乡龙口村枣树场内，土壤系饱和紫色土。土壤农化性状见表 1。

表 1　供试土壤农化性状

试验名称	氮肥试验地	氮、磷、钾肥试验地
pH 值	6.9	7.3
有机质（%）	1.0651	1.1700
速效氮（ppm）	12.6056	10.1126
速效磷（ppm）	10.6490	9.7948
速效钾（ppm）	228.1937	196.1706

　　注：表中数值为该试验地各个重复的土样分析结果之平均值，样品标准重量为 1kg。

1.2　试验材料

　　品种为长枣，树龄 13 年生，生长势中等，平均冠高 4.1m，平均冠幅 8.194m^2。供试肥料为尿素（含 N 46%），过磷酸钙（含 P_2O_5 18%），氯化钾（含 K_2O 52.5%）。

1.3　试验设计

　　（1）氮肥试验设计

　　设每株年施尿素 0、0.375、0.75、1.125、1.5kg（记为 N_1、N_2、N_3、N_4、N_5）5 个

＊本文来源：林业科学，1992，28（1）：12-21.

处理。每处理 4 株，调查其中两株。4 次重复，尿素分两次施入，第一次在 3 月底或 4 月初施入 1/2，其余在 5 月上旬施入土壤，每个处理另外加施 0.6kg 磷肥，0.25kg 钾肥作基肥，施肥方式为辐射状沟施。

（2）氮、磷、钾肥试验设计

采用三因素五水平回归最优设计方案（表 2）。11 个处理，每处理 4 株，调查其中两株。5 次重复。所用氮、磷、钾肥分别为尿素，过磷酸钙和氯化钾。氮、磷肥分两次施入土中，钾肥一次性施入。第一次施肥时，氮肥施入 1/2，磷肥施入 2/5，其余留给第二次施肥。钾肥则随同第二次施氮、磷肥时一起施入土壤中。施肥时间及方式与氮肥试验相同。另外，全年杀虫 2~3 次。

表 2　枣树三因素五水平最优设计方案　　　　　　　　　　　　kg/株

处理	氮肥施用量（x_1）	磷肥施用量（x_2）	钾肥施用量（x_3）	产量 Y（kg/株）
1	0.5	1.5	0.25	6.33
2	0.5	0.0	0.25	4.85
3	0.1464	1.125	0.0732	4.53
4	0.8536	1.125	0.0732	5.02
5	0.1464	1.125	0.4286	6.28
6	0.8536	1.125	0.4286	6.96
7	1.0	0.375	0.25	6.53
8	0.0	0.375	0.25	4.00
9	0.5	0.375	0.5	5.75
10	0.5	0.375	0.0	6.38
11	0.5	0.75	0.25	7.85

1.4　叶样、果样的采集及处理

根据对枣树叶片营养元素季节动态变化的研究结果，我们分别在 6 月中旬和 8 月初，上午 8：00~10：00 点，选择树冠外围东、西、南、北四个方向的二次枝，采集其中部枣股所抽生枣吊的中部叶片（带叶柄），每株树四个方向各采叶 20 片。

将采集的叶样，放入含 0.1% 洗涤剂的清水中。快速洗去灰尘，然后用去离子水冲洗 3 次，盛入牛皮纸中，带回实验室快速烘干、研磨，装入玻璃瓶中，以备分析之用。

在验收枣树产量时，采集枣果。在树冠外围东、西、南、北四个方向各采 5 个果，每株树采果 20 个，每个重复中的每一处理采两株树的果，相同处理混合为一个样品，再将之带回室内分析。

1.5　叶样、果样的化学分析方法

全氮的测定用 H_2SO_4-H_2O_2 消煮-靛蓝比色法，全磷用 H_2SO_4-H_2O_2 消煮-钼锑抗比色法，全钾用 H_2SO_4-H_2O_2 消煮-火焰光度计法，Vc 用 KIO_3 氧化还原法，糖用费林氏液——消氏法，蛋白质用亚硝酰铁氰化钠催化苯酚光度法。

2 结果与分析

2.1 氮、磷、钾肥试验结果与分析

（1）肥料效应模型的建立

大量的科学试验表明，施肥量与作物产量之间呈非线性相关。本试验中，我们是采用三因素五水平回归最优设计方案，因此，可以采用三元二次多项式回归方程来表达氮、磷、钾肥与枣树产量之间的效应模型：

$$y = b_0 + b_1 x_1 + b_2 x_2 + b_3 x_3 + b_4 x_1 x_2 + b_5 x_1 x_3 + b_6 x_2 x_3 + b_7 x_1^2 + b_8 x_2^2 + b_8 x_3^2$$

运用 IBM-PC 计算机进行回归分析，建立以 N（x_1）、P（x_2）、K（x_3）的施肥量为自变量，枣树产量（y_1 五次重复的平均值）为因变量的肥料效应模型：

$$y = 1.5147 + 11.2130 x_1 + 5.5261 x_2 + 4.7993 x_3 - 2.2752 x_1 x_2 + 0.7398 x_1 x_3 + 8.6142 x_2 x_3 - 8.0148 x_1^2 - 4.0180 x_2^2 - 19.2990 x_3^2 \tag{1}$$

（2）枣树肥料效应模型的显著性检验

本文采用重复间的误差进行显著性检验。检验结果肥料效应模型达到极显著水平。这表明氮、磷、钾施用量与枣树产量之间存在极显著回归关系和相关关系。

t 检验结果表明，b_1、b_7、b_8、b_6、b_2 达到了极显著水平，b_9 达到显著水平，b_4 也达到了低水平显著。这说明，运用该回归模型可以进行产量预测。

（3）肥料效应模型的最优解

利用所建立的枣树肥料效应模型（1），分别求氮、磷、钾的边际产量：

$$\left. \begin{aligned} \frac{\partial y}{\partial x_1} &= -16.0296 x_1 - 2.2752 x_2 + 0.7398 x_3 + 11.2130 \\ \frac{\partial y}{\partial x_2} &= -2.2752 x_1 - 8.0360 x_2 + 8.6142 x_3 + 5.5261 \\ \frac{\partial y}{\partial x_3} &= 0.7398 x_1 + 8.6142 x_2 - 38.5980 x_3 + 4.7793 \end{aligned} \right\} \tag{2}$$

令 $\dfrac{\partial y}{\partial x_1} = \dfrac{\partial y}{\partial x_2} = \dfrac{\partial y}{\partial x_3} = 0$

解方程组（2）得氮、磷、钾最高产量施肥量 $x_1 = 0.591$kg/株，$x_2 = 0.875$kg/株，$x_3 = 0.331$kg/株，枣树最高产量为：8.038kg/株，相应的利润为 7.67 元/株。

当边际产量等于肥料与产品的价格比，即边际产值等于边际成本时，可获得最佳经济施肥方案，已知鲜枣收购价 1.10 元/kg，尿素 1.14 元/kg，过磷酸钙 0.226 元/kg，氯化钾 0.90 元/ kg，则氮、磷、钾的边际成本分别为：1.10/1.14，1.10/0.226，1.10/0.90，代入方程组（2），解方程组得枣树最佳经济施肥方案：$x_1 = 0.531$kg/株，$x_2 = 0.833$kg/株，$x_3 = 0.299$kg/株劈相应的产量为 7.990kg/株，其利润为 7.73 元/株。

由获得最佳经济施肥的条件可知，枣树的最佳经济施肥量并非一成不变的，它受边际产量，枣果价格，肥料价格的制约。因此，在生产应用中，必须谨慎引用。

（4）肥料效应模型的主效应分析

分别将肥料效应模型（1）的两个自变量固定在零水平上，进行降维分解，可得到三个以其中一个施肥要素为变量的偏子回归模式：

$$\left.\begin{array}{l} y_1 = 1.5147 + 11.2130\ x_1 - 8.0148\ x_1^2 \\ y_2 = 1.5147 + 5.5261\ x_2 - 4.0180\ x_2^2 \\ y_3 = 1.5147 + 4.7993\ x_3 - 19.2990\ x_3^2 \end{array}\right\} \quad (3)$$

由各肥料要素的偏子回归模式作图（图1）。

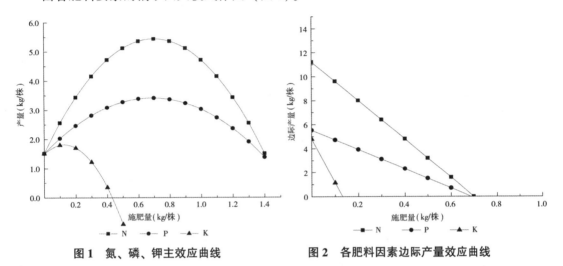

图1　氮、磷、钾主效应曲线　　　图2　各肥料因素边际产量效应曲线

由图1可见，各肥料因素与产量之间都呈现抛物线关系，遵循着"报酬递减律"，主效应曲线以氮肥变化幅度最大，磷肥次之，钾肥变化最小，氮、磷、钾肥在一定水平下，枣树产量随着施肥量增加而增加，但是，增加到一定程度后，再增施肥料，枣树产量反降低。

（5）肥料效应模型的边际产量效应分析

边际产量效应反映了产量随各肥料因素水平变化而增减的速率。由（3）式的一元回归子模式，分别求各肥料因素的一阶偏导数。

$$\left.\begin{array}{l} \dfrac{\partial y}{\partial y_1} = 11.2130 - 16.0296\ x_1 \\[2mm] \dfrac{\partial y}{\partial y_2} = 5.5261 - 8.0360\ x_2 \\[2mm] \dfrac{\partial y}{\partial y_3} = 4.7993 - 36.5980\ x_3 \end{array}\right\} \quad (4)$$

根据（4）式，绘制各肥料因素边际产量效应曲线（图2）。

由图2可见，各肥料因素在不同施肥量下的边际产量，都随施肥量的增加呈直线下降。其中，以钾素边际产量递减速率最快，当钾肥施用量为0.145kg/株时，边际产量即为零。此时枣树达到最高产量，尔后，枣树产量随施钾肥量增加而严重减少，这可能与饱和紫色土富含钾有关。因此，在生产中应严格控制过量施用钾肥，氮素边际产量递减亦快，所以，在生产中也要注意氮肥的施用量，以防过量施用氮肥而导致减产。

（6）肥料效应模型两两因素间交互效应的解析

其一，氮、磷交互效应解析由肥料效应模型（1），通过降维法即固定钾素在零水平上，得到二元回归解析模式：

$$y = 1.5147 + 11.2130 x_1 + 5.5261 x_2 - 2.2752 x_1 x_2 - 8.0148 x_1^2 - 4.0180 x_2^2 \qquad (5)$$

由式（5）绘制氮、磷交互效应曲线，见图3。

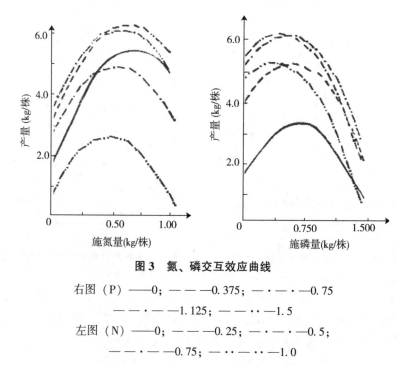

图3　氮、磷交互效应曲线

右图（P）——0；— — —0.375；— · — · —0.75

　　　　— · · — · ·—1.125；— — · ·—1.5

左图（N）——0；— — —0.25；— · — · —0.5；

　　　　— · · — · ·—0.75；— · · · ·—1.0

由图3可见：在低磷或低氮水平下，增加氮或磷肥用量，枣树增产效应大一些；否则，枣树增产效应小一些。这说明氮、磷之间存在负交互效应。在低磷或低氮水平下，增施氮或磷肥，枣树产量达到最高值后，再增加施肥量。产量下滑的速度较高磷或高氮水平下慢，这表明氮或磷有降低磷或氮的效应。

其二，氮、钾交互效应的解析将效应模型（1）中的磷素固定在零水平上，得回归解析模型：

$$y = 1.5147 + 11.2130 x_1 + 4.7993 x_3 + 0.7398 x_1 x_3 - 8.0148 x_1^2 - 19.2990 x_3^2 \qquad (6)$$

由（6）式绘制氮、钾交互效应曲线（图4）。

由图4可知：氮、钾之间的交互作用不明显。当钾肥用量超过0.125kg/株时，无论在低氮，还是高氮水平下，枣树产量均随钾肥用量增加而下降。但是，低氮水平时的下降速率较高氮时稍快，这表明，增施氮肥可以缓冲钾肥用量过多所引起的减少效应。在高氮水平下，增施钾肥略比低氮水平下增施钾肥的增产效应好，这说明钾肥具有促进氮肥的增产效应。不过，氮肥用景超过1.5kg/株时，无论低钟还是高钾水平下，枣树产量都下降。其

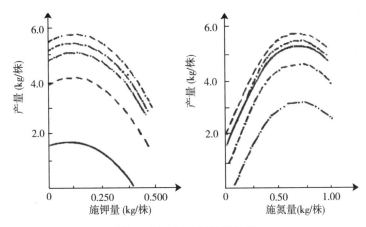

图4　氮、钾交互效应曲线

左图（K）——0.0；— — —0.125；—·—·—0.25；— — ·—0.375；—— ··——0.5

右图（N）——0.0；— — —0.25；—·—·—0.5；— — ·—0.375；—·· —·—1.0

中，高钾水平时，产量降低的邅率比低钾时较快些，这可能是钾素与其他元素之间的抗作用所致。

其三，磷、钾交互效应的解忻对效应模型（1），令氮在零水平上，得二元回归解析模式：

$$y = 1.5147 + 5.5261 x_2 + 4.7993 x_3 + 8.6142 x_2 x_3 - 4.0180 x_2^2 - 19.2990 x_3^2 \qquad (7)$$

由式（7）绘制磷、钾交互效应曲线，见图5。

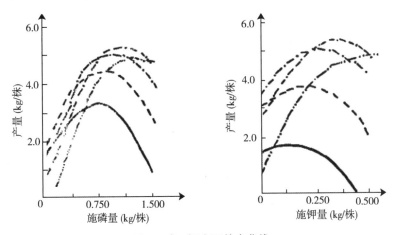

图5　磷、钾交互效应曲线

右图（K）——0.0；— — — —0.125；—·—·—0.25；— — ·—0.375；—·· —··—0.5

左图（P）——0.0；— — — —0.375；—·—·—0.75；— — ·—0.125；—·· —··—1.5

由图5可知，在高磷或高钾水平下，增加钾或磷肥用量的增产效应，明显地比低磷或低钾水平时大，而且，随着磷或钾肥用量的增加，枣树达到最高产量后，再增加施肥量，产量下降的速率明显地较低磷或低钾水平时慢。这表明钾素、磷素之间存在着互相促进的作用。

2.2 氮肥试验果与分析

（1）不同施氮量与枣树产量的关系

田间试验结果见表3。

表3 施氮量与产量的关系   kg/株

处理号	N_1	N_2	N_3	N_4	N_5
平均产量（$\bar{y}$）	1.25	4.75	5.575	5.475	5.20

试验数据经统计分析，得到枣树产量（$\bar{y}$，四次重复均值）为因变量，施氮量 x 为自变量的回归方程：

$$\bar{y} = 1.5143 + 8.7571x - 4.3048 x^2 \tag{8}$$

由表3可见，枣树产量随着施氮量增加呈渐减率增加，递增至最高产量值后，再增施氮肥，枣树产量反而减少。这与氮、磷、钾肥试验中的氮素主效应分析结果一致。不过，单独施用氮肥，枣树达到最高产量所需氮肥量为 1.015kg/株，这比氮、磷、钾配合施用时，枣树产量达到最高值时所需的氮肥量多 0.424kg/株，这进一步说明氮、磷、钾素之间存在着一定的交互作用。另外，从表3还可看出，施过氮肥的枣树，其单株平均产量是不施氮肥的枣树单株产量的 4.2 倍。

（2）叶片含氮量与产量的关系

对田间试验和叶分析的数据进行回归分析、结果如下：

6 月叶片含氮量与产量的回归方程为：

$$y = -43.2013 + 39.8843x - 8.1597 x^2$$

$$r = 0.9986^{**} > r_{0.01} = 0.990$$

8 月份叶片含氮量与产量的回归方程为：

$$y = -25.2477 + 17.9243x - 2.5756 x^2$$

$$r = 0.8657$$

以上计算结果显示，枣树叶片含氮量与产量之间表现为抛物线关系。其中，6 月叶片含氮量与当年产量的相关性达到极显著水平，而 8 月叶片含氮量与当年产量的相关性不显著。这是因为在 6 月，枣树正处在枣头、枣吊旺盛生长，叶面积扩大和开花坐果期，树体需大量的氮素营养来满足其生长发育的需要。因而，此时树体氮素营养状况将会影响到树体生长发育的进行。最终影响到枣树产量的构成。在 8 月，枣树进入果实成熟期。此时，叶片氮素营养状况对枣果产量的构成影响不显著。因此，若需了解当年树体氮素营养的丰缺状况，应选用 6 月的叶片进行分析。

按 Olrich 和 Bennett 所提出的确定作物营养丰缺临界值的原则，即把最高产量减少 5%~10% 时的养分含量作为临界浓度。在本试验中，将枣树最高产量的 90% 时的叶片含氮量作为缺氮临界浓度。而把最高产量的 95% 时叶片含氮量作为毒害临界浓度。这样，利用 6 月叶片含氮量与产量的回归方程，求得枣树氮素营养临界值范围为 2.184%~2.260%。

这接近柑桔、苹果、柿、梨的氮素营养诊断临界值范围。

（3）不同施氮量与枣果品质的关系

据试验分析数据（表4），不同施氮量明显地影响枣果 Vc、总糖和蛋白质含量，随着施氮量增加，蛋白质含量按渐减率提高，Vc 含量也呈现上升的趋势，总糖含量则依施氮量增加而表现为降低的倾向，这与许多科研工作者在其他果树、农作物上的研究结果是一致的。从表4还可看出，施氮量与枣果 Vc 和蛋白质含量的相关性达到了显著水平，而与总糖含量的相关性不显著。这说明：增施氮肥对枣果蛋白质含量影响最大，对 Vc 含量的影响次之。影响最小的是总糖含量，不过，没有施氮肥的枣果，其总糖含量比施过氮肥的枣果高 21.35%。

表4　不同施氮量对果实品质的影响

处理号	Vc 含量（mg/100g）果肉	总糖含量（占干物%）	蛋白质含量（占干物%）
N_1	58.19	81.32	3.66
N_2	73.92	55.86	5.61
N_3	72.13	63.91	6.24
N_4	85.15	56.71	5.91
N_5	83.39	63.40	5.38
相关系数	0.9044*	-0.5403	0.9844*

注：* 达到 0.05 显著水平。

（4）叶片氮素营养水平与果实品质的关系

枣树叶片氮素营养水平不同，明显地影响果实品质（表5）。果实中的 Vc 和蛋白质含量随着叶片含氮量提高而增加，而总糖含量却随之减少。这与 P. Harishu kumar 对腰果树的研究结果相吻合。至于其作用机理如何，还有待进一步探讨。经统计分析表明（表6），叶片含氮量与果实中的 Vc、总糖和蛋白质含量呈抛物线关系。6月叶片含氮量与总糖和蛋白质含量的相关性达到显著或极显著水平。8月叶片含氮量，除与 Vc 含量的相关性显著外，其他都没达到显著水平。

表5　叶片含氮量对果实品质的影响

处理号	6月叶片含氮量（%）	8月叶片含氮量（%）	果实 Vc 含量（mg/100g）果肉	果实总糖含量（占干物%）	蛋白质含量（占干物%）
N_1	1.719	2.283	58.19	81.32	3.660
N_2	2.134	2.469	73.92	55.86	5.605
N_3	2.564	3.921	72.13	63.91	6.243
N_4	2.470	3.131	85.15	56.71	5.914
N_5	2.615	3.135	83.39	63.40	5.384

表6

项目	6月叶片		复相关系数	8月叶片		复相关系数
	回归方程			回归方程		
Vc 含量	$y=-140.353+175.254x$ $-34.832x^2$		0.8822	$y=-201.081+177.907x$ $-27.628x^2$		0.9684*
总糖含量	$y=513.897-404.848x$ $+89.112x^2$		0.9915*	$y=234.953-109.277x$ $+16.819x^2$		0.6510
蛋白质含量	$y=-24.442+25.558x$ $-5.364x^2$		0,9635*	$y=-6.054+6.488x$ $-0.860x^2$		0.8122

注：* 达到0.05显著水平；** 达到0.01极显著水平。

3 结论

（1）本试验运用三因素五水平回归最优设计方法进行枣树施肥试验，建立了枣树产量与氮、磷、钾肥施用量之间的效应模型：

$$y = 1.5147 + 11.2130x_1 + 5.5261x_2 + 4.7993x_3 - 2.2752x_1x_2 + 0.7398x_1x_3 + 8.6142x_2x_3 - 8.0148x_1^2 - 4.0180x_2^2 - 19.2900x_3^2$$

经 F 值和复相关系数的检验，该效应模型达到了极显著水平。

（2）利用枣树肥料效应模型，决策出最高产量施肥方案：氮肥0.591k 株、磷肥0.875/株、钾肥0.331kg/株，枣树最高产量为8.038kg/株，相应利润为7.67元株。最佳经济施肥方案，氮肥0.531kg/株，磷肥0.833kg/株，钾肥0.299kg/株，最佳经济产量为7.990kg/株，相应利润为7.73元/株。

（3）在单独施肥的条件下，各肥料因素的增产效应为：氮>磷>钾。但是，钾肥过量所导致的减少效应最显著，这可能与饱和紫色土富含钾有关。因此，在饱和紫色土上施肥，应严格控制钾肥过量施用。

（4）氮、磷呈负交互效应，氮与钾、磷与钾之间呈正交互效应，氮、钾之间的交互效应不明显。

（5）若需了解当年枣树树体氮素营养丰缺状况，应选用6月叶片进行分析。枣树氮素营养诊断临界值范围为2.184%~2.260%。

（6）随着施氮量增加，枣果Vc含量表现递增趋势，蛋白质含量按渐减率增加，总糖含量则有下降的趋势。叶片氮素营养水平与果实Vc、总糖和蛋白质含量的关系，与此相似。

（7）本试验所建立的枣树肥料效应模型，以及由此决策出的最佳施肥方案和最高产量施肥方案，都是在本试验栽培管理条件下获得的，它们还受土壤、气候、品种、密度、栽培措施等因子的制约。为了获得更准确的施肥量与产量之间的数学关系，还须进行多点、多年的田间试验。

（8）该肥料效应模型的建立，未能将枣果品质考虑进去，因此，如何建立施肥量与枣树产量、品质之间的效应模型，还有待进一步探讨。

枣果生长发育期内源激素变化规律研究*

胡芳名¹ 谢碧霞¹ 刘佳佳² 何业华¹

（1. 中南林学院资源与环境学院，湖南株洲 412006；2. 华南理工大学食品与生物工程学院，广东广州 510641）

内源激素在很多果树花芽分化和果实生长发育中的作用已有报道。近 30 年的研究表明：赤霉素和细胞分裂素与果树花芽分化密切相关，生长素和赤霉素由于它们能抑制离区水解酶（如多聚半乳糖醛酸酶、纤维素酶活性）的升高，可减少或阻止幼果脱落。果树的花受精坐果后形成种胚，具有合成激素的能力，幼果成为代谢活动中心，其他部位的营养物质和同化物向幼果运输，改善了幼果的营养代谢，促进幼果生长发育。但对枣树枣果发育期内源激素变化规律研究至今尚未见报道。本课题研究的主要目的就是要揭示内源生长素（IAA）、赤霉素（GA）、脱落酸（ABA）含量变化与枣果发育及枣果脱落特性的内在关系。

1 材料与方法

1.1 材料

试验地位于湖南省茶陵县枣市乡洞头村枣树场，所选品种为长枣。共选取 6~7 年生、生长势中等的 6 个单株作为采样株。这些采样株的抚育管理措施按常规进行。

1.2 方法

1.2.1 采样方法和预处理

采样分析时间为 1993—1995 年，每年从 5 月初至 8 月初，清晨从每株树上采叶样品 20g，然后混合取样 40g，从 5 月 10 日开始，从每株树上采果 5g 混合，从 5 月 20 日开始，拣取落果。以上采样均是每隔 10d 一次。每次叶、果样品放入 -70℃ 液氮中冷凝固定后用聚乙烯薄膜密封放入 -20℃ 冰箱保存，用于内源激素测定。

1.2.2 枣果生长发育和落果率的测定

每隔 10d 用游标卡尺测定果实纵横径，用粗天平称果质量（$n \geq 30$）。落果率的测定采用标准枝法，每株选取 10 个不同方位的标准枝，挂牌固定，然后定期检查落果情况。正常果是指在结果枝上生长发育而未脱落的果实。

1.2.3 内源激素的测定

内源激素提取参照张政等的方法。测试条件为.Waters 液相色谱仪，510 泵，486 紫外

---

* 本文来源：中南林学院学报，1998，18（3）：32-36.

检测器，波长 254nm，柱子为 NovaparkC18 柱（D3.9mm×L150mm），710 自动进样器，IBM386 计算机控制。流动相为甲醇：20%乙酸：水的体积比为 40：40：20，流量为 1.5mL／min，标样、枣叶和枣果内源激素色谱图如图 1，对色谱图手动校正后计算结果。

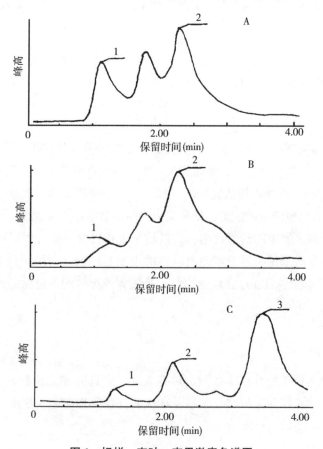

图 1　标样、枣叶、枣果激素色谱图

A. 枣果，B. 枣叶，C. 标样；1. GA$_3$，2. IAA，3. ABA

2　结果

2.1　枣果实生长发育

经过 3a 观测，枣花从 5 月 10 日左右开始大量坐果后，枣果纵径、横径和质量经过 10~14d 的缓慢生长，然后生长速度快速提高，纵径生长比横径生长开始早，速度快。受精后枣果生长发育如图 2 所示。5 月下旬后枣果的纵横径和鲜质量增加很快，纵、横径生长速度最快分别达到 0.93mm／d 和 0.47mm／d，6 月底时纵、横径分别达到成熟果的 75.2%和 76.6%，鲜质量为成熟果的 42.3%。7 月初至 8 月初枣果质量增加最快，果实生长速度保持在 110~170mg／（果·d）。

受精后对枣果发育切片观察，花后 2d 初生胚乳核分裂，花后 10d（5 月 20 日）出现球形胚，5 月底出现心形胚。对枣落果的切片观察，枣胚在球形胚和心形胚期就褐变败育。

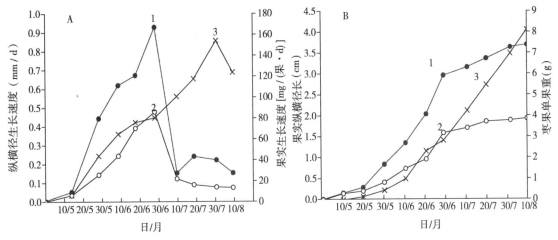

图 2　枣果生长发育变化

A：1. 枣纵径生长速度，2. 枣横径生长速度，3. 果重生长速度；B：1. 枣纵径长，2. 枣横径长，3. 枣单果质量

2.2　内源激素的变化

2.2.1　枣叶内源激素的变化

试验地枣树从 4 月初展叶后，4 月底 5 月初进入初花期，5 月 10 日左右开始大量坐果。从 5 月初至 5 月 20 日，枣叶内源激素水平下降（图 3）。但此时 ABA 浓度基本测不出（图 3-C）。以后枣叶中内源激素水平迅速提高，至 7 月底都维持在较高水平，GA_3 含量 9.375~12.058μg/10gFW，6 月 20 日含量最高；IAA 含量在 4.875~7.010μg/10g FW，6 月底达到最高，为 7.010μg/10g FW，比 GA 含量达到最高时期推迟 10d 左右。叶片中 ABA 含量很低，至 6 月 20 日才测出其含量为 0.053μg/10g FW，至 7 月底都维持较低含量水平上。

2.2.2　枣果内源激素的变化

试验地枣树从 5 月 10 日前后开始大量坐果，经过 10~14d 的缓慢生长期，在此期间 GA_3 含量稍有下降。随后 GA_3 含量迅速上升，至 7 月底都维持在较高水平，6 月 10 日前后含量最高，为 14.75μg/10g FW，比叶片中含量达峰值的时期早 10d 左右。枣果中 ABA 含量也低，5 月底才测出其含量为 0.07μg/10g FW，6 月 10 日前后含量最高，为 1.13μg/10g FW，以后含量下降，7 月初后含量开始回升，IAA 含量在枣果发育期间有两次低谷，第一次在枣果坐果后的缓慢生长期，IAA 含量快速下降，从 5.58μg/10g FW 下降至 5 月 20 日前后的 1.71μg/10g FW，6 月 20 日前后是其第二次低谷，含量为 2.58μg/10g FW，以后含量又上升。内源激素含量变化见图 3。

2.2.3　枣落果内源激素的变化

枣果发育期内有两次生理落果，第一次从 5 月 20 日前开始，是主要的落果期。枣落果内源激素含量变化如图 3 所示，落果中 IAA、GA_3 含量低于同期正常果，ABA 含量在第二个生理落果期内高于正常果。

3 分析与讨论

3.1 枣落果、早期胚发育与 内源激素的关系

枣花在 5 月 10 日前后大量坐果后，有一个 10~14d 的缓慢生长期。在此期间，枣初生胚乳核开始分裂形成二细胞原胚，随后形成球形胚，随后枣果生长迅速加快。在枣果开始快速生长前2~3d，开始第一次生理落果，并持续 15~20d。对落果进行切片检查，发现其胚在球形胚或心形胚就停止发育，果实表面颜色转黄，其内源激素 IAA、GA_3 含量低于正常果。果实中 IAA 含量在缓慢生长期快速下降，ABA 含量明显低于枇杷和猕猴桃果实中 ABA 的含量。覃章铮等在研究水稻胚发育与内源 ABA 的关系时，提出一定质量分数的 ABA 对胚生长、分化及贮藏物质的积累是必须的，ABA 刺激依赖 IAA 的细胞分裂。受精后枣果中 IAA 含量迅速下降，这也许是枣胚活性弱，产生 IAA 的能力低，枣胚易于败育的原因之一。本研究表明低浓度的 ABA 和 IAA 不利于枣胚早期发育，胚的早期败育导致大量生理落果。

3.2 枣果生长发育与内源激素的关系

在枣花坐果后的缓慢生长期，枣叶和枣果中 GA 和 IAA 含量最低，随着它们含量的迅速提高，枣果生长速度迅速加快，其纵径的生长速度超过横径。6 月上旬，

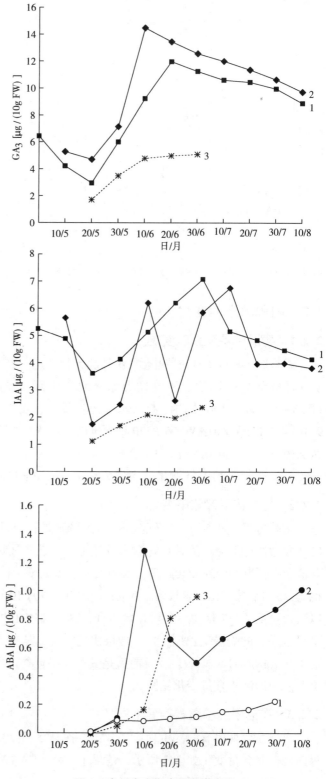

图 3　枣果发育期内源激素变化

1. 枣叶 2. 枣正常果 3. 枣落果

枣叶和枣果中 GA，IAA 含量高，枣果生长速度快。比较枣果发育期间内源 IAA，GA 含量变化和枣果生长发育速度变化看出，GA 对枣果生长发育的影响大于 IAA。GA 不仅促进细胞分裂，已有研究证实 GA 是在细胞分裂的 G_1 期促进 DNA 合成，而且促进细胞增大，在脐橙幼果发育中，GA 促使更多的碳同化物向幼果转移。5 月 20 日后，枣正常果中的 IAA、GA 含量明显高于落果中的含量，比较 6 月初的枣正常果和落果的大小，落果单果质量只及正常果的 53.6%，可以看出，内源 IAA、GA 显著影响枣果的生长发育。枣果内源 ABA含量在 7 月初后回升，此期枣果质量增加快，达到 115~170mg/（果·d），ABA 有利于枣果中碳水化合物的积累。内源 ABA 对果实发育的这种作用在猕猴桃、番茄果实发育中也有同样发现。

内源生长素、赤霉素和脱落酸之间的平衡调节和控制着枣果实生长发育，在各个不同时期各激素又分别起不同的作用。但仍不知道这些激素在分子水平上通过何种途径来调控果实生长发育，激素需要与受体或载体结合通过信号转导和传递方式的不同而控制不同的生理功能，对内源激素影响枣果发育的作用机制还有待深入研究。

枣树愈伤组织培养时不定芽的分化[*]

何业华[1]　伍成厚[2]　胡中沂[1]　胡芳名[1]　谢碧霞[1]　郭守胜[3]

(1. 中南林学院资源与环境学院，湖南株洲 412006；2. 福建林学院，福建南平 353001；3. 山东省郓城县林业局，山东郓城 274700)

在进行植物组织培养时，外植体必须经过脱分化和再分化才能成为完整的植株。外植体在脱分化时，可能形成愈伤组织，也可能不产生愈伤组织。在这两种情况下，又都有可能通过胚胎或器官发生再生植株。其中，不经过愈伤组织阶段直接分化出不定器官的再生方式（如茎尖培养和茎段培养时不定器官的发生）通常比较容易，而经过愈伤组织阶段再生出不定器官的再生方式相对较难。迄今所见到的枣树组培的研究报道都是属于器官培养。由于愈伤组织再生系统的建立是细胞培养、原生质体培养、细胞融合及遗传转化等研究获得成功和应用的基础，因而研究枣树愈伤组织的再分化具有重要的学术价值。植物愈伤组织培养时，先发根往往抑制芽的形成，需经比较复杂的处理（如多次转移）才能再长芽后形成完整植株。在枣树叶片培养时也会产生大量的不定根，但继续培养未能诱导出不定芽。因而，枣树组培时，应先诱导愈伤组织分化出不定芽。本文就枣树愈伤组织不定芽的分化条件进行探讨。

1　材料与方法

1.1　供试材料

供试枣树品种有鸡蛋枣、无核小枣、中南林优 16（属无核品种）、尖枣、梨枣、相枣和大叶无核枣等。它们全部采自于中南林学院枣树品种园中的 1 年生嫁接苗上。

1.2　愈伤组织的诱导和增殖

采回枣头后，按照枣树愈伤组织培养时所采用的方法灭菌、切取芽为外植体、接种和诱导愈伤组织。然后将愈伤组织转接到 IAA3.000mg/L+ZT2.000mg/L 的 MS（NO_3^-/2）培养基上进行增殖，培养温度为（28 ± 1）℃，暗培养。

1.3　不定芽的分化

用枣树芽经诱导形成的愈伤组织在附加 BA0.200mg/L+NAA3.000mg/L 的 MS（NO_3^-/2）培养基上继代暗培养 5 代之后，将白色、紧密而坚硬的愈伤组织切成 0.5cm 见方，质量约 0.15g 的小块，接种在不同的分化培养基上，加入不同种类和浓度的生长素与细胞分裂素

＊本文来源：中南林学院学报，1998，18（3）：44-50。

栽 培 类 论 文 *2*

诱导不定芽，培养温度为（28±1）℃，每天光照 14h，光照强度为 2000lx，培养期为 42d。按下列各式计算出分化频率、愈伤组织生长率和愈伤组织褐化率：

分化频率＝已分化的愈伤组织块数÷接种的愈伤组织总块数×100%

愈伤组织生长率＝培养结束时愈伤组织质量（g）÷接种时的愈伤组织质量（g）×100%

愈伤组织褐化率＝表面已全褐化的愈伤组织块数÷愈伤组织总块数×100%。

1.4 不定芽的增殖

将愈伤组织再分化得到的不定芽切下，使其基部插入培养基中，进行不定芽增殖。培养条件为温度为（28±1）℃、每天光照 14h、光照强度 2000lx。

2 结果与分析

2.1 生长素对愈伤组织不定芽分化的影响

以 1.750mg/L 玉米素（ZT）为细胞分裂素，MS（NO_3^-/2）为基本培养基，比较生长素的种类及其不同体积质量对鸡蛋枣愈伤组织不定芽分化的影响，结果见表 1。愈伤组织培养 5d 左右时，开始变绿。20d 左右时，含体积质量较高的生长素（NAA≥0.030mg/L，IAA≥0.060mg/L，IBA≥0.030mg/L，GA≥0.030mg/L）的培养基上的愈伤组织开始产生

表 1 生长素对枣树愈伤组织不定芽分化的影响

生长素（mg/L）	接种数（块）	接种数（块）	分化频率（%）	芽数（个/块）	培养物质量（g）	生长率（%）	瘤状突起	褐化率（%）
NAA	0.001	50	0	0	0.18	20.0		100
	0.003	50	0	0	0.21	40.0		92
	0.006	50	0	0	0.26	73.3	+	58
	0.015	50	6	1	0.32	113.3	+++	32
	0.030	50	0	0	0.45	200.0	+	84
	0.060	50	0	0	0.67	346.7		100
IAA	0.001	50	0	0	0.17	13.3		100
	0.003	50	0	0	0.20	33.3		98
	0.006	50	0	0	0.23	53.3		86
	0.015	50	0	0	0.33	120.0	+	44
	0.030	50	2	1	0.36	140.0	++	28
	0.060	50	0	0	0.52	246.7		92
	0.150	50	0	0	0.62	313.3		100
IBA	0.001	50	0	0	0.17	13.3		100
	0.003	50	0	0	0.21	40.0		96
	0.010	50	0	0	0.28	86.7	+	54
	0.030	50	0	0	0.40	166.7	+	68
	0.100	50	0	0	0.45	200.0		90
	0.300	50	0	0	0.51	240.0		98

（续）

生长素（mg/L）	接种数（块）	接种数（块）	分化频率（%）	芽数（个）	培养物质量（g）	生长率（%）	瘤状突起	褐化率（%）
GA	0.001	50	0	0	0.16	6.7		100
	0.003	50	0	0	0.19	26.7		100
	0.010	50	0	0	0.26	73.3		94
	0.030	50	0	0	0.34	126.7		76
	0.100	50	0	0	0.42	180.0		90
	0.300	50	0	0	0.49	226.7		100

注：（1）瘤状突起多度用+表示，+代表瘤状突起有1~5个，++代表有6~10个，+++代表有11个以上；（2）接种时愈伤组织质量为0.15g；（3）品种为鸡蛋枣。

大量松散的新愈伤组织，这类愈伤组织将不能分化出不定芽；且到40d左右时因大量增殖导致营养缺乏使本身颜色加深而褐化，它们即使再继代在愈伤组织增殖时的培养基上，也很难再产生白色愈伤组织。当 NAA<0.006mg/L，IAA<0.015mg/L，IBA<0.010mg/L，GA<0.010mg/L 时，愈伤组织培养20d左右表面就开始褐化，但其内部仍为白色，且生长量很小，它们也不会分化出不定芽。当 NAA 为 0.006~0.030mg/L，IAA 为 0.015~0.030mg/L，IBA 为 0.010~0.030mg/L 时，培养20d左右，愈伤组织正面仍为绿色并产生一些瘤状突出，而边缘开始变为浅褐色；到30d左右，只有 NAA 为 0.015mg/L，IAA 为 0.030mg/L 两处理由正面绿色部分的边缘处的瘤状突起分化不定芽。

从生长素的种类来看，NAA 促使分化不定芽的适宜含量比 IAA 低，但分化率却比 IAA 的高2倍。两者的适宜含量都仅为愈伤组织诱导和增殖所需适宜含量的1/200左右。说明这两种生长素为枣树愈伤组织培养时的不定芽分化所必需，但仅需很低的含量。而 IBA 仅见瘤状突起，未见不定芽分化；GA 处理连瘤状突起都未产生。

在分化培养基上，愈伤组织适度的生长有利于不定芽的分化。生长率在200%以上的过分旺盛生长，或在50%以下的缓慢生长都不利于不定芽的分化。NAA，IAA 和 IBA 产生瘤状突起的愈伤组织生长率分别是 73.3%~200.0%，120.0%~140.0% 和 86.7%~166.7%。其中，分化出不定芽的愈伤组织生长率分别为：NAA 组合为113%，IAA 组合为140%。

2.2 细胞分裂素对不定芽分化的影响

在摸清了生长素的适宜种类和含量对不定芽分化的影响后，将 NAA 的体积质量固定为 0.015mg/L，以 ZT，BA 或 KT（激动素）为细胞分裂素，测定不同含量的细胞分裂素对枣树愈伤组织不定芽分化的影响，结果列于表2。ZT，BA，KT3 种细胞分裂素各自6种含量，分别只有 ZT 为 1.750mg/L，BA 为 0.200mg/L 和 KT 为 4.000mg/L 产生了不定芽，而且其褐化率也最低。其中，ZT 的不定芽分化率要比 BA 和 KT 高2倍，每块愈伤组织产生的芽数也较多。由于生长素含量较低，尽管每种细胞分裂素的最低含量与最高的相差40倍以上，其愈伤组织的生长量都比较小，含量在 0.18~0.32g 之间。另外，ZT 体积质量在 0.700~3.500mg/L，BA 在 0.100~0.500mg/L，KT 在 1.000~4.000mg/L 之间时，都有不同程度的瘤状突起产生。试验表明，如果继续将这些具有瘤状突起的愈伤组织在适宜的条件下诱导分化，还能分化出不定芽。

表 2　细胞分裂素对枣树愈伤组织不定芽分化的影响

细胞分裂素（mg/L）		接种数（块）	分化频率（%）	芽数（个/块）	培养物质量（g）	瘤状突起	褐化率（%）
	7.000	50	0	0	0.30		82
	3.500	50	0	0	0.24	+	32
ZT	1.750	50	0	1.3	0.32	+++	26
	0.700	50	6	0	0.26	+	44
	0.350	50	0	0	0.25		88
	0.120	50	0	0	0.22		98
	2.000	50	0	0	0.24		96
	1.000	50	0	0	0.22		86
BT	0.500	50	0	0	0.22	+	64
	0.200	50	2	1	0.25	++	34
	0.100	50	0	0	0.21	++	38
	0.050	50	0	0	0.20		70
	8.000	50	0	0	0.27		68
	4.000	50	2	1	0.27	+++	32
KT	2.000	50	0	0	0.23	++	44
	1.000	50	0	0	0.22	+	48
	0.500	50	0	0	0.19		72
	0.200	50	0	0	0.18		92

注：品种为鸡蛋枣，MS（$NO_3^-/2$）为基本培养基，瘤状突起多度表示同表1。

2.3　NAA 含量和 ZT 含量的组合对愈伤组织不定芽分化的影响

一般认为，生长素与细胞分裂素之比值是植物不定芽分化的重要条件。上述试验表明：NAA0.01mg/L+ZT1.750mg/L 组合，即 NAA/ZT 的比值为 0.0086 左右时，不定芽的分化效果最好。若固定此比值，同时成倍升高或降低 NAA 和 ZT 的含量，即采用 NAA0.030mg/L+ZT3.500mg/L，NAA0.060mg/L+ZT7.000mg/L，NAA0.0075mg/L+ZT0.875mg/L，NAA0.00375mg/L+ZT0.438mg/L 等 4 个组合，经培养之后，均未见不定芽产生（见表3）。组合 4 和组合 5 的 NAA/ZT 比值都为 0.0100，虽比 0.0086 高 17%，但亦能诱导出不定芽，只是分化频率和分化芽数比 NAA0.015mg/L+ZT1.750mg/L 要低一些。而组合 7 的 NAA，ZT 含量和比值虽比组合 6（NAA0.015mg/L+ZT1.750mg/L）略低，但亦未能诱导出不定芽，只有少量瘤状突起。由此可见，枣树不定芽的分化除与 NAA/ZT 之比值有关外，似乎与两者的绝对含量有着更为密切的关系，而且 NAA/ZT 比值以及两者的绝对含量都有一定的范围。

表 3　NAA 含量和 ZT 含量组合浓度对枣树愈伤组织不定芽分化的影响

组号	NAA+ZT/（mg/L）	NAA/ZT 比值	分化频率（%）	芽数（个/块）	瘤状突起
1	0.060+7.000	0.0086	0	0	
2	0.030+3.500	0.0086	0	0	
3	0.025+2.500	0.0100	0	0	
4	0.020+2.000	0.0100	2	1	++
5	0.0175+1.750	0.0100	2	1	+++
6	0.015+1.750	0.0086	8	1.25	+++
7	0.010+1.500	0.0067	0	0	+
8	0.0075+0.875	0.0086	0	0	
9	0.00375+0.438	0.0086	0	0	

注：MS（NO_3^-/2）为基本培养基，品种为鸡蛋枣，瘤状突起多度表示同表 1。

2.4　基本培养基对愈伤组织不定芽分化的影响

在激素种类和含量相同的情况下，分别使用 MS，MS（NO_3^-/2），B_5，N_6，Nitsch 等 5 种培养基进行不定芽诱导，其结果见表 4。除 MS（NO_3^-/2）外，MS 和 Nitsch 也能诱导出不定芽，只是分化频率仅为 MS（NO_3^-/2）的 1/3 左右，且芽生长较差。而 B_5 和 N_6 培养基仅见瘤状突起，未见分化出不定芽。这说明培养基的组成成分不同，对枣树愈伤组织不定芽的分化有着重大的影响。就 MS 与 MS（NO_3^-/2）而言，其差别就是 MS（NO_3^-/2）中 NO_3^- 的浓度减半，而后者不定芽的分化频率则高出 2 倍，表明高含量的 NO_3^- 离子对枣树愈伤组织不定芽分化似乎有抑制作用。

表 4　不同培养基对枣树愈伤组织不定芽分化的影响

培养基	分化频率（%）	平均芽数（个/块）	芽长（mm）	瘤状突起
MS	2	1.0	1.5	++
MS（NO_3^-/2）	6	1.3	>3.0	+++
B_5	0	0		++
N_6	0	0		++
Nitsch	2	1.0	1.5	++

注：激素组合 NAA0.015 mg/L+ ZT1.75 mg/L，品种为鸡蛋枣，瘤状突起多度表示同表 1。每种培养基接种 40 块愈伤组织。

2.5　品种对愈伤组织不定芽分化的影响

植物不定芽的分化在基因型之间存在着很大差别，枣树也一样。在附加 NAA0.015mg/L+ZT1.750mg/L 的 MS（NO_3^-/2）培养基上，对鸡蛋枣、无核小枣、中南林优 16、尖枣、梨枣、相枣和大叶无核枣等 7 个品种的愈伤组织进行不定芽诱导，结果见表 5。7 个品种中，鸡蛋枣的不定芽分化频率最高，其次是无核小枣和中南林优 16，而相枣、尖枣和梨枣则未见分化出不定芽。

表5　不同枣树品种的愈伤组织不定芽的分化

品种	接种数（个）	分化率（%）	不定芽数（个/块）	瘤状突起情况
无核小枣	40	5.0	1	++
中南林优16	40	5.0	1	++
鸡蛋枣	40	10	1.4	+++
尖枣	40	0	0	++
相枣	40	0		++
梨枣	40	0		++
大叶无核枣	40	2.5	1	++

注：培养基及其激素组合为 MS（NO$_3^-$/2）+NAA0.015mg/L+ZT1.75mg/L+KT2mg/L。

2.6　不定芽的高频率诱导

枣树的愈伤组织很难分化出不定芽。在上述试验中，愈伤组织不定芽再生频率最高的也只有10%。为提高其分化频率，在使用 MS（NO$_3^-$/2）+NAA0.015mg/L+ZT1.750mg/L 的基础上，添加被认为能提高植物愈伤组织不定芽分化频率的腺嘌呤、泛酸钙、AgNO3，或复合使用有效浓度的生长素、细胞分裂素，分化诱导不定芽，其结果如表6所示。在 MS（NO$_3^-$/2）+NAA0.015mg/L+ZT1.750mg/L 上再附加 BA 或腺嘌呤20.000mg/L或泛酸钙1.000mg/L后，各品种均未见分化出不定芽。在 MS（NO$_3^-$/2）+NAA0.015mg/L+ZT1.750mg/L 上再添加 KT 时，能大大提高鸡蛋枣、梨枣、中南林优16和无核小枣的不定芽再生频率，尤其是添加 KT4.000mg/L 时促进作用最为显著，但当体积质量升至8.000mg/L48 中南林学院学报第18卷时又有抑制作用。KT对尖枣和相枣的不定芽分化未见促进作用，分化频率仍为0。添加 AgNO$_3$ 后对愈伤组织生长和褐化有很大的抑制作用，1.000mg/LAgNO$_3$能促进愈伤组织不定芽的分化，但超过此含量又对愈伤组织不定芽分化有抑制作用。在 MS 培养基中添加 ZT1.750mg/L+KT4.000mg/L+IAA0.020mg/L 能使无核小枣愈伤组织的不定芽再生频率提高到22%，但对其他品种没有促进作用。

表6　枣树愈伤组织不定芽分化频率的提高

组号	组合（mg/L）	再生频率（%）					
		无核小枣	梨枣	鸡蛋枣	尖枣	相枣	优16
1	BA0.200	0	0	0	0	0	0
2	KT0.500	2	2	12	0	0	0
3	KT1.000	2	4	16	0	0	0
4	KT2.000	6	6	24	0	0	4
5	KT4.000	8	8	30	0	0	12
6	KT8.000	0	0	0	0	0	0
7	KT2.000+GA0.015	10	0	0	6	0	0
8	KT2.000+IBA0.015	0	0	6	0	0	0
9	KT4.000+BA0.1000+IAA0.015+GA0.015+IBA0.015+泛酸钙1.000	0	8	0	0	2	0

（续）

组号	组合（mg/L）	再生频率（%）					
		无核小枣	梨枣	鸡蛋枣	尖枣	相枣	优16
10	KT4.000+AgNO₃1.000	14	10	2	2		
11	KT4.000+AgNO₃2.000	4	2	4	0		
12	KT4.000+AgNO₃4.000	0	0	0	0		
13	KT4.000+AgNO₃6.000	0	0	0	0		
14	腺嘌呤20.000	0	0	0	0	0	0
15	泛酸钙1.000	0	0	0	0	0	0
16	ZT1.750+KT4.000+IAA0.020	22	0	10	0	0	0
17	对照	0	0	8	0	0	0

注：1~15 号组合为 MS（NO_3^-/2）培养基附加有 NAA0.015mg/L+ZT1.750mg/L，16 号组合为 MS 培养基，未附加 NAA，17 号对照为 MS（NO_3^-/2）+NAA0.015mg/L+ZT1.750mg/L。

2.7 不定芽的增殖

将不定芽切下，基部插入添加有不同含量的激素和 AgNO₃的 MS（NO_3^-/2）和 MS 培养基中进行不定芽增殖，结果见表7。在 MS（NO_3^-/2）+NAA0.015mg/L+ZT1.750mg/L 中，未见到不定芽发生增殖，增殖系数为0；再分别添加 KT4.000mg/L 或 AgNO₃1.000~2.000mg/L 后，亦未见不定芽出现增殖。只有在 MS（NO_3^-/2）+ NAA0.015mg/L+ZT1.750mg/L 中，再同时添加 KT4.000mg/L，AgNO₃1.000~2.000mg/L 后才能使不定芽增殖，其中尤其是添加 AgNO₃2.000mg/L 后获得了较高的增殖系数。而采用适于枣树愈伤组织增殖的培养基和激素组合（MS（NO_3^-/2）+NAA3.000mg/L+ZT2.000mg/L），即使再同时添加 KT4.000mg/L，AgNO₃2.000mg/L，不定芽也未发生增殖。MS 培养基添加激素和 AgNO₃2.000mg/L 后，其不定芽增殖与 MS（NO_3^-/2）表现出相同的趋势，但增殖系数不足 MS（NO_3^-/2）的一半。同样，尖枣和鸡蛋枣两品种也显示出相似的趋势，而鸡蛋枣的增殖系数稍低。

表7 培养基及添加物枣树对不定芽增殖的影响

培养基	激素组合（mg/L）				增殖系数	
	NAA+ZT+KT+AgNO₃				尖枣	鸡蛋枣
	0.015		0	0	0	0
	0.015	1.750	4.000	0	0	0
	0.015	1.750	4.000	1.000	1.800	1.500
MS（NO_3^-/2）	0.015	1.750	4.000	2.000	3.200	2.400
	0.015	1.750	0	2.000	0	0
	3.000	2.000	0	0	0	0
	3.000	2.000	4.000	2.000	0	0

（续）

培养基	激素组合（mg/L）				增殖系数	
	NAA+ZT+KT+AgNO$_3$				尖枣	鸡蛋枣
	0.015	1.750	0	0	0	0
	0.015	1.750	4.000	0	0	0
	0.015	1.750	4.000	1.000	0	0
MS	0.015	1.750	4.000	2.000	1.500	1.100
	0.015	1.750	0	2.000	0	0
	3.000	2.000	0	0	0	0
	3.000	2.000	4.000	2.000	0	0

注：培养基为 MS（NO$_3^-$/2）。

3 讨论

在进行枣树愈伤组织不定芽诱导时，使用高质量的胚性愈伤组织是成功的基础。愈伤组织生长越快，就越不易分化出不定芽。只有生长率在 100%～150%、结构仍保持紧密、正面绿色的愈伤组织，才会产生许多瘤状突起，这些瘤状突起是愈伤组织外表的拟分生组织的细胞继续分裂而形成的，它们进一步发育可形成不定芽。

激素的种类及绝对含量、生长素/细胞分裂素的比值是影响枣树愈伤组织不定芽分化的重要因素。生长素对愈伤组织不定芽分化的促进作用的大小排序是 NAA＞IAA＞IBA＞GA，而细胞分裂素对愈伤组织不定芽分化的促进作用的大小排序则是 ZT＞KT＞BA。单独使用某种生长素或细胞分裂素均不能诱导枣树愈伤组织产生不定芽，只有在 NAA0.015mg/L＋ZT1.750mg/L＋KT4.000mg/L 的组合才能获得较高的不定芽再生频率。添加 AgNO$_3$2.000mg/L 后，能显著抑制愈伤组织褐化。

不同的枣树品种愈伤组织的不定芽分化能力有很大的差异．本试验的 7 个品种中，其再生能力大小依次是鸡蛋枣、中南林优 16、无核小枣、梨枣、大叶无核枣、相枣和尖枣，且不同品种的最适激素组合也有很大的差异。鸡蛋枣和中南林优 16 在 MS（NO$_3^-$/2）＋NAA0.015mg/L＋ZT1.750mg/L＋KT4.000mg/L 条件下的再生频率最高，无核小枣在 MS＋IAA0.020mg/L＋ZT1.750mg/L＋KT4.000mg/L 条件下可获得最高的再生频率，梨枣和尖枣在 MS（NO$_3^-$/2）＋NAA0.015mg/L＋ZT1.750mg/L＋KT4.000mg/L＋AgNO$_3$1.000mg/L 表现最好，而相枣则只在 MS（NO$_3^-$/2）＋KT4.000mg/L＋BA0.100mg/L＋IAA0.015mg/L＋GA0.015mg/L＋IBA0.015mg/L＋泛酸钙 1.00mg/L 条件下再生出了不定芽。在本试验中，尖枣和相枣不仅最高分化率只有 2%，而且其不定芽生长也很差。

枣树愈伤组织培养时不定根的分化[*]

何业华　胡芳名　谢碧霞　何钢　杨伟　胡中沂

（中南林学院，湖南株洲 412006）

枣树愈伤组织培养获得不定芽和茎后，还必须使其分化出不定根后，方能成为完整的植株。枣树枝条扦插极难生根，因而生产上也只能采取嫁接和根蘖的方式培育苗木。关于枣树不定根诱导，严仁玲、田砚亭等曾对金丝小枣，刘翠云等对黑山晋枣做了研究，但他们都是以器官培养产生的不定芽作外植体，本文以枣树愈伤组织分化产生的不定芽作为材料进行了不定根诱导试验。

1　材料和方法

1.1　不定芽的获得

供试材料为枣树品种无核小枣的 1 年生嫁接苗。采回枣头后，经消毒，剥取主芽，将主芽接种在 MS（$1/2NO_3^-$）+4mg/L NAA+3mg/L NAA+2mg/L ZT 培养基上培养使其愈伤组织化，选色灰白愈伤组织在 1/2MS+3mg/L NAA+2mg/L ZT 培养基上增殖 5 代后，取白色紧密的愈伤组织转接到 MS+0.02mg/L IAA+1.75mg/L ZT+4mg/L KT 培养基上，并给予每天光照 12h 诱导出不定芽，再将不定芽转接到 MS（$1/2NO_3^-$）+1mg/L KT 上，使其生长成 3cm 以上的茎。

1.2　不定根的诱导

将不定芽长成的茎切成 1.5cm 左右的茎段，带叶将茎基部插入 MS（$1/2NO_3^-$）培养基中，培养基中的附加有不同浓度的激素，在 28±1℃ 下进行培养。每处理为 20 个茎段，重复 4 次。

1.3　试管苗的驯化和移栽

将试管苗根部用自来水冲洗干净，移植于盛有营养土的花盆中。在 25±2℃，光照 2000lx 条件下，相对湿度 85% 的人工气候室内生长 3d，再移植于野外。

2　结果与分析

2.1　激素对不定根分化的影响

使用 IBA 与 BA 的不同浓度组合对不定芽形成的茎进行不定根诱导，结果见表 1。当

---

　　*本文来源：经济林研究，1999，17（3）：11-13.

BA 浓度≥0.1mg/L 时，无论 IBA 浓度高低如何，均未见分化出不定根；当 BA 浓度降至 0.05mg/L 时，便有 5%~11% 的茎产生出了 1~2 条不定根；在未添加 BA 时，则出现同一 IBA 浓度下的最高生根率。可见细胞分裂素 BA 对不定根分化有抑制作用。在未添加 BA 的情况下，IBA 以添加 1mg/L 时的生根率最高，达到 95.4%；0.5mg/L 时的生根率亦高达 92.9%；但低于 0.5mg/L 或高于 1mg/L 时，生根率和生根系数都会降低。另外，高浓度的 IBA 和 BA 组合生根率低的原因之一，是茎基部脱分化产生了大量愈伤组织而阻碍了不定 根的分化。在添加细胞分裂素的情况下，IBA，NAA 和 IAA 三种生长素对不定根分化的影 响亦有很大差别（表 2）。使用 IBA 时，茎基部愈伤组织少，生根率最高，根较粗壮，每 茎的发根数也较多。NAA 因使茎基部产生较多的愈伤组织，生根率最低。IAA 的生根率则 介于 IBA 与 NAA 之间。另外，三者的最适浓度也不尽相同，IBA 是适浓度为 0.5~1mg/L，生根率高达 93.6%~94.7%；IAA 最适浓度为 1.0mg/L，生根率只有 67.2%；而 NAA 的最 适浓度为 0.5mg/L，但生根率却只有 47.5%。

表 1　激素组合对枣树茎段生根的影响

激素组合（mg/L）		生根率（%）	生根系数
IBA+	BA		
3	0.2	0	
3	0.1	0	
3	0.05	5.0	+
3	0	16.7	+
2	0.2	0	
2	0.1	0	
2	0.05	6.8	+
2	0	54.6	++
1	0.2	0	
1	0.1	0	
1	0.05	11.2	+
1	0	95.4	+++
0.5	0.2	0	
0.5	0.1	0	
0.5	0.05	10.4	+
0.5	0	92.9	+++
0.25	0.2	0	
0.25	0.1	0	
0.25	0.05	0.3	+
0.25	0	43.2	++

注：培养基为 MS（$1/2NO_3^-$），品种为无核小枣，茎段带 2~3 枚叶，暗培养。生根系数：+表示有 1~2 条根，++ 表示有 2~4 条根，+++表示有 5 条根以上。

2.2　茎上的叶片数量对不定根分化的影响

将分别保留有 3，2，1，0.5，0 枚叶片的茎，接种在添加 1.0mg/L IBA 的 MS（$1/2NO_3^-$）中进行不定诱导。结果表明，叶片对枣树不定根的形成有着重大的影响。当茎上不保留叶片时，生根率只有 12.5%，每个茎上仅有 1~2 条根；保留半枚叶后，生根率提高了 4.4 倍，达 68.0%，每个已生根的茎上可产生 3~4 条不定根；此后，随着保留的叶片增多，生根率、生根系数及不定根壮实程度都会增高，但保留 2 枚叶与保留 3 枚叶的效果相差不大。

表 2　生长素种类和浓度对枣树茎段生根的影响

生长素种类	生长素浓度（mg/L）	生根率（%）	生根系数
IBA	0.25	45.0	++
	0.50	93.6	+++
	1.0	94.7	+++
	2.0	56.2	++
NAA	0.25	30.0	+
	0.50	47.5	++
	1.0	37.5	++
	2.0	25.0	+
IAA	0.25	32.7	+
	0.50	54.3	++
	1.0	67.2	+++
	2.0	45.0	++

注：培养基为 MS（$1/2NO_3^-$），品种为无核小枣，茎段带 2~3 枚叶，暗培养。生根系数：+表示有 1~2 条，++表示有 2~4 条根，+++表示有 5 条根以上。

2.3　光对不定根分化的影响

在每天给予 0h，12h，24h 的不同光照时间下，生根情况差异很大。在 24h/d 光照下，生根率仅为 6.1%，不定根细而少；光照时间缩短至 12h/d 后，生根率可提高至 46.7%，每茎的不定根数量也增加。当采用暗诱导时，15d 左右便开始分化出不定根，生根率高达 95.0%，每茎的不定根数量多达 5 条以上，根较粗壮，支根多。试验共获 1256 株完整植株。

2.4　试管苗的移栽

将上述再生植株从琼脂培养基中移植到含有 MS（$1/2NO_3^-$）培养基无机盐的营养土中，在人工气候室内生长 3d 后，再移栽到带有荫棚的野外，7d 后逐渐解除遮荫设施，成活率在 98% 以上。

3　讨论

在植物组织培养中，激素对器官分化的调节起着重要作用。从枣树不定根分化来看，在有较高浓度的细胞分裂素 BA 存在的情况下，由不定芽形成的茎不能产生不定根；当肥 BA 除掉后，生长素便开始呈现出对不定根分化的促进作用。在 IBA，IAA 和 NAA 三种生长素的应用中，IBA 对枣树不定根的分化效果最佳，其最适浓度为 0.5~1mg/L。

叶对枣树不定根的形成很强的促进作用。在不带叶进行不定根诱导时，也必须是在茎上的芽萌发之后，才会有少量的不定根产生。在不定根分化的培养基上，芽萌发需长达 3 周以上时间。因此，不带叶时即使生根，其生根率只有 12.5%，且根少而细弱。本试验证明，保留 2 枚叶片是适当的，保留更多的叶片对不定根分化促进不显著，而且减少繁殖系数。叶对不定根分化的促进作用，是由叶片合成激素等物质所引起。像柿树等植物的不定根分化一样，光对枣树不定根形成有抑制作用。但一旦不定根产生后，这种抑制作用便会消失。因此，在不定根诱导时，暗培养 12~15d 形成不定根后，就应转入 12h/d 的光照条件下培养，否则叶片会黄化，再生植株生长衰弱，甚至死亡。

中秋酥脆枣和其它6个枣品种的品比试验[*]

谷战英　谢碧霞　王森

（中南林业科技大学林学院，湖南长沙 410004）

枣树原产于我国，在我国已有 5000 多年的栽培历史，而且栽培地域广阔，几乎遍及全国各省（自治区、直辖市）。目前，国内国际市场对鲜食枣的需求量日益增加，这又促进了我国枣产业的迅速发展。但是，在枣类生长发育季节，我国南方地区高温、高湿的气候特点导致了枣树病虫害的严重发生，加上土壤结构及特性上的差异，致使北方一些优良的鲜食枣品种（如沾化冬枣、大雪枣、长条枣、延川狗头枣、牛奶脆枣）在南方地区的表现均不够理想。因此，培育一个适应南方气候条件和土壤特性的高产、稳产、优质的鲜食枣品种，已成为枣树育种学家亟待解决的重大课题。

1　材料与方法

1.1　材料

2000 年 2 月分别从山东、湖南采集了 6 个鲜食枣品种和中秋脆酥枣，共有 7 个品种参加品比试验。

1.2　试验地概况

试验地设在湖南省祁东县蒋家桥镇（位于湘江南岸），其地理位置为北纬 26°28′~27°04′，东经 111°32′~112°20′，属北亚热带大陆湿润气候类型。年均气温为 17.9℃，最低气温为 -6.6℃，日均温≥10℃的年积温为 5471~5810℃·d，年日照时数为 1580h，年降水量为 1100~1250mm，无霜期 282d。

1.3　试验设计

于 2000 年 2 月采回接穗，分别嫁接在当年定植的 1 年生本砧上。砧木以大穴（80cm×80cm×70cm）造林，每穴施以土杂肥 50kg 作为基肥，栽植密度为 3m×4m。试验采用随机区组设计，每 5 株为 1 小区，重复 4 次。

1.4　试验地的管理

每年 12 月初施肥 1 次，以农家土杂肥为主，每株 25kg。4 月和 6 月各施 1 次尿素，每株 100g。第 1 年撒施，以后均为穴施。定干高度为 1m。冬季修剪以轻剪、缓放、拉枝为主，剪除细弱枝、病虫枝及基部萌条。春夏季套种花生与黄豆。

＊本文来源：经济林研究，2009，27（3）：66-69。

1.5 调查方法

2003 年 8 月和 9 月，实地调查参与品比试验的各品种枣树的生长结果情况，测定每株树高、干径、冠幅、枣头数、当年生枣股数、果吊比、单果质量和单株产量，取其平均值作为该品种的品质特征值。

2 结果与分析

2.1 不同品种鲜食枣的树体生长情况

枣树幼树期树高、干粗及冠幅的大小，不仅可以用来衡量该品种的适应性，也是形成单株产量的基础。对参加品比试验的各个品种枣树的树体生长情况进行了测定，结果如表 1。

表 1　各品种枣树的树体生长情况

品种名	中秋酥脆枣	鸡蛋枣	茶陵长枣	木枣	沾化冬枣	糖枣	牛奶枣
树高（m）	2.4	2.1	1.9	2.0	1.6	2.3	1.8
名次	1	3	5	4	7	2	6
干径（cm）	4.4	4.5	3.9	3.4	2.7	3.8	2.9
名次	2	1	3	5	7	4	6
平均冠幅（m）	2.2	1.7	1.4	1.9	1.1	1.6	0.7
名次	1	3	5	2	6	4	7

从表 1 中可以看出，中秋酥脆枣无论其树高、干径还是冠幅均比沾化冬枣生长快，鸡蛋枣和中秋酥脆枣相差不多；而沾化冬枣则表现出不适宜于南方栽培的习性。

2.2 不同品种鲜食枣的发枝特性

枣树发枝能力的强弱，直接影响到树冠的大小和产量的高低。对各品种枣树的发枝情况进行了调查，结果如表 2。从表 2 中可以看出，枣头抽生量以中秋酥脆枣和糖枣最多，均在 25 个以上；鸡蛋枣最少，只有 21.8 个。当年生 2 次枝抽生量以中秋酥脆枣和糖枣最多，均在 200 个以上。每个当年生 2 次枝枣股数以糖枣和沾化冬枣最多。

表 2　各品种枣树的发枝量

品种名		中秋酥脆枣	鸡蛋枣	茶陵长枣	木枣	沾化冬枣	糖枣	牛奶枣
当年生枣头抽生量	每株的个数	28.5	21.8	27	23.2	23.1	25.7	20.3
	名次	1	6	2	4	5	3	7
当年生 2 次枝抽生量	每株的个数	217.2	175.9	168.7	130.5	139.3	201.3	162
	名次	1	3	4	7	6	2	5
	每株的个数	7.6	8.1	6.2	5.6	6.0	7.8	8.0
	名次	3	1	4	3	5	7	2

（续）

品种名		中秋酥脆枣	鸡蛋枣	茶陵长枣	木枣	沾化冬枣	糖枣	牛奶枣
当年生2次枝枣股数	每株的个数	1132.7	845.4	1028.1	681	827.2	1036	524.3
	名次	1	4	3	6	5	2	7
	每株的个数	39.7	38.8	38.1	29.4	35.8	40.3	25.8
	名次	2	3	4	6	5	1	7
	每二次枝的数	5.2	4.8	6.1	5.2	5.9	5.1	3.2
	名次	5	6	3	4	2	1	7

2.3 不同品种鲜食枣的丰产性能

同一枣头不同树龄段的平均结果数如表3。从表3中可以看出，各品种不同树龄段枣头的结实规律不同，大部分品种呈逐渐下降趋势，这说明1年生枣头的结实能力最强，故在空间允许的条件下，冬季对其枝条应进行短截处理，以增加产量。结果总数以中秋酥脆枣和糖枣最多，而沾化冬枣和鸡蛋枣最少。从表4中可以看出，各供试品种当年生枝平均坐果数以中秋酥脆枣和糖枣最多，而沾化冬枣和鸡蛋枣最少。这说明不同品种的结果特性有一定的差异。

表3 同一枣头不同树龄段的平均结果数

品种名		中秋酥脆枣	鸡蛋枣	茶陵长枣	木枣	沾化冬枣	糖枣	牛奶枣
1年生枣头段	结果数（个）	43.3	2.6	6.8	17.5	4.7	36.7	10.5
	名次	1	7	5	3	6	2	4
	所占百分比（%）	55.13	56.27	93.8	58.63	89.55	57.83	76.64
	名次	7	6	1	4	2	5	3
2年生枣头段	结果数（个）	34.4	1.3	0.3	11.4	0.5	25.6	2.8
	名次	1	5	7	3	6	2	4
	所占百分比（%）	43.72	28.71	3.54	38.11	10.45	40.39	20.11
	名次	1	4	7	3	6	2	5
3年生枣头段	结果数（个）	0.9	0.7	0.2	1.0	0	1.1	0.4
	名次	3	4	6	2	7	1	5
	所占百分比（%）	1.15	15.02	2.66	3.26	0	1.78	3.25
	名次	6	1	4	2	7	5	3
各品种的结果总数及其排名	结果数（个）	78.7	4.6	7.3	29.8	5.2	63.4	13.7
	名次	1	7	5	3	6	2	4

注："所占百分比"是指结果的枣头段数占所有枣头段数的比例。

表4 当年生枝的平均结果数

品种名	中秋酥脆枣	鸡蛋枣	茶陵长枣	木枣	沾化冬枣	糖枣	牛奶枣
当年生枣头的结果数	43.4	2.6	6.8	17.5	4.7	36.7	10.5
名次	1	7	5	3	6	2	4

（续）

品种名	中秋酥脆枣	鸡蛋枣	茶陵长枣	木枣	沾化冬枣	糖枣	牛奶枣
当年生 2 次枝的结果数	5.695	0.332	1.088	3.111	0.779	4.685	1.316
名次	1	7	5	3	6	2	4
当年生枣股上的枣吊数	1.092	0.067	0.179	0.596	0.131	0.910	0.407
名次	1	7	5	3	6	2	4

2.4 不同品种鲜食枣的单果质量及单株产量

不同品种鲜食枣的单果质量及单株产量见表5。由表5可知，中秋酥脆枣的平均单株产量为 10.0kg，远高于牛奶枣、鸡蛋枣、沾化冬枣的平均单株产量（2.7~3.6kg）。

表 5 各品种的单果质量及单株产量

品种名	中秋酥脆枣	鸡蛋枣	茶陵长枣	木枣	沾化冬枣	糖枣	牛奶枣
平均单果质量（g）	13.8	17.7	9.5	11.0	14.0	8.0	8.3
名次	3	1	5	4	2	7	6
平均单株个数（个）	863.6	158.2	382.8	413.2	259.7	568.2	328.6
名次	1	7	4	3	6	2	5
平均单株质量（kg）	10.0	2.8	3.6	4.5	3.6	4.5	2.7
名次	1	4	3	2	3	2	5

3 结论

通过 4 年的品比试验，对各供试品种进行了综合观测和评定，得出了如下初步结论：

（1）中秋酥脆枣在湖南省祁东县表现出了树体生长快、果实产量高、早食性好、幼树期枣头连续结果能力强等优点；

（2）与湖南地方品种相比，中秋酥脆枣的平均单果质量不如鸡蛋枣，而其它品质特点却均优于茶陵长枣、木枣、牛奶枣等参试品种；

（3）与沾化冬枣相比，中秋酥脆枣果的个子小于沾化冬枣，而其它方面的品质却均优于沾化冬枣，这可能是沾化冬枣对试验地气候条件和土壤特性不适应的缘故；

（4）建议把中秋酥脆枣作为优良、早实、丰产的鲜枣品种在我国南方地区大力推广。

梨枣组织培养的研究[*]

伍成厚[1,2]　何业华[1]　谢碧霞[1]　胡芳名[1]

(1. 中南林学院，湖南株洲 412006；2. 漳州师范学院生物系，福建漳州 363000)

枣 *Zizyphus jujuba* Mill. 是我国特有的果树，因适应性强，抗寒耐旱抗盐碱，有"铁杆庄稼"之誉。梨枣是枣优良品种之一，原产于山西省临猗、运城地区，其果实特大，形状似梨，鲜食品质上乘，近年来在全国广为引种。由于枣的传统繁殖方法如根蘖分株、嫁接及扦插等，难以满足当前生产的需要，利用组织培养技术进行快速繁殖的研究引起了人们极大的兴趣，这些研究工作都是诱导茎段（包括茎尖）的主芽或腋芽（副芽）萌发，再通过丛生芽进行增殖，或直接诱导生根，而在初代培养中诱导茎段直接分化不定芽尚未见报道。本文中，以梨枣茎段为外植体，进行了不定芽的诱导和成苗的研究，可以为其他枣树品种的组织培养提供参考。

1 材料与方法

1.1 材料

试验材料为梨枣，供试材料种植在中南林学院枣树品种园中，为 1~2 年生嫁接苗。

1.2 方法

4 月下旬至 6 月中旬，采集尚未木质化的 1 年生枣头，剪除叶片，冲净灰尘等杂物后，用 2%的 $NaClO_3$ 溶液消毒 15min，无菌水冲洗 5~6 次后，切成 1~2cm 长的带节茎段作为外植体。

基本培养基为 MS 和 1/2MS 两种，其中蔗糖添加量为 30g/kg，琼脂为 8g/kg，pH 值 5.8。在 MS 培养基上进行不定芽的诱导，温度（27±1）℃，光强 2000lx，光照时间 12h/d。在 1/2MS 培养上进行不定根的诱导，温度（27±1）℃。试管苗经过练苗后，移植在不同基质上，成活的苗木最后移至大田培育。

2 结果与分析

2.1 外植体的接种方式对不定芽诱导的影响

当茎段接种到培养基上 10d 左右，可以看到茎段的基部逐渐膨大，茎段的腋芽开始萌发，形成二次枝和枣吊（图 1）；或从茎段的切口分化出不定芽。茎段腋芽萌发的二次枝

＊本文来源：经济林研究，2004，22（2）：17-19.

继续培养可以生根，但并不能发育成枣头而形成有效的试管苗；枣吊在培养 1 个月后全部黄化枯死，也不能成苗。二次枝和枣吊都细弱，均为 1/2 叶序。而从茎段切口分化的不定芽形成的枝条较粗壮，为 2/5 叶序，与二次枝、枣吊的区别明显（图2），和枣头相似，继续培养可以形成试管苗。

外植体的切取和插入方式不同，对不定芽的诱导有一定影响。茎段斜切时不定芽的形成比平切时要早 15d；茎段斜插入培养基可以形成不定芽，平放的茎段不能诱导不定芽，在生长素含量较高（含量为 3.0mg/L）时，还从切口形成白色的愈伤组织。

图1　茎段腋芽萌发的二次枝和枣吊　　　　图2　茎段切口萌发的不定芽

2.2　生长素与 AgNO₃对茎段不定芽诱导的影响

在 MS+ZT 1.75mg/L+KT 2.0mg/L 培养基上，梨枣茎段可以诱导不定芽分化。当添加低含量的 NAA 后，可以促进不定芽的形成；但 NAA 的含量超过 0.1mg/L 以后，不定芽的分化量减少，当 NAA 含量为 3.0mg/L 时，不但不定芽的分化完全受到抑制，而且从茎段的切口形成白色的愈伤组织。在培养基中加入 $AgNO_3$，可以影响梨枣茎段不定芽的分化，在含量为 1.0~2.0mg/L 时可以提高不定芽的诱导率，但 $AgNO_3$ 的含量达到 4.0mg/L 时茎段易于褐化，反而抑制不定芽的形成。表1 说明了激素与 $AgNO_3$对梨枣茎段不定芽诱导的影响。

表1　激素与 $AgNO_3$对梨枣茎段不定芽诱导的影响

激素含量（mg/L）			$AgNO_3$	茎段数	不定芽数	增值
ZT	KT	NAA	（mg/L）	（个）	（个）	倍数
1.75	2.0	0	0	25	13	0.52
1.75	2.0	0.015	0	25	21	0.84
1.75	2.0	0.050	0	25	27	1.08
1.75	2.0	0.100	0	25	22	0.88

（续）

激素含量（mg/L）			AgNO₃	茎段数	不定芽数	增值
ZT	KT	NAA	（mg/L）	（个）	（个）	倍数
1.75	2.0	0.300	0	25	10	0.40
1.75	2.0	1.000	0	25	0	0
1.75	2.0	3.000	0	25	0	0
1.75	2.0	0.050	1.0	22	26	1.18
1.75	2.0	0.050	2.0	20	45	2.25
1.75	2.0	0.050	3.0	23	9	0.39

2.3 生根诱导

当茎段诱导的不定芽伸长至 3~6cm 长的枝条时，可从基部切下进行生根诱导。IBA 对不定根的诱导明显优于 NAA 和 IAA。IAA 诱导生根，根细长，数量明显比 IBA 诱导的少。NAA 诱导生根，随着激素含量的提高，基部产生较多愈伤组织，根细、短。IBA 诱导生根，愈伤组织产生少，根较粗壮，数量多，也有一定长度，当 IBA 含量为 0.8mg/L 时生根率达到了 95.0%。表 2 说明了激素对梨枣试管苗生根的影响。

当试管苗具 6 枚以上叶片，叶色浓绿，根系粗壮时，即可驯化移栽。

表 2　激素对梨枣不定根诱导的影响

激素	含量（mg/L）	接种茎段数（个）	生根数（个）	生根率（%）
IAA	0.2	20	0	0
	0.4	20	3	15.0
	0.8	20	8	40.0
	1.2	20	5	25.0
NAA	0.2	20	0	0
	0.4	20	3	15.0
	0.8	20	12	60.0
	1.2	20	5	25.0
IBA	0.2	20	2	10.0
	0.4	20	9	45.0
	0.8	20	19	95.0
	1.2	20	13	65.0

3　讨论

在组织培养中，通常认为细胞分裂素与生长素的比例决定外植体分化再生的方向，较高的细胞分裂素与生长素比例将诱导外植体分化芽，而该比例低时有利于诱导根的分化。

在枣树茎段培养中，通常采用的激素是较低含量的生长素（0.1~0.5mg/L）和细胞分裂素配合使用，但细胞分裂素使用的含量范围较广，从 BA 含量为 0.1mg/L 到 BA 含量为 4mg/L+KT 2.0mg/L 范围内对萌芽率的影响不明显。初代培养的结果通常是诱导茎段（包括茎尖）的主芽或腋芽萌发，但枣树的茎段（包括茎尖）在离体培养初期主要是萌发二次枝和枣吊，而这两种枝条均不能培养成有效的试管苗。在茎段的培养中，枣头形成少也就成为枣树组培快速繁殖的一大障碍。在此试验中，采用活性较强、含量较高的细胞分裂素（ZT 1.75mg/L+KT 2.0mg/L）与低含量的生长素配合使用，诱导了梨枣茎段直接分化出不定芽，不定芽所形成的枝条与二次枝和枣吊不同而与枣头相似，可以培养成苗，从而扩大了枣树快速繁殖的有效材料来源。虽然叶片或茎段诱导愈伤组织也可形成不定芽，但对于保持品种的优良特性而言可能是不利的，此试验绕过了这个问题，因而有利于组织培养技术在枣树生产上的应用。

黄涛等报道 AgNO$_3$ 可以提高沙田柚 *Citrus grandis*（L.）Osbeck cv. Shatian Yu 上胚轴不定芽的再生频率和单位外植体芽数，并认为其机理是 Ag$^+$ 对乙烯的拮抗作用，从而促进外植体出芽。乙烯是一种分子结构简单的、以气态分子存在的植物激素，它在组织培养中因伤害胁迫或生长素的诱导而产生，并对细胞分裂、外植体的分化与植株的再生产生影响，Ag$^+$ 可以逆转乙烯的抑制作用。在试验中，非植物激素物质 AgNO$_3$ 也表现出对梨枣不定芽诱导的影响作用，其方式与生长素一样，即低含量时起促进作用，含量较高时则起抑制作用。在枣树愈伤组织培养中，低含量的 AgNO$_3$ 也表现抑制愈伤组织褐化和促进不定芽分化的作用。AgNO$_3$ 在枣树组织培养中的作用是否也是抑制乙烯的作用尚不清楚，值得进一步研究。

五味子种籽性状与种仁含油率特性的个体变异规律[*]

谢碧霞[1]　王森[1,2]　邓白罗[1]　杜红岩[3]　钟秋平[1,4]

(1. 中南林业科技大学资源与环境学院，湖南株洲 412006；2. 河南科技大学林业职业学院，河南洛阳 471002；3. 中国林业科学研究院经济林研究开发中心，河南郑州 450003；4. 中国林业科学研究院亚热带林业实验中心，江西分宜 336600)

　　五味子为五味子科藤本植物，果实为浆果，具有极高的药用价值和营养价值，是一种新型的"药食同源"功能性保健食品，其果实在国际上已成为一种新型食品工业的重要原料，应用前景十分广阔。随着五味子药理研究的不断深入，新的五味子活性物质从种仁油中不断被发现，但是有关五味子种籽性状个体变异规律的系统研究尚未见报道。树木个体遗传的差异能通过无性系充分而稳定地表现出来。因此，以不同无性系为对象，系统研究五味子种籽性状的差异，探索五味子种仁含油特性的个体变异点，寻找其变异规律，可为五味子高含油率无性系的选择提供理论依据。本研究中，笔者以 20 个预选无性系为对象，研究了不同无性系五味子种籽的形态发育特点和含油率的变异规律。

1　材料与方法

1.1　试验材料的收集与测定

　　田间试验采用随机区组设计。20 个无性系采用单株小区，5 次重复，于 1999 年嫁接栽植于河南省灵宝市五味子试验基地。于 2005 年 9 月在每株树体上随机采收全红果穗 10 个，取出种籽，分别测定种籽纵径、种籽横径、种籽厚度、种籽千粒重、种仁千粒重。随机抽取 5×2 个果穗和 5×40 粒种籽，用精度为 0.001g 的天平测种籽质量和种仁质量，用游标卡尺测量种子纵径、种籽横径、种籽厚度等指标。

　　种仁含油率测定采用索氏提取法。称取 100g 去皮五味子种仁，放入索氏抽提器中，用 200mL 60~90 ℃沸腾的石油醚在 85 ℃ 水浴锅中进行充分抽提。在旋转蒸发器中蒸去溶剂，称重，计算含油率。

1.2　数量性状的分析

　　本研究的数量性状均采用 SAS 软件进行分析。

2　结果与讨论

2.1　不同无性系种籽性状比较

　　五味子个体遗传的多样性决定了不同无性系的种籽形态特征存在差异。由表 1 可知，

　　＊本文来源：中南林业科技大学学报，2006，26（5）：5-7.

20 个参试无性系在种籽横径、种籽纵径、种籽厚度都表现出不同的特征。各无性系平均种籽纵径为 3.38~4.02mm；平均种籽横径为 2.59~3.92mm；平均种籽厚度为 1.97~3.39mm。方差分析结果表明（表 2），不同无性系何种籽横径、种籽纵径、种籽厚度之何的差异达极显著水平，F 值分别为 6.21、8.50 和 47.71。

种籽质量和种仁质量也是五味子种籽特征的两个重要因素。由表 1 可知，20 个参试无性系之间在种籽千粒重、种仁千粒重方面都表现出不同的差异。各无性系种籽的平均千粒重在 14.86~25.52g 之间；种仁平均千粒重在 6.34~13.52g 之间。其中 9918 号无性系种籽平均千粒重最大，9919 号种仁平均千粒重最大。F 检验结果表明，不同无性系间种籽千粒重和种仁千粒童差异达到极显著水平，值分别为 7.80 和 25.67（表 2）。

表 1　五味子无性系种籽性状比较

品系	种仁千粒重（g）	种籽千粒重（g）	种籽粒径（mm）	种籽横径（mm）	种籽厚度（mm）	仁含油率（%）
9901	6.61	19.75	3.99	2.97	1.79	32.16
9902	9.54	17.37	3.67	2.67	2.14	54.33
9903	12.25	22.46	4.35	3.34	2.71	59.24
9904	6.34	20.44	4.16	2.81	2.40	58.56
9905	10.03	21.70	4.44	2.83	2.23	51.33
9906	9.24	20.76	2.83	3.05	1.99	46.43
9907	9.15	21.77	3.31	2.98	2.56	69.77
9908	9.12	18.48	4.09	3.40	2.40	58.56
9909	9.16	22.87	3.36	2.96	3.61	58.02
9910	8.95	20.36	4.03	3.30	3.14	54.76
9911	6.79	23.31	3.95	3.05	2.92	70.17
9912	7.87	25.52	3.41	2.59	1.82	47.05
9913	7.69	20.52	3.89	2.98	3.39	69.00
9914	10.73	19.68	4.20	3.42	3.30	64.15
9915	11.73	21.03	3.98	3.53	2.09	54.98
9916	9.37	16.42	3.28	3.13	1.97	44.03
9917	9.61	14.86	4.11	2.54	1.65	39.45
9918	13.52	23.19	4.01	3.03	2.95	65.97
9919	12.31	21.93	3.72	3.92	3.25	67.51
9920	8.05	17.99	3.23	3.01	1.79	44.34

表 2　五味子无性系种籽性状方差分析结果

种籽性状	变异来源	离均差平方和	自由度	均方	F 值
种仁千粒重	无性系	363.523	19	19.133	25.67**
	随机误差	59.617	80	0.745	
	合计	423.14	99		

（续）

种籽性状	变异来源	离均差平方和	自由度	均方	F 值
	无性系	625.79	19	32.936	7.80**
种籽千粒重	随机误差	337.831	80	4.223	
	合计	963.621	99		
	无性系	17.679	19	0.93	6.21**
种籽纵径	随机误差	11.993	80	0.15	
	合计	29.671	99		
	无性系	10.744	19	0.565	8.50**
种籽横径	随机误差	5.32	80	0.067	
	合计	16.064	99		
	无性系	35.937	19	1.891	47.71**
种籽厚度	随机误差	3.171	80	0.04	
	合计	39.108	99		
	无性系	11000.788	19	578.989	19.40**
仁含油率	随机误差	2387.513	80	29.844	
	合计	13388.301	99		

注：$F_{0.01}$（19，80）= 2.14，** 表示在 0.01 水平上差异显著；$F_{0.05}$（19，80）= 2.14，* 表示在 0.05 水平上差异显著。

2.2 不同无性系种仁含油率比较

五味子种仁油中含有丰富的木脂素类物质和萜类物质，故对高含油率无性系的选择十分必要。由表 1 可知，20 个参试无性系之间的种仁含油率表现出不同的性状。各无性系平均种仁含油率为 32.16% ~ 70.17%，9911 号无性系平均种仁含油率最高。F 检验结果表明，不同无性系种仁含油率差异达到显著水平，F 值为 19.40（表 2）。进一步对各无性系进行多重比较（表 3），无性系 9911、9907、9913、9919、9918、9914 种仁含油率与其他无性系之间差异达到极显著水平。

表 3　五味子无性系种仁含油率比较

品系	平均值	1	2	3	4	5	6	7	8
9901	32.16	H							
9917	39.45	H	G						
9916	44.03		G	F					
9920	44.34		G	F					
9906	46.43		G	F	E				
9912	47.05		G	F	E				
9905	51.33		G	F	E	D			
9902	54.33			F	E	D	C		
9910	54.76			F	E	D	C	B	

（续）

品系	平均值	1	2	3	4	5	6	7	8
9915	54. 98			F	E	D	C	B	
9909	58. 02				E	D	C	B	A
9908	58. 66				E	D	C	B	A
9904	58. 66				E	D	C	B	A
9903	59. 24				E	D	C	B	A
9914	64. 15					D	C	B	A
9918	65. 97						C	B	A
9919	67. 51							B	A
9913	68. 99								A
9907	69. 77								A
9911	70. 17								A

2.3 不同无性系种籽性状的相关分析

对五味子种籽各性状进行相关性分析（表4），五味子各无性系种仁千粒重与种籽横径之间的相关系数为 0.391，相关性达到极显著水平；与种籽厚度之间的相关系数为 0.229，相关性达到显著水平；与种籽纵径之间的相关性未达到显著水平。说明五味子种仁千粒重的形成与种籽横径和种籽厚度有密切关系。

种仁含油率与种籽主要性状的种籽千粒重、种仁千粒重、种籽横径和种籽纵径之间的相关系数分别为 0.161、0.124、0.124、0.092，相关性均未达到显著水平；但是与种籽厚度之间的相关系数为 0.670，相关性达到了极显著水平，说明五味子种油的形成、积累与无性系的种籽千粒重、种仁千粒重、种籽横径、种籽纵径等指标关系不密切，而与无性系的种籽厚度指标关系密切。换句话说，五味子种仁含油率受种籽厚度大小影响明显。

表 4　不同无性系果实性状相关分析

性状	品系	种仁千粒重	种籽千粒重	种籽粒径	种籽横径	种籽厚	仁含油率
品系	1						
种仁千粒重	0. 314 **	1					
种籽千粒重	-0. 093	0. 074	1				
种籽纵径	-0. 132	0. 175	-0. 055	1			
种籽横径	0. 229 *	0. 391 **	-0. 017	0. 112	1		
种籽厚度	0. 108	0. 221 *	0. 360 **	0. 106	0. 343 **	1	
仁含油率	0. 112	0. 123	0. 161	0. 092	0. 124	0. 670 **	1

注：** 表示在 0.01 水平上差异显著；* 表示在 0.05 水平上差异显著。

3　小结

由于五味子个体遗传的多样性，不同无性系种籽性状也存在多样性。方差分析结果表明，不同无性系五味子种籽纵径、种籽横径、种籽厚度、种籽千粒重、种仁千粒重、种仁含油率的差异均达到了极显著水平。因此，对五味子种籽大小、种籽质、种仁含油率等性状进行选择时，有必要考虑以上各个指标。

有学者对油葵、松子进行了研究，结果表明，不同地理位置、不同杂交种对其种仁含油率均有明显影响。本试验中，以不同无性系五味子的种仁为试材，从良种选育的角度，得出不同五味子无性系间种仁的含油率与种籽主要特征的关系为：种仁含油率与种籽主要性状中的种籽千粒重、种仁千粒重、种籽横径和种籽纵径之间的相关性均未达到显著水平，但是与种籽厚度的相关性达到了极显著水平。说明五味子种油的形成、积累与无性系种籽千粒重、种仁千粒重、种籽横径、种籽纵径等指标关系不密切，而与无性系种籽厚度关系密切。也就是说，五味子种仁的含油率受种籽厚度大小影响明显。以五味子种仁高含油率为目标进行品种选育时，在保证五味子无性系果实和种仁的高产优质的前提下，须优先考虑种籽厚度较大的无性系。

华中五味子果实性状的个体变异规律[*]

谢碧霞[1]　王森[1,2]　邓白罗[1]　钟秋平[1]　孙昌波[1]

（1. 中南林业科技大学资源与环境学院，湖南长沙 410004；2. 河南科技学院园林学院，河南新乡 453003）

华中五味子 *Schisandra chinensis*（Turcz.）Ball. 为五味子科 Schisandraceae 藤本植物，具有极高的药用价值和营养价值，是一种新型的"药食同源"功能性保健食品，其果实在国际上已成为一种新兴水果，开发前景十分广阔。随着对华中五味子果实药理特性研究的不断深入，华中五味子果实越来越受到制药业和食品工业的重视，需求量日益增大，野生的资源已远不能适应其产业化的发展，所以华中五味子的高产无性系选育日显重要。树木个体遗传的差异能通过无性系充分而稳定地表现出来，因此以不同无性系为对象，系统研究华中五味子果实性状的差异，探索华中五味子果实性状的个体变异特点，寻找其变异规律，可为华中五味子高产无性系的选择提供理论依据。本研究以 20 个预选无性系为对象，研究不同无性系华中五味子果实的性状的变异规律，旨在为华中五味子高产无性系的选育奠定基础。

1　材料与方法

1.1　试验材料的收集与测定

20 个无性系采用单株小区，5 次重复，1999 年嫁接栽植于河南省灵宝市华中五味子试验基地，2005 年 9 月在每株树体上随机采收全红果穗 10 个，分别用游标卡尺调查穗长、穗粗、粒纵径、粒横径、柄长，计算其相应得均值作为每重复的测量值；随机从每个重复中的 10 个红果穗抽取 2 个，进行脱粒清点果粒数，再用 1/1000g 的天平分别测其穗质量和粒质量，计算其相应得均值作为每重复的测量值。

1.2　数量性状的分析

本研究的数量性状均采用 SPSS 软件进行分析。

2　结果与讨论

2.1　不同无性系果实性状比较

华中五味子个体遗传的多样性决定不同无性系的形态特征存在差异。由表 1 可知，20

＊本文来源：中南林业科技大学学报，2006，26（6）：6-8.

个参试无性系之间在果穗性状、果粒性状以及果皮性状都表现出不同的特征。其中 9903 的果穗性状最好，平均穗长达 97.1mm，穗粗达 26.0mm，其他无性系穗长均在 57.3 ~ 92.7mm，穗粗均在 22.0~32.0mm 之间。9919 平均每穗粒数最多，为 47 个，其他无性系每穗粒数在 22~42 个之间（不包括未发育果粒）。9903 平均千粒质量最高，为 498.261g，其他无性系质量千粒质量均在 384.24~480.10g 之间。

表 1 华中五味子无性系果实性状比较

品系	穗长 (mm)	穗粗 (mm)	柄长 (mm)	粒纵 (mm)	粒横 (mm)	每穗粒数/颗	单穗质量 (g)	穗轴质量 (g)	千粒质量 (g)	千粒果皮质量 (g)	入药率 (%)
9901	81.8	22.0	71.4	8.3	7.6	34	9.699	0.701	421.987	157.537	92.77
9902	86.9	23.4	75.7	8.6	8.1	35	10.556	0.749	437.507	163.624	92.91
9903	97.1	26.0	84.4	9.7	8.9	39	11.385	0.828	498.261	183.055	92.72
9904	92.6	25.3	79.2	9.2	8.4	37	10.839	0.795	464.319	172.641	92.66
9905	88.9	24.0	74.9	9.0	8.1	36	10.215	0.750	455.522	163.379	92.66
9906	90.7	23.7	76.4	8.8	8.1	36	10.313	0.770	463.912	165.476	92.53
9907	91.6	24.0	77.4	9.1	8.4	37	10.331	0.774	469.465	171.586	92.51
9908	90.8	24.0	78.9	9.0	8.4	37	10.831	0.781	467.956	170.230	92.79
9909	91.3	24.9	79.5	9.2	8.5	38	11.006	0.777	474.258	175.821	92.94
9910	92.6	24.7	80.7	9.4	8.6	38	10.994	0.783	476.827	172.608	92.88
9911	92.7	25.2	82.2	9.4	8.8	38	10.943	0.801	480.103	179.593	92.68
9912	91.0	24.0	80.2	9.0	8.4	37	10.763	0.767	457.803	170.614	92.87
9913	91.3	24.6	81.2	9.1	8.4	37	11.061	0.774	474.506	169.213	93.00
9914	57.3	24.4	54.3	11.2	8.7	22	16.643	1.140	384.244	110.168	93.15
9915	83.9	22.5	74.9	8.6	7.8	35	10.006	0.729	433.303	159.396	92.71
9916	85.0	23.6	74.9	8.7	8.0	35	9.870	0.726	440.759	160.545	92.64
9917	82.3	22.1	71.4	8.4	7.6	34	9.686	0.703	415.757	155.196	92.75
9918	76.0	23.7	74.8	9.4	7.2	42	15.226	1.234	426.975	205.788	91.89
9919	82.8	32.0	52.4	12.0	9.3	47	22.166	1.304	477.773	198.859	94.12
9920	84.5	22.9	75.0	8.6	7.9	35	9.824	0.725	437.648	162.437	92.62

2.2 不同无性系果穗性状比较

果穗大小由穗长、每穗粒数、柄长、单穗质量等 4 个因素构成。对 20 个无性系果穗性状进行测定。结果表明：不同无性系穗长、每穗粒数、柄长、单穗质量存在明显差异。其中 9903 的果穗穗长最长，平均达到 97.1mm；9919 平均每穗粒数最多，为 47 个；9903 的平均柄长为 84.4mm。而其他无性系穗长均在 57.3~92.7mm 范围；每穗粒数在 22~42 个之间（不包括未发育果粒）。F 检验结果表明，不同无性系果穗各性状的差异达到极显著水平（表2）。方差分析结果表明（表2），不同无性系间穗长、穗粗、柄长、单穗质量、穗轴质量的差异均达到极显著水平，F 值分别为 42.735、39.675、72.310、39.584、255.988、255.193。这说明不同无性系之间果穗性状的不同要素差异均达到极显著水平，有进一步选择的必要性。进一步对各无性系及对照的果穗性状进行多重比较（*q* 检验），各无性系间果穗各性状之间均存在极显著差异，9903、9919 等 2 个无性系与其他无性系之间均存在极显著差异，说明如果以果穗性状选择高产无性系时，9903、9919 是最佳待选无性系。

表 2 不同果穗性状方差分析结果

果实性状	变异来源	离均差平方和	自由度	均方	*F* 值
穗长	无性系	6945.525	19	365.554	42.735 **
	机误	684.32	80	8.554	
穗粗	无性系	407.408	19	21.443	39.675 **
	机误	43.236	80	0.540	
柄长	无性系	6342.862	19	333.835	72.310 **
	机误	369.337	80	4.617	
每穗粒数	无性系	1939.385	19	102.073	39.584 **
	机误	206.291	80	2.579	
单穗质量	无性系	879.072	19	46.267	255.988 **
	机误	14.459	80	0.181	
穗轴质量	无性系	2.929	19	0.154	255.193 **
	机误	0.048	80	0.001	

注：$F_{0.01}$（19，80）= 2.141，$F_{0.05}$（19，80）= 1.718；* 表示在 0.05 水平上差异显著，** 表示在 0.01 水平上差异显著。

2.3 不同无性系果粒性状比较

华中五味子果粒性状由果粒纵径、果粒横径、千粒质量、千粒果皮质量 4 个要素构成。果粒性状直接影响其食用性状和外观品质，更是衡量华中五味子果实品质的最主要指标。其中果粒纵径在 8.3 ~ 12.0mm 之间，果粒横径在 7.2 ~ 8.9mm 之间，千粒质量在 384.244 ~ 498.261g 之间，千粒果皮质量在 155.596 ~ 205.788g。方差分析结果表明（表 3），不同无性系间果粒纵径、果粒横径、千粒质量、千粒果皮质量的差异均达到极显著水平，*F* 值分别为 39.616、14.487、11.463 和 81.467。这说明不同无性系之间果粒性

表 3 不同果穗性状方差分析结果

果实性状	变异来源	离均差平方和	自由度	均方	*F* 值
粒纵	无性系	74.897	19	3.942	39.616 **
	机误	7.96	80	0.1	
粒横	无性系	23.734	19	1.249	14.487 **
	机误	6.898	80	0.086	
千粒质量	无性系	72086.897	19	3794.047	11.463 **
	机误	26479.254	80	330.991	
千粒果皮质量	无性系	33469.031	19	1761.528	81.476 **
	机误	1729.609	80	21.62	

状的不同要素差异均达到极显著水平，有进一步选择的必要性。进一步对各无性系及对照的果粒性状进行多重比较（q 检验），各无性系间果粒各性状之间均存在极显著差异，9903、9918、9919 等 3 个无性系与其他无性系之间均存在极显著差异。说明如果以果粒性状选择高产无性系，9903、9918、9919 是最佳待选无性系。

2.4　不同无性系果实入药率比较

由于华中五味子的果皮、种籽可以直接药用，故华中五味子的入药率＝单穗质量－穗轴质量/单穗质量（结果见表 1）。从表 1 可以看出，不同无性系之间入药率均在 93% 左右。在 20 个供试无性系中，9913、9914、9918 入药率最高，分别为 93.17%、94.12%、93.10%（表 1）。其他无性系入药率均在 91.12%～92.94% 之间。

2.5　不同无性系果实性状相关分析

不同华中五味子预选无性系果实性状的相关分析见表 4。相关分析表明，华中五味子果实性状的核心因素为单穗质量。表 4 表明，单穗质量与穗粗、粒纵、粒横、每穗粒数、穗轴质量 5 个因素相关性达到极显著水平，说明穗粗、粒纵、粒横、每穗粒数、穗轴质量是华中五味子单穗质量的主要构成因素。从果实性状之间的相关性分析结果（表 4）可以看出，华中五味子果实千粒质量与穗长、穗粗、单穗质量、柄长、千粒果皮质量的相关性达到显著和极显著水平；穗长与粒纵、千粒质量、穗轴质量之间相关性达到极显著水平；柄长与单穗质量、穗轴质量的相关性均达到极显著的负相关性。这说明华中五味子有果柄越短果穗质量越大的趋势。

表 4　不同无性系果实性状相关分析

性状	穗长	穗粗	柄长	粒纵	粒横	每穗粒	单穗质量	穗轴质量	千粒质量	千粒果皮质量
穗长	1									
穗粗	0.118	1								
柄长	0.744**	-0.343**	1							
粒纵	-0.367**	0.761**	-0.628**	1						
粒横	0.143	0.631**	-0.153	0.581**	1					
每穗粒数	0.539**	0.537**	0.197	0.117	0.085	1				
单穗质量	-0.445**	-0.748**	-0.738**	0.868**	0.397**	0.275**	1			
穗轴质量	-0.529**	0.601**	-0.649**	0.807**	0.247	0.219*	0.929**	1		
千粒质量	0.763**	0.450**	0.466**	0.043	0.523**	0.537**	-0.023	-0.123	1	
千粒果皮质量	0.505**	0.438**	0.301**	0.097	0.098	0.866**	0.208*	0.253**	0.563**	1

注：* 表示在 0.05 水平上差异显著，** 表示在 0.01 水平上差异显著。

3　小结

由于华中五味子个体遗传的多样性，不同无性系果实性状存在多样性。不同无性系间单穗质量、穗轴质量、穗长、穗粗、果粒纵径、果粒横径、千粒质量等因素的差异均达到极显著水平，在 20 个预选无性系中有进一步选择的必要，综合不同无性系的果穗性状和果粒性状可以看出，9903、9919 这 2 个无性系的果实性状最优。

不同无性系间果实入药率差别不大均在 90% 以上，其中 9913、9914、9918 入药率最高，分别为 93.17%、94.12%、93.10%。在果粒性状上，华中五味子果粒千粒质量与穗长、穗粗、单穗质量、柄长、千粒果皮质量的相关性达到显著和极显著水平。在果穗性状上，穗粗、粒纵、粒横、每穗粒数、穗轴质量对华中五味子果实单穗质量有较大影响，而柄长则与单穗质量、穗轴质量的相关性均达极显著的负相关水平，这说明华中五味子具有穗柄的长度越短单穗质量越大的趋势。因此，在以单穗质量为选择对象进行华中五味子优良无性系选育时，应以柄长较短，果穗较粗，果粒较大、较多的紧凑型优良单株为主要选择对象。

华中五味子的愈伤组织诱导[*]

吴玲娜　谢碧霞　邓白罗　刘伟　李永欣　李俊彬

（中南林业科技大学，湖南长沙 410004）

　　华中五味子 *Schisandra sphenanthera* Rehd. et Wils. 为五味子科五味子属藤本植物，在我国为一广布种，因具甘、酸、辛、苦、咸五味而得名。华中五味子常以果实和种子入药，用于治疗肺虚喘咳、津亏口渴、自汗盗汗、失眠多梦等，临床主要用于治疗慢性肝炎，是常用中药之一。由于森林的减少，适宜环境被破坏，五味子的野生贮量急剧减少，虽然人工栽培能解决五味子的供需矛盾，但人工栽培占地面积大、繁殖系数小、育苗周期长，还受季节与气候限制，而组织培养的方法具有不污染环境，可节省土地，降低成本，缩短生产周期等不受自然条件限制的优点。陈雅君、周鑫等曾以带腋芽的北五味子嫩茎，诱导腋芽分化，并进一步获得完整植株。本试验中探讨了外植体消毒时间、基本培养基、不同激素配比等因素对华中五味子嫩叶诱导愈伤组织的影响，以期为建立完善的华中五味子组培快繁体系提供科学依据，为优良品种的选育奠定基础。

1　材料与方法

1.1　材料

　　供试材料为盆栽的华中五味子，取当年生无病虫害、刚抽生的嫩叶进行离体培养试验。

1.2　方法

　　愈伤组织诱导的启动培养基为 MS+2，4-D 0.2mg/L+NAA0.5mg/L+6-BA1.0mg/L，附加蔗糖30g/L 和琼脂8g/L，pH 值调至 5.8，在高压灭菌锅中 121℃下灭菌 20min。培养温度（25±2）℃，光照强度 1500~2000lx，每天光照 12h。

1.2.1　不同消毒处理对外植体消毒效果的影响

　　将采来的嫩叶用毛刷蘸饱和洗衣粉水清洗，然后用流水冲洗 1~2h。在超净工作台上用75%酒精浸泡 10s，再用无菌水冲洗 3 次，洗净残留的酒精，用 2%的 NaClO 或 0.1%的 HgCl$_2$分别浸泡（表1），浸泡期间不时摇晃，使外植体与消毒剂充分接触。经上述处理后，无菌水洗 7~8 次，无菌滤纸吸干外植体表面的水分，将材料切成 0.5cm×0.5cm 的小块，接种到启动培养基上。每处理各接种 30 瓶，试验重复 3 次，14d 后统计成活率。

　　*本文来源：经济林研究，2007，25（4）：50-52.

表 1 不同消毒处理

编号	消毒处理	编号	消毒处理
1	2%NaClO（10min）	4	0.1%HgCl$_2$（4.0min）
2	2%NaClO（15min）	5	0.1%HgCl$_2$（4.5min）
3	2%NaClO（20min）	6	0.1%HgCl$_2$（5.0min）

1.2.2 不同培养基对愈伤组织诱导的影响

MS、B$_5$、WPM 三种培养基均附加 2，4-D 0.2mg/L、NAA0.05mg/L、6-BA0.5mg/L，培养基中蔗糖 30g/L、琼脂 8g/L。材料处理方法同 1.2.1，消毒处理选用 1.2.1 中最佳处理方法。每处理各接种 30 瓶，试验重复 3 次，培养 35d 后观察结果。

1.2.3 不同激素处理对愈伤组织诱导的影响

诱导培养基为 MS 培养基，附加单种激素 2，4-D、NAA 或 6-BA。根据单种激素处理诱导试验结果，进一步试验 MS 培养基附加 2，4-D、NAA 与 6-BA 不同组合对华中五味子愈伤组织的诱导效果（表 2）。材料处理方法同 1.2.1，消毒处理选用 1.2.1 中最佳处理方法。每处理各接种 30 瓶，试验重复 3 次，30d 后分别统计褐变数、出愈数和诱导率。

表 2 不同激素处理

编号	培养基	2，4-D 质量浓度 （mg/L）	NAA 质量浓度 （mg/L）	6-BA 质量浓度 （mg/L）
7	MS	0	0	0.5
8	MS	0	0	2.0
9	MS	0	0	1.0
10	MS	0	0.1	0
11	MS	0	0.5	0
12	MS	0	1.0	0
13	MS	0.1	0	0
14	MS	0.5	0	0
15	MS	1.0	0	0
16	MS	0.1	0.1	1.0
17	MS	0.5	0.1	1.0
18	MS	1.0	0.1	1.0

2 结果与分析

2.1 不同消毒处理对外植体消毒效果的影响

在进行外植体表面的消毒时，消毒剂强度越强，消毒处理时间越长，一般污染率会越低，但外植体的杀死率会升高。一般在接种后 3~10d 内即可发现真菌污染和细菌污染。

结果表明：在2组消毒处理中，用2%NaClO溶液消毒污染率均较高，其中消毒10min的污染率最高，为99.9%；以0.1%HgCl₂消毒4min效果较好，污染率为21.8%。

2.2 不同培养基对愈伤组织诱导的影响

基本培养基是进行植物组织培养的重要基质，由于各种植物的遗传背景、生物学特征不同，对营养成分的需求也不同，选择合适的培养基对于组织培养成败至关重要。试验结果表明，在WPM培养基上外植体的出愈数量少，褐化现象较严重，诱导率仅为16.4%，因此WPM不适合作为华中五味子组培的基本培养基。在B₅培养基上，外植体诱导率为55.7%，生长状态较好，褐变较轻，愈伤组织结构较致密，生长较旺盛。培养效果最佳的是MS培养基，诱导率达到了70.9%，褐变轻，愈伤组织大都呈淡绿色，结构致密，生长旺盛（图1）。因此，MS培养基为华中五味子组培的适宜培养基。

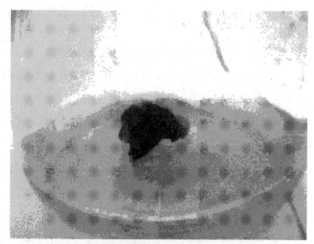

图1 MS培养基上诱导的愈伤组织

2.3 不同激素处理对华中五味子愈伤组织诱导的影响

接种后外植体的褐变，极大地影响了愈伤组织的诱导。表13为培养30d后不同激素处理对华中五味子愈伤组织诱导的影响结果。附加单种激素的处理在接种后第2d，部分外植体周围出现"水圈"现象；8d后，少量外植体开始褐变。培养25d后，附加6-BA的外

表13 不同激素处理对华中五味子愈伤组织诱导的影响

编号	接种数（个）	褐变数（个）	出愈数（个）	诱导率（%）	生长势
7	30	23	0	0	—
8	30	26	0	0	—
9	30	20	0	0	—
10	30	19	8	26.7	+
11	30	13	11	36.7	++
12	30	16	6	20.0	+
13	30	10	15	50.0	++
14	30	5	11	36.7	+++
15	30	7	14	45.7	+++
16	30	4	24	80.0	++++
17	30	1	29	96.7	++++
18	30	9	17	56.0	++

注："—"不生长；"+"差；"++"一般；"+++"较好；"++++"旺盛。

植体 90.8%发生褐变；培养 30d 后，全部褐变。附加 NAA 的外植体褐变率均超过 40.5%，最高的达 63.3%。而附加 2，4-D 的褐变率只有 23.8%。从诱导情况来看，附加 6-BA 的处理始终未能诱导形成愈伤组织；附加 NAA 的处理在接种后 20d 左右开始诱导出愈伤组织，但诱导速度慢且出愈数量少，30d 左右出现白色愈伤组织；附加 2，4-D 的处理在接种后 20d 开始出现愈伤组织，颜色为白色或淡绿色，生长快，数量多。由试验结果可以看出，添加 NAA 或 2，4-D 2 种激素有利于诱导华中五味子愈伤组织的形成；添加 3 种激素的处理诱导率明显高于添加单种激素的处理。当 2，4-D 质量浓度为 1.0mg/L 时，愈伤组织诱导率较低，而且大部分呈白色，当 2，4-D 质量浓度为 0.1mg/L 或 0.5mg/L 时，愈伤组织诱导率明显提高，而且几乎都呈淡绿色或绿色。所以，嫩叶诱导效果较好的是 17 号处理，即 MS+2，4-D 0.5mg/L+NAA0.1mg/L+6-BA1.0mg/L，诱导率高达 96.7%。而且愈伤组织呈淡绿色，所以，嫩叶诱导效果较好的是 17 号处理，即 MS+2，4-D 0.5mg/L+NAA0.1mg/L+6-BA1.0mg/L，诱导率高达 96.7%。而且愈伤组织呈淡绿色，质地致密，生长旺盛。

3 小结

（1）组织培养中进行外植体表面消毒的一个基本原则是，既要杀死植物材料表面的微生物，又要尽可能不杀死植物材料。所以，消毒时采用的消毒剂种类、浓度和处理时间等，必须根据植物材料的生长环境及对消毒剂的敏感性来确定。在本研究中发现，对于华中五味子嫩叶，75%酒精浸泡 10s 后，用 0.1%升汞浸泡 4min 的消毒效果较好。

（2）在 MS、B_5、WPM 三种诱导培养基中，MS 培养基上的愈伤组织结构致密，生长旺盛，诱导率高达 70.9%。因此，华中五味子嫩叶诱导愈伤组织的适宜培养基是 MS 培养基。

（3）将外植体接种在附加不同种类和质量浓度激素的 MS 培养基上，附加 2，4-D 0.5mg/L+NAA0.1mg/L+6-BA1.0mg/L 时，诱导愈伤组织的效果较好，诱导率高达 96.7%，褐变较轻，愈伤组织生长状态良好。

南五味子的地理分布与园林应用[*]

邓白罗[1]　谢碧霞[1]　刘晖[1]　王云[2]　张程[1]

(1. 中南林业科技大学期刊社, 湖南长沙 410004; 2. 中南大学, 湖南长沙 410003)

南五味子 *Kadsura longipedunculata* 为五味子科 Schisandraceae 南五味子属 *Kadsura* 的常绿藤本植物, 叶椭圆形, 全缘或有锯齿, 枝条缠绕多姿, 花单性, 单生叶腋, 雄蕊多数, 心皮离生, 花红色、红色聚合果球形, 挂果时间较长, 叶、花、果均可供观赏, 不仅是很好的垂直绿化材料, 还是具有很高经济价值和开发前景的多用途森林植物, 在我国已有两千多年的药用历史, 近年来发现它除了具有保肝降酶作用外, 还具有抗癌、抗爱滋病毒 HIV、拮抗血小板活化因子 PAF 和抑制醛糖还原酶等多种活性, 具有很高的药用价值, 是临床主要药材之一, 而且还能作为野生水果食用, 富含丰富的 V_C、V_E 及多种微量元素, 营养丰富, 是山区野果之珍品, 将南五味子植物应用于药物开发、食品开发和园林造景等方面有十分广阔的前景, 但目前关于南五味子的推广应用研究十分匮乏。本研究可为南五味子的园林应用提供科学依据。

1　地理分布

1.1　南五味子在中国的分布

南五味子产于长江流域以南各地, 主要分布在湖北、湖南、江苏、安徽、浙江、江西、福建、广东、广西、云南、四川以及贵州; 常生于海拔 300~1300m 的山坡、沟谷、溪边林缘、灌丛或阔叶林中。

1.2　南五味子在湖南省的分布

南五味子主要分布在湖南省境内, 最北界分布到桑植、慈利; 西以新晃侗族自治区为界; 东至炎陵、资兴一带; 南至宜章、道县。就资源总量来说, 南五味子在湖南省的西北部以及西部比较密集, 具体分布如图 1 所示。

2　南五味子的形态特征

南五味子为常绿藤本, 全株无毛; 小枝圆柱形, 褐色或紫褐色, 表皮有时剥裂。叶互生革质, 长圆状披针形或卵状长圆形, 先端渐尖或尖, 基部楔形或钝, 边缘有疏锯齿, 表面暗绿色, 光泽, 背面淡绿带紫色。6~7 月间由叶腋开杯状白色或淡黄色花, 有芳香, 花

---

*本文来源: 中南林业科技大学学报, 2009, 29 (5): 184-186.

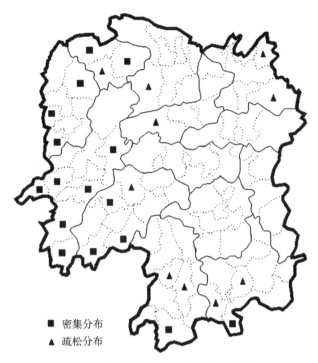

■ 密集分布
▲ 疏松分布

图1　南五味子在湖南省的地理分布

梗细长，花后下垂。聚合果由多数浆果状果集成球形，直径 2.5～3.5cm，浆果卵形，肉质，待 10 月成熟时，浆果深红色，乃蔓木类中叶果兼赏之树木。

3　南五味子的生态学特性

南五味子属于暖地树种，喜温暖湿润气候，不耐寒，喜阴湿环境。对土壤的要求不严，湿度大而排水好的酸性土、中性土均能生长良好。根系发达，主根粗壮，防风，耐旱性尚强。对二氧化硫和烟的抗性较强，并耐修剪。

4　南五味子的美学价值

4.1　单体美

南五味子藤蔓粗壮有力，绿叶浓郁而有光泽，花黄而有淡香，秋实时节团状红果鲜艳可爱，是叶花果均赏的藤本植物。在与假山山石组合时，南五味子点缀山石，增加一定的趣味性；与古树名木组合时，却又平添了一份古朴的韵味。

4.2　群体美

群体美一般可分为单种的群体美和多种的群体美。单种的群体美：南五味子成群的攀援在建筑物或者地面时，一片绿色跃入眼帘，春夏绿意盎然，秋冬红果累累，美不胜收。多种的群体美：南五味子不但可以自成一景，而且与其他植物搭配则更有一番趣味。如假山石的植物配置，南五味子攀附在假山石上，并配置些许草本植物和乔木，丰富了假山石的景观，展现了另外一种群体美。

5 南五味子的园林应用

南五味子作为花、叶、果均赏的木质藤本植物，能利用其藤本植物特有的方式点缀硬质景观以及观赏上欠佳的园林小品等。不仅能够弥补平地绿化之不足，丰富绿化层次，有助于恢复生态平衡，而且可以增加城市园林建筑的艺术效果，使之与环境更加协调统一、生动活泼。于是，南五味子可以被用于篱垣绿化、棚架绿化、假山绿化、屋顶阳台绿化、立体花坛绿化。

5.1 篱垣绿化

篱垣绿化主要用于篱架、栏杆、铁丝网、栅栏、矮墙和花格的绿化，这类设施在园林中最基本的用途是防护或分隔，也可单独使用，构成景观，以观赏为主要目的。这类设施大多高度有限，对植物材料攀援能力的要求不太严格，于是南五味子很容易就能给篱架、栏杆等带来绿色，形成绿墙、花墙或者构成硕果累累的植物景观。如若在编制各式篱架或围栏时，再配以茑萝 *Quamoclit pennata*、牵牛花 *Pharbitis nil*、金银花 *Lonicera japonica*、蔷薇 *Rosa multiflora* 等，更加容易创造一个凉爽舒适的环境。

5.2 棚架绿化

棚架绿化是现代城市中利用街头绿化、居民区以及公共地带进行绿化的重要方式。我国是世界上运用棚架绿化较早的一个国家，古诗词中如"云遮日影藤萝合，风带潮声枕肇凉"的诗句也是屡见不鲜。南五味子通过借助于各种形式、各种构件在棚架上生长，并组成一种立体绿化形式。棚架不仅为扶芳藤生长提供了便利条件，也为人们夏日消暑乘凉提供了场所。从园林建筑设计的角度讲，还具有组织空间、划分景区、增加风景深度、点缀景观的功能，而攀附在花架的另一特殊形式——绿亭时，则形成被浓郁枝叶包围的绿色建筑物，趣味顿生。

5.3 假山绿化

假山是指以造景游览为主要目的，充分结合各方面功能，以土和石等为材料，以自然山水为蓝本并加以艺术的提炼和夸张，用人工再造的景物。假山绿化中，古人有"山借树而为衣，树借山而为骨，树不可繁要见山之秀丽"的说法，在悬崖峭壁上悬挂三、五株老藤，柔条垂拂、刚柔相衬，很容易让人感受到山的崇高峻美。于是在假山上配置低矮的灌木和草本时，将南五味子攀附在假山、山石的局部，将南五味子和南天竹 *Nandina domestica*、沿阶草 *Ophiopogon japonicus*、罗汉松 *Podocarpus macrophyllus* 等配置起来，共同点缀假山等硬质景观，四季有景可赏，能使山石生姿，更富自然情趣。有时，南五味子与山石配置时还以白粉墙相衬，使之在形式上更添诗情画意。

5.4 屋顶阳台绿化

屋顶和阳台都是建筑立面上的重要部位，是人们休闲、远眺、交流等的生活场所。但是，缺少绿色点缀的场所是没有生机的，是不能提供给人愉悦的心情以及满足人回归大自然的迫切愿望。屋顶阳台绿化可以开拓城市绿化空间、改善城市气候，是包装建筑物和改变城市面貌的有效办法，并使植物与城市建筑融为一体，即升华为一种意境美。意境美是该园林景观从自然美到艺术美的升华，以艺术美的布局方式，加以组合，形成独特的城市景观。南五味子作为一种藤本植物，可以以棚架、垂挂等的形式美化屋顶阳台。但是在配置时，注意南五味子的喜光特点，合理的配置，使其处于良好的生长状态，以期收到极好的绿化效果。

5.5 立体花坛绿化

南五味子在立体花坛绿化中，除了能做地被以外还能做植物造型。而做植物造型时，主要是做一种立柱式垂直绿化，即攀援植物依附柱体攀援生长的垂直绿化设计形式。园林中杆柱式垂直绿化可与园林中灯柱、廊柱、路标以及其他杆、柱式的构筑物或装饰相结合，也可以利用园林中的枯树干或高大乔木的树干布置攀援植物进行垂直绿化，形成垂直绿化景观。

6 小结

近几十年来，由于人口的迅猛增长，工农业生产迅速以及过度采伐森林等，导致自然环境不断恶化，南五味子资源日趋减少，特别是该植物具有较高的药用和食用价值，造成其野生资源的严重受害。因此要采取强有力的措施，确实保护好五味子的生态环境，满足该植物稳定生存的需要。同时，充分发挥它的观赏价值，灵活运用到园林景观中，满足植物多样性的需求，丰富园林景观。

豫楸1号的扦插生根过程中形态构造及氧化酶类活性变化[*]

王新建[1,2]　谢碧霞[1]　何威[2]　王念[2]　祝亚军[2]

(1. 中南林业科技大学，湖南长沙 410004；2. 河南省林业科学研究院，河南郑州 450008)

　　楸树作为扦插难生根树种，普通扦插技术成活率一直很低，国内外少见其扦插技术系统研究报道。近年来，豫楸1号作为从楸树中选育的良种在全国范围内得到了大面积的推广。但该品种主要通过嫁接繁殖，存在着1年培育砧木，第2年嫁接，繁育周期长，费用高，不利于良种迅速推广的弊端。这些弊端严重影响了豫楸1号的推广速度，制约着这一优良品种的进一步发展。对豫楸1号扦插生根过程中的形态构造以及生理变化的研究，国内外尚未见报道。作者在探索出豫楸1号最佳扦插技术模式基础上，对豫楸1号扦插生根阶段的形态构造以及氧化酶类（IAAO、POD、PPO）活性变化进行了研究，以期阐明豫楸1号的平埋复幼扦插生根机理，为加快这一良种的推广提供理论基础及技术保障。

1　材料与方法

1.1　试验材料

　　试验在河南省林业科学研究院郑州试验林场全光照自动喷雾大棚内进行。试验材料取自于该林场1年生豫楸1号健壮幼苗。

1.2　试验处理

1.2.1　沙藏及催芽处理

　　2007年1月采集大田1年生健壮、无病虫害的豫楸1号平茬苗干于背风向阳处进行沙藏处理后，3月14日起在温棚催芽池中进行催芽处理。温棚催芽池长5.85m、宽1.35m、高37cm，底铺煤渣厚17cm，上铺腐熟的干鸡粪与细河沙（1:3混合均匀）6~10cm，在混合层上撒施1层3~5cm厚的细沙，然后在细沙上面撒施25%多菌灵药粉，用量为10g/m²，均匀撒施，喷1次清水。将苗干按粗细长短分级平摆在温棚催芽池内，密度为苗干间隔约2~3cm。然后根据苗干的粗度覆盖湿润细沙3~5cm，进行保温保湿催芽，定时观测棚温与床畦温度，使其保持在床畦温度 12~25℃，棚温 15~30℃，相对湿度75%~80%。

1.2.2　扦插处理及取样方法

　　待催芽池中平埋苗干新生嫩枝长至12~15cm高，5~8片真叶时，将嫩枝带芽基掰下

---

　　* 本文来源：中南林业科技大学学报，2009，29（2）：12-17。

用 500mg/L 吲哚丁酸+萘乙酸（2∶1）混配溶液速蘸处理后在温棚内蛭石基质中扦插，1年生豫楸 1 号大田自然生长干条同期所生幼枝采取同样处理作为对照。按照完全随机区组试验设计，3 次重复，每重复 500 根插穗。取样方法：取出插穗后立即放入冰盒或冰水混合物中，带回实验室将插穗用清水冲掉泥沙等杂物，擦去水珠后剥取韧皮部，剪碎（约 0.05cm×0.05cm），迅速放入冰箱备用。每 4 天采样 1 次。

1.3 测定指标及方法

1.3.1 吲哚乙酸氧化酶（IAAO）的测定

参照张志良的方法测定。

1.3.2 多酚氧化酶（PPO）的测定

参照 Park 的方法测定。

1.3.3 过氧化物酶（POD）的测定

参照李合生的方法测定。室内试验在河南省林木种质资源保护与良种选育重点实验室完成。重复 3 次。

1.4 数据分析

利用 EXCEL 绘图，用 SPSS13.0 统计软件进行方差分析。

2 结果与分析

2.1 形态构造观察

从 4 月 19 日到 5 月 9 日期间，对大田自然生长和平埋催芽抽生嫩枝进行外部形态观察发现，无论是大田抽生嫩枝还是平埋催芽抽生嫩枝的插穗均在 8d 左右切口出现愈伤组织，12d 左右愈伤组织大量出现并膨大，16d 左右平埋催芽抽生嫩枝基部表皮出现不定根。对照大田抽生嫩枝插穗在 12d 后基部开始部分腐烂，地上部分萎蔫，20d 后大量死亡。经全面调查，平埋催芽抽生嫩枝插穗生根率最高可达 90.33%，生根植株不定根根数范围为 1～18 条，平均根数为 9 条；不定根根长范围为 0.4～12.3cm，平均根长为 4.5cm。从生根部位看，生根插穗全为皮部生根，因此豫楸 1 号扦插生根为皮部生根类型。结合形态观察认为不定根的形成大致可以划分为 5 个阶段：①0～4d，个别产生愈伤组织，无明显变化（变化不明显期）；②4～8d，平埋催芽抽生嫩枝大量产生愈伤组织，大田抽生嫩枝部分产生愈伤组织（愈伤组织形成期）；③8～12d，平埋催芽抽生嫩枝愈伤组织继续膨大，并且少量从皮孔处生根，大田抽生嫩枝部分愈伤组织继续膨大，部分开始从基部腐烂（愈伤组织膨大期）；④12～16d，平埋催芽抽生嫩枝大量从皮孔处生根，根伸长生长；大田抽生嫩枝大部分从基部腐烂变黑，地上部分开始萎蔫（生根期）。⑤16～20d，平埋催芽抽生嫩枝地下部分继续从皮孔处生根，根伸长生长，地上部分抽出新叶；大田抽生嫩枝大部分死亡（根伸长期）。

2.2 豫楸 1 号扦插生根过程中氧化酶类（IAAO、 POD、 PPO）活性的变化

许多研究表明：POD、PPO、IAAO 与植物不定根的发生和发展有着密切的关系，

IAAO 能降解 IAA，调节植物体内的 IAA 水平，从而影响植物的生长发育。IAAO 活性的变化与根的生长有着密切的联系，且 POD 与 IAAO 活性变化呈相似规律。PPO 的存在对不定根的形成是十分重要的。"生长素-酚"的缩合物（生根素）是在 POD、PPO 以及其他酶的作用下形成的。可见，不定根的起源和生长与这 3 种氧化酶有着密切关系。

2.2.1　吲哚乙酸氧化酶（IAAO）活性变化

IAAO 是分解 IAA 的专一性酶，有人认为它属于 POD 同工酶的 1 种，该酶利用 O_2 对 IAA 进行氧化，试验表明，离体生根过程中，高活性的 IAAO 使内源 IAA 水平降低是生根诱导期的特点之一。低浓度的 IAA 有利于生根，之后在表达期要求较高浓度的 IAA 以促进根的伸长和生长，IAAO 表现活性降低。豫楸 1 号扦插生根过程中 IAAO 含量变化见图 1。由图 1 可以看出：大田抽生嫩枝 IAAO 活性明显低于催芽抽生嫩枝；无论是催芽抽生嫩枝还是大田抽生嫩枝 IAAO 活性在扦插的前 8d 均逐渐上升；催芽抽生嫩枝在 8~12dIAAO 活性有一个下降过程，12~16d 急剧上升然后又急剧下降。大田抽生嫩枝在扦插的前 16d 缓慢上升，然后急剧下降。方差分析表明：两者之间差异极显著（$F_{0.05} = 53.50$，$P < 0.01$），不同天数之间 IAAO 活性差异也达到了极显著水平（$F = 42.57$，$P < 0.01$）。结合外部形态观察可知：在扦插的前 8d 愈伤组织形成期 IAAO 活性都是缓慢上升的，可见高活性的 IAAO 有利于降低内源 IAA 活性，促进愈伤组织的形成；催芽抽生嫩枝在 8~12d 愈伤组织膨大期，IAAO 活性明显下降，可见在皮部生根前 IAAO 的瞬时低谷有利于豫楸 1 号生根。在 12~16d 生根期间，IAAO 活性急剧上，此时高活性的 IAAO 降低了体内的 IAA 含量，有利于豫楸 1 号生根；之后在 16~20d 根伸长期间要求较高浓度的 IAA 以促进根的伸长和生长，IAAO 活性则明显降低，这与前人研究完全一致。大田抽生嫩枝 IAAO 活性在扦插的前 16d 均缓慢上升，但上升幅度很小，随后急剧下降。这估计是 IAAO 在愈伤组织形成过

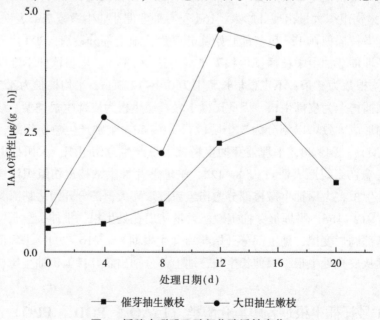

图1　插穗内吲哚乙酸氧化酶活性变化

程中起到一定的作用，但是由于大田抽生嫩枝长期不生根，并且在 12～16d 期间大部分开始从地下部分腐烂，地上部分萎蔫，从而导致了 IAAO 活性的持续升高，16～20d 大田抽生嫩枝大部分死亡，从而导致了 IAAO 活性的急剧下降。

2.2.2 过氧化物酶（POD）活性变化

POD 是普遍存在于植物体内的含铁卟啉辅基的酶，它参与植物体内的多种生理生化过程，与一些高等植物的发育进程有密切关系，在细胞分化发育中有重要作用。POD 电泳分析表明，POD 谱带与根的生长有一定的关系。POD 能够造成某些阻碍插穗生根的抑制剂受到破坏，Garspar 等将其视为生根标志之一。POD 活性在插穗生根不同时期呈现一定的规律性变化（图 2）。整个扦插阶段，催芽抽生嫩枝 POD 含量明显高于大田抽生嫩枝；催芽抽生嫩枝 POD 活性在扦插后 0～4d 上升，4～8d 下降，8～12d 上升，12～16d 下降，16d 后持续上升；大田抽生嫩枝中 POD 活性在扦插后前 16d 变化不明显，16d 后急剧上升。方差分析表明：两者之间 POD 活性差异达到了显著水平（$F = 17.55$，$P < 0.01$），不同天数之间 POD 活性差异也达到了显著水平（$F = 11.75$，$P < 0.01$）。已有研究发现，POD 活性在扦插生根过程中会出现 2 个高峰，分别参与根的诱导及表达，POD 作用的某些产物可能是不定根发生和发展所必需的辅助因子，促进不定根的形成。结合形态观察可知：扦插初期到第 1 个高峰（前 4d）是根的诱导期，POD 活性的上升氧化 IAA，消除体内过多的内源 IAA，有利于诱导根原基发育。其后 4～8d，POD 活性下降，导致体内 IAA 含量上升，有利于不定根的表达，这与李明研究桉树的结论类似。第 8～12d 的肩峰与根的表达有关，此后不久产生了不定根。12～16d 生根期间，此时 POD 活性缓慢下降，促进不定根的形成。根伸长期间 POD 活性由急剧增加，以促进根伸长生长。

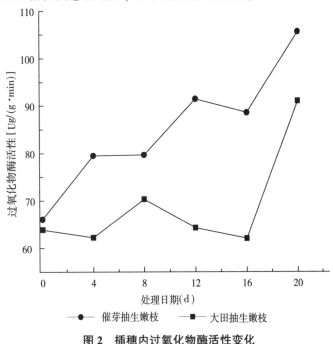

图 2　插穗内过氧化物酶活性变化

2.2.3 多酚氧化酶（PPO）活性变化

高等植物中普遍存在 PPO，这是一种含铜的酶，不仅在植物的生长、发育中起重要的作用，而且对植物的器官形态建成也起到非常重要的作用。在插条生根过程中，PPO 的一个重要生理功能就是催化酚类物质与 IAA 形成一种"IAA-酚酸复合物"，这种复合物是一种生根辅助因子，具有促进不定根形成的活性。

无论是催芽抽生嫩枝还是大田抽生嫩枝 PPO 活性在整个扦插阶段均呈现出先上升后下降的趋势（图3）。催芽抽生嫩枝 PPO 活性明显高于大田抽生嫩枝；催芽抽生嫩枝 PPO 活性在扦插前 4d 上升，4~8d 平缓下降，8~12d 上升，达到峰值后平缓下降；大田抽生嫩枝则在 0~8d 缓慢上升，8~16d 急剧上升，随后急剧下降。方差分析表明：催芽抽生嫩枝与大田抽生嫩枝间 PPO 活性差异显著（$F_{0.05}=5.54$，$P<0.05$）。结合形态观察可知：催芽抽生嫩枝 PPO 活性在第 4 天出现了第一个小高峰，这是愈伤组织产生的前兆，在第 12 天出现了第 2 个高峰，此时正是愈伤组织膨大和皮孔生根的交错期，PPO 活性的增加参与合成了大量的生根辅助因子，有利于根源基的发育和不定根的诱导，促进不定根的形成。此后，PPO 活性下降，促进不定根的表达和伸长。而大田抽生嫩枝插穗中 PPO 活性在扦插初期较低，合成的生根辅助因子少，不利于根的诱导，在不定根表达期（16d）达到了高峰，愈伤组织越来越多，大量的愈伤组织抑制了插穗生根，在不定根伸长期（16~20d），PPO 活性急剧下降，此时愈伤组织逐渐老化、腐烂，从而抑制了不定根的表达。

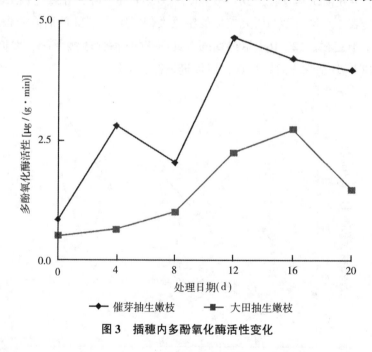

图 3　插穗内多酚氧化酶活性变化

3　结论与讨论

通过对豫楸 1 号 1 年生苗干催芽抽生嫩枝扦插试验发现，其扦插生根类型属于皮部生根型。

难生根的大田抽生嫩枝 IAAO 活性水平明显低于易生根的催芽抽生嫩枝插条中的水平。其原因是插条内的 IAAO 可以氧化 IAA，而难生根的 IAAO 活性较高，IAA 被破坏较多，向下输送的 IAA 含量很少，因而对诱导生根不利，这与前人的研究结果完全一致。同时，豫楸 1 号催芽抽生嫩枝的 IAAO 活性变化说明了植物器官体内激素的水平要受到与之相关的酶的调节，因此与激素相关的酶也同样与不定根的发生有着密切的关系。然而，Gebhardt 的观点却与之相反。黄卓烈在研究桉树等植物的 IAAO 活性变化与插条生根的关系时也发现难生根植物体内的 IAAO 活性要比易生根植物体内的 IAAO 活性要高。更有一些研究也发现 IAA 氧化酶活性会随着 IAA 含量的升高而增加。在以上不同的研究中，IAAO 的变化差异说明其作为氧化酶类具有复杂性，这可能与树种有一定关系。

许多研究认为，在不定根诱导期和表达期，POD 活性升高是有生根能力的标志。在酚类物质存在的条件下，POD 参与生长素的代谢和细胞壁的木质化。POD 是参与木质素合成的主导酶。愈伤组织内维管组织的形成、细胞壁的形成、根的木质化都需要木质素，因此 POD 的上升有助于合成木质素。本实验结果与前人完全一致。可见，POD 可以作为豫楸 1 号扦插生根的重要标志之一。大田抽生嫩枝在愈伤组织形成期、愈伤组织膨大期、皮部生根期 POD 活性极低（0~16d），16d 以后大量腐烂坏死，此时 POD 含量急剧上升，是植物体临死前抗性的一种体现。

李明在桉扦插试验中发现难生根品种内的 PPO 催化生长素代谢，促进不定根的起源与发育。黄卓烈在桉树扦插试验中发现，不定根的发生与发展过程中 PPO 活性剧烈上升，Molnar、Habaguchi 和 Upadhyaya 分别在八仙花、胡萝卜、菜豆的试验中发现了相似的情况。Bassuk 发现，PPO 的作用产物可以促进苹果的插穗发根。Foong 发现，在易生根的 Rhododendron ponticum 体内的 PPO 活性就较高，而在难生根的 R. JanDekens 中 PPO 活性就要低得多。种种迹象表明，植物不定根的形态建成与 PPO 有密切的关系，本研究与前人的观点是一致的。

研究表明：易生根的催芽抽生嫩枝插条在愈伤组织形成期 IAAO、POD、PPO 活性均大幅度上升，其后 IAAO、POD、PPO 活性各自呈现出一定的规律性，表明这 3 种氧化酶在生根过程中的作用可能是既相互独立又相互联系，通过相互作用来共同影响生根。

干旱胁迫对4种豫楸1号嫁接苗膜脂过氧化作用的影响[*]

王新建[1,2]　谢碧霞[1]　何威[2]　丁鑫[2]

（1. 中南林业科技大学，湖南长沙 410004；2. 河南省林业科学研究院，河南郑州 450008）

　　楸树 Catalpa bungei 属紫葳科梓树属，其木材素有"木王"之称。豫楸 1 号是河南省林业科学研究院 2002 年选育出的楸树新品种，是珍贵的优质用材和著名的园林观赏树种。由于梓树结实量大，播种苗成活率高，豫楸 1 号苗木目前主要通过梓树作为砧木进行嫁接繁殖和推广应用。但梓砧在实际生产中出现大头小脚现象，并且极易感染根瘤线虫，防治相当困难，这些弊端严重影响了豫楸 1 号的推广速度，制约着这一优良品种的进一步发展。梓砧作为砧木能否使豫楸 1 号的优良特性充分体现出来，其抗逆性如何目前国内外尚未见报道。因此，试验选择了国内能够收集到的 4 种不同砧木，用盆栽法在控水条件下进行室内干旱胁迫试验，测定 MDA 含量、质膜透性及相对含水量变化规律，探讨豫楸 1 号 4 种砧木嫁接苗抗旱性强弱，以期为豫楸 1 号的推广应用提供理论依据。

1　材料与方法

1.1　试验地点及材料

　　试验在河南省林业科学研究院试验林场遮雨棚内进行。气候属于暖温带豫东平原温和半湿润、春季多旱、夏冬旱涝交错区。年平均气温 14.2℃，极端最低气温 -17.9℃，极端最高气温 42.3℃，年降水量 651mm，年平均相对湿度 66%，年蒸发量 1853mm，年日照时数 2301h，无霜期 214d，年稳定通过 10℃ 的积温 4700℃。砧木材料为金丝楸（Catalpa bungei C. A. Mey，I 号）、灰楸（Catalpa fargesii Bur.，II 号）、豫楸 1 号自砧（Catalpa bungei cl. 'Yu-1'，III 号）和梓树（Catalpa ovata Don，IV 号），1 年生，地径 0.8～1.0cm，根系健康，无病虫害。2005 年 12 月 20 日将苗木定植到盆中。盆上口直径 40cm，下底直径 28cm，盆高 20cm，每盆定植苗木 1 株，定干高度 20cm。盆内营养土配制方法为：腐熟鸡粪：壤土：细沙 1：1：1 混合而成，每盆重 15kg。2006 年 3 月 15 日用豫楸 1 号 1 年生接芽进行带木质部芽接，整个嫁接由同一技术人员完成，嫁接高度在 15～18cm 之间。

1.2　试验处理

　　按照随机区组试验设计，4 株小区，3 次重复。采取自然干燥法获得控水梯度，2006 年 7 月 10 日开始，连续浇透水 4d 后不再浇水，令其自然干燥，对照（CK）正常浇水。自

　　* 本文来源：中南林业科技大学学报，2008，28（6）：30-34.

停止浇水后的第 1d 起测定各项指标，每间隔 1d 测定 1 次。

取样：每次对各处理按不同方向采取中上部成熟叶片 8~10 片，去除叶柄后立即用剪刀剪碎，混合均匀后置入冰箱中备用。

1.3　指标测定

1.3.1　MDA 含量测定

采用硫代巴比妥酸（TBA）法，参考李合生等的方法。略有变动。称取叶片鲜质量 0.5g 于预冷的研钵中，加少量石英砂和 5mL 0.05mol/L pH7.0 磷酸缓冲液在冰浴上研磨成浆，将提取液于 4℃ 下 10000r/min，离心 20min，上清液转入试管中。取上清液 1.5mL，加入 2.5mL0.5% 的硫代巴比妥酸（TBA）（用 10% 三氯乙酸配制）。混合物于 100℃ 沸水浴中加热 20min，迅速冷却，于 10000r/min 离心 20min，分别测定上清液在 450nm，532nm 及 600nm 处的吸光度值，cMDA 为 MDA 的量浓度，MDA 含量按以下公式计算：

$$cMDA = 6.45 \times (A532 - A600) - 0.56 \times A450，（\mu mol/L） \tag{1}$$

$$bMDA = （cMDA \times 反应体系总体积 \times 提取液总体积 \times 1000）/（提取液体积 \times 样品鲜质量），（nmol/g） \tag{2}$$

1.3.2　细胞膜透性测定

细胞膜透性采用相对电导率法测定。用手持式打孔器打去直径为 1cm 的各树种叶片 10 片，加去离子水 30mL，震荡 1min 后用电导率仪测定电导率（r^{EC_0}），然后在室温下放置 12h，分别测定电导率（r^{EC_1}），再置沸水中 10min，取出冷却后摇匀，分别测定其电导率（r^{EC_2}），按公式公式（3）求出其相对电导率：

$$r^{REC} = [（r^{EC_1} - r^{EC_0}）/（r^{EC_2} - r^{EC_0}）] \times 100\% \tag{3}$$

1.3.3　相对含水量

测定叶片相对含水量（LRWC）和水分饱和亏（WSD）采用烘干称重法计算。

$$w^{LR} = [（叶片鲜质量 - 叶片干质量）/（叶片饱和质量 - 叶片干质量）] \times 100\% \tag{4}$$

$$w^{WSD} = [（叶片饱和质量 - 叶片鲜质量）/（叶片饱和质量 - 叶片干质量）] \times 100\% \tag{5}$$

1.4　数据分析

利用 EXCEL、SPSS13.0 统计软件制图、方差分析和多重比较。

2　结果与分析

2.1　干旱胁迫下豫楸 1 号嫁接苗 MDA 含量变化

丙二醛（MDA）是植物细胞膜不饱和脂肪酸发生过氧化作用的最终产物，它的含量高低也反映出细胞膜受损伤的程度。孟庆伟和姚允聪等通过研究得出一致的结论：MDA 含量不上升或上升缓慢的品种具有较强的抗旱性。

在持续干旱胁迫下，不同砧木嫁接的豫楸 1 号嫁接苗 MDA 含量总体上随着干旱胁迫的加剧均呈上升趋势（图1），直至胁迫结束。与起始值相比，I 号的 MDA 含量上升最为缓慢，

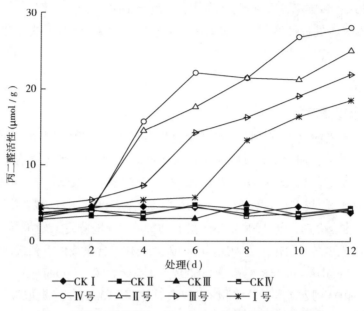

图 1 干旱胁迫对豫楸 1 号 4 种砧木嫁接苗 MDA 的影响

胁迫前 6d 上升极为缓慢，6d 后才开始逐渐上升，MDA 含量最大值为18.32nmol/g，而 IV 号、II 号上升速度最快，胁迫第 2d 后就开始急剧上升，上升幅度也最大，IV 号 MDA 含量最大值为 27.98nmol/g，比 I 号大 52.7%. 结合方差分析和多重比较（表 1、表 2）：II 号、III 号、IV 号与各自对照之间的 MDA 含量差异均达到极显著水平，I 号的 MDA 含量与 IV 号间差异达到极显著水平，结合孟庆伟和姚允聪等的研究结论认为抗旱性强弱依次为：I 号>III 号>II 号>IV 号。

表 1 MDA 含量变化的方差分析

项目	离均差平方和	自由度	均方	F 值	P 值
组间变异	1577.455	7	225.351	6.805	0.000
组内变异	1589.657	48	33.118		
总变异	3167.112	55			

表 2 MDA 含量变化的多重比较

	CKI	CKII	CKIII	CKIV	I 号	II 号	III 号	IV 号
CKI	0.0000	0.0871	0.1071	0.2357	5.6800	11.2671*	8.6557*	13.2571*
CKII			0.0200	0.1486	5.7671	11.3543*	8.7429*	13.3443*
CKIII				0.1286	5.7871	11.3743*	8.7629*	13.3643*
CKIV					5.9157	11.5029*	8.8914*	13.4929*
I 号						5.5871	2.9757	7.5771
II 号							2.6114	1.9900
III 号								4.6014

注：$P<0.05$。

2.2 干旱胁迫下豫楸 1 号嫁接苗质膜透性的变化

水分胁迫对树木细胞的伤害最直接、最明显的表现是：细胞膜透性增大，稳定性降低，细胞内的离子和糖类被动外渗。抗旱性强的树木，膜透性增加的幅度较少。随着干旱胁迫时间的延长，豫楸 1 号不同砧木嫁接苗叶片相对电导率均呈现递增的趋势（图 2）。其中，I 号在胁迫前 6d 上升幅度较小，II号、III 号、IV 号在胁迫第 2d 以后相对电导率值就开始明显上升。可见，I 号在干旱胁迫第 6d 后才开始出现明显的胁迫症状。4 种砧木嫁接的豫楸 1号嫁接苗质膜透性的平均值由大到小依次为 IV 号、II 号、III 号和 I 号。结合陈立松研究，认为抗旱性强弱依次为：I 号>III 号>II 号>IV 号。通过方差分析和多重比较（表 3、表 4），各砧木与其对照之间的质膜透性有显著性差异，而各砧木之间无显著性差异。

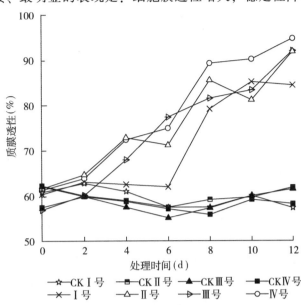

图 2 干旱胁迫对豫楸 1 号 4 种砧木嫁接苗质膜透性的影响

表 3 质膜透性变化的方差分析

	离均差平方和	自由度	均方	F 值	P 值
组间变异	3312.574	7	473.225	5.846	0.000
组内变异	3885.476	48	80.947		
总变异	7198.05	55			

表 4 质膜透性变化的多重比较

	CKI	CKII	CKIII	CKIV	I 号	II 号	III 号	IV 号
CKI	0.0000	1.0943	1.3971	1.5600	11.2171*	15.1129*	14.2057*	17.4900*
CKII			2.4914	2.6543	10.1229*	14.0186*	13.1114*	16.3957*
CKIII				0.1629	12.6143*	16.5100*	15.6029*	18.8871*
CKIV					12.7771*	16.6729*	15.7657*	19.0500*
I 号						3.8957	2.9886	6.2729
II 号							0.9071	2.3771
III 号								3.2843

注：$P<0.05$。

2.3 干旱胁迫下豫楸 1 号嫁接苗叶片相对含水量和水分饱和亏的变化

叶片相对含水率（LRWC）是表示植物缺水程度的一个重要指标，它的多少可以反映植物的保水和抗脱水能力。豫楸1号4种不同砧木嫁接苗在正常浇水调节中叶片相对含水量的变化幅度较小，但经过干旱胁迫的4种砧木嫁接苗的叶片相对含水量均随干旱胁迫加强而下降（图3）。各处理的变化幅度上有一定差异：Ⅰ号和Ⅳ号始终保持较大的降幅，而其他2种砧木嫁接苗在干旱胁迫的中期减少幅度较小。在干旱胁迫的全过程中，Ⅰ号、Ⅱ号、Ⅲ号和Ⅳ号的相对含水量平均值分别为71.27%、65.05%、67.99%、70.98%，与起始值比较分别降低了14.30%、23.85%、21.78%、22.14%，较对照分别下降14.22%、21.50%、20.21%、20.38%。因此无论是与起始值还是与对照相比较，Ⅱ号的下降幅度均最大，说明其对干旱胁迫较为敏感，抵御干旱的能力相对较差。

植物的水分饱和亏（WSD）有两种意义：一是植物抗水分亏缺的能力，一是植物从干旱缺水的土壤里吸收水分的能力。一般认为，植物抗旱性强，水分亏缺就大，而且其值受环境影响小，较稳定，因此水分亏缺常作为抗旱性指标之一，用于鉴定植物抗旱性的大小。本研究表明随着干旱胁迫的加剧，4种砧木嫁接苗的叶片水分饱和亏变化趋势与叶片相对含水量相反（图4）。Ⅰ号、Ⅱ号、Ⅲ号和Ⅳ号在胁迫期间叶片水分饱和亏平均值分别为32.53%、30.37%、31.46%、30.06%，与对照比较，其△WSD分别为18.62%、20.03%、19.62%、20.30%。因此从水分饱和亏上评定4种砧木嫁接苗的抗旱性大小依次为Ⅰ号最强Ⅲ号其次，Ⅳ号最差，Ⅱ号略高于Ⅳ号。

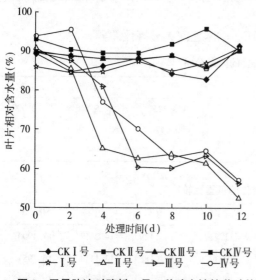
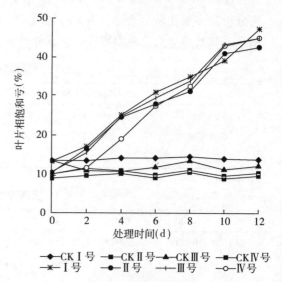

图3　干旱胁迫对豫楸1号4种砧木嫁接苗叶片
相对含水量的影响

图4　旱胁迫对豫楸1号4种砧木嫁接
苗叶片饱和亏的影响

3　结论与讨论

（1）持续干旱胁迫造成4种砧木嫁接苗的MDA含量和质膜透性呈现持续增大的趋势，二者变化趋势一致。这与其他抗逆性研究结果相一致。

（2）由MDA含量变化可知，Ⅰ号的MDA含量与Ⅳ号间差异达到极显著水平，干旱胁迫条件下抗旱性强弱依次为：Ⅰ号>Ⅲ号>Ⅱ号>Ⅳ号。

（3）由相对电导率变化可知：4种砧木均与各自对照间差异达到了极显著水平。干旱胁迫条件下抗旱性强弱依次为：Ⅰ号>Ⅲ号>Ⅱ号>Ⅳ号。

（4）豫楸1号4种砧木嫁接苗的叶片相对含水量均随干旱胁迫的持续而下降。Ⅰ号和Ⅱ号始终保持较大的降幅，而其他2种砧木嫁接苗在处理中期减少幅度较小。4种砧木嫁接苗的叶片水分饱和亏变化趋势与叶片相对含水量相反。从水分饱和亏上评定4种砧木嫁接苗抗旱性强弱依次为：Ⅰ号>Ⅲ号>Ⅱ号>Ⅳ号。相对含水量和饱和亏反映了植物叶片的保水能力。在干旱胁迫下，抗旱性强的植物叶片含水量下降速度往往比抗旱性弱植物的叶片要迟缓，以维持植物体内生理生化的正常运转。豫楸1号4种砧木嫁接苗的相对含水量随干旱胁迫的进程而下降，且抗旱性强的砧木嫁接苗下降缓慢也证明了这一点。

（5）干旱胁迫时，膜的透性首先受到伤害，植物在干旱胁迫下的膜伤害与质膜透性的增加是干旱伤害的本质之一。持续的干旱胁迫使MDA含量增加，膜脂由液晶态转变为凝胶状态，从而导致膜流动性下降，透性增加，细胞内物质外渗，细胞功能下降，质膜透性增加。本研究也充分证明了这一点。

植物生长调节剂对盆栽一品红生长及观赏品质的影响[*]

谷战英[1]　谢碧霞[1]　张冬林[1,2]　Lois Stack[2]

(1. 中南林业科技大学林学院，湖南长沙 410004；2. University of Maine，U. S.，Maine Orono 04101)

一品红 *Euphorbia pulcherrima* Wilkl 在原产地热带高可达 3~4m，在全球大部分地区只能于温室中栽培，因此，温室环境中植物生长调节剂的应用是提高一品红盆花商品价值的重要手段。在生产实践中，生长调节剂的使用不当易导致植株生长过高或植株发育不良，且易发生病虫害。笔者探讨不同生长调节剂对一品红生长及观赏品质的影响，旨在为改善一品红的生长环境和提高其栽培技术提供理论依据。

1　材料与方法

试验于 2005 年 7 月至 2006 年 1 月在美国缅因大学温室（Roger Clapp greenhouse，Umaine）进行，以一品红栽培品种 Sonora Red 和 Sonora White Glitte 为材料。盆栽用土为 Scotts 公司生产的混合基质（Scotts ® Metro-Mix ® with Scotts Coir ® Growing medium），pH 6.0 左右。施用 Scotts 公司出售的一品红专用肥（Poinsettiamiracle-Gro ® Scott），营养生长期 N、P、K 质量比为 20∶5∶19，生殖生长期 N、P、K 质量比为 15∶20∶25。肥料溶于水后，随浇灌水一起施用。植株上盆时间为 7 月 29 日。生长过程中保证除处理因素外其他栽培条件一致。

采用不完全随机区组试验设计。各处理生长调节剂施用情况见表 1，以施用不添加生长调节剂的清水处理为对照。试验为 6 因素，每因素 2 或 3 水平，8 重复，共设 4 区组。8月 18 日进行 1 次摘心，9 月 11 日起每隔 7d 用最小刻度为 1mm 的木质直尺逐株测定株高、花头直径，并于盛花期测定各处理的花头直径，用 LI-3100C 型扫描式叶面积测定仪测定总苞叶面积，用普通天平测量植株鲜重，用烘干法测量植株干重。用 SPSS17.0 和 Excel 等软件处理数据。

表 1　各处理生长调节剂施用情况

处理	生长调节剂种类及质量分数	施用方式	施用次数（次）	施用日期
A	清水（对照）	常规		
B	乙烯利（5.0×10^{-4}）	喷洒	2	08-29，09-26
C	乙烯利（5.0×10^{-4}）	喷洒	1	08-29
	乙烯利（1.0×10^{-3}）	喷洒	1	09-26

*本文来源：湖南农业大学学报（自然科学版），2009，35（4）：383-386.

（续）

处理	生长调节剂种类及质量分数	施用方式	施用次数（次）	施用日期
D	乙烯利（5.0×10⁻⁴）	喷洒	3	08-29，09-19，10-10
E	乙烯利（5.0×10⁻⁴）	喷洒	1	08-29
	矮壮素（5.0×10⁻⁴）+B9（1.0×10⁻³）	喷洒	1	09-26
F	矮壮素（5.0×10⁻⁴）+B9（1.0×10⁻³）	喷洒	2	08-29，09-26

2　结果与分析

2.1　生长调节剂对一品红株高的影响

　　一品红作为盆花，主要应用于室内外陈设，进行地面摆放、桌面摆放和台面摆放，其植株的高低不仅影响陈设效果，而且直接关系到运输、管理成本。由表2可见。随着处理时间的增加，各处理间的差异显著性逐渐增强。在处理后的第76天，对Sonora Red而言，处理A（CK）与其余各处理的差异极显著；除处理A（CK）外的各处理间差异不显著。这说明除处理A（CK）外，各生长调节剂处理均对一品红Sonora Red的株高产生了明显的抑制作用。Sonora White Glitter的情况与Sonora Red相似，在处理后的第76天，处理A（CK）与其余各处理差异极显著；处理F对株高的抑制作用较明显，与其余各处理差异极显著。

表2　各处理对一品红株高的影响

品种	处理	株高（cm）			
		第13天	第34天	第55天	第76天
Sonora Red	A（CK）	（10.25±2.25）a	（14.00±0.00）a	（23.75±0.25）A	（29.15±0.05）A
	B	（12.16±3.81）ab	（14.41±1.77）c	16.16±6.29）Ba	（24.55±1.95）B
	C	（9.00±0.00）b	（12.00±0.00）b	（17.00±1.00）Bb	（22.40±1.90）B
	D	（10.50±0.00）ab	（13.50±0.50）b	（19.00±1.00）B	（23.66±0.35）B
	E	（9.00±1.00）b c	（14.25±0.75）ab	（19.25±1.75）B	（21.86±2.65）B
	F	（9.00±0.00）ab	（10.50±0.50）abc	（15.25±1.75）B	（19.06±2.25）B
Sonora White Glitter	A（CK）	（10.75±0.75）AB	（15.50±0.50）AC	（23.75±0.25）A	（26.85±2.25）A
	B	（8.750±0.75）AB	（11.75±0.25）BCa	（16.16±6.29）B	（20.70±0.60）BC
	C	（8.50±0.50）AB	（11.00±1.00）B	（17.00±1.00）B	（18.56±1.75）Ba
	D	（10.00±0.50）AB	（11.50±0.50）BC	（19.00±1.00）B	（24.90±0.90）BE
	E	（10.75±0.75）A	（13.75±0.25）C	（19.25±1.75）B	（20.86±2.55）B
	F	（8.75±1.25）B	（10.50±0.50）Bb	（15.25±1.75）B	（16.10±2.70）DFb

2.2　生长调节剂对一品红株高增长速率的影响

　　由图1可知，一品红Sonora Red和Sonora White Glitter均有两个较明显的株高增长速率高峰期，分别出现在处理后的第20天和第34天左右。对Sonora Red而言，在处理前期，处理 B 的植株株高增长速率较大，其次是处理 A（CK）和处理 D，而处理 C 的较小，较处理 B 的低 10%。在处理后期，只有对照处理 A（CK）的植株株高增长速率出现 7% 的上扬，其余各处理均呈下降趋势，处理 B 下降较快，与前期相比，降幅达 23%。处理 E 和处理 F 的抑制作用较明显，植株株高增长速率一直维持在较低增长水平。一品红 Sonora White Glitter 的株高增长速率变化情况与 Sonora Red 基本一致。在处理后期，除处理 A（CK）外，其余各处理植株的株高增长速率均呈下降趋势。但处理 B 对 Sonora White Glitter 的作用效果更明显，尤其在处理前期，株高只增长了约 7%。处理 C 的植株株高增长速率一直维持在较低水平。随着处理时间的增加，各处理的株高均呈增长趋势，但处理 A 的增长较明显，第 76 天与第 55 天相比较，Sonora Red 的株高增加 6~8cm，Sonora White Glitter 受的影响相对较小，但株高也增加 3~7cm。

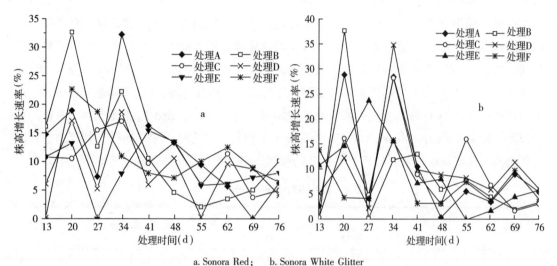

a. Sonora Red；　b. Sonora White Glitter

图 1 生长调节剂对一品红株高增长速率的影响

2.3　生长调节剂对一品红观赏品质的影响

　　苞叶面积和花头直径直接决定了一品红的观赏品质，其值越大表明观赏价值越高。表 3 结果表明，生长调节剂处理使花头直径和苞叶面积减小。两品种各生长调节剂处理的花头直径均与其对照差异极显著，说明生长调节剂对其花头直径的不利影响相对较大。对

表 3　各处理对一品红观赏品质的影响

品种	处理	花头直径（cm）	苞叶面积（cm²）
	A（CK）	（51.48±2.85）A	（360.27±10.00）A
	B	（43.61±2.41）B	（291.61±24.61）A
Sonora Red	C	（37.73±7.09）CD（37.43±4.29）CD	（282.77±12.90）A
	D	（43.42±2.40）B	（235.17±77.86）B
	E		（313.55±27.79）A
	F	（39.98±2.98）BD	（322.06±59.48）A

（续）

品种	处理	花头直径（cm）	苞叶面积（cm²）
Sonora White Glitter	A（CK）	（52.52±4.64）A	239.20±100.62
	B	（42.91±4.85）Ba	174.35±36.80
	C	（41.18±6.46）B	151.97±59.89
	D	（37.86±2.94）Bb	168.59±112.42
	E	（43.72±3.21）Ba	175.24±65.80
	F	（39.75±3.81）B	135.11±80.33

注：花头直径为南北向和东西向直径的平均值。

Sonora Red 的苞叶面积而言，仅处理 D 与处理 A（CK）差异极显著，其余各处理间差异不显著；对 Sonora White Glitter 的苞叶面积而言，各处理间差异均不显著，说明生长调节剂对一品红苞叶面积未产生显著不利影响。

2.4 生长调节剂对一品红植株干重和鲜重的影响

植株的干重和鲜重越大，表明植株积累的有机物质越多。但从运输、管理成本考虑，在不影响植株正常生长及其观赏品质的前提下，其值越小越好。表 4 结果表明，生长调节剂使一品红植株的干重和鲜重均有所减少。两个品种处理 A 的干重和鲜重均与各处理差异极显著。

表 4　各处理对一品红干重和鲜重的影响

品种	处理	干重	鲜重
	A（CK）	（42.50±0.00）A	（195.30±10.00）A
	B	（33.50±0.82 Bea	（128.36±5.30）Bb
Sonora Red	C	（27.87±7.05）Bbc	（113.20±12.71）C
	D	（29.87±1.89）Bc	（99.35±17.01）C
	E	（36.36±1.25）DEd	（141.23±4.57）B
	F	（36.40±1.51）DEd	（147.26±7.48）Ba
Sonora White Glitter	A（CK）	（42.35±2.73）A	（180.55±13.20）A
	B	（32.97±1.72）B	（114.92±9.65）B
	C	（31.45±4.15）B	（99.40±27.14）Bb
	D	（30.32±1.81）Bb	（102.47±7.84）Bb
	E	（34.65±1.84）Ba	（128.37±7.34）Ba
	F	（33.40±2.26）B	（116.45±17.81）B

3　结论与讨论

随着一品红生产规模的不断扩大，生产者之间的竞争日益激烈，产品质量的高低已成为竞争取胜的关键。本研究结果表明，生长调节剂处理均对一品红植株的株高增长速率和植株高度有一定的控制作用，质量分数乙烯利 5.0×10^{-4} 的乙烯利喷洒 2 次对 Sonora White

Glitter 株高增长速率的抑制效果较 Sonora Red 明显，说明一品红对生长调节剂的反应具有品种间差异。前人的研究结果也证明了植物对生长调节剂的反应具有品种间差异。一品红的品种间差异还表现在耐阴性、光质等方面。综合分析表明，质量分数 5.0×10^{-4} 的乙烯利喷洒 2 次（前后约 1 个月）处理和质量分数 5.0×10^{-4} 的乙烯利喷施 1 次后约 1 个月再用质量分数 5.0×10^{-4} 的矮壮素+质量分数 1.0×10^{-3} 的 B9 喷洒 1 次处理的效果较好，两处理均对一品红的株高有一定的控制作用，但不影响其观赏品质。由于不同地区同一季节的光温条件不同，一品红的生长情况也会有所差异。合理施用生长调节剂可以改善植株冠层内的光分布和通气性，调节营养器官和生殖器官之间的源库比，同时促进植株营养生长和生殖生长，使苞片发育及着色良好，从而改善品质，增加成品数量，并可以降低运输及管理成本。

核桃科树种的起源与分布[*]

邓煜[1,2]　谢碧霞[1]

(1. 中南林业科技大学，湖南长沙 410004；2. 甘肃省陇南市林业科学研究所，甘肃陇南 730000)

　　核桃科树种在全世界有 9 属 71 种，间断分布于欧洲、亚洲和美洲，绝大多数种类分布于北半球，极少数种散布到南美洲大陆。核桃科是一个研究比较深入的类群，但何时起源、起源地在何处？国内外学者历来众说纷纭。关于核桃起源问题的最早记载是《博物志》(西晋·张华，公元 3 世纪) 中载："张骞使西域还，乃得胡桃种，故以胡羌为名。"据此流传最广的是西汉张骞出使西域 (公元前 139~114 年) 带回核桃，中国始有核桃。根据郗荣庭等的考证，我国古代史书和各种农书中均无核桃的确切来源和可信的文字记载，所谓汉使张骞自"西域"带回胡桃之说，因缺少史实根据成为无源之水，令人难以置信。对此，许多学者做了大量的考证和研究，笔者在他们工作的基础上对核桃科植物的起源和散布途径进行了探讨。

1　起源时间和起源地

1.1　起源时间

　　核桃属 *Juglans* L. 植物的叶、果实和孢粉化石记录非常丰富，根据 Nagel 和 Leroy 的统计和中科院北京植物研究所的资料，核桃属植物的化石最早出现在晚白垩纪，据此可将其起源时间追溯到晚白垩世早期或早白垩纪，那时已经发生现已灭绝的原始类型。

1.2.1　考古发现

　　考古发现为确定核桃起源提供了史料证据。根据《中国植物化石》第三册中有关中国新生代植物考察研究资料和孢粉学证据推测，中国西南部到中南半岛北部带有季节性干旱的热带山区森林是核桃科植物的发源地，在第三纪 (距今约 1200 万~4000 万年) 和第四纪 (距今约 200 万~1200 万年) 时已有 6 个种分布于我国西南和东北各地，我国发现的许多化石提供了佐证。如在江西省清江地区始新世地层、新疆准噶尔盆地渐新世下缘岩组、北京始新世–早渐新世地层、陕西蓝田毛东村早渐新世地层、西藏聂聂雄拉湖相沉积、邬郁–邬龙地层中都发现有核桃的花粉或孢粉存在，从而证明了中国是核桃起源地之一。另外在山东省临朐县山旺村发现的山旺核桃叶片化石和炭化核桃坚果，河北省武安县磁山村原始社会遗址出土的炭化核桃坚果残壳 (C_{14} 测定为距今 7335±100 年)、河南省密县峨沟

　　* 本文来源：经济林研究，2006，24 (2)：35–37.

北岗新石器时代遗址出土的核桃（C_{14}测定为距今7200±80年）、陕西省西安半坡原始氏族公社部落遗址的土壤中都有核桃与柿的孢粉存在，这些发现都充分证明：我国在7000年以前已有核桃生长，早于西汉4000余年，从而否定了"张骞出使西域带回核桃"这一流传久远而广泛的说法。

1.2.2　野生核桃林

现存野核桃林为研究核桃起源族谱提供了现实依据。新疆伊犁地区巩留县凯特明山海拔1280~1700m的深峡谷，冬季有逆温层的保护，免于寒流侵袭，气候温暖湿润，形成了"植物避难所"的地貌特征和气候要素，分布着45hm^{2}野核桃群落。当地生长的野核桃与普通核桃在形态及品质上极其相似，它应是普通核桃的直系祖先。段盛良等在《核桃原产西藏初探》中介绍在1981—1984年的考察中，先后在喜马拉雅山南坡山谷中的吉隆县吉隆区、聂拉木县樟木区、错那县勒布区、波密县扎木区和林芝县东元区都曾发现了核桃，初步认为西藏是我国核桃原产地之一。这些野生类型，是天然核桃种的"基因库"和演化进程的现实记录，又为"我国是核桃原产地之一"提供了现实根据。而另有一些观点则认为核桃是多地起源。瓦维洛夫认为，核桃的起源中心有3个：一是中国的东部和中部；二是中亚的印度西北部、阿富汗、塔吉克斯坦、乌兹别克斯坦和天山西部；三是外高加索地区和伊朗。孙云蔚则认为核桃原产于伊朗、小亚细亚以及我国新疆一带。张宇和认为核桃原产地是从欧洲东南部到西亚波斯地区。笔者倾向于包括中国在内的多地起源说。

2　分布中心、间断分布原因和散布途径

2.1　分布中心

核桃科属于一个北温带科，但对亚热带、热带山地森林气候有着广泛的适应性，水平分布于南纬29°至北纬49°的广大区域，垂直分布于-34.5（中国新疆吐鲁番）~4200m（中国西藏拉孜）的海拔高度范围内，是分布最广的阔叶树种之一。

核桃属是核桃科中比较进化的一个属，同枫杨属亲缘关系密切，特别是花粉类型，清楚地表现出从枫杨属向核桃属进化的趋势，可能二属具有共同的祖先。核桃属植物全世界约有23种，我国有13个种，占56.5%。但从它的原始分布区来看，从欧洲东南部通过西亚、中亚、喜马拉雅分布到东亚，根据其包括原始组在内无一例外地都存在芽鳞的性状分析，它是适应山区温带气候而发展起来的。吴鲁夫曾指出，核桃属非常可能发生于东亚范围内（中国高地），路安民认为东亚区的南部到东南亚区的北部是核桃科植物的分布中心。基于上述认识，中国东部到西南部山地应是核桃属的分布中心。

2.2　散布途径

大量的考古发现和现存野生核桃林确立了核桃的起源地，但起源后在全球的散布途径怎样？国内外许多学者进行了调查考证。路安民认为，核桃科植物起源后，首先在中国西南部、中部和中南半岛北部充分地得到分化、发展和散布，该区域成为核桃科早期的分化中心。在当时北半球气候稳定而温暖的条件下，迅速扩展到欧亚大陆，并达到高纬度地

区，通达 2 条途径散布到北美：一条是欧洲→格陵兰→北美；另一条是亚洲→白令陆桥→北美。核桃属在散布过程中得到充分的发展，至少现代仅分布美国东北部的灰核桃组已在欧亚大陆北部广泛分布，而黑核桃组在北美、特别是后来在美国西部到中美洲分化出许多种，通过中美洲传播到南美洲大陆。这两条散布途径已被发现的化石所证实，古新世时就在北极区（如格陵兰）出现，始新世到上新世普遍分布于北半球，在高纬度地区的冰岛、斯匹次卑尔根群岛、拉多加湖畔、鄂毕河口地区、阿尔丹河流域、阿拉斯加以及加拿大的大熊湖畔都有发现；在西欧、东亚及北美北部等中纬度地区化石分布更为广泛；最南端是在我国南海北部渐新世发现的，呈现出间断分布格局。

2.3 间断分布原因

核桃属植物在第三纪时的分布区是联系在一起的，那么现代的分布为什么会有间断呢？这正如吴鲁夫指出的那样："任何一类植物现代的分布，就是在那一类植物存在的整个时期中在地球上出现的地质剧变及气候变迁的反映。"造成现代核桃呈现间断分布格局的主要原因有以下 4 个方面。

2.3.1 地质变迁

主要是大陆漂移，如欧亚大陆和北美的分离，东南亚岛屿同亚洲大陆的分离，菲律宾同加里曼丹岛的分离以及日本、我国台湾岛和海南岛同大陆的分离等等，这就形成了由海洋分割的大的间断和许多小的间断。

2.3.2 气候变化

主要是第三纪末和第四纪的冰川作用，北半球大部分地区遭受冰盖，特别是更新世的强烈冰盖，致使核桃属植物遭受毁灭性灾难，在高纬度地区到大部分中纬度地区绝灭，使其分布区大大向南收缩和迁移，只有在一些局部"植物避难所"和影响较小的地区保存下来，因此东亚也就成为核桃科植物的生存地之一，气候的成带变化在北美相当的纬度上也就成为核桃科植物的另一个生存地，并形成与陆地隔离的间断，才形成了现在的分布格局。

2.3.3 植物进化

除了吴鲁夫指出的上述原因外，路安民认为还应考虑植物类群的进化以及对生态环境的适应性。如核桃科起源于季节性干旱的热带山区森林中，它的原始类群绝大多数为裸芽，这无疑是祖先类型处于温暖而湿润环境的标志；为了扩大其分布以适应温带的环境，比较进化的类群其冬芽都出现了包被的芽鳞，以度过短暂的严酷气候顽强地保存自己，一旦条件好转，它就发展起来。

2.3.4 人为传播

笔者认为核桃在驯化成栽培种（特别是普通核桃）之后，人为活动加速了它的扩散和传播。据郗荣庭介绍，普通核桃公元 3 世纪引种到希腊，后经 14 世纪被十字军充当军粮在欧洲传播，15 世纪传到英国，17 世纪引种到美国。核桃引种到东方是从伊朗、印度到中国新疆、甘肃、陕西一带，公元 4 世纪末由中国传到朝鲜，公元 8 世纪传入日本。

3   结语

对核桃的起源虽然众说纷纭，但中国对核桃的驯化栽培却不容质疑。德国园艺家伯特拉姆·库恩（Bertram Krun）曾说：核桃的家乡在中国，中国人在对核桃几百年的驯化过程中，由一个很小的和没有滋味的野生形态栽培成一种很大的、美味的果实。公元 3 世纪时我国核桃发展已有一定规模，其坚果已作为馈赠礼品。晋代郭义恭所著《广志》中有"陈仓（今陕西省宝鸡一带）胡桃皮薄多肌，阴平（今甘肃省陇南市文县）胡桃大而皮脆，急捉则碎"。它表明当时的秦巴山地已盛产核桃，并且古人已按产地评价其品质。晋、隋、唐时期，已把核桃作为果树在北方"多种之"。随后栽培日盛，现在普通核桃主要分布于云南、山西、四川、河北、河南、新疆、甘肃、陕西、北京、吉林、贵州、山东等 25 个省（市），栽培总面积 66.7hm^2，常年产量 30 万 t，居世界第一位。

目前，核桃分布和栽培遍及亚洲、欧洲、美洲、非洲和大洋洲 5 大洲的 50 多个国家和地区，其中亚洲、欧洲和北美洲的栽培面积和产量最大。据联合国粮农组织 2001 年统计，全世界核桃总产量为 68.5 万 t，亚欧和北美占了总产量的 97.14%，年产万吨以上的国家有 17 个，其中：中国、美国、土耳其、伊朗、乌克兰和罗马尼亚为世界核桃生产的 6 大主产国，但年产 20 万 t 以上的国家只有中、美两国，占世界总产量的 77%。核桃是著名的木本油料，也是世界公认的功能保健食品，它将对提高人民的健康和营养水平发挥越来越重要的作用。

锥栗种内表型性状变异的研究[*]

龚榜初[1,2]　谢碧霞[1]　吴连海[3]　赖俊声[3]　费学谦[2]　陈增华[4]

(1. 中南林业科技大学, 湖南长沙 410004; 2. 中国林业科学研究院亚热带林业研究所, 浙江富阳 311400; 3. 庆元县林业局, 浙江庆元 323800; 4. 建瓯市林业局, 福建建瓯 353100)

锥栗 Castanea henryi Rehdet Wils 为我国特有种, 属壳斗科栗属植物, 适应性强, 耐干旱瘠薄。锥栗在我国长江流域到南岭以北的 14 个省市均有零星分布, 大多以用材为主, 果用林主要分布在浙南和闽北, 有 400 年以上的人工栽培历史。锥栗研究基础极为薄弱。目前研究范围主要是品种调查、选优及低产林改造试验等。众多学者曾以福建省建瓯市为重点进行了品种资源调查、选优等工作。对于栗属植物遗传资源变异研究, 以栗属植物地理分布及起源学说、中国板栗的群体遗传多样性、栗属中国特有种居群的遗传多样性、分子标记技术研究栗属遗传多样性等方面较多, 研究材料主要是板栗、欧洲栗等。Pereira L S 等应用形态和同工酶特征, 研究了西班牙西北部栗同一栽培品种之内和栽培品种之间的变异, 建立了栽培品种的分类标准, 研究了环境变化与形态特点间的联系。Huang 和 Dane 通过对 12 个群体美洲栗的遗传多样性研究。发现美洲栗遗传多样性水平较低, 从而推断美洲栗遭受病害毁灭性打击与其较低的遗传多样性密切相关。张辉等对中国板栗 9 个品种群 11 个同工酶系统 12 个酶位点进行分析, 表明板栗遗传变异水平高, 多态性位点百分率为 71.3%, 初步推测出西南为板栗多样性中心。郎萍等利用等位酶研究了野生茅栗、锥栗和板栗的遗传多样性, 认为板栗的遗传多样性高于锥栗、茅栗, 尤以长江流域居群的遗传多样性最高。但对锥栗遗传资源的变异缺乏系统的研究。锥栗是我国特有种, 分布广, 有着极其优良的风味品质和耐瘠性、抗病虫性, 是栗类品质改良的重要亲本。锥栗由于长期以来自然杂交和实生繁殖, 种内变异丰富, 研究其遗传资源变异, 对充分发掘锥栗优良基因型, 进一步开展锥栗遗传改良有重要意义。

1　材料与方法

(1) 调查地为位于浙江庆元的中国林业科学研究院亚热带林业研究所锥栗种质资源圃, 锥栗种质来源于福建省建瓯、浦城、建阳、政和、松溪, 浙江省庆元、兰溪、缙云、仙居、安吉、富阳, 湖南怀化、江西等地的大中果锥栗农家品种、类型及部分实生单株。每号种质嫁接繁殖后种植 10~15 株, 树龄 10 年以上。共调查种质 67 号。每号种质调查株数为 5~10 株。

* 本文来源: 江西农业大学学报, 2006, 28 (5): 706-712.

（2）每号种质在树冠中上部东南西北 4 个不同方位共随机取样 50 个以上栗苞、坚果和果枝、叶片进行测量，取样株数 5 株，求得平均数；调查内容有 1 年生枝长度与粗度、叶片大小、球苞、坚果重量、形状、苞刺长度、果实色泽、风味品质等果实经济性状。其他调查内容如各类枝条比例，连续 2 年、3 年结果枝的数量，结苞数，每果枝结苞数，产量、成熟期等逐株调查，调查株数 10 株以上。

（3）雌雄花性状调查：在花期，每个品种类型在树冠中上部东南西北 4 个不同部位共选取 30 个以上结果母枝，调查每个母枝的雄花序数、雌花朵数、雌雄花枝数量。每号种质随机选择处于盛花期的 50 个雄花序，测量其长度，再从中抽取 20 根雄花序统计每根的雄花簇数，求得单位长度上的雄花簇数和平均每根雄花序上的雄花簇数。

（4）对 16 个不同的种质（来源于建瓯、浦城、庆元等地），成熟期每株采坚果 5kg，在普通沙藏条件下，每隔 10d 调查统计霉烂粒数，计算坚果完好率，进行坚果耐贮藏性测定。

（5）栗果营养成分测定：在充分成熟期采集栗果样品，采后 3d 内先用 105℃ 杀青 20min，再去壳，60℃ 烘干备用。含水量烘干法测定，可溶性糖、淀粉、总糖用蒽酮比色法测定，索氏抽提法测定粗脂肪，凯氏定氮法测定蛋白质含量，茚三酮显色法测定游离氨基酸总量，氨基酸组成用邻苯二甲醛柱后衍生法，HPLC 分析测定。营养成分测定了 21 个品种类型，对其中 7 个测定了氨基酸组成。

（6）数据分析方法：应用 DPS 统计分析软件和 Excel 对各项指标进行方差分析、相关分析和多重比较。

2　结果与分析

2.1　锥栗种内表型性状的变异分析

锥栗由于长期自然杂交、实生繁殖和人工选择的影响，种内变异大（表 1，表 2）。

表 1　锥栗种内表型性状变异

项目	性状	变异范围
栗苞	形状	圆球形、椭圆
	颜色	浓绿、绿、黄绿
刺束	硬度	软、中硬
	密度	疏、中密
坚果	形状	近圆球、圆锥形、长圆锥、扁圆
	色泽	黄褐、褐、红棕、红褐、紫褐
	光泽	暗、亮、油亮
	茸毛	无、少、中、多
果肉	质地	粗硬、细糯
	色泽	淡黄、黄白
	甜味	淡、中、甜

（续）

项目	性状	变异范围
叶片	形状	椭圆、长椭圆、披针、卵状椭圆
	叶背毛茸	无、稀散单毛、星状绒毛、鳞腺
成熟期		8 月底至 10 月中旬
每苞坚果数		1 个，少数 2~3 个

表 2　锥栗种内数量性状的变异

性状	平均数	标准差	变异系数（%）	平均数变幅	极差
栗苞重量（g）	22.74	8.08	35.55	9.50~41.17	31.67
坚果重量（g）	8.17	2.02	24.74	4.58~14.5	9.92
果横径（cm）	2.24	0.22	9.86	1.83~2.68	0.85
果纵径（cm）	2.49	0.24	9.65	2.02~3.20	1.18
果纵径/横径	1.12	0.09	8.03	0.94~1.31	0.37
每果枝结苞数（个）	3.36	0.96	28.48	1.85~6.23	4.38
苞皮厚度（cm）	0.22	0.06	25.69	0.10~0.39	0.29
苞刺长度（cm）	1.34	0.25	18.38	0.84~1.80	0.96
出籽率（%）	38.74	7.41	19.13	29.27~54.11	24.84
坚果出仁率（%）	79.88	2.31	2.90	74.92~83.74	8.82
每母枝抽结果枝（个）	1.99	0.47	23.80	1.09~2.97	1.88
结果枝率（%）	66.24	15.74	23.77	24.00~92.0	68.0
叶长（cm）	17.02	2.03	11.90	11.62~22.17	10.55
叶宽（cm）	5.88	0.86	14.56	4.15~8.11	3.96
叶长/宽	2.93	0.38	12.82	2.11~3.86	1.75
1a 枝长（cm）	19.71	6.39	32.43	11.65~46.3	34.65
1a 枝粗（cm）	0.42	0.07	16.30	0.28~0.59	0.31
连续 2a 结果枝数（%）	69.69	18.02	25.86	10.0~97.0	87.0
连续 3a 结果枝数（%）	67.88	19.95	29.38	10.0~96.0	86.0

2.1.1　主要果实经济性状的变异

栗苞、坚果形状变异不大，但栗苞刺束长度、刺硬度差异明显，苞刺长度与刺束稀疏可相差 1 倍以上。不同种质在坚果外观商品品质和口感上存在着明显的差异。如 24、1、30 号等呈红褐色，特别油亮美观，而 9、11、35 号等外观呈现黄褐色等，光泽度差。果肉一般呈黄白、淡黄 2 种颜色，果肉颜色与肉质口感没有相关性。肉质在口感上明显有细嫩、粗硬之分，它是与品质关系最为密切的指标，一般肉质细嫩的较甜，风味品质好，而肉质粗硬的甜味较淡，品质相对较差。坚果在香味上的浓淡上也非常明显，特别是 2、16 号栗果采收后自然放置 5~7d，有特浓的令人舒畅的清香味。

叶背毛茸出现无毛、星毛、单毛三种特征。无毛是典型锥栗物种的特征，而星毛是板栗的特征，这可能是锥栗与板栗的自然杂交，如浙江兰溪的"曹苟栗"为星毛，柳鎏报道认为是种间杂种。来自建瓯和庆元的种质中还发现极少数有单毛特征。

各项植物学和果实经济数量指标均有较大变异，变异系数达10%~35%。其中以栗苞、坚果大小、出籽率、结果枝比例、连续结果能力等果实经济性状变异较大，变异系数达20%~35%。如栗苞平均重22.74g，变幅为9.50~41.17g，平均坚果重变幅为4.58~14.5g，其中个别坚果可重达28g。连续2年结果枝百分比变幅为10%~97%。这些都充分说明锥栗种内变异丰富，有巨大的选择潜力。

2.1.2 锥栗雌雄花性状变异

对锥栗30个不同品种、类型雌雄花数量观测，不同品种类型间在雌雄花的数量上有很大变异（表3）。主要反应在有些类型抽生的雄花序数特别多，如16、12号等，有些数量很少，如14、19号等，两者之间相差1倍以上。每母枝雌花朵数、雄花序长度、单位长度上的雄花数量不同品种与类型间也相差较大，最高时可相差1倍以上。主要由于各类型雄花序抽生数量的不同，从而反应各品种或类型在雌雄花数量比上有很大差异，不同品种类型雌花∶雄花数为（1∶470）~（1∶1540），雌雄花比可相差约3倍。雄花数量多，开花时浪费营养，选择少雄花品种或栽培中去雄一直是栗类育种的一个重要目标，锥栗种内雌雄花数量的巨大变异，特别是少雄品种类型的发现，为选择少雄花的优良类型提供了很大的潜力。

调查发现不同品种类型开花期有很大差异，早的在4月底开放，迟的在5月10日前后才进入初花期，早晚相差约12d。雌雄花开放的早晚也依品种类型而不同，可分为雌先型（同一品种、单株雌花比雄花先开）、雄先型（雄花先开）、相遇型（雌雄花同时开）等3类。

表3　锥栗雌雄花数量的变异

性状	平均数	标准差	变异系数（%）	变幅	极差
每母枝雄花序数	62.07	11.30	18.21	36.45~77.85	41.40
每母枝雌花个数	10.15	3.64	35.89	5.50~17.45	11.95
雄花序长度（cm）	15.31	2.67	17.41	10.75~19.99	9.23
每厘米雄花序雄花簇数	7.95	1.48	18.59	5.82~11.50	5.68
单个雄花序雄花簇数	119.8	19.96	16.66	84.4~149.0	64.6
雄花序数/雌花数	6.78	2.74	40.39	3.94~13.94	10.0
雄花簇总数/雌花数	792	276	34.88	470~1541	1071

2.1.3 同一农家品种内单株间的变异

对来自建瓯、浦城、庆元等地的黄榛、乌壳长芒、油榛、红紫榛等农家品种不同单株调查，同一农家品种不同单株在栗苞重量、坚果重量、出籽率、坚果横径、坚果纵径、结果枝母枝、每果枝结苞数等主要经济性状指标上，经方差分析存在显著或极显著差异。经多重比照，不同农家品种单株间各性状差异如表4、表5，限于篇幅，这里只列出2个品种的比较情况。按综合经济性状优劣排序，黄榛为：n13>n12>p6>p2、n7，油榛为：p3>

n5>s1>n4、s10、s11，乌壳长芒为：n1>n6>s6、s16、p8、s6。造成这种原因很可能是同一农家品种原来自于不同的实生单株后代，现有农家品种还是一个不纯的群体，在农家品种内变异大，仍具有很大的选择潜力。

表4　黄榛品种不同株间显著性差异分析

株号	栗苞重（g）		坚果重（g）		出籽率（%）		坚果纵径（cm）		每果枝栗苞数	
n13	32.44	a A	12.13	a A	38.7	ab AB	2.77	a A	4.75	a A
p6	28.19	bc AB	10.81	b B	38.53	ab AB	2.68	a AB	2.63	c C
n12	24.94	c B	10.28	bc BC	42.35	a A	2.56	b B	4	ab AB
p2	29.66	ab AB	9.63	c C	36.09	b BC	2.73	a A	3.38	bc BC
n7	17.64	d C	9.03	c C	31.58	c C	2.56	b B	4	ab AB

注：大写字母表示1%差异水平，小写字母表示5%差异水平。下同。

表5　油榛品种不同株间显著性差异分析

株号	栗苞重（g）		坚果重（g）		出籽率（%）		坚果横径（cm）	
n4	22.67	ab AB	7.28	ab AB	32.52	b B	2.12	b AB
n5	20.67	b B	7.71	ab AB	37.67	a A	2.19	ab AB
p3	24.38	a AB	8.02	a A	37.94	a A	2.28	a A
s1	25.24	A A	7.19	ab AB	34.03	b AB	2.1	b AB
s10	20.53	B B	6.93	b AB	35.5	ab AB	2.22	ab AB
s11	17.1	c B	6.64	b B	34.03	b AB	2.07	a B

2.2　营养成分的差异

2.2.1　营养成分含量差异

对21个不同品种类型的测定，锥栗含有丰富的淀粉、糖和蛋白质，但不同种内营养成分含量有很大差异（表6）。栗仁含水量和淀粉含量差异不大。蛋白质含量从3.5%～15.7%不等，相差3倍多。可溶性糖含量最高达13.7%，以19、24、26、14、7号较高，均在12%以上。以30、32号含量最低，为8%。淀粉含量一般在60%～74.7%，以9、26、30、31、33较高，在70%以上。游离氨基酸含量影响到口感，以1、2、7、9、15、17等含量较高，为2%左右；30、31、33、36含量较低，在1%以下。粗脂肪含量高低之间相差约4倍，以23、26、28、30、31较高，为3.3%～4.07%，7、12、15、19、21号含量较低，为1.02%～1.58%。

表6　锥栗种内营养成分含量的变异　　　　　　　　　　　%

项目	栗仁含水率	粗蛋白	可溶性糖含量	淀粉含量	游离氨基酸总量	粗脂肪
平均数	46.11	7.48	10.64	67.16	1.52	2.33
标准差	2.08	3.45	1.84	3.57	0.47	0.88
变异系数（%）	4.51	46.17	17.34	5.31	30.81	37.70
变幅	41.32～49.62	3.53～15.68	7.92～13.72	59.71～74.73	0.75～2.18	1.02～4.07
极差	8.30	12.15	5.79	15.02	1.42	3.05

2.2.2 锥栗氨基酸含量的差异

锥栗含有 15 种蛋白质氨基酸（脯氨酸、胱氨酸和色氨酸未测），其中包括 7 种人体必需氨基酸，锥栗种内的氨基酸含量有很大差异（表 7），变异系数一般在 15%～36%，各种氨基酸含量高低之间相差在 2 倍左右。同一品种或类型，一般氨基酸总量、必需氨基酸总量高的，其各种氨基酸含量也都高。

表 7　锥栗种内蛋白质水解氨基酸含量的变异　　　　　　　　　mg/g（干样）

氨基酸种类	ASP	THR	SER	GLU	GLY	ALA	VAL	MET	ILE
平均数	9.02	3.46	2.84	11.33	3.02	4.18	4.13	0.41	2.93
标准差	2.11	0.92	0.71	2.52	0.57	0.65	0.89	0.15	0.69
变异系数（%）	23.35	26.65	24.86	22.24	18.85	15.65	21.50	36.30	23.56
变幅	6.33~12.01	2.36~5.05	1.65~3.52	6.45~13.26	1.96~3.73	3.06~5.07	2.65~5.21	微量~0.64	1.94~3.81
极差	5.68	2.69	1.87	6.81	1.77	2.01	2.56	0.64	1.87

氨基酸种类	LEU	TYR	PHE	HIS	LYS	ARG	总量	必需氨基酸总量
平均数	4.30	2.02	2.39	1.01	2.81	0.23	53.87	20.31
标准差	1.26	0.52	0.37	0.14	0.84	0.06	9.53	3.44
变异系数（%）	29.21	25.58	15.64	13.99	29.94	26.83	17.68	16.95
变幅	2.06~5.85	1.24~2.59	1.87~3.02	0.78~1.20	1.81~3.80	微量~0.29	40.64~64.64	14.75~24.63
极差	3.52	1.35	1.15	0.42	1.99	0.29	24.0	9.88

2.3　锥栗坚果的耐贮性差异

在普通沙藏条件下，对 16 个锥栗种质栗果进行了耐贮性比较试验，贮藏 2 个月后，以 2、7、24、25、26 号耐贮，2 个多月后的干果完好率在 90% 左右；以 9、11、12 号等不耐贮，干果完好率为 50%~65%；贮藏 3 个月后，2、7、24、25、等的保存率为 87% 以上，到第二年 3 月，上述 5 个种质的保存率仍在 80% 以上，其中 24 号最高为 85.9%，而最低的仅为 28%，其他的保存率为 40% ~ 50%（图 1）。

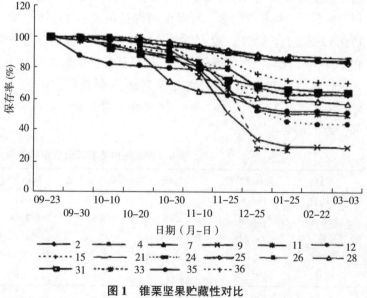

图 1　锥栗坚果贮藏性对比

2.4 锥栗各性状指标的相关性分析

对栗苞重量、坚果重量、果横径、果纵径、每果枝苞数、苞皮厚度、出籽率、结果枝/母枝、叶长、叶宽、1年枝长、连续2年结果枝率、连续3年结果枝率等17个指标相关分析表明（表8），栗苞重量与坚果大小、出籽率、苞皮厚度等呈极显著相关，栗苞大者，坚果大；苞皮较厚，出籽率较低。苞刺长度与出籽率呈负相关，但与坚果重、栗苞重没有显著负相关性。每果枝结苞数与每母枝抽生的结果枝数、结果枝比例和连续结果能力呈极显著正相关，一般每母枝抽生的结果枝数多，结果枝比例高者，每果枝结苞数也多，连续结果能力也强，具有丰产稳产的特征。产量与结果枝及结苞数密切相关。叶片大小特别是叶片长度与坚果大小呈正显著相关，叶片长者，坚果也大。一年生枝长度、粗度与栗苞大小、坚果大小呈极显著正相关，说明枝条长，叶片大，营养生长旺，果实大。调查中发现栗苞刺束稀疏与果实成熟期有一定的相关性，一般刺束稀的成熟期较早，刺束密的成熟期较迟。

表 8　锥栗种内表型性状的相关分析

性状	栗苞重量	坚果重量	果横径	果纵径	果纵径/横径	每果枝苞数	苞皮厚度	出籽率
栗栗苞重	1							
坚果重量	0.8249**	1						
果横径	0.7426**	0.9394**	1					
果纵径	0.7071**	0.7593**	0.6512**	1				
果纵径/横	−0.0328	−0.2069	−0.4135**	0.4189**	1			
每果枝苞数	0.0655	0.0503	0.0067	0.0616	0.0709	1		
苞皮厚度	0.7652**	0.4792**	0.4111**	0.4791**	0.0654	0.1884	1	
出籽率	−0.6124**	−0.1808	−0.1225	−0.1827	−0.0841	−0.1109	−0.627**	1
每母枝抽生结果枝数	−0.1016	−0.1673	−0.2427	−0.0497	0.2302	0.5556**	0.0835	−0.1292
结果枝率	−0.0017	−0.0107	0.0077	−0.2177	−0.2444	0.4375**	0.0275	−0.0038
叶长	0.1552	0.3146*	0.3234**	0.1909	−0.1675	0.1321	0.1126	0.1155
叶宽	0.1100	0.1450	0.1807	0.0529	−0.1473	0.2154	0.0263	0.0914
叶长/宽	0.0163	0.1143	0.0783	0.1266	0.0419	−0.1758	0.0625	−0.0067
1a 枝长	0.4585**	0.3682*	0.2699	0.4797**	0.2445	0.2975	0.5278**	−0.3146**
1a 枝粗	0.5178**	0.5225**	0.4430**	0.6006**	0.1830	0.2603	0.3986**	−0.2776
连续 2a 结果枝（%）	0.0823	0.1467	0.1224	0.1232	0.0416	0.2363	0.4598*	0.1210
连续 3a 结果枝（%）	0.1093	0.1525	0.1673	0.0722	−0.1236	0.4413*	0.4773*	0.0575

续表 8　锥栗种内表型性状的相关分析

性状	每母枝抽生结果枝	结果枝率	叶长	叶宽	叶长/宽	1a 枝长	1a 枝粗	连续 2a 结果枝(%)	连续 3a 结果枝(%)
每母枝抽生结果枝	1								
结果枝率	0.2888	1							
叶长	0.1300	0.0766	1						
叶宽	0.0986	0.4436**	0.5756**	1					
叶长/宽	0.0087	-0.482**	0.2579	-0.634**	1				
1a 枝长	0.3931*	-0.2150	0.2603	-0.0939	0.3418*	1			
1a 枝粗	0.2839	-0.1179	0.1698	-0.0505	0.2089	0.6836**	1		
连续 2a 结果枝（%）	0.3249	0.4227	0.2717	0.1896	0.0430	0.0971	0.1012	1	
连续 3a 结果枝（%）	0.4632*	0.4163*	0.1928	0.1098	0.0322	0.2878	0.1945	0.8361**	1

3　小结

（1）锥栗种内变异丰富，在果实经济性状、营养成分等各项指标上差异大。锥栗种内在栗苞、坚果大小、每母枝抽生结果枝数、结果枝比率、连续结果能力上存在很大差异，高低之间相差 3~4 倍。各项果实经济性状指标间存在显著的相关性，一般叶片大者，栗苞和坚果也大。每母枝抽生的结果枝数多，结果枝比例就高，每果枝结苞数也多，连续结果能力强，具有丰产稳产的特征。而结果枝数、每果枝结苞数等与栗苞和坚果大小相关性不显著。据此可选择既果大又丰产稳产的良种。

（2）锥栗在雌雄花数量上变异大，不同品种类型间抽生的雄花序数、雄花序长度、单个雄花序上的雄花簇数差异大，有些抽生的雄花序特别多，而有些很少，高低之间可相差2 倍以上。从而反应在雌雄花比上差异大，雌花数∶雄花数 =（1∶470）~（1∶1540），二者可相差 3 倍。

（3）有些坚果肉质细嫩，有些粗硬，风味品质上相差大。营养成分含量也有很大差异，栗果的蛋白质、可溶性糖、游离氨基酸、粗脂肪含量高低间可相差 2~4 倍，各种氨基酸组成、水解氨基酸总量、人体必需氨基酸总量不同品种类型间可相差 1~2 倍。坚果的耐贮性也差异大，在普通沙藏条件下，贮藏 5~6 个月后，耐贮的类型坚果保存率在85% 以上，而不耐贮的保存率仅 28%。

（4）锥栗现有农家品种仍是一个不纯的群体，品种内有较大变异，仍需要进行优选。笔者主要对福建、浙江锥栗种质及湖南的部分种质进行了表型性状变异研究，而锥栗在广大南方有分布，不同产地锥栗居群的变异有待进一步研究。

漆树果实性状研究(I)—果实蜡质层的含蜡率[*]

余江帆[1,2]　谢碧霞[1]　胡亿明[1]　黄敦元[3]　钟秋平[4]

（1. 中南林业科技大学资源与环境学院，湖南长沙 410004；2. 江西省林业厅科技与国际合作处，江西南昌 330000；3. 江西环境工程职业学院，江西赣州 341000；4. 中国林业科学研究院亚热带林业中心，江西分宜 336600）

漆树属 *Toxico dendron* 植物是漆树科 Anacardiaceae 落叶乔木或灌木，有乳状液汁或树脂状液汁；叶互生，常为奇数羽状复叶，有时单叶或 3 小叶，全缘或有锯齿；花杂性或单性异株，为腋生或顶生的圆锥花序；花萼 5 裂；花瓣 5，覆瓦状排列；雄蕊 5，着生于一淡褐色的花盘下；子房 1 室，上位，有胚珠 1 颗，花柱 3；中果皮较厚，被蜡质，白色，与内果皮连合；果核硬，骨质。国产 20 种，广泛分布于全国大多数省区。漆树 *Toxicodendron vernicifluum* 和野漆树 *Toxicodendron succedaneum* 因其分布广，果实产量相对较大，中果皮含量丰富且含蜡率高，在我国已有 2000 余年的栽培历史。关于漆蜡的成分、漆蜡的理化性质、萃取工艺及漆籽经提取漆蜡后的漆粕国内相关的研究相对较多；但对漆树果实相关性状及其与含蜡率相关性的研究未见报道。本文以漆树 15 品种果实的果实质量、果实横径、果实纵径、果形指数、外果皮质量、内果皮质量、蜡层质量、蜡质层含蜡率等指标为研究对象，研究了 15 个漆树品种果实性状的变化规律及其与含蜡率的相关性，为开发生物蜡源植物提供理论依据。

1　材料与方法

1.1　试验材料

从云南、贵州、陕西、江西等地采集漆树和野漆树的近 15 个品种（或地理种群）（表 1）置于实验室自然干燥半年以上，实验前置于烘箱（40℃）烘干，用镊子进行手工皮核分离并对相关数据进行测量。

表 1　样品来源及采集时间

编号	种名	品种名	样品来源	采集时间	是否割漆
V01	漆树 *Toxicodendron vernicifluum*	肤盐皮	贵州大方	2007.10	否
V02	漆树 *Toxicodendron vernicifluum*	官大术	贵州德江	2007.10	否

*本文来源：中南林业科技大学学报，2008，28（6）：35-39.

（续）

编号	种名	品种名	样品来源	采集时间	是否割漆
V03	漆树 *Toxicodendron vernicifluum*	青杠皮	贵州大方	2007.10	否
V04	漆树 *Toxicodendron vernicifluum*	光叶漆	云南富源	2007.11	否
V05	漆树 *Toxicodendron vernicifluum*	薄叶漆	云南富源	2007.11	否
V06	漆树 *Toxicodendron vernicifluum*	麻柳叶	贵州大方	2007.10	否
V07	漆树 *Toxicodendron vernicifluum*	碧乃金	云南怒江	2007.11	否
V08	漆树 *Toxicodendron vernicifluum*	火缸子	陕西岚皋	2007.11	是
V09	漆树 *Toxicodendron vernicifluum*	白皮高八尺	陕西平利	2007.11	是
V10	漆树 *Toxicodendron vernicifluum*	黄绒高八尺	陕西岚皋	2007.11	是
V11	漆树 *Toxicodendron vernicifluum*	贵州黄	陕西岚皋	2007.11	是
V12-1	漆树 *Toxicodendron vernicifluum*	白杨皮1	贵州大方	2007.10	否
V12-2	漆树 *Toxicodendron vernicifluum*	白杨皮2	云南富源	2007.11	否
V12-3	漆树 *Toxicodendron vernicifluum*	白杨皮3	云南怒江	2007.11	否
V12-4	漆树 *Toxicodendron vernicifluum*	白杨皮4	陕西岚皋	2007.11	是
V13	野漆树 *Toxicodendron succedaneum*	中国野漆树	陕西石泉	2007.11	否
V14	野漆树 *Toxicodendron succedaneum*	昭和福	江西宁都	2006.11	否
V15	野漆树 *Toxicodendron succedaneum*	伊吉	江西宁都	2006.11	否

1.2 主要仪器及试剂

所用的仪器主要有：索氏提取器，鼓风干燥箱，高速万能粉碎机，电子恒温水浴锅，分析天平（1/1000），镊子，游标卡尺等。试剂：石油醚（30~60℃）。

1.3 试验方法

1.3.1 相关物理指标的测量

用常规方法测定60粒随机选择的漆籽相关物理指标，如漆籽果实质量、果实横径、果实纵径、蜡层质量、内果皮质量、外果皮质量和蜡质层含蜡率等，以便真实反映实验结果。

1.3.2 漆蜡萃取试验

漆籽经手工分离得到大量蜡质层（含内、外果皮），利用高速万能粉碎机对蜡层粉碎并过目（18目），采用石油醚（30~60℃）在索氏提取器中回流浸提，然后蒸发溶剂，冷却析出漆蜡，称重并计算各样品的蜡层出蜡率；同时测量残渣的质量并计算出样品蜡质层的含蜡率。

$$蜡层出蜡率 = \left(m_{样品} - m_{残渣}\right) / m_{样品}。$$

1.4 试验数据分析

本研究的测量数据分析采用 SPSS16.0 软件进行分析。

2 结果与分析

2.1 不同漆树品种相关性状比较

对果实质量、果实横径、果实纵径、内外果皮质量、蜡质层含蜡率等指标进行测定结果见表2。由表2可以看出，15个漆树品种平均果实质量在 44.92~170.27mg，平均果实横径在 5.04~7.67mm，果实平均纵径在 5.71~9.80mm，平均果形指数在 0.77~1.14，平均外果皮质量在 2.43~8.75mg，平均内果皮质量在 0.00~3.57mg，平均蜡层质量在 14.60~95.64mg，平均蜡质层含蜡率在 31%~60%，方差分析结果显示（表3），漆树在果实质量、果实横径、果实纵径、果形指数、外果皮质量、内果皮质量、蜡层质量、蜡质层含蜡率上的 F 值分别为 818.717、8.504、169.876、4.108、55.451、42.980、1017.565 和 5.097，漆树在果实质量、果实横径、果实纵径、果形指数、外果皮质量、内果皮质量、蜡层质量、蜡质层含蜡率之间的差异均达到极显著水平，说明漆树不同品种之间的遗传差异较大，差异大为漆树的选育提供了丰富的遗传物质基础，这与谢碧霞等对五味子的研究结果相同。

表 2 不同漆树品种果实性状比较

品种编号	品种名	果实质量 (mg)	果实横径 (mm)	果实纵径 (mm)	果形指数	外果皮质量 (mg)	内果皮质量 (mg)	蜡层质量 (mg)	蜡质层含蜡率
V01	肤盐皮	46.40	5.28	6.24	0.846	2.45	1.95	15.77	0.54
V02	官大术	60.51	6.20	6.64	0.934	3.97	3.57	18.03	0.40
V03	青杠皮	49.77	5.71	6.36	0.898	2.43	2.66	18.99	0.52
V04	光叶漆树	58.83	5.86	6.49	0.903	4.03	2.93	16.40	0.57
V05	薄叶漆树	46.96	5.42	6.40	0.847	2.51	2.06	15.30	0.47
V06	麻柳叶	50.24	5.37	6.06	0.886	2.67	2.20	20.60	0.55
V07	碧乃金	46.42	5.46	6.42	0.850	3.26	2.45	18.87	0.57
V08	火缸子	53.10	6.86	6.15	1.116	3.55	3.28	17.07	0.48
V09	白皮高八尺	52.28	6.62	6.18	1.071	3.38	3.36	17.15	0.44
V10	黄茸高八尺	46.48	6.88	6.01	1.145	4.40	2.75	16.76	0.31
V11	贵州黄	49.20	6.81	6.36	1.071	4.14	2.90	17.46	0.40
V12	白杨皮	44.92	5.04	5.71	0.881	2.80	2.28	14.60	0.52
V13	中国野漆树	161.92	7.67	9.63	0.796	8.75	0	89.65	0.50
V14	昭和福	143.11	7.42	9.68	0.767	7.52	0	79.96	0.52
V15	伊吉	170.27	7.67	9.80	0.783	8.10	0	95.64	0.60
	平均值	67.51	6.08	6.74	0.913	4.02	2.18	28.67	0.498

注：表中蜡质层含蜡率测算时的萃取物包括漆籽的蜡层和内、外果皮。

2.2 不同漆树品种间蜡质层含蜡率比较

漆籽为漆树的果实，中果皮为蜡质层，呈浅黄色或灰绿色，可提取漆蜡，漆蜡是漆籽的油脂部分。漆籽中漆蜡含量为35%~50%，漆蜡中含90%以上的脂肪酸甘油酯，其中棕榈酸含量达70%左右，是制取表面活性剂和洗涤剂等产品的优质天然化工原料。所以，如何选择蜡质层含蜡率高的漆树种或品种，对我国漆树资源的进一步开发利用具有重要的指导意义。由表2可以看出，15个漆树种在漆籽蜡质层含蜡率上表现出不同的性状，各种漆树含蜡率为49.8%，最低的是黄茸高八尺31%，最高的是伊吉60%。表3中15个种蜡层含蜡率的 F 为 5.097>$F_{0.01}$（14，39）= 2.5768，即不同漆树漆籽蜡质层含蜡率差异达到显著水平。不同漆树蜡质层含蜡率进行了多重比较结果如表4，由表4可以看出：V04（光叶漆树）、V07（碧乃金）、V15（伊吉）3个种与其他漆树种之间差异达到显著水平，即光叶漆树、碧乃金、伊吉是最好的生物蜡源漆树品种。

表3　漆树种籽性状方差分析结果

种籽性状	变差来源	平方和	自由度	均方	F 值
果实质量	组间	91488.450	14	6534.889	818.717 **
	组内	311.293	39	7.982	
	总数	91799.743	53		
果实横径	组间	46.244	14	3.303	8.504 **
	组内	15.148	39	0.388	
	总数	61.393	53		
果实纵径	组间	99.205	14	7.086	169.876 **
	组内	1.627	39	0.042	
	总数	100.832	53		
果形指数	组间	0.644	14	0.046	4.108 **
	组内	0.437	39	0.011	
	总数	1.081	53		
外果皮质量	组间	202.991	14	14.499	55.451 **
	组内	10.198	39	0.261	
	总数	213.189	53		
内果皮质量	组间	61.825	14	4.416	42.980 **
	组内	4.007	39	0.103	
	总数	65.833	53		
蜡层质量	组间	39074.777	14	2791.056	1017.565 **
	组内	106.972	39	2.743	
	总数	39181.749	53		
蜡质层含蜡率	组间	0.261	14	0.019	5.097 **
	组内	0.143	39	0.004	
	总数	0.404	53		

注：** 表示在 0.01 水平（双侧）上差异显著。

表 4　漆树品种间蜡质层含蜡率比较

品种编号	品种名	平均值	1	2	3
V10	黄荠高八尺	0.31	C		
V02	官大术	0.40	C	B	
V11	贵州黄	0.40	C	B	
V09	白皮高八尺	0.44		B	C
V05	薄叶漆树	0.47		B	C
V08	火缸子	0.48		B	C
V13	中国野漆树	0.50		B	C
V12	白杨皮	0.52		B	C
V03	青杠皮	0.52		B	C
V14	昭和福	0.52		B	C
V01	肤盐皮	0.54		B	C
V06	麻柳叶	0.55		B	C
V04	光叶漆树	0.57			C
V07	碧乃金	0.57			C
V15	伊吉	0.60			C
显著性			0.161	0.101	0.072

注：图中标注的大写字母的表示是在 0.05 水平上差异显著。

2.3　蜡质层含蜡率与果实其他性状的相关分析

对含蜡率与漆籽其他性状进行相关性分析，结果如表 5。从表 5 可以看出，蜡质层含蜡率与果实质量、果实纵径、外果皮质量、蜡层质量之间的相关性系数分别为 0.227、0.201、-0.036、0.232，相关显著性均未达到显著水平，说明蜡质层含蜡率与果实质量、果实纵径、外果皮质量关系不密切；蜡质层含蜡率与果实横径、果形指数之间的相关性系数为-0.372、-0.724，相关显著性达到极显著水平，说明果实的果实横径、果形指数对蜡

表 5　漆树漆籽性状相关性分析

相关性	果实质量	果实横径	果实纵径	果形指数	外果皮质量	内果皮质量	蜡层质量	蜡质层含蜡率
果实质量	1							
果实横径	0.664**	1						
果实纵径	0.979**	0.690*	1					
果形指数	-0.392**	0.396**	-0.390**	1				
外果皮质量	0.932**	0.814**	0.912**	0.115	1			
内果皮质量	-0.827**	-0.314*	-0.791**	0.578**	-0.732**	1		
蜡层质量	0.995**	0.655**	0.976**	-0.397**	0.924**	-0.858*	1	
蜡质层含蜡率	0.227	-0.372**	0.201	-0.724**	-0.036	-0.343*	0.232	1

注：** 表示在 0.01 水平（双侧）上差异极显著。* 表示在 0.05 水平（双侧）上差异显著。

质层含蜡率有一定的影响，即果实的横径越大、果形指数越高，蜡质层含蜡率越低；蜡质层含蜡率与内果皮质量的相关性系数为−0.343，相关显著性达到显著水平，漆籽的内果皮质量越大，蜡质层含蜡率越低；另外，由表2可以看出，野漆树中有3个品种的内果皮全被蜡质化，这可能就是野漆树含蜡率相对比较高的原因之一。

2.4 不同产地间的漆籽蜡质层含蜡率比较

表6是白杨皮在4个不同产地的漆籽蜡质层含蜡率方差分析结果，从表6可以得出，产地对漆籽蜡质层含蜡率有极显著影响。这说明不同地理位置对漆籽蜡质层含蜡率有很大的影响，这种差异可能来此遗传差异性、海拔或纬度、气候、土壤、栽培技术、采脂等，正如潘远智等通过RAPD方法证明了不同地理种群的报春花之间存在一定的遗传差异性；王鹏冬等研究不同地理种群的油葵杂交种含油率差异时，得出海拔高度比纬度对含油率的影响大。图1是不同产地漆树漆籽的平均含蜡量，从图1中可以得知，白杨皮漆籽蜡质层含蜡率在云南富源表现最高，而在陕西岚皋县最低，再从表1可知，陕西岚皋县的白杨皮有采脂经营方式，漆树采脂经营可能会降低漆籽蜡质层含蜡率。

表6　不同产地漆籽含蜡率方差分析结果

种籽性状	变差来源	平方和	自由度	均方	F 值	$F_{0.01}$ (3, 8)
蜡质层含蜡率	产地间	0.087	3	0.029	53.195 **	7.5910
	产地内	0.004	8	0.001		
	总数	0.092	11			

注：** 表示在0.01水平上差异显著。

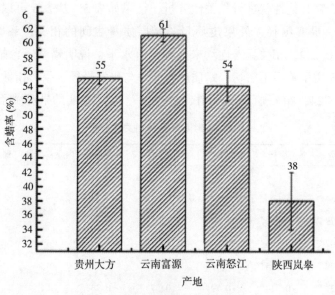

图1　不同产地漆树漆籽含蜡量

3 小结

漆树不同种之间在果实质量、果实横径、果实纵径、外果皮质量、内果皮质量、蜡层质量、蜡层含蜡率等方面都表现出显著的差异，说明漆树遗传材料丰富，为从漆蜡角度来选择漆树优良种提供了物质基础。

漆籽的蜡质层含蜡率与漆籽内果皮的质量有一定的关系，即内果皮质量大的漆籽出蜡率相对较低；而漆籽蜡质层含蜡率与果形指数相关性达到极显著水平，即随着漆籽果形指数的增加，漆籽出蜡率降低。鉴于果形指数和内果皮质量对漆籽蜡质层含蜡率的影响，因此以漆蜡为主的漆树优良种时，应以果形指数小的种为主，即以漆籽性状为扁圆形（果形指数：0.6~0.8）为宜，如，伊吉、碧乃金、白杨皮、光叶漆树等，次而考虑漆籽内果皮质量的影响。

不同产地对漆籽蜡质层含蜡率有极显著影响，这种影响力可能来自地理位置、气候、土壤、栽培技术、采脂等，因此，应加强气候、土壤、栽培技术、采脂等对漆树种仁的含油率影响的规律研究，使我国的漆籽资源转化为生物蜡资源。

NAA处理对圣诞红幼苗抗旱性的影响*

谷战英　谢碧霞　梁文斌　冯岗利　周欢　胡静　杨静静　张金玲

（中南林业科技大学，湖南长沙 410004）

圣诞红 *Euphorbia pulcherrima* 又名一品红，为大戟科大戟属植物，常绿灌木。原产于墨西哥，又称墨西哥红叶。喜温暖、湿润和阳光充足环境。原产地在露地能长成 3~4m 高的灌木，经多年的矮化培育，可作为盆花栽植。花时一片红艳，成为冬季的重要景观。目前，在欧美、日本均已成为商品化生产的重要盆花。

圣诞红的栽培环境要求严格，尤其对水分的要求很苛刻，干旱是其主要胁迫因素。干旱胁迫会导致气孔关闭，严重时甚至损伤叶肉细胞，降低光合酶的活性，使植物的光合速率降低。干旱还会对植物的叶绿体造成伤害，使叶绿素和类胡萝卜素的含量下降。目前关于圣诞红的研究主要集中在新品种繁育及株型控制等方面，有关其对干旱胁迫的生理适应机制的研究却很少。本实验以圣诞红幼苗为材料，研究其叶绿素含量和 SOD 活性对不同土壤水分状况的响应机制，探讨其适应干旱胁迫的机理，以期为胁迫植株恢复以及选择和培育抗干热的植物品种提供理论依据。

1　材料与方法

1.1　实验材料与处理

供试材料为扦插 4 个月且已生根的圣诞红幼苗，品种为"千禧"，盆栽于中南林业科技大学株洲校区苗圃内。栽植盆为直径 10cm、高 15cm 的塑料盆，盆内壁为黑色。每盆基质质量为 300g，主要成分为泥炭土、椰壳粉、蛭石、珍珠岩及有机肥料。

采用不完全随机区组设计，设 4 个区组，6 个处理，每处理 8 株幼苗。各处理分别为蒸馏水 300mL（处理 1），0.05mg/L NAA 水溶液 300mL（处理 2），0.1mg/L NAA 水溶液 300mL（处理 3），0.2mg/L NAA 水溶液 300mL（处理 4），0.5mg/L NAA 水溶液 300mL（处理 5），1.0mg/L NAA 水溶液 300mL（处理 6）。每个处理重复 8 次。处理后，对植株进行干旱胁迫，并经常清理盆内枯叶、杂物和防治病虫害。

1.2　测定方法

1.2.1　土壤含水量

处理 3d 后，每隔 2d 采集盆内 2cm 深处的基质，采用烘干称重法测定土壤含水量。

---

*本文来源：中南林业科技大学学报，2008，28（5）：64-67.

1.2.2 叶绿素含量

处理 3d 后，每隔 2d 分别从每株圣诞红幼苗上取其新鲜叶片，剪碎混匀，取 0.2～0.5g，共 3 份。用 80%丙酮和石英砂提取，测定提取液在波长 663、645nm 处的吸光值，按以下公式计算出总叶绿素含量。

$$C_{Chla} = 12.70D_{663} - 2.69D_{645};$$
$$C_{Chlb} = 22.90D_{645} - 4.68D_{663};$$
$$C_t = C_{Chla} + C_{Chlb} = 20.2D_{645} + 8.02D_{663}。$$

式中：C_{Chla} 为叶绿素 a 的含量；C_{Chlb} 为叶绿素 b 的含量；C_t 为总叶绿素含量；D_{663} 为波长 663nm 处的吸光值；D_{645} 为波长 645nm 处的吸光值。

1.2.3 SOD 活性

处理 3d 后，每隔 2d 分别从每株圣诞红幼苗上取其新鲜叶片，剪碎混匀，取 0.2～0.5g，共 3 份。SOD 活性采用 NBT 光化还原法测定。以抑制 NBT 光化还原 50%所需的酶量为 1 个酶活单位（U）。

$$F = \frac{(A_0 - A_s) \times V_T}{A_0 \times 0.5 \times m \times V_1 \times C}$$

式中：F 为 SOD 活性（U/mg）；A_0 为对照管的消光度值；As 为样品管的消光度值；V_T 为样液总体积（mL）；V_1 为测定时样品体积（mL）；m 为样品鲜质量（g）；C 为每克鲜样品含蛋白毫克数（mg/g）。

1.3 数据处理

用 Excel 软件完成全部数据处理和作图，用 SPSS13.0 统计软件进行 ANOVA 分析，检验相应数据的差异显著性。

2 结果与分析

2.1 干旱胁迫对叶绿素含量的影响

在一定范围内叶绿素含量的高低可直接影响叶片的光合作用能力。各处理植株叶片中的叶绿素含量测定结果见图1。由图1可见，除处理4外，土壤含水量为72.75%时为叶绿素含量高低的分界点；当土壤含水量低于72.75%时，随着土壤含水量的降低，即干旱胁迫强度的增加，处理1、2、3、4和6的植株叶片中的叶绿素含量均呈下降趋势。从植株生长状况看，当土壤含水量为

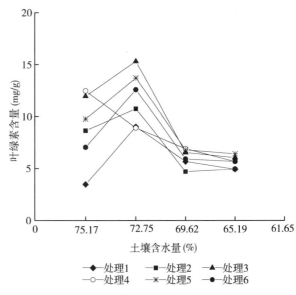

图 1　不同土壤含水量的叶绿素含量

72.75%时，植株叶片色泽正常，生长情况与正常供水基本一致；而在中度至重度干旱胁迫时，植株叶片开始发黄，甚至萎蔫。这是因为水分胁迫时，叶片缺水，不仅影响叶绿素的合成，而且促进已形成的叶绿素加速分解，造成叶片叶绿素含量降低，从而表现为植株叶片发黄、萎蔫。

土壤含水量为 61.65%时，应用 SPSS13.0 对植株叶片中的叶绿素含量进行 ANOVA 分析，结果表明：

（1）方差齐性 Lenene 检验（Test of Homogeneity of Variances）表明，$P = 0.453$，可认为方差齐性（$P > 0.05$）。

（2）方差分析（ANOVA）表明：$F = 114234.5$，sig. $= 0.000$，$P < 0.05$，故可认为 6 个不同处理的植物叶绿素含量有显著差异。

（3）最小差异显著法（LSD，$0 < \alpha < 1$）表明：只有处理 3 和处理 5 间差异无显著意义，其余的各个处理间均两两差异显著（$P > 0.05$）。

（4）处理 3 和处理 5 的叶绿素含量最高。

表 1 应用 LSD 法对各个处理的叶绿素含量进行多重比较

处理	1	2	3	4	5	6
1	/	−0.75667*	−2.35000*	0.08333	−2.35000*	−0.61000
2	0.75337*	/	−1.59333*	0.84000*	−1.59333*	0.14667*
3	2.35000*	1.59333*	/	2.43333*	0.00000	1.74000*
4	−0.08333*	−0.84000	−2.43333*	/	−2.43333*	−0.69333*
5	2.35000*	1.59333*	0.00000	2.43333*	/	1.74000*
6	0.61000*	−0.14667*	−1.74000*	0.69333*	−1.74000*	/

注：表中数据为原始数据均差；* 代表处理间差异达到 0.05 的显著水平。

2.2 干旱胁迫对 SOD 活性的影响

SOD 能催化过氧化物发生歧化反应，形成分子氧（O_2）和过氧化氢（H_2O_2）。目前普遍认为 SOD 可防御 O_2^- 等活性氧自由基对细胞膜的伤害，是生物细胞保持正常生长发育的重要金属酶类之一。图 2 为水分胁迫下 SOD 活性的变化过程。由图 2 可见，SOD 活性先期维持在较低水平，随着水分胁迫时间的延长，表现出先上升再下降的趋势，呈现波动状态；对照处理的植株和处理 3 的植株在土壤含水量为 72.75%时，其叶片中 SOD 活性达到最低，然后随着胁迫程度的加强，SOD 活性始终维持在较低水平；而其他 4 个处理的植株在土壤含水量为 72.75%时，其叶片中 SOD 活性达到最高，而后下降；但在胁迫后期，所有处理的植株叶片中 SOD 活性均呈现下降趋势，此时 SOD 活性对活性氧自由基的清除能力已大大减弱。由此可以看出，适度水分胁迫能增强 SOD 活性，即增加叶片清除自由基的能力，这是植物细胞对外界胁迫条件的一种适应性反应。不过，当水分胁迫程度过大时，自由基产生与清除平衡失调，就会导致 SOD 酶活性的降低。

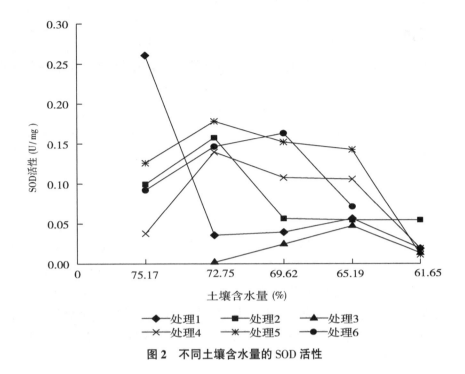

图 2 不同土壤含水量的 SOD 活性

表 2 应用 T3 法对各个处理的 SOD 活性进行多重比较

处理	1	2	3	4	5	6
1	/	0.00333	0.01000	-0.46670	-0.08000 **	0.01667
2	-0.00333	/	0.00667	-0.05000	-0.08333 **	-0.02000
3	-0.01000	-0.00667	/	-0.05667	-0.09000 **	-0.02667
4	-0.04667	0.05000	-0.05667	/	-0.03333	0.03000
5	0.08000 **	0.08333 **	0.09000 **	0.03333	/	0.06333
6	0.01667	0.02000	0.02667	-0.03000	-0.06333	/

注：表中数据为原始数据均差；** 代表处理间差异达到 0.01 的显著水平。

土壤水分含量为 65.19% 时，应用 SPSS13.0 对植株叶片 SOD 活性进行 ANOVA 分析，结果表明：

（1）方差齐性 Lenene 检验（Test of Homogeneity of Variances）表明，$P = 0.000$，可认为方差非齐性（$P < 0.05$）。

（2）方差分析（ANOVA）表明：$F = 704.2$，sig. $= 0.000$，$P < 0.05$，故可认为 6 个不同处理的植物的 SOD 含量有显著差异。

（3）T3 法（Dunnett's T3，$0 < \alpha < 1$）表明：只有处理 5 和处理 1、2、3 间差异极显著，而其他处理间两两差异均无极显著意义（$P > 0.01$）。

（4）处理 5 的 SOD 活性最高。

3 结论与讨论

植物对干旱胁迫的适应性反应是一个非常复杂的生理生态学问题，形态解剖结构、生理生化的变化等都是紧密联系在一起的，是综合性的反应。

（1）随着胁迫程度的增加，叶片内出现显著的生理变化。不同程度的水分胁迫处理条件下，叶绿素含量与 SOD 活性的变化规律有相似之处，同时也存在一定的差异性。相同的是各处理叶绿素含量与 SOD 活性均随胁迫进程表现"低–高–低"的变化趋势，土壤含水量为 72.75% 时为由高到低的分界点。不同的是叶绿素含量降低的速度比 SOD 活性的降低要明显而迅速。

（2）SOD 是机体清除超氧化物自由基或 H_2O_2 的酶类。本实验结果与前人很多实验类似，即在水分胁迫前期 SOD 活性有增加趋势。这种增加是植物适应水分胁迫条件下，H_2O_2 等增多，维持细胞内活性氧累积与清除系统平衡的一种适应性调节，是减轻细胞伤害的一种反馈性代谢变化，但是随着胁迫时间的延长或者胁迫程度过大，SOD 活性大幅度下降。这是因为超氧化物自由基的过量生成超过了抗氧化酶系统的清除能力，从而造成活性氧类物质的累积，启动脂质过氧化物，并进入链式循环反应系统，同时产生类似丙二醛（MDA）的脂质氧化降解产物。

（3）0.5mg/LNAA 水溶液 300mL 处理的植株在干旱胁迫后期仍可保持相对较高水平的叶绿素含量和 SOD 活性。

金银花ISSR分子标记及遗传多样性分析[*]

王晓明[1,2,3]　谢碧霞[1]　李俊彬[1]　曾慧杰[2,3]　李永欣[2,3]

(1. 中南林业科技大学，湖南长沙 410004；2. 湖南省林业科学院，湖南长沙 410004；3. 湖南省林木无性系育种重点实验室，湖南长沙 410004)

　　金银花为忍冬科忍冬属植物，包括忍冬、灰毡毛忍冬、山银花、红腺忍冬等，是我国名贵中药材之一，已广泛应用在制药、香料、化妆品、保健食品、饮料等领域。我国金银花地方品种资源极为丰富，但优良品种较少，各地栽培品种良莠不齐，品种混杂，同物异名，同名异物的现象在各地都有发生，严重影响金银花新品种的推广及整个产业的良性发展，也制约了金银花良种选育的进程。因此，研究金银花品种遗传多样性对金银花的引种、品种改良、品种鉴定和生产实践等均具有重要意义。

　　DNA 分子标记从分子水平分析生物遗传多样性，已经广泛应用于动植物和微生物的遗传多样性研究。国内外有利用同工酶与 RAPD 分子标记、脱氧核糖核酸序列分析进行金银花种质鉴定的报道，也有用 PCR 直接测序技术对金银花、细毡毛忍冬和山银花的 5S-rRNA 基因间区的 PCR 扩增和测序，研究道地与非道地药材之间的遗传距离。但是，迄今尚未见用 ISSR 标记技术分析金银花遗传多样性的报道。ISSR 标记技术克服了 RFLP 和 RAPD 的限制，具有多态性水平高，操作简单，重复性好和稳定性高等特点，能够检测出丰富的遗传多样性。利用 ISSR 分子标记对湖南、山东、河南等金银花主要栽培区的 22 份金银花种质资源进行了分子标记，分析了金银花品种间的遗传多样性，为金银花品种鉴定、种质资源的保存和利用提供理论依据。

1　材料与方法

1.1　材料

　　研究所用的 22 个金银花品种（表1），分别来自湖南、山东、河南等金银花主要栽培区。试验材料均采自湖南省林业科学院金银花种质资源收集圃。

表 1　供试金银花品种及来源

序号	品种名称	种	来源地	品种类型
1	蒙花 1 号	*L. japonica*	山东平邑	栽培品种
2	蒙花 2 号	*L. japonica*	山东平邑	栽培品种

＊本文来源：中南林业科技大学学报，2008，28（6）：14-18.

（续）

序号	品种名称	种	来源地	品种类型
3	蒙花 3 号	*L. japonica*	山东平邑	栽培品种
4	蒙花 4 号	*L. macranthoides*	山东平邑	栽培品种
5	蒙花 5 号	*L. japonica*	山东平邑	栽培品种
6	蒙花 6 号	*L. macranthoides*	山东平邑	栽培品种
7	金丰 1 号	*L. japonica*	河南封丘	栽培品种
8	花王	*L. macranthoides*	湖南隆回	栽培品种
9	野生金银花 1 号	*L. japonica*	湖南隆回	野生品种
10	野生金银花 2 号	*L. japonica*	湖南溆浦	野生品种
11	龙花	*L. macranthoides*	湖南溆浦	野生品种
12	红花灰毡毛忍冬	*L. macranthoides*	湖南溆浦	野生品种
13	湘蕾 1 号	*L. macranthoides*	湖南溆浦	野生品种
14	湘蕾 2 号	*L. macranthoides*	湖南溆浦	野生品种
15	湘蕾 3 号	*L. macranthoides*	湖南溆浦	野生品种
16	湘蕾 4 号	*L. macranthoides*	湖南溆浦	野生品种
17	湘蕾 5 号	*L. macranthoides*	湖南溆浦	野生品种
18	湘蕾 6 号	*L. macranthoides*	湖南溆浦	野生品种
19	银翠蕾	*L. macranthoides*	湖南省林科院	国家级良种
20	白云	*L. macranthoides*	湖南省林科院	国家级良种
21	花叶忍冬	*L. japonica*	北京植物园	引进美国品种
22	金翠蕾	*L. macranthoides*	湖南省林科院	国家级良种

1.2 实验方法

1.2.1 基因组 DNA 的提取

采集金银花新鲜幼嫩叶片，液氮速冻后，依照 CTAB 法提取基因组 DNA。提取物用 UV-2550 紫外分光光度计测定其在 230nm，260nm，280nm 处的吸收值，计算浓度，稀释成 10ng/μL。

1.2.2 ISSR-PCR 反应条件及程序

所用 TaqDNA 聚合酶、dNTPs 等购于大连宝生物工程有限公司。100 条 ISSR 引物参照加拿大哥伦比亚大学（UBC）公布的 ISSR 引物序列，由上海生工生物工程技术服务有限公司合成。经 ISSR-PCR 反应体系和参数的优化试验，最终确定反应体系如下：总体积 20μL，1×PCR 反应缓冲液（Mg^{2+} free），1.0UTaqDNA 聚合酶，0.10mmol/L dNTPs，0.2μmol/L 引物，1.5mmol/L MgCl$_2$，20ng 模板 DNA。PCR 反应在 MJPTC-200PCR 扩增仪上进行。反应程序为 94℃预变性 5min；34 个循环为 94℃变性 30s，49.9℃退火 30s，72℃延伸 1.5min；最后 72℃延伸 7min，4℃保存。

1.2.3 ISSR 引物的筛选

以金翠蕾、金丰 1 号为试验材料，提取其基因组 DNA 作为模板，进行引物筛选。供筛选的 100 条 ISSR 引物序列参照加拿大哥伦比亚大学（UBC）公布的 ISSR 引物序列。

1.2.4 电泳及检测

利用筛选得到的引物，对 22 个供试品种的 DNA 样品进行 PCR 扩增。扩增结束后，采用 1×TAE 电泳缓冲液，在 2% 琼脂糖凝胶中电泳（含 EB 的终浓度为 0.5μg/ml），电泳条件为 90V，1.5h。DNA 标准分子量为 100bp DNA ladder Marker（广州东盛生物科技有限公司）。电泳结束后，在 GIS-2010 凝胶成像系统下观察并成像记录。

1.2.5 数据统计及分析

应用 GIS-2010 凝胶成像系统进行电泳谱带检测，手工检带除去因胶板上亮点及点样孔所引起的计算机误检. 清晰可辨的电泳条带全部用于统计分析，按扩增条带的有无记数，当某一扩增带出现时，赋值为"1"，不存在时赋值为"0"，从而把图形资料转换成 1、0 数据资料，再利用 NTSYS 软件做进一步分析。在 NTSYS 软件中，根据 SM 相似系数法求得品种间的遗传相似性矩阵，再用 UPGMA 进行聚类分析，构建聚类图；将 SM 遗传相似性矩阵进行 Dcenter 数据转化，求其特征量和特征向量，生成主坐标三维图，进行主坐标分析。

2 结果与分析

2.1 ISSR 引物的筛选

选用金翠蕾、金丰 1 号 2 个品种 DNA 作模板，从 100 个 ISSR 引物中筛选出了 10 个引物（表 2）。它们能在供试金银花中扩增出清晰的条带，且稳定性、重复性、多态性均较好。

表 2 ISSR 分析所用引物序列及扩增结果

引物	引物序列	扩增条带数（条）	多态性条带数（条）	条带大小（bp）	多态性比率（%）
UBC807	$(AG)_8T$	6	3	200-900	50.0
UBC815	$(CT)_8G$	14	14	3002100	100.0
UBC817	$(CA)_8A$	11	9	400-1400	81.8
UBC818	$(CA)_8G$	8	6	400-1300	75.0
UBC827	$(AC)_8G$	14	12	400-1300	85.7
UBC848	$(CA)_8RG$	9	9	500-2100	100.0
UBC855	$(AC)_8YT$	12	11	400-1700	91.7
UBC857	$(AC)_8YG$	12	11	600-2000	91.7
UBC873	$(GACA)_4$	10	9	300-1700	90.0
UBC876	$(GATA)_2(GACA)_2$	12	12	300-2200	100.0
	合计	108	96	200-3000	88.9

注：R=（A，G）=（C，T）。

2.2 ISSR 多态性分析及指纹分析

从 100 个 ISSR 引物中筛选出扩增产物 DNA 条带比较清晰、多态性条带数目较多的 10 条 ISSR 引物，以此用于 22 个金银花品种模板 DNA 的 PCR 扩增，共扩增出 108 条 DNA 带，条带大小为 200~3000bp，具体扩增结果见表 2。引物 UBC815 和 UBC815 扩增出的清晰条带最多，为 14 条；引物 UBC807 扩增出的条带最少，仅有 6 条。筛选出的 10 条引物的多态性均在 50%以上，其中引物 UBC815、UBC848、UBC876 的多态性最高，为 100%。10 条引物共扩增出 108 带，平均每个引物扩增出 10.8 条带，多态性条带 96 条，平均多态性比率为 88.89%。说明各材料的多态性较高，这些 ISSR 标记在金银花基因组中能揭示较多的信息量。

10 条 ISSR 引物分别对 22 个金银花品种模板 DNA 进行 PCR 扩增，建立了相应的 DNA 指纹图谱（图 1、图 2）。其中引物 UBC815 对 22 个金银花品种基因组 DNA 的扩增产物的多态性最多，效果最好。这表明用这 10 条引物建立的图谱可完全区分开各金银花品种。

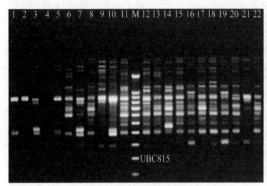

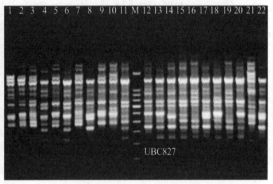

图 1　UBC815 扩增结果　　　　　　　　图 2 UBC827 扩增结果

2.3 金银花品种之间遗传相似性分析

用 NTSYS 软件计算金银花品种间的 Jaccard 遗传相似系数（表 3）。结果表明：22 个金银花品种间的遗传相似系数范围在 0.41~1.00，平均遗传相似性系数为 0.68。其中花王与金翠蕾的遗传相似性系数最大，为 1.00，其次是湘蕾 4 号与银翠蕾、花王与湘蕾 5 号，相似性系数分别为 0.97、0.95，说明它们之间的亲缘关系很近，遗传差异较小。而蒙花 2 号与湘蕾 18 号的遗传相似性系数最小，仅 0.41，其次蒙花 2 号与湘蕾 2 号，为 0.45，表明它们之间的亲缘关系较远，遗传差异较大，具有相对较高的遗传多样性。

表 3　金银花品种间的 Jaccard 遗传相似系数

	1	2	3	4	5	6	7	8	9	10	11	12	13	14	15	16	17	18	19	20	21	22
1	1.00																					
2	0.90	1.00																				
3	0.88	0.87	1.00																			
4	0.60	0.61	0.56	1.00																		

（续）

	1	2	3	4	5	6	7	8	9	10	11	12	13	14	15	16	17	18	19	20	21	22
5	0.83	0.80	0.78	0.60	1.00																	
6	0.53	0.48	0.50	0.81	0.53	1.00																
7	0.83	0.82	0.93	0.55	0.79	0.51	1.00															
8	0.56	0.49	0.49	0.73	0.54	0.80	0.52	1.00														
9	0.74	0.69	0.76	0.55	0.72	0.55	0.77	0.56	1.00													
10	0.68	0.67	0.73	0.52	0.72	0.57	0.74	0.54	0.79	1.00												
11	0.61	0.57	0.60	0.78	0.59	0.78	0.54	0.77	0.65	0.59	1.00											
12	0.59	0.51	0.53	0.76	0.52	0.82	0.48	0.81	0.54	0.52	0.79	1.00										
13	0.55	0.48	0.50	0.77	0.53	0.91	0.49	0.78	0.60	0.62	0.78	0.82	1.00									
14	0.52	0.45	0.49	0.67	0.48	0.78	0.46	0.83	0.56	0.54	0.77	0.89	0.80	1.00								
15	0.59	0.51	0.55	0.69	0.56	0.80	0.52	0.79	0.61	0.59	0.89	0.77	0.86	0.83	1.00							
16	0.51	0.46	0.52	0.66	0.47	0.74	0.51	0.80	0.53	0.51	0.76	0.80	0.79	0.82	0.82	1.00						
17	0.55	0.46	0.48	0.74	0.51	0.83	0.49	0.95	0.53	0.53	0.80	0.86	0.83	0.86	0.84	0.83	1.00					
18	0.47	0.41	0.46	0.66	0.45	0.77	0.47	0.76	0.51	0.53	0.69	0.80	0.81	0.76	0.71	0.81	0.79	1.00				
19	0.54	0.47	0.51	0.67	0.48	0.73	0.50	0.83	0.54	0.52	0.77	0.79	0.78	0.83	0.81	0.97	0.84	0.80	1.00			
20	0.54	0.47	0.51	0.71	0.50	0.76	0.52	0.79	0.56	0.54	0.77	0.79	0.78	0.79	0.77	0.80	0.84	0.82	0.83	1.00		
21	0.68	0.65	0.76	0.64	0.70	0.62	0.77	0.54	0.70	0.70	0.63	0.54	0.57	0.54	0.61	0.55	0.55	0.55	0.54	0.61	1.00	
22	0.56	0.49	0.49	0.73	0.54	0.80	0.52	0.83	0.56	0.54	0.77	0.81	0.78	0.83	0.79	0.80	0.95	0.76	0.83	0.85	0.59	1.00

2.4 聚类分析

利用 ISSR 分子标记数据计算金银花品种间的遗传相似性系数，采用 UPGMA 法构建了金银花品种间的遗传关系聚类图（图 3）。从树状聚类图上可以看出，在相似性系数 0.53

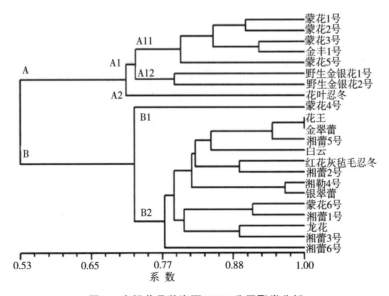

图 3　金银花品种资源 ISSR 分子聚类分析

时，22 个金银花品种资源划分为 A 和 B2 大类群，分别属于忍冬科忍冬属的 2 个不同种群。A 群由 8 个样本组成，为忍冬种群，每个花梗上只有 2 个花管，且花管绒毛较多；B 群由 14 个样本组成，为灰毡毛忍冬种群，花梗上簇生多个花管（10 个以上），花管表面光洁无毛。聚类结果充分说明了这 2 个种间的亲缘关系较远。

A 群分为 A1 和 A22 个亚群。A1 亚群包括蒙花 1 号、蒙花 2 号、蒙花 3 号、蒙花 5 号、金丰 1 号、野生金银花 1 号和野生金银花 2 号；A2 亚群仅有花叶忍冬，在相似性系数 0.706 处被区分开，花叶忍冬的叶脉为金黄色，叶片小，呈近圆形，其形态特征与其他 7 个品种表现出较大的差异。A1 亚群在相似性系数 0.72 处，又被分为 A11 和 A122 个组，A11 组为北方金银花种群，即蒙花 1 号、蒙花 2 号、蒙花 3 号、蒙花 5 号和河南金丰 1 号；A12 组则是南方金银花种群，即湖南隆回品种野生金银花 1 号、野生金银花 2 号。2 组材料由于所处土壤、气候条件等环境因子不同，表现出地域上的差异。

B 群品种间表现出较 A 群品种间稍大的遗传相似性，在相似性系数 0.715 处被区分为 B1 和 B22 个亚群。B1 亚群为蒙花 4 号，系北方的灰毡毛忍冬，与其他 13 个品种表现出较大的差异。B2 亚群包括蒙花 6 号、湘蕾 1 号、湘蕾 2 号、湘蕾 3 号、湘蕾 4 号、湘蕾 5 号、湘蕾 6 号、龙花、红色灰毡毛忍冬、金翠蕾、花王、银翠蕾和白云，因蒙花 6 号是山东平邑县从南方引种的灰毡毛忍冬品种，故此亚群品种实际上均为南方的灰毡毛忍冬种群。B2 亚群中的花王和金翠蕾表现出完全相似，为同一品种。有可能是当地农民出于商业目的，将金翠蕾新品种另外命名一个更具商业价值的名称"花王"而谋利，实际上是同物异名，这表明 ISSR 分子标记建立的金银花品种指纹图谱能很好地鉴别金银花品种。

2.5 主坐标分析

利用 22 个金银花品种的遗传相似性系数进行主坐标分析，绘制三维散点图（图 4）。从主坐标图可看出，22 个品种被分为 2 组，第 1 组位于主坐标图的右方，与另 1 组距离较远，2 组品种为同科同属不同种，分别归属于忍冬科忍冬属的灰毡毛忍冬和忍冬，分子水平上表现出了较大的遗传差异。主坐标分析结果与聚类分析结果一致。

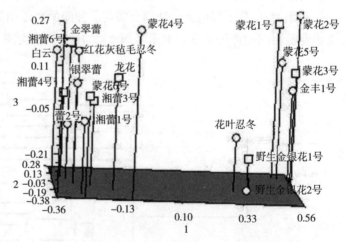

图 4 金银花品种资源主坐标分析三维散点图

3 讨论

目前 DNA 分子标记已经发展到几十种。其中 ISSR 技术由于具有可靠性高，成本低，实验操作简单、快速、高效等特点，已被广泛应用到各类研究中，特别是在分子标记辅助育种方面。本研究表明，用 10 条 ISSR 引物对 22 个金银花品种扩增，共产生 108 条 DNA

带，其中多态性条带 96 条，平均多态性比率为 88.89。这说明金银花的遗传多样性丰富，ISSR 标记具有较好的稳定性和准确性，适于金银花种质资源的遗传多样性分析。同时，本研究发现形态特征差异较少的金银花品种之间，均可用 ISSR 标记区分开来，如金翠蕾与花王，虽然是品种名称不一样，但 ISSR 指纹图谱却是一样的，被证明为同物异名。说明用 ISSR 标记所得到的多态条带可有效地区分不同金银花品种，鉴别同物异名或同名异物的金银花品种，对金银花种质资源的保存利用具有重要意义。

基因型是遗传和生态 2 个因素长时期复杂的相互作用的产物，土壤和地理环境对种内变异起重要作用。我国有忍冬属植物 98 种，广布于全国各省区，山东、河南、湖南是我国金银花商品栽培的主产区，差异显著的地理环境造成金银花形成丰富的遗传多样性。本研究对参试的 22 个金银花品种遗传相似性系数进行聚类分析和主坐标分析，结果表明，忍冬种群中亲缘关系较近的南方种野生金银花 1 号与野生金银花 2 号聚类为一类，北方种的蒙花 1 号、蒙花 2 号、蒙花 3 号、蒙花 5 号和河南金丰 1 号聚类为另一类，北京植物园从美国引进的花叶忍冬则单独聚为一类。这进一步证明了地理环境的差异导致金银花品种之间存在较大的遗传差异。灰毡毛忍冬种群的聚类分析结果也证明了这一点，北方的灰毡毛忍冬种群中的蒙花 4 号单独聚为一类，而南方的灰毡毛忍冬种群中的 13 个品种聚类为另一类，两者表现出较大的差异。因此在今后的育种工作中，可以考虑开展北方金银花种群与南方金银花种群之间的杂交育种，以获得更广泛的遗传基础，培育出优良的金银花新品种应用于生产。

DNA分子标记在经济真菌中的应用[*]

周国英　谢碧霞

(中南林学院资源与环境学院，湖南株洲 412006)

经济真菌是一种重要的森林资源，在绿色食品开发、生物制药、环境保护等行业发挥着重要的作用，特别是分布在林区的一些野生真菌，如松口蘑 *Tricholoma matsutake*，橙盖鹅膏 *Amanita caesarea* 等。有些菌种人工分离培养困难，通过表型分析对其分离培养物进行纯种鉴定较难令人置信，有必要采用分子生物学手段进行分类鉴定及菌种鉴定。目前真菌种源混乱，传统的形态学特征也难以区别一些种间或种内菌株间的差别，这给鉴定和分类带来了极大的困难，同时对真菌的利用和开发造成不便。

1　真菌分离纯培养物 DNA 分子鉴定

真菌分离纯培养物的鉴别仅依靠表型分析来鉴别是否为纯培养物，较难令人置信。DNA 作为遗传物质能客观和真实地反映物种之间的亲缘关系，对于菌种鉴定是一种有力的依据和补充。DNA 分子标记技术是一种对分离纯培养的菌株鉴别的高效、快速而又可靠的方法，已广泛地应用在真菌分离纯培养物的真伪鉴定方面。

张引芳等（1996）利用 RAPD 技术证明，同一香菇品种的菌丝体分离物及子实体组织分离物虽然具有相同的遗传来源，但由于受不同的培养基质、生态条件及栽培技术的影响，DNA 遗传结构发生了变异，不同环境所产生的变异位点及变异程度也不一致。陈明杰等（2000）利用 RAPD 和 ITS 技术获得了草菇及其组织分离物的 DNA 指纹图谱，研究了草菇组织分离物的遗传稳定性。陈作红等（2000）对鹅膏菌及其分离培养的菌丝体进行了 RAPD 图谱分析，并认为 RAPD 可作为外生菌根菌种分离鉴定的一个种非常有效、快速的分子遗传标记。孙文波等（2000）运用 RAPD 技术对红菇及其分离物进行了相似性分析。曾东方等（2001）应用 RAPD 技术对 9 个不同来源的松口蘑子实体及其分离物进行了相似性聚类分析，证明了实体与其相应分离菌丝体的 DNA 同质性，而不同来源的子实体却具有明显的 DNA 多态性。曾东方、罗信昌等（2000，2001）利用 RAPD 技术，制备了我国主产区野生松茸的 DNA 指纹图谱，并进行了 DNA 多态性分析，认为 RAPD 技术是分析蘑菇子实体及其分离物 DNA 同源性及遗传相似度的有效方法。

2　评估种质资源和鉴定菌株

近年来，随着分子生物学技术的迅猛发展，许多分子标记相继产生，并逐渐被广泛地

---

[*] 本文来源：经济林研究，2002，20（3）：51–52.

用于真菌的种质资源研究与菌种鉴定。王镭等（1997）用 RAPD 技术对中国香菇野生种和栽培种进行遗传差异测定，认为我国的香菇野生资源存在较大的遗传差异，为杂交育种的亲本选配提供科学依据。詹才新等（1997）利用 RAPD 技术对来源不同而具代表性的 16 个金针菇菌株进行分析研究，揭示了它们之间的遗传多样性，为进一步全面正确地评估我国金针菇种质资源并充分有效地利用它们提供了科学理论依据和方法。陈明杰用 AP-PCR、RAPD、RFLP 及 PCR-FRLP 对三个草菇菌株进行多态性分析鉴别，结果表明，用这四种方法构建分子生物学标记显示出三个中的两个菌株在遗传上有着较大程度的相似性，并对这四种方法构建的分子生物标记在草菇菌株鉴定中的效果进行了比较，认为用这四种方法对草菇菌株进行鉴别具有相似的效果。

3 杂交子、融合子的鉴定和遗传相关性分析

在真菌育种中，杂交子与融合子的准确鉴定是至关重要的环节，分子标记技术为杂交子及融合子的鉴定提供了可靠依据。林范学等（1999）及叶明等（2000）运用 RAPD 技术对香菇亲本菌株及其杂交后代进行了基因组 DNA 生态性分析，认为在杂交育种中 RAPD 分析可为亲本的选配及杂种的鉴定提供可靠依据。ZengRong& Liu Zutong 应用 RAPD 技术，结合同工酶分析等，检测虎纹香菇 *Lentinus tigrinus* 和金针菇 *Flammulina velutipes* 属间隔合子。肖在勤等（1998）对凤尾菇和金针菇科间融合子—金凤 2-1 及其衍生物进行 RAPD 分析，5 个融合子菌株均含有与金针菇与凤尾菇同源的遗传物质，从而证实金凤 2-1 是真正的融合子菌株。

4 遗传图谱构建和基因定位及克隆

Larraya 等（2000）以 RAPD 标记为主，辅以 RFLP、同工酶、表型（交配因子）标记，进行了糙皮侧耳遗传图谱的构建，得到了 189 个位点的遗传图谱，分属 11 个连锁群，该图谱覆盖的基因组总长度为 1000.7cm，标记间平均距离为 5.3cm。用分子标记技术已探索出了一种构建药用真菌基因文库的较好方法，为以后进行分子生物学方法研究奠定了基础。近年来，双孢菇 *Agaricus bisporus* 和糙皮侧耳 *Pleurotus ostreatus* 的遗传连锁图已经构建。利用 RFLP 等标记可对真菌的数量性状基因进行分析和定位。在真菌的遗传育种工作中，还可利用紧密连锁的 RFLP 等标记去示踪性状基因，并使用相应的遗传图谱，直接筛选到那些在目的基因附近发生了重组的个体，从而可提高选择的效率。Muraguchi & Kamada（1998）通过遗传分析发现灰盖鬼伞 *Coprinus cinereus* 突变体 *ichijiku* 不能正常开伞是 *ich*1 单基因隐性突变引起的。他们用 RFLP 标记、标记染色体法将 *ich*1 基因定位在染色体Ⅻ上，并将其克隆，*ich*1 基因编码一种含 1353 个氨基酸的蛋白质。宋思扬等（2000）应用 RAPD 技术进行差异显示得到一个与双孢菇子实体品质相关的 DNA 片段克隆，并应用点杂交及 RFLP 技术对其区分两类菌株的有效性进行了检测。

5 遗传多样性和亲缘关系

Gardes 等对乳菇属真菌 4 个种（*Laccaria bicolor*，*L. laccata*，*L. amethystine*，*L. proxima*）

的 29 个菌株进行了 RFLP 分析，证明限制性酶切片段可区别这 4 个种，并证明来自美国的 *L. laccata* 与来自欧洲的 *L. laccata* 在遗传上是异质的。陈作红等（2000）用分子记 RAPD 方法分析了采自湖南莽山的 26 种鹅膏菌属（*Amanita*）真菌的种间遗传多样性并探讨了它们之间的遗传亲缘关系。郭力刚等（2000）对不同国家和地区栽培的 8 个秀珍菇菌进行了 RAPD 分析，并构建了树状遗状聚类图，结果表明，这些菌株存在较大的遗传差异。鲍大鹏等（2001）应用同工酶技术、ARDPA（Amplifed Ribosomal DNA Restriction Analysis，核糖体 DNA 扩增片段限制性内切酶分析）和 RAPD 技术对 7 个来源于不同地域的柳松菇菌进行了遗传多样性分析，证明了不同地域中分布的柳松菇菌株有丰富的遗传多样性。

目前在真菌各属种系统发育研究中以分子标记作为依据的还有灵芝属（*Ganoderma*，1987）、蜜环菌属（*Armillaria*）、块菌属（*Tber*）、木耳属（*Auricularia*）、曲霉属（*Aspergillus*）、核盘菌（*Sclerotinia*）等。

总之，DNA 分子标记基于自然变异，不依赖于基因表达，不依赖于基因互作，不受表型效应影响，不受环境变化、生理因素、组织器官、发育阶段的影响，具有更高的可靠性和高效性，更容易从分子水平上研究物种亲缘关系、种质资源保存等；也为生物多样性研究提供可靠有力的证据。是一种更趋成熟、合理与完善，从而变成为一种高效、快速、准确的分析、改良和创造物种的技术。

3 加工类论文

谢 碧 霞 文 集

Rheological properties in supernatant of peach gum from almond (*Prunus dulcis*)*

WANG Sen （王 森）[1]   XIE Bi-xia （谢碧霞）[1]   ZHONG Qiu-ping （钟秋平）[1]
DU Hong-yan （杜红岩）[2]

(1. School of Resources and Environment, Central South University of Forestry and Technology, Changsha 410004, China; 2. Economic Forest Research and Development Center, CAF, Zhengzhou 450003, China)

1   Introduction

The peach gum, a kind of transparent gum, is excreted from the trunk of *Prunnus dulcis* under environmental stress and belongs to edible gum of original peach gum. The traditional Chinese physicians consider that the peach gum has many medical functions for stranguria due to hematuria, urolithic stranguria, dysentery, diarrhea, concretion and diabetes. The supernatant of peach gum is an active polysaccharides rich liquid. The latest researches indicated that the supernatant of peach gum also has the function for leukemia, so in order to develope peach gum as a kind of new medicine, it is necessary to study its rheological property.

Rheology, a branch of mechanics, is the science of studying the substance's transfiguration under the force or flow. The rheological property of medical gum can be used to forecast and explain the flow, transfiguration and quality change when the gums are treated by different chemical reagents. Therefore, the rheological property of medical gum is very important for manufacture equipment designing, quality control, preservation stability, reactive blend and functional estimate. LIU et al, SONG et al, CHEN et al and WANG et al have studied the rheological property of Artemisia sphaerocephala Krasch gum and flax seed gum, respectively. In this work, the rheological properties in the supernatant of peach gum were comparatively studied in different material ratios, temperatures, shaking times, pH values and salinities, in order to provide more scientific technical parameters and references for developing peach gum as a kind of medicinal gum.

2   Materials and methods

2. 1   Materials and apparatus

The peach gum was harvested from*Prunnus dulcis* cv. Italian No. 1 grown in Jiangshan Garden in Luoyang City, Henan Province of China in September, 2006. All of the chemical reagents were

---

*本文来源: Journal of Central South University, 2008, 15 (s1): 509-515.

analytically pure.

TDL80-2B desk centrifuge: Shanghai An-ting Scientific apparatus manufactory. DKZ-2 electro-thermostatic water cabinet: Shanghai Jinghong Experimental Equipment Co. Ltd. 1010-4 electric blast drying oven: Shanghai Experimental Equipment Co. Ltd. AR1140/C analytical balance: OHAWS CORP. USA. FW80 high speed universal pulverizer: TianjinTaisi Equipment Co. Ltd. PHS-3C cidimeter: Shanghai Hongyi Apparatus and Meters Co. Ltd. DV-II+ programmable viscometer: Brookfield Co. USA. SPX-250B-Z biochemical incubator: Shanghai Boxun Industrial Co. Ltd.

2.2　Methods

2.2.1　Preparation of supernatant using different material ratios

The peach gum solutions were prepared in different concentration of 2%, 4% and 6% (w/v). 50mL of the peach gum solutions were shaken in electro-thermostatic water cabinet at 95℃ for 12 h, and after 3 times filtration the supernatants were incubated for 4 h at 20 ℃, and then 16 mL of the supernatants were taken for determining the rheological property.

2.2.2　Preparation of supernatant under different tempera-tures

50mL of 2% peach gum was shaken for 12h at 95℃ after filtration and incubated for 1h at 60℃, and then 16 mL of the supernatants were taken for determining the rheological property at 60, 40, 30, 20 and 10 ℃, respectively.

2.2.3　Preparation of supernatant using different shaking time

50 mL of 2% peach gum was shaken at 95℃ for 3, 6, 12, 16 and 24h, respectively. After filtration it was incubated for 4 h at 20 ℃, and then 16 mL of the supernatants were taken for determining the rheological property. Because of shaking for 24 h, all of the peach gum was hydrolyzed completely.

2.2.4　Preparation of supernatant in different pH values

50mL of 2% peach gum with different pH value (3, 5, 7, 9 and 11) were shaken at 95℃ for 1h After filtration it was incubated for 4h at 20℃, and then 16 mL of the supernatants were taken out for determining the rheological property.

2.2.5　Preparation of supernatant in differentconcentra- tions of NaCl

50 mL of 2% peach gum with different concentrations of NaCl (0.1%, 0.3%, 0.5%, 1% and 2%) was shaken at 95℃ for 1 h. After filtration it was incubated for 4 h at 20℃, and then 16 mL of the supernatants were taken for determining the rheological property.

2.2.6　Preparation of supernatant with different concentra-tions of $CaCl_2$

50 mL of 2% peach gum with different concentrations of $CaCl_2$ (0.1%, 0.3%, 0.5%, 1% and 2%) was shaken at 95℃ for 1h. After filtration it was incubated for 4h at 20 ℃, and then 16

mL of the supernatants were taken out for determining the rheological property.

2. 2. 7　Preparation of supernatant with differentconcentra- tions of sorbic acid potassium

50 mL of 2% peach gum with different concentrations of sorbic acid potassium（0.01%, 0.03%, 0.05%, 0.09% and 2%）was shaken at 95 ℃ for 1 h. After filtration it was incubated for 4 h at 20℃, and then 16 mL of the supernatants were taken out for determining the rheological property.

2. 3　Data statistical analysis

Data variance analysis and images treatments were carried out by Software SPSS 13 version.

3　Results

3. 1　Effects of material ratio on rheological properties of supernatant of peach gum

The concentration of the supernatant of peach gum is an important factor that affects its rheological properties（Fig. 1）. The shear stress of the supernatant increased with the increase of the concentration. There were more gum molecules in the solution with the increase of the concentration, so the flow resistance and the shear stress also increased.

The mathematical model of the shear rate with concentration and the shear stress was established by stepwise regression asEqn. （1）:

$$Y = 0.069X_1^2 + 0.035X_2^2 - 1.174, \quad R^2 = 0.942 \quad (1)$$

where$Y$ is the shear stress; X_1 is the concentration of the supernatant of peach gum; and X_2 is the shear rate. The concomitant probability significance showed that both of the concentration and the shear rate had extremely significant effects on the shear stress (Table 1).

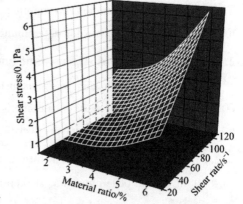

Fig. 1　Effects of material ratio on rheological properties of supernatant of peach gum

3. 2　Effects of temperature on rheological properties of supernatant of peach gum

Fig. 2 showed that at the same shear rate, the shear stress decreased slowly in the temperature range of 10-20℃, and decreased rapidly in the temperature range of 20-60℃, especially 40 ℃.

The mathematical model of the shear rate with temperature and the shear stress was established asEqn. （2）by stepwise regression:

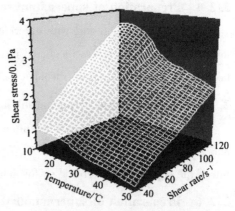

Fig. 2　Effects of temperature on rheological properties of supernatant of peach gum

$$Y = 4.936X_1^2 + 0.0232X_2^2 - 1.688, \quad R^2 = 0.937 \tag{2}$$

where Y is the shear stress; X_1 is the temperature; and X_2 is the shear rate.

The concomitant probability significance showed that temperature and shear rate had extremely significant effects on the shear stress (Table 2).

Table 1 Rheological properties regression coefficient of material ratio of supernatant of peach gum

Parameter	Unstandardized coefficient		Standardized coefficient	t	Significant difference
	B	Standard error	β		
Constant	−1.1742660	0.2415477		−4.86143	0.0001
X_1	0.0690242	0.0054974	0.661267	12.55578	<0.0001
X_2	0.0350139	0.0025963	0.710265	13.48612	<0.0001

Table 2 Rheological properties regression coefficient of supernatant of peach gum at different temperatures

Parameter	Unstandardized coefficient		Standardized coefficient	t	Significant difference
	B	Standard error	β		
Constant	−1.688180	0.181894		−9.2811	0.0001
X_1	0.023220	0.001133	0.8486	20.4957	<0.0001
X_{12}	4.935541	0.439234	0.4652	11.2367	<0.0001

3.3 Effects of shaking time on rheological properties of supernatant of peach gum

Fig3 showed that at 95 ℃ the shaking time had extremely significant effect on the shear stress in 2% (w/v) of supernatant of peach gum. The shear stress did not change obviously when shaking time was 3−6h and 6−12h. The shear stress changed obviously when shaking time was 12−16h. The changing of shear stress in different shaking time is due to the fact that peach gum has a different solubility. The soluble saccharide was dissolved during 3−6h, so the first dissolution peak appeared after shaking for 6h. But the dissolution of the insoluble saccharide needs more energy to break hydrogen bond before dissolution. Before most of hydrogen bonds were broken, the shear stress had not increased rapidly until shaking for 12h. For this reason, the shear stress showed an "S" shape of increasing trend.

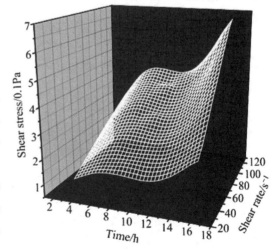

Fig. 3 Effects of shaking time on rheological properties of supernatant of peach gum

The mathematical model of the shear rate with temperature and the shear stress was established asEqn. (3) by stepwise regression:

$$\begin{cases} Y=0.005192X_1{}^3-0.14073X_1{}^2+1.249045X_1+0.036546X_2-3.64429 \\ R^2=0.9543 \end{cases} \quad (3)$$

where Y is the shear stress; X_1 is the shaking time; and X_2 is the shear rate.

The concomitant probability significance showed that both of the shaking time (X_1) and the shear rate had extremely significant effects on the shear stress (Table 3).

Table 3 Rheological properties regression coefficient of supernatant of peach gum in different shaking time

Parameter	Unstandardized coefficient		Standardized coefficient	t	Significant difference
	B	Standard error	β		
Constant	−3.644290	0.582601		−6.25520	<0.0001
X_1	1.249045	0.233828	4.46691	5.341724	<0.0001
$X_1{}^2$	−0.140730	0.027104	−9.69700	−5.19230	<0.0001
$X_1{}^3$	0.005192	0.000933	5.96670	5.563522	<0.0001
X_4	0.036546	0.002085	0.72070	17.52536	<0.0001

3.4 Effects of pH value on rheological properties of supernatant of peach gum

Fig. 4 showed that the pH value affected the rheological properties of the supernatant of peach gum. The apparent viscosity gradually decreased with the decrease of pH value at the range of 3–7; the apparent viscosity gradually decreased with the increase of pH value at the range of 7–9; but when pH value increased to larger than 9, the apparent viscosity started to increase. So the apparent viscosity reached its maximum at pH = 7.

Table 4 showed the effects of pH value on the characteristic of texture of peach gum. The shear stress of the supernatant of peach gum showed different change curves, suggesting that significant differences at 0.01 probability level were present among the five kinds of peach gum supernatant treated with different pH values.

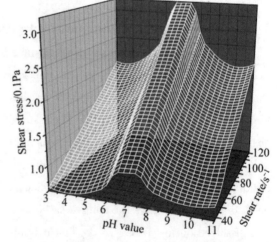

Fig. 4 Effects of pH value on rheological properties of supernatant of peach gum

Table 4 Significance analysis of pH value on rheological properties of supernatant of peach gum

Mean rank					N	Chi-sguare	df	Asympotic significance
pH2	pH5	pH7	pH9	pH1				
1.000	2.250	5.000	3.875	2.875	8	29.9	4	<0.0001

3.5 Effects of salinity on rheological properties of supernatant of peach gum

3.5.1 Rheological properties of supernatant of peach gum with different concentrationof NaCl

The rheological properties of the supernatant of peach gum after adding different concentration of NaCl showed that at the same shear rate, the shear stress had a trend of gradual decrease. The shear stress had a minimum when the concentration of NaCl was 0.3% and the shear stress only deceased in a very small extent (Fig. 5).

The mathematical model of the shear rate with concentration of NaCl and the shear stress was established as Eqn. (4) by stepwise regression:

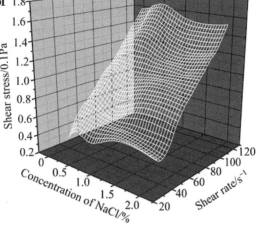

Fig. 5　Reological properties of supernatant of peach gum with different concentration of NaCl

$$Y = -0.03744X_1 + 0.01293X_2, \quad R^2 = 0.998 \tag{4}$$

where Y is the shear stress; X_1 is the concentration of NaCl; and X_2 is the shear rate.

The concomitant probability significance showed that both of the concentration of NaCl and the shear rate had extremely significant effects on the shear stress (Table 5).

Table 5　Regression coefficient of supernatant of peach gum with different concentrations of NaCl

Parameter	Unstandardized coefficient		Standardized coefficient	t	Significant difference
	B	Standard error	β		
X_1	−0.03744	0.010323	−0.036440	−3.62661	0.00084
X_2	0.01293	0.000127	1.024643	101.9816	<0.00010

3.5.2 Rheological properties of supernatant of peach gum with different concentration of CaCl$_2$

The rheological properties of the supernatant of peach gum after adding different concentration of CaCl$_2$ showed that at the same shear rate, the shear stress had a trend of gradual decrease. The shear stress had a minimum when the concentration of CaCl$_2$ was 0.3% and the shear stress only deceased in a very small extent when the concentration of CaCl$_2$ was larger than 0.5% (Fig. 6).

The mathematical model of the shear rate with concentration of CaCl$_2$ and the shear stress was es-

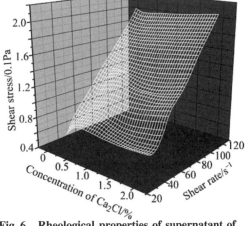

Fig. 6　Rheological properties of supernatant of peach gum with different concentrations of CaCl$_2$

tablished as Eqn. (5) by stepwise regression:

$$Y = 0.025789X_1 + 0.01619X_2, \quad R^2 = 0.999 \tag{5}$$

where Y is the shear stress; X_1 is the concentration of $CaCl_2$; and X_2 is the shear rate.

The concomitant probability significance showed that concentration of $CaCl_2$ (X_1) and shear rate (X_2) had extremely significant effects on the shear stress (Y) (Table 6).

3.5.3 Rheological properties of supernatant of peach gum with different concentrations of sorbic acid potassium

Fig. 7 showed that adding different concentrations of $CaCl_2$ did not affect the rheological properties of the supernatant of peach gum, indicating that peach appeared stable characteristics after adding antiseptic.

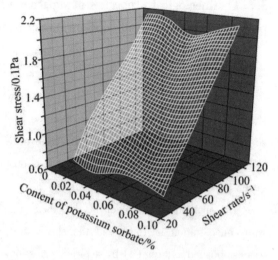

Fig. 7　Rheological properties of supernatant with different concentrations of sorbic acid potassium

The mathematical model of the shear rate with concentration of NaCl and the shear stress was established as Eqn. (6) by stepwise regression:

$$Y = 0.0795X_1 + 0.0173X_2, \quad R_2 = 0.998 \tag{6}$$

Where Y is the shear stress; X_1 is the concentration of sorbic acid potassium; and X_2 is the shear rate.

The concomitant probability significance showed that both of the concentration of sorbic acid potassium (X_1) and shear rate (X_2) had extremely significant effects on the shear stress (Y) (Table7).

Table 6　Regression coefficient of supernatant of peach gum with different concentrations of $CaCl_2$

Parameter	Unstandardized coefficient		Standardized coefficient	t	Significant difference
	B	Standard error	β		
X_1	0.025789	0.008438	0.019282	3.056332	0.004086
X_2	0.016193	0.000104	0.985818	156.256900	<0.00010

Table 7　Rheological properties regression coefficient of supernatant of peach gum with different concentrations of sorbic acid potassium

Parameter	Unstandardized coefficient		Standardized coefficient	t	Significant difference
	B	Standard error	β		
X_1	0.079516	0.307122	0.003128	0.258865	0.797136
X_2	0.017278	0.000210	0.996526	82.468220	1.83×10^{-44}

4 Discussion and conclusions

(1) The shear stress of the supernatant in peach gum increases with the content of peach gum varying from 2% to 6%. The increase of peach gum causes the increase of solute (water-soluble peach gum molecules), thereby flowing resistance of fluid increases and the shear stress of the supernatant increases accordingly. Results suggest that the peach gum supernatant appears as a kind of Newtonian fluid, and that the meltage of water-soluble polysaccharide has yet not reached condensation in 50 mL. .

(2) The rheological properties of 2% peach gum supernatant are very sensitive to the change of temperature. Results indicate that it is necessary to pay attention to the control of temperature. In addition, adjustment of the rheological properties by temperature control is feasible in the processing and pharmacy of the peach gum supernatant.

(3) The solubility of peach gum is significantly affected by the shaking time. Most of the soluble saccharide has been dissolved after shaking at 95 ℃ for 6 h, showing the first-stage solution peak. With prolonging the shaking time, the insoluble saccharide begins to dissolve and causes a gradual increase of the peach gum supernatant viscocity. Therefore, the shear stress of peach gum supernatant shows an increasing trend of "S" shape. Results suggest that the saccharide can be completely dissolved at 95 ℃ only by prolonging the shaking time, which has prevalent meaning of guidance in pharmaceuticals industry.

(4) The pH value has an extremely significant effect on the rheological properties of peach gum supernatant of 2%. Peach gum is a kind of polyanionic polysaccharides and occupies large volume in solution, which results in the increase of flowing resistance and solution viscosity. In contrast, the peach gum occupies smaller volume in solution, which causes the decrease of flowing resistance and solution viscosity. The present study suggests that the change of pH value can cause the change of the rheological properties of peach gum supernatant and the degradation of peach gum saccharide, therefore, the rheological properties of peach gum supernatant can be adjusted by changing the pH value. Results would be useful for rapid and complete hydrolysis of peach gum saccharide which plays a key role in production of natural green glue.

(5) NaCl and $CaCl_2$ have a close capacity of changing the rheological properties of peach gum supernatant. When adding different contents of NaCl and $CaCl_2$, the pattern of NaCl decreasing the rheological properties of peach gum supernatant is identical to that of $CaCl_2$. When electrolyte reaches an ultimate value, the shear stress of peach gum supernatant does not decrease possible due to the saturation of antiparticles of Na^+ and Ca^{2+}. The present study indicates that the rheological properties of peach gum supernatant are affected by electrolyte, and that potassium sorbate has no obvious effect on the rheological properties of peach gum supernatant in peach gum-associated food industry. The further work is to study the rheological properties if peach gum supernatant is used in medicine production.

不同pH对扁桃胶水解物晶体特性的影响[*]

王森[1]　谢碧霞[1]　钟秋平[2]　张琳[1]

1. 中南林业科技大学林学院，湖南长沙 410004；2. 中国林业科学研究院亚热带林业实验中心，江西分宜 336600）

　　扁桃胶是扁桃（*Mangifera persiciformis*）树体在逆境条件下分泌出来的胶质透明物质，属于"食用胶"中"原桃胶"的一种。中医认为，原桃胶味苦、平、益气、活血、止渴，擅长活血消肿、通淋止痛，临床运用对血淋、石淋、痢疾、腹泻、疼痛等症均有良效（王森等，2006）。近年用于治疗泌尿系统结石、辅助治疗白血病、糖尿病效果相当明显（周志东，1994）。随着扁桃在我国栽培面积的不断扩大，扁桃胶的产量在原桃胶中所占比重将会越来越大，因此研究扁桃胶的商品化生产显得尤为重要。

　　商品化生产桃胶的关键工序是胶体的水解，即把大分子的多糖分解为小分子的多糖，从而改变原桃黏度大、不易溶解的弱点（Byung et al.，1996）。原桃胶及多糖的水解方法主要有酸水解和碱水解 2 种（Brummer et al.，2003；Surendra，2000）。多项研究指出不同批次因水解度不同，导致生产出的商品桃胶之间存在较大的差异（王文玲等，2005；黄雪松等，2004；李林等，2007），而对不同水解度的商品桃胶差异存在的原因未见报道。本文借鉴淀粉晶体特性的研究方法（张本山等，2001a；2001b），对不同 pH 条件下扁桃胶水解物的结晶性状进行 X-射线衍射测定，研究不同 pH 对不同水解度的扁桃胶从晶体特性的角度进行显微观察和特性对比，以期探究不同水解度的商品桃胶差异存在的原因。

1　材料与方法

1.1　试验材料与仪器

　　材料：扁桃胶于 2006 年 9 月采自河南洛阳姜山园艺场意大利 1 号扁桃树体。仪器：RINT2000 vertical goniometer 型 X-衍射仪（日本理学）；电子扫描显微镜（日本 JSM-6360LV）；DKZ-2 电热恒温振荡水槽（上海精宏实验设备有限公司）；1010-4 电热鼓风干燥箱（上海实验仪器有限公司）；AR1140/C 分析天平（OHAWS CORP . USA）；FW80 高速万能粉碎机（天津市泰斯特仪器有限公司）；SPX-250B-Z 型生化培养箱（上海博迅实业有限公司）。

1.2　试验方法

1.2.1　样品的前处理

　　将采集的扁桃胶浸泡、去杂、漂洗、冷冻干燥，粉碎后过筛。把质量分数为 4% 的扁

---

　　* 本文来源：林业科学，2010，46（3）：74-79.

桃凝胶，用 pH3，5，7，9，11 缓冲液处理后，充分搅拌至凝胶分散，用塑料薄膜封口，放入 95℃水浴槽中轻柔振荡加热 24h，继续加热 30min，取出置于 20℃的培育箱内 24h，过滤，放置通风烘干箱中 40℃烘干，备用。

1.2.2 晶体特性测定和结晶度计算

采用粉末法测定扁桃胶粉的 X-射线衍射曲线，测试条件为：特征射线 CuKa，石墨单色器，管压 40kV，电流 300mA，衍射角度 2θ = 5°~55°，步长为每步 0.02°，扫描速度 0.075°/s。

胶体多糖的特性未见相关研究，本文借鉴张本山等（2001a）、钟秋平等（2008），即在 X-射线衍射曲线上确定衍射图的背底、非晶、微晶和亚微晶衍射区，采用 Origin7.5 曲线拟合分峰计算法求出微晶相、亚微晶相和非晶的累积衍射强度如图 1a 所示，图 1b 为晶相峰，计算晶相的累积衍射强度，图 1c 为微晶相峰，图 1d 为非晶相，用以下计算公式计算晶相、微晶相和亚微晶相的结晶度（张本山等，2001a，c）：

$$X_c = I_c / (I_c + I_a) \times 100\%。$$

式中：X_c，I_c，I_a 分别为结晶度、晶相的累积衍射强度、非晶相的累积衍射强度。

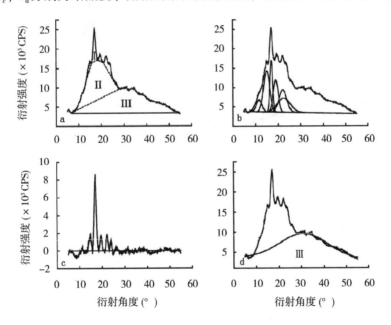

a：晶相分区；b：晶相峰；c：微晶相峰；d：非晶相峰

图 1 曲线拟合分峰计算法晶相分区

1.2.3 数据统计分析

用国际通用软件 SAS9.1.3 版本进行数据分析，研究其影响规律。

2 结果与分析

2.1 不同酸环境条件下扁桃胶水解物结晶性状表现

图2为4种酸环境处理后扁桃胶的X-射线衍射特征曲线。从4条X-射线衍射图谱比较看，pH在7~5之间变化时，X-射线衍射图谱为非晶体物质的特征衍射包曲线，没有任何晶峰出现，即未表现出晶体特性，均呈非晶体结构，说明pH在7~5之间的范围变化，不会改变扁桃胶的结构和类型。但随着pH的进一步降低，pH在3~1之间的范围变化时，扁桃胶的水解物出现新的衍射峰，而且衍射峰随着pH的不断降低，峰数量和原峰值也随之增加，说明pH3~1之间的酸环境处理后扁桃胶发生了从非晶结构向晶体结构转变，并且晶体特性越来越明显。结合电子扫描照片（图3）可以看到pH为1时，扁桃胶呈纵横交错的微纤维结构状并夹杂少量的晶体颗粒，说明酸环境条件下扁桃胶呈现的晶体结构可能是由多糖的微纤维化形成的。

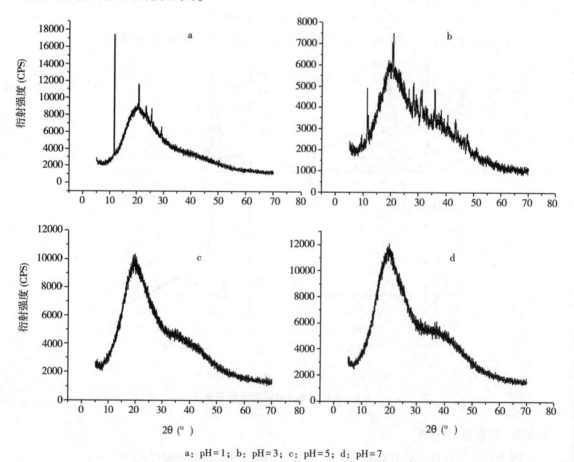

a：pH=1；b：pH=3；c：pH=5；d：pH=7

图2 酸环境条件下扁桃胶水解物X-射线衍射图谱

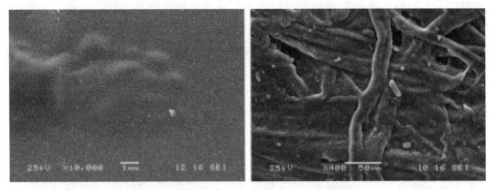

图 3 扁桃胶在 pH1 和 pH7 条件下的水解物

2.2 不同碱环境条件下扁桃胶水解物结晶性状表现

图 4 是 4 种碱环境处理后扁桃胶的 X-射线衍射特征曲线。从 4 条 X-射线衍射图谱比较看，pH 为 7 时，扁桃胶水解物呈非晶体结构，X-射线衍射图谱为非晶体物质的特征衍射包曲线，没有任何晶峰出现，即未表现出晶体特性。pH 在 9~13 之间变化时，扁桃胶的水解物出现了新的衍射峰，而且衍射峰随着 pH 的不断增加，峰数量和原峰值也随之增加，说明 pH 9~13 之间的碱环境处理后扁桃胶发生了从非晶结构向晶体结构转变，并且晶体特

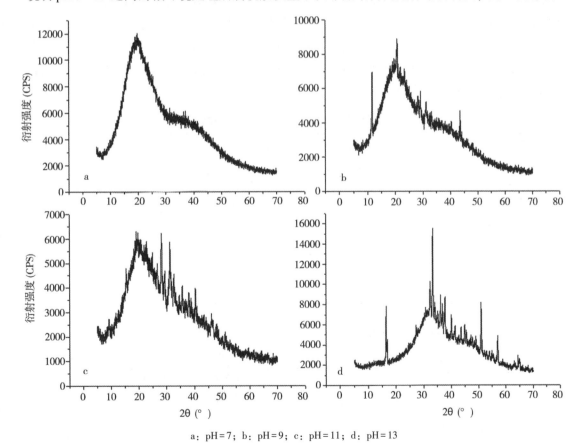

a：pH=7；b：pH=9；c：pH=11；d：pH=13

图 4 碱环境条件下扁桃胶水解物 X-射线衍射图谱

性越来越明显。碱环境处理后扁桃胶同样发生了从非晶结构向晶体结构转变，结合电子扫描照片（图5）可以看到 pH 为 13 时，扁桃胶水解物出现大小不同的结晶颗粒，呈现出明显的晶体性状，说明碱环境条件下扁桃胶呈现的晶体结构是由多糖结晶形成的。

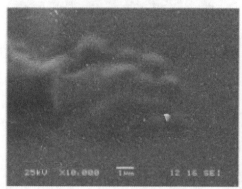

图 5　扁桃胶在 pH7 和 pH13 条件下的水解物

2.3　不同酸碱环境条件对扁桃胶水解物结晶度的影响

扁桃胶在不同酸碱环境下水解物的晶相、微晶相、亚晶相结晶度如表 1，利用 SAS9.13 进行方差分析，结果如表 2。由此可知：不同酸碱环境条件下扁桃胶多糖晶相结晶度的 F 值为 65.313，说明不同 pH 条件下扁桃胶多糖结晶度之间的差异达到极显著水平。不同酸碱环境条件下扁桃胶结晶度发生变化主要原因是：一方面酸碱环境使大分子多糖长链断裂，变成了小分子多糖；另一方面酸碱环境的干燥过程中，多糖可能发生了水合反应，由非晶体状态转化为晶体状态。

表 1　不同酸碱环境条件对扁桃胶水解物的结晶度的影响

序号	pH	均值	微晶相结晶度	亚晶相结晶度	晶相结晶度
1	1	3.11	4.77	2.39	2.17
2	3	5.34	4.39	5.82	5.81
3	5	0.00	0.00	0.00	0.00
4	7	0.00	0.00	0.00	0.00
5	9	5.49	4.99	5.74	5.75
6	11	6.35	6.63	6.12	6.30
7	13	9.55	8.81	9.97	9.87

表 2　不同酸碱环境条件对扁桃胶水解物结晶度影响的方差分析

结晶度	平方和	自由度	均方	F	Sig.
组间	287.715	6	47.95	65.313	1.708E−12
组内	15.418	21	0.734		
随机误差	303.133	27			

2.4 不同酸碱条件下扁桃胶水解物结晶度的变化趋势

2.4.1 不同酸条件下扁桃胶水解物结晶度的变化趋势

将本试验数据进行分析和曲线拟合，得到酸环境处理对扁桃胶多糖水解物结晶度的影响符合式（1）模型，回归系数 R^2 达 0.85175，用式（1）模型和试验数据绘制酸环境处理对其结晶度影响见图6，可以看出两个现象：一是酸环境处理得到的扁桃胶水解物结晶度总的趋势是 pH 降低，非晶结构就会向晶体结构转变；二是 pH1 和 pH3 的结晶度有一定差异。说明酸环境能改变扁桃胶的结构，并且 pH 越低反应越剧烈。

$$y = 10.94201e^{-(x-2.23006)2/1.872403} \quad (1)$$

式中：y 为结晶度；x 为 pH。

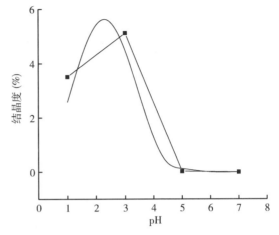

图6 酸环境对扁桃胶水解物结晶度的影响

2.4.2 不同碱条件下扁桃胶水解物结晶度的变化趋势

将本试验数据进行分析和曲线拟合，得到碱环境处理的对扁桃胶多糖水解物结晶度的影响符合式（2）模型，回归系数 R^2 达 0.89675，用式（2）模型和试验数据绘制酸环境处理对其结晶度影响见图7，可知：碱环境处理得到的扁桃胶水解物结晶度总的趋势是 pH 升高，非晶结构就会向晶体结构转变。出现这种变化的原因可能是水与扁桃胶碱水解物发生了水合反应。

$$y = -8.83822 + 1.38118x \quad (2)$$

式中：y 为结晶度；x 为 pH。

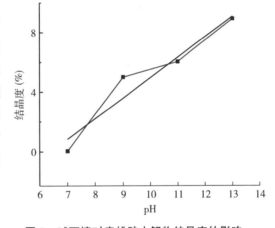

图7 碱环境对扁桃胶水解物结晶度的影响

3 结论与讨论

酸碱处理不但会改变扁桃胶的晶体类型，对扁桃胶晶相、结晶度也有极显著的影响。不同酸条件对扁桃胶水解物晶相结晶度有极显著影响，其变化趋势符合 $y = 10.94201e^{-(x-2.23006)2/1.872403}$ 曲线模型；不同碱条件对扁桃胶水解物晶相结晶度有极显著影响，它们之间关系符合 $y = -8.83822 + 1.38118x$ 线性模型。从以上变化趋势中可以看到：无论是酸环境还是碱环境，均对扁桃胶的内部结构产生了影响，即能使非晶物的扁桃胶具有晶体特性。酸环境中扁桃胶水解物结晶度的变化比较剧烈，碱环境中扁桃胶水解物结晶度的变化比较温和。

酸碱环境诱导出的扁桃胶晶体不属于胶体晶体的范畴。关于胶体或多糖等非晶体物质在特定环境条件下出现晶体特征现象已有多项的研究。丁杰（2009）利用聚苯乙烯/磺酸钠和二氧化硅颗粒组装出胶体晶体，验证了"胶体粒子在一定条件下可以像原子那样，形成三维有序结构"，"胶体晶体可以构成具有特殊光学特性的光子晶体"。刘蕾等（2006；2008）利用带电单分散聚苯乙烯胶体粒子，通过自组装机制，制备了体积分数为4.8%的具有多晶结构的胶体晶体，并用Kossel衍射技术和紫外可见分光光度计分别对晶体的生长过程进行了监测，认为胶体结晶过程晶体结构演变顺序应为"液态–随机层结构–堆无序结构–面心立方孪晶结构–面心立方结构"。但是从本研究结果可以看到：扁桃胶多糖所形成的晶体大小不一，晶相多样，不具有胶体晶体的特征，因此，扁桃胶晶体不属于胶体晶体的范畴。

酸碱环境诱导出的扁桃胶晶体和淀粉晶体相似。淀粉是1种天然多晶聚合物的多糖，是由结晶、亚微晶和非晶中的1种或多种结构形成的。张本山等（2000）在研究水含量对玉米淀粉颗粒微晶结构影响时，发现玉米淀粉的多晶体系中存在着链链和链水2种不同组成和性质的结晶结构，这和扁桃胶在酸碱环境中的表现出2种形式极为相似，尤其是扁桃胶在碱环境中的结晶体，表现出透明体特性，主要是发生水合反应，也可能是构成了"链水组成"。这一结果和扁桃胶与淀粉都属于多糖的特性是相符的。

酸碱环境诱导出的扁桃胶晶体属于多糖的范畴，具有多糖的特性和功能。邓兰青等（2006）认为以多糖为模板调控无机晶体的生长是近来新的研究方向。利用组成多糖的残迹种类差异、连接位置和糖苷键的差异，链内或链间形成氢键的二级结构差异，可以组成具有多样化构象。不同分子质量的多糖模板，可以制备出具有不同结构和独特性能的无机晶体材料。本研究中扁桃胶晶体的形成过程，经过"粉末状多糖–溶解–结晶"的过程，微观上分子可能也经过"多糖长链–单糖残迹–链水组成"的过程。该结果表明：利用具有结晶潜能的扁桃胶多糖，诱导无机晶体生长可能是1个极具前景的研究方向。

不同盐分环境对扁桃凝胶质构特性的影响*

王森[1]　谢碧霞[1]　钟秋平[2]　李依娜[2]

(1. 中南林业科技大学资源与环境学院，湖南长沙 410004；2. 中国林业科学研究院亚热带林业实验中心，江西分宜 336600)

扁桃胶是扁桃树体在逆境条件下分泌出来的胶质透明物质，属于"食用胶"中"原桃胶"的一种。中医认为，原桃胶味苦性、平、益气、和血、止渴，擅长活血消肿、通淋止痛，临床运用对血淋、石淋、痢疾、腹泻、疼痛等症均有疗效。最近几年，利用其治疗泌尿系统结石、辅助治疗白血病和糖尿病，效果相当明显。扁桃胶在水的参与下形成介于液体和固体之间的凝胶状态称为扁桃凝胶。扁桃凝胶经纯化、灭菌、干燥后可以作为功能性食品胶使用，作为一种新型的功能食用胶，盐分的添加是必需的，那么盐分的添加对于改变扁桃凝胶的风味、口感、嗜好性能有何影响，影响的程度多大，影响规律如何，都需要进行评价。

以往对食用胶功能性质的评价常采用主观评价法，即人的感官评价法。但是感官评价在信息交流、定量表达、科学再生性等方面不能满足食品工业化的要求。国外一些研究者采用质构仪对食品质地的研究，如奶酪、水果、米饭、土豆等进行得比较深入。我国汪海波、周超明等人用果胶和火腿为试材，采用质构仪，分别研究了盐分对凝胶体系质构性能的影响，使研究者和生产商对果胶和火腿的质构性能有了更加清晰的认识。在食用胶体的质构特性研究方面，我国虽有沈光林以卡拉胶为试材研究了电解质的种类和添加浓度对卡拉胶粘稠性、凝胶强度、粘弹性、持水性的影响，但是对扁桃胶质构特性的系统研究还鲜见报道。本实验以质构仪测定不同盐分环境下扁桃凝胶的功能特性、风味特性的影响程度以及影响规律，旨在为扁桃凝胶作为功能性食用胶的进一步开发提供客观、科学、清晰的技术参数和参考。

1　材料

1.1　实验材料

扁桃胶采自河南洛阳姜山园艺场意大利 1 号扁桃树体。采集时间为 2006 年 9 月。

1.2　仪器和设备

TA-XT2i 质构仪：英国 Stable Micro Systems. DKZ-2 电热恒温振荡水槽：上海精宏实验设备有限公司 1010-4 电热鼓风干燥箱：上海实验仪器有限公司 AR1140/C 分析天平：

---

* 本文来源：中南林业科技大学学报，2007，27（6）：26-33.

OHAWS CORP. USA. FW80 高速万能粉碎机：天津市泰斯特仪器有限公司 SPX-250B-Z 型生化培养箱：上海博迅实业有限公司。

2 研究方法

2.1 扁桃凝胶的制备

将所取样品用蒸馏水配成质量分数为 10%、20%、30%、40% 的扁桃凝胶，充分搅拌至凝胶分散，用塑料薄膜封口，放入 95℃ 水浴槽中轻柔振荡加热 24h，继续加热 30min，取出置于 20℃ 的培育箱内 24h，备用。

2.2 扁桃凝胶质构特性测定

用 TA-XT2i 质构分析仪测定凝胶质构（Texture Profile Analysis，TPA），该仪器装有 1 个 5mm 厚的平底探头，实验参数设定如下：距离格式压缩（strain）；测前速度 1.0mm/s；测量速度 1.0mm/s；测后速度 1.0mm/s，压缩距离 20mm，2 次压缩的间隔为 1s（见图 1）。从图 1 质构曲线上可以得到 7 个参数值：弹性（springiness），第 2 次压缩时间占第

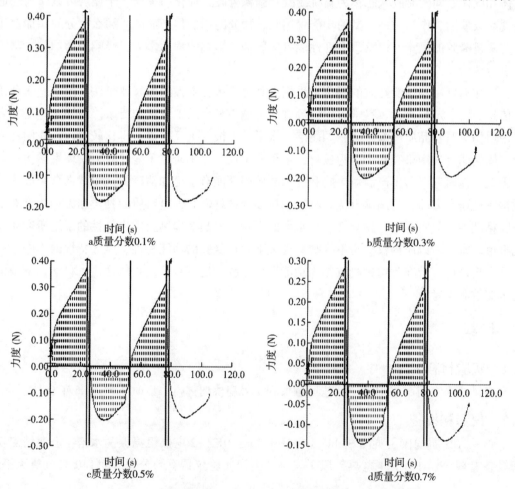

图 1 不同质量分数 NaCl 扁桃凝胶质构特性的分布曲线

1 次压缩时间的百分数；硬度（hardness）是第 1 次压缩所用的最大压力；粘结性（cohesiveness）是第 2 次峰面积与第 1 次峰面积的比值；粘附性（adhesiveness）是两峰间的负面积；粘合性（gumminess）是硬度和粘结性的乘积值；咀嚼性（chewiness）是粘合性和弹性的乘积值；回复性（resilience）是 2~3 的面积与 1~2 的面积之比。另有脆性（fracturability）是凝胶结构破坏所需的最小压力，每个样品重复测定 3 次。

2.3 数据统计分析

用国际通用软件 SPSS13 版本进行数据分析，对一般显著以上的因子再进行深入分析，研究其影响规律。

3 结果与分析

3.1 不同盐分环境下扁桃胶质构特性的影响

3.1.1 不同质量百分数 NaCl 处理对扁桃胶质构特性的影响

同质量百分数的 NaCl 溶液对扁桃凝胶质构特性的影响存在一定差异。采用多配对样本非参数检验，结果见表 1。由表 1 可知，各样本的平均秩分别为 2.88、2.14、2.45、2.52，得到的卡方统计量为 3574.415，相伴概率小于 0.001，因此拒绝 H_0 假设，认为 4 种质量百分数的 NaCl 溶液对扁桃凝胶质构曲线分布影响存在极显著差异。说明有必要对扁桃凝胶在不同盐分环境中的指标进行分析，进一步检测盐分对扁桃凝胶影响的具体指标。

表 1 不同质量百分数 NaCl 处理下扁桃凝胶质构特性的显著性分析

处理	平均秩	分析结果	
0.1%	2.88	N	20950
0.2%	2.14	卡方统计量	3574.415
0.3%	2.45	df	3.000
0.4%	2.52	相伴概率	0.000

进一步用不同 NaCl 处理对扁桃凝胶质构特性各参数的影响进行方差分析，结果见表 2。

从表 2 最后一列可以看出，不同 NaCl 处理对扁桃凝胶的硬度、粘附性、粘合性影响的相伴概率值 P_r 都小于 0.01；对脆性、咀嚼性影响的相伴概率值 P_r 为 0.0297 和 0.0195，处于 0.01~0.05 之间；对弹性、粘结性、回复性影响的相伴概率值 P_r 为 0.999、0.6131 和 0.2491，大于 0.05. 由此可见，不同 NaCl 处理对扁桃凝胶的硬度、粘附性、粘合性等特性的影响差异达到极显著水平；对扁桃凝胶的脆性和咀嚼性的影响差异达到一般显著水平；对扁桃凝胶的弹性、粘结性、回复性影响差异没有达到显著水平。

表 2　不同质量百分数 NaCl 处理下扁桃凝胶质构特性各参数的方差分析

	方差来源	方差和	自由度	均方差	F 值	P_r
硬度	不同质量百分数	183.1724	3	61.05746	10.18171**	<0.01
	机误	47.97425	8	5.996781		
	合计	231.1466	11			
脆性	不同质量百分数	0.056091	3	0.018697	5.061051*	0.0297
	机误	0.029554	8	0.003694		
	合计	0.085645	11			
粘附性	不同质量百分数	30590.29	3	10196.76	8.797173**	<0.01
	机误	9272.765	8	1159.096		
	合计	39863.06	11			
弹性	不同质量百分数	3.23E-05	3	1.08E-05	0.001424	0.9999
	机误	0.060408	8	0.007551		
	合计	0.060441	11			
粘结性	不同质量百分数	0.007406	3	0.002469	0.634925	0.6131
	机误	0.031106	8	0.003888		
	合计	0.038512	11			
粘合性	不同质量百分数	75.82069	3	25.27356	11.09002**	<0.01
	机误	18.23158	8	2.278947		
	合计	94.05226	11			
咀嚼性	不同质量百分数	67.35473	3	22.45158	5.959837*	0.0195
	机误	30.13717	8	3.767146		
	合计	97.4919	11			
回复性	不同质量百分数	3E-05	3	0.00001	1.672507	0.2491
	机误	4.78E-05	8	5.98E-06		
	合计	7.78E-05	11			

3.1.2　不同 $CaCl_2$ 处理对扁桃胶质构特性的影响

不同 $CaCl_2$ 处理对扁桃凝胶质构特性的影响见图 2。由图 2 可知,质量百分数为 0.1%、0.2%、0.3%、0.4% 的 $CaCl_2$ 溶液对扁桃凝胶质构曲线分布的影响也不一,说明不同质量百分数的 $CaCl_2$ 溶液对扁桃凝胶质构特性的影响也存在一定差异。采用多配对样本非参数检验结果见表 3。

表 3　不同 $CaCl_2$ 处理下扁桃凝胶质构特性的显著性分析

不同质量百分数	平均秩	分析结果	
0.1%	2.44	N	20950
0.2%	2.56	卡方统计量	198.356
0.3%	2.57	df	3
0.4%	2.43	相伴概率	0.000

由表 3 可知，各样本的平均秩分别为 2.44、2.56、2.57、2.43，得到的卡方统计量为 198.356，相伴概率小于 0.001，因此拒绝 0 假设，认为 4 种质量百分数的 $CaCl_2$ 溶液对扁桃凝胶质构曲线分布影响存在极显著差异。说明同样有必要进一步对不同质量百分数 $CaCl_2$ 溶液处理的扁桃胶质构特性进行进一步分析。

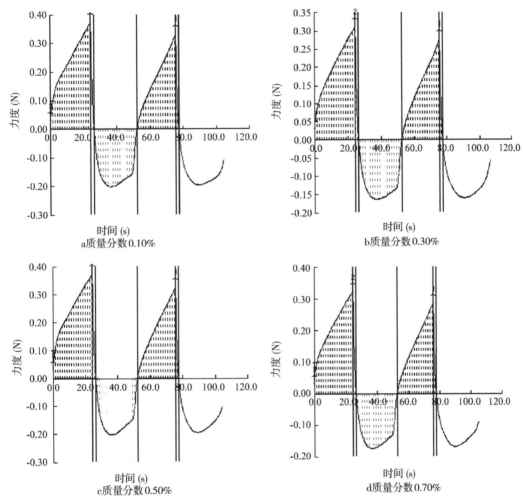

图 2　不同质量分数 $CaCl_2$ 扁桃凝胶质构特性的分布曲线

进一步用不同 $CaCl_2$ 处理对扁桃凝胶质构特性各参数的影响进行方差分析，结果见表 4。

表 4　不同 $CaCl_2$ 处理下扁桃凝胶质构特性各参数的方差分析结果

	方差来源	方差和	自由度	均方差	F 值	P_r
	不同质量百分数	183.1724	3	34.24003	1.920441	0.2048
硬度	机误	47.97425	8	17.82926		
	合计	231.1466	11			

（续）

	方差来源	方差和	自由度	均方差	F 值	P_r
硬度	不同质量百分数	0.056091	3	0.047935	1.622681	0.2594
	机误	0.029554	8	0.02954		
	合计	0.085645	11			
粘附性	不同质量百分数	30590.29	3	4745.224	6.266931*	0.0170
	机误	9272.765	8	757.1846		
	合计	39863.06	11			
弹性	不同质量百分数	3.23E-05	3	2.7E-05	0.004658	0.9995
	机误	0.060408	8	0.005796		
	合计	0.060441	11			
粘结性	不同质量百分数	0.007406	3	0.000159	0.029922	0.9925
	机误	0.031106	8	0.005306		
	合计	0.038512	11			
粘合性	不同质量百分数	75.82069	3	15.69701	5.512598*	0.0239
	机误	18.23158	8	2.84748		
	合计	94.05226	11			
咀嚼性	不同质量百分数	67.35473	3	13.47369	7.085951*	0.0122
	机误	30.13717	8	1.901465		
	合计	97.4919	11			
回复性	不同质量百分数	3E-05	3	2E-06	0.118257	0.9468
	机误	4.78E-05	8	1.69E-05		
	合计	7.78E-05	11			

从表 4 最后一列可以看出，不同 $CaCl_2$ 处理仅对扁桃凝胶的粘附性、粘合性、咀嚼性影响的相伴概率值 P_r 处于 0.01~0.05 之间，分别为 0.0170、0.0239、0.0122，达到了一般显著水平；而对扁桃凝胶的硬度、脆性、弹性、粘结性和回复性影响差异均没有达到显著水平。这说明质量百分数在 0.1%~0.7% 之间的 $CaCl_2$ 对扁桃凝胶质构特性的影响不大。

3.2 不同盐分环境下扁桃胶质构特性的变化规律

3.2.1 不同 NaCl 处理对扁桃胶质构特性影响的变化规律

不同 NaCl 处理对扁桃胶凝胶特性影响的变化趋势如图 3。

从图 3 左上部可以看出，扁桃胶的硬度随着 NaCl 质量百分数的升高出现下降趋势，当 NaCl 质量百分数处于 0.1% 到 0.3% 的区间内，硬度随着 NaCl 质量百分数的增加而减弱；当 NaCl 质量百分数处于 0.3% 到 0.5% 的区间内，硬度随着 NaCl 质量百分数的增加而轻微加强；当 NaCl 质量百分数处于 0.5% 到 0.7% 的区间内，硬度随着 NaCl 质量百分数的增加而迅速减弱，总体变化规律出现"阶梯状"下降趋势。扁桃胶的粘附性随着质量百分数的增加出现先降后升的趋势。当 NaCl 质量百分数处于 0.1% 到 0.3% 的区间内，粘附性

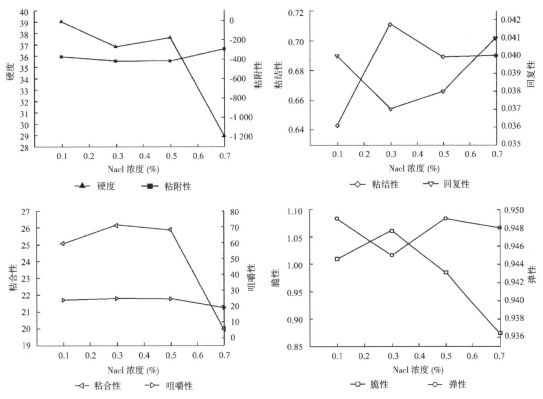

图 3 不同 NaCl 处理对扁桃凝胶质构特性各参数影响的变化规律

随着 NaCl 质量百分数的增加而减弱；当 NaCl 质量百分数处于 0.3% 到 0.5% 的区间内，粘附性随着 NaCl 质量百分数的增加变化不大；当 NaCl 质量百分数处于 0.5% 到 0.7% 的区间内，粘附性随着 NaCl 质量百分数的增加而加强。总体变化规律出现"凹槽形"变化趋势。

从图 3 右上部可以看出，扁桃胶的粘结性和回复性在 0.1% 到 0.7% 的区间内，随着 NaCl 质量百分数的增加表现出"马鞍形"和"凹槽形"的变化趋势。但是表 3 的分析结果显示，各处理之间的差异未达到显著性水平，此变化曲线仅作后续研究的参考。

从图 3 左下部可以看出，扁桃凝胶的咀嚼性在 NaCl 质量百分数 0.1% 到 0.7% 的区间内，变化不大。扁桃胶的粘合性随着 NaCl 质量百分数的升高出现先升后降趋势，当 NaCl 质量百分数处于 0.1% 到 0.3% 的区间内，粘合性随着 NaCl 质量百分数的增加而增强；当 NaCl 质量百分数处于 0.3% 到 0.7% 的区间内，粘合性随着 NaCl 质量百分数的增加而减弱。总体变化规律出现"马鞍形"的变化趋势。

从图 3 右下部可以看出，扁桃凝胶的脆性随着 NaCl 质量百分数的升高，先出现一个高峰，随后脆性降低，总体变化规律呈现倒"V"形。弹性则在 0.944～0.950g 区间波动。但是表 2 的分析结果显示，各处理之间的弹性差异未达到显著性水平，此变化曲线仅作后续研究的参考。

3.2.2 不同 CaCl₂ 处理下扁桃胶质构特性的变化规律

不同 $CaCl_2$ 处理对扁桃胶凝胶特性影响的变化趋势见图 4。

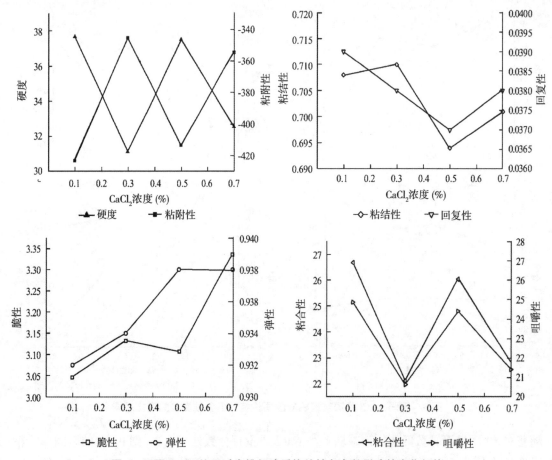

图 4 不同 $CaCl_2$ 处理对扁桃凝胶质构特性各参数影响的变化规律

从图 4 左上部可以看出，扁桃胶的硬度随着 $CaCl_2$ 质量百分数的升高，出现上下波动的态势，当 $CaCl_2$ 质量百分数处于 0.1% 到 0.7% 的区间内，硬度随着 $CaCl_2$ 质量百分数的增加出现先下后上的变化，总体变化规律呈 "W" 形；扁桃胶的粘附性在 0.1% 到 0.7% 的区间内，总体变化规律呈现倒 "W" 形。

从图 4 右上部可以看出，扁桃胶的粘结性和回复性在 0.1% 到 0.7% 的区间内，随着 $CaCl_2$ 质量百分数的增加表现出 "Z" 形和 "V" 形的变化趋势。但是表 4 的分析结果显示，各处理之间的差异未达到显著性水平，此变化曲线仅作后续研究的参考。

从图 4 左下部可以看出，扁桃凝胶的脆性和弹性随着 $CaCl_2$ 质量百分数的升高，总体变化规律呈现 "S" 倒 "S" 形。各处理之间的弹性差异未达到显著性水平，此变化曲线仅作后续研究的参考。

从图 4 右下部可以看出，扁桃凝胶的咀嚼性的 $CaCl_2$ 质量百分数在 0.1% 到 0.7% 的区间内，出现先降低升高-降低趋势，从中还可知，当 $CaCl_2$ 质量百分数处于 0.1% 到 0.3% 的区间内，咀嚼性随着 $CaCl_2$ 质量百分数的增加而减弱；当 $CaCl_2$ 质量百分数处于 0.3% 到 0.5% 的区间内，咀嚼性随着 $CaCl_2$ 质量百分数的增加而增强；当 $CaCl_2$ 质量百分数处于

0.5%到 0.7%的区间内，咀嚼性随着 $CaCl_2$ 质量百分数的增加而减弱；总体变化规律出现"Z"的变化趋势。扁桃胶的粘合性随着 $CaCl_2$ 质量百分数的升高，表现出和咀嚼性极其相似的规律。

4 结论

（1）采用多配对样本非参数检验分析，不同质量百分数 NaCl 扁桃凝胶质构特性的分布曲线之间，卡方统计量为 3574.415，相伴概率小于 0.001；不同质量百分数 $CaCl_2$ 扁桃凝胶质构特性的分布曲线之间，卡方统计量为 198.356，相伴概率小于 0.001，说明不同质量百分数 NaCl 和不同质量百分数 $CaCl_2$ 对扁桃凝胶的质构特性总体影响存在极显著差异。

（2）不同 NaCl 质量百分数处理对扁桃凝胶的硬度、粘附性、粘合性等特性的影响差异达到极显著水平；对扁桃凝胶的脆性和咀嚼性的影响差异达到一般显著水平；对扁桃凝胶的弹性、粘结性、回复性影响差异没有达到显著水平；不同 $CaCl_2$ 质量百分数处理仅对扁桃凝胶的粘附性、粘合性、咀嚼性的影响达到了一般显著水平，而对扁桃凝胶的硬度、脆性、弹性、粘结性和回复性影响差异均没有达到显著水平。说明扁桃凝胶质构特性对 NaCl 的添加较 $CaCl_2$ 反应敏感。

（3）NaCl 质量百分数在 0.1%到 0.7%的区间内，随着 NaCl 质量百分数的升高，扁桃凝胶的硬度的变化规律呈现出"阶梯状"；粘附性的变化规律表现出"凹槽形"；咀嚼性变化不大；粘合性的变化规律呈现"马鞍形"；脆性的变化规律呈倒"V"形。$CaCl_2$ 质量百分数在 0.1%到 0.7%的区间内，随着 $CaCl_2$ 质量百分数的升高，扁桃凝胶的粘附性变化规律呈现倒"W"形；咀嚼性变化规律呈现"Z"形；粘合性表现出和咀嚼性极其相似的规律性变化。说明不同盐分环境下扁桃凝胶体质构特性各参数的变化规律呈现多样性。沈光林等在卡拉胶上的添加电解质后凝胶体出现硬度增大，粘度下降的现象，在本实验中并未出现，这可能是由于实验中所添加 NaCl 和 $CaCl_2$ 的量较小的缘故。

（4）在对食品胶的质构特性的研究方面，与前人研究方法比较，本研究用质地图谱的表示方法，科学、客观地表示了不同浓度 NaCl 和 $CaCl_2$ 的质构特性，避免了以往以人体感官为基础的主观评价法中的误差，该方法操作简单、重复性高、结果科学，在我国今后的食品凝胶研究中将会被广泛使用。

扁桃胶与黄原胶的协同效果[*]

王森　谢碧霞　钟秋平　李依娜

（中南林业科技大学资源与环境学院，湖南长沙 410004）

　　扁桃胶是扁桃 *Amygdalus communis* 树体在逆境条件下分泌出来的胶质透明物质，属于食用胶中原桃胶的一种。中医认为，原桃胶味苦、平、益气、和血、止渴，擅长活血消肿，通淋止痛，临床运用对血淋、石淋、痢疾、腹泻、疼痛等症均有良效，最近几年用于治疗泌尿系统结石、辅助治疗白血病和糖尿病效果相当明显。由于对扁桃胶的加工特性了解甚少，导致扁桃胶的应用受到局限。以前均集中在纯扁桃胶在各种加工环境下质构特性的研究，对扁桃胶与其他胶体的协同效果还未见报道。作者对扁桃胶与黄原胶协同后的质构特性及变化规律进行研究，摸清添加扁桃胶后黄原胶的食品口感与质地特性，以期为扁桃凝胶在功能食品中的应用提供理论依据。

1　材料与方法

1.1　材料和仪器

　　材料：扁桃胶采自河南洛阳姜山园艺场意大利 1 号扁桃树，采集时间为 2006 年 9 月；黄原胶（上海立奇化工有限公司）；所有试剂均为分析纯。

　　仪器：TA-XT2i 质构仪（英国 Stable Micro Systems），DKZ-2 电热恒温振荡水槽（中国上海精宏实验设备有限公司），1010-4 电热鼓风干燥箱（中国上海实验仪器有限公司），AR1140/C 分析天平（美国 OHAWS CORP USA），FW80 高速万能粉碎机（中国天津市泰斯特仪器有限公司），SPX-250B-Z 型生化培养箱（中国上海博迅实业有限公司）。

1.2　方法

1.2.1　扁桃凝胶的制备

　　扁桃胶添加量分别为 10、30、50、70g/kg，黄原胶质量分数为 20g/kg。添加后充分搅拌，用塑料薄膜封口，放入 95℃水浴槽中轻柔振荡加热 24h，继续加热 30min，至凝胶体完全共混。取出置于 20℃的恒温培育箱内 24h，待凝胶体温度稳定后，放置培育箱内备用。

1.2.2　扁桃凝胶质构特性测定

　　用 TA-XT2i 质构分析仪（TPA）测定凝胶质构，该仪器装有一个 5mm 厚的平底探头。

---

　　* 本文来源：浙江林学院学报，2009，26（2）：246-251.

实验参数设定如下：距离格式压缩；测前速度为1.0mm/s，测量速度1.0mm/s，测后速度1.0mm/s，压缩距离20mm，2次压缩的间隔为1s。实验结果可以得到7个指标：弹性，第2次压缩时间占第1次压缩时间的百分数；硬度是第1次压缩所用的最大压力；黏结性是第2次峰面积与第1次峰面积的比值；黏附性是两峰间的负面积。黏合性是硬度和黏结性的乘积值；咀嚼性是黏合性和弹性的乘积值；回复性是第2次和第3次峰面积与第1次和第2次峰的面积之比；脆性是凝胶结构破坏所需的最小压力。每个样品重复测定3次。

1.2.3 数据统计分析

用国际通用软件 SPSS13 版本，进行多配对样本非参数检验数据分析，对分析中差异显著的指标再进行深入分析，研究其协同规律，其他指标协同作为参考在本文中提出。

2 结果与分析

2.1 不同扁桃胶添加量对黄原胶质构特性的影响

由图1可知，添加10，30，50，70g/kg的扁桃胶后，黄原胶的质构曲线表现不一，说明添加不同质量分数扁桃胶的黄原胶凝胶体质构特性存在明显差异。采用多配对样本非参数检验结果得知（表1），各样本的平均秩分别为2.76，2.28，2.52，2.43，得到的卡方统计量为1558.498，相伴概率小于0.001，得出4种扁桃胶添加量对黄原胶凝胶的质构

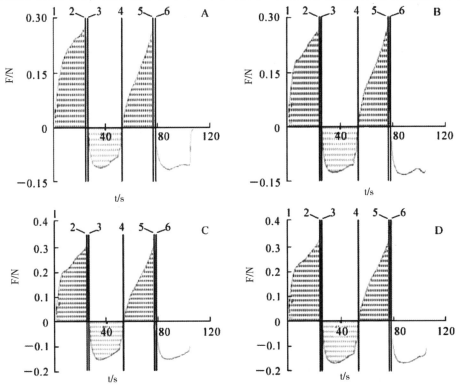

A：扁桃胶添加量为10g/kg；　B：30g/kg；　C：50g/kg；　D：70g/kg

图1　不同扁桃胶添加量对黄原胶质构特性的影响

表 1 不同扁桃胶添加量对黄原胶质构特性影响的显著性分析

处理（g/kg）	平均值	显著性分析			
		N	卡方统计量	自由度	相伴概率
10	2.76				
30	2.82	20950	1558.498	3	P<0.01
50	2.52				
70	2.43				

特性影响达到极显著差异。说明有必要对黄原胶与扁桃胶协同后质构特性的指标进行分析，进一步检测两者的协同效果与影响的具体指标。

进一步对扁桃凝胶质量分数与质构特性各参数之间的关系进行方差分析，结果见表 2。从表 2 最后一列可以看出，不同扁桃胶添加量对黄原胶的黏附性影响的相伴概率值小于 0.01；不同扁桃胶添加量对黄原胶的硬度影响的相伴概率值为 0.0173。由此可见，不同扁桃胶添加量的黄原胶黏附性差异达到极显著水平，硬度差异达到显著水平。

表 2 不同扁桃胶添加量对黄原胶质构特性各参数影响的方差分析结果

方差来源		方差和	自由度	均方差	F 值	相伴概率
硬度	不同处理	69.056010	3	23.018670	6.221748 *	0.0173
	随机误差	29.597687	8	3.699711		
	合计	98.653697	11			
脆性	不同处理	0.039410	3	0.013137	1.297373	0.3402
	随机误差	0.081005	8	0.010126		
	合计	0.120416	11			
黏附性	不同处理	31793.211600	3	10597.740520	12.087400 **	0.0024
	随机误差	7014.053520	8	876.756690		
	合计	38807.275100	11			
弹性	不同处理	0.000140	3	0.000047	0.006366	0.9992
	随机误差	0.058753	8	0.007344		
	合计	0.058893	11			
黏结性	不同处理	0.003687	3	0.001229	0.326786	0.8062
	随机误差	0.030087	8	0.003761		
	合计	0.033774	11			
联合性	不同处理	46.784043	3	15.594681	3.430308	0.0725
	随机误差	36.369164	8	4.456146		
	合计	83.153207	11			
咀嚼性	不同处理	45.036360	3	15.012120	2.330648	0.1506
	随机误差	51.529424	8	6.441178		
	合计	96.525784	11			

（续）

	方差来源	方差和	自由度	均方差	F 值	相伴概率
	不同处理	0.000134	3	0.000045	9.239616	0.0056
硬度	随机误差	0.000039	8	0.000005		
	合计	0.000173	11			

注：* 为显著差异；** 为极显著差异。

2.2 不同扁桃胶添加量对黄原胶质构特性各指标变化规律的影响

从图2a 可以看出，黄原胶的硬度随着扁桃胶添加量的增加，表现出先略降低然后急骤上升的变化过程。当扁桃胶添加量为 10~30g/kg 时，硬度随着扁桃胶添加量的增加而轻微减弱，当添加量为 30~70g/kg 时，硬度随扁桃胶添加量的增加而增强，总体变化规律呈"V"形。黄原胶的黏附性则随着扁桃胶的添加量增多，而持续下降。从图2b 可以看出，当扁桃胶添加量为 10~70g/kg 时，黄原胶的黏合性和咀嚼性均表现出持续升高。从图2c 可以看出，黄原胶的脆性和弹性在扁桃胶质量分数为 10~30g/kg 时，脆性增强，弹性减弱；30~50g/kg 时，脆性减弱，弹性增强；但是当扁桃胶质量分数为 50~70g/kg 时，脆性增强，而弹性无明显增减。这说明扁桃胶添加量超过 50g/kg 的添加量对黄原胶的弹性已

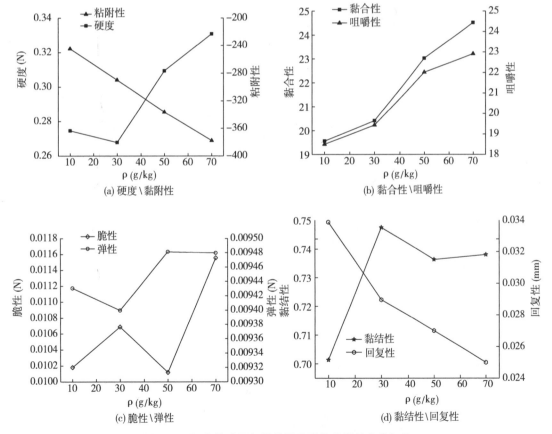

(a) 硬度\黏附性   (b) 黏合性\咀嚼性

(c) 脆性\弹性   (d) 黏结性\回复性

图2 不同扁桃胶添加量黄原胶质构特性的变化规律

无影响。从图 2d 可以看出，黄原胶的黏结性在扁桃胶添加量为 $10 \sim 70 \mathrm{g/kg}$ 时，表现出上下波动的不稳定变化态势，回复性则持续降低。这说明扁桃胶添加后，黄原胶受到外力损伤后不容易恢复原状，这与硬度的增加也有一定关系。

从表 2 也可知，黄原胶凝胶体的硬度和黏附性对扁桃胶的添加反应明显，经方差分析，均达到显著水平，在食品工业应用时应充分考虑。其余指标均未达到显著水平，可以作为推测变化趋势的参考。

3 结论

4 种不同质量分数扁桃胶的添加量对黄原胶凝胶的质构特性影响达到极显著差异。不同扁桃胶添加量对黄原胶黏附性的影响达到极显著水平，对硬度的影响差异达到一般显著水平。黄原胶的硬度随着扁桃胶添加量的增加，表现出先略降低然后急骤上升的变化过程。当扁桃胶添加量为 $10 \sim 30 \mathrm{g/kg}$ 时，硬度随着扁桃胶添加量的增加而轻微减弱，当添加量为 $30 \sim 70 \mathrm{g/kg}$ 时，硬度随扁桃胶添加量的增加而增强，总体变化规律呈 "V" 形。黄原胶的黏附性则随着扁桃胶的添加量增多，持续下降。黏合性和咀嚼性呈持续上升态势，弹性和脆性呈现 "N" 形，黏结性呈不稳定波动，回复性呈持续下降态势。说明扁桃胶与黄原胶协同形成的共混凝胶体，其质构特性的变化规律呈现多样性。

酶解—重力法测定膳食纤维中SDF与IDF的研究[*]

谢碧霞　谢涛　钟海雁

（中南林学院，湖南株洲 412006）

测定食物纤维的方法有很多，但由于组成膳食纤维（DF）的成分相当复杂，各种分析测定方法总存在难以克服的缺点。1969 年，Southgate 采用先萃取再比色的方法测定出食品及其原料中膳食纤维的含量，Theander、Aman（1979）和 Englyst（1981）先后采用气相色层分析法测得了膳食纤维中某些组分的含量，然而这些方法相当费时。与此同时，各种测定膳食纤维的方法不断涌现。如 WanSoest 和 Wine 的洗涤剂测定法（1967），Robertson、VanSoest 和 Schaller 的洗涤剂-淀粉酶结合法（1977），Elchazly、Thomas 等的蛋白酶-淀粉酶法。上述方法的缺点是：测出的只是水不溶性膳食纤维（IDF）成分，而果胶、树脂和部分半纤维素等可溶性多聚糖则是膳食中食用纤维发挥生理功能的重要组分。Furda 等 1981 年研究出了酶解-重力分析法，先用无水乙醇沉淀多聚糖等水溶性膳食纤维（SDF），再过滤、离心分离即可测得 SDF 的含量。这种方法测定的膳食纤维包含了 IDF 和 SDF 的量，但酶解、离心分离时间过长（20~30h）。1993 年 Asp、Johanssom 对 Furda 法进行了改进，通过使用一种高温耐热性淀粉酶，大大缩短了酶水解的时间（仅需 2~3h）。

目前，关于膳食纤维测定方法的研究集中在两个方面：一是使用的酶系能在尽可能短的时间内完全水解蛋白质和淀粉等非 DF 成分，二是找到一种能从可溶性的蛋白质和淀粉中尽快分离出膳食纤维的提纯方法。

本文通过几种常用膳食纤维测定方法的比较，从而介绍了一种既能快速测定 IDF 和 SDF 量，又能测定总 DF 量的酶解-重力分析法。

1　几种常用膳食纤维测定方法的比较

目前，膳食纤维（DF）研究中比较常用的几种测定方法有：粗纤维测定法（Crude fiber method）、酸性洗涤剂法（Acidic detergent method）、中性洗涤剂法（Neutral detergent method）等。这三种膳食纤维测定方法的比较如下表 1 所示。

表 1　三种膳食纤维测量方法的比较

方法	所用试剂	测定的 DF 组分	优（缺）点
粗纤维测定法	强酸强碱、石油醚、乙醚、乙醇	降解程度不等的纤维素和木质素（约 97%），少量蛋白质、半纤维素、戊聚糖，若干无机盐	操作困难，DF 流失严重；半纤维素 80%、纤维素 20%~40%、木质素 33%~96%

＊本文来源：经济林研究，2001，19（3）：18-20。

（续）

方法	所用试剂	测定的 DF 组分	优（缺）点
酸性洗涤剂法	1%酸性洗涤剂（十六烷基三甲基溴化铵）	ADF 包含全部纤维素、全部木质素、少量无机盐、含氮物质减少	操作简便，分析结果接近于食品中 DF 的实际含量
中性洗涤剂法	中性洗涤剂（月桂基硫酸钠、乙二醇独乙醚等）	NDF 又称为植物细胞壁，它包括半纤维素、纤维素、木质素、角质和二氧化硅等部分	抽提出的矿物质较多，易堵塞滤器

由表 1 可看出，上述三种测定方法具有的共同特点是：测定出的组分绝大部分是 IDF，而 SDF 却很少，都不能代表食品中真实的 DF 含量。

2 IDF 和 SDF 快速酶解–重力测定法

2.1 化学试剂

0.1M 磷酸盐（钠盐）缓冲溶液（pH 6.0）、4M HCl 溶液、4M NaOH 溶液、无水乙醇、丙酮、硅藻土–545（使用之前应经酸洗和灰化处理）。

以上试剂均为分析纯。

2.2 酶试剂

Termamy160ml（丹麦 NOVO 公司生产的一种高温耐热性 α–淀粉酶，100℃时仍具有很强酶解活力，用时现配）、胃蛋白酶 1×NF（德国 Merck 公司生产）、胰蛋白酶 4×NF（荷兰 GistBrocades 公司生产）。

2.3 主要仪器设备

精密电子天平、pH 计（PS–8 型）、胶体磨、水浴恒温振动器（SHY–2 型）、电热鼓风式恒温烘箱（101A–3 型，数显）、索氏抽提器、多孔坩埚（孔径 40~90μm）、马福炉等。

2.4 测定方法

2.4.1 步骤

样品制备：湿样被均质后再冻干，所有样品都用 0.3mm 孔径的胶体磨磨碎，并在 105℃下干燥至恒重；若油脂含量超过 6%~8% 时，在 40~60℃下用无水乙醇与石油醚（1∶1，v/v）萃取脱除油脂。

酶水解：称取 1g 样品（精确至 0.1mg）（W）转入锥形瓶中，加入 25ml 0.1M pH 6.0 的磷酸盐（钠盐）缓冲溶液，振荡混合均匀；加 100μL Termamy1，用铝箔覆盖瓶口，在沸水浴中水解 15min（水解同时加以适当的振荡）；取出冷却，加入 20ml 蒸馏水并用 4MHCl 溶液调 pH 至 1.5，用少量蒸馏水冲洗电极；加入 100mg 胃蛋白酶，盖住瓶口，在 40℃水浴中边振摇边水解 1h；加 20ml 蒸馏水，用 4MNaOH 溶液调 pH 至 6.8，用 5ml 蒸馏水冲洗电极；加入 100mg 胰蛋白酶，盖住瓶口，在 40℃水浴中边振摇边水解 1h。

过滤：上述酶解液用 4MHCl 溶液调 pH 至 4.5，然后用干燥至恒重的多孔坩埚（包括 0.5g 作为助滤剂的干燥硅藻土）过滤，再用 20ml 蒸馏水冲洗滤渣 2 次，滤渣和滤液的处理分别如（A）和（B）所示。

（A）滤渣（IDF）的处理过程：用 20ml95% 的乙醇冲洗 2 次，再用 20ml 丙酮冲洗 2 次；于 105℃ 烘箱中干燥至恒重，在干燥器中冷却后称重（D_1）；在 550℃ 下灰化至少 3h（视样品而定），于干燥器中冷却后称重至恒重（I_1）；

（B）滤液（SDF）的处理过程：混合滤液和洗涤液并调至 100ml，加 400ml60℃95% 的乙醇，静置沉淀 1h（也可缩短）；用干燥至恒重的多孔坩埚（包括 0.5g 作为助滤剂的干燥硅藻土）过滤，再用 20ml78% 的乙醇溶液和 20ml 丙酮各冲洗 2 次，在 105℃ 烘箱中干燥至恒重，置干燥器中冷却后称重（D_2）；在 550℃ 下灰化完全，于干燥器中冷却后称重至恒重（I_2）。

空白对照：不称取样品重复上述步骤，测得两个对照值 B_1、B_2。

2.4.2 计算

$$IDF\% = \frac{D_1 - I_1 - B_1}{W} \times 100 \qquad SDF\% = \frac{D_2 - I_2 - B_2}{W} \times 100$$

式中：W——样品重（g）；D——干燥后滤渣+坩埚重（g）；I——灰化后灰分+坩埚重（g）；B——空白对照值（g）。

2.5 用于总膳食纤维的测定

此法也可用于测定总膳食纤维含量，在酶解处理后的样品液中直接加入 4 倍体积 95% 的乙醇沉淀 DF，以后的步骤同滤液（SDF）的处理过程。Asp 等研究结果表明，用此法同时测定总 DF、IDF、SDF，则总 DF 值与 IDF、SDF 值之和基本一致。作者用此法分析了竹笋类 DF 和车前草 DF，也得出类似的结论（见表 2）。

表 2　酶解-重力分析法测定竹笋类膳食纤维（DF）结果

产品名称	膳食纤维种类		
	总 DF	IDF	SDF
未处理笋渣	49.80	48.30	2.46
发酵笋渣 DF	59.13	47.27	10.80
酸碱处理 DF	51.10	48.90	1.86
毛竹笋壳 DF	71.35	68.66	8.39
杂竹笋壳 DF	76.29	69.78	7.98
车前草细粉	57.23	24.63	32.31

3　讨论

（1）本法具有如下优点：①分析装置简单，酶水解时间（仅需 2~3h）较短，1 天能分析 10~15 个样品。②测定结果几乎包含了样品中所有膳食纤维组分，很简便地得到样品中 IDF 和 SDF 的含量。③酶解效率可以通过分析滤渣成分检测。④测定误差较小且非常恒定，不随样品中 DF 含量而发生大的变化。

（2）在酶解完成后，90%以上的酶蛋白溶解于 78%的乙醇中，3.0%混入 IDF 中，3.75%进入 SDF 中，硅藻土也吸附相当于 0.2%的 IDF 和 0.1%的 SDF 的酶蛋白；另外，还有少部分未被完全水解的蛋白质和淀粉。以上蛋白质和淀粉的残留问题可以通过空白对照试验予以修正。

（3）当脂肪含量高于 6%～8%时，必须用索氏抽提法脱除脂肪；否则，脂肪的存在将影响酶解的最佳条件。为了减少酸溶性膳食纤维的损失，必须严格控制胃蛋白酶的水解条件；否则，滤渣中未水解蛋白质的量增加。

（4）本法用于测定蛋白质含量较低的样品时，可通过空白试验予以消除；但若样品中蛋白质含量较高，则用凯氏定氮法测定蛋白质的含量，再加以修正。

发酵竹笋膳食纤维对小鼠肠蠕动作用的实验研究[*]

江年琼　谢碧霞　何钢　李安平　谢涛

（中南林学院资源与环境学院食品科学与工程教研室，湖南株洲 412006）

竹属禾本科竹亚科多年生木本植物，主要分布于东南亚、非洲中部、南美洲，我国主要分布于长江流域以南，竹笋肉质鲜嫩，清脆可口，但在加工过程中，约有50%左右的笋体被作为"废料"丢弃，竹笋原料浪费较严重。本文研究探讨发酵竹笋膳食纤维（FBDF）对小鼠肠蠕动的影响，旨在为充分开发和利用竹笋提供科学依据。

1 炭末推进试验

1.1 材料

活性炭，灌胃针，注射器，卷尺，玻璃板，菌种。

1.2 动物

健康昆明种小鼠，清洁级，雌雄各半，体重 20~25g，购于湖南中医学院实验动物室。

1.3 发酵膳食纤维制备

由 A、B 两种配方发酵而成，具体工艺如下：

菌种→接种→试管培养→接种→三角瓶培养↘

竹笋原料→洗剔→清洗→剁碎→磨浆→调配→装瓶

↓

过筛←粉碎←干燥←笋渣←榨汁←发酵←接种←灭菌

↓

膳食纤维。

操作要点：

选剔：取湖南株洲产毛竹无虫蛀的笋体基部——笋体第二轮根芽点至以下的笋蔸部分作为原料。

磨浆：水：竹笋=3：2。

调配：在笋浆中加入脱脂奶粉和蔗糖，含量分别为 10% 和 3%，并搅拌使之溶解。

灭菌：将笋浆装入瓶中，在 121℃ 下灭菌 15~20min，冷却至室温。

接种：在已灭菌冷却后的浆液中，加入不同比例已制备好的嗜热链球菌和保加利亚乳

＊本文来源：营养学报，2002，24（4）：439-440.

酸杆菌发酵剂（菌种混合发酵后的发酵剂），接种量为3%~5%。

培养：在41℃的恒温培养箱中培养20h左右，当pH为3.9~4.1时，再置于4~6℃的冷柜中后发酵12h。

榨汁和干燥：将发酵好的竹笋浆榨汁，然后将笋渣70℃，66.65kPa真空干燥。

粉碎：干燥后的竹笋纤维用粉碎机粉碎，过160目筛即得到浅黄色，具有竹笋清香味、口感良好的FBDF。

1.4　肠蠕动实验

将昆明种小鼠50只，按体重、性别分层随机分为5组，即A配方两组：发酵竹笋膳食纤维A大剂量组（A），其配比为10%；发酵竹笋膳食纤维A小剂量组（A_1），其配比为5%；B配方两组：发酵竹笋膳食纤维B大剂量组（B），其配比为10%；发酵竹笋膳食纤维B小剂量组（B_1），其配比为5%；空白对照组（10%的未发酵膳食纤维）。

将各组动物禁食24h，然后将含炭末10%的上述膳食纤维分别按0.2ml/10g体重灌胃，灌胃后35min颈椎脱臼处死，立即剖腹取出肠胃，平铺于玻璃板上，测量炭末头端在肠管内的移动距离和小肠全长（从幽门至回肓部），计算推进百分率。即：

$$炭末推进百分率（\%）=\frac{炭末前段到幽门的距离}{小肠全长}\times100$$

1.5　小鼠便秘模型实验

将昆明种小鼠随机分为5组，即A配方：发酵竹笋膳食纤维A20%（A_2）和10%（A_3）组。B配方：发酵竹笋膳食纤维B 20%（B_2）和10%（B_3）组以及空白对照组（0.9%NaCl）。各组均禁水不禁食，72h之后，见小鼠外观干瘪，有竖毛，活动少，尿色深黄，大便干结成圆球状，含水量由正常的60%~70%下降为30%~40%，可灌胃对应的FBDF，并给予饮水，将灌胃后的小鼠，每组放在一铺有干燥滤纸的干燥器中，收集各组灌胃后1、2、3h的大便，并记录各组大便总次数和大便总量，结果经t检验处理。

1.6　统计分析

结果用$\bar{x}\pm s$表示，t检验进行组间比较。

2　结果与讨论（表1，2）

Table 1　Effect of fermenting bamboo-shoots dietaryfibers A and B on intestinal peristalsis（$\bar{x}\pm s$）

Group	n	Fermenting bamboo-shoots dietary fiber（%）	Intestinal peristalsis（%）
A	10	10	0.981±0.081[a]
A_1	10	5	0.778±0.093
B	10	10	0.976±0.080[a]
B_1	10	5	0.847±0.122
Control	10	10	0.602±0.078

a：$P<0.05$ compared with control group；* : not fermenting bamboo shoots dietary fiber.

Table 2　Effect of fermenting bamboo-shoots dietaryfibers A and B on constipation（*g*，*n* =10）

Group	*n*	Fermenting bamboo-shoots dietary fiber（%）	Weight of stools（g）			Total weight of stools（$\bar{x}$±s）
			1h	2h	3h	
A$_2$	10	20	0.130	0.150	0.300	0.180±0.092
A$_3$	10	10	0.380	0.370	0.510	0.416±0.078[b]
B$_2$	10	20	0.180	0.120	0.140	0.145±0.022
B$_3$	10	10	0.390	0.320	0.450	0.383±0.063[b]
Control			0.090	0.100	0.140	0.108±0.015

b：$P<0.05$ compared with control group；A$_2$，A$_3$：10% and 5% bamboo-shoots dietary fiber A respectively；B$_2$，B$_3$：10% and 5% bamboo-shoots dietary fiber B respectively；control：0.9% NaCl.

表 1，2 可以看出：FBDF 的 A、B 配方的配比为 10%时，无论是对正常小鼠的肠蠕动还是对便秘模型小鼠的肠蠕动都有较显著的作用，且 A、B 两者的作用无明显差异，说明这两种不同调配方法所得到的 FBDF 对小鼠肠蠕动的作用相近。

在预试时，我们曾选用了 20%的配比，但在实验中发现，该配比对实验小鼠造成了不同程度的便秘。主要表现为排便时间延长，大便干结等。未发酵的竹笋膳食纤维尤其明显。而配比为 5%时也无统计学意义，这说明在补充膳食纤维时，既要注重质，又要考虑量，并非多多益善。对于 FBDF 促进肠蠕动作用的机制还有待进一步研究。

竹笋抗氧化活性比较研究[*]

竹笋抗氧化活性比较研究*

李安平　谢碧霞　陶俊奎　王俊

（中南林业科技大学食品学院，湖南长沙 410004）

　　果蔬中天然抗氧化物质包括多酚类物质、抗坏血酸、α-生育酚、β-胡萝卜素等。研究表明，果蔬中的抗氧化物质及膳食纤维保健功能。竹笋是一种传统森林蔬菜。富含膳食纤维和单宁等成分，具有减肥、抑菌、抗肿瘤等生理功效，但尚未见有关抗氧化活性的研究报道。本研究对 4 种竹笋提取物的抗氧化活性进行比较，为其功能特性研究提供理论依据。

1　材料与方法

1.1　样品处理

　　新鲜毛竹春笋 *Phyllostachys pubescens*、早竹笋 *Ph. praecox*、麻竹笋 *Dendrocalamus latiflorus* 和苦竹笋 *Pleioblastus amarus* 采自湖南长沙大围山实验林场。原料洗净后切成约 4cm×4cm 的小块，然后置于温度为 55℃的烘箱中干燥。当水分含量约 6% 时，将其粉碎并过 60 目筛，得干样品粉末。

1.2　试剂

　　ABTS［2，2′-azinobis（3-ethylbenzothiazol ine-6-sulphonic acid）］，DPPH（1，1-diphenyl-2-pierylhydrazyl），trolox（6-Hydroxy-2，5，7，8-tetram ethylchroman-2-carboxylic acid），芦丁（Rutin）均为美国 Sigma 公司生产，其余试剂为国产分析纯。

1.2　仪器设备

　　紫外分光光度计（岛津 UV2501 型）；旋转蒸发仪（瑞典布奇）。

1.3　竹笋抗氧化物质的提取

　　准确称取 500mg 竹笋干样品粉末，用 50% 的甲醇溶剂 40ml 振荡萃取 2h，接着用 70% 的丙酮溶剂萃取 2h。萃取液过滤，残渣用 2500g 离心力离心 15min，所得上清液与过滤滤液合并。重复萃取 3 次，合并所有萃取液用 50℃的旋转蒸发器浓缩，并冷冻干燥，后用无水乙醇溶解成所需的各种浓度。

1.4　DPPH 法抗氧化活性的测定

　　将 5ml 的待测液加入 5ml 的 0.16 mmol/L 浓度的 DPPH 溶液中，混合均匀后于 25℃水

＊本文来源：营养学报，2008，30（3）：321-323.

浴中反应 15min，测定其在 517nm 的吸光度（A_i）。以 5ml 无水乙醇替代提取液测空白吸光度（A_0）。不同提取液平行测定 3 次，DPPH 自由基清除率可按以下公式计算。清除率越大，表示该样品的抗氧化活性越强。

$$清除率（\%）= \left[（A_0-A_i）/A_0\right]×100$$

式中：A_0 为空白的吸光度；A_i 为完成反应后的吸光度。

1.5 ABTS 法抗氧化活性的测定

将 15μmol 的 H_2O_2 0.5ml，2mmol 的 ABTS 0.5ml 和 0.5ml 的山葵过氧物酶混合反应后，测定其在 734nm 时的稳定吸光度（A_0），接着加入浓度为 50mg/kg 的竹笋提取物 0.5ml。混合均匀后置于阴暗处 15min，直到反应完成达到稳定，再次测定其吸光度（A_i）。不同提取液平行测定 3 次，ABTS 自由基清除率可按以下公式计算。清除率越大，表示该样品的抗氧化活性越强。

$$清除率（\%）= \left[（A_0-A_i）/A_0\right]×100$$

式中：A_0 为空白的吸光度；A_i 为完成反应后的吸光度。

1.6 标准曲线的绘制及总酚的测定

没食子酸（gallic acid，GC）作标样制作标准曲线。称取 0.139g 焦性没食子酸用蒸馏水溶解，并定容至 500ml，再在 6 支具塞试管中分别加入 0、0.6、0.8、1.0、1.2 和 1.4ml 的没食子酸标准液。稀释至 10ml 后加入 1ml Folin 试剂及 2ml 20% 的 Na_2CO_3，并在沸水浴中加热 1min。冷却后稀释至 20ml，室温静置 30min，用分光光度计测定 A_{650} 值。

根据所得吸光值制作标准曲线，回归方程为：

$$Y = 0.2024A_{650}-0.2593，复相关系数 R^2 = 0.996$$

各竹笋提取液总酚含量的测定可按上述方法加入各种试剂后测定其 A_{650}，然后代入标准回归曲线方程获得总酚含量，即没食子酸的当量含量（mg gallic acid equiv/g puree，GAE mg/g）。

1.7 抗坏血酸的测定

抗坏血酸测定用邻菲罗啉比色法测定。

1.8 统计方法

采用 SPSS11.5 软件处理，正态分布资料的两组均数比较用 t 检验。

2 结果与讨论

2.1 竹笋提取液的抗氧化活性

以分光光度法测定加入不同浓度的抗氧化剂或待测样品后的吸光度的分析法是一种筛选自由基清除剂的简便方法，在国内外有着广泛的应用。竹笋提取液与 $DPPH^+$ 和 $ABTS^+$ 自由基反应引起溶液颜色改变，从而导致吸光度发生变化。同一浓度提取液，吸光度变化越大，自由基清除率越高，抗氧化活性越强。不同浓度的提取液，吸光度不同，清除率不一样，抗氧化活性也不同。为了更准确地评价样品间的抗氧化活性，常用清除率 50% 自由基时的溶液浓度 IC$_{50}$来比较。IC$_{50}$越大抗氧化活性越小，反之越大。各种竹笋提取液和阳性对照 Trolox 溶液的 50%清除率的浓度见表 1。

从表 1 看，Trolox 和 4 种竹笋提取物均具有一定的抗氧化活性。DPPH 法，和 ABTS 法，在各种浓度溶液中 Trolox 的 IC$_{50}$均低，抗氧化活性强，比各种竹笋提取液的抗氧化活性高出 10~50 倍。4 种竹笋提取液中，两法测定的 IC$_{50}$结果相似，抗氧化活性依次是毛竹笋、苦竹笋、麻竹笋和早竹笋，其 IC$_{50}$$_{/DPPH}$ 分别为：22.54、35.55、74.83 和 105.76μg/ml，IC$_{50}$$_{/ABTS}$分别为：12.11、22.74、46.92 和 79.12μg/ml。

由于受诸多因素影响，各种抗氧化活性测定方法所得结果有时出现一些差异，影响抗氧化活性评价的可信度。DPPH 和 ABTS 两种方法测定 4 种竹笋提取液抗氧化活性之间的比较见图 1。从图 1 可以看出两法间有显著的相关性（$R=0.992$，$P<0.05$）。且能基本一致地反映竹笋的抗氧化活性的大小，具有较高可信度。

Table 1　Antioxidant effect（IC$_{50}$）of bamboo shoots extracts in DPPH radical scavenging，ABTS radical scavenging assays（$\bar{x}\pm s$）

Sample（$n=3$）	IC$_{50}$（μg/ml）	
	DPPH assay	ABTS assay
Phyllostachys pubescens	22.54±4.81[b]	12.11±4.15[b]
Ph. praecox	105.76±3.95[c]	79.12±6.44[e]
Dendrocalamus latiflorus	74.83±9.20[d]	46.92±6.65[d]
Pleioblastus amarus	35.55±3.08[c]	22.74±1.51[c]
Trolox	2.38±0.01[a]	0.54±0.00[a]

Different letters indicate that the values are significantly different at the 0.05 level. the same in table 3.

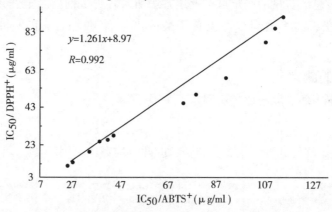

Fig.1　Correlation between DPPH assay－derived antioxidant activity and ABTS assay－derived antioxidant activity

2.2　竹笋总多酚和抗坏血酸与抗氧化活性的关系

竹笋水果、蔬菜中的抗氧化活性主要是由于含有多酚和抗坏血酸等物质。本研究测定了 4 种竹笋的多酚和抗坏血酸含量，结果见表 2。

由表 2 可知，毛竹笋与苦竹笋总多酚含量没有显著性差异，但与其他两个品种相比均具有显著性差异。4 种竹笋中以毛竹笋多酚含量高，为 120.99GAE mg/g，其次是苦竹笋和麻竹笋，早竹笋含量低，只有 89.45GAE mg/g；抗坏血酸的含量在 4 个种竹笋中也不尽相同，毛竹笋、早竹笋和麻竹笋之间的含量差异较小，但苦竹笋的含量却显著小于其他 3 种（$P<0.05$）。

4 种竹笋总酚含量与 DPPH 和 ABTS 法测定的抗氧化活性间有极显著正相关性，相关系数 R 分别达到了 0.974 和 0.976。这说明竹笋总酚含量可能是竹笋有较强抗氧化活性的重要原因之一。

抗坏血酸是常用抗氧化剂。对竹笋中抗坏血酸含量与抗氧化活性相关性比对结果采用 DPPH 和 ABTS 法测定的各种竹笋提取物的抗氧化活性与其抗坏血酸含量之间无显著相关性（R 分别为 0.379 和 0.329，$P<0.05$）。提示抗坏血酸不是竹笋抗氧化活性主要成分，但是植物中的各种天然抗氧化成分往往具有协同增效作用，抗坏血酸也可能会对多酚物质的抗氧化活性间接产生影响。

Table 2　Total phenolic and ascorbic acid content in bamboo shoots（dry matter）

Sample	Total phenolic content （GAE mg/g）	Ascorbic acid content （mg/g）
Phyllostachys pubescens	120.99±2.99a	0.98±0.11a
Ph. praecox	89.45±0.49c	1.04±0.14a
Dendrocalamus latiflorus	120.44±0.90a	0.82±0.25b
Pleioblastus amarus	112.17±1.62b	1.16±0.07a

3　讨论

竹笋不仅含有丰富的膳食纤维，而且研究表明 4 种竹笋中多酚类物质含量也很高，这与顾小平和 Shen 等人的有关研究结果相一致。竹笋膳食纤维因含有多酚类物质而具有抗氧化活性。因此，在加工制备过程中，需要采取恰当的技术措施对多酚类物质尽可能地保留，以提高膳食纤维的生理功效。4 种竹笋提取液的总多酚含量与竹笋抗氧化活性存在显著相关性，与 DPPH 和 ABTS 的相关系数分别为 0.974 和 0.976。此结果与 Ubando 和 Bartolomé 等的研究结果一致，而竹笋的抗氧化活性与其抗坏血酸含量间的相关性相对较小，与 Ubando RJ 不同，但与 Bartolomé 和 Nuria 等的所得结论一致。

竹笋采后涂膜保鲜对其木质化的影响[*]

谢碧霞　李安平　钟秋平　王森

（中南林业科技大学资源与环境学院，湖南长沙 410004）

　　竹笋为竹的幼体，代谢非常旺盛。竹笋采后，由于生理环境的变化加速了其木质化进程，最后导致笋体丧失鲜嫩可口的食用品质。在木质化过程中，竹笋的纤维素含量大量增加，细胞次生壁加厚，同时伴随着的是木质素的合成和沉积。木质素是以酚类物质为前体，经过一系列酶的催化聚合而成。苯丙氨酸解氨酶（PAL）是酚类物质合成的关键酶，而过氧化物酶（POD）是氧化木质素单体生成木质素所必需的，因此 PAL 和 POD 都能促进木质素的合成。

　　新鲜竹笋保鲜主要有冷藏法和化学保鲜法。冷藏易造成成本过高，化学保鲜剂（如亚硫酸钠等）过量使用容易给竹笋带来污染。而采用壳聚糖的涂膜保鲜，通过在笋体表面涂上一层薄膜，阻隔竹笋与外界的气体交换，能抑制呼吸，延缓衰老。本研究中探讨了采用涂膜保鲜处理后离体竹笋的不同部位和随贮藏时间延长竹笋的 PAL 和 POD 活性变化规律及纤维素和木质素的含量变化规律，以期为竹笋采后保鲜和竹笋膳食纤维的加工提供理论指导。

1　材料与方法

1.1　材料

　　毛竹笋均采自湖南长沙市大围山林场。壳聚糖、对羟基苯甲酸乙酯、明矾、次氯酸钠均为化学级。

1.2　方法

1.2.1　竹笋涂膜保鲜试验

　　将田间采挖的新鲜竹笋冲洗掉泥土，洗净，剥去笋壳，基部横截面切齐。从笋顶端向基部每隔 3cm 切取笋组织，笋长和基径要求大体一致。将切割后的竹笋用 0.1% 的次氯酸钠和 0.02% 的明矾混合液浸泡 15min，晾干后再将材料浸于涂膜剂中 1min，取出后自然晾干成膜。各种涂膜剂配方如下。

　　（1）涂膜剂配方Ⅰ：1.5% 壳聚糖。

　　（2）涂膜剂配方Ⅱ：1.5% 壳聚糖+0.2% 魔芋葡甘聚糖。

　　（3）涂膜剂配方Ⅲ：1.5% 壳聚糖+0.2% 魔芋葡甘聚糖+0.1% 亚硫酸钠。

　　* 本文来源：中南林业科技大学学报，2008，28（4）：140-144.

1.2.2 竹笋样品酶提取液的制备

涂膜保鲜处理后的竹笋置于 3℃ 的冰箱中冷藏。经过一段时间取出，清洗掉表面的涂膜层，破碎，每个样品取 1g，加入 10mL 含有 5mmol/L 巯基乙醇的 tris－HCl 缓冲液（pH 值 8.0），加 0.5g 聚乙烯吡咯烷酮（PVP），再加少量石英砂研磨，匀浆抽气过滤，滤液以 10000r/min 离心 15min，上清液即为竹笋酶提取液。

1.2.3 PAL 活性的测定

酶反应液的组成：1mL 酶液，1mL 0.02mol/L L－苯丙氨酸，2mL 蒸馏水，总体积 4mL。对照不加 L－苯丙氨酸，加 3mL 蒸馏水。

酶反应液在 35℃ 恒温水浴中保温 30 min，加 1~2 滴 5% 三氯乙酸停止酶反应，于 290nm 测 OD 值，测定时可适当稀释，使 OD 值在 0.2~0.6 之间，每产生 1μm 肉桂酸为 1 个酶单位（U）。

1.2.4 POD 活性的测定

酶反应混合液的组成：2mL 0.1 mol/L 磷酸钠缓冲液（pH 值 7.0），0.01 mol/L 邻苯三酚 1mL，0.005mol/L H_2O_2 1mL，稀释 20 倍的酶液 1mL。于 25℃ 保温 5min，加入 1.25mol/L H_2SO_4 停止反应，测 ΔOD_{420}，酶活性以产生 1mmol/L 红酚为 1 个酶单位（U）。

1.2.5 纤维素含量的测定

竹笋按节分别分段取样，烘干后混合磨粉，过 50 目筛。精确称取样品 0.1g，经醋酸－硝酸混合液处理后，再经硫酸－重铬酸钾氧化，用莫尔氏盐滴定，按下式求出纤维素含量。

$$X = 0.675K\ (a-b)\ /n$$

式中：X 为纤维素含量（%）；K 为莫尔氏盐滴定度；a 为滴定 10mL 0.083mol/L 重铬酸钾所用去 0.05mol/L 莫尔氏盐的毫升数；b 为测定纤维素所用去 0.05mol/L 莫尔氏盐的毫升数；n 为样品质量数；0.675 为纤维素标准滴定度乘 100。

1.2.6 木质素含量的测定

材料样品制备方法同 1.2.5，分析测定用莫尔氏盐滴定法，按下式求出木质素含量。

$$X = 0.433K\ (a-b)\ /n$$

式中：X 为木质素含量（%）；0.433 为木质素标准滴定度乘 100。

2 结果与讨论

2.1 涂膜保鲜对竹笋不同部位 PAL 和 POD 活性的影响

竹笋从田间挖取后，从笋尖至基部依次截取各区段部位样品，置于 3℃ 条件下冷藏 21d，然后分别测定各样品的 PAL 和 POD 活性，3 个涂膜配方组和不处理的对照组的测定结果如图 1 和图 2 所示。

从图 1、图 2 中可知，PAL 和 POD 活性变化的趋势都是由笋尖到基部逐渐增大，呈梯度分布；与对照相比，各种涂膜保鲜处理均显著降低竹笋的 PAL 和 POD 活性；与配方 I

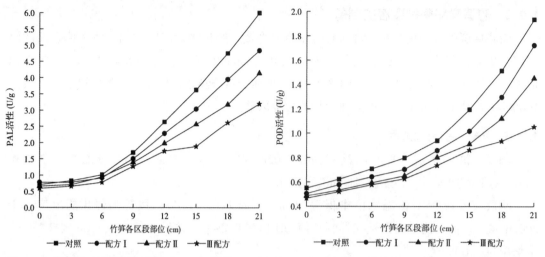

图1 涂膜保鲜对竹笋各区段部位 PAL 活性的影响　图2 涂膜保鲜对竹笋各区段部位 POD 活性的变化

相比，配方Ⅱ虽然也是在竹笋表面形成一层薄膜，但是由于加入了具有一定防腐作用的魔芋葡甘聚糖，且形成的薄膜构成的半封闭的小环境能更有效地抑制水分的蒸发及降低呼吸强度，因此其 PAL 和 POD 活性相应上升较慢；配方Ⅲ在配方Ⅱ的基础上加入了亚硫酸钠，显著抑制了 PAL 和 POD 活性的上升，延缓了竹笋的衰老。

2.2　涂膜保鲜对竹笋不同部位纤维素和木质素含量的影响

新采挖的竹笋鲜嫩，其纤维素、木质素含量都较低经过各种涂膜保鲜处理后，在3℃条件下冷藏28d，竹笋各部位的纤维素和木质素含量相应发生改变，结果如图3和图4所示。

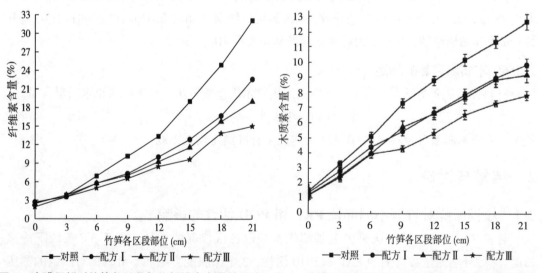

图3 涂膜保鲜对竹笋各区段部位纤维素含量的影响　图4 涂膜保鲜对竹笋各区段部位木质素含量的影响

从图3、图4中可知，竹笋各区段部位纤维素和木质素含量分布显著不同，从顶部到基部纤维素含量和木质素含量依次增加，呈梯度分布；涂膜保鲜处理后，样品的纤维素和木质素含量显著低于没有进行任何处理的对照，而且越靠近基部差距越大；配方Ⅰ和配方Ⅱ处理的样品在纤维素和木质素含量之间没有显著性差异，而配方Ⅲ由于加入了亚硫酸钠，抑制了 PAL 和 POD 的活性，所处理的样品中纤维素和木质素含量显著地低于其他处理样品。

2.3　冷藏过程中竹笋中 PAL 和 POD 活性的变化

竹笋经相应的切割保鲜处理，然后置于 3℃ 条件下冷藏，让其自然老化，其生理状况随着时间的变化相应发生改变，分别测定涂膜处理后的竹笋样品中 PAL 和 POD 活性随时间的变化，结果见图 5 和图 6。

从图 5 和图 6 中可知，各种涂膜保鲜处理后的竹笋样品中 PAL 和 POD 的活性，随着时间的延长开始逐渐增大，分别在 16d 和 12d 时达到高峰，之后 PAL 和 POD 活性逐渐下降；涂膜保鲜处理的竹笋中 PAL 和 POD 的活性均显著低于没有处理的对照；3 种处理的样品中 PAL 和 POD 的活性从高到低依次是配方Ⅰ、配方Ⅱ和配方Ⅲ，其中配方Ⅲ显著低于其他 2 种配方。

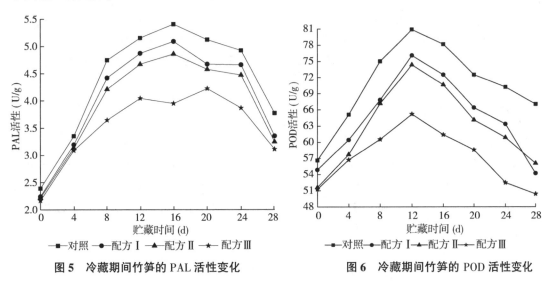

图5　冷藏期间竹笋的 PAL 活性变化　　　　图6　冷藏期间竹笋的 POD 活性变化

2.4　冷藏过程中竹笋中纤维素和木质素含量的变化

当竹笋脱离母体后，由于切口引起的"伤呼吸"，使得竹笋的木质化速度加快。笋体内部纤维素大量地合成并形成纤维束，随之也进行着木质素合成并沉积在纤维束网格中，发生木质化，细胞核组织中的纤维含量大大增加。在 3℃ 的温度下冷藏，涂膜保鲜对竹笋纤维素和木质素含量变化的影响见图 7 和图 8。

从图 7、图 8 中可知，经 28d 冷藏期间各种处理的竹笋中纤维素和木质素含量均大量增加，经 28d 冷藏，对照组、配方Ⅰ组、配方Ⅱ组和配方Ⅲ组的纤维素含量分别由开始时的 14.85%、13.78%、13.71% 和 13.52%，快速上升到 59.42%、50.16%、46.04% 和 37.52%，木质素含量分别由开始时的 4.37%、4.28%、4.25% 和 4.28% 提高到 20.16%、

16. 65%、13.86%和11.63%；各种处理中以配方3处理后竹笋的木质化速度最慢，效果最好，对照组木质化速度最快。经28d冷藏，对照组竹笋已丧失了可食用性。因此，新鲜竹笋即使经过涂膜保鲜在冷藏的条件下也须尽快食用或加工。

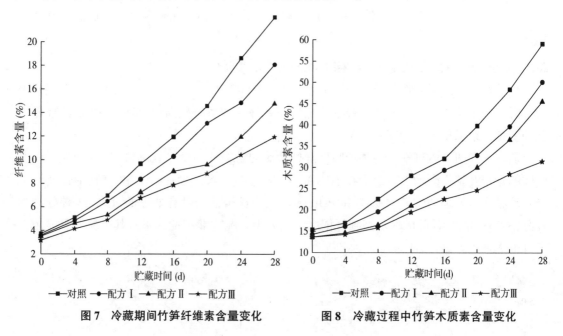

图7　冷藏期间竹笋纤维素含量变化　　　　图8　冷藏过程中竹笋木质素含量变化

3　小结

竹笋采后代谢旺盛，特别是切口的剧烈"伤呼吸"，不仅会引起水分和营养成分的丧失，而且容易导致外界病菌的侵入，导致褐变的发生，因而对竹笋的保鲜处理具有重要意义。由笋尖到基部竹笋PAL和POD活性逐渐增强，纤维素和木质素含量逐渐增大。涂膜保鲜能显著抑制竹笋PAL和POD活性以及纤维素和木质素的生成，延缓组织的霉变和衰老，使竹笋能在较长时期内保留食用价值。

发酵对竹笋膳食纤维抗营养因子及吸附能力的影响[*]

发酵对竹笋膳食纤维抗营养因子及吸附能力的影响[*]

李安平[1]　谢碧霞[1]　田玉峰[1]　古明亮[2]

(1. 中南林业科技大学，湖南长沙 411004；2. 四川茂华食品有限公司，四川眉山 620032)

膳食纤维由于具有诸多的生理活性功能，多年来一直人们研究的热点。毛竹 *Phyllostachys pubescens* 为禾本科 Gramineae 竹亚科 Bambu-soideae 刚竹属 *Phyllostachys* 多年生常绿植物。竹笋含有丰富的营养成分和大量的优质纤维。毛竹春笋罐头加工后有大量的下脚料被废弃。将竹笋罐头下脚料加工成膳食纤维，能提高竹笋加工的综合效益。但竹笋中含一定量的植酸和草酸等抗营养因子，影响人体对其中蛋白质和矿物质的吸收利用，加工过程中如能将其去除将显著提高竹笋膳食纤维的功效。

乳酸菌是对人体具有重要保健功效的益生菌。Campieri 等研究发现部分乳酸菌具有草酸代谢能力，发酵过程中产生的酶也能部分降解植酸和草酸。因此，利用从天然发酵酸竹笋中筛选分离出来的乳酸菌对竹笋进行纯种发酵，在乳酸菌发酵过程中将消耗掉或分解竹笋中少量的淀粉、糖类和蛋白质等物质，特别是降低其中的植酸和草酸等抗营养成分含量，从而提高膳食纤维纯度，改善膳食纤维的物化特性，增大膳食纤维在肠道中的微生物发酵程度，改善膳食纤维的适口性。

1　材料与方法

1.1　原材料

毛竹春笋：采自湖南长沙市大围山林场。

1.2　竹笋膳食纤维制备工艺流程

竹笋原料→选剔→清洗→切片→磨浆→调配→灭菌→冷却→接种→发酵培养→离心脱水→笋渣→漂洗→干燥→粉碎→过 120 目筛→成品

1.3　乳酸菌发酵去除草酸和植酸实验

竹笋洗净去壳后，切成小块，竹笋与水的比例按 1∶1 加入打浆机中破碎，然后配制成一定比例的竹笋浆液。浆液再经灭菌、冷却和接种等工序，在 41℃ 的生化培养箱中发酵，分别测定发酵各时间点竹笋浆液中草酸和植酸含量的变化。

1.4　矿质元素的吸附实验

取膳食纤维样品 1g，浓度为 100mg/L 的具有一定代表性的 Ca^{2+}、Zn^{2+}、Pb^{2+} 的硝酸盐

*本文来源：食品科技，2010，35（7）：96-99.

溶液 50mL 若干份，分别加入 250mL 的锥形瓶中，用 0.01mol/L 的 HNO₃ 或 NaOH 调节溶液的 pH 值至 2 和 7（模拟胃和肠道 pH 环境），置于 37℃ 的环境中不断搅拌，吸附平衡一段时间后依次取出，然后 4000r/min 离心 10min 并取样测定各溶液离子浓度，根据反应前后各离子浓度差求出膳食纤维的吸附量。

1.5 分析方法

pH 值测定：用 pHS-25 数显 pH 计直接测定；草酸测定：用铬酸钾氧化甲基红催化光度法；植酸：离子交换测定法。

2 结果与讨论

2.1 乳酸菌发酵对竹笋浆液中草酸含量的影响

从酸竹笋中分离纯化后的优良植物乳酸杆菌分别标上 Lact. 1 和 Lact. 2。竹笋浆液经调配灭菌后分别接种保加利亚乳杆菌、嗜热链球菌、植物乳杆菌 Lact. 1、Lact. 2 以及 Lact. 1 和 Lact. 2 混合菌株，接种量为 3%，然后在温度 41℃ 条件下发酵 48h。分别测定发酵过程中草酸和植酸含量的变化，结果见图 1 和图 2。

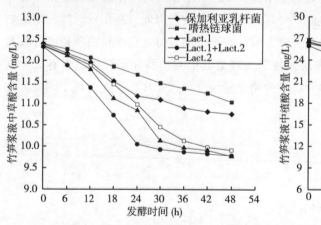

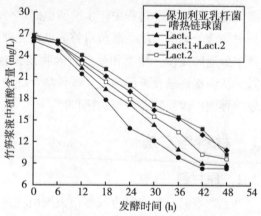

图 1　竹笋浆液 48h 发酵过程中草酸含量的变化　　图 2　竹笋浆液 48h 发酵过程中植酸含量的变化

从图 1 可以看出，竹笋浆液分别接种 5 种菌株后发酵，随着发酵时间的增加，草酸含量逐渐降低，但发酵时间超过 30 h 后，草酸含量变化幅度较小。植物乳杆菌 Lact. 1 和 Lact. 2 混合菌种、植物乳杆菌 Lact1、植物乳杆菌 Lact. 3、保加利亚乳杆菌和嗜热链球菌发酵 24h 草酸的降解率分别为 18.51%、12.29%、11.24%、9.70%、5.90%，48h 草酸降解率分别为 20.61%、20.13%、20.29%、12.77% 和 10.67%。24 h 和 48 h 的发酵均表明植物乳杆菌 Lact. 1 和 Lact. 2 混合菌株发酵能迅速地降解草酸含量，而且降解率最高。因此，乳酸发酵能清除草酸，改善膳食纤维品质，提高对人体健康的促进作用。

2.2 乳酸菌发酵对竹笋浆液中植酸含量的影响

植酸又称为肌醇六磷酸，具有强大的络合能力，易与食物中的钙、镁、锌、钾等矿物质络合，形成不溶性的盐类化合物，成为不为人体消化吸收物质。以植物为原料加工的膳食纤维一般含有植酸，这是影响膳食纤维品质的一个重要因素。竹笋浆液中分别接种 5 种乳酸菌后发酵，发酵对竹笋浆液中植酸含量影响结果见图 2。

从图 2 可以看出，随着 5 种菌种发酵时间的增加，浆液中的植酸含量也逐渐降低。分别接种植物乳杆菌 Lact. 1 和 Lact. 2 混合菌株、植物乳杆菌 Lact. 1、植物乳杆菌 Lact. 2、保加利亚乳杆菌和嗜热链球菌后，经发酵 24h 浆液中植酸降解率分别为 46.28%、34.10%、31.99%、29.23% 和 25.54%，发酵 48h 植酸降解率分别为 68.92%、65.37%、63.64%、61.63% 和 59.07%。在 5 个发酵菌株中以植物乳杆菌 Lact. 1 和 Lact. 2 混合菌株的降解最快最多，其次是植物乳杆菌 Lact. 1，最少的是嗜热链球菌。

2.3 乳酸菌发酵对膳食纤维吸附金属离子的影响

膳食纤维虽然对人体具有诸多的生理功能，但不恰当的提取方法和摄食对人体内矿物质代谢也可能造成负面影响。膳食纤维可产生类似弱酸性阳离子交换树脂的作用，可以与 Ca^{2+}、Zn^{2+}、Pb^{2+} 等离子进行可逆交换。这种可逆的交换作用必然影响到机体对某些矿质元素的吸收。发酵改变了膳食纤维中某些成分的含量，特别是草酸和植酸的含量，影响对矿质元素的吸附能力的变化。竹笋浆液分别接种各种乳酸菌发酵后，再经粉碎过筛等工序制成竹笋膳食纤维，然后在 pH 为 2 和 7（分别模拟在胃和肠道时的环境）时测定其对 Ca^{2+}、Zn^{2+}、Pb^{2+} 等离子吸附曲线，结果见图 3~5。

从图 3~5 可见，随着吸附时间的增加，经乳酸菌发酵后制备的膳食纤维对金属离子的吸附量逐渐增加，其中在 pH=2 的酸性条件下比在 pH=7 的环境中对金属离子的吸附量要高，而达到饱和平衡所需的时间大致相同，约为 40 min。从 3 种金属离子的吸附曲线可见，竹笋膳食纤维以对 Pb^{2+} 的吸附量最大，Zn^{2+} 次之，Ca^{2+} 最小。各种乳酸菌发酵制备的膳食纤维对金属离子的吸附量从大到小依次是接种植物乳杆菌 Lact. 1 和 Lact. 2 混合菌株、植物乳杆菌 Lact. 1、植物乳杆菌 Lact. 2、保加利亚乳杆菌和嗜热链球菌，这种吸附能力与其植酸和草酸减少相对应。

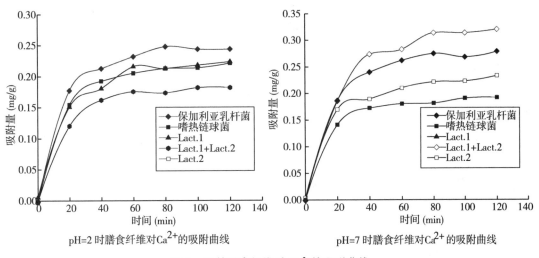

图 3 竹笋膳食纤维对 Ca^{2+} 的吸附曲线

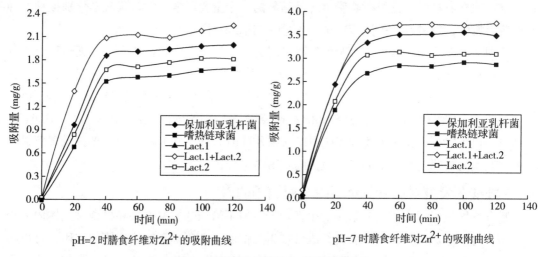

pH=2 时膳食纤维对Zn²⁺的吸附曲线　　　　pH=7 时膳食纤维对Zn²⁺的吸附曲线

图4　竹笋膳食纤维对 Zn²⁺ 的吸附曲线

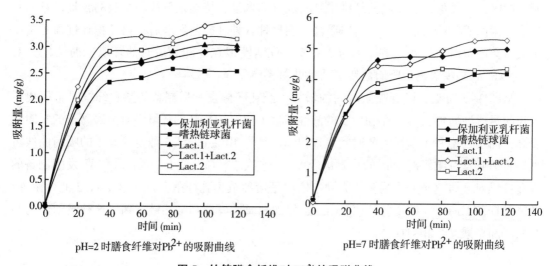

pH=2 时膳食纤维对Pb²⁺的吸附曲线　　　　pH=7 时膳食纤维对Pb²⁺的吸附曲线

图5　竹笋膳食纤维对 Pb²⁺ 的吸附曲线

3　小结

　　草酸和植酸在较宽的 pH 值范围内均带负电荷，是较强的络合剂。草酸钙结石是泌尿系统的常见病，减少草酸摄取量是预防的有效途径之一。乳酸菌在发酵过程中能降低膳食纤维中的草酸和植酸含量，降低量从高到低依次是植物乳杆菌 Lact. 1 和 Lact. 3 混合菌种、植物乳杆菌 Lact1、植物乳杆菌 Lact. 3、保加利亚乳杆菌和嗜热链球菌，而对钙、锌和铅等金属离子的吸附量排序从大到小正好相反。

竹笋膳食纤维的制备及其功能结构比较[*]

李安平　谢碧霞　王俊　田玉峰

(中南林业科技大学，湖南长沙 410004)

膳食纤维具有诸多的生理活性功能，多年来一直是研究的热点。目前的研究主要集中在制备工艺、成分分析、物化特性、功能评价和资源调查等方面。随着研究的深入，研究重点逐渐转移到膳食纤维的生理功能差异与其结构之间的关系方面，试图用结构来解释其生理功能差异。

竹笋是竹子根茎节点上发出的不成熟的膨大茎，富含优质纤维，是一种新型膳食纤维资源。膳食纤维的制备方法有很多，其中生物发酵法、酶法和酸碱化学法是常用的几种方法。由于生物发酵法安全性较高，所以发展前景看好。酸笋是利用竹笋中天然存在的植物乳酸杆菌发酵而成。用酸笋中筛选分离到的乳酸菌对竹笋进行纯种发酵，分解并消耗掉竹笋中少量的淀粉、糖类和蛋白质等物质，同时降低其中的草酸和植酸等抗营养成分含量，提高竹笋膳食纤维的纯度及其持水力、溶胀性、阳离子交换能力等功能特性。乳酸菌发酵能赋予膳食纤维独特的风味，改善口感，而且发酵后的膳食纤维使肠道中的微生物发酵降解程度提高，生理活性增强。本文以竹笋或竹笋罐头加工的下脚料为原料，分别采用乳酸发酵法、酶法和酸碱化学法 3 种方法制备膳食纤维，比较它们在化学成分、功能特性及其结构上的差异，寻找它们之间的内在联系。

1 材料与方法

1.1 原材料

毛竹春笋，采自湖南长沙市大围山林场。

1.2 仪器与设备

LC-VP 高效液相色谱仪，日本岛津；722S 分光光度计，上海精密科学仪器有限公司；SPM-9500J3 原子力显微镜，日本岛津；Nicolet A-VATAR 330FT-IR 型红外光谱仪，美国热电；SPX 型智能生化培养箱，宁波江南仪器厂。

1.3 竹笋膳食纤维制备工艺流程

（1）乳酸发酵法工艺

竹笋原料→选剔→清洗→切片→磨浆→调配→灭菌→冷却→接种→发酵→离心脱水→

＊本文来源：中国食品学报，2010，10（1）：86-92.

笋渣→漂洗→干燥→粉碎→过120目筛→成品。

（2）酸碱法工艺

竹笋原料→选剔→清洗→切片→磨浆→冲洗→乙酸溶液处理（pH2，2h）→水冲洗至pH7→NaOH溶液处理（pH12，2h）→沸水冲洗至pH7→干燥→粉碎→过120目筛→成品。

（3）酶法工艺

竹笋原料→选剔→清洗→切片→磨浆→冲洗→蛋白酶酶解（NaOH溶液调节至pH6.5）→灭酶→α-淀粉酶酶解（乙酸调节至pH4.6）→灭酶→漂洗→干燥→粉碎→过120目筛→成品。

1.4　竹笋膳食纤维成分测定

水分：采用 GB/T5009.3-2003 法测定；蛋白质：测定采用 GB/T5009.5-2003 法测定；淀粉：采用 GB/T5009.9-2003 法测定；脂肪：采用 GB/T5009.6-2003 法测定；中性纤维素（NDF）：采用中性洗涤剂法测定；酸性纤维素（ADF）：采用酸性洗涤剂法测定；纤维素=酸性纤维素；半纤维素=中性纤维素-酸性纤维素；木质素（ADL）：在十六烷基三甲氨溴化物存在的情况下处理，除去细胞内容物，然后以 12 mol/L 硫酸除净可溶性膳食纤维，得到纯净的木质素。

1.5　膳食纤维持水力、溶胀力、持油率和阳离子交换能力测定

（1）持水力：准确称取质量为 m_1 的干样品于烧瓶中，加入20℃的水浸泡1h后，用滤纸滤干，然后将其转移到质量为 m_2 的表面皿中，称取其质量 m_3。持水力 = （$m_3-m_2-m_1$）/m_1。

（2）溶胀力：称取质量为 m 的样品，置于 10mL 量筒中，测得体积为 V_1，然后加入5mL 蒸馏水，振荡均匀后室温静置 24h，读取液体中膳食纤维的体积 V_2。溶胀力 = （V_2-V_1）/m。

（3）持油力：取质量为 m_1 的样品与 20mL 茶油于 50mL 离心管中混合，每隔 5min 振荡 1 次，30min 后将混合物置于转速为 1600 r/min 的离心机中离心 25min，除去上层的茶油后的样品质量为 m_2。持油力 = （m_2-m_1）/m_1。

（4）阳离子交换能力：称取膳食纤维样品 300mg 放入 30mL 0.01mol/L HCl 溶液中，于4℃冰箱中静置12h后用蒸馏水清洗至导电率小于 5μs；取 100mg 酸化样品，以酚酞作指示剂，用 0.02mol/L KOH 溶液滴定，当溶液变微红时停止滴定，振摇三角瓶，褪色后再滴，振摇 5min 后仍不褪色的视为终点，计算其阳离子交换容量。

1.6　膳食纤维的原子力显微观察试验

竹笋经适当破碎后，分别经酸碱法、酶法和乳酸发酵法处理，取较大块压制干燥成表面平整的纤维块，接着打磨表面提高表面光洁度，再将其固定在样品台上用原子力显微镜（atomicforcemi-croscope，AFM）观测。测试工作在室温下进行，湿度 50%～60%。显微探针为 Si3N4，悬臂的弹性常数为 0.58。

1.7　膳食纤维的红外光谱测试试验

为验证 3 种方法制备的竹笋膳食纤维结构特征的变化情况，分别取 3 种样品和对照各

2mg，在玛瑙研钵中与磨细干燥的 KBr（150mg）混合均匀，在压片机中制成膜片，然后检测。

1.8 统计方法

试验数值以均数±标准偏差（$n=3$）表示。正态分布资料的两组均数比较采用 t 检验。统计分析采用 SPSS11.5 软件处理，显著性界值 P 设定为 0.05。

2 结果与讨论

2.1 3 种膳食纤维的主要化学组成

采用酸碱法、酶法和乳酸发酵法 3 种工艺制备的竹笋膳食纤维化学组成见表 1。由表 1 可以看出，不同制备方法所得竹笋膳食纤维在水分、蛋白质、SDF、IDF 和 TDF 含量上有显著性差异（$P<0.05$），而在淀粉和脂肪含量上没有差异。经酶法和发酵法处理制备的竹笋膳食纤维在蛋白质和 SDF 含量上比酸碱法处理所得明显要高（$P<0.05$），而水分、IDF 和 TDF 含量显著低于酸碱法处理所得（$P<0.05$）。

表 1 不同方法制备的 3 种膳食纤维的主要化学组成（%，干基）

制备方法	水分	蛋白质	淀粉	脂肪	SDF	IDF	TDF
酸碱法	5.26±0.18a	2.32±0.12a	0.38±0.11	0.09±0.05	0.22±0.16a	90.45±0.34b	90.52±0.16b
酶法	6.35±0.20b	3.31±0.19b	0.45±0.07	0.12±0.07	2.06±0.15b	87.08±0.28a	89.16±0.13a
乳酸发酵法	6.48±0.19b	3.28±0.09b	0.47±0.08	0.16±0.08	2.31±0.17b	86.53±0.21a	88.10±0.15a

注：不同字母表示 t 检验具有显著性差异（$P≤0.05$），下同。

对膳食纤维改性就是去除原料中的蛋白质、可溶性糖类和脂肪等物质。乳酸菌发酵过程中需要提供一定的碳源和氮源。竹笋浆液中含有的丰富的蛋白质和糖类物质等正好满足乳酸菌发酵所需，在发酵过程中还能产生具有一定生理活性功能的中间代谢产物。总之，竹笋浆液中的乳酸菌发酵对膳食纤维的化学组成产生影响，提高其生理功效。

2.2 3 种制备工艺对膳食纤维物化特性的影响

3 种工艺制备的竹笋膳食纤维经干燥、粉碎、过 120 目筛后，测定各样品的物化特性，结果见表 2。酶法和乳酸发酵处理所得竹笋膳食纤维的持水力和持油力显著低于酸碱法处理（$P<0.05$），而在溶胀力和阳离子交换能力方面，3 种膳食纤维间没有显著差异（$P>0.05$）。此结果与表 1 中 TDF 含量相一致。

表 2 不同方法制备的膳食纤维物化特性比较

制备方法	持水力（g/g）	溶胀力（mL/g）	持油力（g/g）	阳离子交换能力（mmol/g）
酸碱法处理	9.58±0.17a	6.98±0.09	11.12±0.26a	0.81±0.05
酶法处理	9.13±0.21b	7.16±0.11	10.41±0.17b	0.79±0.09
乳酸发酵法处理	9.10±0.13b	7.14±0.15	10.25±0.13b	0.80±0.03

2.3 3种膳食纤维的原子力

由于膳食纤维的相对分子质量大，结构复杂，自身常存在结构缺陷，所以无法得到良好的晶形，对其二级结构以及高级结构的研究比较困难。原子力显微镜（atomicforcemicroscope，AFM）是利用其探针与样品间的作用力来研究物质属性的显微工具。AFM对样品表面形貌进行纳米级表征，对大分子结构的膳食纤维进行直观的立体探测。3种方法制备的竹笋膳食纤维及未经处理的竹笋纤维（对照）的原子力显微二维和三维图谱见图1。

由图1可看出，3种膳食纤维表观结构均呈波状起伏的山峰状结构，波峰和波谷有5nm左右不等的高度差，并且不同波峰和波谷之间也存在着纳米级别的高度差，表明膳食纤维表面呈高、低起伏状。对照、酸碱法、酶法和乳酸发酵法处理所得竹笋膳食纤维表面最高波峰分别为400、1600、1200和800nm。其中酸碱法处理的膳食纤维的表面山峰更为陡峭，且尖峰多；酶法处理次之，对照表面最平整。这种表面凸凹排列与表1中4种处理的膳食纤维中淀粉和蛋白质含量排序相一致。处理过的淀粉和蛋白质类的填充物质被清除，而竹笋的骨架，包括纤维素和木质素等被保留下来。酸碱法处理对淀粉和蛋白质类的物质清除最多，因此膳食纤维表面凹凸不平显著，沟壑和空隙最多。膳食纤维表面波峰的高低和沟壑多少也反映了膳食纤维持水力和溶胀力等的变化情况。

2.4 3种膳食纤维的傅立叶红外光谱比较

红外光谱的吸收峰位移和吸收强度与各原子振动频率有关，特别是与膳食纤维化学组成和化学键类型密切相关。有研究表明竹纤维主要由在主链糖元的C-3和C-4上带有支链的β-（1，4-bonded-Galp）半乳聚糖构成。采用酸碱法、酶法和乳酸发酵法处理工艺制得的竹笋膳食纤维和未经处理的竹笋纤维对照的红外吸收光谱见图2。

根据有关纤维的红外光谱资料和本试验结果，不同工艺制备的膳食纤维的红外吸收光谱基本相似，均有强宽的O-H伸缩振动峰、C-H伸缩振动峰和N-H伸缩振动峰等；物质组成和化学键类型也基本相同。由于蛋白质、脂类等物质含量不同，所以不同工艺制备的膳食纤维的峰值有所区别。

竹笋膳食纤维在3420cm附近的峰是由一些游离羟基和氢键缔合形成的伸缩振动吸收，是所有纤维素的特征谱带。对照、酸碱法处理、酶法处理和乳酸发酵法处理所得竹笋膳食纤维在3500~3400cm处的OH伸缩振动峰分别为3421.89、3422.481、3420.27和3421.74cm；4种处理在2920cm附近的吸收峰是由C-H伸缩振动形成，强度较弱，也是特征峰，分别为2926.69、2923.82、2925.05和2926.15cm；4种处理在1655~1645cm区间的吸收峰是由所含水分引起的，分别为1647.00、1646.69、1647.43和1654.32cm；未经任何处理的竹笋纤维对照在1700~1780cm区间有一波峰1743.32cm，这是羰基峰和水分吸收峰组合而成的，酶法和乳酸发酵法处理的样品上也有一明显的小峰，分别为1737.24cm和1735.20cm，这是羰基伸缩振动的峰，而纤维素中没有羰基，说明此处有半纤维素的峰出现。酸碱法处理的图谱中该峰不明显，说明半纤维素发生了水解。在1500~1570cm区间有一系列小峰，它们是苯环的特征峰。竹笋膳食纤维中只有木质素存在苯环，说明原样中含有木质素。在4种样品中均可以找到此峰，说明3种处理仍残留部分木质

注：a.对照 b.酸碱法处理 c.酶法处理 d.乳酸发酵处理

图1 竹笋膳食纤维原子力显微二维和三维图谱

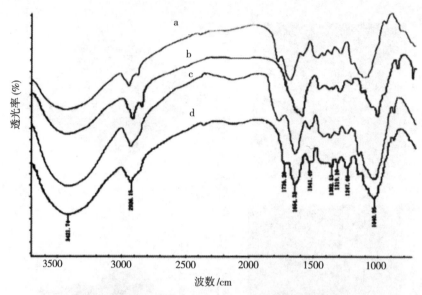

图2 不同工艺方法制备的竹笋膳食纤维的红外光谱图

注：a. 对照 b. 酸碱法处理 c. 酶法处理 d. 乳酸发酵法处理。

素。只是酸碱处理样品的波峰较小，表明含苯环的木质素部分被去除。

3 结论

（1）竹笋是深受人们喜爱的传统森林蔬菜，其营养特点是富含优质纤维素，是一种新型膳食纤维资源。不同工艺制备的竹笋膳食纤维中蛋白质、SDF、IDF 和 TDF 含量存在差异。

（2）酶法和乳酸发酵处理所得竹笋膳食纤维的持水力和持油力显著低于酸碱法处理（$P<0.05$），而在溶胀力和阳离子交换能力方面，3 种处理没有差异（$P>0.05$）。

（3）原子力显微观察发现 3 种方法制备的膳食纤维表面均呈波状起伏的山峰状结构，波峰和波谷间有不同的高度差，其中又以酸碱法处理的山峰最多且高度差最大，酶法处理次之，乳酸发酵法处理相对表面平整，未经过任何处理的竹笋纤维（对照）最差。红外光谱显示，3 种工艺制备的竹笋膳食纤维的物质组成和化学键类型基本相同。

竹笋膳食纤维开发和主要功能性质的研究[*]

谢碧霞　钟海雁　谢涛　李安平　江年琼

（中南林学院，湖南株洲 412006）

膳食纤维是指在动物消化道中不能被肠道产生的酶所降解的碳水化合物，它们具有防治高血压、冠心病等以及清除外源有害物质等功能，是比较理想的保健食品原料，因此备受营养学、医学和食品学界的关注，并确定为"第七营养素"。在一些发达国家中，十分重视膳食纤维的开发利用；而在我国，对膳食纤维的研究则起步较晚。我国竹笋资源丰富，年产鲜笋 150 多万 t，若按全国每年 50 万 t 的竹笋的加工能力，则每年有 30 万 t 左右的竹笋加剩余物。本文以竹笋渣、竹笋壳为原料，探讨制备膳食纤维的工艺技术路线，并对产品膳食纤维含量及主要功能性质进行了分析，这对竹笋实现综合利用，充分发挥其经济价值具有重要的实践意义。

1　材料与方法

1.1　材料与仪器

毛竹笋和杂竹笋购于湖南省株洲市。仪器有：离心机（800 型，上海手术器械厂）、磨粉磨浆机（FY-150，湖北石首市城南机械厂）、数字白度仪（DSDB-1，浙江温州鹿东仪器厂）、高压杀菌锅、恒温培养箱、真空干燥箱、超微细粉碎机、电热板（带温控装置）、坩埚式耐酸玻璃滤器（北京石景山玻璃仪器厂）、回流冷凝装置、抽滤装置、恒温烘箱（110~130℃）、粗孔玻璃砂芯坩埚（1 号）。

1.2　试验方法

1.2.1　酸性洗涤纤维（ADF）的测定

将样品磨碎到细度 40 目，在强力通风的 95℃烘箱内放置过夜后移入干燥器冷却。精确称取 1g 样品（W），放入 500ml 三角瓶中，加入 100ml 室温时的酸性洗涤剂溶液、2ml 萘烷消泡剂，连接回流冷凝管，加热，使在 3~5min 内迅速沸腾，并继续徐徐煮沸 2 小时。然后，用预先称好重量的粗孔玻璃砂芯坩埚（1 号）将内容物过滤（以自重过滤，不要抽滤）。用热水洗涤原三角瓶，洗液合并入粗孔玻璃砂芯坩埚内，轻轻抽气吸滤，然后，将坩埚充分洗涤，热水的总用量约为 300ml。用丙酮洗涤残留物，抽滤，然后，将坩埚连同残留物置 95℃烘干过夜（或 8h），移入干燥器冷却，称重（P_1）。计算 ADF% =（P_1/W）×100。

---

*本文来源：经济林研究，2000，18（2）：8-11.

1.2.2 中性洗涤纤维（NDF）的测定

①精确称取过 40 目筛的干样品，1.0000g（W），置于高型烧杯中。②依次加以下试剂：中性洗涤剂 100ml、十氢萘 2ml（样品煮沸时如不产生多量泡沫，则可不加）、亚硫酸钠 0.5g。③将上述烧杯置于电热板上加热，使杯内溶液在 5~10min 内煮沸，保持微沸 1h。④将耐热玻璃棉 1~3g 铺于耐酸玻璃滤器上，在 110℃恒温烘箱内烘烤，冷至室温，称重至恒重（W_1）。⑤将上述经中性洗涤剂处理后的残渣倒入上述已称重的滤器内，抽滤至干，再加沸水约 100ml 洗残渣，如此抽洗 3~5 次，用热水量约 300~500ml。⑥配制 α-淀粉酶（2.5%，w/v）：用 0.1mol/L 磷酸氢二钠及 0.1mol/L 磷酸二氢钠配成 pH7 的缓冲液，再用此缓冲液配制 2.5% 的酶溶液，离心或过滤，取清液备用。⑦加酶溶液约 50ml 于步骤 5 的滤器中（滤器底部须加塞子），使酶液盖过残渣。⑧加数滴甲苯以防腐，置此滤器于恒温箱中，37℃保温 18h 或过夜。⑨取出滤器，除去底部塞子，抽滤，并用热水约 500ml 分次洗去酶液，用碘液检查是否有淀粉残留，如淀粉已除尽，则抽干滤液，加丙酮洗残渣，抽干，再以丙酮洗一次。⑩将上述残渣与滤器于 110℃恒温烘箱中过夜。⑪移入干燥器冷至室温，称重至恒重（W_2）。计算：NDF%（含灰分）= $[(W_2-W_1)/W] \times 100$。

1.2.3 水溶性膳食纤维（SDF）与水不溶性膳食纤维（IDF）的测定

精确称取过 40 目筛的干燥样品 1.0000g（W）加入 0.1M pH6.0 的磷酸盐（钠盐）缓冲溶液，加 Temamyl（耐热性淀粉酶）在沸水浴中水解，取出冷却，并用 4M HCl 调 pH 至 1.5。加入胃蛋白酶，在 40℃水浴中边振摇边水解。用 4M NaOH 调 pH 至 6.8。再加入胰蛋白酶，在 40℃水浴中边振边水解后，用 4M HCl 调 pH 至 4.5。用精确称过重的干燥坩埚过滤。（A）滤渣（IDF）：用 95% 的乙醇冲洗，再用丙酮冲洗，于 105℃烘箱中干燥至恒重，在干燥器中冷却后称重（D_1）；在 550℃下灰化，于干燥器中冷却后称重（I_1）。（B）滤液（SDF）：混合滤液和洗涤液，加 60℃ 95% 的乙醇，沉淀；用精确称过重的干燥坩埚过滤，用乙醇和丙酮各冲洗 2 交；在 105℃烘箱中干燥至恒重，在干燥器中冷却后称重（D_2）；在 550℃下灰化，于干燥器中冷却后称重（I_2）。空白对照：不称取样品重复上述步骤（B_1、B_2）。由此可算得样品中 IDF 与 SDF 的含量：IDF% = $[(D_1-I_1-B_1)/W] \times 100$ 与 SDF% = $[(D_2-I_2-B_2)/W] \times 100$。

1.3.4 持水力（WHC）的测定

准确称取 1.0000g（W）过 40 目筛的干燥样品，于 100ml 烧杯中，加蒸馏水 75ml，在 25±2℃下，电磁搅拌 24h，转至离心杯中，在 3000~4000rpm 的速度下离心 30min，取出，甩干水分，称重（P）。计算：持水力（WHC）=（P-W）/W。

1.3.5 溶胀性（SW）的测定

准确称取 0.1000g（W）过 40 目筛的干燥样品，于 10ml 量筒中，读取干品（V_1）；准确移取 5.00ml 的蒸馏水加入其中，振荡均匀后室温（18±3℃）放置 24h，读取液体中样品的体积（V_2）。计算：溶胀力（SW）=（V_2-V_1）/W。

2 结果与分析

2.1 竹笋膳食纤维制备工艺探讨

2.1.1 竹笋壳制备膳食纤维工艺

工艺流程：毛竹笋壳、杂竹壳→挑选清洗→打浆→乙醚浸提→碱液浸泡→乙酸洗至 pH 5.0→干燥→漂白→粉碎标准化→标准化→成品

①乙醚浸提：目的是脱去壳中的脂类，乙醚的添加量以淹没竹笋渣为准。密封抽提并经常摇动密闭容器以使得浸提彻底，24h 后压滤除去乙醚，并将乙回收，留作下次使用，滤饼风干除去残留的乙醚。

②碱液浸泡：目的是溶出细胞中的半纤维素，碱液采用 10%NaOH 溶液，添加量以淹没为准，浸泡 24h 并经常搅动；然后用 240 目尼龙滤布过滤，并用少量 10%NaOH 洗涤细胞饼和滤布，合并滤液。

③酸洗：滤液用 30%的乙酸溶液调至 pH5.0，若用强酸会使半纤维素水解，从而影响产品质量。

④漂白：为了改善膳食纤维的感官性能，提高白度，采用过氧化物进行了氧化脱色。脱色温度（T）、时间（H）、pH 值、H_2O_2 用量（w,%）等四个因素，采用 L_9（3^4）正交实验对膳食纤维的漂白工艺进行优选，见表 1。

从表 1 可看出：这两种膳食纤维漂白效果均随温度升高、时间延长及 pH 值上升而加强；但 pH 值从 3 上升至 5 时白度增加较快，从 5 上升至 9 时白度增加则趋于缓和。影响因素的主次关系：对毛竹笋壳来说，T>H>W>pH，毛竹笋壳 DF 的最佳漂白条件为脱色温度 70℃、pH 9.0、H_2O_2 用量 8%、脱色时间 3h；对杂竹笋壳来说，T>pH>H>w，杂竹笋壳 DF 的最佳漂白条件为脱色温度 70℃、pH 9.0、H_2O_2 用量 4%、脱色时间 3h。⑤干燥：采用真空干燥，温度不超过 80℃，温度过高，干燥不均匀并容易烤焦。干燥至水分 5%以下。

2.1.2 竹笋渣酸碱处理制备膳食纤维工艺

工艺流程如：鲜竹笋→剥壳→切片→磨浆→过滤→浸泡漂洗→碱液浸泡（pH12）→漂洗至中性→酸液浸泡（pH2、60℃、2h）→漂洗至中性→过滤→烘干→细磨→过筛→漂白→烘干→粉碎→成品漂白温度在 55℃、pH5~7、H_2O_2 用量 5%、脱色时间 2h 为佳。

2.1.3 竹笋渣发酵处理制备膳食纤维工艺

工艺流程如下：

脱脂奶粉 砂糖

↓   ↓

竹笋原料→选剔→清洗→切片→磨浆→调料→装瓶→灭菌→冷却→接种→培养

→榨汁→笋渣→漂洗→干燥→粉碎→过筛→成品

↓

发酵液

①选剔和切片：选取新鲜无虫蛀的竹笋或下脚笋作原料，去掉外壳和较硬的笋根，切成 4mm 原的小片。

②磨浆：磨浆时，水与竹笋按重量比 2∶1 添加，磨完后将笋渣和笋汁重新混合均匀。

③调料：往笋浆中加入 2% 的脱脂奶粉和 1.5% 的砂糖，搅拌溶解。

④灭菌：将笋浆装入瓶中，用 90℃ 的水浴加热 15min，然后快速冷却至室温。

⑤接种：按比例 1∶1 加入已制备的保加利亚乳酸杆菌和嗜热链球菌的生产发酵剂，接种量为 3%~4%。

⑥培养：在 40℃ 的恒温培养箱中培养 20h 左右，当 pH 值为 3.9~4.1 时取出。

⑦榨汁和漂洗：将发酵好的竹笋浆榨汁，笋渣用流动水漂洗至中性。

⑧干燥：70℃、500mmHg 真空干燥。

⑨粉碎和过筛：干燥后的笋纤维用粉碎机粉碎过 60 目筛，即得浅黄色的竹笋膳食纤维。

表1　L_9（3^4）正交实验结果

序号	温度（℃）	时间（h）	pH	H_2O_2用量（%）	相对白度	
					毛竹笋壳 DF	杂竹笋壳 DF
1	30	1	5	4	9.90	17.24
2	30	2	7	6	10.95	19.18
3	30	3	9	8	13.06	21.96
4	50	1	7	8	10.44	21.34
5	50	2	9	4	10.88	24.34
6	50	3	5	6	11.60	22.04
7	70	1	9	6	14.10	29.42
8	70	2	5	8	15.10	26.70
9	70	3	7	4	16.48	31.93
毛竹笋壳DF 平均值极差	M_1	11.30	11.48	12.21	12.42	
	M_2	10.97	12.32	12.62	12.22	
	M_3	15.24	13.71	12.68	12.88	
	R	4.27	2.23	0.47	0.66	
杂竹笋壳DF 平均值极差	M_1	19.46	22.67	21.99	24.51	
	M_2	22.57	23.41	24.16	23.55	
	M_3	29.36	25.32	25.24	23.33	
	R	9.90	2.65	3.25	1.18	

2.2　各种产品的膳食纤维含量及功能性质

2.2.1　各种产品膳食纤维含量的测定

为了确定产品膳食纤维的含量、种类和性质，本文对未经任何处理的毛竹笋渣和上述各种产品进行了 ADF、NDF、IDF 和 SDF 含量的测定。实验结果如表2。

从表2可以看出，对各种产品膳食纤维（DF）含量均有：（IDF+SDF）>NDF>ADF。这里由于测定 IDF 和 SDF 时，酶解的条件比较温和，使用耐热性淀粉酶、胃蛋白酶、胰蛋白酶，酶解的为非 DF 组分，通常酸性洗涤纤维（ADF）包括纤维素、木质素等，中性洗涤纤维（NDF）包括半纤维素、纤维素、木质素等，不溶性膳食纤维（IDF）包括纤维素、木质素和部分半纤维素等，可溶性膳食纤维（SDF）则主要是半纤维素等。从表2可看出：毛竹笋壳 DF 与杂竹笋壳 DF 各种含量相对要高很多，这主要是由于它们的组成纤维素、木质素含量较高，在测定中不易受酸、碱、酶等破坏所致；发酵笋渣 DF 除 SDF 要高些外，其他值均偏低，这说明笋渣通过乳酸菌发酵后，可促成一些 DF 组分的降解，且降解的组分易于受酸、碱、酶等破坏，也可使部分 IDF 组分转化为 SDF 组分，使 SDF 的含量增高。

表 2　各种产品中膳食纤维含量的测定结果　　　　　　　　　　　　%

结果	ADF	NDF	IDF	SDF
未处理笋渣	35.16	44.80	48.30	2.46
发酵笋渣 DF	26.66	33.73	47.27	10.80
酸碱处理 DF	44.26	45.10	48.90	1.86
毛竹笋壳 DF	68.12	71.35	68.66	8.39
杂竹笋壳 DF	72.43	76.29	69.78	7.98

2.2.2　主要功能性质的测定

为了确定产品的功能性质，对未经任何处理的毛竹笋渣和上述各种产品进行了 WHC 和 SW 的测定。实验结果如表3。

从表3可以看出：各种产品的持水力（WHC）和溶胀力（SW）均适中，这可能是由于它们含有一定量的半纤维素、果胶和蛋白质等组分。膳食纤维的持水力的变化范围大致在自重的 1.5~25 之间，很多研究表明，DF 的持水性可以增加人体排便的体积与速度，从而可有效地防止便秘所结肠癌。

表 3　各种产品的主要功能性质的测定结果

结果	未处理笋渣	发酵笋渣 DF	酸碱处理 DF	毛竹笋壳 DF	杂竹笋壳 DF
WHC（g/g）	5.65	6.96	6.08	5.13	5.31
SW（ml/g）	3.58	3.62	3.48	3.55	2.65

3　结论

竹笋渣、竹笋壳是很好的膳食纤维来源，本文所确定的工艺技术路线和工艺参数较为合理，由它所生产出来的发酵笋渣 DF 和酸碱处理 DF 为浅黄色、毛竹笋壳 DF 和杂竹笋壳 DF 为浅棕色，这些产品的 ADF、NDF、IDF 值较高，WHC、SW 值也适中，具有较大的开发利用价值。特别是笋渣经过发酵处理后所得的 DF 产品，在 IDF、SDF 总含量上有所提高，而在 SDF 含量上有显著提高。由于膳食纤维中对人体生理功能的大小主要取决于 SDF 含量的多少，因此，将竹笋渣发酵处理不失为一条提高竹笋渣附加利益和生理功能价值的好途径。

毛竹笋干微波干燥工艺的研究[*]

李安平　谢碧霞　郑仕宏　曹清明　黄亮

（中南林学院绿色食品研究所，湖南株洲 412006）

　　毛竹笋干肉厚质脆，清香味鲜，尤其是纤维细嫩且含量丰富，是人们十分喜爱的传统食品。但是传统工艺（多采用自然干制）所制笋干，不仅色泽灰暗，质地坚硬，复水性差，而且营养成分的损失也十分严重。微波是一种频率在 300～3000MHz 之间的电磁波。由于它采用的是一种穿透式加热方式，使被加热物体本身成为发热体，没有常规加热的热传导过程，从而避免表面硬化及干燥不均匀等现象。在微波场的作用下，竹笋中的水分吸收微波能而迅速蒸发膨胀，在竹笋表面形成无数的细小孔隙，这些孔洞不仅加快了水分的蒸发，而且改善了笋干的复水性，提高了产品的品质。近几年微波在食品干燥中应用较多，充分表现出了快捷方便，营养保持率高，品质和外观好等突出优点。

1　材料与方法

1.1　材料和试剂

　　毛竹笋，柠檬酸，亚硫酸钠，高锰酸钾，过氧化氢，NG 漂白剂（NG 漂白剂为 40%的二氧化氯、50%的过氧化苯甲酸、9%的硬脂酸钠和 1%的碘酸钠的混合物）。

1.2　设备

　　ER-761MD 型微波炉，鼓风电热恒温干燥箱，Lovibond 色差测定仪，pH-3C 型数字酸度计。

1.3　工艺流程

　　鲜笋→挑选→去壳→清洗→修整切片→预煮（加入柠檬酸）→漂白→热风干燥→微波干燥→成品→包装。

1.4　操作要点

1.4.1　原料挑选

　　挑选本地新鲜毛竹笋。采收后必须在 24h 内处理完毕，以防笋内纤维组织老化。剔除病虫害竹笋，并按株体大小进行分级，以保证产品品质一致。

1.4.2　去壳、清洗、切分

　　将竹笋的壳全部剥去后，进行适当的修整清洗，去除基部木质素含量较高的部分，然

　　*本文来源：经济林研究，2004，22（2）：14-16.

后纵切横切。纵切厚度分别为 3、5、7mm，横切厚度为 5mm。

1.4.3 预煮

将切分好的笋片置于夹层锅内，水温控制在 85℃ 左右，加热 10min，并加入柠檬酸，使 pH 值在 4.0~4.5 之间，目的是杀青并使笋片体内酶发生钝化，同时抑制大量腐败菌的生长。

1.4.4 漂白、脱水

加入漂白剂，漂白之后进行漂洗，接着将漂洗过后的笋片用竹编帘沥水后，用鼓风电热恒温干燥箱干燥（温度控制在 60℃ 左右），干燥至一定程度即可。

1.4.5 微波处理

将一定含水量的笋片用微波处理，使其进一步干燥。

1.4.6 成品处理

干燥后的笋干及时封口包装，防止吸潮。

1.5 测定方法

1.5.1 相对白度测定

用 Lovibond 色差测定仪测定。

1.5.2 含水量的测定

物料含水量用烘干法。

干基含水率 =（鲜竹笋质量-物料干燥至含水量为 8.5% 的质量）/物料干燥后的质量。

脱水速率 = 两次脱水之间的质量差值（Δm）/两次脱水之间的时间间隔（Δt）。

1.5.3 复水性的测定

复水性是指新鲜食品干制后重新吸回水分的程度，可用复水比（$R_{复}$）表示。复水比就是复水后沥干质量（$G_{复}$）与干制品试样质量（$G_{干}$）的比值，即 $R_{复} = G_{复}/G_{干}$。

2 结果与讨论

2.1 漂白剂的选取

竹笋在干燥过程中很容易发生褐变，若不加以适当的处理，将影响成品的外观，所以在干燥前需要对笋片进行漂白。实验分别采用 0.1% 的亚硫酸钠、1% 的高锰酸钾、9% 的过氧化氢、1% 的 NG 漂白剂进行处理，干燥后相对白度用 Lovibond 色差测定仪测定，实验结果见图 1。

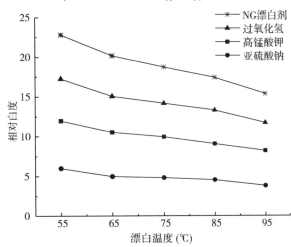

图 1 不同漂白剂及温度对笋干相对白度的影响

从图 1 中可以看出，几种漂白剂中以 NG 漂白剂效果最理想。亚硫酸钠处理后，笋片呈米黄色，较为美观，但是干燥后色泽加深较重，而高锰酸钾的漂白效果很不理想，过氧化氢漂白效果尚可，但是其强烈的氧化作用可破坏笋片表面的有机物，营养成分的损失较大。NG 漂白剂漂白的成品呈现出微米黄色，并具光泽。

漂白过程中，随着漂白处理温度的升高，相对白度逐渐减少。当漂白处理液的温度低于 65℃ 时，由于漂白剂的润湿能力差，漂白层浅，干燥后色泽变得灰暗，但漂白温度也不宜高于 95℃，因为温度过高，不仅影响笋干的风味，而且营养成分的损失也较大，所以以选择 80~85℃ 的温度漂白效果最好，时间则以 8~15min 为宜。

2.2 笋片厚度对脱水速率的影响

在相同功率下，对不同厚度的笋片进行微波处理，笋片脱水速率如图 2 所示（微波输出功率为 400w，笋片厚度分别为 3、5、7mm，鲜笋水分含量为 88%），水分含量为 88% 以上的笋片，在微波频率为 2450kHz，物料温度为 50~90℃ 时，它的半衰深度约为 20~50mm。如果实验中笋片厚度在它的半衰深度范围内，则主要是微波干燥。由图 2 可知，笋片越薄则脱水速率也就越快，但是笋片太薄，加工难度就会增大，残次品也会增多，综合考虑以选用 5mm 厚度的笋片较佳。

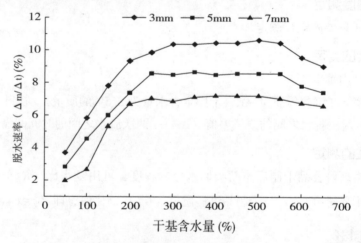

图 2 笋片厚度对脱水速率的影响

2.3 微波功率对脱水速度的影响

每次称取等量竹笋置于微波炉中，设置好功率，启动开关持续处理，测量结果，每批物料重复 3 次，取平均值。从图 3 可知，微波炉输出功率对脱水速率影响很大。不同微波功率的干燥过程大致可分为三个阶段：加速干燥阶段、恒速干燥阶段和降速干燥阶段。从三个阶段看，功率增加，恒速阶段失水速率增高，失水也就加快。微波功率增加一倍，干制到安全贮藏含水率所需时间减少到原来的 0.6~0.7 倍。在单位质量功率为 0.50、0.75、1.00kW/kg 下干燥至含水率约为 15.9%（湿基）所需时间分别为 3.4h、2.1h、0.9h。但是，单位质量功率越大，耗电量也就越多，所以微波干燥的功率以选择 0.75kW/kg 较好。

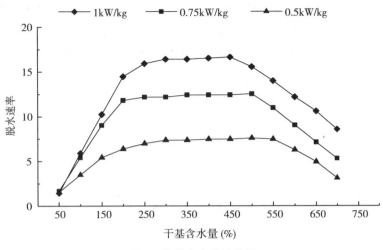

图 3 笋片失水特性曲线

2.4 不同干制方法对笋干复水比的影响

传统自然干制所得笋干，在食用前通常需要用水浸泡 24h 以上，这在一定程度上影响了食用的方便性。笋干的复水性就是制品重新吸收水分后在重量、大小、形状、质地、颜色、风味、成分等各个方面恢复原来新鲜状态的程度。所以笋干的复水性是衡量制品品质的重要指标之一。

分别对采用微波干制（先用烘箱去掉部分水分，再进行微波干制）、自然干制和烘箱直接烘干三种方法干制的笋干进行复水试验，结果见图 4。由图 4 可知，微波干制所得笋干明显比其他两种方法所得笋干达到最大复水比要快，而且最大复水比虽然比自然干制要低，但是比烘箱干制要高；烘箱干燥时的温度也是影响成品品质的一个重要因素，在较高的

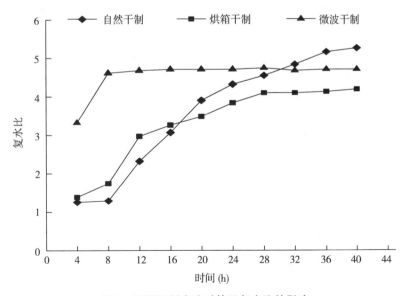

图 4 不同干制方法对笋干复水比的影响

温度时，笋干的复水速度和最高复水量都会下降，而且高温下干燥时间越长，复水比就越小（即复水性就愈差），原因可能是胶体中发生的物理化学变化使得笋干中的蛋白质部分变性，失去了再吸水的能力，同时也破坏了细胞壁的渗透性，从而降低了笋干的复水比。

2.5 不同干制方法对成品品质的影响

3 种干制方法所制成品品质见表 1。从表 1 可以看出微波干制不但省时，而且产品外观优于自然干制和烘箱干制；营养成分的检测发现，在三种干制方法所得产品中，只有微波干制的成品仍然保留有部分 Vc，其他两种方法干制品的 Vc 损失殆尽。此外，与烘箱干制的产品相似，微波干制成品的还原糖占总糖比率较高。综上所述，微波干制所得笋干的品质比自然干制和烘箱干制的品质要好。

表 1 不同干制方法所得成品品质比较

干燥方法	自然干制	60℃烘箱干制	微波干制
干燥时间	48~72h	30h	微波干燥 30min
颜色	灰暗	灰褐	黄亮
外观	略皱	略皱	略皱
干品总糖（g/100g）	42.14	48.67	43.21
干品总酸（g/100g）	1.1022	1.0135	1.1197
干品还原糖（g/100g）	38.86	39.40	41.98
鲜品 V_c（g/100g）	未检出	未检出	1.01

3 结论

试验表明采用热风烘箱干燥与微波干燥相结合的方法优于单独采用热风烘箱干燥和自然干燥，且以 NG 复合漂白剂漂白，笋片切成 5mm 厚度，微波功率选择 0.75kW/kg 为较佳工艺条件。

微波干燥作为一种食品加工的高新先用 60℃烘箱干燥 12h，再进行微波干燥技术，以其独特的加热特点和干燥机理为农产品的干燥开辟了一条新的途径，应用前景十分广阔。

人心果、星苹果和曼密苹果抗氧化活性比较[*]

李安平　谢碧霞　王森　钟秋平

（中南林业科技大学食品科学与工程学院，湖南长沙 410004）

人心果 *Manilkara zapodilla* 亦称吴凤柿、沙漠吉拉，为山榄科 Sapotaceae 铁线子属 *Manilkara* Adans. 的常绿果树（郑万钧，1998），原产于墨西哥及中美洲，适宜热带和亚热带地区栽植。现在世界上广泛栽培的山榄科品种还有金叶树属 *Chrysophyllum*（Linn.）的星苹果 *C. cainto*（Linn.）、桃榄属 *Pouteria* Aublet 的曼密苹果（*Mamey*）P. sapota、克里斯特人心果（*Canistel*）P. campechiana 和阿贝人心果（*Abiu*）*P. caimito*（Radlk.）等。我国于1900 年首先引种至福建，此后广东、台湾相继引种成功。果实为浆果，充分成熟时口味独特，甘甜味美，芳香爽口，富含多种营养成分，尤其是它含有比其他水果高得多的多糖、可溶性多酚和膳食纤维，具有降血脂、抗炎和抗肿瘤等多种保健功效（谢碧霞和李安平，2004）。

本研究分别测定了广西的人心果、海南的星苹果和云南的曼密苹果果实的主要功能活性成分，并对其提取液的自由基清除能力进行了比较，以期为人心果的深度开发利用提供理论依据。

1　材料与方法

1.1　材料及处理

人心果 2006 年 8 月采自广西南宁地区。星苹果 2006 年 9 月采自海南三亚地区。曼密苹果 2006 年 9 月采自云南西双版纳地区。

试剂包括 Trolox（6-hydroxy-2，5，7，8-tetram ethylchroman-2-carboxyli cacid）、DPPH、ABTS 和芦丁（rutin）。

人心果、星苹果和曼密苹果果实用蒸馏水反复冲洗，晾干，于 55℃烘箱中干燥后，用粉碎机粉碎，过 60 目筛。称取 500mg 粉末样品，用 50% 的甲醇溶剂 40mL 振荡萃取 2h，接着用 70% 的丙酮溶剂 40mL 萃取 2h。萃取液过滤，将残渣 2500×g 离心 15min，所得上清液与滤液合并，用 50℃的旋转蒸发器浓缩，冷冻干燥，最后用 100% 的乙醇溶解成各种浓度的提取液。

1.2　活性成分测定

还原糖用直接滴定法测定；总膳食纤维用酶重力法测定；多酚含量用 Folin-Ciocalteu

＊本文来源：园艺学报，2008，35（2）：175–180.

法测定；抗坏血酸用荧光测定法测定；维生素 E 用高效液相色谱法测定。

1.3 羟基自由基清除能力测定

参照刘晓丽和赵谋明（2006）的方法，在 10mL 试管中依次加入饱和水杨酸溶液 0.5mL，磷酸缓冲液（pH7.4）3mL，3.8mmol/L Fe^{2+}-EDTA（体积比 1∶1）溶液 0.5mL，提取液 1mL，充分混匀后加入 4mmol/L H_2O_2 1mL 启动反应。于 25℃ 水浴中保温反应 90min 后取出，加入 1mL 6mol/L HCl 终止反应。接着加入 0.5g NaCl，4mL 冷重蒸乙醚，充分混匀静置后移取上层乙醚 3mL 于 10mL 的离心管内，于 40℃ 恒温水浴蒸干乙醚，然后依次加入 10%三氯乙酸 0.15mL、10%钨酸钠 0.25mL、0.5%$NaNO_2$ 0.25mL，混匀后静置 5min，再加入 1mol/L KOH 0.25mL，滴加去离子水至 4mL，混匀。于 510nm 处测定完成反应后的吸光度（A_i），以 1mL 蒸馏水代替提取液作空白试验测吸光度（A_0）。

羟基自由基清除率（%）=（A_0-A_i）/A_0×100。

1.4 DPPH（1，1-diphenyl-2-pierylhydrazyl）法测抗氧化活性

将 5mL 提取液加入 5mL 0.16mmol/L 的 DPPH 溶液中，充分混合，室温静置 30min 后，测定其在 517nm 的吸光度（A_i）。以 5mL100%乙醇替代提取液测空白吸光度（A_0）。

DPPH 清除率（%）=（A_0-A_i）/A_0×100（李来好等，2005）。

1.5 ABTS［2，2′-azinobis（3-ethylbenzothiazo line-6-sulphoni cacid）］法测抗氧化活性

将 15μmol/L H_2O_2 0.5mL，2mmol/L ABTS 0.5mL 和 0.5mL 的山葵过氧物酶混合反应后，测定其在 734nm 时的稳定吸光度（A_0），接着加入浓度为 50mg/kg 的提取液 0.5mL。混合均匀后置于阴暗处 15min，直到反应完成达到稳定，再次测定其吸光度（A_i）。

ABTS 清除率（%）=（A_0-A_i）/A_0×100（王会等，2006）。

1.6 统计方法

试验数值以均数±标准偏差（$\bar{X}$±s）表示。正态分布的两组均数比较用 t 检验，组内数据比较用单因素方差分析和相关分析。统计分析采用 SPSS11.5 软件处理，显著性界值 P=0.05。

2 结果与分析

2.1 人心果、星苹果和曼密苹果的主要活性物质含量比较

人心果、星苹果和曼密苹果等的主要活性物质含量见表 1。充分成熟的 3 种山榄科水果还原糖含量大约是杏的 1~1.5 倍（王光亚，2001），膳食纤维约为梨的 10~15 倍（王光亚，2001），多酚类物质与苹果（王光亚，2001）的含量（0.67g/kg）接近，略低于葡萄的含量（0.83g/kg）。

人心果、星苹果和曼密苹果之间多酚物质含量有显著性差异，从高到低依次是人心果、星苹果、曼密苹果；抗坏血酸含量以曼密苹果最高，接近柠檬的含量（22mg/kg），

人心果次之，星苹果最低；维生素 E 含量品种间没有显著差异（1.95~2.17mg/kg）。

表 1　人心果、星苹果和曼密苹果主要活性物质含量

材料	还原糖 （g/kg DM）	膳食纤维 （g/kg DM）	多酚 （g/kg DM）	抗坏血酸 （mg/kg DM）	维生素 E （mg/kg）
人心果 *M. zapodilla*	20.93±0.32a	452.80±3.63a	0.61±0.01c	20.07±0.22b	2.17±0.13
星苹果 *C. cainto*	25.23±0.32c	461.40±1.91b	0.58±0.01b	16.26±0.23a	2.04±0.06
曼密苹果 *P. sapota*	21.83±0.15b	450.90±1.42a	0.55±0.01a	21.42±0.47c	1.95±0.07

注：不同字母表示 t 检验具有显著性差异（$P<0.05$）。

2.2　人心果、星苹果和曼密苹果提取液对羟基自由基（·OH）清除能力的比较

根据试样浓度与自由基清除率的关系求出线性回归方程，并得出清除 50% 自由基时所需试样浓度（IC_{50}）。一种物质的半数清除率 IC_{50} 大小与其自由基清除能力成反比，即 IC_{50} 越小，表明该种试样物质清除能力越强，反之亦然（GülCin，2006）。芦丁是一种·OH 专一清除剂，作为试验对照。人心果、星苹果和曼密苹果提取液对·OH 的清除率与浓度的关系见图 1，IC_{50} 见图 2。

从图 1 看，人心果、星苹果和曼密苹果提取液对·OH 的清除能力，随着浓度的提高，对·OH 的清除率均逐渐上升，其中以人心果对·OH 的清除率上升最快，曼密苹果次之，星苹果最差。图 2 结果显示，芦丁对·OH 的清除能力显著高于 3 种山榄科水果提取液，其 IC_{50} 为 0.05mg/mL，大约只有人心果的 1/100。人心果、星苹果和曼密苹果提取液对·OH 清除能力大小存在差异。人心果的 IC_{50}（4.43mg/mL）显著小于其他两种，对自由基清除能力最强，曼密苹果次之，星苹果最差（5.55mg/mL），但曼密苹果与星苹果间没有显著差异。

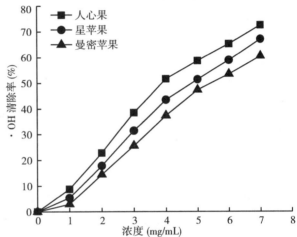

图 1　人心果、星苹果和曼密苹果提取液浓度与·OH 清除率的关系

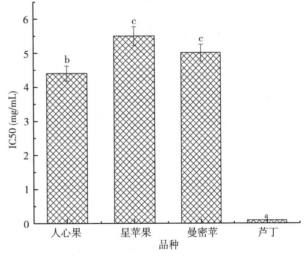

图 2　人心果、星苹果和曼密苹果提取液对清除·OH 的 IC_{50} 比较

注：不同字母为差异显著（$P=0.05$），下同。

2.3　人心果、星苹果和曼密苹果提取液对 ABTS⁺清除能力的比较

抗氧化剂清除 ABTS⁺能力大小可用 734nm 处吸光度的变化来反映（Ubandoetal.，2005）。各种提取液抗氧化活性大小通过与现今广泛使用的阳性抗氧化剂 Trolox 相比较确定。人心果、星苹果、曼密苹果提取液和 Trolox 对 ABTS⁺的清除能力大小见图 3 和图 4。

从图 3 看，人心果、星苹果和曼密苹果提取液对 ABTS⁺的清除能力与提取液的质量浓度呈正相关，质量浓度越大，其清除 ABTS⁺能力也越强。其中以人心果清除率增长最快，星苹果次之，曼密苹果最慢。从图 4 可以看出，Trolox 对 ABTS⁺自由基的清除能力较强，其 IC_{50}只有 0.15mg/mL 大约是人心果提取液的 1/30。3 种提取液对 ABTS⁺的清除能力差异显著，由大到小依次是人心果、星苹果和曼密苹果。

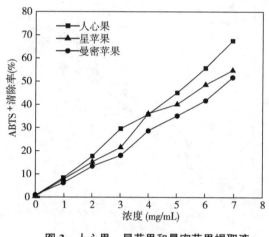

图 3　人心果、星苹果和曼密苹果提取液
浓度与 ABTS⁺清除率的关系

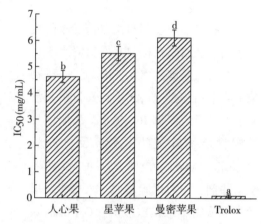

图 4　人心果、星苹果和曼密苹果提取液
对清除 ABTS⁺的 IC_{50}比较

2.4　人心果、星苹果和曼密苹果提取液对 DPPH·清除能力的比较

DPPH（1，1-二苯基苦基苯肼）是一种合成的稳定自由基，其乙醇溶液呈紫色，在 517nm 处有强吸收峰。当有自由基清除剂时，由于 DPPH 的单电子被配对而使其颜色变浅，而且其褪色程度与其所接受的电子数成定量关系，因而可用分光光度法进行定量分析（Mathew&Abraham，2006）。人心果、星苹果和曼密苹果提取液对 DPPH·自由基的清除能力见图 5 和图 6。

从图 5 可以看出，随着人心果、星苹果和曼密苹果提取液质量浓度的提高，对 DPPH·的清除能力逐渐增强，但在 4mg/mL 浓度以下时，品种间清除率变化不显著。图 6 显示，人心果、星苹果、曼密苹果提取液和 Trolox 均对 DPPH·有一定的清除能力，而且 Trolox 显著高于 3 种山榄科水果，其 IC_{50}为 0.37mg/mL，大约是人心果的 1/20。人心果、星苹果和曼密苹果对 DPPH·的清除作用有显著性差异，其中以人心果的 IC_{50}最小（7.89mg/mL），清除能力最强，其次是星苹果，曼密苹果最弱。

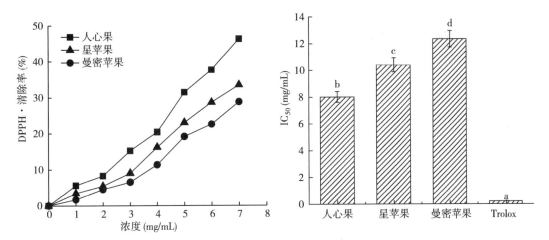

图 5　人心果、星苹果和曼密苹果提取液
浓度与 DPPH·清除率的关系

图 6　人心果、星苹果和曼密苹果提取
液对清除 DPPH·的 IC50 比较

2.5　人心果、星苹果和曼密苹果提取液的抗氧化活性与其多酚含量的相关性

　　人心果、星苹果和曼密苹果中多酚含量与抗氧化活性之间的相关性分析见图 7~图 9。从图中可以看出，其多酚含量与抗氧化活性（·OH、ABTS[+] 和 DPPH·清除率）之间存在显著正相关，相关系数 R 分别为 0.937、0.939 和 0.938，这与前人（Mahattanatawee et al.，2006）有关研究结果一致。采用相同方法对 3 种水果中还原糖、膳食纤维、抗坏血酸和维生素 E 与·OH、ABTS[+]、DPPH·清除率的相关性分析表明，还原糖、抗坏血酸和膳食纤维与抗氧化活性之间没有显著的相关性，对其抗氧化能力没有显著的贡献。维生素 E 与·OH、ABTS[·] 和 DPPH·清除率之间呈正相关，相关系数 R 分别达到 0.749、0.737 和 0.732。

　　多酚含量越高的人心果，其 IC_{50} 越小，清除 ABTS[+] 和 DPPH·等自由基的能力越强。人心果、星苹果和曼密苹果三者中以人心果的多酚含量最高（0.61~0.63g/kg），星苹果次之（0.57~0.59g/kg），曼密苹果最少（0.53~0.54g/kg），其抗氧化活性大小有相同的排列顺

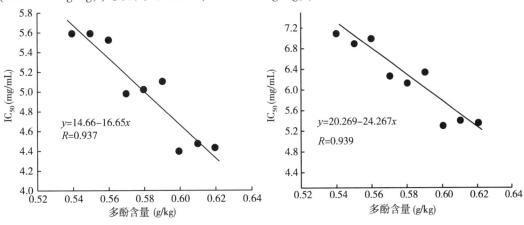

$y=14.66-16.65x$
$R=0.937$

$y=20.269-24.267x$
$R=0.939$

图 7　多酚含量与清除·OH 的关系

图 8　多酚含量与 ABTS[+] 清除率的关系

序。对·OH 的清除能力曼密苹果高于星苹果，但是差异不显著。这可能与曼密苹果的抗坏血酸含量（21.42mg/kg）比星苹果（16.26mg/kg）高有关。Chen 等（2004）的研究也表明抗坏血酸虽与其抗氧化活性相关性较低，但抗坏血酸与酚类物质发挥协同效应，总的抗氧化活性得到增强。

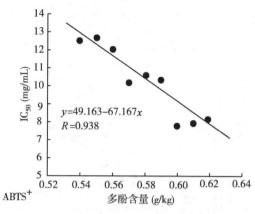

图 9　多酚含量与 DPPH·清除率的关系

3　结论

　　人心果、星苹果和曼密苹果中含有丰富的还原糖、维生素、多酚和膳食纤维等功能活性成分。3 种水果提取液对·OH、ABTS⁺ 和 DPPH·等自由基均表现出较高的清除率，其中又以人心果最高，对·OH 的清除率曼密苹果高于星苹果，而对 ABTS⁺ 和 DPPH·的清除率星苹果却比曼密苹果高。功能活性成分与抗氧化活性的相关性分析表明，3 种山榄科水果的多酚和维生素 E 含量与其较强的抗氧化活性呈正相关，抗坏血酸可能对酚类物质的抗氧化作用起到协同增效的作用。

高压处理对橡实淀粉黏度特性影响的研究[*]

钟秋平[1,2]　谢碧霞[2]　李清平[3]　王森[2]　李安平[2]　邓文清[1]　邓小清[1]　唐丽[2]

（1. 中国林业科学研究院亚热带林业实验中心，江西分宜 336600；2. 中南林业科技大学资源与环境学院，湖南长沙 412006；3. 湖南省益阳市林科所，湖南益阳 413000）

食品的高压处理技术是将食品放人液体介质中，在 100~1000MPa 的压力作用一段时间后，使食品中的酶、蛋白质、淀粉等生物高分子物质分别失活、变性、糊化，同时杀死微生物的生物过程。早在 19 世纪末 Hite 等就对牛奶、果汁、蔬菜汁进行超高压处理研究，发现微生物在高压下出现死亡的现象。1914 年美国的物理学家 P W. Briagman 得出了在静水压下卵白变成硬凝胶状的蛋白质变性结果，但在很长时间内，并没有人把这种技术应用到食品加工方面，直到 1986 年日本京都大学农学博士林力凡教授发表了用高压加工食品研究的论文，随后很多研究人员纷纷开展食品高压试验，同时出现了高压处理对淀粉特性影响的研究报告，却只对马铃薯、小麦、玉米、豌豆等农作物的淀粉特性进行了研究，而对野生木本淀粉进行高压处理的研究未见报道，橡实是泛指除大量栽培种植板栗以外的壳斗科（Fagaceae）植物果实的总称，其资源丰富，主要用作提取淀粉和鞣料资源。近几十年来，橡实的食用价值引起植物学家的兴趣，一些科研单位和生产管理部门对橡实种质资源分布、加工利用做了一些研究。国外有植物学家曾预言，橡实将成为未来的"粮食作物"和天然保健食品。在应用丰富橡实淀粉资源之前，研究其淀粉加工特性是十分必要的，而高压处理技术相比一般的热加工技术具有最大限度地保持食品原有的生鲜风味及营养成分，因此研究高压处理对橡实淀粉特性的影响尤为重要。

1　材料

1.1　实验材料

橡实淀粉：锥栗采购自福建永安；栓皮栎、小红栲、茅栗摘于湖南衡山。淀粉制作方法见参考文献。

1.2　仪器和设备

HPP1L-500L/800MPa 型超高压机：包头科发新型高技术食品机械有限公司；

Brookfield DV-Ⅱ+型黏度计：美国 Brookfield 公司；

AR1140/C 型电子天平：天津奥特赛斯公司；

---

[*] 本文来源：中国粮油学报，2008，23（3）：82-85。

DKZ-2 型电热恒温振荡水槽：上海精宏实验设备有限公司；

SPX-250B-Z 型生化培养箱：上海博迅实业有限公司医疗设备厂。

2 研究方法

2.1 淀粉的高压处理

采用正交 L_{16}（4^5）试验设计，为防止各因素的最大或最小都碰在一起，各因素的水平排序采用随机抽签决定水平编号，结果见表1，再根据正交试验设计表头，将各因素的每列中的数字换成相应的水平实际数值。

表1 高压处理因素、水平的筛选结果

水平	因素			
	淀粉品种	含水率（%）	压力大小（MPa）	保压时间（min）
1	小红栲	40	50	60
2	锥栗	70	350	5
3	茅栗	55	150	10
4	栓皮栎	10	500	30

2.2 黏度测定和数据标准化

将质量浓度为 50g/L 的高压处理过的和未处理的淀粉乳液在电热恒温振荡水槽中完全糊化，放置于生化培养箱冷却至 25℃ 后，用黏度计和 WinGather 软件与计算机联用进行测定，3 次重复，再将测定的数据按式1进行标准化转换，得出实验数据表2。

$$Y_i = \frac{|X_j - X_i|}{X_i} \times 100\% \tag{1}$$

式中：X_i 为原淀粉的测量值；X_j 为高压处理过的淀粉测量值。

2.3 数据统计分析

数据分析使用国际通用软件 SAS9.0 版本（SAS Institute，Cary NC）数据录入和表制作使用 Excel 2003 软件，制图用 Oigin7.5。

3 结果与分析

3.1 高压处理对淀粉黏度影响

对表2进行统计分析得出表3、表4的结果。

表2 实验数据

序号	淀粉类型	含水量（%）	压力大小（MPa）	保压时间（min）	黏度变化率（%）	序号	淀粉类型	含水量（%）	压力大小（MPa）	保压时间（min）	黏度变化率（%）
1	小红栲	40	50	60	76.4	25	茅栗	40	150	5	89.5
2	小红栲	70	350	5	61.3	26	茅栗	70	500	60	159.0

（续）

序号	淀粉类型	含水量（%）	压力大小（MPa）	保压时间（min）	黏度变化率（%）	序号	淀粉类型	含水量（%）	压力大小（MPa）	保压时间（min）	黏度变化率（%）
3	小红栲	55	150	10	51.0	27	茅栗	55	50	30	110.2
4	锥栗	10	500	30	65.1	28	茅栗	10	350	10	68.2
5	锥栗	40	350	30	53.5	29	栓皮栎	40	500	10	44.3
6	锥栗	70	50	10	43.8	30	栓皮栎	70	150	30	33.7
7	锥栗	55	500	5	56.6	31	栓皮栎	55	350	60	29.8
8	锥栗	10	150	60	52.6	32	栓皮栎	10	50	5	45.4
9	茅栗	40	150	5	120.6	33	小红栲	40	50	60	85.5
10	茅栗	70	500	60	189.2	34	小红栲	70	350	5	72.0
11	茅栗	55	50	30	161.0	35	小红栲	55	150	10	69.4
12	茅栗	10	350	10	103.9	36	小红栲	10	500	30	76.3
13	栓皮栎	40	500	10	21.2	37	锥栗	40	350	30	61.6
14	栓皮栎	70	150	30	51.9	38	锥栗	70	50	10	51.4
15	栓皮栎	55	350	60	47.2	39	锥栗	55	500	5	59.2
16	栓皮栎	10	50	5	22.6	40	锥栗	10	150	60	59.1
17	小红栲	40	50	60	82.3	41	茅栗	40	150	5	74.8
18	小红栲	70	350	5	69.1	42	茅栗	70	500	60	139.1
19	小红栲	55	150	10	63.3	43	茅栗	55	50	30	99.2
20	小红栲	10	500	30	73.5	44	茅栗	10	350	10	54.8
21	锥栗	40	350	30	59.3	45	栓皮栎	40	500	10	48.8
22	锥栗	70	50	10	48.9	46	栓皮栎	70	150	30	33.9
23	锥栗	55	500	5	58.1	47	栓皮栎	55	350	60	32.7
24	锥栗	10	150	60	56.3	48	栓皮栎	10	50	5	49.7

表3　高压处理对淀粉黏度影响的分析结果

方差来源	自由度	方差和	均方差	F 值	$P_r > F$
高压处理	12	49310.32083	4109.1934	14.55***	<0.0001
机误	35	9887.48729	282.49964		
合计	47	59197.80813			

注：* 为90%的一般显著性水平，** 为95%的显著性水平，*** 为99%的极显著性水平。

表4　高压处理各因素对淀粉黏度影响的分析结果

方差来源	自由度	方差和	均方差	F 值	$P_r > F$
淀粉类型	3	38000.20562	12666.73521	44.84***	<0.0001
淀粉的含水量	3	2154.23729	718.0791	2.5*	0.0721
压力大小	3	53905.95563	1301.98521	4.61***	0.0081
保压时间	3	5249.92229	1749.9741	6.19***	0.0017

注：* 为90%的一般显著性水平，** 为为95%的显著性水平，*** 为99%的极显著性水平。

表 3 中高压处理的昏概率分布值小于 0.0001，可知高压处理对淀粉黏度有极显著影响；表 4 中淀粉类的 P_r 概率分布值也小于 0.0001，可得出高压处理对不同的淀粉类型的黏度有极显著影响，也就是不同类型橡实淀粉对高压处理的敏感性不同；表 4 中的淀粉的含水量、压力大小、保压时间长短的 P_r 分别为 0.0721、0.0081、0.0017，说明淀粉的含水量对高压处理的效果的影响达到了 90% 的一般显著性；高压处理的压力大小、保压时间长短对高压处理的效果达到了 99% 的极显著性水平。这些结果说明，不同淀粉类型，通过控制淀粉的含水量、高压处理的压力大小、保压时间长短可以得到不同特性的高压淀粉。

3.2 高压处理时橡实淀粉的含水量对其黏度的影响

将实验数据标准化后进行分析，得出高压处理橡实淀粉的含水量对其黏度影响的曲线图，由图 1 可以看出，含水量越高，高压处理对淀粉黏度影响就越大，高压处理对淀粉变性的影响主要有两方面的原因，一是高压使分子结构发生改变和分子长链断裂，二是高压使淀粉糊化变性，淀粉糊化是要有自由水的存在才能进行，含水量越高，糊化越彻底，这就是为什么高压处理的含水量越高对淀粉黏度影响越大的原因。

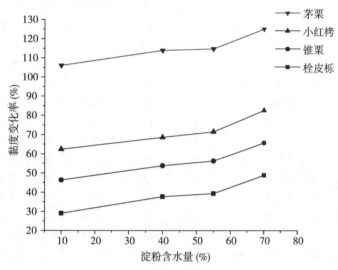

图 1　不同含水量对淀粉粘度的影响

3.3 高压处理的压力大小对橡实淀粉黏度的影响

图 2 是不同压力对橡实淀粉黏度的影响，从图 2 可以看出，压力大小对黏度特性的影响呈倒马鞍形，当压力小于 150MPa 时，压力增加，淀粉黏度变低；当压力在 150～350MPa 之间，压力增加淀粉黏度保持不变；当压力大于 350 MPa 时，淀粉黏度随压力增加而增加。产生倒马鞍形的主要原因是压力使淀粉分子结构发生改变和分子长链断裂产生的，在压力还不能使淀粉分子长链断裂时，压力增加，分子结构构象改变，分子结构变小变紧，这就说明了为什么在压力小于 150MPa 时，压力增加，淀粉黏度变低；当压力使淀粉分子结构变成最小极限而未达到使长链断裂时，压力增加也

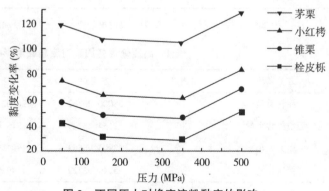

图 2　不同压力对橡实淀粉黏度的影响

不会使淀粉分子结构发生很大的改变，这与本研究中压力在巧 150~350MPa 之间压力增加黏度保持不变相符；当压力超过淀粉分子最大承受力时，淀粉分子的长链就会断裂，淀粉支链断裂成矮小直链淀粉分子，而直链淀粉是影响淀粉特性的主要因子，这就是为什么当压力大于 350MPa 时淀粉的黏度突然随压力增加而增加的根本原因。

3.4 高压处理的保压时间对橡实淀粉黏度变化的影响

图 3 是高压处理的保压时间对橡实淀粉黏度的影响结果。由图 3 可以得出，当保压时间在小于 10min 时，高压淀粉黏度随时间延长而降低，当保压时间在大于 10min 时，高压淀粉黏度随时间延长而增大，产生这一现象的原因可能是淀粉分子有一定时间的抗压能力，在短时间内，就是高压也不能使淀粉分子长链马上断裂，只是分子结构构象的改变。

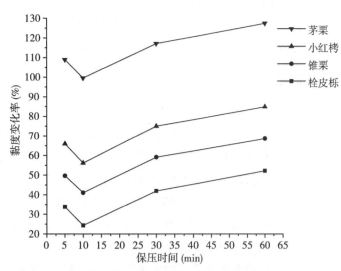

图 3　不同保压时间对淀粉黏度的影响

4　结论

（1）高压处理对淀粉黏度有极显著影响，而且不同类型橡实淀粉对高压处理的敏感性不一样。

（2）高压处理的含水量对橡实淀粉的黏度有一定的影响，含水量越高，高压处理对淀粉黏度影响就越大。

（3）高压处理的压力大小对橡实淀粉黏度有极显著性影响，当压力小于 150MPa 时，压力增加，淀粉黏度变低；当压力在 150~350MPa 之间，压力增加淀粉黏度保持不变；当压力大于 350MPa 时，淀粉黏度随压力增加而增加。

（4）高压处理的保压时间对橡实淀粉的黏度有极显著性影响，当保压时间小于 10min 时，高压淀粉黏度随时间延长而降低，当保压时间在大于 10min 时，高压淀粉黏度随时间延长而增大。

橡实淀粉漂白工艺的研究[*]

谢涛　谢碧霞　钟海雁

（中南林学院生命科学与技术学院，湖南株洲 412006）

0　前言

橡实是壳斗科植物种子的总称。我国壳斗科植物资源丰富，有 7 属（水青冈属、栗属、栲属、石栎属、三棱栎属、青冈属和栎属）300 多种，是林区许多混交林的建群种，分布广泛。我国共有橡实林 2.0 亿~2.5 亿亩，年产橡实估计在 60 亿~70 亿 kg。

橡实是我国最大的木本粮食资源，其种仁含有丰富的营养成分，据分析橡仁含粗淀粉 50%~60%、可溶性糖 2%~8%、蛋白质 3%~6%、粗纤维 3%~5%、粗脂肪 1%~5%、单宁 5.03%~11.79%。橡实主要用于提取淀粉和栲胶，也可用作浆纱、土布印染、制作豆腐、酿酒和其他食用。

由于橡仁中色素及单宁的含量较高，制得的橡实淀粉总不同程度地带有黄色，从而影响了橡实淀粉的外观品质和商业价值，因此有必要增加其白度。本文以硬斗石栎淀粉为主要研究对象，对影响橡实淀粉漂白的主要因素进行了研究，并采用 L_{18}（3^7）正交试验确定了最佳漂白工艺参数。

1　实验材料与方法

1.1　实验原料

橡实均采自湖南省南岳衡山，共有锥栗、茅栗、栓皮栎、石栎、硬斗石栎、星毛石栎、美叶石栎、长叶石栎、云山青冈、细叶青冈、大叶青冈和小红栲等 12 个种；玉米淀粉为广东奥顺淀粉厂生产。

1.2　实验仪器

DS-1 高速组织捣碎机、FZ102 微型植物试样粉碎机、DKZ-2 型电热恒温振荡水槽、WSD-Ⅲ型全自动白度计、PHSJ-4A 型 pH 计等。

1.3　实验方法

1.3.1　橡实淀粉的制备

将干燥橡实脱壳，称取一定量橡仁加入 3~5 倍水，于室温下浸泡 18~24h，直至浸泡

*本文来源：中国粮油学报，2003，18（5）：36-39。

水无苦味为止。磨碎，过 100 目筛，静置沉降 6~8h。除去上层液体，铲去上面的暗灰色浆物，下层淀粉再过 200 目筛，然后用 0.2%~0.5% 的 Na_2CO_3 溶液浸泡几次，每次 8h。弃去浸泡液后，加入 3~5 倍体积 30% 的 H_2O_2（使其有效浓度达 1.0% 左右），在 pH 10~11、40℃ 下搅拌反应 4~6h。澄清后弃去上层液体，再用 2%HCl 中和至 pH5~6，澄清，除去上面的清液。在 45℃ 下干燥，粉碎过 100 目筛，备用。

1.3.2 淀粉白度值的测定

按参考文献中的方法进行测定，采用 Hunter Lab 色系统白度值。

1.3.3 实验结果统计分析法

选用统计软件 SPSS10.0 中的方差分析法和曲线回归法。

2 结果与分析

2.1 影响橡实淀粉漂白的因素

2.1.1 漂白剂种类

本文主要采用 $NaClO_3$、H_2O_2 两种漂白剂，对硬斗石栎淀粉分别进行漂白。在加水量与淀粉的质量比为 5∶1（即液固比或淀粉乳浓度）、温度为 40℃、pH 值为 10 的条件下反应 4h，测定两种漂白剂在不同浓度下硬斗石栎淀粉的漂白效果，见表 1。由表 1 可知，在其他条件相同的情况下，H_2O_2 的漂白效果在 0.8%、1.0% 和 1.2% 三个浓度下都比 $NaClO_3$ 的要好，因此选用 H_2O_2 作为漂白剂。

表 1　不同漂白剂处理后淀粉的白度值

漂白剂	0.8%	1.0%	1.2%
$NaClO_3$	68.12	69.65	73.10
H_2O_2	71.31	72.52	76.57

注：指将漂白剂加入稀淀粉乳中后漂白剂的有效浓度，下同。

2.1.2 淀粉乳浓度

选择液固比为 3∶1、4∶1、5∶1、6∶1 和 7∶1，分别在 H_2O_2 浓度为 0.8%、温度为 40℃、pH 值为 10 的条件下反应 4h，最后测得淀粉白度（Y）与液固比（X）的关系，见图 1。实验数据经统计分析软件 SPSS10.0 进行曲线回归，得回归方程为：$Y = 56.13 + 4.64X - 0.33X^2$（复相关系数 $R^2 = 0.9886$）。由此可见，淀粉白度随液固比的增加按上述曲线关系递增，但液固比增大至一定程度时，淀粉的白度增加趋于缓慢。

2.1.3 漂白剂浓度

在液固比为 4∶1、温度为 40℃、pH 值为 10 的条件下反应 4h，H_2O_2 浓度分别为 0.6%、0.7%、0.8%、0.9%、1.0% 和 1.1%，测得 H_2O_2 浓度（X）与淀粉白度（Y）的关系如图 2 所示。实验结果经统计分析得曲线回归方程为：$Y = 43.11 + 44.58X - 18.09X^2$

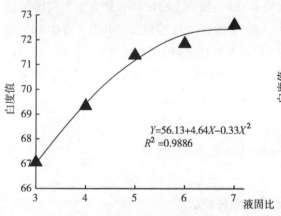

$Y = 56.13 + 4.64X - 0.33X^2$
$R^2 = 0.9886$

图 1　液固比与淀粉白度的关系

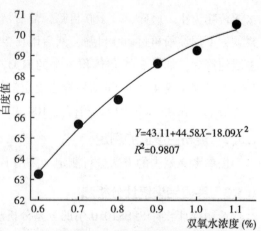

$Y = 43.11 + 44.58X - 18.09X^2$
$R^2 = 0.9807$

图 2　双氧水浓度与淀粉白度的关系

（$R^2 = 0.9907$）。淀粉的白度也随 H_2O_2 浓度的增大而增加。但是，当 H_2O_2 浓度达到 1.2% 以上，显微镜下观察到有淀粉出现破裂，这表明 H_2O_2 与少数淀粉颗粒发生了轻微反应，破坏了淀粉颗粒的结构。

2.1.4　反应温度

在液固比为 4∶1、反应时间为 4h、pH 值为 10 和 H_2O_2 浓度为 0.8% 条件下，分别测定反应温度（X）为 35℃、40℃、45℃、50℃、55℃ 和 60℃ 时淀粉的白度（Y），结果见图 3。曲线回归方程为：$Y = 28.39 + 10.44\ln X$（$X < 65℃$，$R^2 = 0.9793$）。淀粉的白度随反应温度的升高而增加，但是温度太高淀粉开始糊化。

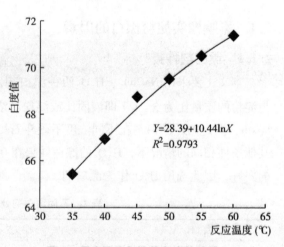

$Y = 28.39 + 10.44\ln X$
$R^2 = 0.9793$

图 3　反应温度与淀粉白度的关系

2.1.5　反应时间

在液固比为 4∶1、pH 值为 10、温度为 40℃ 和 H_2O_2 浓度为 0.8% 条件下，反应时间（X）分别为 3h、4h、5h、6h、7h、8h，测得淀粉的白度（Y）结果见图 4。

回归方程为：$Y = 0.77X + 59.20$（$R^2 = 0.9970$）。从回归系数可以看出，在实验范围内，反应时间与白度呈明显的线性关系，随着反应时间的延长，淀粉的白度不断增加。

2.1.6　反应 pH 值

在液固比为 4∶1、温度为 40℃、H_2O_2 浓

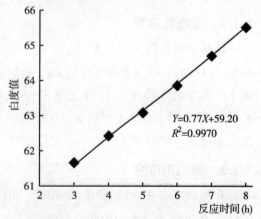

$Y = 0.77X + 59.20$
$R^2 = 0.9970$

图 4　反应时间与淀粉白度的关系

度为 0.8% 和反应时间为 4h 的漂白条件下，pH 值分别调至 8.0、9.0、10.0、11.0，实验结果见表 2。由表 2 可知，在碱性条件下，淀粉白度随 pH 值增大而增加；若继续升高，则淀粉开始出现降解并逐渐加剧，结果造成淀粉颗粒破裂乃至解体。

表 2　反应 pH 值与淀粉白度的关系

pH 值	8	9	10	11
硬斗石栎	60.89	63.73	66.75	71.82

2.2　正交试验

在考察了影响淀粉漂白的各个因素之后，为了获得最佳的漂白工艺，本文采用 L_{18} (3^7) 正交试验表进行了五因素三水平实验。见表 3、表 4。

通过正交试验及方差分析由表 3、表 4 可知，在 0.05 的显著性水平下，H_2O_2 浓度和 pH 值的影响显著，其余各因素的影响均不显著；在 0.01 的显著性水平下，只有 H_2O_2 浓度

表 3　L_{18} (3^7) 正交试验结果

试验号	液固比（A）	H_2O_2浓度%（B）	温度(℃)(C)	时间(h)(D)	pH 值（E）	F	G	淀粉白度
1	（1）4∶1	（1）0.8	（1）40	（1）5	（1）9	1	1	67.94
2	4∶1	（2）0.9	（2）45	（2）6	（2）10	2	2	68.83
3	4∶1	（3）1.0	（3）50	（3）7	（3）11	3	3	71.62
4	（2）5∶1	0.8	40	6	10	3	3	68.57
5	5∶1	0.9	45	7	11	1	1	73.09
6	5∶1	1.0	50	5	9	2	2	72.14
7	（3）6∶1	0.8	45	5	11	2	3	70.24
8	6∶1	0.9	50	6	9	3	1	66.60
9	6∶1	1.0	40	7	10	1	2	71.88
10	4∶1	0.8	50	7	10	2	1	70.53
11	4∶1	0.9	40	5	11	3	2	69.37
12	4∶1	1.0	45	6	9	1	3	68.25
13	5∶1	0.8	45	7	9	3	2	68.21
14	5∶1	0.9	50	5	10	1	3	72.80
15	5∶1	1.0	40	6	11	2	1	74.39
16	6∶1	0.8	50	6	11	1	2	71.54
17	6∶1	0.9	40	7	9	2	3	70.36
18	6∶1	1.0	45	5	10	3	1	72.81
T_1	416.52	417.06	422.52	425.28	413.52	425.50	425.36	T=1269.17
T_2	429.18	421.08	421.44	418.20	425.40	426.49	421.97	
T_3	423.42	431.10	425.22	425.70	430.26	417.18	421.84	
$\overline{M_1}$	69.42	69.51	70.42	70.88	68.92			
$\overline{M_2}$	71.53	70.18	70.24	69.70	70.90			
$\overline{M_3}$	70.57	71.85	70.87	70.95	71.71			

的影响极显著。因此，各因素对淀粉漂白工艺的影响程度大小依次为：H_2O_2 浓度>pH 值>时间>液固比>温度；最佳工艺组合为：液固比 5∶1、H_2O_2 浓度 1.0%、温度 40℃、时间 5h 和 pH 值 11。

表 4　方差分析

方差来源	离差平方和	自由度	均方	F 值	显著性
液固比	6.34	2	3.17	2.31	$F_{0.05} = 4.74$
H_2O_2 浓度（%）	27.30	2	13.6	9.96 **	$F_{0.01} = 9.55$
温度（℃）	2.67	2	1.34	0.98	
时间（h）	7.33	2	3.67	2.68	
pH 值	26.13	2	13.07	9.54 *	
误差	9.57	7	1.37		
总和	79.34	17			

2.3　成品橡实淀粉的白度

将其余 11 种橡实淀粉按漂白硬斗石栎淀粉所确定的最佳工艺参数进行氧化脱色，测得的白度值见表 5。由表 5 可以看出，未漂白的锥栗、茅栗和小红栲淀粉的白度已接近或超过了标准玉米淀粉的白度，这是由于它们的仁中色素、单宁等物质的含量很低。而石栎属、栲属和青冈属的橡实仁中色素、单宁等色源物质含量较为丰富，未进行漂白处理时淀粉的白度均在 50 左右，颜色较深，因此需进行漂白处理以增加其白度。另外，12 种漂白淀粉经显微观察和理化特性检验，与未漂白淀粉均无差别。

表 5　橡实淀粉的白度

成品	未漂白	漂白后	成品	未漂白	漂白后
锥栗淀粉	68.54	81.10	茅栗淀粉	69.93	82.37
小红栲淀粉	71.20	85.72	栓皮栎淀粉	50.92	75.33
石栎淀粉	52.85	76.48	硬斗石栎淀粉	48.33	74.80
星毛石栎淀粉	47.74	74.96	美叶石栎淀粉	49.35	77.09
长叶石栎淀粉	49.80	78.15	云山青冈淀粉	46.70	73.27
细叶青冈淀粉	41.63	70.81	大叶青冈淀粉	49.21	74.55
玉米淀粉	71.36				

3　结论

对影响淀粉白度的主要因素进行单因素试验，经回归分析得出了各漂白因素与橡实淀粉白度的关系曲线及其方程。然后经 L_{18}（3^7）正交试验和显著性分析，各因素对橡实淀粉白度影响程度的大小依次为：H_2O_2 浓度>pH 值>时间>液固比>温度；漂白工艺的最佳条件为：液固比 5∶1、H_2O_2 浓度 1.0%、温度 40℃、时间 5h 和 pH 值 11。在此最佳工艺条件下，经漂白后的橡实淀粉的白度，均超过标准玉米淀粉的白度。

橡实淀粉生料发酵生产燃料酒精工艺研究*

李安平　谢碧霞　田玉峰　丁颜鹏

(中南林业科技大学，湖南长沙 411004)

　　燃料酒精作为一种可再生的洁净能源，能替代日益稀少、不可再生的石油化工产品，具有广阔的市场前景。然而，传统用粮食生产酒精的巨额成本限制了燃料酒精的推广使用，而且以玉米等粮食为原料生产酒精，必然引发粮食价格上涨。因此，寻求廉价易得的酒精生物质原料成为国内外研究的热点。

　　橡实是泛指除大量栽培种板栗以外的壳斗科（Fagaceae）植物种仁的总称。我国橡实资源非常丰富，据统计橡实林面积达 $1.33 \times 10^7 \sim 1.6 \times 10^7 hm^2$，年产橡实估计在 60 亿~70 亿 kg。橡实种仁中淀粉质量分数达 30%~70%，其中又以石栎属和栗属淀粉质量分数较高，可达 60%~80%。大多数橡实种仁具有较重的苦味，不能直接食用，实际利用较少。以橡实淀粉为原料生产生物燃料酒精则是一条较好的利用途径。传统的酒精生产工艺中，原料需先粉碎蒸煮、糖化后再发酵蒸馏出酒精，其工艺复杂，能耗大，成本高。本研究以橡实的典型代表——栓皮栎 *Quercus variabilis* 为对象，对橡实免蒸煮生料酒精发酵进行了试验，以期为橡实淀粉质原料生料酒精发酵的高效、节能、降耗新工艺提供技术参数。

1　材料与方法

1.1　试验材料

　　新鲜栓皮栎：湖南省南岳森林植物园；糖化酶（50000U/g）、20000α - 淀粉酶（20000U/g）：苏州普瑞信生物技术有限公司；其他试剂均为分析纯。

1.2　菌种

　　白酒王活性干酵母，用2%的葡萄糖溶液30℃活化1h备用：湖北宜昌安琪酵母股份有限公司。

1.3　仪器与设备

　　高压灭菌锅：四川省新德医疗器械有限公司；ZN-04A 型粉碎机：北京兴时利和科技发展有限公；DM-LZ150 立轴式磨浆机：广西柳州市金海食品机械厂；无菌操作台：苏州亿达净化实验室设备；WD800G 型微波炉：广东格兰仕集团有限公司；TDL-40B 式离心机：上海市金鹏分析仪器有限公司；HSX 智能恒温恒湿培养箱：金坛市万华实验仪器厂。

* 本文来源：中国粮油学报，2011，26（3）：91-94.

1.4　橡实淀粉乙醇制备工艺

橡实种仁→去壳→磨浆→浸泡洗涤去单宁→静置分层→橡实淀粉→酶处理→接种发酵→蒸馏→燃料乙醇

1.5　橡实淀粉单宁脱出试验

橡实淀粉单宁脱出试验分别采用常规水浸提法、超声波助提法和微波助提法。

常规水浸提法：将洗净的橡实种仁与水混合磨浆后放入浸泡池浸泡，温度为 25～35℃，浸泡约 10h 后换水继续浸泡，换水 3～4 次即可。

超声波助提法：将洗净的橡实种仁与水混合磨浆后放入超声波处理盒内，超声波频率设定为 47.6kHz、功率为 454W，料液温度为 30℃，料水比 1∶30，超声波处理时间为 40min。

微波助提法：将洗净的橡实种仁与水混合磨浆后放入微波处理盒内，微波功率设定为 800W，料液温度为 30℃，料水比 1∶30，微波处理时间为 40min。

1.6　单宁的测定

单宁用 722 型分光光度计比色法测定。

1.7　酒精度测定

取 100mL 待测定液到蒸馏瓶中，加入 100mL 蒸馏水，混匀后蒸馏。取馏出液 100mL 用酒精计测定 20℃条件下馏出液中的酒精度。

1.8　酒精转化率

$$酒精转化率 = （酒精体积 \times 酒精度）/ 淀粉质量 \times 100\%$$

2　结果与分析

2.1　不同单宁脱除方法对橡实淀粉酒精转化率的影响

橡实含有较丰富的单宁成分，不仅对口感和消化有不良影响，而且对酵母发酵有一定的抑制作用，降低酒精转化率，因此，橡实淀粉发酵前须设法降低单宁含量。分别采用常规水浸提法、超声波助提法、微波助提法等 3 种方法处理，在料水比 16∶10，糖化酶、α-淀粉酶和干酵母添加量（以橡实淀粉质量为基础）分别为 180U/g、10U/g 和 0.15%，在 30℃下处理 30min，然后在 30℃下发酵 8d，考察 3 种方法对橡实淀粉发酵酒精转化率的影响，结果如表 1。

表 1　不同单宁脱除方法对橡实淀粉酒精转化率的影响

单宁脱除方法	脱出前单宁质量分数（%）	脱出后单宁质量分数（%）	酒精转化率（%）
常规水浸提法	4.43±0.15	1.02±0.21b	76.33±0.29a
超声波助提法	4.64±0.24	0.79±0.23a	89.50±0.15c
微波助提法	4.36±0.18	0.81±0.37a	78.71±0.26b

注：不同字母表示 ANOVA 检验具有显著性差异（$P \leqslant 0.05$）。

由表1可知，3种提取方法对橡实单宁的脱除有显著性影响（$P \leq 0.05$），其中以超声波助提法与微波助提法效果较好。橡实淀粉分别采用3种方法脱除单宁后发酵，测得它们的酒精转化率有显著性差异（$P \leq 0.05$），其中酒精转化率最高的是超声波助提法，最低的是常规水浸提法。常规水浸提法成本较低，时间较长，而超声波助提法和微波助提法耗时较短，效率较高，有益于工业化生产，但微波助提法对操作人员有一定辐射伤害，因此，采用超声波助提法是较好选择。

2.2 料水比对橡实淀粉生料发酵酒精的影响

在糖化酶、α-淀粉酶和干酵母添加量分别为180U/g、10U/g 和 0.15%的条件下，经35℃处理30min，然后在30℃下发酵8d，测试不同料水比对橡实淀粉生料发酵的影响，结果见图1。

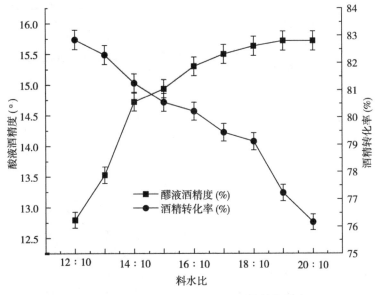

图1　料水比对橡实淀粉生料发酵酒精的影响

随着料水比的增加，醪液酒精度逐渐提高，但当料水比高于16∶10后，醪液酒精度增加平缓。料水比高，醪液酒度就高，生产发酵用水就少，蒸馏工段的能耗相应也少。这与张纪鹏等的研究结论相一致。同时，随着料水比的增加，橡实淀粉的酒精转化率逐渐降低。料水比提高，醪液酒度就越高，酒精对酵母的抑制作用变大，原料的利用率减少。因此，为了避免因底物和产物抑制而造成原料发酵不彻底，料水比控制在16∶10是比较恰当的。

2.3 α-淀粉酶和糖化酶添加量的确定

酵母不能直接将淀粉转化为酒精，在发酵之前需将淀粉酶解。橡实淀粉经脱单宁预处理后，按料水比为16∶10加入适量的水，然后加入一定的α-淀粉酶和糖化酶在30℃条件下进行酶解。按干酵母添加量为0.15%，在30℃下发酵8d，分别考察不同酶的添加量对橡实淀粉酒精转化率的影响，结果如图2所示。

从图 2 可以看出，随着 α-淀粉酶和糖化酶用量的增加，橡实淀粉转化为酒精的比率逐渐增大。α-淀粉酶用量从 30U/g 增大到 50U/g，对橡实淀粉酒精转化率有显著性影响（$P < 0.05$），但从 50U/g 增大到 60U/g 时变化较小（$P > 0.05$）。糖化酶用量小于 190U/g 时，用量变化对于酒精转化率影响较大（$P < 0.05$），但大于此用量后影响变小（$P > 0.05$）。因此，α-淀粉酶和糖化酶用量分别为 50U/g 和 190U/g 能获得较高的酒精转化率。

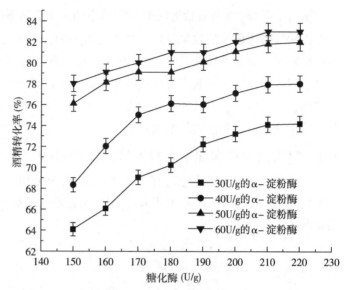

图 2　α-淀粉酶和糖化酶添加量对橡实淀粉生料发酵酒精的影响

2.4　发酵时间和温度对橡实淀粉生料发酵酒精的影响

α-淀粉酶和糖化酶添加量分别为 50U/g 和 190U/g，料水比控制在 16∶10，干酵母添加量为 0.15% 的条件下发酵，比较不同的发酵温度和时间对橡实淀粉生料发酵酒精转化率的影响，结果见图 3。

从图 3 可以看出，发酵温度越高，达到相同的酒精转化率所需时间越短，但高温发酵能耗大，同时也失去了生料发酵的意义。发酵温度为 25℃、30℃ 和 35℃ 条件下经过 7d 后，其酒精转化率基本接近，因此 25℃ 发酵温度是较好的选择。发酵时间长，酒精转化率增大，原料利用率提高，但时间长，生产周期就长，效率就低。

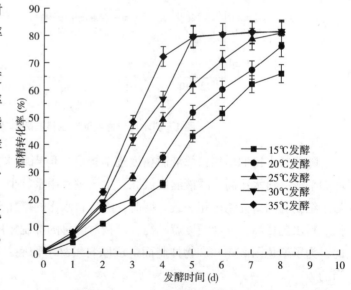

图 3　发酵时间和温度对橡实淀粉生料发酵酒精的影响

25℃ 以上温度的发酵，经过 7d 后酒精转化率变化很小。因此综合考虑，发酵温度选择 25℃，时间为 7d 是比较恰当的。

2.5　橡实淀粉生料发酵酒精最佳工艺条件的确定

在考察了影响橡实淀粉生料发酵酒精的各个因素后，为了获取最佳的工艺条件组合，选择对橡实淀粉生料发酵酒精影响较大的 5 个因素（包括料水比、α-淀粉酶用量、糖化酶用量、发酵温度和发酵时间）进行正交试验。试验以酒精转化率为试验指标，正交试验设计及结果见表 2，方差分析见表 3，多重比较结果见表 4。

从表 3 可以看出，料水比、α-淀粉酶用量、糖化酶用量和发酵时间等 4 个因素对橡实淀粉生料发酵酒精转化率具有极显著的影响（P<0.01），发酵温度具有显著性影响（P<0.05）。经过 LSRα 法比较各因素不同水平之间的差异显著性，得出最佳的工艺参数组合为：料水比 14∶10，α-淀粉酶 50U/g，糖化酶 190U/g，发酵温度 25℃，发酵时间 7d。料水比低，虽可获得较高的酒精转化率，但效率低，成本高，因此综合考虑，实际选择为料水比 16∶10，α-淀粉酶 50U/g，糖化酶 190U/g，发酵温度 25℃，发酵时间 7d，可获得较佳的橡实淀粉酒精转化率。

表 2　正交试验结果

序号	料水比	α-淀粉酶（U/g）	糖化酶（U/g）	发酵温度（℃）	发酵时间（d）	酒精转化率（%）		
						1 次	2 次	3 次
1	1（14∶10）	1（30）	1（170）	1（20）	1（5）	79.26	79.35	78.81
2	1	2（40）	2（180）	2（25）	2（6）	79.61	79.95	79.54
3	1	3（50）	3（190）	3（30）	3（7）	81.52	81.30	81.15
4	1	4（60）	4（200）	4（35）	4（8）	82.13	82.04	82.31
5	2（15∶10）	1	2	3	4	78.45	78.16	78.28
6	2	2	1	4	3	78.81	78.57	79.03
7	2	3	4	1	2	79.16	79.50	79.42
8	2	4	3	2	1	80.21	80.45	80.06
9	3（16∶10）	1	3	4	2	75.93	76.25	76.08
10	3	2	4	3	1	76.41	76.04	76.38
11	3	3	1	2	4	77.05	77.18	76.81
12	3	4	2	1	3	77.27	77.32	77.65
13	4（17∶10）	1	4	2	3	74.83	75.37	75.02
14	4	2	3	1	4	75.11	75.22	75.26
15	4	3	2	4	1	75.17	75.46	75.05
16	4	4	1	3	2	75.45	76.28	76.20

表 3　方差分析

方差来源	平方和 SS	自由度 f	均方 MS	F 值	P
料水比	199.867	3	66.622	1314.912**	0.000
α-淀粉酶	23.074	3	7.691	151.806**	0.000
糖化酶	3.257	3	1.086	21.429**	0.000
发酵温度	0.569	3	0.190	3.741*	0.000
发酵时间	2.032	3	0.677	13.366**	0.021
误差	1.621	32	0.051		

表4　各因素水平的多重比较

因素	水平	平均值
料水比	14：10	80.58a
	15：10	79.17b
	16：10	76.70c
	17：10	75.37d
α-淀粉酶（U/g）	30	77.15d
	40	77.49c
	50	78.23b
	60	78.95a
糖化酶（U/g）	170	77.73b
	180	77.65b
	190	78.21a
	200	78.21a
发酵温度（℃）	20	77.78b
	25	78.01a
	30	77.97a
	35	78.07a
发酵时间（d）	5	77.72c
	6	77.81c
	7	78.15b
	8	78.16a

注：不同字母表示采用 LSR_α 法多重比较具有显著性差异（$P \leqslant 0.05$）。

3　结论

橡实不仅资源丰富，而且淀粉含量高，以橡实淀粉为原料生产燃料酒精具有广阔的前景，是解决国际能源危机有益的补充。研究表明，单宁脱除工艺对橡实淀粉生料发酵生产燃料酒精有较大的影响，采用超声波助提法可得到较高的酒精转化率。综合考虑燃料酒精生产工艺的复杂性、能耗和成本等因素，取得较高橡实淀粉酒精转化率的工艺参数为：料水比 16：10，α-淀粉酶 50U/g，糖化酶 190U/g，发酵温度 25℃，发酵时间 7d。

橡实淀粉的湿热处理研究[*]

钟秋平[1,2]　谢碧霞[1]　王森[1]　李安平[1]　李清平[3]　张国武[2]

（1. 中南林业科技大学资源与环境学院，湖南长沙 412006；2. 中国林业科学研究院亚热带林业实验中心，江西分宜 336600；3. 湖南省益阳市林科所，湖南益阳 413000）

随着工业生产技术的发展，淀粉类新产品的不断出现，对淀粉性质的要求越来越严格，原淀粉的性质已不适应于很多应用领域。因此，人们对淀粉进行变性处理，使淀粉的结构和理化性质发生变化，以符合应用的要求。对淀粉进行变性处理的手段有物理方法、化学方法和酶处理方法。用化学方法改性淀粉的研究较多，工艺也很成熟，但是化学改性使用了化学试剂，当这类变性淀粉作为食品添加剂应用时，人们考虑到自身的安全而对该化学方法处理的变性淀粉有所顾忌。而物理方法和酶处理的方法不存在这个问题。常用的物理方法包括机械、微波、湿热处理等处理方法。湿热处理既是食品加工过程中常用的技术手段，又是一种改性淀粉的物理方法，它属于热液处理，而用热处理改性淀粉在国内研究很少。橡实淀粉是具有独特性质和功能的森林绿色食品资源，因此，研究湿热处理对不同橡实淀粉的影响具有实际意义。

1　材料与方法

1.1　实验材料

橡实淀粉：用福建永安的锥栗自制，制作方法见参考文献。仪器和试剂：Brookfield DV-II+粘度计、AR1140/C 电子天平、DKZ-2 型电热恒温振荡水槽、101C-4 型电热鼓风干燥箱、PHS-3C 型酸度计、FDM-125Ⅲ-60 型自动分离磨浆机、SS450-N 型三足离心机、生化培养箱、UV-1600 紫外-可见分光光度计。

1.2　试验方法

1.2.1　淀粉的湿热处理

将不同含水率锥栗淀粉装入 1000mL 烧杯中，用食用薄膜密封，放入 101C-4 型电热干燥箱内，按表 1 设置温度、时间（或次数）进行处理，再将处理后的淀粉在 45℃下烘干，粉碎后即得湿热处理的淀粉。

＊本文来源：江西农业大学学报，2006，28（4）：606-608.

表 1 锥栗淀粉湿热处理设计

含水率（质量比）（%）	处理温度（℃）	处理时间（h）	备注
10、20、30、40、50、60	120	10	
30	40、60、80、100、120、140、150、160	10	
30	120	1、5、10、20、30	
30	120	0.5、1、2、3 次	10h 为 1 次

1.2.2 淀粉粘度特性的测定方法

将质量浓度为 50g/L 的经湿热处理过淀粉乳液在 DKZ-2 型电热恒温振荡水槽中完全糊化，再放置于生化培养箱冷却至 25℃，用 Brookfield DV-II+粘度计和 Win Gather 软件与计算机联用进行测定。

1.2.3 测试数据标准化

湿热处理的特性变化率为热变力（M_h），即原淀粉特性测量值减去相同测量条件下处理淀粉特性测量值的差，除以原淀粉特性测量值的百分率。计算公式为：

$$M_h = （X - X_i）/X \times 100$$

式中：X 为原淀粉的测量值；X_i 为湿热处理过的淀粉测量值；M_h 大小表示处理后 X 的观测值与原值的偏差程度，也可表示淀粉改性的程度强弱。

1.2.4 数据统计分析

数据方差分析和 LSD 测验使用国际通用软件 SAS9.0 版本（SAS Institute，Cary NC），图、表制作使用 Excel 软件。

2 结果与分析

2.1 温度对淀粉湿热处理的影响

对含水率 30%、处理时间为 10h 条件下的不同温度湿热处理淀粉的粘度进行了测定，计算得到如图 1 所示的热变力结果。从图 1 可以看出：①湿热处理的温度越高，热变力越高。②图中曲线可分成 3 段，第 1 段温度 60℃以下，第 2 段温度在 60～100℃之间，第 3 段温度在 100℃以上，产生分段的原因是，温度在 60℃以下的湿热处理，由于温度较低，湿热处理淀粉不会变性；温度 60～100℃是淀粉的玻璃转化

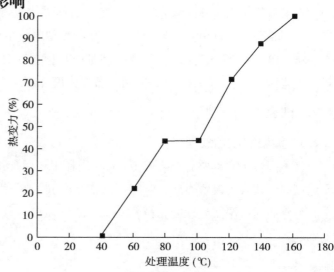

图 1 不同温度湿热处理的热变力变化

温度，在这段温度之间，淀粉晶体发生玻璃转化，导致淀粉变性；温度在 100℃ 以上，淀粉晶体中的水分子变成气体，水分和热能的相互作用破坏了支淀粉的 α-1，6 键，同时对 α-1，4 键也产生裂解，结果产生更多的小晶体淀粉，最终致使淀粉改性。

2.2 含水率对淀粉湿热处理的影响

对处理温度 120℃ 和时间 10h 条件下的不同含水率对湿热处淀粉的粘度进行了测定，换算成热变力后，用 SAS 统计分析软件进行方差分析和多重比较，结果如图 2 和表 2、表 3 所示。

从表 2 可以看出，湿热处理对锥栗淀粉粘度的影响达到极显著水平。由图 2 和表 3 的多重比较结果可知，含水率越高，热变力越高，不同含水率处理之间，除 20% 含水率与 30% 含水率处理之外，其他的处理之间差异均达到极显著水平。形成 A、B、C 和 D（E 为对照即原淀粉）4 类，A 是水分过多，湿热处理时，已有部分淀粉糊化；B、C 是在水充分条件下的湿热处理，淀粉没糊化，变性效果比较好，是理想的湿热处理；D 是干粉下的处理，不是真正意义上湿热处理，实际上是热处理，主要是热效应，使淀粉分子剧烈震动，破坏了淀粉的苷键，

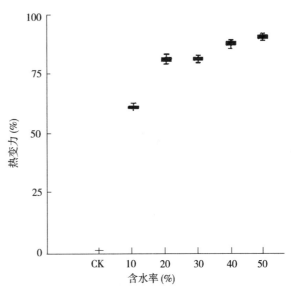

图 2　含水率对湿热处理淀粉粘度的影响

造成淀粉变性。这为湿热处理的应用提供了理论基础，在温度一定时，可调节淀粉的水分，得到不同类型的湿热处理淀粉。

表 2　含水率对湿热处理淀粉粘度影响的方差分析结果

方差来源	自由度	方差和	均方差	F 值	$P_r > F$
湿热处理变化	5	47484.28722	9496.85744	9993.53	<0.0001
机误	42	39.91264	0.95030		
合计	47	47524.19987			

表 3　含水率对湿热处理淀粉粘度影响的 LSD 多重比较

含水率（%）	多重比较分组	热变力均值（%）	数量
50	A	90.6990	8
40	B	87.8569	8
30	C	81.4728	8
20	C	81.3264	8
10	D	61.0665	8
Ck	E	0.0000	8

2.3 时间对淀粉湿热处理的影响

为了更好摸清处理时间对淀粉湿热处理的影响规律，本试验在研究过程中采取了时间分段和连续处理的方法。时间分段是 10h 作为 1 次，处理完 1 次后，将样品取拿出来，在常温下放置 1d，再进行第 2 次处理，以后次数依此类推；时间连续处理就是将样品 1 次性处理到相应的时间。用粘度计测定上述处理样品的粘度，计算成热变力，结果如图 3 所示。

由图 3 可知，湿热处理的时间可累计，即如果多次处理累计的时间和 1 次处理时间相同，则它们处理效果一样，同时可以看出，湿热处理的效果随时间延长而增加。

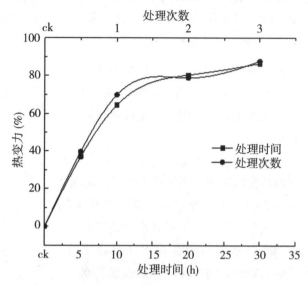

图 3 处理时间和处理次数对湿热处理的影响

2.4 湿热处理效果的综合分析

用多元回归方法，综合分析湿热处理时间、温度、含水率对热变力影响情况，得出湿热处理时间、温度、含水率对热变力的回归方程：$Y = 0.725X_1 + 0.622X_2 + 0.306X_3 - 20.389$（$R = 0.927$，$X_1$ 为湿热处理时间，X_2 为湿热处理温度，X_3 为湿热处理时淀粉的含水率，各因素的显著性都达了 0.01 水平）。从回归方程的回归系数大小可判断湿热处理的各因素对热变力影响程度，可得知各因素影响程度的高低为：时间>温度>含水率。

3 结论

（1）湿热处理的时间、温度和含水率等因素对橡实淀粉改性的影响达到极显著水平，各因素影响程度的大小次序为：时间>温度>含水率。

（2）湿热处理的热变力的大小随温度、含水率和处理时间增加而加强，即淀粉改性程度高低随温度、含水率和处理时间增加而加强。

橡实淀粉多晶体系结晶度测定[*]

谢碧霞　谢涛

（中南林学院资源与环境学院，湖南株洲 412006）

淀粉是一种天然多晶聚合物，原淀粉粒的结构可以划分为非晶、亚微晶和微晶三种结构，它们具有不同的 X-射线衍射特征及性质；任何淀粉粒的物态组成都可以看成是由亚微晶、微晶和非晶态三者中的一种、两种或三种结构组合而成。大量研究表明，淀粉及其衍生物的结晶结构和结晶度大小直接影响着淀粉质产品的应用性能。因此，关于淀粉及淀粉衍生物结晶性质、结晶度大小的研究，近年来已成为淀粉化学研究的前沿课题之一。本文对锥栗等 10 种橡实淀粉进行了 X-射线衍射研究，结果证明橡实淀粉粒也是由非晶、亚微晶和微晶三种结构构成，并且计算出了这三种结构所占的比例。

1　材料与方法

1.1　材料

锥栗、茅栗、栓皮栎、硬斗石栎、星毛石栎、美叶石栎、长叶石栎、云山青冈、大叶青冈和小红栲种子均采自湖南省南岳衡山，按参考文献的方法制备橡实淀粉，供实验用。

1.2　方法

1.2.1　淀粉 X-射线衍射分析

仪器　日本理学电机 3014 型自动 X-射线衍射仪。采用粉末法测定橡实淀粉的 X-射线衍射曲线，其测试条件为：特征射线 CuKa，石墨单色器，管压 35kV，电流 20mA，衍射角度 $2\theta = 5° \sim 55°$，步长 0.04°/步，扫描速度 2°/min，采用辛普生求积公式计算累积衍射强度。

1.2.2　淀粉结晶度的测定

按参考文献的方法进行计算。

2　结果与分析

淀粉的非晶、亚微晶和微晶结构具有不同的 X-衍射特征：微晶晶粒线度大，其广角 X-射线衍射曲线表现出明显的尖峰特征；亚微晶晶粒线度小，由于宽化作用使其广角 X-射线衍射曲线表现出类似非晶的弥散衍射特征；非晶相无长程有序只有短程有序，只能表

───────────

＊本文来源：食品科学，2004，25（1）：56-58.

现出弥散的 X-射线衍射特征。图 1 为锥栗等 m 种橡实淀粉的完整的-射线衍射曲线图谱，按文献的方法，它们均可准确地划分山微晶、亚微晶和非晶三个衍射区，因此橡实淀粉粒也是由非晶、亚微晶和微晶三种结构所组成的多晶体系。在图 1 中各种橡实淀粉的广角X-射线衍射曲线图谱上，确定淀粉的非晶、微晶和亚微晶衍射区，分别对应图 1 （a）-（j）中的 N、C 和 S 三个区域，由这些区域可近似求出淀粉的绝对结晶度，其计算公式为：

$$X_c = \frac{I_c}{I_c + I_N} = \frac{I_{c1} + I_{c2}}{I_{c1} + I_{c2} + I_N} \qquad X_{c1} = \frac{I_{c1}}{I_{c1} + I_{c2} + I_N} \quad 或 \quad X_{c2} = \frac{I_{c2}}{I_{c1} + I_{c2} + I_N}$$

式中：I_c、X_c 分别为淀粉结晶相的累积衍射强度和绝对结晶度；I_N、I_{c1}、I_{c2} 分别为非晶相、微晶相和亚微晶相的累积衍射强度；X_{c1} 和 X_{c2} 分别是微晶相和亚微晶相分率。

图 1 （a）-（j）中各衍射区的累积衍射强度及其相对比例，通过编程由 X-射线衍射仅自动分析系统计算出各区的累积衍射强度和淀粉的结晶度，测定结果见表 1。

由表 1 可看出，10 种橡实淀粉的结晶度比较接近，但它们的微晶相比例均较小，尤以锥栗淀粉和茅栗淀粉为最小。与文献报道的玉米淀粉（微晶 13%、晶相 39%）、木薯淀粉（微晶 14%、晶相 37%）和糯米淀粉（微晶 14%、晶相 39%）相比，10 种橡实淀粉的亚微晶相比例相差不大，但微晶相比例却小得多，因而橡实淀粉粒的结晶度偏低而非晶相比例相应地偏高。

3 结论

在锥栗等 10 种橡实淀粉的 X-射线衍射曲线图谱上，可以准确地划分出微晶、亚微晶和非晶三个衍射区，并且计算出了这三个区域所占的比例及结晶度。由此可见，橡实淀粉粒也是一种由微晶、亚微晶和非晶三种结构所组成的多晶体系，与玉米淀粉、木薯淀粉和糯米淀粉等相比，它们的微晶相比例和结晶度都偏小。

表 1 橡实淀粉的 X-射线衍射累积强度和结晶度

淀粉样品	累积衍射强度（cps）			结晶度（%）		
	微晶 I_{c1}	亚微晶 I_{c2}	非晶 I_N	微晶相	亚微晶相	晶相
锥栗淀粉	145.16	533.32	1266.59	7.46	27.42	34.88
茅栗淀粉	123.92	495.73	1144.63	7.02	28.10	35.12
小红桴淀粉	157.85	440.22	1103.93	9.27	25.96	35.23
栓皮栎淀粉	161.21	464.95	1146.87	9.09	26.22	35.31
硬斗石栎淀粉	198.11	428.62	1242.68	10.60	22.93	33.53
星毛石栎淀粉	196.17	424.68	1168.57	10.96	23.73	34.69
美叶石栎淀粉	180.70	472.48	1209.64	9.70	25.36	35.06
长叶石栎淀粉	176.95	457.63	1375.49	8.81	22.77	31.58
云山青冈淀粉	188.08	452.79	1253.81	9.93	23.90	33.83
大叶青冈淀粉	176.02	478.37	1383.56	8.64	23.47	32.11

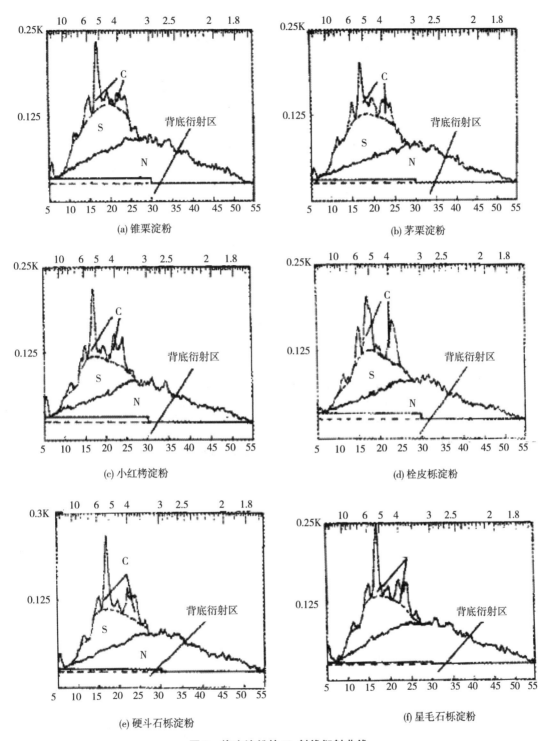

(a) 锥栗淀粉

(b) 茅栗淀粉

(c) 小红栲淀粉

(d) 栓皮栎淀粉

(e) 硬斗石栎淀粉

(f) 星毛石栎淀粉

图 1　橡实淀粉的 X-射线衍射曲线

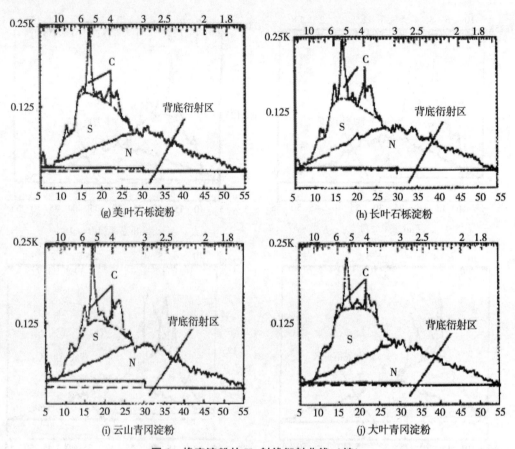

图1　橡实淀粉的X-射线衍射曲线（续）

锥栗和茅栗淀粉糊特性研究[*]

谢涛　谢碧霞　钟海雁

（中南林学院生命科学与技术学院，湖南株洲 412006）

0　前言

锥栗 *Castanea henryi* 和茅栗 *Castanea seguinii* 同属壳斗科栗属植物。我国锥栗和茅栗野生资源非常丰富，除新疆、青海等地外，各地广有分布，尤以西南地区栗属资源蕴藏量最大。锥栗和茅栗种仁味甜可食，淀粉的含量均达 60%～70%，可用于制备淀粉、酿酒和作饲料等。然而，锥栗和茅栗种仁的加工特性和产品品质与其淀粉的特性有着密切关系。经查阅有关文献，未见有锥栗和茅栗淀粉糊特性研究的报道，因此对其糊特性缺乏了解，从而极大地限制了锥栗和茅栗淀粉资源的开发利用。

本研究着重对锥栗、茅栗淀粉糊特性进行详细的分析和测定，以期为深入研究锥栗和茅栗淀粉的理化功能特性，以及进一步开发锥栗和茅栗新产品提供理论依据。

1　实验材料与方法

1.1　实验原料

锥栗和茅栗种子采自湖南省南岳衡山，参照文献的方法制备淀粉供测试用；玉米淀粉为广东奥顺淀粉厂生产；马铃薯淀粉为大兴安岭丽雪淀粉公司生产。

1.2　主要实验仪器

XSZ-H 系列偏光显微镜；

DKZ-2 型电热恒温振荡水槽；

PHSJ-4A 型 pH 计；高速离心机；

岛津 UV-240 紫外-可见分光光度计；

NDJ-9S 型数字式粘度计。

1.3　实验方法

1.3.1　糊化温度的测定

用 XSZ-H 系列偏光显微镜观察，将视野中有 2%淀粉颗粒的偏光十字消失时的温度记作糊化的起始温度，有 98%淀粉颗粒的偏光十字消失时的温度记作糊化终止温度。

＊本文来源：中国粮油学报，2003，18（4）：52-54。

1.3.2 糊透明度的测定

准确称取样品 1.00g，加蒸馏水 100mL，配成 1%（w/v）的淀粉乳，放入沸水浴中加热糊化并保温 15min，保持淀粉糊的体积，冷却至室温，用分光光度计进行测定。以蒸馏水为空白（透光率为 100%），1cm 比色皿，在 600nm 处测其透光率。将淀粉糊分别静置不同时间后，再测其透光率。

1.3.3 糊凝沉性质的测定

准确称取 1.00g 样品，加入 100mL 蒸馏水，配成 1%（w/v）的淀粉乳，于沸水浴中加热糊化并保温 15min，冷却至室温。取 50mL 淀粉糊移入 50mL 量筒中，静置，每隔一定时间记录上层清液体积。

1.3.4 糊冻融稳定性的测定

准确称取样品 3.00g，加蒸馏水 50mL，配成 6%（w/v）的淀粉乳，在沸水浴中加热糊化，再冷却。取 10mL 倒入塑料离心管中，加盖置于 -18~20℃冰箱内冷却，24h 后取出室温下自然解冻，然后在 3000r/min 条件下离心 20min，弃去上清液（若无水析出则反复冻融，直至有水析出），称取沉淀物质量，计算析水率。

$$析水率（\%）= \frac{糊重 - 沉淀物重}{糊重} \times 100\%$$

1.3.5 糊酶解率的测定

1.00g 淀粉（W）溶于 30mL 磷酸缓冲液（0.2mol/L、pH6.9），沸水浴中加热 30min，待冷却到 25℃后加入 320 单位的 α-淀粉酶。30℃摇床内酶解 14h 后，用 5mL1.0%（w/v）的硫酸终止酶解反应。离心后用 80%乙醇洗未被酶解的产物，再次离心后于 80℃烘箱内将沉淀物干燥至恒重（P），同时每个样品在不加酶的条件下做同样的操作以校正可溶性糖（A）。淀粉酶解率表示为酶解后淀粉减重率，可按下式计算：

$$酶解率（\%）= \frac{W - P - A}{W} \times 100\%$$

1.3.6 糊粘度的测定

用 NDJ-9S 型数字旋转粘度计分别测定淀粉浓度、温度、回转速度、pH 值等对糊粘度的影响。

2 结果与分析

2.1 淀粉的糊化温度

锥栗和茅栗淀粉糊化温度的测定结果见表 1。由表 1 可知，锥栗和茅栗淀粉的糊化温度较高，且糊化温度范围较宽，远高于马铃薯淀粉的糊化温度，而与玉米淀粉的相差不大。

表 1　锥栗和茅栗淀粉的糊化温度

样品	锥栗淀粉	茅栗淀粉	玉米淀粉	马铃薯淀粉
糊化温度（℃）	63.5~74.5	64.0~73.5	62.3~72.5	59.5~64.0

2.2 淀粉糊的透明度

锥栗和茅栗淀粉糊的透光率实验结果见图1。由图1可看出，在静置开始时，锥栗和茅栗淀粉糊的透光率介于马铃薯淀粉糊与玉米淀粉糊之间。随着静置时间的延长，透光率逐渐下降，到静置24h后，各种淀粉糊的透光率渐趋接近。

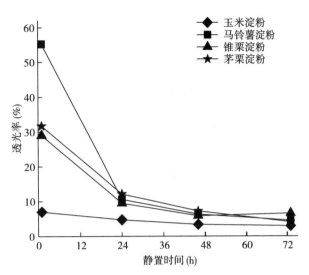

图1 锥栗和茅栗淀粉糊的透光率

2.3 淀粉糊的凝沉性质

图2为锥栗和茅栗淀粉糊的凝沉性实验结果。从图中可以看出，随着静置时间的延长，各种淀粉糊析出清液的体积逐渐增加，5h后基本达到稳定，且均超过了80%，这说明锥栗和茅栗淀粉具有很强的凝沉稳定性。

2.4 淀粉糊的冻融稳定性

锥栗和茅栗淀粉糊的冻融稳定性测定结果见表2。表2的数据表明，锥栗和茅栗淀粉糊不能冻融1次，即分别析出71%和63%的清水，这说明锥栗和茅栗淀粉糊的冻融稳定性很差，比玉米淀粉糊和马铃薯粉糊的冻融稳定性还要差。

2.5 淀粉糊的酶解率

淀粉的酶解率与其糊化程度有关，糊化度越大则酶解率越高。锥栗和茅栗

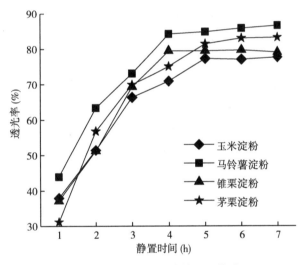

图2 锥栗和茅栗淀粉糊的凝沉性质

淀粉糊的酶解率测定结果见表3。由表3可知，完全糊化后，锥栗和茅栗淀粉糊的酶解率比玉米淀粉糊和马铃薯淀粉糊的稍低，这可能是锥栗和茅栗淀粉的支链化程度较高的缘故。

表2 锥栗和茅栗淀粉糊的冻融稳定性

样品	锥栗淀粉	茅栗淀粉	玉米淀粉	马铃薯淀粉
冻融次数	0	0	1	1
析水率（℃）	71	63	42	73

表 3　锥栗和茅栗淀粉糊的酶解率

样品	锥栗淀粉	茅栗淀粉	玉米淀粉	马铃薯淀粉
酶解率（%）	83.92	82.59	87.28	91.57

2.6　淀粉糊的粘度特性

2.6.1　淀粉浓度对糊粘度的影响

将锥栗和茅栗淀粉分别配成 2%、3%、4%、5% 和 6% 浓度不等的乳状液，在沸水浴中糊化，冷却至室温，再选用 NDJ-9S 型数字式粘度计的 2 号转子并在 3.0r/min 转速下测定淀粉糊的粘度，结果见图 3。由图 3 可以看出，锥栗和茅栗淀粉糊的粘度很接近，随浓度的升高而增大，当淀粉浓度达到 5% 时糊粘度增加的速率变快。

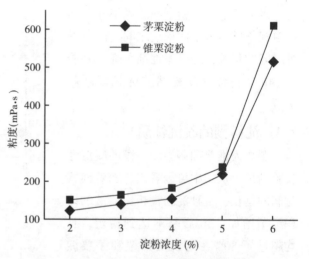

图 3　不同浓度下锥栗和茅栗淀粉糊的粘度

2.6.2　温度对糊粘度的影响

将锥栗淀粉和茅栗淀粉分别配成 2% 的乳状液数份，在沸水浴中糊化完全，冷却，然后再分别在 20℃、30℃、40℃、50℃、60℃ 下以 3.0r/min 的转速测定各种淀粉糊的粘度，结果见图 4。由图 4 表明，锥栗和茅栗淀粉糊的粘度随温度的升高而逐渐降低。

2.6.3　转速对糊粘度的影响

将锥栗淀粉和茅栗淀粉分别配成数份 2% 的乳状液，在沸水浴中糊化完全，冷却，再在 3.0、6.0、12.0、30.0、60.0r/min 等转速下分别测定各种淀粉糊的粘度，测定结果见图 5。由图 5 可

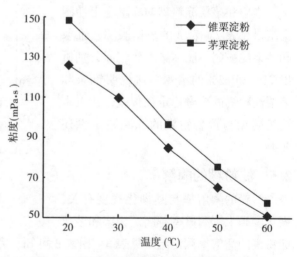

图 4　不同温度下锥栗和茅栗淀粉糊的粘度

知，随着转速的加快，淀粉糊的粘度呈下降趋势。在转速由 3.0r/min 增至 6.0r/min 时，各种淀粉糊的粘度迅速下降，这说明锥栗和茅栗淀粉糊存在"剪切稀化"现象。

2.6.4　pH 值对糊粘度的影响

将浓度 2.0% 的锥栗和茅栗淀粉分别调配成 pH 值 4.0、6.0、8.0、10.0、12.0 的乳状液，在沸水浴中糊化完全，冷却至室温，重新调节 pH 值，以 3.0r/min 的转速测定各种淀粉糊的粘度，结果见图 6。由图 6 可知，锥栗和茅栗淀粉糊在 pH 值 6.0~8.0 范围内粘度

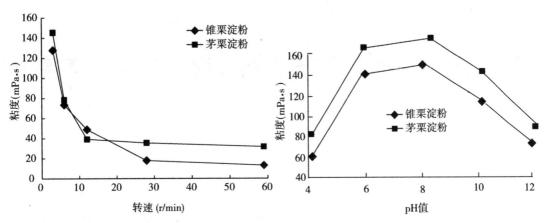

图 5 转速对锥栗和茅栗淀粉糊粘度的影响　　图 6 pH 值对锥栗和茅栗淀粉糊粘度的影响

较高，而在强酸性和强碱性条件下，糊粘度逐渐下降。

3 结论

（1）锥栗和茅栗淀粉糊具有糊化温度高、透明度低、酶解率较高、凝沉稳定性较强、冻融稳定性差的品质特征。

（2）淀粉浓度、温度、转速和 pH 值等对锥栗和茅栗淀粉糊的粘度性质有一定的影响，其中浓度的影响较为显著。

响应面法优化橡实淀粉生料发酵生产燃料酒精工艺[*]

谢碧霞　李安平　田玉峰　丁彦鹏　崔富贵

（中南林业科技大学，湖南长沙 410004）

　　燃料酒精具有清洁、可再生等特点，世界各国均在大力开发，产量逐年攀升。我国燃料酒精产业虽起步较晚，但发展迅速。以酒精等为代表的清洁能源已成为我国能源供应多元化战略发展的一个重要方向。燃料酒精行业的研究重点是降低生产成本，实现非粮酒精的规模化。因此，决定未来燃料酒精发展前景的关键是成本和技术。

　　以淀粉质为原料发酵生产燃料酒精的传统工艺中，蒸煮工段需要的蒸汽量约占整个生产过程总能耗的 30%～40%。与传统蒸煮发酵法相比，生料发酵生产燃料酒精技术能有效减少能源消耗，并降低成本，因此成了国内外研究的热点。在生料发酵工艺中，原料不需蒸煮直接进入发酵期，不仅节约大量能源和冷却水，而且还减少了因蒸煮而造成的可发酵糖的损失。

　　在研究橡实淀粉生料发酵生产燃料酒精方面，锥栗具有典型的代表性。因此，本研究以锥栗为原料，利用响应面分析法对锥栗生料发酵生产燃料酒精工艺条件进行优化，探索影响酒精转化率的各种因素，以期能为燃料酒精的工业化生产起到促进作用。

1　材料与方法

1.1　实验材料

1.1.1　菌种

安琪耐高温酿酒高活性干酵母（湖北安琪酵母股份有限公司）。

1.1.2　原料

锥栗 *Castanea henryi* 采自南岳衡山。

1.1.3　酶制剂

糖化酶 5000U/g（上海瑞丰生物工程有限公司）；α-淀粉酶 5000U/mL（无锡赛德生物工程有限公司）；酸性蛋白酶 20000U/g（无锡杰能科生物工程有限公司）。

1.1.4　主要试剂

3，5-二硝基水杨酸（DNS）（分析纯），长沙科泰生物试剂有限责任公司；无水葡萄糖（分析纯），购于长沙科泰生物试剂有限公司。

＊本文来源：中南林业科技大学学报，2010，30（12）：92-97.

1.2 酵母的活化

称取一定量的活性干酵母，用2%葡萄糖溶液搅拌混合，置于37℃恒温箱中20min，然后移至30℃恒温箱中活化60~90min，即可以做酒母使用。

1.3 酒精发酵实验

称取50g筛分过的橡实淀粉（锥栗），加水调配，分别加入液化酶、糖化酶和酸性蛋白酶，然后与酵母混合均匀，放入培养箱内恒温发酵。

1.4 酒精度的测定

取100mL成熟的发酵醪液到蒸馏烧瓶中，加100mL水，混匀后蒸馏。取溜出液100mL，用酒精比重计测定馏出液中的酒精度。

1.5 酒精转化率

酒精转化率 = ［酒精体积（mL）×酒精度（%）］/淀粉含量（g）×100%

2 结果与分析

2.1 原料粉碎度对橡实淀粉酒精转化率的影响

在料水比为1：3，自然pH，α-淀粉酶添加量为10U/g，糖化酶添加量为200U/g，酸性蛋白酶添加量为30U/g，发酵温度为34℃等条件下发酵60h，比较原料粉碎度（分别为100目、80目、60目和40目）对橡实淀粉生料发酵时酒精转化率的影响，结果见图1。

由图1可知，粉碎度越小，发酵后醪液的酒精度越高。淀粉粒度小，淀粉与糖化酶、酵母之间的接触面积就大，反应更加充分，而且淀粉颗粒小，加入水后容易形成悬浮液，淀粉不会快速沉淀，糖化酶和酵母

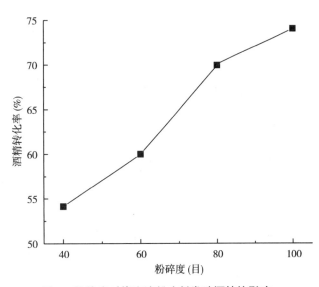

图1 粉碎度对橡实淀粉生料发酵酒精的影响

会更加均匀地分布于淀粉乳中，有利发酵的顺利进行。但是淀粉颗粒粉碎到一定细度后，进一步细化消耗能源将会呈几何级增长，因此并不是颗粒越小越好。所以，综合多方面考虑选择100目的颗粒度是比较恰当的。

2.2 α-淀粉酶添加量对橡实淀粉酒精转化率的影响

原料粉碎度为100目，料水比为1：3，自然pH，糖化酶添加量为200U/g，酸性蛋白酶添加量为30U/g，酵母添加量为0.3%（m/m），发酵温度为34℃，发酵时间为60h等条

件下，液化酶添加量分别为 0、5、10、15 和 20U/g，比较液化酶添加量对橡实淀粉的酒精转化率，结果见图2。由图2可以看出，随着 α-淀粉酶添加量的增加，酒精转化率迅速提高。当 α-淀粉酶添加量为 10U/g 时，淀粉转化率达到最高，此后，随着添加量的增加，酒精转化率变化趋于平缓。

2.3 糖化酶添加量对橡实淀粉酒精转化率的影响

由于生料发酵酒精采用的工艺是边糖化边发酵，因此，淀粉的酶解效果直接影响到发酵快慢。在相同的发酵条件下，比较糖化酶添加量分别为 170、180、190、200 和 210U/g 时的酒精转化率，结果见图3。

由图3可知，随着糖化酶的增加，酒精转化率不断提高。当糖化酶添加量达到 200U/g 时，酒精转化率的变化趋于平缓。这表明糖化酶与发酵速度基本协调，保证了发酵醪中还原糖的最大的转化率。

2.4 酸性蛋白酶对橡实淀粉酒精转化率的影响

由于生料发酵工艺没有蒸煮过程，含氮物质往往是以大分子蛋白质状态存在，而酵母只能吸收氨基态氮，有效氮源则会供应不足，从而影响发酵。在发酵过程中加入酸性蛋白酶，可让橡实中内含的蛋白质在酶的作用下分解为酵母可利用的氮源。在相同的发酵条件下，分别加入不同剂量的酸性蛋白酶（0、10、20、30、40、50 和 60U/g），比较其对酒精转化率的影响，结果见图4。

由图4可知，当少量添加酸性蛋白

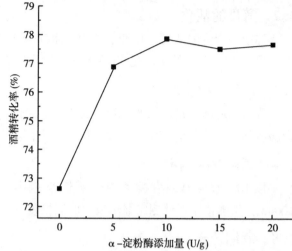

图2　α-淀粉酶添加量对橡实淀粉生料发酵酒精的影响

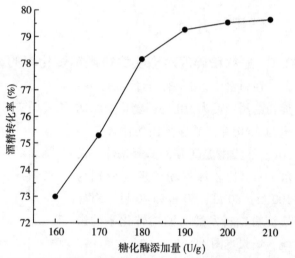

图3　糖化酶添加量对橡实淀粉生料发酵酒精的影响

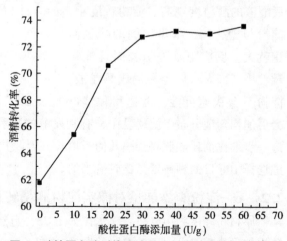

图4　酸性蛋白酶对橡实淀粉生料发酵酒精的影响

酶后，酒精转化率出现明显增加。当添加量从 30U/g 增大到 60U/g 时，酒精转化率有缓慢的增长，没有显著性的变化（$P>0.05$），仅增加 0.2%。所以，添加 30U/g 的酸性蛋白酶是比较恰当的，既能提高酒精转化率，又能节省酸性蛋白酶的用量。

2.5 料水比对橡实淀粉酒精转化率的影响

相同条件下比较料水比为 1∶2.4、1∶2.6、1∶2.8、1∶3.0、1∶3.2 和 1∶3.4 时，橡实淀粉的酒精转化率，结果见图 5。从图 5 可以看出，随着料水比逐渐增大，酒精转化率呈现出先增大，尔后缓慢增加的变化趋势。当料水比为 1∶2.8 时，酒精转化率达到最高。料水比高，即发酵醪液浓度稀，虽然可获得较高的酒精转化率，但由于最后蒸馏需要大量的能源，这与生料发酵的初衷相违背。料水比低，即发酵醪液浓度高，虽然酒精转化率有所降低，但蒸馏获取酒精容易，而且高浓度的酒精对杂菌抑制是有利的。因此，料水比为 1∶2.8 左右是较恰当的。

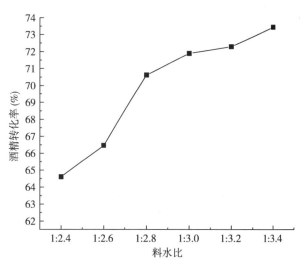

图 5 料水比对橡实淀粉生料发酵酒精的影响

2.6 发酵温度和时间对橡实淀粉酒精转化率的影响

在相同条件下，比较不同的发酵温度和时间对橡实淀粉酒精转化率的影响，结果见图 6。从图 6 可以看出，随着发酵时间的延长，酒精转化率不断提高。当发酵时间超过 72h 以后，橡实淀粉的酒精转化率变化趋于平缓。同时，发酵温度对橡实淀粉的酒精转化率也存在一定的影响。温度越高，橡实淀粉的越快达到较高的酒精转化率。38℃条件下发酵的酒精转化率在 60h 时就已经基本达到 36℃发酵 72h 时的水平。但高温发酵能耗大，且高温条件下发酵到 72h 后，酒精变化率趋于平缓。综合考虑，温度为 36℃时，发酵 72h 比较恰当。

淀粉的越快达到较高的酒精转化率。38℃条件下发酵的酒精转化率在 60h 时就已经基本达到 36℃发酵 72h 时的水平。但高温发酵能耗大，且高

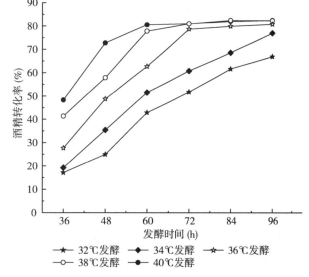

图 6 发酵温度和时间对橡实淀粉生料发酵酒精的影响

温条件下发酵到72h后，酒精变化率趋于平缓。综合考虑，温度为36℃时，发酵72h比较恰当。

2.7 橡实淀粉生料发酵酒精最佳工艺条件的确定

为了获取橡实淀粉生料发酵的最佳工艺组合，根据上述单因素实验结果，分别选取 α-淀粉酶、糖化酶用量、酸性蛋白酶和料水比为自变量，酒精转化率（Y）为响应值，进行响应面分析实验，结果见表1、表2和表3。

表 1 响应因子与水平表

因素	水平		
	−1	0	+1
X_1（α-淀粉酶 U/g）	5	10	15
X_2（糖化酶添加量 U/g）	190	200	210
X_3（酸性蛋白酶 U/g）	20	30	40
X_4（料水比）	2.6	2.8	3.0

表 2 响应面分析方案与试验结果

试验号	因素水平				酒精转化率（%）
	X_1	X_2	X_3	X_4	
1	−1	−1	0	0	80.69
2	1	−1	0	0	78.41
3	−1	1	0	0	80.19
4	1	1	0	0	81.02
5	0	0	−1	−1	80.01
6	0	0	1	−1	82.91
7	0	0	−1	1	79.61
8	0	0	1	1	81.03
9	−1	0	0	−1	81.24
10	1	0	0	−1	80.64
11	−1	0	0	1	81.05
12	1	0	0	1	80.68
13	0	−1	−1	0	78.98
14	0	1	−1	0	79.35
15	0	−1	1	0	81.06
16	0	1	1	0	81.04
17	−1	0	−1	0	79.69
18	1	0	−1	0	79.13
19	−1	0	1	0	83.25
20	1	0	1	0	82.78

（续）

试验号	因素水平				酒精转化率（%）
	X_1	X_2	X_3	X_4	
21	0	−1	0	−1	79.91
22	0	1	0	−1	80.67
23	0	−1	0	1	79.64
24	0	1	0	1	80.33
25	0	0	0	0	83.01
26	0	0	0	0	83.65
27	0	0	0	0	82.79
28	0	0	0	0	83.64
29	0	0	0	0	83.47

表3 响应面方差分析

变异来源	平方和	自由度	均方	F 值	显著水平
模型	61.92	14	4.42	17.44	<0.0001
X_1	0.99	1	0.99	3.91	0.0680
X_2	1.27	1	1.27	5.02	0.0417
X_3	19.51	1	19.51	76.90	<0.0001
X_4	0.77	1	0.77	3.04	0.1033
X_1X_2	2.42	1	2.42	9.53	0.0080
X_1X_3	2.025E−003	1	2.025E−003	7.983E−003	0.9301
X_1X_4	0.013	1	0.013	0.052	0.8227
X_2X_3	0.038	1	0.038	0.15	0.7044
X_2X_4	1.225E−003	11	1.225E−003	4.829E−003	0.9456
X_3X_4	0.55	1	0.55	2.16	0.1639
X_1^2	8.05	1	8.05	31.75	<0.0001
X_2^2	27.24	1	27.24	107.40	<0.0001
X_3^2	7.93	1	7.93	31.26	<0.0001
X_4^2	10.06	1	10.06	39.67	<0.0001
残差	3.55	14	0.25		
总和	65.47				

对实验结果进行拟合，得出回归方程模型如下：

$Y=80.29X_1+0.33X_2+1.28X_3-0.25X_4+0.78X_1X_2+0.023X_1X_3+0.058X_1X_4-0.097X_2X_3-0.018X_2X_4-0.37X_3X_4-1.11x_1^2-2.05X_2^2-1.11X_3^2-1.25X_4^2$。

由表3可以看出，模型具有极显著性（$P<0.0001$），表明该模型拟合度较好，能对橡实淀粉生料发酵的酒精转化率进行分析和预测。X_3、X_1X_2、X_1^2、X_2^2、X_3^2、X_4^2 对酒精转化率的影响具有极显著性（$P<0.01$）；X_2 对酒精转化率的影响具有显著性（$P<0.05$）；X_1、X_4、X_1X_3、X_1X_4、X_2X_3、X_2X_4、X_3X_4 对酒精转化率的影响不显著（$P>0.05$）。根据方差分析结果，回归方程剔除不显著项后可简化为：$Y = 80.29X_1 + 0.33X_2 + 1.28X_3 - 0.25X_4 + 0.78X_1X_2 - 1.11X_1^2 - 2.05X_2^2 - 1.11X_3^2 - 1.25X_4^2$。

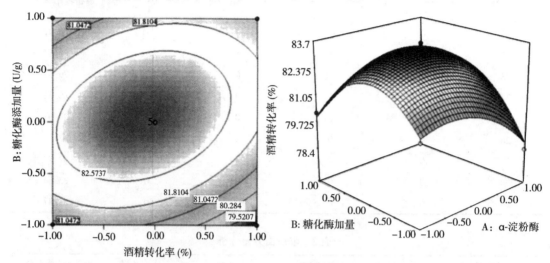

图7　X_1，X_2 对 Y 值预测响应面图和等高线图

从回归模型可以看出，料液比与时间、料液比与温度、糖化酶添加量与时间、糖化酶添加量与温度、时间与温度的交互作用对橡实生料发酵的酒精转化率影响不显著，但 α-淀粉酶与糖化酶的交互作用具有显著性。因此，响应曲面优化模型中需考查 α-淀粉酶（X_1）与糖化酶（X_2）的交互作用对酒精转化率 Y 的影响。从图7可以看出，糖化酶添加量不变，随着 α-淀粉酶添加量的增加，酒精转化率开始缓慢增加，当 α-淀粉酶添加量超过 10U/g 后，酒精转化率却逐渐下降；当 α-淀粉酶添加量恒定，糖化酶添加量在 190～210U/g 范围内变化时，酒精转化率呈现出相同的变化趋势，即随着糖化酶的添加量不断增加，酒精转化率也随着逐渐增大，当糖化酶添加量达到 200U/g 左右后又开始下降。根据 "Design-Expert7.1.3" 中的 Optimization 分析，橡实淀粉生料发酵的最优工艺为：α-淀粉酶添加量为 9U/g、糖化酶添加量为 201U/g、酸性蛋白酶 36U/g、料水比 1∶2.8。在此条件下，实验预测值 Prediction = 83.7291；实验满足程度 Desirability = 1.000。

2.8　验证实验

为了检验实验结果的可靠性，采用上述最优工艺参数按相同方法做发酵实验，取 3 个平行样，试验结果见表4。由表4可知，橡实淀粉酒精转化率的预测值和实验值的相对误差较小，均小于 0.5%，实际测得的平均值为 83.74，与理论预测值相比，其相对误差约为 0.03%。因此，通过响应面分析实验得到的数学模型能够比较精确地对橡实淀粉生料发酵的酒精转化率进行预测，优化后的工艺参数是可信的。

表4　模型的可信度分析

试验号	自变量编码值				酒精转化率（%）		相对误差（%）
	X_1	X_2	X_3	X_4	预测值	实验值	
1	9	199	36	2.7	83.69	83.70	0.01
2	9	200	36	2.8	83.70	83.68	0.02
3	10	200	35	2.8	83.69	83.66	0.03
4	9	200	35	2.8	83.70	83.71	0.01
5	9	199	35	2.8	83.69	83.69	0.00

注：相对误差＝（实验值−预测值）/预测值×100%。

3　小结

　　以橡实淀粉为原料，采用生料发酵生产燃料酒精在技术上是可行的。生料淀粉未经糊化，发酵醪液不粘稠，α-淀粉酶用量较小，但对糖化酶需求较大。利用酵母发酵产酒时添加适量的酒用酸性蛋白酶可以不同程度地提高酒精转化率。通过响应面法得出橡实淀粉生物乙醇化的最优工艺。其工艺参数为：原料粉碎度100目、α-淀粉酶添加量9U/g、糖化酶添加量201U/g、料水比1：2.8、酸性蛋白酶添加量为36U/g、发酵温度36℃、发酵时间72h。

湿热处理对橡实淀粉特性影响的研究[*]

谢碧霞[1]　钟秋平[1,2]　李安平[1]　王森[1]　李清平[3]

(1. 中南林业科技大学资源与环境学院，湖南长沙 412006；2. 中国林业科学研究院亚热带林业实验中心，江西分宜 336600；3. 湖南省益阳市林科所，湖南益阳 413000)

橡实是泛指除大量栽培种板栗以外的壳斗科植物中具有一定开发利用价值的壳斗科植物的坚果的总称，它主要用作淀粉和鞣料资源。近几十年来，橡实的食用价值引起植物学家的兴趣，一些科研单位和生产管理部门对橡实种质资源、分布作了一些调查工作。橡实营养丰富，经测定，每 100g 橡仁可提供 600 kcal 热量和 80g 蛋白质，橡实所含的氨基酸类似牛奶、豆类和肉类。橡实内还含有丰富的维生素，每千克橡实含维生素高达 550mg，其中 VA 含量为 180IU/g。橡仁富含淀粉，可提取淀粉、酿酒、制作豆腐或词料等；工业酿造 50 度白酒约 30kg，橡壳含有色素，可提取食用橡子棕色素，还可用于制作糠醛和活性炭等；水青冈、亮叶水青冈等的果仁富含油脂，可榨油供食用或工业用。某油脂的特性均类似于橄榄油，是一种很好的食用油，国外一些植物学家曾预言，橡树将成为未来的"粮食作物"。橡仁富含淀粉，在应用之前研究其淀粉加工特性是十分必要的。湿热处理是食品加工过程中常用的技术手段，因此研究湿热处理对不同橡实淀粉的影响具有实际意义。

1　材料与方法

1.1　材料

橡实淀粉：锥栗来自福建永安，茅栗、栓皮栎来自湖南衡山，淀粉制作方法见参考文献。

1.2　仪器和设备

Brookfield DV-II+粘度计（美国 Brookfield 公司）；AR1140/C 电子天平（天津奥特赛斯公司）；DKZ-2 型电热恒温振荡水槽（上海精宏实验设备有限公司）；101C-4 型电热鼓风干燥箱（上海实验仪器厂有限公司）；PHS-3C 型酸度计（上海理达仪器厂）；FDM-125Ⅲ-60 型自动分离磨浆机（江苏省丹徒县鑫宝机械厂）；SS450-N 型三足离心机（中外合资张家港华大离心机制造有限公司）；SPX-250B-Z 型生化培养箱（上海博迅实业有限公司医疗设备厂）；UV-1600 紫外-可见分光光度计（北京瑞利分析仪器公司）。

1.3　方法

1.3.1　淀粉的湿热处理

将含水率为 30% 橡实淀粉装入 1000ml 烧杯中，用食用薄膜密封，放入 101C-4 型电热

＊本文来源：食品科学，2007，28（3）：104-106.

干燥箱内，分别在60、80、100、120、140、150、160℃处理10h，然后将处理后的淀粉在45℃下烘干，粉碎后即得湿热处理的淀粉。

粘度的测定：将质量浓度为50g/L的湿热处理过淀粉乳液在DKZ-2型电热恒温振荡水槽中完全糊化，放置于生化培养箱冷却至25℃后，用Brookfield DV-II+粘度计和WinGather软件与计算机联用进行测定。

透光率的测定：称取湿热处理的绝干样0.500g，用蒸馏水配成10g/L 50ml淀粉乳，放入沸水浴中加热糊化并保温15min，保持淀粉糊的体积，冷却至室温。以蒸馏水为空白（透光率为100%），1cm比色皿，在620nm处用分光光度计进行测定其透光率。

1.3.2 数据统计分析

方差分析和LSD（least significant difference）测验使用国际通用软件SAS9.0版本（SASInstitute，Cary NC），数据录入，图和表制作使用Excel 2003软件。

2 结果与分析

2.1 湿热处理对淀粉粘度影响

不同温度湿热处理对淀粉粘度的影响如图1所示。从图1可以看出：①湿热处理会降低淀粉的粘度，温度越高，粘度降低的幅度越大。②图中曲线可分成三段，第一段温度60℃以下，曲线较平坦，第二段温度在60~100℃之间，曲线的曲率较大，第三段温度在100℃以上，曲线的曲率较小，产生分段的原因是，温度在60℃以下的湿热处理，是在淀粉的玻璃转化温度之下，这样的湿热处理淀粉变性较少，湿热处理的效果较低，也就是淀粉粘度降低比较慢，曲线比较平坦；温度60~100℃是淀粉的玻璃转化温度，在这温度之间，淀粉晶体发生玻璃转化，淀粉与水分子相结合而产生变性，从而影响淀粉的粘度；温度在100℃以上，淀粉晶体中的水分子变成气体，淀粉分子失水，水分和热能的相互作用破坏了支淀粉的α-1，6键，同时对α-1，4也产生裂解，结果产生更多的小晶体淀粉，使淀粉变性，降低淀粉的粘度。

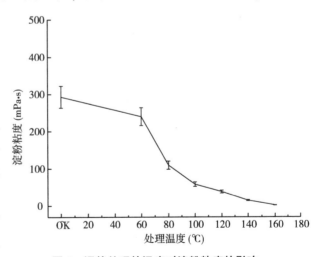

图1 湿热处理的温度对淀粉粘度的影响

淀粉类型、处理温度对粘度双因素分析结果如表1所示。由表1可知：湿热处理温度和淀粉类型的显著性概率$P_r < 0.01$，即湿热处理的温度对淀粉粘度有极显著影响，且对不同的橡实淀粉粘度的影响程度差异显著，达到极显著性水平。

表 1　淀粉类型、处理温度对粘度双因素分析结果

方差来源	自由度	TypeⅢ平方和	均方	F 比值	显著性概率（P_r>F）
淀粉类型离差平均和	2	26194470.4	13097235.2	5.45	0.0052
处理温度离差平均和	6	176711086.3	29451847.7	12.25	<0.0001

2.2　湿热处理对橡实淀粉透光率的影响

测定结果如图 2，从图 2 可以得出，湿热处理对淀粉的透光有一定的影响。在低温段的湿热处理对其透光率影响较少，比原淀粉的透光率略有降低，在高温段湿热处理后，其透光率迅速提高，并随处理的温度升高而增加。这种现象可能是：在低温段的湿热处理，淀粉分子只是与水分子相结合，分子结构并没有很大的改变，因此由糖苷键引起的吸光特征（透光率）当然不会有很大的变化；在高温段，由于水分和热能的相互作用破坏了支淀粉的 α-1，6 键，同时对 α-1，4 也产生裂解，造成结构改变，引起透光率改变。另外从表 2 和图 2 我们还可以看出，不同淀粉低温和高温的区间不一样，锥栗和茅栗相似，低温段是 60～100℃，高温段是 100℃ 以上的区间；栓皮栎则不相同，低温段是 60～80℃，高温段是 80℃ 以上的区间，这

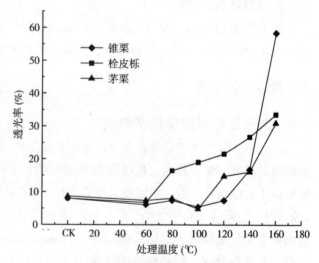

图 2　湿热处理温度对淀粉透光率的影响

可能与淀粉的种类有关，锥栗和茅栗是栗属植物，而栓皮栎则是栎属植物。

2.3　湿热处理对凝沉稳定性的影响

称取湿热处理的绝干样 1.00g，用蒸馏水配成 10g/L 100ml 淀粉乳，于沸水浴中加热糊化并保温 15min，冷却至室温。取 50ml 淀粉糊移入 50ml 量筒中，静置，每隔一定时间记录上层清液体积。再将上层清液体积除以淀粉糊总体积（50ml）即为凝沉稳定性，经双因素分析 LSD 多重比较结果如表 2、3 所示。

由表 2 可知，湿热处理处理温度的显著性概率 P_r<0.0001<0.01，湿热处理的温度对淀粉的凝沉稳定性有极显著影响，即 α 达到了 0.01 水平。从表 3 的多重比较分组项可得出，处理和未处理淀粉的凝沉稳定性有极显著差异，由表 3 处理温度和均值两项可以得出，湿热处理的温度越高，测量的平均值就越大，即湿热处理的温度越高，淀粉的凝沉稳定性就越差。

表 2　淀粉类型、处理温度对凝沉稳定性影响的双因素分析结果

方差来源	自由度	TypeⅢ平方和	均方	F 比值	显著性概率（P_r>F）
淀粉类型	2	14718.9803	7359.4902	38.33	<0.0001
处理温度	6	117615.7092	19602.6182	102.10	<0.0001

表 3　处理温度 LSD 多重比较

处理温度（℃）	多重比较分组	凝沉稳定性均值（%）	观测数量（个）
160	A	86.222	27
140	A	78.815	27
120	B	55.407	27
100	C	44.815	27
80	C	35.519	27
60	D	24.230	27
CK	E	13.926	27

注：$\alpha = 0.01$。

3　结论

（1）湿热处理的温度对淀粉粘度有极显著影响，且对不同的橡实淀粉粘度的影响程度不一样，也达到 0.01 的极显著性。湿热处理会降低淀粉的粘度，温度越高，粘度降低的幅度越大。

（2）湿热处理对淀粉的透光有一定的影响，在低温段的湿热处理对其透光率影响较少，在高温段影响较大，而且其透光率随处理的温度升高而迅速增加。

（3）湿热处理的温度对淀粉的凝沉稳定性有极显著影响，湿热处理的温度越高，淀粉的凝沉稳定性就越差。

超微粉碎对橡实淀粉颗粒晶体特性影响的研究[*]

钟秋平[1,2]　谢碧霞[2]　王森[2]　李安平[2]　李清平[3]　钟文斌[1]　邓文清[1]　邓小清[1]

（1. 中国林业科学研究院亚热带林业实验中心，江西分宜 336600；2. 中南林业科技大学资源与环境学院，湖南长沙 412006；3. 湖南省益阳市林科所，湖南益阳 413000）

　　超微粉碎一般是指将 3mm 以下的物料颗粒粉碎至 $10 \sim 25 \mu m$ 以上的过程。从宏观角度上看，固体物料的机械粉碎似乎仅仅是颗粒粒度的变化。微观角度上看，机械能转化为过剩自由能和弹性应力，弹性应力发生迟豫，引起晶格畸变、晶格缺陷、无定形化、表面自由能增大、生成自由基等机械力化学效应。研究表明，当颗粒粒度变化到某一范围时，必将伴随有从量变到质变的过程，尤其在超细粉碎阶段表现得更为突出，所以超微粉碎处理属于物理技术产生淀粉变性的手段。研究者认为，淀粉的变性是由于淀粉颗粒在向微细化过程中，其表面积和孔隙率极大幅度地增加，引起超微粉体具有独特的物理和化学性质。早在 1879 年 Brown 和 Heron 发现淀粉用机械方法破碎，导致淀粉颗粒结构发生改变，从而使淀粉易于被酶作用，此后，淀粉颗粒大小的性质越来越受到重视。橡实是泛指除大量栽培种植板栗以外的壳斗科（Fagaceae）植物果实的总称，其资源丰富，主要用作提取淀粉和鞣料。近几十年来，橡实的食用价值引起植物、经济林学家的兴趣，国外有植物学家曾预言，橡实将成为未来的"粮食作物"和天然保健食品。在应用丰富橡实淀粉资源之前，研究其淀粉加工特性是十分必要的，本文是对超微粉碎处理过的橡实淀粉进行了 X-射线衍射测定，研究超微粉碎对橡实淀粉晶体特性影响规律。

1　材料

1.1　实验材料

　　橡实淀粉：所用锥栗采购于福建永安；所用栓皮栎、小红栲、茅栗采摘于湖南衡山。淀粉制作方法见参考文献。

1.2　仪器和设备

　　TC-10 流化床超音速气流粉碎分级系统（南京龙立天目超微粉体技术有限公司）。

　　FE130 振动超微粉碎机（南京安铎贸易有限责任公司）。

　　JMS-130 胶体磨（河北省廊坊市盛通机械有限公司）。

　　AR1140/C 型电子天平（上海奥豪斯仪器有限公司）。

　　RINT2000 vertical goniometer 型 X-衍射仪（日本理学出品）。

　　＊本文来源：江西农业大学学报，2007，29（4）：594-597.

Winner 3001 型激光粒度分析仪，济南微纳仪器有限公司。

2 研究方法

2.1 样品处理

将橡实淀粉含水率烘干至 7% 以下，再用超微粉碎设备制备超微时间为 1h、5h、10h 和 20h 的超微淀粉 H1、H5、H10 和 H20。

2.2 X-射线衍射测定

采用粉末法测定橡实淀粉的 X-射线衍射曲线，其测试条件为：特征射线 CuKa，石墨单色器，管压 40kV，电流 300mA，衍射角度 2θ 为 5° ~ 55°，步长 0.02°/步，扫描速度 0.075°/s。参考张本山等人研究方法，在淀粉 X-射线衍射曲线上确定淀粉的背底、非晶、微晶和亚微晶衍射区，采用衍射曲线拟合分峰计算法求出微晶相、亚微晶相和非晶的累积衍射强度及半峰宽，用文献的计算公式（如式 1）计算淀粉晶相、微晶相和亚微晶相的结晶度，用 Scherrer 法（式 2）计算淀粉晶体晶粒尺寸。

$$X_c = \frac{I_c}{I_c + I_a} \times 100\% \tag{1}$$

式中：X_c、I_c、I_a 分别为结晶度、晶相的累积衍射强度、非晶相的累积衍射强度。

$$L_{hkl} = \frac{k\lambda}{\beta\cos\theta} \tag{2}$$

式中：L_{hkl} 为晶粒尺寸（nm）；λ 为 X 射线的波长（mm）；θ 为 Bragg 角；β 为衍射线宽（用弧度表示）；k 为 Scherrer 形状因子（当 β 取衍射峰的宽半高宽时，$k = 0.89$）。

3 结果与分析

3.1 超微粉碎对淀粉颗粒特性的影响

不同粉碎时间的橡实淀粉颗粒大小如图 1，从图 1 可以看出，淀粉颗粒平均粒径和粒径分布区间随粉碎时间增加而减小。将淀粉颗粒平均粒径和粉碎时间进行回归分析，得到如式（3）的模型，$R^2 = 0.93318$，从式（3）可以看出该模型是有极值的一个单调降函数，这一极值与超微设备有关，因此我们可以根据目的细度选择相应的超微设备。

$$y = 4.778 + 0.985 \times e^{\frac{x}{1.0164}} \tag{3}$$

式中：y 为淀粉粒径；x 为超微时间。

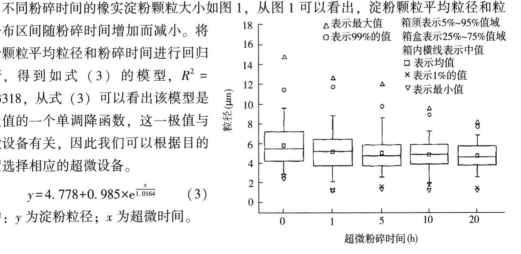

图 1 淀粉粒径与超微时间的关系

3.2 超微粉碎对淀粉晶体类型的影响

图2是原淀粉（CK）和不同超微时间淀粉的X-衍射图，从图2中H1、H5、H10等4条经不同超微粉碎时间与其下面CK对照的X-衍射图谱比较看，它们之间没有峰位移动、也没有新的衍射峰增加，只有衍射峰值的变化，即峰值的大小随超微时间的延长而相应地降低，根据淀粉晶体分类法和谢碧霞等人报道橡实淀粉属于C型，得出H1、H5、H10与CK是同一类型；而H20的衍射峰基本消失，其X-衍射谱已转为非晶体类型，即淀粉在一定超微时间内，虽对淀粉结构有较大的影响，并没改变淀粉的晶体类型；但当超微时间超过20h以上时，橡实淀粉晶体从C型变为非晶体类型。

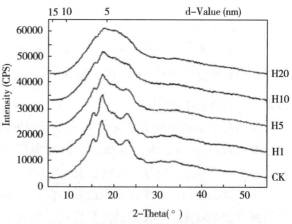

图2 不同超微时间的X-衍射图比较

3.3 超微粉碎对淀粉结晶度的影响

用式（1）计算不同超微时间的淀粉结晶度、亚微晶结晶度和微晶结晶度结果如表1。从表1每行可以看出，淀粉超微时间从1~20h延长过程中，结晶度随超微时间的延长从37.03%降到6.10%、亚微晶结晶度从31.43%降到6.10%、微晶结晶度从5.60%降到0，即淀粉晶粒的结晶度、亚微晶结晶度、微晶结晶度都随超微时间的延长而相应地降低。当超微时间超过20h后，微晶结晶度变为0，淀粉晶体结构被破坏。

表1 不同超微粉碎时间对结晶度的影响 %

项目	超微时间（h）				
	0	1	5	10	20
结晶度	37.03	15.71	10.24	7.63	6.10
亚微晶结晶度	31.43	13.89	9.31	7.22	6.10
微晶结晶度	5.60	1.82	0.93	0.41	0.00

3.4 超微粉碎对淀粉晶体晶粒尺寸的影响

表2是不同超微时间对淀粉晶体晶粒尺寸影响的结果，从表2第2列可以得知，5.89号峰的晶粒尺寸随超微时间（从1~20h）由118.92nm降到0nm，其他峰的晶粒尺寸变化规律相同，即得出淀粉晶体各峰对应晶粒尺寸和均值都随超微时间的延伸而下降。当时间延长到20h以后，淀粉晶粒基本消失。

表 2 不同超微粉碎时间对淀粉晶粒尺寸的影响　　　　　　　　　　　nm

超微时间（h）	峰位						均值
	5.89	5.22	4.95	4.77	3.87	3.36	
0	118.92	78.31	99.09	119.32	51.18	93.49	93.39
1	91.63	77.33	89.1	85.8	50.24	96.58	81.78
5	87.64	75.02	64.36	98.12	47.91	53.02	71.01
10	86.88	65.95	64.9	88.25	44.68	0	58.13
20	0	0	0	0	0	0	0

4 结论

（1）淀粉颗粒平均粒径和粒径分布区间随粉碎时间增加而减小，并符合曲线模型 $y=4.778+0.985 \times e^{\frac{x}{1.0164}}$。

（2）在一定的超微范围时间内，超微粉碎不会改变淀粉的晶体类型，如果超过一定的限度，淀粉晶体会转变成非晶体。

（3）淀粉晶粒的结晶度、亚微晶结晶度、微晶结晶度都随超微时间的延长而相应地降低；20h 后，淀粉晶体结构被破坏，结晶度降为 0。

（4）淀粉晶粒大小随超微时间的延长而减小，淀粉晶粒随晶体结构的破坏而不存在。

锥栗和茅栗淀粉颗粒的特性[*]

谢碧霞　谢涛

（中南林学院资源与环境学院，湖南株洲 412006）

　　锥栗 *Castanea henryi* 和茅栗 *Castanea seguinii* 同属壳斗科栗属植物。我国锥栗和茅栗野生资源非常丰富，除新疆、青海等地外，各地广有分布，尤以西南地区栗属资源蕴藏量最大。在福建、浙江等地，锥栗和茅栗的栽培品种、面积和产量已具有一定规模。

　　锥栗和茅栗种仁味甜可食，淀粉的含量均达 60%～70%，可用于制备淀粉、酿酒和作饲料等。然而锥栗和茅栗种仁的加工特性和产品品质与其淀粉的特性有着密切关系。经查阅有关文献，未见有锥栗和茅栗淀粉颗粒特性研究的报道，因此对其颗粒特性缺乏了解，从而极大地限制了锥栗和茅栗淀粉资源的开发利用。

　　本研究中着重对锥栗、茅栗淀粉颗粒特性进行详细的分析和测定，以期为深入研究锥栗和茅栗淀粉的理化功能特性，以及进一步开发锥栗和茅栗新产品提供理论依据。

1　材料与方法

1.1　实验原料

　　锥栗和茅栗均采自湖南省南岳衡山，利用参考文献提供的方法制。备淀粉供测试用。

1.2　实验仪器

　　日本 OLYPUSVANOX BHS-2 型多功能光学显微镜；XSZ-H 系列偏光显微镜；日立 H-450 型扫描电子显微镜；日本理学电机 3014 型 X-射线衍射仪；ZD-2 型碘电位滴定仪。

1.3　实验方法

1.3.1　光学显微镜观察

　　按照参考文献中的方法，采用多功能光学显微镜和偏光显微镜观察淀粉颗粒的形貌特征和偏光十字等。

1.3.2　扫描电子显微镜观察

　　将干燥样品充分混合随机取样，对含水分较多的样品，需用临界点干燥仪干燥，再将淀粉粒均匀撒在贴有双面胶的样品台上，用日立离子溅射仪喷金固定 8min，在日立 S-570 型扫描电子显微镜下观察摄像，利用电镜的标尺测量不同视野中的淀粉颗粒的粒径。

　　＊本文来源：中南林学院学报，2003，23（2）：22-25.

1.3.3　X-射线衍射分析

采用粉末法。X-射线衍射仪分析条件：特征射线 CuKa，石墨单色器，管压 35kV，电流 20mA，测量角度 2θ 为 $5° \sim 55°$，步长 $0.04°$/步，扫描速度 $2°$/min。

1.3.4　糊化温度的测定

采用偏光十字消失法进行测定。

1.3.5　溶解度和膨胀度的测定

按照参考文献介绍的方法进行测定。

1.3.6　直链淀粉含量的测定

采用碘电位滴定法进行测定。

2　结果与分析

2.1　淀粉颗粒的显微观察结果

在 XSZ-H 系列偏光显微镜、OLYPUSVANOX BHS-2 型多功能光学显微镜及日立 H-450 型扫描电子显微镜下观察到的锥栗和茅栗淀粉颗粒特征见图 1 和表 1。由图 1 和表 1 可知，锥栗和茅栗淀粉颗粒的大小与板栗淀粉颗粒的大小比较接近，且均具有明显的偏光现象。

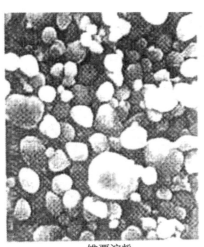

锥栗淀粉　　　　　　　　　　　　茅栗淀粉

图 1　锥栗和茅栗淀粉颗粒（扫描电子显微镜，1500 倍）

2.2　淀粉颗粒的 X-射线衍射分析

通常依照 X-射线衍射图谱的不同将淀粉颗粒的结晶结构分为 A、B、C 和 V 型 4 种类型，如马铃薯淀粉的晶型属 B 型，玉米淀粉的晶型为 A 型，而介于两者之间的通常归类为 C 型，有板栗淀粉和木薯淀粉等。锥栗和茅栗淀粉的 X-射线衍射图谱如图 2 所示，其特征谱线见表 2。

表 1　锥栗和茅栗淀粉颗粒特征

淀粉样品	颗粒形状	长轴长度（μm）	整齐度	偏光类型
锥栗淀粉	球形、梨形和纺锤形等多种形状，少数颗粒表面有凹陷和裂纹	1.0~18.6	不整齐	黑十字位于颗粒中央
茅栗淀粉	多数为纺锤形，少数为球形、梨形等，颗粒表面较平整，无裂纹	1.5~19.1	较整齐	黑十字位于颗粒中央
板栗淀粉	形状复杂多样，颗粒较完整，无裂缝	1.0~20.0	不整齐	呈"X"形

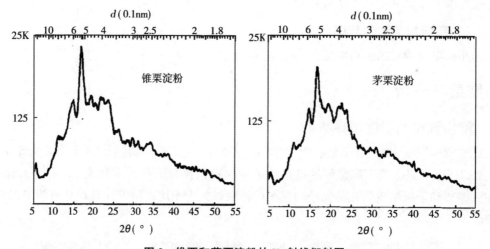

图 2　锥栗和茅栗淀粉的 X-射线衍射图

表 2　锥栗和茅栗淀粉的 X-射线衍射图特征值

锥栗淀粉	d（0.1nm）	5.80	5.21	4.00	3.70
	强度	M	S	M	M
	2θ（°）	15.1	16.8	21.7	24.0
茅栗淀粉	d（0.1nm）	5.80	5.19	3.98	3.67
	强度	M	S	M	M
	2θ（°）	15.1	16.7	22.0	24.2
马铃薯淀粉	d（0.1nm）	15.8	5.16	4.00	3.70
	强度	S[②]	S	M	M
	2θ（°）	5.59	17.2	22.2	24.0
玉米淀粉	d（0.1nm）	5.78	5.17	4.86	3.80
	强度	S	S	S	S
	2θ（°）	15.3	17.1	18.2	23.5

注：S 表示峰强；M 表示强度中。

　　由图 2 和表 2 可知，锥栗和茅栗淀粉颗粒的 X-射线衍射图谱与玉米淀粉颗粒差异很大，不属于 A 型，而与马铃薯淀粉颗粒的 X-衍射图谱有较大的相似程度，但在衍射角 20°~25°范围内有明显差别，在 22.4°处，锥栗和茅栗淀粉分别多了 1 个 d 值为 3.89 和

3.85 的衍射峰，而在 5.8°附近均出现一个较弱的衍射峰。由此可见，锥栗和茅栗淀粉颗粒的结晶结构也不属于 B 型，而属于 C 型。

2.3 淀粉颗粒的糊化温度

利用偏光显微镜法测定锥栗和茅栗淀粉的糊化温度，将视野中有 2% 的淀粉颗粒的偏光十字消失时的温度记作糊化起始温度，有 98% 淀粉颗粒的偏光十字消失时的温度记作糊化终止温度。取 3 次重复测定结果的平均值，结果测得两者的糊化温度分别为锥栗淀粉 63.5 ~ 74.5℃、茅栗淀粉 64.0 ~ 73.5℃，它们的糊化温度均比板栗淀粉的糊化温度（56.0 ~ 66.0℃）要高。

2.4 淀粉颗粒的溶解度和膨胀度

本文中测定了锥栗和茅栗淀粉在 65 ~ 95℃ 范围内的溶解度和膨胀度（见表 3、表 4）。表 3、表 4 表明，锥栗和茅栗淀粉的溶解度和膨胀度都不大，均随温度上升而增大。在 70℃ 以下时，锥栗和茅栗淀粉膨胀度较小，在 75℃ 时出现跃变。这说明存在一个初始膨胀阶段和迅速膨胀阶段，为典型的二段膨胀过程，因此锥栗和茅栗淀粉属限制型膨胀淀粉。

表 3　不同温度下锥栗和茅栗淀粉颗粒的溶解度　　　　　%

淀粉样品	65℃	70℃	75℃	80℃	85℃	90℃	95℃
锥栗淀粉	1.63	1.73	2.89	3.11	4.48	5.09	7.17
茅栗淀粉	1.24	1.63	2.24	2.39	3.85	4.27	6.32

表 4　不同温度下锥栗和茅栗淀粉颗粒的膨胀度　　　　　%

淀粉样品	65℃	70℃	75℃	80℃	85℃	90℃	95℃
锥栗淀粉	4.04	5.67	8.28	8.43	9.10	9.55	12.98
茅栗淀粉	3.34	5.76	8.60	8.77	9.30	11.32	11.80

2.5 直链淀粉和支链淀粉含量

用碘电位滴定法测定锥栗和茅栗淀粉中直链淀粉含量，由 100% 减去直链淀粉含量即得支链淀粉含量，结果见表 5。

表 5　锥栗和茅栗淀粉的直链和支链淀粉含量　　　　　%

淀粉样品	直链淀粉	支链淀粉
锥栗淀粉	22.33	77.67
茅栗淀粉	22.87	78.27

3　结论

（1）锥栗和茅栗淀粉颗粒的形状较为规则，且均具有明显的偏光十字，其长轴长度分别在 1.0 ~ 18.6μm 和 1.5 ~ 19.1μm 之间。

（2）锥栗和茅栗淀粉颗粒的结晶结构属于 C 型，其 X-射线衍射图与 B 型有较大的相似程度。

（3）锥栗和茅栗淀粉的糊化温度分别为 63.5~74.5℃ 和 64.0~73.5℃，均比板栗淀粉的要高。

（4）锥栗和茅栗淀粉颗粒的溶解度和膨胀度较小，且随加热温度的升高而增大；在 70℃ 以下时，膨胀度较小，而在 75℃ 时迅速膨胀，为典型的二段膨胀过程，属限制型膨胀淀粉。

（5）锥栗和茅栗淀粉中直链淀粉含量分别为 22.33% 和 22.87%，支链淀粉含量分别为 77.67% 和 78.27%。

青冈属淀粉颗粒特性研究[*]

何钢　谢碧霞　谢涛　钟海雁　陈建华

（中南林学院生命科学与技术学院，湖南株洲 412006）

青冈属 *Cyclobalanopsis* 为壳斗科植物，常绿乔木。我国青冈属野生资源非常丰富，约 70 余种，分布于秦岭及淮河流域以南各地，为组成常绿阔叶林的主要成分。经分析，青冈属种仁中淀粉含量高达 50%～60%，可用于提取淀粉、酿酒和作饲料。然而，青冈属种仁的加工特性及其产品品质与其所含淀粉的特性有着密切关系。经查阅有关文献，未见有青冈属淀粉颗粒特性研究的报道，因此对其颗粒特性缺乏了解，从而极大地限制了青冈属淀粉资源的开发利用。文中着重对青冈属淀粉颗粒特性进行详细的分析和测定，以期为深入研究青冈属淀粉的理化功能特性，以及进一步开发利用青冈属淀粉资源提供理论依据。

1　材料与方法

1.1　实验原料

云山青冈、大叶青冈和细叶青冈种子均采自湖南省南岳衡山，按参考文献的方法制备淀粉供测试用；玉米淀粉为广东奥顺淀粉厂生产。

1.2　实验仪器

日本 OLYPUSVANOXBHS-2 型多功能光学显微镜；XSZ-H 系列偏光显微镜；日立 H-450 型扫描电子显微镜；日本理学电机 3014 型 X-射线衍射仪；ZD-2 型碘电位滴定仪。

1.3　实验方法

1.3.1　光学显微镜观察

按参考文献、中的方法，采用多功能光学显微镜和偏光显微镜观察淀粉颗粒的形貌特征和偏光十字等。

1.3.2　扫描电子显微镜观察

将干燥样品充分混合随机取样，对含水分较多的样品，需用临界点干燥仪干燥。再将淀粉粒均匀撒在贴有双面胶的样品台上，用日立离子溅射仪喷金固定 8min，在日立 S-570 型扫描电子显微镜观察摄像，利用电镜标尺测量不同视野中淀粉颗粒的粒径。

＊本文来源：江西农业大学学报，2003，25（5）：681-684.

1.3.3 X-射线衍射分析

采用粉末法。X-射线衍射仪分析条件：特征射线 CuKa，石墨单色器，管压 35kV，电流 20mA，测量角度 2θ 为 $5° \sim 55°$，步长 $0.04°/$步，扫描速度 $2°/min$。

1.3.4 糊化温度的测定 采用偏光十字消失法。

1.3.5 溶解度和膨胀度的测定

按参考文献、的方法进行测定。

1.3.6 直链淀粉含量的测定

用碘电位滴定法测定。

2 结果与分析

2.1 淀粉颗粒的显微观察结果

青冈属淀粉在 XSZ-H 系列偏光显微镜、OLYPUSVANOXBHS-2 型多功能光学显微镜及日立 H-450 型扫描电子显微镜下观察到的颗粒特征见图 1 和表 1。由图 1 和表 1 可看出，青冈属淀粉颗粒均具有明显的偏光现象，与板栗淀粉颗粒相比，青冈属淀粉颗粒的大小分布较为整齐。

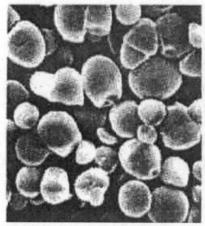 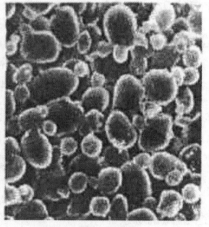

云山青冈淀粉　　　　　　　　　　　　大叶青冈淀粉

图 1　青冈属淀粉颗粒的扫描电镜（放大 1500 倍）

表 1　青冈属淀粉的颗粒特征

淀粉样品	颗粒形状	长轴长度（μm）	整齐度	偏光类型
云山青冈淀粉	多数为球形和椭球形，也有极少数呈多面体形，颗粒表面多有凹陷	4.0~15.4	较整齐	黑十字位于颗粒中央
大叶青冈淀粉	绝大多数为球形和椭球形，大多数颗粒较完整，表面无裂纹	3.0~17.5	较整齐	黑十字位于颗粒中央

（续）

淀粉样品	颗粒形状	长轴长度（μm）	整齐度	偏光类型
细叶青冈淀粉*	多数为圆球形和椭圆形，有些颗粒表面有凹陷和裂纹	3.0~16.7	较整齐	黑十字位于颗粒中央
板栗淀粉**	形状复杂多样，颗粒较完整，无裂缝	1.0~20.0	不整齐	呈"X"形

注：* 在多功能光学显微镜下观察和测定的结果，** 引自参考文献。

2.2 淀粉颗粒的 X-射线衍射分析

通常依照 X-射线衍射图谱的不同将淀粉颗粒的结晶结构分为 A、B、C 型和 V 型 4 种类型，如马铃薯淀粉的晶型属 B 型，玉米淀粉的晶型为 A 型，而介于两者之间的通常归类为 C 型，有板栗淀粉和木薯淀粉等。云山青冈淀粉和大叶青冈淀粉的 X-射线衍射图谱如图 2 所示，其特征谱线见表 2。

由图 2 和表 2 可以看出，大叶青冈淀粉颗粒的 X-射线衍射图谱与玉米淀粉和马铃薯淀粉颗粒的差别很大；云山青冈淀粉颗粒的 X-射线衍射图谱与玉米淀粉颗粒的差异很大，而与马铃薯淀粉颗粒的相似程度较大，但在衍射角 11.5°和 19.5°处各有 1 个弱的衍射峰、5.85°处出现 1 个较弱的衍射峰。由此可见，上述两种青冈属淀粉颗粒的结晶结构既不属于 A 型也不属于 B 型，而只能归属于两者的混合型，即 C 型。

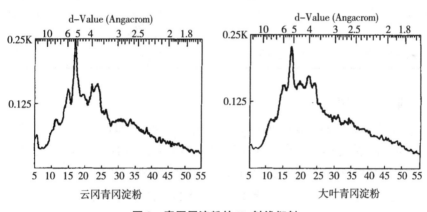

图 2 青冈属淀粉的 X-射线衍射

表 2 青冈属淀粉的 X-射线衍射图特征线

类别		1	2	3	4
云山青冈淀粉	d 值	5.82	5.20	4.00	3.73
	强度	M-	S	M	M
	2θ	15.1	17.2	22.0	23.9
大叶青冈淀粉	d 值	5.83	5.20	4.00	3.72
	强度	W	S	M-	W
	2θ	15.1	17.1	22.1	24.0

（续）

类别		1	2	3	4
B 型 （马铃薯淀粉）	d 值	15.8	5.16	4.00	3.70
	强度	M	S	M	M-
	2θ	5.59	17.2	22.2	24.0
A 型 （玉米淀粉）	d 值	5.78	5.17	4.86	3.80
	强度	S	S	S-	S
	2θ	15.3	17.1	18.2	23.5

注："S"表示峰强，"M"表示强度中，"W"表示强度弱，"-"表示稍弱。

2.3 淀粉颗粒的糊化温度

利用偏光显微镜法测定青冈属淀粉的糊化温度，将视野中有 2% 的淀粉颗粒的偏光十字消失时的温度记作糊化起始温度，有 98% 淀粉颗粒的偏光十字消失时的温度记作糊化终止温度。取 3 次重复测定结果的平均值，结果见表 3。由表 3 可知，3 种青冈属淀粉的糊化温度均比板栗淀粉的要高很多，但与玉米淀粉的相差不大。

表 3 青冈属淀粉的糊化温度

淀粉样品	糊化温度（℃）	淀粉样品	糊化温度（℃）
云山青冈淀粉	67.0~76.5	大叶青冈淀粉	64.5~75.0
细叶青冈淀粉	65.0~75.5	板栗淀粉	56.0~66.0
玉米淀粉	62.3~72.5		

2.4 淀粉颗粒的溶解度

文中测定了青冈属淀粉颗粒在 65~95℃ 范围内的溶解度和膨胀率，结果见图 3、图 4。由图 3、图 4 可知，淀粉样品的溶解度和膨胀率都不大，随加热温度上升，溶解度增大，同时淀粉的膨胀率也升高。各种淀粉溶解度大小依次为细叶青冈、大叶青冈、云山青冈和玉米淀粉；上述 3 种淀粉的膨胀率略高于玉米淀粉的膨胀率，但相差不大。

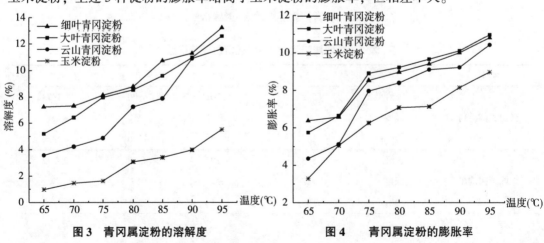

图 3 青冈属淀粉的溶解度　　　　图 4 青冈属淀粉的膨胀率

2.5 直链淀粉和支链淀粉含量

用碘电位滴定法测定青冈属 3 种淀粉的直链淀粉含量,由 100%减去直链淀粉含量即得支链淀粉含量,结果列于表 6。由表 6 可知,3 种青冈属淀粉中直链淀粉含量比玉米淀粉的要低很多,相应地支链化程度却要高很多。

表 6　三种青冈属淀粉的直链和支链淀粉含量　　　　　　　　　　　　　　　%

淀粉样品	云山青冈淀粉	大叶青冈淀粉	细叶青冈淀粉	玉米淀粉
直链淀粉	18.82	19.35	19.29	26.79
支链淀粉	81.18	80.65	80.71	73.21

3　结论

青冈属淀粉颗粒的形状较为规则,具有明显的偏光黑十字,且位于颗粒中央;颗粒大小分别为云山青冈淀粉 4.0~15.4μm,大叶青冈淀粉 3.0~17.5μm,细叶青冈淀粉 3.0~16.7μm。云山青冈和大叶青冈淀粉颗粒的结晶结构都属于 C 型。青冈属淀粉的糊化温度分别为:云山青冈淀粉 67.0~76.5℃、大叶青冈淀粉 64.5~75.0℃ 和细叶青冈淀粉 65.0~75.5℃,均比板栗淀粉的要高。青冈属 3 种淀粉颗粒的溶解度和膨胀率都不大,随加热温度上升,溶解度增大,同时淀粉的膨胀率也升高。青冈属淀粉中直链淀粉含量分别为云山青冈淀粉 18.82%、大叶青冈淀粉 19.35% 和细叶青冈淀粉 19.29%,而支链淀粉含量则依次为云山青冈淀粉 81.18%、大叶青冈淀粉 80.65% 和细叶青冈淀粉 80.71%。

麻竹叶抑菌活性成分的分离鉴定[*]

谢碧霞¹　陆志科^{1,2}

(1. 中南林学院, 湖南株洲 412006; 2. 广西大学林学院, 广西南宁 530001; 3. 天津大学药物科学与技术学院, 天津 530005)

对于竹类的研究已有很多, 其中已有文献明确了竹叶对食品致病菌具有抑菌作用, 并具有类 SOD 活性, 但对麻竹叶活性成分的提取、分离、纯化及结构鉴定未见报道。麻竹 *Sinocalamus latiflorus* McClure 又叫甜竹、大头典竹、苏麻竹等, 为南方常见的以采笋、杆为主的竹类, 也用于包凉棕、包装食品以及制作斗笠等, 其具有较好的防腐性能, 具广泛的应用开发价值。本文中系统报道了麻竹叶抑菌成分的提取、分离、纯化工艺, 并通过 UV-vis 及化学法分析其分子结构。该研究成果已基本能满足麻竹叶抑菌成分的提取的技术要求, 为竹叶的综合开发利用以及进一步研究竹叶提取物的生物活性奠定了基础。

1　材料与方法

1.1　材料

1.1.1　原材料

麻竹叶采自广西大学林学院周围, 45℃ 烘干粉碎; 菌株为金黄色葡萄球 (菌1)、枯草芽孢杆菌 (菌2), 由中南林学院微生物室提供。

1.1.2　试剂

甲醇、乙醇、石油醚、乙酸钠、盐酸、三氯化铝、醋酸镁等均为纯试剂, 上海生化试剂厂出品 (分析结构用的甲醇为色谱纯); 硅胶 G, 树脂 AB-8, 南开大学化工厂; 聚酰胺 (30~60 目), 上海生化试剂厂; 聚酰胺 (100~200, 200~300 目)、聚酰胺薄膜, 浙江台州四甲生化塑料厂, 牛肉膏完全培养基。

1.1.3　设备

索氏提取器 (配套), 3.5cm×60cm 层析柱, 旋转蒸发器, 紫外分析仪, 液相色谱仪 (water 公司), 紫外检测器, 砂心漏斗等。

1.2　方法

1.2.1　麻竹叶抑菌成分的提取

用常用中草药有效成分的特征反应初步鉴定, 麻竹叶具有抑菌活性的物质为黄酮类化

*本文来源: 中南林学院学报, 2005, 25 (5): 10-14.

合物，根据黄酮类化合物的理化性质，结合预试验的结果与参考文献方法，选定以下几种方法进行提取，比较其产率以及提取物中杂质量。

（A）5%氢氧化钠冷浸多次至色淡，滤取提取液调 pH 值至中性，用石油醚萃取，去脂溶性杂质及色素，然后用 30%乙醇定容，以芦丁为标准溶液，用硝酸铝比色法测定其总黄酮的质量分数。

（B）用含 5%氢氧化钠的 50%乙醇 80 ℃回流多次至色淡，提取液作同上处理。

（C）用 70%乙醇 80 ℃回流多次至色淡，滤取提取液同上处理。

（D）用 50%乙醇 80 ℃回流多次至色淡，滤取提取液同上处理。

（E）用 95%乙醇 80 ℃索氏提取器提取，提取液作同上处理。

（F）用含 5%醋酸的 50%乙醇 80 ℃回流多次至色淡，提取液作同上处理。

提取物的分离纯化提取物去脂溶性杂质后浓缩，用醋酸铅沉淀法、酸沉法、树脂AB-8、聚酰胺柱层析法纯化分离，用聚酰胺薄层色谱、硅胶薄层色谱、液相色谱鉴定分离物的纯度，用菌 1、菌 2 作抑菌试验，追踪检测其抑菌活性。

1.2.2 提取物的结构分析

（1）提取物中结合糖的鉴定. 经检验提取物无游离糖后，用酸低温水解，水解液调pH 值至中性，过聚酰胺柱，水洗液浓缩进行硅胶薄层层析，鉴定糖的种类。

（2）以芦丁为对照，硅胶薄层色谱法作定性分析。

（3）紫外光谱法鉴定。用甲醇钠、乙酸钠、硼酸、三氯化铝、盐酸作为诊断试剂，通过分析其光谱特征鉴定其结。

（4）化学法分析。利用几种基团的特征反应来进一步鉴定其结构。

2 结果

2.1 麻竹叶乙醇提取物溶解于不同溶剂中后的抑菌效果

将乙醇抽提物浓缩至干，分别用不同有机溶剂溶解，用直径 0.6cm 的滤纸片浸入各种溶解液后放入已接种的牛肉膏完全培养基平板上，用相应溶剂作对照，28 ℃培养 24 h 后，测量其抑菌圈的大小，其结果如表 1 所示。从比较其抑菌圈的大小中可以看出，乙醇水、水饱和乙酸乙酯、水及 5%氢氧化钠溶解物具有抑菌活性，其他溶剂的溶解物几乎无抑菌活性。可见麻竹叶提取物中的抑菌物质具较高的极性，溶于醇、水及稀碱溶液中，可选用这些溶剂提取。

表 1　乙醇提取物用不同溶剂溶解后抑菌圈的大小（直径 cm）

菌种	样品	石油醚	氯仿	乙醚	乙酸乙酯	水饱和乙酸乙酯	乙醇 70%	水	5%NaOH
菌 1	CK	—	0.82	—	—	—	0.90	—	—
	样品	—	0.82	—	—	10.12	10.46	9.86	11.22
菌 2	CK	—	0.84	—	—	—	0.92	—	—
	样品	—	0.84	—	—	10.24	10.42	10.14	11.16

注："—"表示无抑菌圈。

2.2 麻竹叶提取物中活性成分的检识

将乙醇提取物浓缩至干，用30%乙醇溶解，依次用石油醚、乙醚、乙酸乙酯萃取，取水相进行检识反应，其盐酸镁粉反应呈阳性，而生物碱等的特征反应呈阴性，其纸斑在紫外灯下发黄绿色荧光，可初步确定其活性成分为黄酮类化合物。

2.3 不同提取工艺的提取效果及分离纯化技术

2.3.1 麻竹叶抑菌成分的提取效果

采用A、B、C、D、E、F 6种方法分别提取10.000g竹叶样品，以芦丁为标准溶液，用比色法测得其总黄酮质量分数（见表2），由表2可知，冷浸法得率低，且费时长、溶剂量大，而B、D、E、F法得率相近，比较用石油醚萃取提取液至色淡所用的量，B及E法用量最大，F法最小。C法提取得率最高，为首选提取竹叶黄酮类的方法，另外，在碱性条件下加热，黄酮类的母核结构易被破坏，故常不宜采用。因此用70%乙醇80℃回流提取为首选提取竹叶黄酮类的方法。

表2 不同方法提取的总黄酮质量分数 %

方法	总黄酮质量分数	方法	总黄酮质量分数
A	2.784	B	3.372
C	3.380	D	3.375
E	3.368	F	3.370

2.3.2 抑菌成分的分离纯化方法比较

经石油醚萃取后的乙醇提取液，回收乙醇至干，得棕褐色胶状物，不溶于苯、乙醚、乙酸乙酯，故用有机溶剂无法进一步纯化，该胶状物水分极难除尽，用30%乙醇溶解后与Foling试剂反应呈阳性，证明有还原糖的存在，故须要进一步除去糖分及水溶性杂质。

10.00g麻竹叶用70%乙醇提取，经石油醚萃取后浓缩：①用水饱和正丁醇萃取至无色，回收溶剂后于60℃烘干；②加0.1mol/L的盐酸调pH值至2，放置过液，滤取浅棕色沉淀60℃烘干；③上聚酰胺柱，用水及95%乙醇分段洗脱，醇洗部回收乙醇，60℃烘干，其得率分别为40.12%、21.46%、67.64%（以3.37%×10g为总黄酮量）。可见聚酰胺柱层析法其得率远高于法①、法②。实验中还观察到沉淀法中沉淀洗涤会导致损失，过聚酰胺柱后的醇洗部加Foling试剂呈阴性反应，证明游离糖已基本除净，第35流出液（每份2ml）经硅胶薄板层析（0.3mol/L硼酸调制硅胶G，展开剂为：乙酸乙酯、丁酮、甲酸、水的体

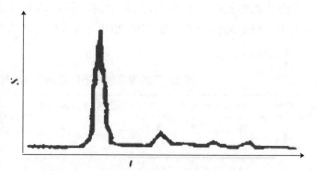

图1 麻竹叶提取物的液相色谱图
流动相：70%乙醇，流速2.0mL/min

积分别为 5：3：3：1），紫外灯下呈单一椭圆形黄绿色色斑，*Rf* = 0.28。经聚酰胺薄层层析，展开剂：氯仿、甲醇、乙酸乙酯（1：1.2：2.8 含 0.1% 醋酸）紫外灯下呈单一椭圆形黄绿色色斑，灭了：*Rf* = 0.44，其高压液相色谱（图 1），显示单一峰面积 97.75%，均表现出较高的纯度，证明聚酰胺柱层析为有效分离纯化竹叶提取物的方法。

2.4 麻竹叶提取物的结构分析

2.4.1 溶解试验

黄褐色粉末难溶于水，易溶解于甲醇，不溶黄绿色（色斑颜色）于石油醚、乙醚；溶于碱液，呈黄色。

2.4.2 结合糖的鉴定

竹叶提取物经检验无游离糖，用酸低温水解，水解液调 pH 值至中性，过聚酰胺柱，水洗液浓缩进行硅胶薄层层析鉴定糖的种类．用木糖、葡萄糖、蔗糖、L-鼠李糖作标准试剂，用 3：2 的氯仿/甲醇展开，苯胺一二苯胺一磷酸显色液显色，其色谱图如图 2。据该谱可断定结合糖为木糖。

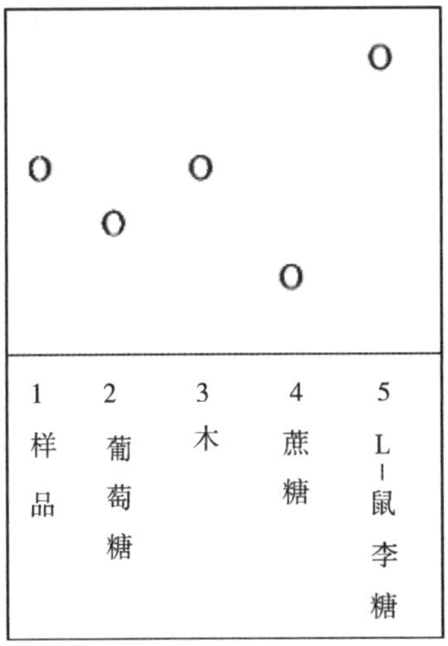

样品	*Rf*	色斑颜色
1	0.42	黄绿色
2	0.34	灰蓝绿色
3	0.42	黄绿色
4	0.28	蓝褐色
5	0.62	黄绿色

图 2 提取物结合糖的硅胶薄层层析色谱图

2.4.3 以芦丁为对照，用聚酰胺薄膜色谱法及硅胶薄层色谱法作定性分析

以芦丁对照聚酰胺薄膜，氯仿、甲醇、乙酸乙酯（1：1.2：2.6）展开，其图谱显示化合物的 *Rf* 值低于芦丁，说明提取物极性比芦丁少，可能具有更少羟基。另外，在紫外灯下，芦丁样品呈黄色，样品呈黄绿色，证明样品为黄酮醇类。

2.4.4 光谱法鉴定

紫外扫描图谱最大吸收峰波长数据见表 3。化合物的 EI-MS 谱见图 3。分子量 679/e：517，371，209，191。

质谱图上最大质荷比的峰为 m/z 679，下一个质荷比的峰为 m/z 517，二者相差 162u，对应一个木糖基，中性碎片的丢失是合理的，可初步确定 m/z 679 为分子离子峰，371 与下一个质荷比的峰为 m/z 209，二者相差 162u，对应一个木糖基也是合理的。

表 3　紫外光谱特征

诊断试剂	I 带（max）（nm）	II 带（max）（nm）	备注
CH$_3$OH	322	276	为黄酮、黄酮醇类化合物 B 环中经基被糖苷化
NaOCH	317	279	有游离 7-OH
AlCl$_3$	320，358	281	
AlCl$_3$/HCl	323，365	276	B 环不含邻二酚羟基
NaOAC	317，381	278	
NaOAC/H$_3$BO$_3$	324，361	283	

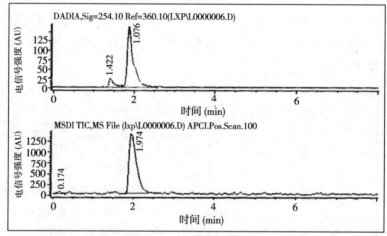

图 3　化合物的 EI-MS 谱

2.4.5　化学反应分析

①浓硫酸作用形成盐，呈黄色，具深黄色荧光，与醋酸镁甲醇溶液进行纸斑反应时具黄色荧光，证明 1 位氧的存在，且为黄酮或黄酮醇；

②与三氯化铁进行纸斑反应，呈现深蓝色；

③柠檬酸硼纸斑反应呈现深蓝色，在极稀的氢氧化钠中有蓝绿色纤维状沉淀，证明具邻三羟基；

④样品的纸斑在紫外灯下发黄绿色荧光，证明 3-OH 游离；

⑤干样少量溶于碳酸氢钠，而易溶于碳酸钠，证明 7 和 4′位中仅 1 位具游离羟基，水解后全溶于碳酸氢钠，且与 AlCl$_3$ 进行纸斑反应时发天蓝色荧光，证明 7 或 4′位糖苷化，证明该化合物为黄酮醇苷类，用该苷与其酸的水解产物的 30% 乙醇溶液分别作抑菌试验，以溶剂作对照，发现其水解产物（即苷元）的抑菌能力高于苷。

3 结论

（1）文献报道乙醇醋酸提取液的抑菌能力高于乙醇提取液，其原因可能是在酸的提取过程中，黄酮醇苷已水解成次生苷元，并形成醋酸黄酮醇提高了抑菌能力。

（2）提取液萃取过程中，发现少量红棕色沉淀粘附于分液漏斗，该沉淀难溶于有机溶剂，也难于极性溶剂，易溶于氢氧化钠溶液，具有黄酮类的特征反应，可能是一种 C-苷，其结构与功能有待进一步研究。

（3）目前认为生物类黄酮分子中的不饱和吡喃酮是其各种生物活性的关键，7-OH 的游离及 2、3 位的双键有利于提高其生理活性。

（4）根据有效酚羟基理论，认为 3-OH、5-OH，4 位羰基和 2、3 位的双键起主导作用。

根据麻竹叶提取物的结构分析，该提取物可能具有较高的生物活性，其具体的生物活性，分子结构与生物活性的关系有待进一步研究。

竹叶活性成分分析及其提取物抗菌效果[*]

陆志科[1,2]　谢碧霞[1]

（1. 中南林学院资源与环境学院，湖南株洲 412006；2. 广西大学林学院，广西南宁 530005）

竹子是禾本科多年生常绿植物，是当今世界最具有使用价值的植物之一。在我国，竹叶具有悠久的药用和食用历史，是中医学中一味著名的清热解毒药。近年来，经研究发现，竹叶中含有大量对人体有益的活性物质，包括黄酮酚酸类、生物活性多糖、氨基酸肽类、蒽醌类、萜类内酯等，其中如酚酸类化合物、蒽醌类化合物、萜类内酯和生物碱等都有着较强的抑菌杀菌作用。本文中报道了不同种竹叶的活性成分及其提取物的抑菌作用，同时对竹叶所含的氮、蛋白质、总糖、水溶性糖、总黄酮、总酚作了定量分析。

1　材料与方法

1.1　材料与试剂

竹叶（采自广西南宁市竹子公园、广西林学院周围）：毛金竹 *Phyllostachys nigra. f. benonis*、毛竹 *Phyllostachys pubescens*、茶杆竹 *Psendosasa amabilis*、箬叶竹 *Indocalamus emeiensis*、四季竹 *Semiarund inarialubrica*、苦竹 *Pleioblastus amarus*、早竹 *Phyllostachys praecox*、麻竹 *Sinocalamus latiflorus*、高节竹 *Phyllostachys prominens*。菌种：大肠杆菌 *Eschcrichia coli*、枯草芽孢杆菌 *Bacillus subfilis*、金黄色葡萄球菌 *Staphylococcus arueus*、苏云金芽孢杆菌 *Bac. thuringiensis*、啤酒酵母 *Saccharomyces cerevisiae*、曲霉 *Aspergillus niger*。试剂：无水乙醇、硝酸铝、亚硝酸钠、芦丁、对羟基苯甲酸、蒽酮、蔗糖、柠檬酸钠、磷酸氢二钠、石油醚。仪器：旋片式真空泵、HPX-9082M E 数显电热培养箱、PHS-3G 型精密 pH 计、DKZ-2 电热恒温振荡水槽、RE-52A 型旋转蒸发仪、电子天平等。

1.2　培养基的制备

霉菌用培养基：高盐察氏培养基。细菌用培养基（LB）：牛肉膏蛋白胨培养基。酵母菌用培养基：麦氏琼脂。牛肉膏、土豆、蛋白胨、酵母浸膏等均为生化试剂；蔗糖、琼脂条均为食品级。

1.3　抗菌试验方法

抗菌试验采用滤纸片法。预先把各种供试菌菌种用牛肉膏蛋白胨、麦氏、高盐察氏斜面培养基分别进行菌种活化，然后分别挑取菌苔用无菌水分别制成含菌数约 10^6 个/mL 的

＊本文来源：中南林学院学报，2004，24（4）：70-73.

菌悬液，备用。选择吸水性强的滤纸，用打孔器打成若干直径为 6mm 的圆形滤纸片，经干热灭菌后备用。用无菌镊子分别夹取灭菌的滤纸片，将其浸在竹叶提取物水溶液中，备用。将固体培养基溶化倒入平皿，待冷却凝固后，分别加入 0.1mL 供试菌悬液或孢子悬液，然后用无菌涂布器涂布均匀，再用无菌镊子夹取浸有竹叶提取物的滤纸片贴在上述各种含菌平皿上（每个平皿内间隔一定的距离贴 3 片）并用浸有无菌水的滤纸片作对照，然后将各皿放入各种菌适宜的温度中培养。将大肠杆菌、枯草杆菌、金黄色葡萄球芽孢杆菌、苏云金杆菌于 36℃培养 24h；将曲霉、啤酒酵母于 28℃培养 72h。取出后，测量其抑菌圈直径的大小。

1.4 不同种竹叶醇提物的制取

称竹叶样（过 30 目）2g 左右，加 70%的乙醇 50mL，水浴热回流 1h，过滤后定容，用等体积的石油醚（60~90℃）脱脂。

1.5 竹叶总黄酮、总酚含量的测定

用硝酸铝-亚硝酸钠比色法测定总黄酮，用福林试剂还原比色法测总酚，分别用芦丁和对羟基苯甲酸作标准。

1.6 竹叶中总糖的提取及比色测定

总糖的提取：精密称取竹叶各 0.2g，置于 60mL 圆底烧瓶中，加入 6mol/L 的 HCl 10mL、蒸馏水 15mL，于沸水浴中水解 1.5h，过滤，用蒸馏水冲洗残渣，以酚酞为指示剂；用 20%NaOH 中和至微红色，定容，待测定总糖；用蒽酮-硫酸法测定总糖及水溶性糖成分的含量。多糖的含量为总糖含量减去水溶性糖的含量。

1.7 竹叶中蛋白质及其含氮量的测定

用凯氏定氮法测定蛋白质含量，分别取一定量的样品，消化后用水蒸气蒸馏，再用标定过的盐酸滴定，计算产量。

1.8 不同竹种竹叶抗菌活性的比较试验

以 60%乙醇为溶剂，在液料比 12：1、温度 80℃、浸提时间 1.5h 条件下，按 1.4 工艺对在 7 月中旬采集的不同竹种竹叶分别进行浸提，进行抗菌试验，比较抗菌活性的大小。

表 1　竹叶总黄酮、总酚的含量　　　　　　　　　　　　　　%

竹种	总黄酮含量	总酚	竹种	总黄酮含量	总酚
毛金竹叶	1.98	2.45	毛竹叶	1.70	2.68
茶杆竹叶	1.20	2.21	箬叶竹叶	1.41	2.62
四季竹叶	1.18	2.37	苦竹叶	1.35	2.86
早竹叶	1.46	2.52	高节竹叶	1.55	2.73
麻竹叶	2.02	2.77			

1.9 竹叶不同生长期抗菌活性的比较试验

以 60%乙醇为溶剂、麻竹叶粉为原料，在液料比 12：1、温度 80℃、浸提时间 1.5h

条件下，按1.4工艺对在5月下旬、7月中旬和8～12月下旬采集的竹叶分别进行浸提，以大肠杆菌、金黄色葡萄球菌、枯草芽孢杆菌为试验菌，分别进行抗菌试验，比较其抗菌活性的大小。

2 结果与分析

2.1 竹叶总黄酮、总酚含量

对不同竹种的竹叶总黄酮、总酚含量进行测定，结果见表1。从表1可知，不同竹种的竹叶总黄酮、总酚含量有明显的差别，且变化较大。不同竹叶中总黄酮含量在1.18%～2.02%之间；总酚含量在2.21%～2.86%之间；竹叶总黄酮含量最高的是麻竹叶，为2.02%；最低的是四季竹，为1.18%；竹叶总酚含量最高的是苦竹叶，为2.86%；最低的是茶杆竹叶，为2.21%. 测定结果与文献中有差别，这说明不同竹种、不同地方生长的竹叶总黄酮、总酚成分含量不同。

2.2 竹叶中总糖含量

将竹叶在酸性条件下水解并于热水提取物通过处理后，分别用分光光度法测定总糖和水溶性糖的含量，总糖减去水溶性糖为多糖。对不同竹种的竹叶进行测定结果见表2。由表2可见，不同竹叶中总糖含量在14.35%～24.61%之间，水溶性糖含量在7.86%～11.45%之间，多糖6.49%～14.55%。总糖含量最高的是毛竹叶，为24.61；水溶性糖含量最高的是毛金竹叶，为11.45%；多糖含量最高的是麻竹叶，为14.55%。竹叶的水提取物糖含量较高，而且不同竹叶的含糖量差别较大，说明竹叶含糖量受竹种的影响。

表2 竹叶所含糖类成分的百分含量 %

竹种	总糖	水溶性糖	多糖	竹种	总糖	水溶性糖	多糖
毛金竹叶	22.14	11.45	10.69	毛竹叶	24.61	10.23	14.38
茶杆竹叶	21.20	10.21	10.99	箬叶竹叶	17.41	8.62	8.79
四季竹叶	18.18	9.37	8.81	苦竹叶	14.35	7.86	6.49
早竹叶	15.46	8.52	6.94	高节竹叶	19.55	9.73	9.82
麻竹叶	24.32	9.77	14.55				

2.3 蛋白质、氮的含量

用凯氏定氮法对竹叶中的蛋白质、氮的含量进行测定，其结果见表3。由表3可知，竹叶含有较高的蛋白质。竹叶中蛋白质含量在10.24%～16.68%之间（以绝干计算，下同），含氮量在2.13%～2.65%之间，蛋白质含量最高的是毛竹叶，为16.68%；含氮量最高的是毛竹叶，为2.65%。毛竹叶是一种很有发展前途的植物蛋白质资源。

表3 竹叶所含蛋白质成分的百分含量 %

竹种	蛋白质	含氮量	竹种	蛋白质	含氮量
毛金竹叶	15.24	2.54	毛竹叶	16.68	2.65

（续）

竹种	蛋白质	含氮量	竹种	蛋白质	含氮量
茶杆竹叶	11.23	2.31	箬叶竹叶	14.32	2.44
四季竹叶	10.86	2.13	苦竹叶	10.24	2.27
早竹叶	12.46	2.32	高节竹叶	14.29	2.38
麻竹叶	15.08	2.48			

2.4　不同竹种竹叶提取物抗菌活性比较

不同竹种竹叶提取物对所试微生物均有明显的抑制效果，且对细菌的抑制效果明显优于酵母、霉菌（见表4）。竹叶提取液对4种细菌的抑菌圈直径为8.06~12.82mm；提取液对酵母菌的抑菌圈直径仅为6.84~8.85mm；竹叶提取液对霉菌的抑制力相差不大，抑菌圈直径分别为6.82~7.84mm；竹叶提取液对细菌、霉菌和酵母菌的抑制力顺序为，对细菌抑制力>对酵母菌抑制力>对霉菌抑制力。由表4可知，不同竹种竹叶提取物均有抑菌效果，但麻竹叶提取液的抗菌活性强于其他竹叶，茶杆竹叶提取液抗菌活性最弱，这说明竹叶中抗菌成分的含量受种类、遗传因素、环境条件等影响。因此，实际应用中竹叶可以作为提取抑菌物质的原料。

表4　不同竹种竹叶对试验菌的抑菌效果　　　　　　　　　　　　　　mm

叶种类	菌种					
	大肠杆菌	金黄色葡萄球菌	枯草芽孢杆菌	酵母	苏云金杆菌	曲霉
毛金竹叶	12.52	10.84	11.03	8.64	12.34	7.42
毛竹叶	11.02	10.83	10.44	8.54	11.75	6.82
茶杆竹叶	8.54	8.42	8.06	7.42	8.96	6.87
箬叶竹叶	12.24	11.73	11.42	8.50	12.62	7.84
四季竹叶	11.64	10.84	11.05	8.27	11.24	7.26
苦竹叶	12.45	11.42	10.82	8.23	11.62	7.24
早竹叶	10.94	10.25	9.66	7.24	11.24	7.05
麻竹叶	12.82	11.54	11.04	8.85	12.80	7.44
高节竹叶	9.48	8.84	8.46	6.84	9.05	7.08

2.5　不同生长期的竹叶提取物抗菌活性比较

麻竹叶生长期不同，竹叶提取液抗大肠杆菌、金黄色葡萄球菌、枯草芽孢杆菌3种细菌的能力不同（见图1）。由图1可知，从5月下旬到7月中旬，提取液对3种细菌的抑制力均呈现出增强趋势，对大肠杆菌、金黄色葡萄球菌、枯草芽孢杆菌的抑菌圈直径分别从5月下旬的5.62、5.24、6.02mm增加到7月中旬的8.74、8.42、8.64mm。这是由于随着营养生长期的延长，植物中具有抑菌作用的物质的量和组分增多；到了8月下旬，提取液对3种细菌的抑制力与7月中旬时相比均呈现出下降趋势，抑菌圈直径分别减少到8.05、

7.74、7.46mm，到 9 月下降，10 月又回升，11 月与 7 月相当。这说明其中的抑菌物质已转移，竹叶中抗菌成分的积累有一定的时间性，在不同生长期的含量是不同的。因此，在实际生产中，应该在叶生长旺盛，或没有开始凋谢的生长期采收。

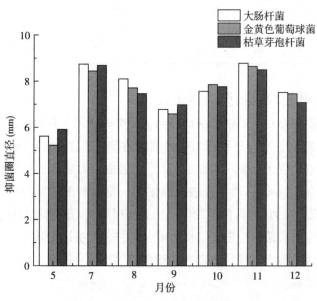

图 1　竹叶不同生长期的抗菌活性

3　结论与讨论

（1）9 种不同种竹叶总黄酮、总酚、总糖、水溶性糖、多糖、蛋白质、含氮量含量显示：不同竹种受种类、遗传、环境等因素的影响，其活性成分含量不同。从有效组分的含量看，竹叶中黄酮、酚酸的含量仅为百分之几，蛋白质含量、总糖含量都超过 10%，蛋白质含量最高的是毛竹叶，为 16.68%，因此，毛竹叶是一种很有发展前途的蛋白质资源。不同竹种多糖含量相差较大，麻竹叶多糖含量最高，而竹叶中的多糖具有抗肿瘤作用，可作为一种很好的保健饮料加以开发利用。因此，竹叶有着相当丰富的潜在资源，可以作为一种新的食物功能因子和药用成分加以深入研究，具有广阔的开发前景。

（2）不同竹种及不同生长期的竹叶抗菌活性不同，麻竹叶的抗菌活性强于其他竹叶，7 月和 11 月中旬采摘的竹叶的乙醇提取液的抗菌活性较好，说明竹叶中抗菌成分的含量受种类、遗传、环境等因素的影响，还与采收时间有直接关系。因此，根据竹叶中有效成分含量和活性的季节性变化，并结合竹林培育和利用的作业方式，笔者认为其采收时间以秋冬季为宜，尤以 11 月、7 月为最佳。研究结果表明，9 种竹叶均含有相当数量的黄酮和酚酸类组分，并且具有较强的抗菌作用。我国约有竹林面积 400 多万 hm^2，以每 0.07hm^2 产 200kg 鲜叶计算，若能利用其中的 1% 用于天然抗菌剂的开发，每年就可以提供 12 万 t 原料。而这表明竹叶有可能成为一种经济、高效的抗菌剂新资源。

麻竹竹叶提取液的抗菌性能*

陆志科[1,2]　　谢碧霞[1]　　李安平[1]

（1. 中南林学院，湖南株洲 412006；2. 广西大学，广西南宁 530005）

竹子是禾本科 Poaceae 竹亚科 Bambusoideae 多年生常绿植物。我国江南竹资源丰富，竹子、竹笋被充分利用，竹叶多被废弃。而竹叶在我国有悠久的利用历史，是一味传统的清热解毒药，其药效在《本草求真》、《本经逢源》、《药品化义》、《经日》等古籍和现在的《中药大辞典》中均有记载。我国南方以竹叶代茶冲水喝，具有清热去火的作用。竹叶安全无毒，叶中含有丰富的生物活性成分，其中如酚酸类化合物、蒽醌类化合物、萜类内酯和生物碱等都有着较强的抑菌杀菌作用。本文中报道了麻竹竹叶提取液的抗菌防腐性能，为竹叶的开发利用寻求了新的途径。

1　材料与方法

1.1　材料与试剂

麻竹叶、大肠杆菌、枯草杆菌、金黄色葡萄球菌、苏云金杆菌、啤酒酵母、曲霉、青霉、根霉、无水乙醇、冰醋酸、醋酸乙酯、乙醇、NaOH、蔗糖、柠檬酸钠、磷酸氢二钠、石油醚。

旋片式真空泵、PHS3-G 型精密 pH 计、电热恒温培养箱、电子天平、TGL 台式低速离心机。

1.2　培养基的制备

①细菌用培养基（LB）牛肉膏蛋白陈胨固体培养基；②霉菌用培养基高盐察氏培养基；③酵母菌用培养基麦氏琼脂。

1.3　竹叶提取液的制备

新鲜竹叶→烘干→组织捣碎机捣碎→醋酸乙酯乙醇混合液 80℃水浴回流浸提→过滤→提取液→蒸馏→竹叶浓缩液→干燥。

2　竹叶提取液（EBL）抗菌性能试验

2.1　竹叶提取液最低抑菌体积分数的测定

用平板稀释法测定竹叶提取液最低抑菌体积分数。取适量原液加入到无菌培养皿中，

---

*本文来源：中南林学院学报，2005，25（1）：56-59.

倒入培养基，混合均匀，使提取液的体积分数分别为 5%、2.5%、1.25%、0.625%、0.313%等。用无菌吸管吸取 0.1mL（含菌数约 10^6个/mL，以下相同）各自适宜体积分数的菌悬液加入到上述平板培养基中，涂布均匀。将细菌经 37℃、24h 培养以及霉菌和酵母菌经 28℃、48h 培养后对其进行观察。以完全无菌生长的最低体积分数作为竹叶提取液的最低抑菌体积分数。以乙醇、无菌蒸馏水作对照，分别记为 CK1，CK2。

2.2 活性 pH 值范围的测定

用 0.10mol/L 柠檬酸溶液和 2.0%的 NaOH 溶液分别调节培养基 pH 值为 4、5、6、7、8、9 共 6 个梯度，然后用各最低抑菌体积分数的提取液进行抗菌性试验，比较不同 pH 条件下提取液的抗菌活性，确定其 pH 活性范围（方法同 2.1），观察平板中菌落的生长情况，菌落越少，说明其抑菌效果越好。试验中以乙醇作对照，记为 CK。

2.3 竹叶提取液抗菌活性成分的热稳定性试验

①将竹叶提取物溶液分别在 20、40、60、80 和 100℃水浴加热 30min，经冷却后再加入到培养基中。用平板菌落计数的方法，制成含一定体积分数不同温度处理的竹叶提取物的微生物培养平板，于 37℃恒温培养 24h 后，观察平板中菌落的生长情况，菌落越少，说明其抑菌效果越好。②试验中将提取液原液分别置于 80、100、121℃的湿热条件下处理 15min 后，以对各菌的 MIC 体积分数的提取液进行抗菌试验，考察竹叶提取液抗菌活性成分的热稳定性。

2.4 竹叶提取液对病菌作用时间与抑菌率的关系试验

以金黄色葡萄球菌为代表，测定不同体积分数的竹叶提取液对其作用时间与抑菌率之间的关系。取不同体积分数的竹叶提取液 1.00mL 分别与 0.10mL（含菌数约 10^6个/mL）金黄色葡萄球菌悬液混合，充分摇匀，当作用 1、3、6、12h 时，分别再将其倒入固体培养基的平皿中。另取 0.10mL 金黄色葡萄球菌与 1.00mL 无菌水混合后，也将其倒入有牛肉膏蛋白胨培养基的平皿中以作对照。以上各皿均在 36℃下培养，分别数菌落数，并按照下式计算抑菌率：

$$抑菌率 = 〔（对照皿菌落数-试验皿菌落数）/对照皿菌落数〕 \times 100\%$$

2.5 竹叶提取液与化学防腐剂进行抑菌效果的比较试验

为确保竹叶提取物的抑菌效果，以竹叶空白试剂（即不加入竹叶提取物，但操作程序相同），用平板法对比试验，对化学防腐剂进行抑菌效果的比较。

3 结果与分析

3.1 竹叶提取液对各菌的最低抑菌体积分数（见表 1）

由表 1 可知，竹叶提取液对所试细菌的最低抑菌体积分数：对大肠杆菌、金黄色葡萄球菌、苏云金芽孢杆菌 3 种细菌的最低抑菌体积分数为 0.156%，对抑制根霉菌和青霉菌最低抑菌体积分数为 0.625%，对枯草芽孢杆菌、曲霉菌、酵母菌分别为 0.078%、0.313%、1.25%。

表 1 不同体积分数的竹叶提取液对各菌种的抑菌效果

菌种	5.0%	2.5%	1.25%	0.625%	0.313%	0.156%	0.078%	0.039%	0.020%	0.010%	CK1	CK2
大肠杆菌	–	–	–	–	–	–	+	++	+++	+++	++	+++
金黄色葡萄球菌	–	–	–	–	–	–	+	++	+++	+++	++	+++
枯草芽孢杆菌	–	–	–	–	–	–	–	+	++	+++	+++	+++
苏云金芽孢杆菌	–	–	–	–	–	–	+	++	+++	+++	+++	+++
啤酒酵母	–	–	–	+	++	+++	+++	+++	+++	+++	+++	+++
根霉	–	–	–	–	+	++	++	+++	+++	+++	+++	+++
青霉	–	–	–	–	+	++	++	+++	+++	++	+++	+++
曲霉	–	–	–	–	–	+	++	+++	+++	++	+++	+++

注：CK1 为 1.25%乙醇溶液，CK2 为无菌蒸馏水；"—"表示无菌生长，"+"表示菌生长较弱，"++"表示菌生长较强，"+++"表示菌生长强（以下符号意义与此相同）。

3.2 pH 值对竹叶提取液抗菌活性的影响

竹叶提取液的抗菌活性具有较宽的 pH 值范围，不仅在低 pH 值有很好的抗菌活性，在较高 pH 值也能充分发挥抗菌活性（见表 2）。由表 2 可知，在 pH 值 4~7 范围内，当提取液的体积分数分别为 0.156%（对细菌）和 0.625%（对酵母菌和霉菌）时，均能完全抑制所试微生物的生长并随着 pH 值进一步升高，pH 值达到 8 时，抑制活性才有所减弱；微生物有所生长，但其生长势比对照弱；未添加竹叶提取液的基质，在 pH<5 时，各菌的生长受到较大程度抑制，但当 pH 值为 6 以上时，对各菌的生长抑制减弱。因此，竹叶提取液不仅可用于酸性食品的储藏保鲜，还可以用于弱碱性食品的保藏。一般食品的 pH 值范围为 5~7。

表 2 不同 pH 值对竹叶提取液的抑菌影响

菌种	4		5		6		7		8		9	
	C	CK	C	CK	C	CK	C	CK	C	CK	C	CK
大肠杆菌	–	–	–	+	–	++	–	+++	+	+++	++	+++
金黄色葡萄球菌	–	–	–	+	–	++	–	+++	+	+++	++	+++
枯草芽孢杆菌	–	–	–	+	–	++	–	+++	+	+++	++	+++
苏云金芽孢杆菌	–	–	–	+	–	++	–	+++	+	+++	++	+++
啤酒酵母	–	+	–	+	–	++	–	+++	+	+++	++	+++
根霉	–	+	–	+	–	++	–	+++	+	+++	++	+++
青霉	–	–	–	+	–	++	–	+++	+	+++	++	+++
曲霉	–	–	–	+	–	++	–	+++	+	+++	++	+++

注：C 为添加竹叶提取液的处理；CK 为对照组。

3.3 不同处理温度对竹叶提取液抗菌效果的影响

（1）当竹叶提取液体积分数为 0.25g/mL、介质 pH 值为 7.2~7.4 时，将竹叶提取液分别经 20、40、60、80 和 100℃温度处理，经冷却后加入到培养基中，以大肠杆菌（A）、金黄色葡萄球菌（B）为例，菌落数见表 3、图 1。

表 3　温度对竹叶提取液抗菌效果的影响

温度（℃）	A 菌落数（个）	B 菌落数（个）	温度（℃）	A 菌落数（个）	B 菌落数（个）
20	238	214	40	266	248
60	156	158	80	98	112
100	32	42			

从图 1 中可知，不同热处理温度对竹叶抑菌效果有明显的影响。随着处理温度的升高，竹叶抑菌效果明显加强，经 100℃ 处理后，抑菌效果比较显著。这说明竹叶提取液有很好的热稳定性，因此将竹叶提取液加入到须进行加热处理的食品生产中会有很好的防腐效果。

（2）将提取液原液分别置于 80、100、121℃ 的湿热条件下处理 15min 后，以对各菌的 MIC 体积分数的提取液进行抗菌试验。由表 4 可知，80、100℃ 加热 15min 竹叶提取液的抗菌活性不受影响，121℃15min 的高温处理会破坏抗菌成分，使其抗菌活性有所减弱。

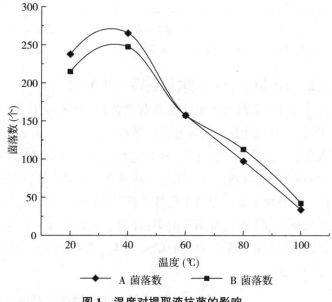

图 1　温度对提取液抗菌的影响

表 4　不同温度对提取液抗菌活性的影响

菌种	80℃	100℃	121℃	菌种	80℃	100℃	121℃
大肠杆菌	-	-	+	金黄色葡萄球菌	-	-	+
枯草芽孢杆菌	-	-	+	苏云金芽孢杆菌	-	-	+
啤酒酵母	-	-	+	根霉	-	-	+
青霉	-	-	+	曲霉	-	-	+

3.4 竹叶提取液对病菌作用时间与抑菌率的关系

以金黄色葡萄球菌为代表，分析不同体积分数的竹叶提取液对其作用时间与抑菌率之间的关系。取不同体积分数的竹叶提取液 1.00mL 分别与 0.10mL 金黄色葡萄球菌悬液混合，充分摇匀，当作用 1、3、6、12h 时，分别再倒入装有固体培养基的平皿。另取 0.10mL（含菌数约 10^6 个/mL）金黄色葡萄球菌与 1.00mL 无菌水混合后，也倒入装有牛肉膏蛋白胨培养基的平皿以作对照。以上各皿均在 36℃ 下培养，分别数菌落数，并按照下式计算抑菌率，结果见表 5 和图 2。由表 5 可知，在相同时间内，竹叶提取液的体积分数越高，抑菌率越高，同一体积分数的竹叶提取液的作用时间越长，抑菌率也就越高，与实际应用一致。由图 2 可知，在相同时间内，竹叶提取液的体积分数越高，抑菌率越高，同一体积分数的竹叶提取液的作用时间越长，抑菌率也就越高。

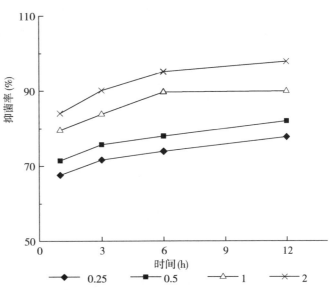

图 2　竹叶提取液对病菌作用时间与抑菌率的关系

表 5　竹叶提取液对病菌作用时间与抑菌率的关系

时间（h）	不同体积分数提取液的抑菌率（%）			
	0.25%	0.50%	1.00%	2.00%
1	68	72	80	84
3	72	76	84	90
6	74	78	90	95
12	78	82	90	98

3.5　竹叶提取液与化学防腐剂抗菌活性的比较

以竹叶空白试剂（即不加入竹叶提取物，但操作程序相同），比较竹叶提取液与化学防腐剂进行抑菌效果。采用平板法测定抑菌圈的大小，结果见表 6。由表 1、表 2 和表 6 可知，竹叶提取液对细菌、霉菌和酵母菌均具有较强的抑制作用，其中对细菌具有更强的抑制作用，因此竹叶提取液具有广谱抗菌活性。由表 2 也可知，在中性条件下，竹叶提取

表 6　竹叶提取物与化学防腐剂对比试验

试样溶液	抑菌圈的大小（mm）					
	大肠杆菌	金黄色葡萄球菌	枯草芽孢杆菌	苏云金芽孢杆菌	啤酒酵母	曲霉
空白试样	0.00	0.00	0.00	0.00	0.00	0.00
0.3% 的竹叶提取液	17.14	16.22	15.42	16.23	10.26	8.16
0.3% 的苯甲酸钠	14.22	15.24	15.16	15.32	9.15	8.24
0.3% 的山梨酸钾	15.34	14.68	14.52	15.46	8.94	8.15

液就有很强的抑菌作用。山梨酸钾和苯甲酸钠在酸性条件下抑菌效果较好，而在中性环境中抑菌效果很差。由表6还可知，竹叶提取液明显优于山梨酸钾和苯甲酸钠。

4 结论

（1）竹叶提取液对大肠杆菌、金黄色葡萄球菌、枯草芽孢杆菌、苏云金芽孢杆菌有较好的抑制效果，但对霉菌和酵母的抑制效果较弱。因此比较适合添加到容易变质的食品中。

（2）基质pH值对竹叶提取液的抑菌效果有明显的影响，竹叶提取液的抗菌活性具有较宽的pH值范围。

（3）竹叶提取液有很好的热稳定性，而经过80、100℃处理后抑菌效果明显加强。因此，更适合添加到须进行高温处理的食品中。

（4）竹叶提取液明显优于山梨酸钾和苯甲酸钠，而且具有广谱抗菌性。若能够大规模开发利用，将会带来巨大的经济利益和社会效益。

提取条件对竹叶提取率与抑菌效果的影响[*]

谢碧霞[1]　陆志科[1,2]

（1. 中南林学院资源与环境学院，湖南株洲 412006；2. 广西大学林学院，广西南宁 530001）

竹叶中含有许多有益的成分，对这些成分的提取、分离和开发利用日益受到人们重视。竹叶中具有生理活性的物质主要是黄酮类化合物、生物活性多糖、酚酸、蒽醌类化合物、香豆素类内酯、特种氨基酸、芳香成分和锰、锌、硒微量元素等，具有清除自由基、抗氧化、抗衰老、抗菌、抗病毒及保护心脑血管、防治老年退行性疾病等生物学功效。竹叶提取物及其制品将广泛应用于食品、医药工业。从竹叶中提取黄酮类化合物的研究报道较多，张英发明了"竹叶黄酮粉剂提取工艺"，还有采用加醋酸法提取竹叶抑菌物质的报道。本研究以减少溶剂用量，抑菌效果好为目的，较系统地研究了干燥方法、溶剂浓度对提取率及抗菌活性的影响，以期寻找较优处理和最佳提取条件，为进一步研究提取技术打下理论基础。

1　材料与方法

1.1　材料与试剂

麻竹叶 Sinocalamus latiflorus Mcclure、大肠杆菌 Eschcrichia coli、枯草芽孢杆菌 Bacillus subfilis、金黄色葡萄球菌 Staphylococcus arueus、苏云金芽孢杆菌 Bac. thuringiensis、毛霉 Mucor racemosus、米根霉 Rhizopus oryzae、青霉 Penicillium sp.、啤酒酵母 Saccharomyces cerevisiae、无水乙醇、蔗糖、柠檬酸钠、磷酸氢二钠、石油醚。真空泵、HPX-9082M E 数显电热培养箱、PHS-3G 型精密 pH 计、DKZ-2 电热恒温振荡水槽、RE-52A 型旋转蒸发仪、电子天平等。

1.2　培养基的制备

霉菌用培养基：高盐察氏培养基；细菌用培养基（LB）：牛肉膏蛋白胨培养基；酵母菌用培养基：麦氏琼脂；牛肉膏、蛋白胨、酵母浸膏等均为生化试剂，蔗糖、琼脂条均为食品级。

1.3　抗菌试验方法

抗菌试验采用滤纸片法，操作步骤如下：

①菌悬液的制备：试验菌从 4℃冰箱中取出后，接在新鲜斜面培养基上，细菌经 37℃/24h、

＊本文来源：经济林研究，2004，22（3）：5-8.

酵母菌和霉菌经 28℃/24h 恒温培养活化后，用无菌生理盐水制备菌原液。吸取 1.00mL 菌原液加入 9.00mL 无菌生理盐水中，得到稀释 10 倍的菌悬液，依次进行梯度稀释。将不同稀释度的菌悬液各吸取 0.20mL 分别加入到已灭菌冷却的各自适宜的平板培养基表面，涂布均匀。按上述条件培养，根据观察结果，选取各自适宜的菌液浓度，要求在该浓度下，菌能长满整个培养皿且分布均匀。②滤纸片的制备：用打孔器将 102 型新华滤纸制成直径为 6mm 的圆片，放入干燥洁净的试管内，经 121℃ 热灭菌 30min，浸入各提取液及相应的提取溶剂中，1h 后取出，无菌条件下晾干备用。③溶液抑菌效力的测定：对细菌和酵母菌，用无菌吸管吸取各自适宜浓度的菌悬液 0.2mL 加在已倒好的平板培养基表面，涂布均匀；对霉菌，用无菌棉签蘸取霉菌孢子悬液，均匀地涂布在已倒好的平板培养基表面。用无菌镊子夹取已制备好的滤纸片，放到上述含菌平皿上，每皿 3 片（对照 3 片），细菌经 37℃/24h、霉菌和酵母菌经 28℃/48h 培养后，量取抑菌圈直径，以抑菌圈直径作为竹叶抑菌活性指标，直径越大抗菌活性越强。

1.4　竹叶抗菌成分提取工艺流程

取麻竹叶原料 50.00g（干燥）→粉碎过 30 目筛→溶剂浸提（热回流）→过滤→浓缩（回收溶剂）→去叶绿素→提取液原液（1g/mL，即 1mL 提取液相当于 1g 竹叶干物质）。

1.4.1　竹叶干燥方法的选取

试验采用 4 种干燥处理，使原料含水率降至 10% 左右。A：室温晾干；B：40℃ 热风干燥；C：太阳晒干；D：太阳晒后阴干。对经不同干燥方法得到的竹叶，用 60% 乙醇在液料比 10∶1，温度 80℃ 条件下浸提 1.5h，比较经不同干燥方法处理的原料的提取率，确定合适的干燥方法。

1.4.2　溶剂的选取

溶剂极性不同，对各成分的溶解能力存在差异，会影响提取率。本试验分别采用石油醚、氯仿、乙酸乙酯、丙酮、60%、95% 乙醇和蒸馏水 7 种不同极性的溶剂在液料比 10∶1、温度 80℃ 下对干竹叶粉浸提 1.5h，比较提取率，确定适宜的提取溶剂。

提取率＝（提取物干质量/原料质量）×100%（以下同）。

表1　正交试验因素水平

水平	因素		
	料液比	浸提温度（℃）	浸提时间（h）
1	1∶8	65	1.0
2	1∶12	80	1.5
3	1∶14	95	2.0

1.4.3　浸提条件的正交试验

为了找到浸提条件的最优组合，在以上单因素试验的基础上，以乙醇为溶剂，对液料比、浸提温度及时间进行 $L_9(3^4)$ 正交试验，试验的因素水平见表1，以提取率为考察指标。

2 结果与分析

2.1 干燥方法对提取率及提取液抗菌活性的影响

4 种干燥方法所得提取率及其多重比较的结果见表 2。方差分析表明，各提取率之间存在极显著差异 [$F = 71.40 > F$ (3，8，0.01) = 7.591]。由表 2 可以看出，40℃热风干燥所得提取率最高，达到 7.36%，这是因为加热是内部加热，物料传热快，使竹叶中的一些氧化酶和水解酶很快钝化；太阳晒后阴干和室温晾干的提取率之间无显著差异（$P >$ 0.05），但二者与太阳晒干所得的提取率之间亦存在显著差异（$P < 0.01$）；太阳晒后阴干法所得竹叶提取率较高，达 7.08%；室温晾干所得提取率较低，仅为 6.97%，这是由于竹叶中含有许多挥发性成分，时间越长，则这些成分的损失越多。太阳晒干法所得的竹叶提取率最低，仅为 6.50%，这是因为竹叶中含有大量的挥发性或容易变质成分，在晒干过程中这些成分被蒸去或氧化变质。

各提取液对大肠杆菌的抑菌圈直径及其多重分析的结果见表 3。方差分析表明，经不同干燥法处理后所得竹叶提取液对大肠杆菌的抑菌活性之间存在极显著差异 [$F = 139.21 > F$ (3，8，0.001) = 7.591]。表 3 的结果表明，40℃热风干燥的竹叶提取液对大肠杆菌的抗菌活性最强，抑菌圈直径达 12.70mm，与其他 3 种方法之间均达到极显著差异（$P < 0.01$）；室温晾干与太阳晒后阴干的提取液的抗菌活性间差异不显著（$P > 0.05$），但二者与太阳晒干法的提取液的抗菌活性间亦存在极显著差异（$P < 0.01$），这是因为 40℃热风干燥速度快，对抗菌组分活性的影响小，而原料采用太阳晒干时，在太阳晒的过程中可能导致一些组分发生结构与性质上的改变，所以所得提取液的抗菌活性最弱，对大肠杆菌的抑菌圈直径仅为 10.40mm。

表 2 干燥方法对提取率的影响

干燥方法	提取率（%）				差异显著性	
	Ⅰ	Ⅱ	Ⅲ	平均值	0.05	0.01
B	7.40	7.31	7.37	7.36	a	A
D	7.13	7.10	7.02	7.08	b	B
A	6.95	7.05	6.90	6.97	bc	BC
C	6.60	6.40	6.50	6.50	d	D

注：A，室温晾干；B，40℃热风干燥；C，太阳晒干燥；D，太阳晒后阴干。

表 3 不同干燥方法所得竹叶提取液对大肠杆菌的抗菌效果（以抑菌圈直径表示）

干燥方法	抑菌圈直径（mm）				差异显著性	
	Ⅰ	Ⅱ	Ⅲ	平均值	0.05	0.01
B	12.70	12.78	12.62	12.70	a	A
D	11.26	11.24	11.30	11.27	b	B
A	11.10	11.18	11.12	11.13	bc	BC
C	10.42	10.28	10.50	10.40	d	D

注：以下表中数据未特别说明者其意义与此相同。

2.2 溶剂对提取率及提取液抗菌活性的影响

石油醚、氯仿、乙酸乙酯、丙酮、60%、95%乙醇和蒸馏水对于竹叶浸提的提取率分别为0.36%、2.34%、2.83%、5.32%、7.46%、6.97%和6.82%。这是因为竹叶中含有多种水溶性极性成分，根据相似相溶原则，极性较强的溶剂有较高的提取率。试验所用的7种溶剂中，石油醚、氯仿、乙酸乙酯属脂溶性溶剂，极性小，因而提取率最低；丙酮、乙醇的极性居中，具有水、醇两者的提取性能，对细胞穿透力较强，对各类成分的溶解性能较好，60%乙醇提取率最高，为7.46%。水的提取率低于含水的乙醇，说明竹叶的有效成分具有弱极性，而且各溶剂所得提取液的抗菌活性之间亦存在较大差异，结果见表4。从表4可以看出，7种溶剂提取液对所试细菌、酵母和霉菌有明显差异的抑菌效果，其中乙醇提取液对细菌的抑菌效果最好，抑菌圈直径达到8.14~11.04mm以上；蒸馏水提取液的抑菌效果次之，抑菌圈直径7.16~8.46mm；石油醚、氯仿、乙酸乙酯、丙酮提取物没有抑菌效果。乙醇提取液的抑菌顺序与蒸馏水提取液相似，但它对细菌的抑菌效果高于水提取液。从抑菌的广谱性来看，以乙醇为好，而且乙醇作溶剂可以在较低的温度下浓缩，生产中可以根据实际情况以及要求的抑菌范围确定选择不同浓度乙醇作溶剂。本试验中为了便于浓缩、抑菌效果好，试验以60%乙醇作溶剂最好。

表4 不同溶剂所得竹叶提取液的抗菌活性

菌种	石油醚	氯仿	乙酸乙酯	丙酮	60%乙醇	90%乙醇	蒸馏水
大肠杆菌	—	—	—	—	10.36	8.96	8.26
金黄色葡萄球菌	—	—	—	—	10.24	8.74	8.18
枯草芽孢杆菌	—	—	—	—	10.02	8.32	7.82
苏云金杆菌	—	—	—	—	11.04	9.26	8.46
啤酒酵母	—	—	—	—	9.12	7.94	7.42
根霉	—	—	—	—	8.14	7.64	7.37
青霉	—	—	—	—	8.20	7.36	7.16
曲霉	—	—	—	—	8.47	7.58	7.23

注："—"表示无抑菌效果。

2.3 浸提条件的正交试验

对浸提条件的正交试验结果进行直观分析，计算出相应的K、k和极差R（见表5）。从表5中极差R的大小可以看出，液料比是影响提取率的主要因素，其次是温度，浸提时间对提取率的影响最小，统计分析得到的最佳处理组合是$A_2B_2C_2$。考虑到工作效率及经济效益，综合分析认为，以$A_2B_2C_2$即液料比12∶1、温度80℃、时间1.5h作为最佳的提取条件，该条件下提取率为7.74%。

表 5　正交试验因素水平

实验号	料液比（A）	时间（h）（B）	温度（℃）（C）	提取率（%）
1	1（1:8）	1（1.0）	1（65）	6.45
2	1（1:8）	2（1.5）	2（80）	6.92
3	1（1:8）	3（2.0）	3（95）	6.86
4	2（1:12）	1（1.0）	2（80）	7.65
5	2（1:12）	2（1.50）	3（95）	7.42
6	2（1:12）	3（2.0）	1（65）	7.34
7	3（1:14）	1（1.0）	3（95）	7.17
8	3（1:14）	2（1.5）	1（65）	7.28
9	3（1:14）	3（2.0）	2（80）	7.42
K1	20.23	21.27	21.07	
K2	22.41	21.68	21.99	
K3	21.87	21.58	21.45	
k1	6.91	7.09	7.06	
k2	7.47	7.27	7.33	
k3	7.29	7.19	7.15	
R	0.53	0.18	0.27	

3　结论

（1）原料的干燥方法对竹叶抗菌活性成分的提取率及抑菌效果有显著影响（$P<0.01$）。其中，40℃热风干燥提取率最高，为7.36%；太阳晒后阴干次之，为7.08%；室温晾干较低，为6.97%；太阳晒干法最低，为6.50%。40℃热风干燥抑菌力最强，对大肠杆菌的抑菌圈直径最大，为12.70mm；太阳晒后阴干次之，为11.27mm；室温晾干较弱，为11.13mm；太阳晒干法最弱，为10.40mm。

（2）蒸馏水和60%乙醇2种溶剂提取液对所试细菌、霉菌和酵母菌均有抑菌作用。60%乙醇提取液对细菌的抑制效果最好，抑菌圈直径达到10.02mm以上，对酵母菌的抑制效果次之，对霉菌的抑制效果最弱；蒸馏水提取液对所试微生物的抑制顺序同乙醇提取液，但对细菌、酵母菌和霉菌的抑制效果低于乙醇提取液。

（3）液料比和温度对提取率的影响较大。乙醇为溶剂时的最佳提取工艺条件为：液料比12:1、浸提温度80℃、时间1.5h。在此条件下的提取率为7.74%。

（4）竹叶提取物对大肠杆菌等菌种有明显的抑制效果，而且来源广泛，若能够大规模开发利用，将会带来巨大的经济利益和社会效益。

超临界CO$_2$萃取条件对油茶籽油品质的影响[*]

钟海雁　王承南　谢碧霞

（中南林学院资源与环境学院，湖南株洲 412006）

0　前言

超临界流体萃取技术是利用超临界状态下流体的高渗透和溶解能力萃取分离混合物的过程。国内在植物油脂的超临界 CO$_2$ 萃取技术的理论及应用开发上取得了一定进展，分别对菜籽油、黑加仑油、月见草种子油、米糠油、小麦胚芽油、茶叶种子油（Tea-seed Oil）等植物油进行了研究。研究表明：由于超临界流体的选择力强，而且可通过温度、压力的改变及夹带剂的使用与否可以控制选择力，而且溶剂分离极为简便，浸出温度接近常温，所用溶剂一般采用 CO$_2$，无毒，价廉，所得产品纯净，故不必脱胶、脱酸。由于浸出温度低，不会破坏料胚中的蛋白质结构，有利于蛋白质的综合利用。该技术工艺过程简单，所需过程设备少。查阅有关文献，未见有超临界 CO$_2$ 萃取油茶籽油的报道，为此，我们对油茶籽油的超临界 CO$_2$ 萃取工艺及其品质变化规律进行了研究，目的在于为生产应用提供科学依据。

1　试验材料与方法

1.1　材料

油茶籽、枯饼及原料油：本实验所用油茶籽购于湖南株洲市，为普通油茶 *Camellia oleifera* Abel；液压机机榨油茶籽油购于株洲市和双峰县；精炼油茶籽油购于湖南汀大集团。α-tocopherol：E. merck，Darmstadt，Germany。

1.2　实验方法

1.2.1　油茶籽油的超临界萃取

实验装置为从瑞士 NOVA 公司引进的 2L 高压萃取装置，工作压力范围为 $0 \sim 70$MPa，最高工作温度可达 343K。CO$_2$ 纯度大于 99.9%。

1.2.2　油茶籽油中脂肪酸含量的测定

油茶籽油脂肪酸的水解与其脂肪酸的甲酯化：取 3 滴油样，加 1ml 4% KOH 甲醇溶液，在 55℃ 水浴中保持 20min，再加 3 滴 BF$_3$乙醚溶液，在室温下放置 15min，加 4ml 正己

＊本文来源：中国粮油学报，2001，16（1）：9-13。

烷和 15ml 蒸馏水振荡，静置分层，有机层水洗二次，取 30μl 有机层稀释至 1ml，取 3μl 进气相色谱仪分析。

气相色谱仪：HP6890 型，色谱柱用 HP-IN-OWAX 毛细管柱，长 30m，内径 250μm。

色谱升温程序：100℃下，停留 10min→以 10℃/min 速度升至 180℃→180℃下停留 20min→以 5℃/min 升至 200℃→200℃下停留 10min。

N_2 流量：柱流量为 0.7ml/min，分流量为 23.7ml/min。

氢火焰检测器检测：H_2 流量为 30ml/min，空气流量为 250ml/min。

1.2.3 油茶籽油的品质分析

透明度鉴定：按 GB5525-85 进行，目测法。

色泽鉴定：按 GB5525-85 进行，罗维朋比色计法。Lovibond Tintometer 为 The Tintometer LTD. Salisbury England 产品。

气味、滋味鉴定：按 GB5525-85 进行，感官鉴定法。

杂质的测定：按 GB5529-85 进行，过滤重量法。水分及挥发物含量测定：按 GB5528-85，电烘箱 105℃恒重法。

酸价的测定：按 GB5530-85，酸碱中和滴定法。

磷脂含量的测定：按参考文献进行。

过氧化值检验：根据 GB/T5538-1995 所说明的步骤进行。

2 结果与分析

2.1 超临界 CO_2 萃取条件对油茶籽油水分及挥发物含量的影响

本研究对在 30~40MPa 和 40~60℃条件下超临界 CO_2 萃取的油样进行水分及挥发物测定，每一油样重复两次，取平均值，测定结果见表 1。

表 1 超临界萃取油茶籽油的水分及挥发物的含量

温度（℃）	压力（MPa）					
	30		35		40	
	含量（%）	萃取量（g）	含量（%）	萃取量（g）	含量（%）	萃取量（g）
40	0.24	0.168	0.18	0.169	0.12	0.172
50	0.40	0.228	0.26	0.236	0.15	0.231
60	0.61	0.256	0.30	0.282	0.17	0.279

从表 1 中可以看出：随着压力增加，水分及挥发物相对含量有降低的趋势，而且在高温下，这种降低的幅度更为明显。水分及挥发物的萃取量随压力的变化不太明显，Won 认为随着压力的增加，SC-CO_2 对水的溶解性并没有明显变化，但压力对中性脂的溶解度影响较大，所以导致茶油中水分及挥发物相对含量随着压力的增加而降低，这与 Dunford 等人及张建君的研究结果相一致。水分及挥发物的相对含量及萃取量随着温度的升高而增加，相对含量的增加幅度在低压下更为明显。SC-CO_2 萃取是物质的溶解度与挥发性共同

作用的结果，所以随着温度升高，水的蒸汽压增加，导致水的萃取量增加，而温度对中性甘油脂的溶解度则在转变压力上下有着不同的影响规律，导致水和挥发物的相对含量随温度的增加量在低压下比高压下要大。从萃取油的外观形态上也可以看出，在低压高温下萃取的茶油比较混浊，这是由于油中含有较多水分之故。

2.2　超临界 CO_2 萃取条件对油茶籽油中游离脂肪酸（FFA）含量的影响

用中和法测定各萃取条件下油样的酸值，以油酸作标准，换算成 FFA 含量，重复二次，取平均值，结果见表2。在试验的温度和压力范围内，压力对 FFA 萃取量及相对含量的影响比较明显，萃取量随着压力的增加而增加，而相对含量则反之。温度对 FFA 萃取量及相对含量的影响不甚明显，萃取量随温度升高而增加，而相对含量在不同压力下有着不同的表现，即在低压下随着温度升高而增加，在高压下则反之。这是因为在低压状况下，FFA 在 CO_2 中的溶解度要比中性脂要高。从本实验可见其转变压力低于 30MPa。ZhaoWeiqi 等人就是利用这种规律性分部提取米糠油，在 $150kg/cm^2$ 下已提出约占 2/3 总量的 FFA，从而减少在 $350kg/cm^2$ 下提取的米糠油中的 FFA 含量。本实验已表明在 30MPa 下已提出了约占乙醚提取油 FFA4/5 的 FFA，在 40MPa 下提取的茶油的 FFA 含量与乙醚提取茶油中 FFA 含量非常接近。从总体来看，SC- CO_2 萃取茶油中的 FFA 比国家标准 GB11765-89 规定的一级油指标要高一倍多，这与实验材料贮存时间过长有关，本研究材料是 1996 年购买的，直至 1997 年 10 月开始用 SC- CO_2 萃取。

表 2　超临界萃取对油茶籽油的游离脂肪酸含量的影响

温度（℃）	压力（MPa）					
	30		35		40	
	含量（%）	萃取量（g）	含量（%）	萃取量（g）	含量（%）	萃取量（g）
40	2.59	1.81	1.95	1.83	1.40	2.02
50	3.21	1.83	2.03	1.85	1.30	2.00
60	4.40	1.85	2.25	1.96	1.28	2.10

2.3　超临界萃取条件对油茶籽油磷脂含量的影响

对不同萃取条件下的萃取油茶籽油进行磷脂含量测定，重复二次，取平均值，结果见表3。从表3可以看出，磷脂萃取量随压力增加而增加，温度对磷脂萃取量的影响在低压下随温度升高而下降，在高压下，随温度升高而升高，这一点与茶油的萃取率变化规律一致。磷脂相对含量随着温度升高而升高，随压力增加而减少，这主要是由于温度和压力对甘三酯在超临界 CO_2 中溶解度的影响更为显著所致，也就是说，压力增加对甘三酯的溶解度的提高程度大于对磷脂溶解度的提高程度，而在低压下，温度升高对甘三酯的溶解度的下降比对磷脂溶解度的下降程度要大。Friedrich 等人对 SC-CO_2 萃取与己烷萃取的大豆油磷脂含量进行比较，前者仅为后者的 1/10 左右。ZhaoWeiqi 对 $150\sim350kg/cm$ 压力下 SC-CO_2提取的米糠油的磷脂含量仅为己烷提取的 1/16，说明纯净的 SC-CO_2 对磷脂的溶解度极低。本文用乙醚提取的油茶籽油磷脂含量为 1154.0ppm，为 SC-CO_2 萃取茶油磷脂含量的 3.7~8.8 倍。当然由于提取物料中的水分和 CO_2 溶剂中所带的水分是磷脂提取的夹带剂，会提高磷脂在 SC- CO_2 中的溶解度。

表 3　超临界 CO_2 萃取油茶籽油的磷脂含量

温度（℃）	压力（MPa）					
	30		35		40	
	含量（%）	萃取量（g）	含量（%）	萃取量（g）	含量（%）	萃取量（g）
40	201.3	14.09	149.6	14.06	131.7	18.96
50	237.4	13.53	161.3	14.68	140.6	21.65
60	314.8	13.22	196.9	16.74	156.5	25.67

2.4　超临界 CO_2 萃取油茶籽油的色泽

将 SC- CO_2 萃取和乙醚萃取油茶籽油用 Lovi-bond 比色计比色，测得 SC- CO_2 萃取油茶籽油的色泽为：$Y=3$，$R=0.5~0.6$，而乙醚萃取油茶籽油的色泽为：$Y=5$，$R=1.1$。各操作条件下 SC- CO_2 萃取油茶籽油的色泽差别非常小。两种方法萃取的油茶籽油色泽都很浅，这是因为萃取物料剥壳彻底，而且在 100℃ 左右下烘干，避免了高温蒸炒，使得油品色泽较浅。

2.5　超临界 CO_2 萃取油茶籽油的品质

以 40MPa、50℃ 条件下萃取的油茶籽油的主要品质指标与 GB11765-89 国家标准进行比较（见表4）。超临界 CO_2 萃取油除酸值和水分及挥发物含量介于一级与二级油之外，其他都在一级油水平之上。

表 4　超临界 CO_2 萃取油茶籽油的品质指标

项目	GB11765-89		超临界萃取油	乙醚萃取油
	一级	二级		
气味、滋味	具有茶油固有气味滋味	具有茶油固有气味滋味	具有茶油固有气味滋味	具有茶油固有气味滋味
色泽（1英寸）	Y35，R≤2.0	Y35，R≤5.0	Y3，R0.55	Y5，R1.1
酸价（mg KOH/g）	≤1.0	≤5.0	2.6	2.8
杂质（%）	≤0.1	≤0.2	0.08	0.34
水分及挥发物（%）	≤0.1	≤0.2	0.15	0.23
加热试验（280℃）	油色不变深，无析出物	允许变深，但不得变黑，有微量析出物	不变深	有变黑

2.6　超临界 CO_2 萃取油茶籽油的氧化稳定性

将超临界 CO_2 萃取油茶籽油、液压机榨油茶籽油、精炼油茶籽油及 SC- CO_2 萃取油茶籽油中添加 500ppm α-生育酚等四种油样，在 65℃ 条件下恒温强化试验，每隔2天测定过氧化值，结果见图1。从图中可以看出 SC- CO_2 萃取油的抗氧化稳定性比机榨油及精炼油差，添加 α-生育酚对提高 SC- CO₂ 萃取油茶籽油的抗氧化作用较为明显。计算诱导天数，即 POV 值达到 20meq/kg 所需的天数，与文献中 SC- CO₂ 萃取的大豆、玉米及棉籽油的诱导天数相比较（见表5），SC-CO₂ 萃取油茶籽油的稳定性要比大豆、玉米油脂好，但比棉籽油要差，从 V_E 含量来看，大豆、玉米油要比油茶籽油和棉籽油要高，而磷脂的含量则是油茶籽油要比玉米、大豆和棉籽油要高，但棉籽油中含有棉酚，具有一定的抗氧化能力，而磷脂在油脂中存在一定的抗氧化能力，但机理目前尚不清楚，有可能直接作为抗氧剂，或是金属离子钝化剂，或是油脂与空气接触面的隔离剂，而且磷脂与 V_E 有强烈的抗氧化协同作用。总之，油脂的抗氧性能与油脂本身的脂肪酸组成，以及与 V_E 磷脂及微量金属的含量有关。

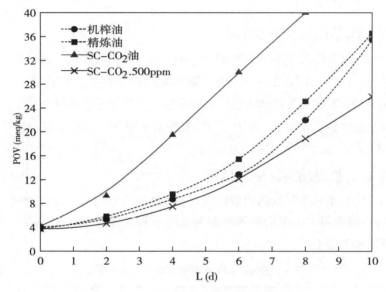

图 1　SC-CO₂ 萃取油茶籽油的氧化稳定性

表 5　几种超临界 CO₂ 萃取油脂的磷脂、V_E 含量及氧化诱导天数

油品	磷脂（ppm）	V_E（μg/g）	诱导天数（d）
茶油	161.3	89.0	2.3
大豆油	26.3~79.9	900~1000	2.0
玉米油	26.3~79.9	1200~1800	2.0
棉籽油	26.3~132.0	700	3.5

2.7　SC- CO₂ 萃取油茶籽油的茶皂素定性鉴定及脂肪酸组成

SC- CO₂ 萃取油茶籽油中茶皂素含量的定性鉴定：按参考文献的方法，取油样 10g 于 25ml 具塞比色管中，加 80℃ 热水 10ml，剧烈振荡，无泡沫；热水提取物经浓缩后，加醋酸铅试验，无沉淀生成；提取液在蒸发器中蒸干，滴加冰醋酸数滴，混匀后滴加浓 H_2SO_4 1 滴，无显色，证明油样中基本无茶皂素存在。SC- CO₂ 萃取油茶籽油的脂肪酸组成：油样经水解，甲酯化，用正己烷萃取，稀释后经 HP6890 型气相色谱仪检测，重复二次，取

平均值，结果见表6，其脂肪酸组成与文献值基本相符。

表6 超临界 CO_2 萃取油茶籽油的脂肪酸组成　　　　　　　　　　%

脂肪酸	SC-CO_2萃取茶油	文献值	脂肪酸	SC-CO_2萃取茶油	文献值
$C_{16:0}$	14.43	8.00~11.00	$C_{16:1}$	1.15	0.04
$C_{18:0}$	1.81	1.00~2.00	$C_{18:1}$	75.76	80.00
$C_{18:2}$	6.85	7.00~13.70			

3　结论

（1）油茶籽油所含水分及挥发物、游离脂肪酸和磷脂等成分在超临界 CO_2 下的溶解性能呈现一定的规律性。压力对水分及挥发物萃取量的影响不明显，而与温度呈正相关；压力对游离脂肪酸萃取量的影响较为明显，呈正相关，而温度对游离脂肪酸的影响不甚明显；磷脂在超临界条件下的溶解度与中性酯有一致的规律性，但其溶解度明显低于中性脂。

（2）超临界 CO_2 萃取油茶籽油的色泽比乙醚萃取油要浅，在40MPa、50℃下萃取的油茶籽油其色泽和磷脂含量要大大优于 GB11765-89 规定的一级油茶籽油之标准，酸值和水分及挥发物含量介于一级油和二级油之间，而酸值和水分的高低与待萃取物料的新鲜程度和含水量密切相关，所以也容易控制，使其处于较低水平。

（3）超临界 CO_2 萃取油茶籽油基本不含茶皂素，其脂肪酸组成与文献值基本一致。

（4）超临界 CO_2 萃取油茶籽油表现出较低的氧化稳定性，添加 α-V_E 可明显提高其抗氧化能力。

不同溶剂对日本野漆蜡萃取效果的影响[*]

谢碧霞[1]　刘伟[1]　余江帆[2]　吴玲娜[1]

(1. 中南林业科技大学资源与环境学院，湖南长沙 410004；2. 江西省林业厅，江西南昌 330000)

漆树原产中国，于公元 710~780 年传入日本。日本野漆树 *Rhus succedanea* 又称木蜡树，属漆树科漆树属落叶小乔木，全株无毛，单数羽状复叶互生，是一种以采籽产蜡为主的特用经济树种。漆籽为野漆树的果实，每年秋季成熟，分为外果皮、中果皮和内核。外果皮膜质，中果皮为蜡质层，可提取漆蜡。

日本野漆蜡用途广泛，作为配料或添加剂用于涂料、日用化学品、文化用品、电工电子产品、纺织印染、高级化妆品、医药等生产上。同时作为润滑剂、防水剂、粘接剂、焊接剂、填充剂、水果保鲜剂、家具擦亮剂而被广泛地用于轻工、食品和医药品等各种行业。日本野漆树蜡是一种有待于发掘和利用的绿色植物蜡组分。随着国际上对环境保护问题日益重视，工业、食品业、化妆品业、印刷业及其他轻工业中的部分产品被禁止添加石蜡，而倾向于使用天然生物蜡。木蜡独特的天然品质和技术改进后获得的各种优良特性，将使其应用领域得以不断扩大，市场价值不断上升。目前，国际市场上木蜡的年需求量高达十几万吨，售价高达 3 万美元/t，漆籽售价也达到 2000 美元/t，精制漆蜡的市场价达到 12 万~15 万元/t，经济效益非常可观。我国疆域广阔，有不少的野生漆树资源可以加以利用，积极开展野漆蜡的研究，发掘其应用价值，对于满足国内需求或提供出口都具有现实意义。

由于目前国内有关野漆树漆籽漆蜡提取的相关资料不多。史伯安等人 2004 年对中国漆籽进行了漆蜡提取研究，他们的文献中只提到溶剂种类对漆蜡萃取率的影响，而对各种溶剂萃取的漆蜡未进行色泽和理化指标测定。笔者对日本野漆树品种昭和福漆籽进行了分析，利用不同极性的溶剂萃取漆蜡，根据萃取效果确定萃取漆蜡的适宜溶剂，旨在为进一步的研究打下基础。

1　材料与方法

1.1　试验材料

野漆籽采集于江西省宁都县团结水库涵养林（2007 年 1 月初），该漆树（昭和福）系从日本引种栽培 5 年的嫁接苗，其漆籽外观为深褐色。

1.2　主要仪器及试剂

本研究所用的仪器有：索氏提取器，鼓风干燥箱，高速万能粉碎机，电子恒温水浴锅，

---

*本文来源：中南林业科技大学学报，2007，27（6）：49-52.

显微熔点测定仪，WSD-Ⅲ型全自动白度仪，HCY-核磁共振含油量测量仪，分析天平（1/1000）。

试剂：石油醚（30~60℃）、无水乙醚、丙酮、正己烷均为分析纯；KOH、95%乙醇、酚酞、浓盐酸、无水 Na_2CO_3、甲基橙、高锰酸钾、一氯化碘、浓硫酸、KI 重铬酸钾、冰醋酸、$Na_2S_2O_3$、淀粉、四氯化碳均为化学纯以上。

1.3 试验方法

1.3.1 材料品质分析

用常规方法测定漆籽的物理指标，如漆籽、籽仁的千粒质量，籽皮、籽仁占漆籽的百分数，籽皮、籽仁含水率，籽皮含蜡率及籽仁含油率，以便真实反映实验结果。

1.3.2 漆蜡萃取试验

漆籽经自然干燥后手工除杂、粉碎过目，采用溶剂浸提法在索氏提取器中回流浸提，然后蒸发溶剂，冷却析出漆蜡。溶剂极性不同，各成分的溶解能力存在差异，会影响萃取率。本研究所涉及的溶剂分别为石油醚（30~60℃）、乙醚、丙酮、正己烷、丙酮和正己烷的混合液（丙酮∶正己烷为1∶3）、丙酮和水的混合液（丙酮∶水为9∶1），萃取时间为1h，料液比为5g∶10mL，粉碎度为18目，温度为各溶剂沸点。溶剂极性顺序为石油醚<正己烷<乙醚<丙酮<水。

漆蜡的提取效果用漆蜡得率表示：

$$漆蜡得率 = [实际提蜡量（g）/原料质量（g）] \times 100\%。$$

1.3.3 漆蜡熔点的测定

取不同极性溶剂萃取条件下的漆蜡少量，于显微熔点测定仪下升温观察，记录其微熔点温度值，重复3次，取算术平均值。

1.3.4 漆蜡白度的测定

取不同溶剂萃取的漆蜡等量分别熔于同等大小的玻璃器皿，使其厚度一致；由 WSD-Ⅲ型全自动白度仪在国家标准陶瓷板校正后，于标准 D_{65} 光源10°视场°/d方式的照测条件下进行测定，重复3次。

1.3.5 漆蜡酸价、皂化价及碘价测定

按《中华人民共和国国家标准》测定漆蜡中的酸价、皂化价及碘价。

2 结果与分析

2.1 漆籽物理指标的测定

材料经除杂、除梗后，漆籽的千粒质量为143.06g，其中籽皮占总材料中漆籽总量的59.53%，籽仁占40.41%。干燥法测得籽皮含水率为3.89%，籽仁含水率为6.35%；籽皮含蜡率为60%左右（乙醚萃取8h），干籽仁含油率为4%~6%。

籽皮在树上自然干燥和在105℃条件下干燥其含蜡率基本一致，且高温干燥的籽皮呈

潮湿状，有浓蜡香味。

2.2 不同溶剂对漆蜡萃取率的影响

漆蜡溶剂萃取法属于固液萃取，溶剂对提取效果有极显著性差异影响（见表1），作为提取油脂的理想溶剂应具有以下特性：对油脂的选择性和溶解性好；物理、化学性质稳定；沸点低、无残留、易于回收；无腐蚀性、无毒性；价格低廉，来源广泛。实际尚无这种理想溶剂，各种溶剂都有一定的优缺点。在查阅资料的基础上，选用石油醚（30~60℃）、无水乙醚、丙酮、正己烷等作供试溶剂，结果见表1和图1。

表1 不同溶剂对漆蜡萃取率的影响方差分析

	平方和	自由度	平均平方和	F 值	显著性
组间	951.163	5	190.233	26.012	<0.0001
组内	87.758	12	7.313		
总和	1038.920	17			

由图1看出：正己烷对漆蜡的萃取率（59.46%）最高，其后依次是丙酮：己烷（59.33%）、乙醚（59.27%）、丙酮（58.2%）和石油醚（55.73%），丙酮与水的混合液（39.2%）最低。前5种溶剂对漆蜡的萃取率影响不大，但是正己烷价格较高，提取温度也高（88℃）；丙酮的毒性较大，提取温度高（78℃）；乙醚有麻醉性，在提取过程中挥发严重，溶剂回收率低；石油醚毒性较小，回流温度低，是漆蜡萃取的良好溶剂。

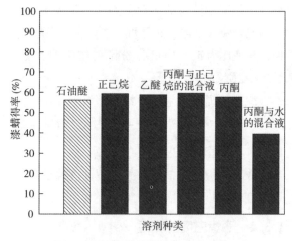

图1 溶剂种类对漆蜡得率的影响

2.3 不同溶剂萃取对漆蜡品质的影响

2.3.1 不同溶剂萃取对漆蜡色度的影响

溶剂种类是影响漆蜡色度的重要因子，图2是以 X、Y、Z 表色系统为基础得出的白度值曲线。

其一为 R457 白度

$$W_r = 0.925 \times Z + 1.16$$

其二是 Hunter 白度

$$W_h = 100 - [(100 - L)^2 + a^2 + b^2]^{1/2}$$

在 $10°D_{65}$（°/d）照测条件下的原标准三测激值：$X = 81.57$，$Y = 85.97$，$Z =$

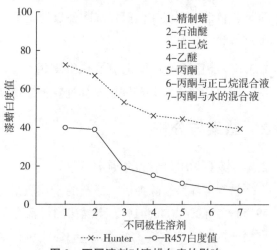

图2 不同溶剂对漆蜡白度的影响

90.96。由图 2 中可以看出：石油醚萃取的漆蜡 R457 白度值和 Hunter 白度值极接近日本野漆精制蜡；伴随溶剂极性的增强，漆蜡白度值逐渐降低；丙酮和水的混合液极性最强，萃取的漆蜡色泽最深，白度值最低。由此可见，漆蜡白度与溶剂极性关系密切，溶剂极性越低，溶解的物质组分少、纯度高，萃取的漆蜡白度值就越高，色泽越浅，则有利于进一步脱色。

2.3.2 不同溶剂萃取对漆蜡熔点及化学特性的影响

对不同溶剂浸提法中萃取的漆蜡理化性质进行检测，其影响结果如表 2 所示。从表 2 中可以看出：丙酮萃取的漆蜡熔点最高，正己烷萃取的漆蜡熔点最低，但总体相差不大。江西省宁都提供的日本精制漆蜡因放置时间长，酸价达到了 23.56，蜡中游离脂肪酸含量较高，皂化价和碘价与其他溶剂差别不大。石油醚萃取的漆蜡酸价最低，为 16.35，说明其中还是含有一定的游离脂肪酸，这必将引起漆蜡的酸败，还需要对漆蜡进行精炼处理来降低酸价；碘价与其他溶剂萃取的漆蜡相当，数值小，不饱和脂肪酸含量较低。

表 2 漆蜡品质分析结果

项目	精制蜡	石油醚	正己烷	乙醚	丙酮	丙酮和正己烷的混合液	丙酮和水的混合液	文献指标
熔点（℃）	51.9	50.6	49.6	49.7	52.9	50.0	51.1	45~53
酸价（mg/g）	23.56	16.35	19.67	16.96	21.81	17.25	20.34	≤18
皂化价（mg/g）	220.87	227.25	225.79	211.45	214.85	212.32	215.5	200~240
碘价（mg/g）	115.7	125.2	113.8	120.4	126.4	128.4	106.8	≤250

3 结论与讨论

（1）不同溶剂对漆蜡萃取率的影响 漆蜡属于非极性物质，根据相似相溶原理，极性弱的有机溶剂对漆蜡萃取较高。正己烷、丙酮与正己烷的混合液和乙醚的极性比石油醚的稍高，溶解的成分多，故萃取的物质总量比石油醚高，但其萃取成分中含有其他弱极性物质，纯度不及石油醚。石油醚（30~60℃）是漆蜡萃取的良好溶剂，萃取时间较短，回流温度低，漆蜡萃取率高。

（2）不同溶剂对漆蜡白度的影响 丙酮和水的混合液极性最强，萃取的漆蜡色泽最深；石油醚在供试溶剂中极性最低，故其溶解的成分极性低，萃取的漆蜡白度值最高，色泽最浅，接近日本精制漆蜡。

（3）不同溶剂对漆蜡熔点及化学特性的影响 溶剂种类对萃取漆蜡的熔点和化学特征值影响不大，试验中萃取的漆蜡品质在文献指标范围内。

史伯安在文章中指出：乙醚是漆籽籽皮中漆蜡萃取的最佳溶剂，本次试验结果与之有差异；本文中，各项数据显示：用石油醚（30~60℃）作浸提溶剂时，漆蜡萃取率较高，回流温度低，操作过程安全，产品白度值高、色泽好、与溶剂易分离。希望本试验结果和方法对漆籽资源的开发利用具有一定指导意义。

秦岭山区漆树种籽含油率与脂肪酸成分分析[*]

王森[1]　谢碧霞[1]　何方[1]　余江帆[2]　钟秋平[3]

(1. 中南林业科技大学林学院，湖南长沙 410004；2. 江西省林业厅科技处，江西南昌 330000；
3. 中国林业科学研究院亚热带林业实验中心，江西分宜 336600)

　　漆树 Toxicodendron vernicifluum 是漆树科 Anacarkiaceace 漆树属 Toxicodendron 落叶乔木或灌木，是我国重要经济林树种。漆籽中提取的油脂具有食用和保健功能。油脂中的脂肪酸成分决定了油脂品质，搞清漆油中的含量、化学组分对于漆籽油的进一步研究与开发具有重要意义。为此，文章以漆树的种籽为试材，在研究其含油率的基础上，利用 GC—MS 联用技术，对我国秦岭山区的 4 个漆树品种籽油的脂肪酸成分进行初步分析，以期为漆树种籽油的深入研究和系统开发提供参考。

1　材料与方法

1.1　材料来源

　　漆树种籽均采自陕西省平利县。火罐子、白皮高八尺、黄绒高八尺等 3 种漆树品种为秦岭山区本地品种；贵州黄漆树品种为平利县从贵州引入的品种。

1.2　试剂设备

　　石油醚、甲醇均为分析纯。GC-MS310 型气相色谱质-谱联用仪，美国热电公司；FW80 型高速万能粉碎机：天津泰斯特仪器有限公司；DZKW-4 型电子恒温水浴锅：上海科析实验仪器厂；索氏提取仪：实验室组装；AR1140/C 型电子天平：上海奥豪斯仪器有限公司。

1.3　试验方法

　　样品制作取出漆树籽，粉碎，置入索氏提取仪。萃取剂：石油醚；萃取温度：55℃；萃取时间 150min，提取漆树籽油样品并计算提取率。

　　样品甲酯化　取油样品 0.3g 于 10mL 刻度试管中，加 2mL 石油醚-苯（1∶1）、2mL 0.4mol/L 氢氧化钾-甲醇溶液，振摇后静置 10min，加入蒸馏水至刻度，静置分层，取上层液体进 GC-MS 分析。

　　GC-MS 分析　GC 条件：DB-WAX 弹性石英毛细管柱 30m×0.25mm×0.25μm；载气为高纯氦气，恒流模式，流速 1.0mL/min；程序升温 150 ℃（2.0 min）6 ℃/min 230℃

---

　　*本文来源：中南林业科技大学学报，2011，31（3）：97-101。

（15min），进样口 230℃，传输线 230℃；进样量 1μL，分流比 80∶1。

MS 条件：EI 离子源，离子源温度 250℃，电子能量 70eV，电流 100mA，电子倍增器 1.4kV，溶剂延迟 2.0min，全扫描方式，扫描范围 10~400amu。

1.4 数据统计方法

经随机 NIST03 版标准谱库检索并结合人工质谱谱图解析定性，采用峰面积归一化法定量。数据采用 EXCEL2003 和 SPSS18.0 进行分析。

2 结果与分析

2.1 秦岭山区不同漆树品种种籽含油率差异

漆籽为漆树的果实，包括果皮和种籽两部分。漆树果实的果皮富含蜡质，故其提取物称为漆蜡；漆树果实内部的种籽富含油脂，故其提取物称为漆油。4 个秦岭山区漆树品种种籽含油率的结果见表 1。由表 1 可知，火罐子漆树种籽的含油率为 16.21%，白皮高八尺漆树种籽的含油率为 13.15%，黄绒高八尺漆树种籽的含油率为 15.76%，贵州黄漆树种籽的含油率为 10.90%，最高差值达 5.31%，表明不同漆树品种之间种籽含油率差异明显。

表 1 秦岭山区漆树种籽含油率比较

品种	来源	含油率（%）	品种	来源	含油率（%）
火罐子漆树	陕西平利	16.21	白皮高八尺漆树	陕西平利	13.15
黄绒高八尺漆树	陕西平利	15.76	贵州黄漆树	陕西平利	10.90

4 个秦岭山区漆树品种种籽含油率的方差分析结果见表 2，由表 2 可知，经方差分析显示，种籽含油率的差异达极显著水平，多重比较（q 检验）后可知，火罐子和黄绒高八尺 2 个漆树品种种籽含油率之间的差异未达到极显著水平，但与白皮高八尺、贵州黄 2 个漆树品种种籽含油率的差异达到了极显著水平。

以上结果说明：①不同地理种源是漆树种籽含油率差别的一个主要原因；②秦岭山区不同品种漆树品种之间，如以种籽含油率为育种目标的选择工作具有必要性。

表 2 秦岭地区不同品种漆树种籽含油率方差分析

变异来源	平方和	自由度	均方	F 值
品种间	0.086	3	0.029	53.195[**]
品种内	0.040	4	0.01	
合计	0.090	7		

注：** 表示在 0.01 水平上差异显著。

2.2 秦岭山区不同漆树品种籽油的成分分析

用 Thermo Finnigan Trace DSQ 气相色谱–质谱联用仪对秦岭山区 4 个漆树品种种籽油进行色谱分析，得色谱图（图 1~图 4），经与质谱库中标准质谱比对，得到秦岭山区 4 种漆籽油脂肪酸成分及含量（见表 3）。

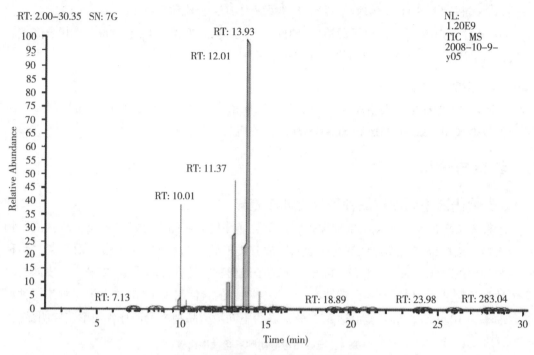

图1 火罐子漆树籽油气质联用图谱

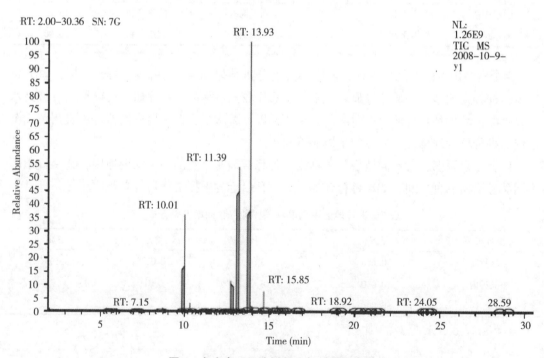

图2 白皮高八尺漆树籽油气质联用图谱

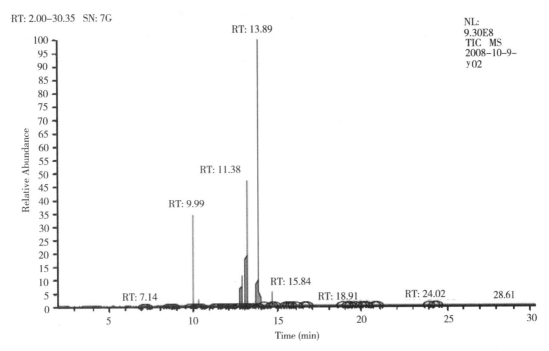

图3 黄绒高八尺漆树籽油气质联用图谱

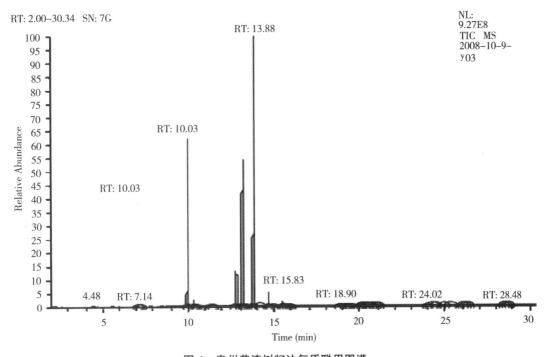

图4 贵州黄漆树籽油气质联用图谱

由图1~4和表3可知，4个秦岭山区漆树品种籽油中均含有亚油酸、油酸（E）、油酸（Z）、棕榈酸（软脂酸）、硬脂酸、亚麻酸、棕榈油酸、花生酸、山嵛酸、花生一烯酸、肉豆蔻酸、木蜡酸、十七烷酸（珠光脂酸）、蓖麻醇酸等14种化学成分。不同品种漆树籽油之间3-辛基环氧乙烷辛酸、环丙烯丁酸、十五烷酸、十八烷-9，12-二烯酸、2-己基-环丙辛酸、9，12-十六碳烯酸、二十三烷酸、亚麻酸（异构）、9-十四碳烯酸等9种化学成分之间存在差别。

对表3中数据进一步分析发现，4个秦岭山区漆树品种籽油中主要脂肪酸（含量在0.50%以上认定为主要脂肪酸）由亚油酸、油酸（E）、油酸（Z）、亚麻酸、棕榈油酸、棕榈酸、硬脂酸等7种脂肪酸构成，其中不饱和脂肪酸5种和饱和脂肪酸2种。4个秦岭山区漆树品种籽油中的7种主要脂肪酸含量分别占总脂肪酸含量的97.28%、98.09%、98.12%、95.02%。

表3　秦岭山区不同漆树品种籽油脂肪酸组分及含量

脂肪酸成分	火罐子漆树（%）	白皮高八尺漆树（%）	黄绒高八尺漆树（%）	贵州黄漆树（%）
亚油酸	59.99	58.49	60.86	46.03
油酸（E）	17.73	22.07	18.26	18.2
油酸（Z）	1.36	0.09	1.49	1.28
棕榈酸	12.47	10.75	11.27	23.9
硬脂酸	3.9	4.31	3.85	3.71
亚麻酸	1.3	1.43	1.35	1.11
棕榈油酸	0.53	1.04	1.04	0.79
花生酸	0.32	0.3	0.28	0.39
山嵛酸	0.12	0.14	0.14	0.19
花生-烯酸	0.23	0.19	0.17	0.18
肉豆蔻酸	0.13	0.12	0.13	0.21
木蜡酸	0.05	0.07	0.08	0.09
十七烷酸	0.21	0.18	0.13	0.12
蓖麻醇酸	2	0.18	0.15	0.14
3-辛基环氧乙烷辛酸	—	—	0.08	0.29
环丙烯丁酸	—	0.06	—	0.14
十五烷酸	0.05	0.04	0.08	—
十八烷-9，12-二烯酸	0.04	—	—	—
2-己基-环丙辛酸	0.09	0.09	0.09	—
9，12-十六碳烯酸	0.09	0.11	0.07	—
二十三烷酸	—	—	0.03	—
亚麻酸（异构）	0.06	0.04	0.06	—
9-十四碳烯酸	0.05	—	—	—

注：表中只列出了确定脂肪酸的名称及含量，未确定成分未列出，其中"—"表示未检测到该物质。

火罐子漆树品种的主要不饱和脂肪酸含量分别为亚油酸55.99%、油酸（E）17.73%、油酸（Z）1.36%、亚麻酸1.30%，主要饱和脂肪酸含量分别为棕榈酸12.47%、硬脂酸3.90%；其中主要不饱和脂肪酸占总脂肪酸含量的80.91%；主要饱和脂肪酸占总脂肪酸含量16.37%。白皮高八尺漆树品种的主要不饱和脂肪酸含量分别为亚油酸58.49%、油酸

（E）22.07%、油酸（Z）0.09%、亚麻酸1.43%；主要饱和脂肪酸棕榈酸含量分别为10.75%、硬脂酸4.31%，其中主要不饱和脂肪酸占总脂肪酸含量的83.12%，主要饱和脂肪酸占总脂肪酸含量的15.06%。黄绒高八尺漆树品种的主要不饱和脂肪酸含量分别为亚油酸60.86%、油酸（E）18.26%、油酸（Z）1.41%、亚麻酸1.35%，主要饱和脂肪酸含量分别为棕榈酸11.27%、硬脂酸3.85%；其中主要不饱和脂肪酸占总脂肪酸含量的83.00%，主要饱和脂肪酸占总脂肪酸含量15.12%。贵州黄漆树品种的主要不饱和脂肪酸含量分别为亚油酸46.03%、油酸（E）18.20%、油酸（Z）1.28%、亚麻酸1.11%，主要饱和脂肪酸含量分别为棕榈酸23.90%、硬脂酸3.71%；其中主要不饱和脂肪酸占总脂肪酸含量的67.41%，主要饱和脂肪酸占总脂肪酸含量27.61%。

火罐子、白皮高八尺、黄绒高八尺等漆树品种籽油中检出的十五烷酸、十八烷-9，12-二烯酸、2-己基-环丙辛酸、9，12-十六碳烯酸、二十三烷酸、亚麻酸（异构）、9-十四碳烯酸等7种脂肪酸在贵州黄漆树品种中未出现。

以上结果说明：①不同漆树品种中主要脂肪酸总含量差别不大；②不同漆树品种之间的主要不饱和脂肪酸和主要饱和脂肪酸构成差别较大；③以漆树籽油不饱和脂肪酸含量为育种目标的选择工作开展具有必要性；④火罐子、白皮高八尺、黄绒高八尺等漆树品种与引入品种贵州黄漆树在脂肪酸的构成上差异较大，说明同一地理种源漆树的脂肪酸性状具有一定保守性。

3　结论与讨论

（1）4个秦岭山区漆树品种种籽的含油率分别为16.21%、13.15%、15.76%、10.90%，差异极显著，对以漆树种籽含油率为育种目标的漆树新品种选育重要的指导意义。

（2）4个秦岭山区漆树品种种籽油中不饱和脂肪酸所占占总脂肪酸含量比例差别均较大，分布在67.41%~83.03%之间，最高差值为16.52%。这将会对以漆树籽油中不饱和脂肪酸含量为育种目标的籽用漆树新品种选育提供参考。

（3）4个秦岭山区漆树品种种籽油中脂肪酸成分至少有23种，其中亚油酸、油酸（E）、油酸（Z）、亚麻酸、棕榈油酸、棕榈酸、硬脂酸等7种脂肪酸含量总和分别占测定到总脂肪酸含量的97.28%、98.09%、98.12%、95.02%。

（4）火罐子、白皮高八尺、黄绒高八尺等本地漆树品种与引入品种贵州黄漆树品种在脂肪酸的构成上差异较大，3-辛基环氧乙烷辛酸、环丙烯丁酸、十五烷酸、十八烷-9，12-二烯酸、2-己基-环丙辛酸、9，12-十六碳烯酸、二十三烷酸、亚麻酸（异构）、9-十四碳烯酸等9种脂肪酸在二者之间存在质的区别。

（5）我国现有漆树良种选育的目标形状为树干生产生漆的量，现阶段还未见报道籽用漆树优良品种的选育，建议尽快开展籽用漆树的新品种选育、集约化栽培与综合加工利用工作。

漆树果实性状研究(Ⅱ)——漆籽的含油率[*]

余江帆[1,2]　谢碧霞[1]　胡亿明[1]　钟秋平[3]　黄敦元[4]

(1. 中南林业科技大学资源与环境学院，湖南长沙 410004；2. 江西省林业厅科技与国际合作处，江西南昌 330000；3. 中国林业科学研究院亚热带林业实验中心，江西分宜 336600；4. 江西环境工程职业学院，江西赣州 341000)

漆树属植物是漆树科落叶乔木或灌木，有乳状液汁或树脂状液汁，广泛分布于我国的陕西、贵州、四川、湖北、云南等地。因其分布广，果实相对较大，果皮含量丰富且含蜡量高，故为主要的经济林树种，在我国已有 2000 余年的栽培历史。现该属中被开发利用的主要有漆树 Toxicodendron vernicifluum 和野漆树 Toxicodendron succedaneum 2 种。漆树籽可以分为蜡质层和种仁，二者均可以提出油脂，其废渣可用来加工饲料，其中蜡质层提出的油因熔点较高，常温下呈奶白色或浅黄色且呈固体，故称漆蜡，漆蜡主要由脂肪酸甘油酯组成，可用于深加工脂肪酸、脂肪酸异丙酯、脂肪酸蔗糖酯等，多运用于化妆品，表面活性剂以及食、药品等原料；另外，作为重要的化工原料，漆籽油还可用于制备生物柴油。因此，漆籽的加工利用具有巨大的发展潜力。总的来说，关于漆蜡的成分、萃取工艺、漆籽经提取漆蜡后的漆粕国内相关的研究相对比较多，而关于漆仁漆油的开发利用研究相对比较匮乏，继史伯安等研究发现，漆籽种仁可榨取漆油后，至今未见漆油萃取工艺及漆油含量特性的相关研究。本研究是萃取漆籽漆油具体方法的基础上，选用漆树漆籽性状发育特点及种仁含油率特性的相关性因子。

1　材料与方法

1.1　试验材料

从云南，贵州，陕西，江西等地采集漆树 15 个（见表 1）置于实验室自然干燥半年以上时间，实验前置于烘箱（40℃）烘干，用镊子进行手工皮核分离并对相关数据进行测量。

表 1　样品来源及采集时间

编号	种名	种名称	样品来源	采集时间	是否割漆
V01	漆树 Toxicodendron vernicifluum	肤盐皮	贵州大方	2007.10	V01
V02P	漆树 Toxicodendron vernicifluum	官大术	贵州德江	2007.10	V02
V03	漆树 Toxicodendron vernicifluum	青杠皮	贵州大方	2007.10	V03
V04	漆树 Toxicodendron vernicifluum	光叶漆	云南富源	2007.11	V04

*本文来源：中南林业科技大学学报，2009, 29（1）：10-14.

（续）

编号	种名	种名称	样品来源	采集时间	是否割漆
V05	漆树 *Toxicodendron vernicifluum*	薄叶漆	云南富源	2007.11	V05
V06	漆树 *Toxicodendron vernicifluum*	麻柳叶	贵州大方	2007.10	V06
V07	漆树 *Toxicodendron vernicifluum*	碧乃金	云南怒江	2007.11	V07
V08	漆树 *Toxicodendron vernicifluum*	火缸子	陕西岚皋	2007.11	V08
V09	漆树 *Toxicodendron vernicifluum*	白皮高八尺	陕西平利	2007.11	V09
V10	漆树 *Toxicodendron vernicifluum*	黄绒高八尺	陕西岚皋	2007.11	V10
V11	漆树 *Toxicodendron vernicifluum*	贵州黄	陕西岚皋	2007.11	V11
V12-1	漆树 *Toxicodendron vernicifluum*	白杨皮1	贵州大方	2007.10	V12-1
V12-2	漆树 *Toxicodendron vernicifluum*	白杨皮2	云南富源	2007.11	V12-2
V12-3	漆树 *Toxicodendron vernicifluum*	白杨皮3	云南怒江	2007.11	V12-3
V12-4	漆树 *Toxicodendron vernicifluum*	白杨皮4	陕西岚皋	2007.11	V12-4
V13	野漆树 *Toxicodendron succedaneum*	中国野漆树	陕西石泉	2007.11	V13
V14	野漆树 *Toxicodendron succedaneum*	昭和福	江西宁都	2006.11	V14
V15	野漆树 *Toxicodendron succedaneum*	伊吉	江西宁都	2006.11	V15

1.2 主要仪器及试剂

所用的仪器主要有：索氏提取器，鼓风干燥箱，高速万能粉碎机，电子恒温水浴锅，分析天平（1/1000），镊子，游标卡尺等。试剂：石油醚（30~60℃）。

1.3 试验方法

1.3.1 相关物理指标的测量

用游标卡尺和千分之一电子天平测定60粒任意选择的漆籽相关物理指标，包括漆籽果实质量、果实横径、果实纵径、种仁质量、种仁横径、种仁纵径等。

1.3.2 漆油萃取试验

漆籽经自然干燥后利用粉碎机短暂粉碎（10s）手工除蜡层和其他杂物得到干净的种仁、最后对种仁粉碎并过筛（35目），采用溶剂浸提法在索氏提取器中回流浸提，然后蒸发溶剂，冷却析出漆油，称重并计算各样品的种仁含油率，残渣干燥后测其质量并计算出不同样种仁的含油率，即：含油率 = $(m_{样品} - m_{残渣}) / m_{样品}$

1.4 试验数据分析

本研究的测量数据分析采用SPSS16.0软件进行分析。

2 结果与分析

2.1 不同漆树间相关性状比较

不同种之间的遗传差异很大，对应表现出来的性状差异也较大，关于这种遗传差异在五味子方面有过具体报道，漆树种之间的遗传差异在以下方面表现明显，如，种子大小、叶片性状、产漆量大小、树干颜色、蜡质层（包括内、外果皮）含蜡率、种仁含油率等。本研究主要是以该属常见的 2 类漆树（漆树和野漆树）的不同种的漆籽为研究对象，对果实质量、果实横径、果实纵径、种仁质量、种仁横径、种仁纵径、种仁含油率等指标进行测定，结果见表 2。由表 2 可以看出，15 个种在果实质量、果实横径、果实纵径、种仁质量、种仁横径、种仁纵径、种仁含油率等都表现出显著的差异。平均果实质量在 44.92 ~ 170.27mg，平均果实横径在 5.04 ~ 7.67mm，平均果实纵径在 5.71 ~ 9.80mm，平均果形指数在 0.77 ~ 1.15，平均种仁质量在 21.84 ~ 66.53mg，平均种仁横径在 3.31 ~ 4.91mm，平均种仁纵径在 4.60 ~ 6.97mm，平均种仁含油率在 6% ~ 23%。方差分析结果显示（见表 3），漆树不同种在平均果实质量、平均果实横径、平均果实纵径、平均果形指数、平均种仁质量、平均种仁横径、平均种仁纵径、平均种仁含油率 F 值分别为 873.226、8.506、169.984、4.114、328.793、6.484、151.139 和 3.625 都大于 $F_{0.01}$（14，39）= 2.5768，即在不同种之间的差异均达到极显著水平。

表 2 不同漆树漆籽性状比较

编号	种名	果实质量（mg）	果实横径（mm）	果实纵径（mm）	果形指数	种仁质量（mg）	种仁横径（mm）	种仁纵径（mm）	种仁含油率（%）
V01	肤盐皮	46.40	5.28	6.24	0.85	26.23	3.47	4.95	0.20
V02	官大术	60.51	6.20	6.64	0.93	34.95	4.31	5.16	0.15
V03	青杠皮	49.76	5.71	6.37	0.90	25.72	3.82	5.01	0.13
V04	光叶漆树	58.83	5.86	6.49	0.90	35.47	4.33	5.41	0.23
V05	薄叶漆树	46.96	5.42	6.40	0.85	27.09	3.62	5.05	0.18
V06	麻柳叶	50.24	5.37	6.06	0.89	24.77	3.48	4.60	0.21
V07	碧乃金	46.42	5.46	6.42	0.85	21.84	3.97	5.06	0.13
V08	火缸子	53.10	6.86	6.15	1.12	29.20	4.77	4.82	0.16
V09	白皮高八尺	52.28	6.62	6.18	1.07	28.39	4.35	4.83	0.13
V10	黄绒高八尺	46.48	6.88	6.01	1.15	22.58	4.78	4.77	0.15
V11	贵州黄	49.20	6.81	6.36	1.07	24.70	4.91	5.10	0.10
V12	白杨皮	44.92	5.04	5.71	0.88	25.24	3.31	4.74	0.16
V13	中国野漆树	161.92	7.67	9.63	0.80	63.51	4.82	6.90	0.12
V14	昭和福	143.11	7.42	9.68	0.77	55.62	4.41	6.61	0.06
V15	伊吉	170.27	7.67	9.80	0.78	66.53	4.78	6.97	0.11

表 3 漆树、野漆树无性系种籽性状方差分析

种籽性状	变差来源	平方和	自由度	均方	F 值
	组间	91489.869	14	6534.991	873.226**
果实质量	组内	291.865	39	7.484	
	总数	91781.735	53		

（续）

种籽性状	变差来源	平方和	自由度	均方	F 值
果实横径	组间	46.252	14	3.304	8.506 **
	组内	15.148	39	0.388	
	总数	61.400	53		
果实纵径	组间	99.183	14	7.085	169.984 **
	组内	1.625	39	0.042	
	总数	100.809	53		
果形指数	组间	0.646	14	0.046	4.114 **
	组内	0.437	39	0.011	
	总数	1.083	53		
种仁质量	组间	10062.910	14	718.779	328.793 **
	组内	85.258	39	2.186	
	总数	10148.169	53		
种仁横径	组间	19.225	14	1.373	6.484 **
	组内	8.260	39	0.212	
	总数	27.485	53		
种仁纵径	组间	29.639	14	2.117	151.139 **
	组内	0.546	39	0.014	
	总数	30.186	53		
种仁含油率	组间	0.623	14	0.044	3.625 **
	组内	0.479	39	0.012	
	总数	1.102	53		

注：** 表示在 0.01 水平上差异显著。

2.2 不同种漆树间种仁含油率比较

　　漆籽为漆树的果实，中果皮为蜡质层，呈浅黄色或灰绿色，可提取漆蜡，漆蜡是制取表面活性剂和洗涤剂等产品的优质天然化工原料。漆籽种仁可榨取漆油，如何选择种仁含油率高的漆树种类和（或）品种，对我国漆树资源的进一步开发和利用具有重要的指导意义。由表 2 可以看出，15 个漆树种在漆籽种仁含油率上表现出不同的性状，漆树的平均含油率为 6%～23%。表 3 中 15 个漆树种仁含油率的 F 值为 $3.625 > F_{0.01}$（14，39）= 2.5768，即不同漆树漆籽种仁含油率差异达到显著水平。不同漆树种仁含油率进行了多重比较结果如表 4，由表 4 可以看出：肤盐皮、麻柳叶、光叶漆树的种仁含油率较高，都在 20% 以上，昭和福较低，只有 6%，其他的种都在 10%～20% 之间。

表 4　漆树种仁含油率的比较

编号	漆树	平均值	1	2	3	4	5
V14	昭和福	0.06	E				
V11	贵州黄	0.10	E	D			
V15	伊吉	0.11	E	D			
V13	中国野漆树	0.12		D	C		
V03	青杠皮	0.13		D	C		
V09	白皮高八尺	0.13		D	C		
V07	碧乃金	0.13		D	C		
V02	官大术	0.15		D	C	B	
V10	黄茸高八尺	0.15		D	C	B	
V08	火缸子	0.16		D	C	B	
V12	白杨皮	0.16		D	C	B	
V05	薄叶漆树	0.18			C	B	A
V01	肤盐皮	0.20				B	A
V06	麻柳叶	0.21				B	A
V04	光叶漆树	0.23					A
显著性			0.05	0.10	0.12	0.07	0.09

注：表中标注的大写字母的表示是在 0.01 水平上差异显著。

2.3　不同漆树间资源分配的差异比较

资源分配是指植物个体将资源进行分割，在营养器官（根、茎、叶）和生殖器官（花、果实、种子）各器官间进行分配，去满足植物生长、和繁殖的需要。现已发现，繁殖分配在物种间和物种内均存在较大的差异，解释这种差异性的假说主要有：利用资源假说、生境稳定性假说和生活史理论假说。本研究的 15 个漆树的漆籽性状（果实质量、果实横径、果实纵径、种仁质量、种仁横径、种仁含油率等）存在明显的差别（见表 2、3），说明不同漆树物种对繁殖器官的相对投资是不同的。许多研究结果都证明了植物对繁殖器官的相对投资随个体大小而降低，即繁殖投资具有个体大小依赖性，但是漆树这方面的研究还相对比较滞后，需要在今后的工作中进一步地研究。

生漆漆液是漆树在光合作用、呼吸作用等初生代谢作用的基础上经过次生代谢作用而产生的一种生理分泌物，属油包水型乳液，其主要成分是漆酚、漆酶、含氮物质（糖蛋白等）、树胶质、水分及少量的其他有机物质和矿物质。表 5 是白杨皮在贵州、云南、陕西等地的种仁含油率的方差分析结果，由此可见，不同产地的种仁含油率有极显著差异，表 6 是白杨皮在贵州、云南、陕西等地的种仁含油率的均值统计，陕西的种仁含油率相对于云南、贵州等地的漆树比较低，同时结合余江帆等对漆籽性状与漆蜡含量特性的相关性分析研究发现，陕西经人工割漆样品的蜡质层含蜡率也较低，由此可以得出可能是由于割漆行为而导致植物资源限制的初步结论。即，漆树在生长过程中由于人工大量割漆，出于资源分配地权衡而降低（限制）了对繁殖投资，从而表现出漆籽蜡质层含蜡率、种仁含油率的降低。类似因植物资源限制而影响坐果多少和（或）坐果质量的研究在传粉生物学中相对较多。

表5　不同产地漆籽种仁含油率方差分析

种籽性状	变差来源	平方和	自由度	均方	F 值	$F_{0.01}$ (3, 8)
	产地间	0.0164	3	0.0055	54.7500**	7.5910
种仁含油率	产地内	0.0008	8	0.0001		
	总数	0.0172	11			

注：** 表示在 0.01 水平上差异显著。

表6　不同产地漆籽种仁含油率均值统计

序号	产地	平均值	序号	产地	平均值
1	贵州大方	0.17	3	云南怒江	0.13
2	云南富源	0.22	4	陕西岚皋	0.13

2.4　种仁含油率与漆籽性状的相关分析

对漆树和野漆树的漆籽性状，蜡质层含蜡率进行相关性分析（见表7）。由表7可以看出，种仁质量与果实质量、果实横径、果实纵径、果形指数之间的相关性系数分别为 0.984、0.618、0.958、−0.428，相关性均达到极显著水平；其中种仁质量与漆籽果形指数成负相关，说明果形指数小的扁圆形（果形指数在 0.6~0.8 之间）漆籽，其种仁质量相对较大；种仁质量与果实质量、果实横径、果实纵径均成显著性正相关，即，漆籽果实质量、果实横径和果实纵径越大的漆籽，其对应的种仁质量越大。种仁含油率与漆籽果实质量、果实横径、果实纵径、种仁横径、种仁纵径之间均成负相关，相关性系数分别为−0.480、−0.566、−0.524、−0.448、−0.463，其中与果实质量、种仁纵径相关性达到显著水平；与果实横径、果实纵径、种仁横径相关性达到显著水平，说明种仁含油率的大小受到这些因素的影响明显，即，漆籽果实横径、果实纵径、种仁横径相对较小的种仁，其对应的种仁含油率较高。

表7　漆树漆籽性状相关性分析

相关性	果实质量	果实横径	果实纵径	果形指数	种仁质量	种仁横径	种仁纵径	种仁含油率
果实质量	1							
果实横径	0.664**	1						
果实纵径	0.979**	0.690**	1					
果形指数	−0.392**	0.396**	−0.390**	1				
种仁质量	0.984**	0.618**	0.958**	−0.428**	1			
种仁横径	0.435**	0.940**	0.473**	0.585**	0.400**	1		
种仁纵径	0.972**	0.617**	0.980**	−0.461**	0.971**	0.421**	1	
种仁含油率	−0.480**	−0.566**	−0.524**	−0.063	−0.398**	−0.448**	−0.463**	1

注：** 表示在 0.01 水平上差异显著；* 表示在 0.05 水平上差异显著。

3 结论与讨论

漆树之间在果实质量、果实横径、果实纵径、果形指数、种仁质量、种仁含油率等方面都表现出显著的差异。所以漆树材料丰富，为从漆油角度来选择漆树优良种源提供了物质基础。

漆籽种仁含油率与漆籽果实质量、种仁纵径有一定的关系，即，果实质量小、种仁纵径小的种仁含油率相对较高；而漆籽种仁含油率与漆籽果实横径、果实纵径、种仁横径相关性达到极显著水平，即随着漆籽果实横径、果实纵径、种仁横径的增加，漆籽种仁含油率降低。鉴于以上因素对漆籽种仁含油率的影响，因此以漆油为主的漆树优良种源选育的时候在保证漆籽高产的前提下，应以果实横径、果实纵径、种仁横径小的漆树种为宜。

漆树同时可产生漆、漆油和漆蜡，为我国主要的经济林树种之一，鉴于人工割漆对漆籽种仁含油率和漆籽蜡质层含蜡率有一定的制约作用，因此在漆树优良种的选育目标应从以上 3 个方面来权衡考虑，实现人工种植漆树的最大经济效益化。如，以漆油和漆蜡为主要经济参考标准，宜选择漆树中的光叶漆树，白杨皮等优良种。

溶剂法萃取漆油的工艺研究[*]

胡亿明　谢碧霞　余江帆

（中南林业科技大学资源与环境学院，湖南长沙 410004）

漆树是漆树科 Anacarkiaceace 漆树属 *Toxicodendron* 的落叶乔木或灌木，是我国重要的一种经济树种，主要分布在我国的贵州、四川、云南、湖北、陕西等地，距今已有 2000 余年的栽培历史。漆树籽可以分为漆皮和漆籽仁，二者均可以提出油脂，其中漆籽仁中提取的油脂常温下为液体，称为漆油。漆油中含 60% 以上的亚油酸，具有调整血脂和抗动脉硬化作用，能减少冠心病的发病率和死亡率，具有很高的保健功能。作为重要的化工原料漆籽油还可用于制备生物柴油。我国漆籽的年产量约 500 万 t，大量闲置未加工利用。因此我国每年约有 15 亿~20 亿元漆籽资源尚未加工利用。如果仅利用 30% 的漆籽资源加工成漆蜡和漆油和漆蜡脂肪酸等，其增长约为 20 亿元。可见，漆籽的加工利用具有巨大的发展潜力，对漆树籽的研究及开发利用应当引起高度的重视，而且漆树籽的开发利用必将会给漆树产区的经济带来巨大的推动作用。

2004 年史伯安等采用超临界 CO_2 萃取技术提取漆油，2007 年刘伟等进行了漆蜡的提取研究，2008 年余江帆等进行了漆树果实性状研究；在此之后未见有其他的研究者再对漆油的提取进行相关的研究。本研究首先对影响提取得率的单因素进行试验，然后再采用正交试验的方法得出漆油的较优提取工艺，以期能提高漆油的提取效率。

1　材料与方法

1.1　试验材料

供试材料为中国漆树品种白杨皮漆树籽漆树籽于 2007 年 10 月采集于贵州省大方县普底乡石牛村；材料采集后置于实验室阴凉处自然风干干燥，实验前置于烘箱（40℃）烘干，用镊子进行手工皮核分离并对相关数据进行测量。

1.2　主要试验仪器及试剂

所用的仪器主要有：高速万能粉碎机，电子恒温水浴锅，玻璃仪器气流烘干器，土壤筛，分析天平（1/1000），电热鼓风干燥箱，索氏提取器，游标卡尺，镊子等。主要试剂：石油醚（30~60℃）、丙酮、正己烷等，三者均为分析纯。

1.3　试验材料处理及物理指标测定

漆树籽自然风干并除杂后，贮藏于带盖玻璃瓶中备用。然后用常规方法测定 60 粒任

＊本文来源：中南林业科技大学学报，2009，29（4）：59-63.

意选择的漆籽相关物理指标，如漆籽果实质量、果实横径、果实纵径、籽仁质量、籽仁横径、籽仁纵径、含油率等、以便真实反映实验结果。果皮和籽仁采用手工分离。

1.4 溶剂法萃取漆油工艺的优化

1.4.1 实验方法

将漆籽仁粉碎后过筛，准确称取过筛后籽仁粉末8g（精确到0.0001）用滤纸扎紧，放入索氏提取器中回流浸提（溶剂量为80mL），然后蒸发溶剂，冷却析出漆油，称重；影响漆油萃取得率的考察因素为：溶剂、浸提次数、过筛情况、时间、温度等。

1.4.2 分析方法

在单因素试验的基础上，以漆油的萃取得率为考察指标，采用 L_{16}（3^4）进行正交试验，因素和水平的选取情况如表1所示：

$$漆油萃取得率（\%）= （m_{样品}-m_{残渣}）/m_{样品}×100\%$$

实验数据采用 Excel 和 SPSS13.0 进行分析。

表1　漆油萃取正交试验因素水平设计

水平	过筛孔径（mm）	温度（℃）	时间（min）	水平	过筛孔径（mm）	温度（℃）	时间（min）
1	2.00	42	80	2	1.00	47	100
3	0.50	52	120	4	0.25	57	140

2 结果与分析

2.1 漆籽的各项物理指标

对果实质量、果实横径、果实纵径、籽仁质量、籽仁横径、籽仁纵径、籽仁含油率等指标进行测定，具体结果见表2。

表2　漆树籽物理指标

果实质量（g）	果实横径（mm）	果实纵径（mm）	果形指数	籽仁质量（g）	籽仁横径（mm）	果实横径（mm）	含油率（%）
45.10	4.10	5.40	0.76	26.32	2.65	4.74	10.87

2.2 溶剂的确定

选用石油醚（30~60℃）、丙酮、正己烷等作供试溶剂；称取过0.5mm筛的籽仁粉末8g（精确到0.0001），在料液比1:10、温度为各溶剂的沸点，浸提时间为120min的条件下进行萃取，重复操作3次求均值，得出不同溶剂的漆油萃取得率，结果见图1。由图1可以看出正己烷:丙酮（$V:V=3:1$）对漆油的萃取率最大，但是正己烷不仅价格较高，而且提取温度高（88℃）；丙酮不仅毒性较大，而且提取温度也高（78℃），即使是它们的混合溶剂提取温度仍高达72℃；而石油醚（30~60℃）不仅毒性较小，而且回流温度低（55℃），溶剂回收率也比较高，可达68%。综合考虑原料和效能，选择石油醚更为适宜。

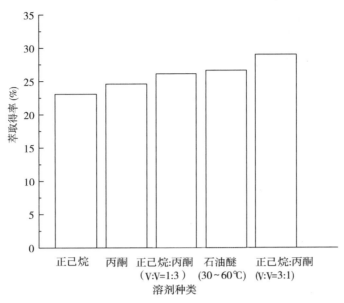

图1　不同溶剂对漆油萃取得率的影响

因此以下试验均采用石油醚（30~60℃）作为萃取溶剂。

2.3　浸提次数对漆油萃取得率的影响

　　称取过 0.5mm 筛的籽仁粉末 8g，在温度为 52℃ 条件下，考察浸提次数对漆油萃取率的影响，重复操作 3 次求均值，得出不同浸提次数的漆油萃取得率，结果见图2。

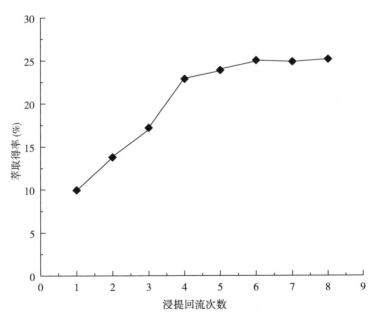

图2　浸提次数对漆油萃取得率的影响

　　试验结果表明，随着浸提次数的增多，漆油的萃取得率不断增加，萃取效率不断提高；因为随着浸提次数的增多，溶解的漆油不断增加。当浸提次数达到 6 次以后萃取得率增加趋势变缓，可见此时材料中的漆油已接近萃取完全，当发生第 8 次回流时萃取时间约为 110min，因此以下的单因素实验选取浸提时间 120min。

2.4 萃取温度对漆油萃取得率的影响

称取过 0.5mm 筛的籽仁粉末 8g，在浸提时间为 120min 条件下，考察浸提温度对漆油萃取率的影响，重复操作 3 次求均值，得出不同浸提温度的漆油萃取得率，结果见图 3。

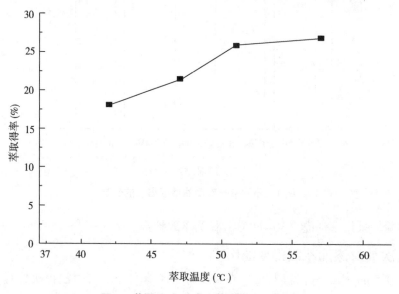

图 3　萃取温度对漆油萃取得率的影响

随着浸提温度的提高，溶剂蒸发速率增大，回流次数增多，漆油在溶剂中的溶解度增大，所以溶解的漆油总量多，可有效提高漆油萃取得率。但石油醚的沸程为 30~60℃，温度过高引起溶剂过度挥发；浸提过程中溶剂损耗过大不仅造成浪费而且可能导致由于溶剂过少而无法回流。据试验结果分析，漆油萃取温度控制在 57℃ 左右为好，此时溶剂回收率达 65%。

2.5 过筛情况对漆油萃取得率的影响

称取过筛后的籽仁粉末 8g，在温度为 52℃ 条件下，考察不同过筛情况对漆油萃取率的影响，重复操作 3 次求均值，得出不同过筛情况的漆油萃取得率，结果见图 4。

试验结果表明：随着过筛孔的变细，萃取得率增大，因为随着筛眼变细筛去的籽仁壳较多，导致同样质量的浸提材

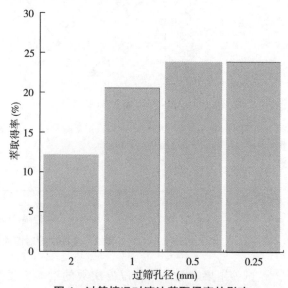

图 4　过筛情况对漆油萃取得率的影响

料相对含油率较高，从而提高了提取效率，引起萃取得率增大。但过 0.5mm 筛和过 0.25mm 筛的漆油萃取得率基本不再上升，这是由于当筛眼细至 0.5mm 时籽仁壳已经基本筛去，从而材料中的相对含油率不再上升，并且从过筛梯度试验中发现，过 0.25mm 筛不仅筛去了籽仁壳，而且将部分颗粒较大的籽仁粉也一同筛去，这样就造成了材料的浪费，因此过 0.5mm 筛较为适宜。梯度试验中将 100g 漆籽仁粉碎后逐级过筛，萃取，计算萃取得率，重复 3 次求均值。试验结果见表 3。

表 3　过筛梯度试验

筛孔梯度	总得率	0.25mm	0.5mm	1mm	2mm
萃取得率（%）	0.48	7.35	2.11	0.75	0.27

2.6　萃取时间对漆油萃取得率的影响

称取过 0.5mm 筛的籽仁粉末 8g，在温度为 52℃ 条件下，考察萃取时间对漆油萃取得率的影响，重复操作 3 次求均值，得出不同萃取时间的漆油萃取得率，结果见图 5。

由图 5 可看出，在 80~120min 之间，漆油萃取得率上升得很快，因为随着时间的增加浸提次数增多，材料中的漆油不断的溶解于溶剂中，漆油萃取得率不断增大。当萃取时间达到 120min 后萃取得率上升趋缓，此时漆油萃取几近完全，实验结果与浸提次数的实验结果相符，结合温度的试验结果和综合效能分析，若将漆油萃取提高至 57℃ 则萃取时间选在为 100~120min 之间较好。

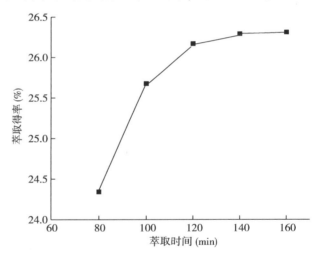

图 5　萃取时间对漆油萃取得率的影响

2.7　正交试验结果

据单因素试验结果，选定过筛情况、萃取温度、萃取时间三项作为考查对象，通过 $L_{16}(3^4)$ 正交试验，结果见表 4。

从表 4 的极差分析与漆油萃取得率的关系可见，最优组合是 $A_4B_4C_3$，但是由于 A_4 条件的缺点（在前面"过筛情况对漆油萃取得率的影响"实验中已作说明），所以最佳的提取工艺应该为 $A_3B_4C_3$，即：过 0.5mm 筛，萃取温度 57℃，萃取时间为 120min。

表 5 为最佳工艺条件下的重现性实验结果，结果表明最佳工艺条件下漆油的萃取得率为 26.53% 左右，而且 $r_{RSD}=0.65\%$ 说明最佳提取工艺稳定可靠。

表 4 漆油萃取正交试验结果

试验号	过筛情况	温度	时间	萃取得率
1	1	1	1	8.01
2	1	2	2	9.20
3	1	3	3	10.89
4	1	4	4	10.57
5	2	1	1	15.52
6	2	2	2	16.27
7	2	3	3	19.29
8	2	4	4	19.61
9	3	1	1	24.26
10	3	2	2	20.45
11	3	3	3	22.64
12	3	4	4	24.94
13	4	1	1	23.92
14	4	2	2	23.75
15	4	3	3	25.73
16	4	4	4	26.14
极差分析				
k_1	9.6675	17.9275	18.2650	
k_2	17.6275	17.4175	18.8475	
k_3	23.0725	19.6375	19.6275	
k_4	24.8850	20.3150	18.5575	
k_1	3.1093	4.2341	4.2738	
k_2	4.2039	4.1734	4.3414	
k_3	4.8034	4.4314	4.4303	
k_4	4.9885	4.5072	4.3078	
R	1.8792	0.338	0.1565	
优水平	A_4	B_4	C_3	
最优组合	$A_4 B_4 C_3$			

表 5 最佳工艺条件下重现性试验

实验次数	萃取得率（%）	平均萃取得率（%）	r_{RSD}（%）
1	26.67	26.53	0.65
2	26.34		
3	26.59		

3 小结与讨论

本试验进行了溶剂法萃取漆油的工艺研究，首先对萃取溶剂进行了筛选，通过综合比较选定石油醚（30~60℃）作为萃取溶剂，并对在提取过程中影响漆油萃取得率的3个主要因素：萃取温度、萃取时间、过筛情况分别进行了单因素试验和正交设计，从而对漆油萃取过程中各环节的最佳条件进行了一定探讨，确立了最佳提取工艺条件：过 0.5mm 筛，提取温度为57℃，提取时间为120min；该条件下，漆油的萃取得率为26.53%。

溶剂法萃取漆油工艺不仅具有操作简单、成本较低、溶剂的回收率高等优点而且萃取得率还比超临界 CO_2 萃取法要来的高，是漆油较为理想的提取工艺。

金桔果汁饮料的加工工艺[*]

李安平　谢碧霞　黄亮　余美绒

（中南林业科技大学绿色食品研究所，湖南长沙 410004）

金桔，又名金钱桔，品种主要有罗浮、金弹。金桔皮厚有香气，果肉酸甜，富含挥发油、果糖、果胶、维生素等，其不仅营养丰富、风味独特的特点，同时具有促进消化液分泌、排除体内积气、祛痰、镇咳等医药价值，因此深受人们的喜爱。

近几年随着经济的发展，在江西、湖南、广东和广西等地，金桔得到了大规模的栽种，产量也成倍地增加。然而金桔除了少部分用作金桔果脯和罐头的加工外，金桔主要还是用于鲜食。由于金桔中挥发油的辣味、苷类物质的苦味和丹宁的收敛性涩味等味觉特征，直接影响其口感，使得其不宜过多鲜食。

目前，金桔的加工品种较单一（主要是果脯蜜饯），缺乏有市场且附加值较高的新产品，从而导致金桔价格偏低，农民种植的积极性下降。如果将金桔加工成果肉饮料，则既保留了原果的色泽、香味和营养成分，给人以新鲜和天然感，又为饮料行业增加了新品种。

在金桔加工成饮料时，如果金桔果皮完全保留，则其辛辣苦味很难让人接受，但是如果将金桔果皮完全去掉，则会丧失金桔的一些功能成分，因为外果皮中富含的挥发性物质（辛辣苦味）是金桔的主要功能成分。因此，在去掉其苦味的同时，如何保留其功效成分成了金桔果饮料加工工艺的一项重要研究内容。

1　材料与方法

1.1　试验材料

金桔：江西遂川县产金弹。

1.2　工艺流程

金桔果→选果→洗果擦皮→热烫脱苦→打浆去籽→分离→胶体磨→调合→1 级均质→2 级均质→脱气→超高温瞬时杀菌→灌装→冷却→成品。

1.3　操作要点

1.3.1　原料选择

未成熟的金桔味辣，维生素 C 和糖分的含量低，且颜色青。对用来加工的金桔，要求

＊本文来源：中南林业科技大学学报，2006，26（4）：80-84.

颜色为金黄色、香味浓、质脆、无病斑、无腐烂，且大约在 11 月中旬霜冻前采摘。鲜果进厂后即时加工，避免堆压产生发酵、霉烂、褐变等质量变化，若因故不能即时加工应低温贮存。

1.3.2 清洗擦皮

先用水冲洗，将果皮上的污物及沙粒等去除，自然沥干，然后采用抛滚式擦皮机对金桔果进行适当擦拭，让最外层的青皮部分去除。这样可降低苦辣味，使金桔中的部分苦味物质柚苷以及精油中的柠檬醛得以溶出和减弱。

1.3.3 热烫脱苦

于盛装三分之二水的不锈钢夹层锅内，通蒸汽加热至 95~98℃，接着投入洗净的金桔，热烫 3~5min，破坏酶的活性、防止褐变和果胶水解并软化果皮果肉组织。热烫时间要严格控制，防止时间过长而导致的果肉中的 Vc 被大量破坏以及影响产品色泽和风味。热烫后捞出，投入到饱和石灰水中浸泡约 3.5h 左右，以便进一步脱除金桔的苦味。

1.3.4 打浆

金桔打浆一般与水按 1:2 的比例混合进行。用打浆机打浆时可分 2 次进行，第 1 次打浆机导程角可适当调大，转速适当调小，让大部分的浆渣从排渣口排出，以便将残渣中的金桔籽剔除。金桔籽进入果肉中将会影响产品口感。第 2 次可将转速调高、导程角调小、打浆时间延长，这样能使果肉更细。

1.3.5 胶体磨

金桔打浆后的果浆颗粒仍然较大，配制成的果肉饮料易分层而且口感粗糙，所以必须通过胶体磨将金桔浆磨细，使粒度达到 2~50μm，同时促使果胶等成分的溶出。

1.3.6 调配

单独的金桔汁饮料口味过于辛辣，将其与橙汁等复合在一起，能丰富产品营养，改善色泽和风味。调配时按配料比例依次加入橙汁浓缩汁、稳定剂、甜味剂、柠檬酸等，然后补充软水定容即可。

1.3.7 均质

均质前将果汁溶液预热至 50~60℃，然后通过高压均质机均质，使颗粒进一步微粒化。均质压力 1 级选用 25~30MPa，2 级选用 15~20MPa。

1.3.8 脱气

脱气可除去果汁中的氧，防止果汁氧化变色，减少维生素 C 的损失，减少或避免微粒上浮，保持良好外观。真空脱气可在 64~84kPa 真空度下进行。

1.3.9 超高温瞬时杀菌

金桔汁饮料中维生素 C 含量较高，适宜采用超高温瞬时灭菌。灭菌温度约 127℃，时间约 7s。高温短时有利于保存饮料中的维生素等热敏性营养成分。

1.3.10　灌装、冷却

趁热装瓶封盖，封盖后瓶内溶液温度为 85~90℃。倒罐 1min 后迅速冷却。

1.4　检测方法

可溶性固形物：用手持折光仪测定。

总酸：用酸碱滴定法测定。

维生素 C：2，6-二氯靛酚滴定。

1.5　稳定性测定

摇匀后每个样品取 20mL 于离心管中，3500r/min 离心 12min 后，迅速吸取上清液，用 722 分光光度计在 780nm 波长下测定其吸光度，准确记录饮料在离心前后的吸光度，每个样测定 3 次，取平均值。计算公式为：

$$H = A_后 / A_前$$

式中：H 为稳定性，$A_前$ 为离心前吸光度，$A_后$ 为离心后吸光度。H 值越大，说明稳定性越好，否则，稳定性越差。

2　结果与讨论

2.1　金桔果汁异味的去除

饮料的风味在一定程度上决定着它的商品价值。金桔尽管营养丰富且具有诸多的药理作用和保健功能，但金桔汁有少许苦涩味和辛辣味，加工过程中如果不采取适当的措施处理，将会直接影响产品的口感。

金桔果汁之所以有苦味，主要是由于外皮、囊衣和种籽中含有的两类苦味化合物造成的。一类是黄酮类化合物（Flavonoids），其苦味主要是柚苷（Naringin），另一类是柠檬苦素类化合物（Limonoids），其苦味代表物是柠碱（Limonin）和诺米林（Nomilin）。这些物质具有一定的保健效果，如果全部将其去除，对保健功效有一定的影响，所以在消费者能接受的范围内，尽可能地保留其有效成分是关键。为达到此目的，依次进行了热烫灭酶、碱水降解以及添加 β-环状糊精掩蔽剂等措施。

2.1.1　热烫对脱去异味的影响

金桔擦皮后，分别在 75、85℃和 95℃的热水中进行热烫，漂烫一段时间后取出，用无菌水冲洗，分别从口感和维生素 C 的保存率等 2 个方面进行评价。从表 1 可以看出，在所选择的 3 种温度中，随着热烫时间的增加，异味逐渐被脱除，时间越长效果越明显，而且温度越高，脱除异味所需时间越短。但是，根据所测得的维生素 C 含量，高温长时间的热烫后，维生素 C 损失较大。在 95℃条件下，经过 7min 的热烫后，测得的维生素 C 仅为原有的 30% 左右。此外，经过高温热烫后，虽然苦味和辛辣味去掉了，但是金桔特有的保健功效也没有了，因为金桔的有效成分主要体现在它的辛辣味上，因此，在消费者能接受的范围内尽可能地保留其辛辣味。此外，后续加工还能部分地去除其辛辣味。综上所述，选择在 85℃的热水中热烫 1min，或者选择 95℃热烫 30s 比较恰当。

表 1　热烫对脱去异味的影响

热烫温度（℃）	时间					
	10s	30s	1min	3min	5min	7min
75	＋＋＋＋	＋＋＋＋	＋＋＋＋	＋＋＋＋	＋＋	＋＋
85	＋＋＋＋	＋＋＋＋	＋	＋＋		
95	＋＋＋＋	＋＋	－	－	－	－

注：＋表示有异味，＋越多异味越强烈，－表示异味弱，口感可以接受。

2.1.2　石灰水处理对异味脱除的影响

将石灰水分别配制成 0.5%、1% 和 2% 浓度的溶液，然后把热烫后沥干的金桔投入其中进行浸泡，浸泡一段时间后取出，用无菌水冲洗，接着品尝异味去除效果。口味品尝在 10 位食品科学专业学生中进行，采用 10 分计分法，分别给分，得总分。10—表示没有异味（包括苦味和不能接受的辛辣味），0—表示异味非常重，结果见图 1。之所以金桔通过石灰水浸泡能脱除一定的异味，主要是因为金桔的苦味物质柚苷在碱性溶液中生成了查尔酮而溶于碱性溶液中，在酸性和中性溶液中则难于脱去苦味。由图 1 可知，在碱性条件下，无论浸泡时间的长短和石灰水浓度，金桔异味均有一定程度的脱除。随着浸泡时间的延长，异味得到脱除，感官评分增加，而且石灰水浓度越高，异味脱除所需的浸泡时间越短。2.5% 浓度的石灰水浸泡达到最

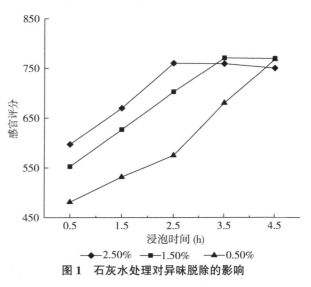

图 1　石灰水处理对异味脱除的影响

高分是 2.5h，而 0.5% 达到最高分是 4.5h。高浓度的石灰水虽然脱除异味时间较短，但是它对金桔营养成分的破坏也较大，所以选择 1.5% 石灰水浓度浸泡 3.5h 较好。

2.1.3　β-环状糊精添加量对异味掩蔽的影响

金桔果汁中分别添加不同浓度的 β-环状糊精，并用电磁振荡器振荡一定时间，然后通过感官品尝评价其对异味掩蔽的影响，实验结果见表 2。从表 2 中可知，随着 β-环状糊精用量的增加，异味掩蔽得越好，达到完全掩蔽所需的振荡时间逐步缩短，也即是 β-环状糊精与柠碱形成络合物的时间减少。β-环状糊精用量为 0.4% 时，3h 基本上可以掩蔽异味，将柠碱苦味降低到苦味阈值以下，而果汁中的酸、甜度不变；0.5% 时，2h 基本上可以掩蔽其异味。β-环状糊精可以掩蔽异味主要是它的独特结构。它是由 7 个 D-葡萄糖以 α-1，4 苷键结合的环状结构的麦芽低聚糖，可以形成疏水性的空洞，在空洞内可以包埋一些分子大小、形状及性质与其相匹配的化合物，从而形成稳定的络合物。

表 2　β–环状糊精对异味掩蔽效果的影响

时间（h）	β–环状糊精用量（%）				
	0.1	0.2	0.3	0.4	0.5
1	+ + + +	+ + + +	+ + + +	+ +	+
2	+ + + +	+ + + +	+ + +	+	–
3	+ + +	+ + +	+ +	–	–
4	+ + +	+ + +	+ +	–	

注：+表示有异味，+越多异味越强烈，–表示异味弱，口感可以接受。

2.2　乳化剂对产品稳定性的影响

　　金桔果汁加工不去皮，目的是尽可能地保留金桔皮中原有的一些功效成分，但是金桔皮中含有一定量的油脂，所以产品须加入适量的乳化剂。考虑到乳化剂的来源和价格，可选取 3 种常用的乳化剂，分子蒸馏单甘酯、蔗糖酯和三聚甘油单甘酯来比较饮料的稳定性。分别取样品于离心管中离心，测量离心前后的吸光度，比较 H 值。结果如表3。

　　从表 3 可以看出，3 种乳化剂加入之后，产品稳定性明显提高其 H 值均在 0.9 以上。比较这 3 种乳化剂的乳化效果可以看出，三聚甘油单甘酯比单甘酯和蔗糖酯的乳化都要好，无论是添加0.02%，还是0.03%，其 H 值都在 0.99 以上。仔细检查 0.02%和 0.03%之间的 H 值，其大小不足以产生区别。因此产品中选择添加 0.02%的三聚甘油单甘酯。

表 3　不同乳化剂对产品乳化效果的影响

乳化剂品种	单甘脂		蔗糖酯		三聚甘油单甘脂	
用量（%）	0.02	0.03	0.02	0.03	0.02	0.03
H 值	0.9299	0.9365	0.9194	0.9260	0.9903	0.9915

2.3　高压均质处理对金桔果汁饮料稳定性的影响

　　胶体磨之后的金桔汁经与其他物料调配的饮料仍然容易产生沉淀，为了使金桔果汁饮料能具有良好的均匀混浊状态，实验中采用两级均质的方法。前期采用压力较高的 1 级均质，后期采用压力较低的 2 级均质。然后取样离心，测量离心前后的吸光度，计算 H 值。金桔饮料稳定性 H 值变化情况见表 4。均质的主要作用是将颗粒物料破裂为很细小的微粒，使产品微粒大小均匀。根据斯托克斯定律，均匀的微小的颗粒能提高产品的稳定性、改善饮料的口感。从表 4 可知，均质和不均质有很大的差异。不均质的产品很快就产生了沉淀，其 H 值为 0.3853；采用 1 次 15MPa 的低压均质效果也不甚理想，有少量的沉淀存在，其 H 为 0.7121；但采用 1 次 25MPa 的高压均质沉淀虽然有所减少，但仍有少许，其 H 值为 0.9281；但是如果采用 2 级均质，沉淀就几乎没有，其 H 值高达 0.99 以上。在 25MPa 的 1 级均质压力后，2 级均质压力选择 15、20 和 25MPa，没有本质的区别，但是在高压下，设备磨损较大。因此选用 25MPa 的 1 级均质压力，15 或 20MPa 的 2 级均质压力是比较恰当的。

表4　均质压力与产品稳定性 *H* 值之间的关系

1级均质压力（MPa）	0	0	25	25	25	25
2级均质压力（MPa）	0	15	0	15	20	25
产品稳定性 *H* 值	0.3853	0.7121	0.9281	0.9933	0.9936	0.9927

3　产品质量指标

3.1　感官指标

色泽：淡黄色或橙黄色。

香气：具有金桔鲜果独特的香气，香气较协调柔和。

滋味：具有金桔鲜果的滋味，味感协调，甜酸适中，无异味。

形状：均匀混浊、质感浓厚、细腻，久置允许有少量果肉下沉，无结块、结晶析出。

3.2　理化指标

可溶性固形物（20℃，折光计法）12%～14%。

不溶性固形物≥10%v/v。

总酸（以一水柠檬酸汁）≥0.25%。

山梨酸钾≤0.02%。

稳定剂、色素、香精符合 GB2760 规定。

卫生指标同一般饮料要求。

4　结论

（1）金桔属于小品种水果，以前农民都是在屋前门后栽种，由于量少，无规模效应，其加工没有受到足够的重视。近几年，由于各地发展本地特色经济，如江西的遂川、湖南的浏阳等地均出现了规模栽种，产量有了很大的提高，其加工被作为紧迫任务提了出来。由于金桔的辛辣味，一般不宜过多鲜食，因此将其加工成饮料是一种较好的选择。

（2）在金桔果汁饮料的加工工艺中，除去（或掩蔽）不良口味是关键。在加工过程中分别采用热烫、石灰水浸泡，在打浆之前先用破碎机轻度破碎并剔除籽仁、在调配时添加少量 β-环状糊精和增稠剂等能有效掩蔽果汁中的苦辛味。

（3）产品中添加0.02%的三聚甘油单甘酯等乳化剂，并进行25和15MPa的2级均质能大大减少沉淀的产生，获得理想的稳定溶液。

双花杏仁复合保健饮料研制[*]

谢碧霞　谢涛

(中南林学院资源与环境学院，湖南株洲 412006)

据统计，我国可供应用的中草药植物共有 8484 种，还有不少流传于民间的尚未开发利用。我国食疗文化源远流长，在长期的历史进程中，形成了食疗、食养、药膳等理论和实践，在防病治病、保健强身、延年益寿中发挥着重要作用。金银花为忍冬科植物忍冬 *Lonicera japonica* Thunb 的干燥花蕾，全国各地广有分布，资源丰富。具有清热解毒、杀菌消炎之功效。主要成分为绿原酸、挥发油，还含有总蛋白约 20%、多种维生素和矿质元素。菊花系多年生草本菊科植物菊的干燥头状花序。产地较多，性状略有差异。主要成分为挥发油、腺甙、菊甙和黄酮类等。具有清热去烦、平肝明目、止痛等多种药效。杏仁是蔷薇科樱桃属植物杏及其变种山杏的种子。广泛分布在我国东北、华北、西北地区，尤以新疆、甘肃、陕西等省区产量最多。苦杏仁含油 45%～50%、蛋白质 24%、总糖 4.1%、灰分 2.2%、苦杏仁甙 3%，所含矿物质极为丰富，Ca、K、P 含量分别为牛奶中同类物质的 3、4、6 倍。苦杏仁具有止咳平喘、祛痰、润肠通便之功效，其含有的 VB17 具有显著的抗衰老和防癌作用。《神农本草》称蜂蜜能"安五脏诸不足、益气补中、止痛、除百病、和百药"，蜂蜜含转化糖 70%～80%，还含有少量蔗糖、挥发油、有机酸和微量维生素 A、D、E 及泛酸等。作者试图以金银花、菊花、苦杏仁及蜂蜜为主要原料研制双花杏仁杏复合保健饮料。

1　材料与方法

1.1　原料

金银花和菊花（野外采摘后干燥）、苦杏仁（株洲市医药公司新鲜一级品）、蜂蜜（市售优质紫云英蜂蜜）、蛋白糖、复合乳化稳定剂、香精、柠檬酸等。

1.2　仪器设备

植物样品粉碎机、自分式磨浆机、均质机、真空脱气机、杀菌锅、721 型分光光度计、阿贝折光仪、电热恒温水浴锅等。

1.3　方法

1.3.1　工艺流程

工艺流程如图 1 所示。

＊本文来源：中南林学院学报，2001，21（4）：32-35.

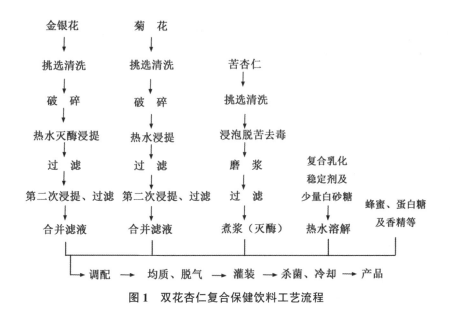

图1 双花杏仁复合保健饮料工艺流程

1.3.2 工艺要点

1.3.2.1 金银花汁的提取

①选用的金银花，必须花蕊整齐，不得有腐烂花头、杂叶残枝等。②将选取好的金银花用植物样品粉碎机破碎，以充分破坏细胞壁，但不能破得太细。③将破碎的金银花在一定条件下反复提取两遍，每次用100目滤布过滤，合并滤液，得到一定可溶性固形物浓度的金银花汁。

1.3.2.2 菊花汁的提取

①选择，花蕾完整，无梗叶、无霉烂的菊花，用清水漂洗干净。②将清洗过的菊花置入一定量水中，在一定温度下浸提一段时间，浸提两遍，每次用100目滤布过滤，合并滤液，得到一定可溶性固形物浓度的菊花汁。

1.3.2.3 苦杏仁加工

①挑选干燥、饱满、整齐、无霉烂的苦杏仁，去除种皮。②将苦杏仁用 pH5~6 的稀酸溶液于60℃下浸泡7d，用液量为杏仁的3倍，每天换水2次，即可达到脱苦去毒的目的。③将脱苦除毒后的苦杏仁，加入12倍量40~50℃的温水，用自分式磨浆机磨浆，再用100目滤布过滤。④将滤液立即投入铝锅中煮至80℃左右，加入适量消泡剂继续煮一定时间。

1.3.2.4 调配

将金银花汁、菊花汁、苦杏仁浆、蜂蜜在 75~80℃ 下按一定比例混合，加入蛋白糖、香精、乳化稳定剂等，搅拌均匀，并用柠檬酸调节 pH 至 4~5。

1.3.2.5 均质、脱气

将调配好的混合液趁热在 12~15MPa 下均质，再于真空脱气机中脱气，然后立即灌装。

1.3.2.6 杀菌、冷却

将灌装混合料于125℃下高压杀菌5min后，冷却到40℃以下。

2 结果与分析

2.1 金银花汁浸提条件的确定

2.1.1 灭酶条件的选择

由于金银花中含有较多的过氧化物酶和多酚氧化酶，它们的存在易使汁液产生不良风味和褐变现象，因此加工前应采取灭酶措施。

取4份各为2g的金银花，分别用沸水杀酶0.5、1.0、1.5、2.0、2.5、3.0min，冷却后分别加50mL蒸馏水、0.5g碳酸钙一起捣碎，过滤，取滤液1mL于试管中，加4mL 3%愈创木酚溶液，再加5mL 1%的双氧水于25~30℃下反应20min，然后在436nm处测定过氧化物酶的活性，其结果如图2。

由图2可知，灭酶的时间越短，吸光度越大，残留酶活性越大；反之，当灭酶超过3min时，吸光度为零，故灭酶条件为沸水中煮3min。

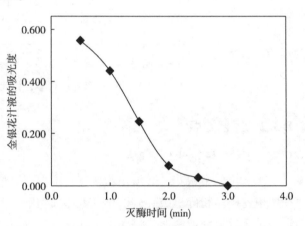

图2　金银花灭酶条件的确定

2.1.2 浸提条件的确定

参照文献，对6份等量金银花，分别采用30倍水、沸水投料，在不同温度、时间、pH值下浸提2次，然后合并滤液，用阿贝折光仪测定各组浸提液的可溶性固形物浓度，结果如表1。

表1　金银花汁浸提条件的比较

| 序号 | 第1次浸提 | | | 滤渣第2次浸提 | | | 浸提时 pH 值 | 可溶性固形物浓度（%） |
	用水量	温度（℃）	提取时间（min）	用水量	温度（℃）	提取时间（min）		
1	10 倍	煮沸	25	20 倍	60~70	5	酸性	3.02
2	10 倍	煮沸	20	20 倍	80~90	10	中性	2.60
3	10 倍	煮沸	10	20 倍	煮沸	20	酸性	2.64
4	20 倍	煮沸	20	10 倍	60~70	10	中性	3.25
5	20 倍	煮沸	25	10 倍	煮沸	5	中性	2.45
6	20 倍	煮沸	20	10 倍	80~90	10	酸性	2.72

由表 1 可知，选用第 4 组试验所得金银花汁可溶性固形物浓度较高，汁液具显著金银花香，故采用 2 次浸提。第 1 次浸提用水量 20 倍、煮沸 20min，第 2 次浸提用水量 10 倍，60~70℃浸提 10min。

2.2 菊花汁浸提条件的确定

参照文献，取 6 组同量的菊花分别用 50 倍的水在中性条件下沸水投料，在不同温度、时间下进行浸提，合并 2 次滤液，然后用阿贝折光仪测定菊花汁液中可溶性固形物浓度，结果如表 2。

由表 2 可知，采用第 5 组试验浸提效果较好，汁液具明显菊香。因此，最佳浸提条件为：第 1 次浸提用水量 30 倍，煮沸 15min；第 2 次浸提用水量 20 倍，70~80℃下浸泡 5min。试验中还发现，若将上述最佳浸提条件的 2 次浸提时间再延长，菊花汁中可溶性固形物浓度增加很小。

表 2 菊花汁浸提条件的比较

| 序号 | 第 1 次浸提 | | | 滤渣第 2 次浸提 | | | 可溶性固形物浓度（%） |
	用水量	温度（℃）	提取时间（min）	用水量	温度（℃）	提取时间（min）	
1	20 倍	煮沸	10	30 倍	煮沸	10	2.10
2	20 倍	煮沸	15	20 倍	70~80	5	2.28
3	25 倍	煮沸	10	25 倍	煮沸	20	1.95
4	25 倍	煮沸	15	25 倍	70~80	5	2.27
5	30 倍	煮沸	15	20 倍	70~80	5	2.75
6	30 倍	煮沸	10	20 倍	煮沸	10	2.34

2.3 苦杏仁脱苦、去毒条件的确定

在 pH 为 5~6、水温为 60℃条件下，将苦杏仁恒温浸泡，用液量为杏仁质量的 5 倍，每天换水 2 次。按时于每天换水前，采用吡啶盐酸联苯胺比色法测定前一天浸泡液中氰氢酸含量，然后，根据浸泡水中残留氰氢酸量确定脱苦去毒的浸泡时间，测定结果见图 3。

苦杏仁含有苦杏仁甙及杏仁酶、野樱叶酶等 β-葡萄糖甙酶，苦杏仁甙在杏仁酶、野樱叶酶作用下依次水解为野樱叶皮甙、扁桃腈、HCN，当浸泡液中氰氢酸含量超过 10mg/L 时将产生毒害。由图 3 可知，当浸泡 7d 后，浸泡液中 HCN 含量仅为 3.97mg/L，此时苦杏仁饱满、基本无苦味。

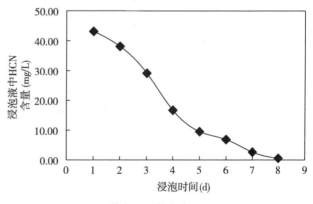

图 3 苦杏仁脱苦去毒时间的确定

2.4 最佳配方的确定

选用最佳配方，对保证产品具备

良好的口感、色泽、风味和组织状态，具有至关重要的作用。本文中采用 7 因素 3 水平 L_{18}（3^7）的正交试验（见表 3、表 4）。

表 3 正交试验因素水平 %

水平	因素						
	金银花汁（A）	菊花（B）	苦杏仁乳（C）	蜂蜜（D）	蛋白糖（E）	乳化稳定剂（F）	香精（G）
1	10	10	30	2	0.02	0.1	0.01
2	15	15	40	4	0.03	0.2	0.02
3	20	20	50	6	0.04	0.3	0.03

表 4 正交试验结果

序号	A	B	C	D	E	F	G	滋味（40）	组织状态（30）	香气（20）	色泽（10）	总分
1	1	1	1	1	1	1	1	21	16	12	4	53
2	1	2	2	2	2	2	2	30	21	11	6	68
3	1	3	3	3	3	3	3	37	25	17	9	88
4	2	1	1	2	2	3	3	31	21	12	6	70
5	2	2	2	3	1	1	1	32	23	15	5	75
6	2	3	3	1	2	2	2	25	18	10	3	56
7	3	1	2	1	2	2	3	33	25	18	7	83
8	3	2	3	2	3	3	1	24	17	10	4	55
9	3	3	1	3	1	1	2	28	23	15	6	72
10	1	1	3	3	2	2	1	38	27	17	10	92
11	1	2	1	1	3	3	2	32	19	13	5	69
12	1	3	2	2	1	1	3	34	23	17	7	81
13	2	1	2	3	3	3	2	35	20	16	7	78
14	2	2	3	1	1	1	3	36	26	18	8	87
15	2	3	1	2	2	2	1	29	24	16	6	75
16	3	1	3	2	1	1	2	30	22	14	5	71
17	3	2	1	3	2	2	3	20	15	10	4	49
18	3	3	2	1	3	3	1	24	15	9	3	51
K_1	451	447	388	399	372	439	401					
K_2	441	403	436	436	440	423	414					
K_3	381	423	423	449	461	411	458					
R	70	44	44	61	89	28	57					

由表 4 可知，最佳配比为 A1B1C3D3E2F2G1，即金银花汁 10%、菊花汁 10%、苦杏仁

乳 50%、蜂蜜 6%、蛋白糖 0.03%、复合乳化稳定剂 0.2%、香精 0.01%；极差大小依次
为 E>A>C>G>D>B>F，即影响双花杏仁复合饮料质量的因素按影响大小排序为蛋白糖用
量>金银花汁用量>苦杏仁乳用量>香精用量>蜂蜜用量>菊花汁用量>复合乳化稳定剂用量。
按此配方进行调配并用柠檬酸调至 pH 为 4~5，则产品可溶性固形物含量为 5.9%。

2.5 杀菌工艺的选择

杀菌工艺条件的确定如表 5 所示。

由表 5 可知，选用在 125℃下杀菌 5 min，制得的复合饮料为乳白色，组织均匀，久置
无分层沉淀现象，口感细腻柔和，无不良风味。

表 5　杀菌工艺的对比

杀菌工艺	杀菌结果
100℃ 20min	冷却后出现明显的絮状沉淀并分层，产品的风味发生较大变化
121℃ 10min	冷却后稍有絮状物出现但不分层，产品的风味有所变化
125℃ 5min	冷却后组织状态良好，经保温实验发现无酸败现象，风味纯正

3　小结与讨论

（1）将新鲜干燥的金银花先在沸水中煮 3min 灭酶，再采用 2 次浸提（第 1 次浸提用
水量 20 倍，煮沸 20min；第 2 次浸提用水量 10 倍，60~70℃浸提 10min），可最大限度地
萃取出金银花中的有效成分。

（2）制备菊花汁时，最佳浸提条件为：第 1 次浸提用水量 30 倍，煮沸 15min；第 2 次
浸提用水量 20 倍，70~80℃下浸泡 5min。

（3）苦杏仁先在 pH5~6、60℃的水中浸泡脱苦去毒，然后加入 12 倍量 40~50℃的
水，用自分式磨浆机磨浆，并用 100 目滤布过滤，将滤液立即煮至 80~90℃以钝化其中的
酶类。

（4）双花杏仁复合饮料的最佳配方为金银花汁 10%、菊花汁 10%、苦杏仁乳 50%、
蜂蜜 6%、蛋白糖 0.03%、复合乳化稳定剂 0.2%、香精 0.01%。将各原料按配比混合调
配，并经均质、脱气、灌装后，在 125℃下杀菌 5min。

（5）产品质量指标

感官指标：产品呈乳白色，均匀一致，无杂质，口感细腻柔和，具有金银花、菊花的
天然植物清香及苦杏仁的天然果香味，无不良风味。

理化指标：产品可溶性固形物含量≥5.9%，pH4.3。

微生物指标：细菌总数≤80 个/mL，大肠菌群<3 个/mL，未检出致病菌。

枣树原生质体分离条件的研究[*]

何业华　胡芳名　谢碧霞　胡中沂　何钢

（中南林学院资源与环境学院，湖南株洲 412006）

　　植物细胞通过除去细胞壁后所获得的原生质体，适合于进行各种细胞操作和遗传操作，它是理想的起始材料和受体，可用来诱导融合、引入细胞器、植物大分子、外源遗传物质、低等生物等。更重要的是，植物原生质体仍保持着细胞的全能性，它在离体培养条件下能再生细胞壁，继续生长、分裂，形成愈伤组织，该愈伤组织经诱导分化后可再生成完整的植株。这就给高等植物细胞工程和基因工程的发展提供了诱人的远景。然而，植物原生质体的培养和应用研究，都必须建立在其原生质体有效分离技术基础之上。自从 1960 年 Cocking 首次用酶法制备番茄根原生质体获得成功之后，植物原生质体的研究才逐渐变得活跃起来，经许多研究者的不断努力，已建立起了酶解分离出原生质体的基本程序。但几乎所有的研究都表明，由于植物本身存在差异性，不同的种类，甚至同种植物不同的供试组织，其原生质体分离所需的条件都存在着很大差异。枣树 Ziziphus jujuba 是重要的经济树种，至今尚未见有关其原生质体分离方面的研究报道。本文作者对其原生质体分离条件和技术进行研究，旨在建立高效的原生质体分离技术体系，为以后的枣树原生质体培养和体细胞杂交等深入研究提供大量优质的原生质体。

1　材料与方法

1.1　供试材料

　　按枣树细胞悬浮培养方法，用胚性愈伤组织进行细胞悬浮培养和建立悬浮培养细胞系。在测定起始材料对原生质体分离的影响时，也取在固体培养基上继代培养 7~9d 处于对数生长期的愈伤组织作为起始材料之一。供试品种为无核小枣。

1.2　混合酶液的制备

　　将 MES（2-N-吗啉乙烷磺酸）溶解在 CPW 盐+甘露醇组成的溶液中，再将纤维素酶（Cellulase Onozuka R-10）、离析酶（Macerozyme R-10），溶解在其中，并用 CPW 盐+甘露醇液定容，制成粗混合酶液，各成分的浓度见表 1。在离心机上，将粗混合酶液以 4000r/min 速度离心 10min，使酶粉内的杂质沉淀。然后用注射器抽取上层清液，在超净工作台内将上清液在预先灭过菌的过滤器（孔径 0.45μm）中过滤灭菌后备用。

＊本文来源：中南林学院学报，1999，19（1）：20-23.

表1 混合酶液中各成分浓度*

组成	浓度
$CaCl_2 \cdot 2H_2O$	1320mg/L
$KH_2PO_4 \cdot H_2O$	100mg/L
甘露醇	0.4、0.5、0.6、0.7、0.8、0.9、1.0mol/L
MES	1g/L
纤维素酶	1、5、10、15、20、25、30g/L
离析酶	0.5、1、2、3、4、5、6g/L

注：pH值=5.7。

1.3 原生质体的制备、洗涤和纯化

将2g悬浮培养细胞放入20mLCPW盐与0.7mol/L甘露醇混合液（pH值为5.7）中，使其质壁分离1h后，在1000r/min下离心5min，用注射器仔细吸除上清液，然后将细胞转入20mL混合酶液中进行酶解。在28℃下的暗处，以50r/min振荡4～20h，使原生质体游离出来。酶解结束后，将原生质体悬浮液经300目镍丝网过滤到小烧杯中，以除去未酶解完全的细胞团或组织。将滤液分装在刻度离心管中，用600r/min的速度离心7min，使原生质体沉淀下来，用注射器吸除上清液。

在原生质体中加入3～4mL由CPW盐+0.7mol/L甘露醇组成的洗液。洗液与原生质体充分混匀后，又在600r/min的速度下离心5min，用注射器吸除上清液。此过程重复3次，经过几次洗涤，酶液的浓度被大大冲稀。每种处理5个，重复1次。

1.4 原生质体产量的测定

将上述方法收集得到的原生质体，稀释2~5倍后，滴加在血球计数板上，计算4个角上大格及中央大格（共5个大格）内的原生质体数，然后按下式计算原生质体数，每个样品计数6个重复，最后计算出原生质体产量。

原生质体数（个/mL）= 5个大格内原生质体总数×5×1000×稀释倍数

原生质体产量（个/g）= 〔原生质体数（个/mL）×稀释后体积（mL）〕÷悬浮细胞总质量（g）

1.5 原生质体活力的测定

先以CPW盐为溶剂配制1g/L的酚藏花红，贮于冰箱中。使用时，取一滴原生质体悬浮液放在载玻片上，滴加1滴1g/L酚藏花红染色液于载玻片上后，即盖上盖玻片。在显微镜下，被染上红色的是死原生质体，而活原生质体不染色。每样品重复观测5次，按下式计算出原生质体活力。

原生质体活力 =（被染上红色的原生质体数÷观察的原生质总数）×100%

2 结果与分析

2.1 酶浓度对原生质体分离的影响

混合酶液中的离析酶和纤维素酶的浓度对原生质体产量和质量有很大影响（见表2）。

在纤维素酶浓度一定的情况下，离析酶的浓度以 1g/L 时的原生质产量最高，每 g 悬浮细胞可分离得到 $3.0×10^6$ 个原生质体。当离析酶的浓度高于或低于 1g/L 时，原生质体的产量都会随着离析酶浓度的升高或降低而下降。当离析酶浓度升高到 6g/L 时，原生质体的产量已降低了近60%。原生质体活力则是随着离析酶的升高而出现逐渐下降的趋势，但离析酶浓度为 0.5~1.0g/L 时原生质体活力均较高，差异很小。

表2　不同浓度离析酶对枣树原生质体分离的影响*

离析酶浓度（g/L）	原生质体产量（个/g）	原生质体活力（%）
0.5	$2.2×10^6$	57.8
1	$3.0×10^6$	57.6
2	$2.5×10^6$	55.3
3	$2.1×10^6$	54.2
4	$1.7×10^6$	50.9
5	$1.5×10^6$	48.1
6	$1.3×10^6$	42.6

注：纤维素酶浓度为 15g/L，甘露醇为 0.7mol/L，酶解时间为 18h。

在使用 1g/L 离析酶的情况下，分别用 1，5，10，15，20，25，30g/L 等不同浓度的纤维素酶对悬浮培养细胞进行处理，结果见表3。纤维素酶浓度从 1g/L 开始，随着浓度的升高，原生质体的产量和活力逐渐增加。当浓度达到 10g/L 时，原生质体产量和活力达到高峰，分别为 $3.8×10^6$ 个/g 和 56.2%。而当纤维素酶浓度超过 10g/L 时，原生质体的产量和活力又随着浓度的升高而降低。

表3　不同浓度纤维素酶对枣树原生质体分离的影响*

纤维素酶浓度（g/L）	原生质体产量（个/g）	原生质体活力（%）
1	$0.9×10^6$	50.6
5	$3.3×10^6$	55.1
10	$3.8×10^6$	56.2
15	$3.2×10^6$	54.5
20	$3.0×10^6$	50.7
25	$2.1×10^6$	45.2
30	$1.5×10^6$	38.8

注：离析酶浓度为 1g/L，甘露醇为 0.7mol/L，酶解时间为 16h。

2.2　酶解时间对原生质体分离的影响

在由 10g/L 纤维素酶+1g/L 离析酶组成的混合酶液中，对悬浮培养细胞分别进行 4，8，12，14，16，18，20，22，24h 等不同时间的酶解处理，结果见表4。由表4可知，在 4~16h 内，随着酶解时间的增加，原生质体产量也同时提高，当酶解 16h 时，原生质体产量已达 $3.7×10^6$ 个/g。但超过 16h 后，悬浮液中原生质体破裂加速，原生质体的碎片显著增加，因而导致了原生质体产量又随着酶解时间增加而降低的现象。原生质体活力在 4~ 14h 内随着时间的增加而提高，到 16h 活力略有下降；随后，活力便出现大幅度下降，到 24h 时仅为 20.1%。

表 4　酶解时间对枣树悬浮培养细胞原生质体分离的影响*

酶解时间（h）	原生质体产量（个/g）	原生质体活力（%）
4	0.4×10^6	52.6
6	1.1×10^6	52.8
8	1.7×10^6	54.2
10	2.4×10^6	57.3
12	3.1×10^6	57.6
14	3.4×10^6	58.9
16	3.7×10^6	58.6
18	3.2×10^6	51.2
20	2.6×10^6	44.1
22	1.7×10^6	39.7
24	1.4×10^6	20.1

注：混合酶液为 10g/L 纤维素酶+1g/L 离析酶+CPW 盐+0.7mol/L 甘露醇。下同。

2.3　酶液中甘露醇浓度对原生质体分离的影响

在纤维素酶和离析酶浓度一定的情况下，分别使用 0.4，0.5，0.6，0.7，0.8，0.9，1.0mol/L 的甘露醇来调节渗透压，测定不同渗透压下原生质体分离的情况，结果见表 5。从浓度 0.4mol/L 起，原生质体产量和活力随着甘露醇的浓度升高而增大，到 0.7mol/L 时，产量和活力都达到高峰，分别为 3.4×10^6 个/g，57.3%；浓度超过 0.7mol/L 时，原生质体产量反而又逐渐下降。

表 5　甘露醇浓度对枣树原生质体分离的影响*

甘露醇（mol/L）	原生质体产量（个/g）	原生质体活力（%）
0.4	1.3×10^6	42.5
0.5	1.6×10^6	48.7
0.6	2.8×10^6	53.3
0.7	3.4×10^6	57.3
0.8	3.0×10^6	49.8
0.9	2.1×10^6	35.4
1.0	1.4×10^6	28.6

注：酶解时间为 16h，混合酶液组成同表 4。

2.4　起始材料对原生质体分离的影响

用处于对数生长期的块状愈伤组织及其细切物、细粒状胚性愈伤组织和胚性悬浮培养细胞等 4 种材料进行原生质体分离时，悬浮培养细胞、胚性愈伤组织和已细切的块状愈伤组织三者的原生质体分离难易相差不大，均可获得较高的原生质体产量。但未切细的大块状愈伤组织因酶液难以渗入组织中，其原生质体产量仅为 $4.6×10^4$ 个/g，还不足前 3 种材料的 1.5%。从它们所得的原生质体活力来看，由悬浮培养细胞所得的原生质体胞质浓厚，液泡化程度较小，原生质体活力最高，其次是细粒状胚性愈伤组织（见表 6）。

表 6　起始材料对枣树原生质分离的影响

起始材料	原生质产量（个/g）	原生质体活力（%）
未细切愈伤组织（>3mm）	$4.6×10^4$	45.3
已细切愈伤组织（<0.5mm）	$3.2×10^6$	48.7
细粒状胚性愈伤组织	$3.4×10^6$	52.6
悬浮细胞	$3.5×10^6$	59.1

注：酶解时间为 16h，混合酶液组成同表 4。

3　讨论

越来越多的报道已证明，起始材料是影响植物原生质体分离培养的重要因素。胚性悬浮培养细胞是原生质体分离和培养的适宜材料。在本试验中，选用含有大量胚性细胞团的细胞悬浮物，并通过过滤选出其中的胚性细胞作为原生质体的材料，增强了胚性和发育能力，为枣树原生质体培养及其植株再生打下了基础。

原生质体分离时，对分离效果影响最大的是纤维素酶浓度和酶解时间。若酶液浓度较大，酶解时间就较短；反之，时间就需增长。但若酶液浓度过大，就会导致原生质体中毒和原生质体破裂数增多；而酶解时间过长不仅会导致较早游离出的原生质体破裂，且浪费时间。原生质体分离时，适宜的酶液浓度和酶解时间因植物种类不同而有很大的差异。即使同种植物，起始材料不同，其适宜的酶液浓度和酶解时间差别也很大。因此，对于某个特定的植物材料来说，建立适宜的"酶解浓度-酶解时间"组合是获得高产优质原生质体的重要条件。

在已报道的植物原生质体的分离试验中，适宜的酶液渗透压所要求的甘露醇浓度范围是 0.23~0.90mol/L。辣椒子叶和前胡均要求 0.5mol/L 甘露醇，而甘蓝型油菜和紫菜苔花粉则以 1mol/L 甘露醇最佳，本试验中枣树悬浮培养细胞以 0.7mol/L 甘露醇最适宜。说明不同植物原生质体分离所要求的渗透压条件不尽相同。因此，必须根据起始材料分别进行探索，才能获得较高的原生质体产量和较大的原生质体活力。

超临界CO₂ 萃取测定食品中总脂肪的研究[*]

何钢　谢涛　谢碧霞

（中南林学院生命科学与技术学院，湖南株洲 412006）

超临界流体萃取（SFE）是当今食品工业上的一项高新技术。近年来，随着研究的不断深入，SFE 的应用领域也在扩大。在食品工业中，SFE 不仅用于食品有效成分的分离提纯，而且可应用于食品分析上。例如，SFE 可用于测定食品中总脂肪的含量，它还可作为脂溶性成份和脂类组成分析的预处理技术。

由于总脂肪的测定方法很多，与之对应，总脂肪的定义也不尽相同。这样，在评价不同的测定方法或新技术时，就会产生困难。大多数已报道的研究往往将 S-CO₂ 萃取法与索氏抽提法进行比较。大量研究证实，对于大多数食品种类，当与索氏抽提法相比时，S-CO₂ 萃取法的脂肪浸提率均可达 97%～100%。Myer 等（1992）用 S-CO₂ 从马铃薯及其喷雾干燥产品中萃取总脂肪，与用氯仿作溶剂的索氏抽提法相比，总脂肪浸提率分别达 100% 和 97%。Taylor 等（1993）用 S-CO₂ 从大豆片和玉米胚芽湿粉中萃取脂肪，与使用石油醚的索氏抽提法比，总脂肪浸提率在 97%～100% 之间。

King 等（1996）研究了用 S-CO₂ 萃取法替代常规溶剂抽提法的可能，发现这两种方法之间没有显著的差别。Eller and King（1996）强调，S-CO₂ 萃取法要取得可靠的结果，萃取压力、温度、颗粒大小和促溶剂的添加等因素至关重要。Cocero and Calvo（1996）研究表明，随着作为促溶剂的乙醇的加入，葵花油在 S-CO₂ 中的溶解性大大增加，并且一些磷脂的浸提率也正比例地增加。Doane-Weideman 等（1998）将 S-CO₂（未使用促溶剂）萃取的总脂肪与不同的参比法进行了比较，与索氏抽提法相比，S-CO₂ 对可可粉、可可豆、巧克力浆、牛奶巧克力和巧克力糊等食品的总脂肪萃取率均可达到 97%～102%，与碱性乙醚法比，对于奶粉 S-CO₂ 的萃取率为 99%～101%；与 AO CS（美国石油化学家会）标准法相比，S-CO₂ 对花生油的萃取率为 98%～103%。另外，也有研究表明，用 S-CO₂ 萃取的脂肪酸成分及其含量与其他溶剂萃取法比较接近。通过几种常用脂肪测定方法的比较，介绍一种新的快速、自动化操作、溶剂用量少和选择性好的食品脂肪测定方法。

1 几种常用脂肪测定方法的比较

目前，在食品工业，常用脂肪测定方法有索氏抽提法（Soxhlet extraction method）、碱性乙醚提取法（Rose-Gottlieb method）、氯仿-甲醇法、巴布科克改良法以及折光率法和比重法等。这几种脂肪测定方法的比较见表 1。

＊本文来源：经济林研究，2003，21（3）：28-31.

表 1　几种总脂肪测定方法的比较

方法	主要试剂	萃取物组成	优（缺）点
索氏抽提法	无水乙醚或石油醚（沸程 30~60℃）	主要为游离脂类，还有少量游离脂肪酸、蜡、磷脂、固醇、色素及其他醚溶性物质	操作方便，但提取时间较长，有时需提取 8~16h 或更长；对于脂肪含量少的植物样品，萃取物大部分为非脂物质；只适用于固态样品。
碱性乙醚法	浓氨水、无水乙醚、石油醚（沸程 30~60℃）	绝大部分脂类被抽提出，另有少量可溶性非脂成分（如糖分等）	准确度高，是乳与乳制品中脂肪测定的公认标准分析法，主要适用于能在碱性溶液中溶解，或能形成混悬胶体的样品，如牛乳、奶粉、奶油等
氯仿-甲醇法	氯仿、甲醇	游离脂类、结合脂类	试剂温和，适用范围广，对于富含脂蛋白、蛋白脂或磷脂等脂类的样品提取率最高
巴布科克法	高氯酸、醋酸	游离脂类	操作简单，适用于乳类和肉类的湿法提取
折光率法	α-溴代萘、乙醚、石油醚		主要用于油料、肉类等含油量的测定，简单快速，具有一定的准确性，适用于生产上应用

由表 1 可知，氯仿-甲醇法能够较好地萃取出样品中的游离脂类和结合脂类，测定结果接近于样品中真实脂类的含量；碱性乙醚法虽也能提取出结合脂类和游离脂类，但还含有一定量的非脂成分，且样品必须能溶解于碱性溶液中；而其他几种方法只能测定食品中的游离脂类，如索氏抽提法还存在抽提时间长、结合脂类不能抽出和非脂成分较多等缺点。

2　总脂肪超临界 CO_2 萃取分析法

2.1　设备与样品设备

SFX-3560 型 S-CO_2 萃取仪，配备有自动进样器和促溶剂添加泵，瑞士生产。

样品：营养奶粉（DDP）、全脂奶粉（TMP）、脱盐乳清粉（DWP）、速溶配方奶粉（BFF）、牛奶巧克力（MCL）、粉状固体饮料（PBA）、粉状即食牛肉汁（BSI）、香味速溶咖啡（KTA）和粉状芦笋汤料（SOUP）。

2.2　测定方法

2.2.1　参比法（REF）选择

采用国际乳制品联合会（IDF）标准方法进行测定：DDP、IMP、MCL 和 PBA 用 9C 法（1987），DWP 用 22B 法（1987，BFF 用 123A 法（1988），BSI 和 SOUP 用 Weibull 法，KTA 用 Twisselmann 法（1989），MCL 和 IMP 中脂肪酸测定用 IUPAC2.301 和 2.304 法。

2.2.2　S-CO_2 萃取法

对于所有的样品，在分析之前充分粉碎，再精确称取 1~2g，直接放入萃取容器内与足够量的 S-CO_2 相混合；然后将萃取容器装入萃取室内，超临界流体选用 S-CO_2，再选择适宜的萃取条件，见表2。操作时，限流器必须与收集瓶紧密配合，以便在萃取过程中没有蒸气泄漏。为了使S-CO₂气化，从而与萃取液分离，收集瓶需加热至60℃并被打开。萃取完毕后，取出收集瓶并放入120℃的烘箱中20min。为测定总脂肪量，收集瓶在萃取前后都要称重。如果在收集瓶中放入1g玻璃绒则总脂肪萃取率将大大增加。

表 2　测定总脂肪的 S-CO₂ 萃取法

方法	1	2	3	4	5	6
萃取温度（℃）	100	80	100	100	80	100
萃取压力（MPa）	51	51	51	51	51	48
促溶剂	无	无	无	15%的乙醇	15%的95%乙醇水溶液	15%的95%乙醇水溶液
限流器温度（℃）	100	100	150	150	150	150
限流器流（ml/min）	2	2	2	2	2.5	2
萃取时间（min）	45	45	45	45	40	45

上述待测样品中总脂肪的测定方法分别为：MCL 选用方法 2，BSI、PBA 选用方法 3，DWP、BFF 和 KTA 选用方法 4，IMP、DDP 选用方法 5，SOUP 选用方法 6。

2.2.3　统计分析法

对所有样品分别用 SFE 法和 REF 法测定的结果进行统计学分析，计算了平均值（M）和标准偏差（SD）。每种方法对每个样品测定结果的中值以 MEF 表示。SDr 和%CVr 表示测定结果的标准偏差在每次测定时的重复性，其中 SDr = 1.4826SD、%CVr =（SDr/MED）× 100%。如果%CVr<5% 则测定结果的重复性好，反之则重复性差。

对于同一样品，如果将 SFE 法和 REF 法测定的结果配对，则两法测定结果平均值之差（D）的标准误差（SEM）为 $SEM = SD/n^{0.5}$（n 为测定次数）。t 值 = D/SEM，如果 t>2.776 则在这一差值上的置信度>95%，两种方法不存在显著差异；反之，则存在显著差异。

2.3　结果与分析

2.3.1　各种 S-CO₂ 萃取法的比较

采用方法 1 测定 DDP、BFF、MCL、BSI 和 SOUP 中总脂肪含量时结果太低（浸提率<50%），而测定 KTA 和 DWP 时结果太高（浸提率>200%），这是因为其他脂溶性非脂成分也被抽提出来了。为了提高总脂肪的浸提率，进一步改变操作参数可以增加测定结果的可靠性，如方法 2 用于 MCL 的测定、方法 3 用于 BSI 和 PBA 的测定，均取得了较好的效果，MCL、BSI 的浸提率分别为 96% 和 96.4%。

已报道的研究表明，待测样品中若有一定量的磷脂（如牛奶）可能增加萃取难度，这是因为磷脂具有比甘油脂更大的极性，S-CO₂ 不能定时地萃取它们。对于相同的样品和萃取条件，若将方法进行改进，在 S-CO₂ 中添加适量无水乙醇用以改善其分子极性，从而提高了总脂肪的萃取率。如方法 4，在超临界流体萃取系统中，通过注射泵在 S-CO₂ 中混入 15% 的无水乙醇，对分析 DWP、BFF 和 KTA 中总脂肪的含量时均取得了令人满意的结果。

方法 5 通过添加 15% 的 95% 乙醇溶液可以进一步提高溶剂系统的溶解特性，在促溶剂中水的存在可增强极性化合物的溶解性，削弱非极性化合物的溶解性。此法已成功地用于测定 IMP 和 DDP，总脂肪的抽提率分别达到 98.4% 和 97.4%。方法 6，适当改变萃取温度、压力、流率和时间等，可以改善 SOUP 的测定结果。各种 $S-CO_2$ 萃取法测定待测样品中总脂肪和磷脂含量的结果见表 3。

表 3　待测样品中总脂肪和磷脂的含量

样品	IMP	DDP	DWP	BFF	MCL	PBA	KTA	SOUP	BSI
总脂肪（%）	28	28	<1	9	35	4	<1	10	10
磷脂（g/100g 样品）	0.3~0.6	0.05	0.3	<1	0.2~0.6	<1	–	<0.3	<0.3

2.3.2　$S-CO_2$ 萃取法与 REF 法的统计比较

由表 4 可知，对于 DDP、IM P、MCL 和 PBA，$S-CO_2$ 萃取法与 REF 法每次测定结果的重复性都很好，但 $S-CO_2$ 萃取法比 REF 法的重复性要差；而测定 BSI 和 SOUP 时，$S-CO_2$ 萃取法的重复性很差，REF 法的重复性很好。由表 5 可知，$S-CO_2$ 萃取法与 REF 法测定所有样品时，t 值均大于 2.776，说明两法不存在显著的差异。

表 4　$S-CO_2$ 萃取法和 REF 法测定结果统计分析

	MCL		PBA		BSI		IMP		DDP		SOUP	
	$S-CO_2$	REF	$S-CO_2$	REF	$S-CO_2$	REF	$S-CO_2$	REF	$S-CO_2$	REF	$S-CO_2$	REF
n	10	5	5	5	5	5	10	5	5	5	5	5
M	32.77	34.26	3.10	3.76	9.98	10.84	27.74	28.47	27.18	27.63	7.63	8.78
MED	32.73	34.21	3.09	3.72	10.18	10.76	27.73	28.47	27.20	27.62	7.79	8.72
SDr	0.194	0.052	0.084	0.021	0.902	0.482	0.189	0.021	0.241	0.063	1.174	0.210
%CVr	0.6	0.2	2.7	0.6	9.0	4.4	0.7	0.1	0.9	0.2	15.4	2.4

表 5　$S-CO_2$ 法和 REF 法测定结果差值的统计分析

	MCL	PBA	BSI	IMP	DDP	SOUP
D	1.53	0.66	0.86	0.64	0.45	1.15
SD	0.234	0.087	0.624	0.090	0.072	0.604
SEM	0.10	0.04	0.28	0.04	0.03	0.27
t	14.64	16.93	3.08	15.78	13.77	4.25

2.3.3　$S-CO_2$ 萃取法测定脂肪酸

$S-CO_2$ 萃取法与 REF 法萃取的总脂肪中主要脂肪酸种类及其含量颇为接近，见表 6。

表6 IMP 和 MCL 中主要脂肪酸的含量　　　　g/100g

	IMP		MCL	
	S-CO$_2$	REF	S-CO$_2$	REF
C-4:0	4.48	4.39	0.83	1.06
C-6:0	2.38	2.10	0.40	0.36
C-8:0	1.34	1.31	0.20	0.21
C-10:0	3.01	3.02	0.43	0.44
C-14:1 N-5	4.49	4.45	0.55	0.54
C-15:0	12.46	11.91	1.96	2.11
C-16:0	33.80	31.74	26.74	26.81
C-15:1 N-7	1.47	1.57	0.39	0.42
C-17:0	0.41	0.43	0.20	0.20
C-17:1	0.15	0.17	0.00	0.04
C-18:1	19.01	20.70	31.87	31.30
C-18:2	0.47	0.63	0.15	0.30
C-18:2 N-6	0.42	1.49	2.42	2.77
C-18:3 N-6	0.00	0.62	0.28	0.33
C-20:0	0.06	0.15	0.88	0.86
C-20:4 N-6	0.00	0.12	0.00	0.00
C-22:0	0.00	0.00	0.17	0.10
其他	3.32	2.98	0.58	0.37
总脂肪酸	100.00	100.00	100.00	100.00

3 讨论

（1）采用 S-CO$_2$萃取法测定食品中的总脂肪，萃取参数的选取非常重要的，包括萃取压力、收集瓶温度、适宜促溶剂的使用、限流器的温度与流速等。如提高限流器的温度，在100~150℃范围内可增加总脂肪的抽提率。另外，自动化的萃取系统对提高总脂肪的抽取率也很重要。例如，装备促溶剂自动注射泵，使用能耐150℃高温且自动加热的限流器，可以避免造成堵塞，从而改善测定结果的重复性；自动清洗系统可以避免不同样品间的相互污染；还有，自动控制萃取压力和流率也有助于取得好的重现性。

（2）S-CO$_2$萃取技术是很有应用前景的，用其取代索氏抽提法等溶剂萃取法是可能的，它可普遍适用于油脂易于萃取但不与食品基质发生相互作用的情况。而对于那些油脂与基质之间有强相互作用的食品，需采用碱或酸进行预处理，再用溶剂萃取法测定。

（3）S-CO$_2$萃取法测定食品中的总脂肪，具有快速、全自动化、溶剂用量减少、很低的热损失和有选择地分离目的组分等优点，但其费用高，对一些样品的浸提不完全和仪器复杂等缺点。S-CO$_2$萃取对全脂奶粉和营养奶粉的分析结果令人满意，由于每种食品系统的独特性，需要进一步改变 S-CO$_2$萃取的操作参数。

大孔树脂对竹叶黄酮的吸附分离特性研究[*]

陆志科[1]　谢碧霞[2]

(1. 广西大学林学院，广西南宁 530001；2. 中南林学院，湖南株洲 412006)

竹叶提取物是近年来新开发的一种生物黄酮类保健营养素，具有优良的抗自由基、抗氧化、抗衰老、降血脂、免疫调节、抗菌等生物学功效，在人类的营养、健康和老年退行性疾病的防治上有着广阔的应用前景。其主要功能性成分为竹叶黄酮和香豆素类内酯。竹叶黄酮多为黄酮糖甙，这些黄酮可细分为 5 类：荭草甙和异荭草甙类、木犀草素甙类、牡荆甙、洋芹甙和其他 4′-OH 黄酮甙类。荭草甙和异荭草甙类及牡荆甙为 C-甙，其他为 O-甙。竹叶成分结构复杂，而且甙类化合物具有一定极性和水溶性。根据这一结构特点，近年广泛应用于有机化合物（尤其是水溶成分）提取分离的大孔树脂吸附法成为竹叶黄酮提取生产的有效手段。大孔吸附树脂是近十年来发展起来的一类有机高分子聚合物吸附剂，它具有物理化学稳定性高、吸附选择性独特，不受无机物存在的影响、再生简便、解吸条件温和、使用周期长、宜于构成闭路循环、节省费用等诸多优点，广泛用于生化物质的分离纯化。本文选择 6 种树脂，比较其对竹叶黄酮的吸附特性，寻找具有一定选择性、吸着反应易于进行、吸附容量大且易于解吸附的树脂，对于优化生产工艺，充分利用竹叶资源具有重要意义。通过对 6 种树脂的筛选试验，发现弱极性树脂 AB-8 是一种对竹叶黄酮吸附性能优良的吸附剂。

1　仪器、材料与试剂

UV-1600 型紫外可见分光光度计；DKZ-2 型电动恒温振荡水槽。AB-8，X-5，H107，S-8，NKA-9 树脂为天津南开大学化工厂产品；芦丁对照品为中国医药上海化学试剂公司、聚酰胺为中国医药上海化学试剂公司；竹叶总黄酮粉为实验室精制，总黄酮含量 25% 以上（UV 检测）。所用试剂均为分析纯。

2　试验方法

2.1　树脂的预处理

除 H107 外各树脂经筛选后，先用乙醇浸泡充分溶胀，然后用乙醇洗至洗出液加适量水无白色浑浊现象，再用去离子水洗尽醇，最后转入酸碱处理（用 4BV 的 5%HCl 溶液，以 5B（V/h）的流速通过树脂层，并浸泡 3h，而后用去离子水以同样流速洗至出水 pH 值

---

*本文来源：经济林研究，2003，21（3）：1-4。

为中性；用4BV的5% NaOH溶液，以5B（V/h）的流速通过树脂层，并浸泡3h，而后用去离子水以同样流速洗至出水 pH 值中性）。H107 树脂先用 10%的盐酸处理，然后用去离子水洗除盐酸，再重复上述操作。室温晾干，即得。

2.2 检测方法

据研究要求，本文总黄酮含量测定采用以芦丁为对照品的分光光度法，取样后立即测定。称取芦丁参照物 5.6mg 置于 50ml 容量瓶中，加 60%（体积分数）的乙醇 20～25ml，并置于水浴上加热溶解，放冷。用 60% 的乙醇稀释至刻度，摇匀。准确吸取 0.0，1.0，2.0，3.0，4.0，5.0ml 分别置于 10ml 容量瓶中，各加 60% 乙醇溶液至 5ml。加 50g/L NaNO$_2$ 溶液 0.3ml，摇匀，放置 6min，再各加 100g/LAl（NO$_3$）3 溶液 0.3ml，摇匀，放置 6min，加 40g/L NaOH 溶液 4ml，用水稀释至刻度，放置 20～30min，在波长 510nm 处测定吸光度，其结果见表1。

数据用最小二乘法进行线性回归，得芦丁溶液 C 与吸光度值 A 的关系曲线的回归方程式：$C = 91.7A + 0.64$，$r = 0.99992$。用同种方法，相同条件下测定各样品的吸光度，由对应的吸光度标准曲线查出相应浓度，并计算样品黄酮含量。

表 1　芦丁标准溶液吸光度值

芦丁标准溶液 C（μg/ml）	11.20	22.40	33.60	44.80	56.00
吸光度 A	0.115	0.238	0.359	0.482	0.604

2.3 吸附量的测定

准确称取经预处理的树脂各 100mg（干）于 50ml 具塞磨口三角瓶中，精密加入竹叶总黄酮水溶液 30ml（黄酮浓度为 1mg/ml）置电动振荡机上振荡 24h，充分吸附后，滤过，测定滤液中剩余黄酮浓度，按下式计算各树脂室温下的吸附量，$Q = (C_0 - C_r) \times V/W$ 式中：Q 为吸附量（mg/）；C_0 为起始浓度（mg/ml）；Cr 为剩余浓度（mg/ml）；V 为溶液体积（ml）；W 为树脂重量（g）。

2.4 解吸率的测定

吸附树脂在分离植物有效成分方面的应用是利用吸附的可逆性（即解吸）。由于树脂极性不同，吸附作用力强弱不同，解吸难易亦不同。因此，解吸剂及其解吸率的测定是树脂筛选试验的重要环节。按 2.3 方法取充分吸附后的树脂，分别精密加入 70%乙醇，90%乙醇，甲醇各 30mL，浸泡振摇 10h，滤过，测定滤液黄酮浓度，根据吸附量计算解吸率（%）。

2.5 吸附动力学过程

在有充分时间吸附的情况下，有些树脂可能具有相近的饱和吸附量，但是由于各树脂化学和物理结构的差别，其吸附动力学过程是有差异的。因此，通过试验比较了各树脂的吸附动力学过程。并测定各树脂的吸附速率。

3 实验结果及分析

3.1 不同树脂对竹叶黄酮的吸附率及经吸附分离处理后浸膏中黄酮的含量

用 6 种树脂对竹叶黄酮粗提液进行处理，在初始浓度均为 1.04mg/ml 的条件下，测其吸附后平衡浓度（即树脂充分吸附后，吸附液的剩余浓度），可得不同树脂对竹叶黄酮的吸附率和经吸附分离处理后浸膏中黄酮的含量，表 2 的结果说明树脂 S-8、AB-8 具有较大的吸附量。

表 2 同时表明用 S-8、NKA-9、AB-8、聚酰胺树脂吸附处理后，浸膏黄酮含量较高，为浸提后直接干燥所得浸膏黄酮含量的近 2 倍，树脂吸附分离对提高浸膏黄酮含量具有显著效果。

表 2 树脂对竹叶黄酮的吸附率及吸附分离处理后浸膏中黄酮含量

树脂种类	S-8	AB-8	NKA-9	X-5	H107	聚酰胺
平衡浓度（mg/ml）	0.6176	0.6571	0.8217	0.7738	0.8442	0.7412
吸附率（mg/g）	126.72	114.86	65.49	79.87	58.75	89.64
浸膏黄酮含量（%）	64.74	63.42	65.48	58.17	54.85	74.26

3.2 不同解吸剂对竹叶黄酮的解吸率的比较

利用 70%乙醇，90%乙醇，甲醇各 30ml，浸泡振摇 10h，T=20℃的条件下进行解吸。滤过，测定滤液黄酮浓度，根据吸附量计算解吸率（%）。各牌号树脂的解吸率实验结果见表 3。

结果表明 90%乙醇较易将吸附于树脂上的黄酮解吸下来，其中树脂 X-5，NKA-9，AB-8，聚酰胺的解吸率较高，均在 96%以上，可以粗略认为竹叶黄酮已从树脂上基本全部解吸。

表 3 不同解吸剂竹叶黄酮的解吸率（20℃）

树脂	90%乙醇	70%乙醇	甲醇
S-8	52.84	52.82	62.36
AB-8	97.73	87.85	76.44
X-5	99.27	85.63	91.27
NKA-9	98.65	64.69	86.46
H107	79.81	72.76	73.03
聚酰胺	96.76	84.63	77.89

3.3 不同树脂吸附竹叶黄酮的动力学过程

按照 2.3 的方法，测定了各树脂在 t 时刻内（t=1，2，3……10h）达到平衡时的吸附量 Q_t 和 Q_e（mg/g），以 Q_t 对 t 作图，得各树脂的吸附动力学曲线，见附图 1。

从附图 1 可见，各树脂吸附竹叶黄酮的动力学过程大致为 3 种状况：①如树脂 H107，自起始阶段吸附量较小，而且达到平衡时间长，饱和吸附量亦不大，为慢速吸附类型树脂；②如树脂 S-8，AB-8，X-5，聚酰胺，起始阶段吸附量较大，然后吸附量逐渐增加，达到平衡时间较长，为中速吸附类型树脂；③如树脂 NKA-9，起始阶段吸附量有大有小，但均迅速达到平衡，为快速吸附类型树脂。从吸附量和时间的关系来看，树脂 S-8，AB-8，聚酰胺的吸附性能是比较好的。

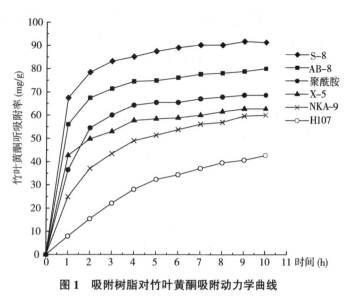

图 1　吸附树脂对竹叶黄酮吸附动力学曲线

根据提出吸附理论的 Langmuir 提出了吸附速率方程，可初步应用于各树脂的比较分析：$LnQ_e/(Q_e-Q_t)=Kt$。

把 $LnQ_e/(Q_e-Q_t)=Kt$ 变换为 $-Ln(1-Q_t/Q_e)=Kt$。

式中：Q_t 为 t 时刻树脂的吸附量；Q_e 为平衡时刻树脂的吸附量；K 为吸附平衡速率常数。

用其 $Ln(1-Q_t/Q_e)$ 对时间 t 作直线回归，得各树脂的吸附平衡速率常数 K，结果见表 4。树脂 S-8，AB-8，聚酰胺的吸附平衡速率常数 K 都在 0.4 以上，r 值在 0.9 以上。

表 4　吸附树脂的吸附平衡速率常数（20℃）

树脂	K/h	r
S-8	0.4926	0.9590
AB-8	0.4047	0.9390
X-5	0.3910	0.9571
N KA-9	0.3595	0.9918
H107	0.3222	0.9753
聚酰胺	0.4914	0.9756

3.4　不同吸附树脂的物理性能与吸附性能的关系

树脂吸附性能的优劣是由其化学和物理结构所决定的，表 5 列出了各树脂的结构性能。

树脂的极性和空间结构（孔径、比表面、孔容）是影响吸附性能的重要因素。树脂吸附作用的根本因素是吸附剂与吸附质之间的作用力，即范德华力。实验所用树脂为聚苯乙烯型，有非极性、弱极性、极性 3 种类型。从表 2 可见，吸附量较大的树脂多为弱极性或极性树脂，如树脂 S-8，AB-8，聚酰胺。这是由于竹叶黄酮具有多酚结构和糖甙链，具有一定的极性和亲水性，生成氢键的能力较强，有利于弱极性和极性树脂的吸附。对于非极性树脂，即使有较大孔径（如 X-5 树脂），对黄酮的吸附量偏小。在某些情况下，吸附作用力强不利于解吸。如 S-8 树脂吸附量大但解吸率低，不适用于分离。

比重较大的吸附树脂可提高单位体积湿树脂总表面积，从而使树脂吸附量明显增加。有机物通过树脂的孔径扩散到树脂孔内表面而被吸附，只有当孔径足够大时，比表面积才能充分发挥作用。因此树脂吸附能力大小与竹叶黄酮的分子量和构型有关，孔径大小直接影响不同大小分子的自由出入，从而使树脂吸附具有一定的选择性。竹叶黄酮糖甙的平均分子量为 642，使用孔径较大的树脂有利于吸附，从表 5 可见吸附量大的树脂 AB-8，S-8 都具有较大的孔径，而孔径小于 10nm 的树脂吸附量都不够大。在孔径适合，即有良好扩散条件时，树脂的吸附量随比表面的增大而增大，如极性树脂 NKA-9 孔径虽然与 AB-8 相近，但由于比表面显著小于 AB-8，其吸附量显著小于 AB-8。

树脂仅具有适当的功能基还不够，具有较高的比表面积对吸附将更为有利。大孔树脂吸附原理主要为物理吸附，所以比表面积增加，表面张力随之增大，吸附量提高，对吸附有利。如树脂 AB-8 孔径虽然与 NKA-9 相近，但由于比表面明显大于 NKA-9，其黄酮吸附量也显著大于 NKA-9。孔容的大小直接影响树脂的体积比表面积（每 1ml 湿树脂所具有的比表面积 m^2/ml），在实际应用中，体积比表面积对吸附量起着重要作用，孔体积增大引起体积比表面积下降，反而使吸附量降低。S-8，AB-8 树脂孔容小，体积比表面积大，因而吸附量较大。

根据吸附量、比表面积和孔径等各参数的关系，并非在比表面积高的前提下孔径越大越好。树脂的实际应用是由树脂的极性、孔径、比表面、孔容的综合性能决定的，对其性能的评价要从吸附量、解吸率和吸附动力学试验的结果综合考虑。

表 5　吸附树脂的物理性能

树脂	极性	外观	粒径范围（mm）	比表面（m^2/g）	平均孔径（nm）	孔容（ml/g）
S-8	极性	乳白色不透明球状颗粒	0.3~1.25	100~120	28.0~30.0	0.78~0.82
AB-8	弱极性	乳白色不透明球状颗粒	0.3~1.25	480~520	13.0~14.0	0.73~0.77
X-5	非极性	乳白色不透明球状颗粒	0.3~1.25	500~600	29.0~30.0	1.20~1.24
NKA-9	极性	乳白至微黄色不透明球状颗粒	0.3~1.25	250~290	15.5~16.5	
H107	非极性	黑色发亮球状颗粒	0.3~0.6	1000~1300		1.25~1.29
聚酰胺	弱极性	乳白色不透明球状颗粒	0.3~1.25	520~560		

4　结论

通过测定分析 6 种吸附树脂对竹叶黄酮的吸附特性，综合考虑多方面因素，AB-8 树脂具有适当孔径、较高比表面积、较大比重，竹叶黄酮吸附量大，解吸容易，吸附后浸膏黄酮含量高，性能优于其他几种树脂。AB-8 树脂是一种性能良好的竹叶黄酮吸附剂。为使树脂吸附法成功地应用于竹叶黄酮的生产，除选用性能优良（特别是增大对黄酮的选择性吸附）的吸附剂外，还要配合最佳的工艺条件，才能取得最佳的分离效果。

马尾松花粉破壁技术及其发酵饮料[*]

李安平　谢碧霞　常银子　谢军红　蔡述峰

(中南林学院绿色食品研究所，湖南株洲 412006)

花粉是植物的雄性生殖细胞，俗称"植物精子"。花粉作为生命遗传物质，它不仅含有丰富的氨基酸、维生素、核酸、黄酮以及不饱和脂肪酸、蛋白质活性酶等，而且配比合理，因此有"微型营养库"之称，又因其良好的美容养颜功效，被女性称为"可吃的化妆品"，此外，在防止人体衰老，促进新陈代谢和调节人体机能等方面均有极为重要的作用。因此，花粉具有极高的开发价值。

马尾松是我国南方主要的森林树种之一。马尾松花粉不仅产量大，采集容易，而且营养丰富。此外，多种资料表明，它不含特异性激发物，不会引起花粉过敏，是当今研究的热点。花粉虽然是天然的营养宝库，但其外壁是由纤维素、角质和花粉素等致密物质所构成，能抗高压、高温、腐蚀，人体很难直接消化吸收其中的营养成分，因此，花粉的破壁成为一个至关重要的问题。目前，国内外常见的破壁方法有机械破壁法（如胶体磨、超声波、均质机），温差破壁法和生物法（酶法、酵母发酵法、发芽法）。但是，这些方法或者破壁率低，或者工艺过于复杂、投资大、成本高，或者易被污染，难以推广应用。文中所研究的马尾松花粉饮料是利用米曲霉、乳酸菌等微生物发酵破壁后研制而成的。通过多种微生物的发酵作用，一方面可提高花粉破壁率，改善花粉的不良口感；另一方面使产品富含乳酸活性菌，而且产品不经过高温灭菌的程序，较好地保存了饮料中的各种活性酶和维生素等热敏性物质。

1　材料与方法

材料：马尾松花粉、脱脂奶粉、蜂蜜、黄原胶、CMC-Na、单甘酯、柠檬酸。

仪器与设备：恒温培养箱、生物显微镜、胶体磨、均质机、粘度计、日立835—50氨基酸自动分析仪。

菌种：米曲霉、保加利亚乳杆菌、嗜热链球菌（均由湖南省轻工研究所提供）。

马尾松花粉发酵饮料加工工艺流程：花粉采集→干燥→过筛→配料→灭菌→接种→前发酵→后发酵→调配→均质→灌装→成品→冷藏。

破壁方法：微波处理—准确称取 8g 花粉分置于 4 个 200mL 的三角瓶中，然后每瓶加入 100mL 水，再用强微波处理 2min，取少许镜检，并测定处理前后溶液中的营养成分，取

---

* 本文来源：东北林业大学学报，2004，32（1）：11–13。

4 瓶的平均值。高温高压处理——准确称取 8g 花粉分置于 4 个 200mL 的三角瓶中，然后每瓶加入 100mL 水，再用灭菌锅 121℃高温高压处理 20min，取少许镜检，并测定处理前后溶液中的营养成分，取 4 瓶的平均值。乳酸菌发酵处理——准确称取 8g 花粉分置于 4 个 200mL 的三角瓶中，然后每瓶加入 100mL 水、2g 奶粉和 0.8g 蔗糖，经灭菌处理后，先后接种米曲酶、保加利亚乳杆菌和嗜热链球菌等菌种进行培养，最后取少许镜检，并测定处理前后溶液中的营养成分，取 4 瓶的平均值。机械破壁处理——准确称取 80g 花粉，用水 4000mL 混合后，在一定温度的水浴锅中浸泡一段时间。待胶体磨工作正常后，将花粉混合液缓慢注入高速旋转的机器中，如此循环 3 次，使之成为花粉乳，取少许镜检，并测定处理前后溶液中的营养成分。

破壁检测：将少量处理花粉用蒸馏水稀释，制片，生物显微镜放大镜检。每重复片 2 张，每片随机观察 100 个花粉粒。按破壁（包括破膜和内容物消失）与不破壁（包括外形无明显变化、内膜膨胀但不破膜）区分。

破壁率的计算：破壁率＝（显微镜所观察的总花粉数目处理后尚未破壁的花粉数目）显微镜所观察的总花粉数目。

分析检测方法：酸度用滴定法测定；活性菌数采用平板计数法测定；粘度用 NDJ-79 型旋转式粘度计测定；蛋白质采用微量凯氏定氮法；氨基酸采用日立 835—50 氨基酸自动分析仪；维生素采用薄层紫外法测定；微量元素采用原子吸收法测定。

2 结果与讨论

2.1 破壁花粉营养成分分析

虽然花粉具有很高的营养价值，但是人体较难消化吸收其中的营养成分，所以提高花粉的破壁率，增加产品所含的营养成分，成了花粉加工的重要课题。表 1~3 分别是不同方法处理后花粉的破壁率及其营养成分。

表 1　不同破壁方法的效果比较

破壁处理方法	破壁率情况
微波破壁处理	有少量内溶物析出，破壁率 26%
高温高压破壁处理	内溶物析出较少，破壁率 3%
乳酸发酵处理	绝大部分内溶物析出，破壁为 89%
机械破壁处理	几乎全部内溶物析出，破壁率为 91%

表 2　不同处理方法对溶液中各种氨基酸含量的影响　　mg/g

氨基酸	微波处理	高温高压处理	乳酸发酵处理	机械破壁处理
※缬氨酸 Ual	7.40	6.90	11.80	12.50
※苏氨酸 Thr	2.90	1.50	5.40	4.90
※苯丙氨酸 Phe	4.10	4.00	8.10	7.80

（续）

氨基酸	微波处理	高温高压处理	乳酸发酵处理	机械破壁处理
※异亮氨酸 Ile	6.50	5.80	8.80	8.70
※亮氨酸 leu	7.70	7.10	10.40	10.60
※赖氨酸 Lys	6.90	5.60	12.20	11.10
※色氨酸 Trp	6.00	5.10	8.90	9.00
※蛋氨酸 Met	2.00	2.10	2.30	2.30
丝氨酸 Ser	4.00	2.10	8.40	7.50
天门冬氨酸 Asp	6.10	5.60	14.10	15.40
谷氨酸 Glu	8.60	6.50	16.60	17.10
甘氨酸 Gly	1.60	1.50	8.50	8.30
酪氨酸 Tyr	3.80	3.10	4.60	4.60
丙氨酸 Ala	7.40	5.60	8.90	8.10
胱氨酸 Cys	2.00	1.80	1.60	2.40
组氨酸 His	2.40	1.80	3.80	3.00
精氨酸 Arg	2.20	1.70	3.50	3.10
脯氨酸 Pro	20.50	18.60	27.00	28.40
氨基酸合计	102.10	86.40	164.90	164.80
必需氨基酸合计	43.50	38.10	67.90	66.90

注：带※号的为必需氨基酸。

表 3　不同处理方法对矿物质和维生素含量的影响　　mg/g

营养物质	微波处理	高温高压处理	乳酸发酵处理	机械处理
钠 Na	0.2300	0.2000	0.3300	0.3700
钾 K	0.2600	0.2500	2.2800	3.1200
铁 Fe	0.0900	0.0500	0.3200	0.3500
磷 P	0.0600	0.0400	1.0600	1.5500
钙 Ca	0.1300	0.0500	0.9200	0.6700
镁 Mg	0.5800	0.4600	2.1300	1.9600
锌 Zn	0.0026	0.0018	0.0197	0.0202
维生素 C	0.6000	0.2000	0.8000	0.6000
叶酸	0.1100	0.0800	0.1950	0.1530
维生素 B_1	0.0200	0.0200	0.0800	0.0500

　　从表 1 看，用不同破壁方法处理后，花粉的破壁率有较大的差异。破壁率较高的是机械破壁法和乳酸发酵法。乳酸发酵法之所以能破壁，原因可能是乳酸发酵过程中，微生物产生了各种酶，此外花粉内也含有各种酶，利用这些酶的作用打通了花粉内外壁的部分通道（萌发孔、沟），从而使得内壁中的营养成分溶出，所以镜检时发现花粉的内容物消失；机械破壁则主要依靠机械的挤压、剪切等作用，使花粉壁和内膜囊破裂，因此花粉的内容物释出。其他各种方法处理的花粉也有部分内容物释出，这主要是依靠花粉内的各种酶的

作用。

从表2看，不同破壁处理后的花粉溶液中总氨基酸含量和必需氨基酸含量相差很大，其中以机械破壁法和乳酸发酵法处理的溶液中的含量较高，几乎是高温高压处理的2倍。发酵法处理的溶液中所含的游离氨基酸最高，甚至比机械破壁处理的还要高1倍。游离氨基酸是比较容易为人体所吸收的一类营养物质，所以，从此角度考虑，可以认为发酵处理比机械破壁处理更好，尤其值得注意的是其中的必需氨基酸含量不仅丰富，而且配比合理，完全符合FAOWHO推荐的氨基酸模式。

从表3看，乳酸发酵溶液中其他各种营养成分含量也非常丰富，其中脂肪和钠的含量低，而钾、铁、硒、维生素C和B族的含量却颇丰富，这正是当今营养学家提倡的营养模式。

机械破壁处理和乳酸发酵处理后溶液中各种营养成分都明显增加，但是机械破壁处理后要制成产品，需要经高温灭菌，从而破坏了其中的起重要作用的酶和维生素，而乳酸发酵处理后不需要高温灭菌，避免了营养成分的损失，且改善了松花粉的不良口感，提高了其生物学价值，所以选择乳酸发酵处理破壁较为恰当。

2.2 含糖量高低对活性菌存活状况的影响

乳酸活性菌对人体生理功能具有调节作用，对产品风味的提升也具有重要影响，所以产品中含活性菌数量的多少就关系到产品的品质。由于该产品是一种浓缩型的饮料，含糖量很高，对活性菌的存活有很大的影响，同时对酸度、微生物也会有影响。为此进行4组含糖量不同的活性菌存活对比实验。在0~3℃的冰箱中贮藏30d，然后采用平板计数法测定各种活性菌。需要特别引起注意的是，由于加工后不经过灭菌，所以整个加工过程必须保证是在无菌的环境中进行的。从含糖量高低对活性菌存活的影响（见表4）可以看出，含糖量的高低对保加利亚乳杆菌和嗜热链球菌的活性菌存活数有很大的影响。随着含糖量的增加，酸度随之降低，各种有益的活性菌数目也都降低，同时大肠杆菌数目也降低。因为当含糖量较低时，乳酸活性菌和大肠杆菌在冷藏过程中仍能存活且继续发酵繁殖，不断产生乳酸，酸度降低，此时虽然各种有益的活性菌数目较多，但是大肠杆菌数目已严重超标；当含糖量较高时，其生存和繁殖则受到了抑制，所以酸度反而比含糖量较低时小，卫生指标虽然符合要求，但各种有益的活性菌数目含量较少。只有当含糖量为40%左右时，大肠杆菌数才不超标，而乳酸杆菌数量又较多，故含糖量为40%是最佳的。

表4　含糖量高低对活性菌存活的影响

含糖量%	酸度 oT	保加利亚乳杆菌（个/mL）	嗜热链球菌（个/mL）
20	103.0	$4.12×10^7$	$4.06×10^6$
30	97.1	$6.50×10^6$	$5.30×10^5$
40	75.6	$2.40×10^5$	$4.00×10^5$
50	55.2	$2.00×10^2$	$3.80×10^2$
60	52.5	1.40	2.40

2.3 稳定剂的筛选

如果饮料产生沉淀和分层将严重影响产品的感官,所以分别选择不同品种、不同配比的稳定剂进行对比试验。将产品置于0~3℃的冰箱环境中贮藏30d后,测定其粘度,观察其稳定性,并取15mL产品,用100mL冷开水冲调后品尝鉴定(见表5)。

表5　稳定剂的比较结果

稳定剂配比	粘度（mPa·s）	组织状态	冲调口感
0.01%黄原胶	3.6	有乳清析出,产品分层严重,上清液约占13	味淡,肉质感差,冲调性好
0.02%黄原胶	4.8	有少许乳清析出,无沉淀	爽口,香甜,冲调性较好
0.03%黄原胶	6.3	稳定,流动性差	冲调性差
0.1%CMC-Na	3.9	有较多乳清析出,产品分层严重	味淡,肉质感差,冲调性好
0.2%CMC-Na	4.2	有少许乳清析出,无沉淀	爽口,香甜,冲调性较好
0.3%CMC-Na	6.0	稳定,流动性差	冲调性差
0.01%黄原胶 +0.1%CMC-Na	5.2	均匀稳定,无沉淀	爽口,香甜,冲调性较好
0.015%黄原胶 +0.05%CMC-Na	5.6	有少许乳清析出,无沉淀	爽口,香甜,冲调性较好
0.005%黄原胶 +0.15%CMC-Na	5.9	有少许乳清析出,无沉淀	爽口,香甜,冲调性较好

由稳定剂的比较结果可以看出,随着黄原胶和耐酸性羧甲基纤维素钠(CMC-Na)用量的增加,产品的粘度均随之上升,乳清析出减少,稳定性增强,但是在用均质机均质时有较多的气泡产生,使用乳化剂和消泡剂也难以消除。当CMCNa用量超过0.2%或黄原胶用量超过0.02%时,饮料的流动性和冲调分散性变差,所以单独使用CMC-Na和黄原胶是不适合的。当黄原胶和CMC-Na配合使用时,具有明显的协同作用,在两者的不同配比中,产品基本上能达到均匀稳定的状态,其中又以0.01%的黄原胶和0.1%的CMC-Na配合使用效果最好。

3　小结

马尾松是我国南方重要的森林树种。马尾松花粉不仅产量高,而且采集容易,具有较好的开发前景,成为当今研究的热点。花粉经过发酵处理后,不仅其口感得到极大的改善,破壁率提高,产品中的营养成分含量增多,同时对花粉也有一定的脱敏作用。经不同的破壁方法处理后,花粉的破壁率相差很大。在花粉发酵饮料的加工过程中要求尽可能避免加入色素、香精和防腐剂等食品添加剂,同时也要避免加热的工序,以保持产品的纯天然性。该饮料由于是浓缩型,pH值较低,减少了杂菌污染的可能性,也减少了运输和贮藏成本。产品即冲即饮,香甜爽口,而且产品富含乳酸活性菌,极大地提高了产品的保健功效,是美容保健的佳品。

附录　其他论文及著作目录

一、其他论文

1. 王森，谢碧霞，钟秋平，等.枣新品种'中秋酥脆枣'[J].园艺学报，2009，36（5）：771，781.

2. 李安平，谢碧霞，钟秋平，等.响应面分析法优化竹笋膳食纤维乳酸发酵改性条件研究[J].食品工业科技，2009，30（9）：193-195.

3. 潘晓芳，谢碧霞，陈尚文，等.南宁市人心果梢部主要刺吸害虫的初步研究[J].经济林研究，2006，24（1）：37-40.

4. 黄亮，郑菲，李安平，等.橡实壳中多酚类物质提取工艺[J].食品研究与开发，2012，33（6）：64-67.

5. 王森，谢碧霞，杜红岩，等.美国扁桃花器官的抗寒性[J].经济林研究，2007，25（2）：19-22.

6. 谢碧霞，谢涛，钟海雁.橡实淀粉漂白工艺的研究[J].食品科学，2003，24（4）：71-74.

7. 谢碧霞，陆志科，廖威.MCI法在酚类结构与杀菌活性间的相关性研究[J].经济林研究，2003，21（3）：82-84.

8. 谢碧霞，何钢.干鲜果品贮藏保鲜关键技术[J].林业科技开发，2002，16（4）：63-65.

9. 李安平，谢碧霞，王俊，等.膳食纤维强化酸奶的流变学特性及其感官品质研究[J].中国乳品工业，2008，36（9）：11-13.

10. 胡芳名，谢碧霞.枣树叶片营养元素含量的季节变化动态的研究[J].经济林研究，1989，7（2）：23-29.

11. 胡芳名，谢碧霞，张在宝，等.湖南柿树资源及开发利用[J].经济林研究，1989，7（1）：1-30.

12. 胡芳名，谢碧霞，王晓明.枣树经济施肥与氮素营养诊断的研究[J].经济林研究，1992，（S1）：121-133.

13. 胡芳名，谢碧霞，何业华，等.枣树品比试验研究[J].中南林学院学报，1992，12（2）：105-111.

14. 何业华，胡芳名，谢碧霞.枣树开甲、摘心和喷肥相互作用的研究[J].中南林学院学报，1993，13（2）：109-113.

15. 倪云鹏，王仁梓，谢碧霞，等.我国柿树主要栽培品种简介[J].河北林业科技，1994，

（1）：44-46.

16. 胡芳名，谢碧霞，刘佳佳，等. 氮素营养对枣树花和果实生长发育的影响研究 ［J］. 经济林研究，1995，13（4）：16-19，79.

17. 何业华，谢碧霞，胡芳名，等. 枣树种质资源鉴评的研究 ［J］. 经济林研究，1995，13（2）：5-8，63.

18. 胡芳名，谢碧霞，何业华. 我国木本粮食资源开发现状、问题、潜力及对策 ［J］. 经济林研究，1996，（S2）：134-139.

19. 何业华，谢碧霞，胡芳名，等. 枣幼树二次枝抽枝力的研究 ［J］. 林业科技通讯，1996，（4）：20-22.

20. 何业华，熊细满，谢碧霞，等. 枣树组织培养愈伤组织诱导的研究 ［J］. 中南林学院学报，1997，17（1）：13-18.

21. 胡芳名，谢碧霞，刘佳佳，等. 施肥与喷施激素对枣树内源激素变化与座果情况的影响研究 ［J］. 经济林研究，1997，15（4）：3-6，75.

22. 何业华，胡芳名，谢碧霞，等. 枣树果核变化规律的研究 ［J］. 经济林研究，1997，15（3）：1-4，62.

23. 王晓明，唐萍，谢碧霞，等. 枣树叶片氮磷钾含量与产量品质的关系 ［J］. 湖南林业科技，1997，24（1）：1-3.

24. 李安平，谢碧霞，钟秋平，等. 不同粒度竹笋膳食纤维功能特性研究 ［J］. 食品工业科技，2008，29（3）：83-85.

25. 李安平，谢碧霞，钟秋平，等. 毛竹春笋提取物抗氧化活性研究 ［J］. 食品科学，2008，29（5）：97-100.

26. 王森，谢碧霞，钟秋平，等. 不同酸碱条件对扁桃凝胶质构特性的影响研究 ［J］. 林产化学与工业，2008，28（2）：119-123.

27. 王森，谢碧霞，杜红岩，等. 扁桃流胶病的发生规律 ［J］. 中国南方果树，2008，37（6）：53-54.

28. 谷战英，谢碧霞. 林木生物质能源发展现状与前景的研究 ［J］. 经济林研究，2007，25（2）：88-91.

29. 谢碧霞，李安平，胡春水，等. 高活性竹笋膳食纤维饼干的研制 ［J］. 中南林学院学报，2000，20（2）：22-25.

30. 李安平，谢碧霞，胡春水，等. 车前保健可乐的研制 ［J］. 食品工业科技，2000，21（2）：34-35.

31. 陆志科，谢碧霞. 植物源天然食品防腐剂的研究进展 ［J］. 食品工业科技，2003，24（1）：94-96，93.

32. 谢碧霞，何业华，易志军. 盾叶薯蓣愈伤组织培养及其高产系的筛选 ［J］. 中南林学院学报，1999，19（4）：17-21.

33. 谢碧霞，何业华. 我国重要的经济林树种——橡胶树 ［J］. 经济林研究，1996，14（3）：

31-32.

34. 谢碧霞，谢涛. 我国天然食品添加剂森林植物资源的开发利用 [J]. 经济林研究，2002，20（3）：60-62.

35. 王承南，谢碧霞. 茶皂素的利用研究进展 [J]. 经济林研究，1998，16（3）：50-52.

36. 王晓明，唐时俊，谢碧霞，等. 枣树良种快速繁殖技术研究 [J]. 湖南林业科技，1998，25（2）：7-9.

37. 何业华，胡芳名，谢碧霞，等. 枣树原生质体培养及其植株再生 [J]. 中南林学院学报，1999，19（3）：29-31，47.

38. 钟海雁，王承南. 超临界 CO_2 萃取茶油的初步研究 [J]. 食品与机械，1999，（2）：13-14.

39. 李安平，胡春水，谢碧霞，等. 乳酸菌发酵制备竹笋膳食纤维的研究 [J]. 食品工业科技，1999，20（1）：40-41.

40. 钟海雁，王承南，谢碧霞. 微胶囊化茶油植脂末生产工艺的初步研究 [J]. 中南林学院学报，1999，19（3）：59-62.

41. 胡芳名，何业华，谢碧霞. 枣树落花落果规律及其控制 [J]. 中南林学院学报，1999，19（3）：19-22.

42. 李安平，胡春水. 竹笋乳酸菌饮料的研制 [J]. 饮料工业，1999，17（5）：16-17，20.

43. 钟海雁，赵明耀. 茶油色泽测定及脱色工艺的研究 [J]. 中南林学院学报，2000，20（4）：25-29.

44. 李安平，胡春水，谢碧霞，等. 竹笋乳酸菌饮料的生产工艺 [J]. 适用技术之窗，2000，（2）：12-13.

45. 李安平，夏传格. 奈李加工利用技术 [J]. 中国林副特产，2000，（4）：19-20.

46. 李安平，夏传格，谢碧霞，钟海雁. 奈李加工利用技术 [J]. 林业科技开发，2000，14（2）：38-39.

47. 钟海雁，谢碧霞，王承南. 我国油茶加工利用研究现状及方向 [J]. 林业科技开发，2001，15（4）：6-8.

48. 王承南，钟海雁，谢碧霞. 油茶籽油微胶囊凝聚法工艺技术的研究 [J]. 中南林学院学报，2001，21（4）：28-31.

49. 钟海雁，王承南，黄健屏，等. 油茶枯饼固态发酵技术的研究 [J]. 中南林学院学报，2001，21（1）：21-25.

50. 李安平，田玉峰，谢碧霞，等. 橡实淀粉生料酒精发酵与传统酒精发酵的能耗和成分组成比较 [J]. 江西农业大学学报，2012，34（5）：1032-1038.

51. 谢涛，谢碧霞. 车前草水溶性膳食纤维（SDF）提取工艺的研究 [J]. 经济林研究，2001，19（2）：56-58.

52. 李安平，谢碧霞，钟海雁，等. 高纤维固体碳酸饮料的研制 [J]. 山东食品科技，2001（2）：7-8.

53. 李安平, 谢碧霞, 钟海雁, 等. 高纤维固体碳酸饮料的研制 [J]. 食品与机械, 2001 (4): 15-16.

54. 江年琼, 谢碧霞, 何业华, 等. 三白草的组织培养 [J]. 中药材, 2001, 24 (12): 855-856.

55. 李安平, 谢碧霞, 钟海雁, 等. 森林绿色食品开发现状及措施 [J]. 中南林业调查规划, 2001, 20 (2): 37-40.

56. 李安平, 谢碧霞, 王纯荣, 等. 高活性竹笋膳食纤维微胶囊的研究 [J]. 福建林学院学报, 2002, 22 (4): 304-307.

57. 谢涛, 陈建华, 谢碧霞. 橡实直链淀粉与支链淀粉的分离纯化 [J]. 中南林学院学报, 2002, 22 (2): 30-34.

58. 江年琼, 谢碧霞, 何钢, 等. 发酵竹笋膳食纤维对小鼠肠蠕动作用的实验研究 [J]. 营养学报, 2002, 24 (4): 439-440.

59. 谢涛, 谢碧霞. 小红栲淀粉糊特性研究 [J]. 食品工业科技, 2002, 23 (11): 40-42.

60. 谢涛, 谢碧霞. 栓皮栎淀粉糊特性研究 [J]. 食品科技, 2002, (12): 16-18.

61. 谢涛, 谢碧霞. 石栎属淀粉糊特性研究 [J]. 食品科学, 2003, 24 (2): 32-35.

62. 谢涛, 谢碧霞. 石栎属植物淀粉粒特性研究 [J]. 湖南农业大学学报 (自然科学版), 2003, 29 (1): 32-34.

63. 谢涛, 谢碧霞. 小红栲淀粉颗粒特性研究 [J]. 食品科学, 2003, 24 (1): 33-36.

64. 谢涛, 谢碧霞. 青冈属淀粉糊特性研究 [J]. 食品与发酵工业, 2003, 29 (2): 54-57.

65. 何钢, 谢涛, 谢碧霞, 等. 栓皮栎淀粉颗粒特性研究 [J]. 山地农业生物学报, 2003, 22 (3): 226-229.

66. 李安平, 谢碧霞. 桔黄色素微波萃取的研究 [J]. 中国食品添加剂, 2004, (1): 16-19.

67. 张日清, 吕芳德, 谭晓风, 等. 美国山核桃主要栽培品种的 RAPD 鉴定 [J]. 经济林研究, 2004, 22 (4): 1-5.

68. 伍成厚, 何业华, 谢碧霞, 等. 枣茎段组织培养的研究 [J]. 果树学报, 2004, 21 (6): 609-611.

69. 陆志科, 谢碧霞, 杜红岩. 杜仲胶提取方法的研究 [J]. 福建林学院学报, 2004, 24 (4): 353-356.

70. 何钢, 文亚峰, 付杰, 等. 人心果细胞悬浮培养的初步研究 [J]. 经济林研究, 2004, 22 (4): 43-46.

71. 何钢, 文亚峰, 谢碧霞, 等. 人心果成熟胚离体培养及愈伤组织诱导 [J]. 经济林研究, 2004, 22 (1): 5-7.

72. 王森, 谢碧霞. 梨果肉褐变机理和防褐变技术的研究 [J]. 北方果树, 2004, (5): 4-7.

73. 王森, 谢碧霞. 五味子的利用现状与开发前景 [J]. 湖南林业科技, 2004, 31 (5): 57-58.

74. 谢涛, 谢碧霞. 部分石栎属淀粉糊特性研究 [J]. 粮油食品科技, 2004, 12 (1): 11-13.

75. 杜红岩, 谢碧霞, 孙志强, 等. 不同变异类型杜仲皮含胶性状的变异规律 [J]. 中南林学院学报, 2004, 24 (2): 10-12.

76. 杜红岩, 张昭, 杜兰英, 等. 杜仲皮内杜仲胶形成积累的规律 [J]. 中南林学院学报, 2004, 24 (4): 11-16.

77. 邓煜, 刘慎, 谢碧霞. 超临界流体萃取核桃油的研究进展 [J]. 甘肃林业科技, 2006, 31 (2): 1-3, 7.

78. 王森, 谢碧霞, 杜红岩, 等. 美国扁桃花器官的抗寒性 [J]. 经济林研究, 2007, 25 (2): 19-22.

79. 余美绒, 李安平, 谢碧霞, 等. 竹笋环保口香糖加工工艺的研究 [J]. 食品工业科技, 2007, 28 (6): 165-166, 168.

80. 邓白罗, 王森, 谢碧霞, 等. 不同质量分数的扁桃凝胶质构特性的变化规律 [J]. 中南林学院学报, 2007, 27 (5): 68-71, 103.

81. 陆志科, 余江帆, 谢碧霞. 抗肿瘤活性鬼臼毒素类似物的资源研究 [J]. 中南林学院学报, 2007, 27 (5): 117-121.

82. 钟秋平, 谢碧霞, 王森, 等. 高压处理对橡实淀粉晶体特性的影响规律 [J]. 农业工程学报, 2008, 24 (6): 45-48.

83. 刘伟, 谢碧霞, 余江帆, 等. 日本野漆树漆蜡萃取技术 [J]. 经济林研究, 2008, 26 (1): 58-61.

84. 钟秋平, 谢碧霞, 王森, 等. 高压处理对橡实淀粉凝胶体质构特性的影响 [J]. 食品科学, 2008, 29 (3): 66-70.

85. 李安平, 谢碧霞, 陶俊奎, 等. 竹笋膳食纤维微波干燥特性及其功能特性 [J]. 中南林学院学报, 2008, 28 (2): 69-73.

86. 文亚峰, 谢碧霞, 潘晓芳. 人心果花粉育性的研究 [J]. 江西农业大学学报, 2008, 30 (3): 513-516.

87. 文亚峰, 谢碧霞, 何钢. 人心果 AFLP 反应体系的建立与优化 [J]. 经济林研究, 2008, 26 (2): 35-38.

88. 王森, 杜红岩, 杨绍斌, 等. 7 个美国扁桃品种在河南南阳的引种表现 [J]. 经济林研究, 2008, 26 (2): 65-68.

89. 王森, 等. 扁桃胶上清液流变学特性研究 [A]. 中国化学会, 中国力学学会流变学专业委员会. 中国化学会、中国力学学会第九届全国流变学学术会议论文摘要集 [C]. 2008: 1.

90. 张丽娜, 邓白罗, 谢碧霞, 等. 华中五味子各器官木脂素含量的比较分析 [J]. 中南林学院学报, 2009, 29 (6): 65-70.

91. 陈明宪, 蔡向阳, 谢利达, 等. 可持续发展生态景观系统在高速公路建设中的应用研究——以汝城（湘赣界）至郴州段高速公路为例 [J]. 中外公路, 2009, 29 (2): 1-4.

92. 卿笃干, 谢钢, 谢利达, 等. 汝城至郴州高速公路沿线土壤重金属含量水平及污染评价 [J]. 中外公路, 2009, 29 (2): 8-10.

93. 蔡向阳, 谢钢, 谢利达, 等. 汝郴高速公路沿线土壤理化性状的研究 [J]. 中外公路, 2009, 29 (2): 11-13.

94. 谢钢, 陈伟军, 谢利达, 等. 在汝郴高速公路外沙服务区建立古树、珍贵特色植物展示园的构思方案 [J]. 公路, 2009, (5): 271-272.

95. 冯伟林, 谢利达, 谢碧霞. 汝郴高速公路沿线几种常绿阔叶林土壤养分库的比较 [J]. 公路, 2009, (5): 268-270.

96. 李安平, 等. 橡实淀粉发酵生产燃料乙醇工艺研究 [A]. 国家林业局、广西壮族自治区人民政府、中国林学会. 第二届中国林业学术大会——S9 木本粮油产业化论文集 [C]. 2009, 7.

97. 王森, 等. X-衍射光谱对扁桃胶水解物晶体特性变化的追踪 [A]. 国家林业局、广西壮族自治区人民政府、中国林学会. 第二届中国林业学术大会——S9 木本粮油产业化论文集 [C]. 2009, 7.

98. 田玉峰, 李安平, 谢碧霞, 等. 橡实淀粉可食用性技术的研究 [J]. 中南林学院学报, 2010, 30 (7): 94-99.

99. 颜玉娟, 赵虎, 杨倩, 等. 湖南阳明山毛竹林群落特征 [J]. 华中农业大学学报, 2010, 29 (3): 375-380.

100. 梁文斌, 谢碧霞, 巫涛, 等. 南岳栓皮栎群落特征及多样性分析 [J]. 中南林学院学报, 2011, 31 (9): 55-59.

101. 郑菲, 黄亮, 李安平, 等. 响应面法优化橡实壳中多酚提取工艺条件 [J]. 食品与机械, 2011, 27 (1): 49-51, 77.

102. 王森, 谢碧霞. 1-甲基环丙烯对货架期中秋酥脆枣鲜果质构特性的影响 [J]. 中南林学院学报, 2011, 31 (11): 137-141.

103. 梁文斌, 谢碧霞, 巫涛, 等. 南岳小红栲的群落学特征研究 [J]. 中南林学院学报, 2011, 31 (10): 15-20.

104. 田玉峰, 李安平, 谢碧霞, 等. 橡实淀粉生物乙醇化橡实品种和菌种的筛选 [J]. 食品科学, 2011, 32 (7): 207-210.

105. 崔富贵, 李安平, 谢碧霞, 等. 不同处理方法对米糠品质稳定性的影响 [J]. 食品工业科技, 2012, 33 (5): 141-144, 158.

106. 李安平, 谢碧霞, 沈伟, 等. 橡实淀粉发酵生产酒精专用酵母菌株的筛选 [J]. 中南林学院学报, 2012, 32 (8): 98-102.

107. 马立然, 黄亮, 李安平, 等. 超声波辅助双水相体系提取橡实仁多酚的研究 [J]. 食品工业科技, 2012, 33 (3): 191-194.

108. 王森, 谢碧霞, 钟秋平, et al. Rheological properties in supernatant of peach gum from almond (*Prunus dulcis*) [J]. Journal of Central South University, 2008, 15 (s1):

509-515.

109. Xie B, Wang S, Du H, et al. integrated prevention and occurred regularity of Amygdalus communis gummosis disease [J]. Acta Horticulturae, 2008, (769): 277-283.

110. Chen X, Xie B, Wu H, et al. Rhododendron Species and Communities in Guizhou (China) [J]. Acta Horticulturae, 2008, (769): 339-342.

111. Chen X, Xie B, Jiang Y, et al. STUDY ON CHEMICAL COMPOSITIONS OF ESSENTIAL OILS FROM DIFFERENT PARTS OF ZANTHOXYLUM PLANISPINUM VAR. DINTANENSIS Y. L. TU [J]. Acta Horticulturae, 2008, (769): 489-492.

112. Yu J, Wan X, Wu X, et al. Reproduction Strategies forMaire Yew [J]. Acta Horticulturae, 2008, (769): 497-500.

113. Xie B X, Gu Z Y, Wang S, et al. Effect of 1-MCP on texture properties of fresh fruit in storage shelf period of Ziziphus jujuba ´Zhongqiusucui´. [C] //I International Jujube Symposium, Baoding, China, 21-25 September. 2009.

114. Wang S, Xie B X, Zhong Q P, et al. A new fresh used jujube cultivar ´Zhongqiusucui´ for the south of China. [J]. Acta Horticulturae, 2009, (840): 249-254.

115. Gu Z Y, Xie B X, Wang S, et al. Comparative studies on jujube cultivar ´Zhongqiusucuizao´ with six different jujube cultivars. [C] //I International Jujube Symposium, Baoding, China, 21-25 September 2008. 2009, 175-180.

116. Xie B X, Gu Z Y, Wang S, et al. The current development and promise of fresh jujube industry in the south of China. [J]. Acta Horticulturae, 2009, (840): 61-66.

二、著 作

1. 谢碧霞，张美琼. 野生植物资源开发与利用学 [M]. 北京：中国林业出版社，1995.

2. 谢碧霞，杜红岩. 绿色食品开发利用 [M]. 北京：中国中医药出版社，2003.

3. 谢碧霞，文亚峰. 人心果 [M]. 贵州：贵州科技出版社，2004.

4. 谢碧霞，李安平. 膳食纤维 [M]. 北京：科学出版社，2006.

5. 谢碧霞，陈训. 中国木本淀粉植物 [M]. 北京：科学出版社，2008.

6. 谢碧霞，谷战英. 橡实资源与加工利用 [M]. 湘潭：湘潭大学出版社，2011.